唐 研 究

Journal of Tang Studies

第二十七卷

Volume XXVII

主編　葉煒

二〇二二·北京

Peking University Press

Beijing　2022

圖書在版編目(CIP)數據

唐研究.第二十七卷/葉煒主編.—北京:北京大學出版社,2022.3

ISBN 978-7-301-31198-1

Ⅰ.①唐… Ⅱ.①葉… Ⅲ.①中國歷史—唐代—文集 Ⅳ.①K242.07-53

中國版本圖書館 CIP 數據核字(2022)第 065695 號

書　　名	唐研究(第二十七卷) TANG YANJIU (DI-ERSHIQI JUAN)
著作責任者	葉　煒　主編
責任編輯	張　晗
標準書號	ISBN 978-7-301-31198-1
出版發行	北京大學出版社
地　　址	北京市海淀區成府路 205 號　100871
網　　址	http://www.pup.cn　新浪微博:@北京大學出版社
電子信箱	pkuwsz@126.com
電　　話	郵購部 010-62752015　發行部 010-62750672　編輯部 010-62767315
印 刷 者	北京鑫海金澳膠印有限公司
經 銷 者	新華書店
	787 毫米 × 1092 毫米　16 開本　36.75 印張　620 千字
	2022 年 3 月第 1 版　2022 年 3 月第 1 次印刷
定　　價	128.00 圓

目　　録

專欄　語音・文字・詞彙:敦煌文獻釋證

論文

書評

Contents

Special Theme

Articles

專　欄

語音・文字・詞彙：敦煌文獻釋證

《唐研究》第二十七卷
2022年,3—25頁

敦煌文獻字詞輯考*

張小豔

敦煌文獻,絶大多數爲晚唐五代時期的寫本,字多俗訛、音借,真實地反映了當時民間用字的實際狀況。對時人而言,俗訛簡便易寫,音借聽説易明。然時過境遷,千年後的讀者,不免生疏隔膜。這種隔膜,除表層的字詞外,更多的是隱含在字詞下面的情境、内容和思想。而要看懂、讀通文本,字詞的識讀則是最基礎、最重要的一環,正所謂"讀書須先識字"是也。本文即從形的辨識、音的通讀、義的解析入手,對敦煌文獻中十七則字面普通而易致失校、誤録、歧解的詞語進行輯録考釋。若有闕誤,祈請讀者正之。

一、利命

S.6829v《戌年八月氾元光請施宅乾元寺牒並判》:"從今年四月已來,染患見加困劣,無常將逼。謹將前件房舍施入乾元佛殿。恐後無馮(憑),請乞利命。請處分。"後附判詞:"任施,仍爲馮(憑)據。潤示。廿七日。"(《英》11/196)[1]

---

* 本文爲國家社科基金冷門絶學研究專項學術團隊項目"敦煌殘卷綴合總集"(編號:20VJXT012)、"中國出土典籍的分類整理與綜合研究"(編號:20VJXT018)的成果。初稿承蒙張涌泉師與部同麟副研究員指正;英文提要的翻譯,得到友生傅及斯的幫助,謹此一併致謝!

[1] 本文引用敦煌圖録較多的有:《英藏敦煌文獻(漢文佛經以外部份)》(簡稱《英》,凡14册),四川人民出版社,1990—1995年;《法藏敦煌西域文獻》(簡稱《法》,凡34册),上海古籍出版社,1995—2005年;《國家圖書館藏敦煌遺書》(簡稱《國》,凡146册),北京圖書館出版社,2005—2012年。爲避文繁,文中引自上述圖録的文例後均以簡稱的方式括注出處,如"《法》22/199B"表示該例引自《法藏敦煌西域文獻》第22册199頁下欄;無欄次者則省之,如"《英》11/196"。其餘類推。

按:本件爲蕃占時期氾元光施宅與乾元寺後請求授與公憑的牒文。其中所載"乞利命"三字,與吐蕃官名"乞利本"近似,因而備受關注。"利"唐耕耦、陸宏基録作"判"[2];邵文實録作"利",疑"乞利命"爲"乞利本"的誤寫[3]。陸離認爲"乞利命"應是"乞利本判命"的誤寫,這句話應爲"請乞利本判命"或"請乞〔乞利本〕判命",即請求長官乞利本判命,由於"利"和"判"形近,使書寫者産生筆誤;牒狀後附有長官的批示,署名"潤",應是該名沙州乞利本的名字[4]。尹偉先、楊富學、魏明孔等徑在"乞利命"後括注"本",意謂"乞利命"當作"乞利本",由此申論:"説明乞利本可能對瓜沙地區的佛教事務有統領權"[5]。林冠群指出:"請乞利命",並非陸離所主張的爲"請乞利本判命"或"請乞判命"的脱文或誤寫,因爲文獻原文既無脱漏文字,也未漶損任何一字,似不可能爲"請乞利本判命"的簡化或誤寫;"請乞利命"之義應爲:乞請站在利於小民生命的立場,或是請可憐小民的立場來處分之意[6]。

從字形看,"利"確似"利"字,那麽"請乞利命",是當按字面如林氏所解,還是校作"請乞判命"或"請乞利本",抑或增補作"請乞利本判命"? 綜合字形、詞義來看,竊謂當從唐、陸二位校作"請乞判命"。

字形上,"判"字俗書或作"判",聲符形訛作"米"形。如 S.318《洞淵神呪經》斬鬼品第七:"自今吾與鬼王判決,若復故來不差者,大魔犁洪等頭破作三千五百分矣。"(《英》1/119A) P.4019《燕子賦》:"鳳凰判云:雀兒剔秃,强奪燕屋。推問根由,元無承伏……"(《法》30/363A) 前例異本 P.2444 作"判"(《法》14/68A),後例異本 S.214 作"判"(《英》1/85B),可知"判""判"皆爲"判"之俗字。五代可洪《新集藏經音義隨函録》卷一一《瑜伽師地論》第八十一卷音義:

---

〔2〕 唐耕耦、陸宏基《敦煌社會經濟文獻真蹟釋録》第 3 輯,全國圖書館文獻縮微複製中心,1990 年,73 頁。

〔3〕 邵文實《沙州節兒考及其引申出來的幾個問題——八至九世紀吐蕃對瓜沙地區漢人的統治》,《西北師大學報》1992 年第 5 期,66 頁。

〔4〕 陸離《吐蕃敦煌乞利本考》,《中國邊疆史地研究》2007 年第 4 期;此據同作者《吐蕃統治河隴西域時期制度研究》,民族出版社,2011 年,16—17 頁。

〔5〕 尹偉先、楊富學、魏明孔《甘肅通史(隋唐五代卷)》,甘肅人民出版社,2009 年,162 頁。

〔6〕 林冠群《沙州的節兒與乞利本》,《中國藏學》2018 年第 3 期,42 頁。

“决**判**,普半反,正作判。”[7]亦其例。“判”寫作“判”後,“米”“禾”二旁又常因形、義皆近而互换,如“糠”或作“穅”、“秕”或作“粃”等。這樣,“判”便訛成了“利”,如S.5812《丑年八月令狐大娘訴張鸞侵奪舍宅牒》:“尊嚴舍總是東行人舍,收得者爲主居住。兩家總無馮(憑)據,後閤開府上尊嚴有文**判**,四至内草院不囑(屬)張鸞分,强搆扇見人侵奪,請檢虚實。”(《英》9/162)[8]句中“**判**”,唐耕耦、陸宏基録作“判”[9],是。“文**判**”即“文判”,猶文憑,指長官批示的(用作憑證的)文書。可見,“判”與“利”形近,易致訛混。就字形而言,S.6829v牒文中“請乞利命”的“利”很可能爲“判”之形訛。

詞義上,“判命”指長官在陳請事由的牒文上作出的批示。“判”謂裁斷,“命”指命令,“判命”習見於吐魯番、敦煌文書。《唐開元二十年(732)瓜州都督府給西州百姓游擊將軍石染典過所》:“牒:染典先蒙瓜州給過所,今至此市易事了。欲往伊州市易,路由恐所在守捉不練行由。謹連來文如前。**請乞判命**,謹牒。”[10]《唐上元二年(761)蒲昌縣界長行小作具收支飼草數請處分狀》:“縣城作玖伯束,**奉都督判命**,令給維磨界遊弈馬食。……右被長行坊差行官王敬賓至塲點檢前件作草,使未至已前**奉都督判命**及縣牒支給。破用見在如前。請處分。謹狀。”[11]P.2803《唐景福二年(893)二月押衙索大力狀》:“其師姑亡化,萬事並在大力,别人都不開(關)心。萬物被人使用,至甚受屈。伏望將軍仁恩照察,**特乞判命**處分。”(《法》18/301B)P.3711《唐大順四年(893)瓜州營田使武安君牒並判詞》:“□下,乃被通頬董悉並妄陳文狀請將,伏乞大夫阿郎仁明詳察。沙州是本,日夜上州無處安下,只馮(憑)草料,望在父租(祖)田水,**伏請判命**處分。牒件狀如前,謹牒。大順四年正月日瓜州營田史武安君。”牒狀末附判詞:“假是先祖産業,董悉卑户,則不許入,權且丞(承)種。其地内割與外生(甥)安君地柒畝佃種。十六日。勳。”(《法》27/42B)牒狀末所附爲時任歸義軍節度使索勳的

[7] 《中華大藏經》第59册,中華書局,1993年,943頁上;韓小荆《〈可洪音義〉研究——以文字爲中心》,巴蜀書社,2009年,615頁。

[8] 此例承友生傅及斯檢示,謹致謝忱。

[9] 同注[2],第2輯,287頁。

[10] 唐長孺主編《吐魯番出土文書》肆,文物出版社,1996年,276頁。

[11] 同上書,557頁。

判詞,即武安君乞請的“判命”,亦即索勛對其申訴作出的處分。

將前揭 S.6829v《氾元光牒》中的“請乞**利**命”,與上引文例中的“請乞判命”“特乞判命”“伏請判命”及“奉都督判命”比勘,二者的使用場合、用語表達高度相似。如前所述,“判”俗書與“利”形近相亂,故“請乞**利**命”的“**利**命”即“判命”,“**利**”實爲“判”之俗訛。S.6829v 文書本爲氾元光將房舍施與乾元寺後“請乞**利**(判)命”的牒文,其牒文後即附有署名“潤”的長官作出的處分:“任施,仍爲馮(憑)據。”這也正是氾元光請求賜予的“判命”。

二、祇試

> S.2832《文樣·臘月八日》:“時屬風寒月,景在八辰;如來説《温室》之時,**祇試**浴衆僧之日。故得諸垢已盡,無復煩惱云(之)痕;虚浄法身,皆霑功德之水。”(《英》4/242B)

按:例中“祇試”的“試”,黄征、吴偉校作“樹”,校記云:“‘試’爲書母止攝字,‘樹’爲禪母遇攝字,止、遇二攝在敦煌文獻中多可通。‘祇樹’爲‘祇樹園’之省稱也。”〔12〕郝春文從之〔13〕。考上引願文所寫與臘八日《佛説温室洗浴經》的内容密切相關,頗疑“試”當爲“域”之形訛。“祇域”爲《温室經》所載醫王之名,或作“耆域”。舊題東漢安世高譯《佛説温室洗浴衆僧經》:“有大長者奈女之子,名曰**耆域**,爲大醫王,療治衆病……**耆域**長跪白佛言:‘雖得生世,爲人疏野,隨俗衆流,未曾爲福。今欲請佛及諸衆僧、菩薩大士,入温室澡浴。願令衆生長夜清浄,穢垢消除,不遭衆患。唯佛聖旨,不忽所願!’”〔14〕東晉曇無蘭譯《寂志果經》:“時有童子醫王,名曰**耆域**(晋言固活),持扇侍王。”〔15〕北魏慧覺譯《賢愚經》卷三:“爾時世尊身有風患,**祇域**醫王爲合藥酥,用三十二種諸藥雜合,令佛

〔12〕 黄征、吴偉編校《敦煌願文集》,岳麓書社,1995 年,85、111 頁。

〔13〕 郝春文主編《英藏敦煌社會歷史文獻釋録》第 14 卷,社會科學文獻出版社,2016 年,254、291 頁。

〔14〕《大正藏》第 16 册,CBETA,中華電子佛典協會,802 頁下。

〔15〕 同上書,第 1 册,271 頁上。

日服三十二兩。”〔16〕P.3103《浴佛節作齋事禱文》:“所(遂)乃効未生願之盛作,襲**祇域**王之芳蹤。”(《法》21/313B)S.2440《温室經講唱押座文》:“**祇域**還從柰女生,妙通法術救衆生。能療衆病一切差,國稱之(至?)寶大醫王。”(《英》4/75B)末例首句謂“祇域”爲長者柰女之子,“域”原卷作“域”,或録作“城”〔17〕,不確。

據佛經記載,“祇域”作爲醫王,曾請佛、菩薩、衆僧入温室澡浴,以八功德水,洗除垢穢煩惱,成就清净法身。這正是上引願文臘八洗浴的由來,“祇試”校作“祇域”,正與文意密合。

三、綃

BD14676(新876)《唐咸通六年(865)正月三日奉處分吴和尚經論録》:“咸通六年正月三日,奉處分吴和尚經論。令都僧政法鏡點檢所是靈啚(圖)寺藏論及文疏,令却歸本藏。諸雜蕃漢經論,抄録以爲籍帳者。謹依處分,具名目如後:《瑜迦藏論》,壹百卷;《釋論》,壹卷;竹繡帙拾枚。……蕃《大寶積經》,兩夾,共壹部,并經綃貳。……又《辯中邊論頌詳疏》,叁本,共壹夾,并經綃。又《金剛旨贊》,壹夾,并綃。……《尼律疏》,壹夾,并綃。《阿毗達磨集論》并《釋論》,壹夾,并綃。……蕃《大寶積經》,壹部,共陸夾,内肆夾有綿綃。《解深蜜(密)疏》,兩夾,内壹夾有白綿綃。”(《國》131/326-327)

按:本件文書是譯經三藏吴法成去世後,其弟子都僧政曹法鏡受命清點他用過的蕃漢經論,將它們抄録形成的經論録。所列經論中,除記録某經幾夾外,還補充説明“并經綃”“并綃”“有綿綃”等。其中的截圖字,方廣錩録作“絹(?)”或徑作

〔16〕 同注〔14〕,第4册,366頁上。
〔17〕 黄征、張涌泉校注《敦煌變文校注》,中華書局,1997年,1152頁。

“絹”[18];後來的學者多從之作“絹”,並都一律删去了“絹”後括注的“?”[19]。關於文書中的“夾”“帙”與“絹”,上山大峻做了解釋:“‘夾’,爲兩塊板所夾的經典,吐蕃文經典就是用這種形式保存的。‘帙’是包裹書籍(主要是卷子本)的包皮,用絲綢或麻布製成。‘并絹’和‘并經絹’表示包裹經論的‘帙’或‘夾’的材料。”[20]

值得注意的是,所謂“絹”原卷實作“[illegible]”[21],字形有些漫漶,但從輪廓看,應爲“綯”之手寫。俗書“臽”“舀”不分,如“陷”作“陷”、“閻”作“閻”等,是“綯”又爲“縚”之俗訛。“縚”爲“絛”之换旁異體,本義指用絲編成的繩子,即絲繩。《集韻·豪韻》:“絛,《説文》:扁緒也。或從舀(縚)。”[22]《龍龕手鏡·糸部》:“縚綯,二俗:他刀反,正作絛。織絲爲縚也。”[23]後也泛指細小的繩帶。中村139號《搜神記》“梁元皓、段子京”條:“子京曰:‘弟來蒼忙,沿身更無餘物。遂乃解靴縚一雙,奉上兄爲信。’”[24]《舊唐書》卷二九:“高麗樂,工人紫羅帽,飾以鳥羽,黄大袖,紫羅帶,大口袴,赤皮靴,五色縚繩。”[25]二例中“靴縚”“縚繩”皆指靴帶。上引《經論録》中,“縚”都出現在標注“夾”的經典之後,説明這些經書都爲梵夾裝。《資治通鑑》卷二五〇:“兩街僧、尼皆入預;又於禁中設講席,自唱經,手録梵夾。”胡三省注:“梵夾者,貝葉經也;以板夾之,謂之梵夾。”[26]“以板夾之”,謂將書葉摞成一疊,上下用板夾住,打孔穿繩捆綁。這類梵夾裝佛經,在敦煌文獻中保存有實物,如國家圖書館藏BD15001《思益梵天所問經》

[18] 方廣錩《關於敦煌遺書北新八七六號》,《九州學刊》第6卷第4期,1995年;此據同作者《敦煌學佛教學論叢》下册,中國佛教文化出版有限公司,1998年,185—187頁。

[19] 上山大峻《吴和尚藏書目録(效76)について》,《日本西藏學會會報》第41—42号,1997年;此據上山大峻著,劉永增譯《關於北圖效76號吴和尚藏書目録》,《敦煌研究》2003年第1期,100—101頁;鄭炳林《北京圖書館藏〈吴和尚經論目録〉有關問題研究》,《敦煌歸義軍史專題研究續編》,蘭州大學出版社,2003年,559—560頁;武紹衛《中古時期敦煌漢傳佛教僧團的宗派意識》,《敦煌吐魯番研究》第19卷,上海古籍出版社,2020年,121—122頁。

[20] 上山大峻著,劉永增譯《關於北圖效76號吴和尚藏書目録》,102頁。

[21] 原卷該字共出現七次,字形都漫漶不清,此以其中比較清楚的第一字來分析。

[22] 《集韻》,中華書局影印《宋刻集韻》,2005年,57頁上。

[23] 《龍龕手鏡》,中華書局,1985年,398頁。

[24] 磯部彰編《台東区立書道博物館所蔵中村不折旧蔵禹域墨書集成》卷中,二玄社,2005年,330頁下。

[25] 《舊唐書》卷二九《音樂志二》,中華書局,1975年,1069頁。

[26] 《資治通鑑》卷二五〇《唐紀六十六》咸通三年四月條,中華書局,1956年,8097頁。

(參圖 1)[27]。而“縚”正是梵夾裝經書用來串結的繩索,故《經論録》或以“經縚”稱之;又云“綿縚”,説明其繩是用綿製成的。從圖 1 所示,BD15001《思益梵天所問經》用以串結的“縚”似爲麻繩。

圖 1　BD15001《思益梵天所問經》

由此看來,其字確非“絹”。若爲“絹”,如前揭上山大峻所言:“絹”是用來包裹經帙或夾的材料,與經録所記“夾”類經書均爲梵夾裝的裝幀不合,因爲這類用繩串結的“夾”類經書,最重要的是用“繩”穿孔繫結使之牢固,以免脱散,而不是用“絹”包裹。因此,從字形和“夾”類經書的裝幀形製來説,表“絲繩”義的“縚”更切合《經論録》的原意。

四、椛

P.2613《唐咸通十四年(873)正月四日沙州某寺交割常住什物點檢曆》:“深漆椛壹,深漆疊子壹。”(《法》16/256A)

按:本件文書爲寺院清點交割常住什物所記的賬簿,其中所載皆爲寺院的常用物品。例中“椛”爲“椛”的手寫,池田温[28]、唐耕耦與陸宏基皆録作“椛”[29];郝

[27] 左圖參《國家圖書館藏敦煌遺書》第 137 册,2 頁下;右圖參林世田、楊學勇、劉波《敦煌遺珍》,國家圖書館出版社,2014 年,196—197 頁。

[28] 池田温著,龔澤銑譯《中國古代籍帳研究》,中華書局,2007 年,437 頁。

[29] 同注[2],10 頁。

春文録作"桦"[30]。趙静蓮指出唐、陸二位僅録文,未出校,"椛"當即"花"之增旁俗字,因屬草木之花而增"木"部,或因此花爲木製而增木旁[31]。從字形看,"椛"右上所從爲"艹"俗書的通行寫法,將其録作"椛",與原卷字形相合;作"桦"則不符。聯繫語境來看,録作"椛",或將其視爲"花"的增旁字,於文意皆未安。其字從木,又以"深漆"修飾,緊隨其後的條目爲"深漆疊子","疊子"即"楪子",今作"碟子",爲常用食器。那麽,與之連屬的"椛",似亦當爲食器。考慮到文獻中"椀""疊"常相隨出現,頗疑其字爲"椀"之草書變體。

敦煌文獻中,"椀"字草書與"椛"近似。如S.1267v《僧團法事應納諸色斛斗數及職事目歷》:"鋪設,都講法師法進;血(皿)物,人各椛疊五事,濟法師、法持。"(《英》2/257A)P.3885v《醫方・療眼胎赤風赤經三二十年亦効》:"先以青錢一文,觮(浸)半合油中,經三日,即以錢於薄青石如椛口大,於石上研錢。"(《法》29/91A)P.3750《書信》:"今王敬翼般次到,此度恩賜並全,於左誠珍邊發遣。待到日於領衣物一角,並銀椛一枚,封印全。"(《法》27/241B)上舉例中的截圖字皆"椀"之草書,"椛"當由這類草寫字形楷化而來。綜合字形、文意來看,"椛"即"椀"之草書楷化變體。例中"深漆椀"與"深漆疊子"前後相隨,義類相屬,合於文意。

五、戈一、戈

S.2222《周公解夢書・器服章第五》:"夢見死者戈一堂,得財。"又《市章第九》:"夢見戈高樓上,貴。"(《英》4/47)

按:例中"戈一""戈",異本P.3281v+P.3685v皆作"戈"(《法》23/36B、26/310B),劉文英分别録校作"戈(擱)一"和"戈(閣)",並將後句"高"徑改作"上"[32];鄭炳林前條録作"戈一",後條從劉録校,又疑"戈高樓上"應作"上高

[30] 郝春文《唐後期五代宋初敦煌僧尼的社會生活》,中國社會科學出版社,1998年,152頁。

[31] 趙静蓮《敦煌非經文獻疑難字詞考釋》,中國社會科學出版社,2020年,94頁。

[32] 劉文英《中國古代的夢書》,中華書局,1990年,32、34頁。

樓閣"[33];郝春文前條從劉録校,後條録作"戈"[34]。趙静蓮以爲"戈"與"擱"讀音不近,校"戈"爲"閣"可疑,並疑"戈"當是"過"之音誤字,認爲"人經過高樓上""死人經過堂中"文意很不順暢,"過"應該不是經過之意,而是至、到達之義[35]。

前賢關於"戈一""戈"的録文、校讀和釋義,從讀音、用詞來説都很難令人信服。首先,校"戈"作"閣"或"擱",正如趙氏所言,二字讀音相差較遠,且文獻中也未見二字通借之例。其次,讀"戈"爲"過",二者音近,文獻中也常互相通借,但把"過"解作"至、到達",與原卷文意不合。"夢見死者戈一堂""夢見戈高樓上",這是對已經出現的場景的描述,且這種場景多是静態的,如同卷《塚墓章第十一》:"夢見桑木在堂上,憂官事。"《雜事章第十五》:"夢見牛肉在堂,得財。"(《英》4/47B-48A)句中都用"在"表示一種狀態的存續。這或許正是劉氏將前條"戈"校作"擱(存放)"、趙氏讀爲"過"却不以其常義"經過"解之的原因。

從原卷類似語境中用"在"來看,上引例中的"戈一""戈"應爲"在"的草書楷化。"在"字草書與"戈"形較近,如P.2141《大乘起信論略述》卷上"'色無礙自在'者……無礙自在,緣色身故"中的兩"在"字分别作"[illegible]"和"[illegible]"(《法》6/342B)[36];P.2063(1)《因明入正理論略抄》"於同有及二,在異無是因"的"在"作"[illegible]"(《法》4/90B)[37];唐人臨《千字文》"在"作"[illegible]"[38];《草書大字典》所收"在"作"[illegible]"(王導)、"[illegible]"(王羲之)、"[illegible]"(懷素)等形[39];金張天錫集《草書韻會·去聲》"恠(怪)"作"[illegible]"[40],皆可比勘。

值得注意的是,原卷"戈一"作"[illegible]",應爲草書作"[illegible]"形的"在"字,抄手書寫時將其誤認作"戈、一"二字的連書,遂將草書的"[illegible]"楷正分抄作"[illegible]"了。其中

[33] 鄭炳林《敦煌寫本解夢書校録研究》,民族出版社,2005年,204—205、213頁。

[34] 同注[13],第11卷,2014年,342、344、351、353頁。

[35] 同注[31],32—35頁。

[36] 張航《法藏敦煌草書寫本文獻(六種)整理與研究》,河北大學碩士學位論文,2019年6月,107頁。

[37] 沈劍英《敦煌因明文獻研究》,上海古籍出版社,249、268頁。

[38] 程同根編著《敦煌草書大字典》,江西美術出版社,2017年,208頁。

[39] 《草書大字典》,中國書店據上海掃葉山房石印本影印,1983年,309頁。

[40] 張天錫《草書韻會》去聲卦韻,秋田屋平左衛門洪武二十九年刊本,10頁。

原因,很可能原卷所據底本是用草書抄寫的,因抄手對草書不熟,底本中草書的"在",寫作"[illegible]"形者,抄手據文意大致能認出,即抄作"在";寫作難以辨識的"[illegible]"形者,則據其輪廓依樣畫葫蘆,於是便抄成了"[illegible]""[illegible]",以致文意晦澀難通。若將"[illegible]""[illegible]"視爲"在"的草書楷化形式,把它們還原到上引文例中,其句即"夢見死者在堂,得財""夢見在高樓上,貴",不僅文意順適無礙,而且用字也與上舉"夢見牛肉在堂,得財"相合。

這一特殊的個案,提示我們校録寫本文獻時,還須留心從底本到傳抄本的過程中,因不同書體的迻録而滋生的像"[illegible]"這類的特殊字形問題。

六、將肘宣棒、當尖佛

> P.3223《永安寺老宿紹建與僧法律願慶相諍根由責勘狀》:"老宿紹建,既登年侵蒲柳,歲逼桑榆,足合積見如山,添聞似海。何用不斟寸土,不酌牛津,隨今時昏騃之徒,逐後生猖强之輩。官人百姓,貴賤而息(悉)明知;將肘宣棒,而皆了覺幻化。何期倚仗年老,由(猶)自不息忿嗔,掉棒打他僧官,臨老却生小想。有何詞理,仰具分析者。……昨有法律智光,依倉便麥子來,紹建説其上事,不與法律麥子。鄧法律特地出來:'没時則大家化覔,有則寄貸須容。若僧政共老宿獨用,招提餘者例皆無分。阿你老宿是當尖佛赤子,作此偏波(頗),抵突老人,死當不免。'"(《法》22/199B)

按:本件文書是有關永安寺老宿紹建與僧官法律願慶因糧食借貸發生争執進而相毆之事的勘問報告。語言直白,字迹清晰,易於釋讀。但有的詞語,從字面看,每個字都認識;細讀文句,却不知所云。譬如其中的"將肘宣棒"與"當尖佛",唐耕耦、陸宏基録作"將肘宣棒"和"當尖佛"〔41〕,此後的釋録大抵相同,僅個別學者把"尖"校作"今"〔42〕。如此録文,字形似較切合,然"肘"如何"將","棒"怎樣"宣",佛又何以稱"當尖"? 校"尖"作"今","當今佛"於意似可通,然"尖"與

〔41〕 同注〔2〕,第2輯,310頁。

〔42〕 郝春文《P.3223〈勘尋永安寺法律願慶與老宿紹建相諍根由狀〉及相關問題考》,《戒幢佛學》第二卷,岳麓書社,2002年;此據《郝春文敦煌學論集》,2011年,上海古籍出版社,87頁。

“今”形音皆不近，似無形訛、通借的可能。那麽，文中的“將肘宣捧”與“當光佛”究竟當如何理解呢？

字形上，“將肘宣捧”中，“將”與“將”“捧”和“棒”確實很近，但若將它們與同卷中確定無疑的“將”與“棒”的字形進行比較，彼此仍有細微之别。如“將”，下文有“倉内穀麥漸漸不多，年年被徒衆便將”句，其中“將”寫作“将”，比較“将”“將”二形，其左部明顯有别，前者所從爲“丬”，係“爿”旁的通行寫法，從“爿”之字俗書多作“丬”，《干禄字書・去聲》：“状狀、壮壯，並上通下正。”〔43〕是“将”爲“將”之通行俗體，“便將”謂借取；而“將”在句中以“肘”爲賓語，應爲動詞，則其左旁所從應爲“扌”的手寫變體，其字當是“捋”之俗訛。是知“將”“捋”手寫形近易訛，這種訛誤亦見於刻本，如《世説新語・輕詆》：“舊目韓康伯‘將肘無風骨’”徐震堮校：“‘將’，影宋本作‘捋’。”〔44〕是其證。“捧”從手、拳聲，爲“拳”的手寫。其字非“棒”，同卷下文有“掉棒打他僧官”句，其中的“棒”作“棒”，與“捧”區分劃然。《龍龕手鏡・手部》：“拳，或作；捲，正；拳，今：渠員反，力也，勢也，屈手也。”〔45〕“拳”即“拳”的增旁異體，指拳頭，如P.3666《燕子賦》：“硬怒（努）拳頭，偏脱胳膊，燕若入來，把棒了（撩）脚。”（《法》26/265B）“拳頭”即“拳頭”。

詞義上，“宣”，露也，後增旁作“揎”，《玉篇・手部》：“揎，息全切，捋也。”〔46〕“揎”“捋”義同，“捋肘宣拳”即“捋肘宣拳”，爲動賓結構並列，文獻習見。或作“捋肘揎拳”，如S.2615v《大部禁方》：“腹搶（腔）馳（弛），項紇縮，肚裹飢虚搜地獄。去邪精，斷十惡，**捋肘揎拳**逞行（性）作。”（《英》4/129A）或作“脟肘宣拳”，S.3905v《唐天復元年（901）十二月十八日金光明寺造窟上樑文》：“任博士本性柔软，執作也不説▨□□□□□也能脟肘宣拳。”（《英》5/199A）“脟”係“捋”涉下字“肘”的類化换旁俗字，“脟肘宣拳”即“捋肘宣拳”。又或倒序作“揎拳捋肘”，P.2564《太公家教》：“丈夫好酒，揎拳捋肘，行不擇地，言不擇口，觸突尊賢，鬬亂朋友。”（《法》16/15B）皆其例。是上引例中的“將肘宣捧”應録作

〔43〕 施安昌《顔真卿書〈干禄字書〉》，紫禁城出版社，1992年，55頁。

〔44〕 劉義慶著，徐震堮校箋《世説新語校箋》，中華書局，1984年，453頁。

〔45〕 同注〔23〕，208頁。

〔46〕 《大廣益會玉篇》，中華書局，1987年，31頁下。

"捋肘宣捧",謂老宿紹建將袖子擼到肘腕、露出拳頭,像要把法律願慶好好收拾一頓的樣子。

"當米佛","米"確似"尖"字,但文意不諧,疑爲"央"之俗寫形訛,即其字上部的"冂"形,手寫時落筆側重兩邊的短豎,中間横畫一帶而過,便寫成了分張的兩小點狀,這種運筆過程及結果在今天的日常書寫中也很習見。"央"及"央"旁手書多作此形,如 S.5779《算經(均田法第一)》:"南頭七十四步,北頭七十四步,中米一百六十一步。"(《英》9/140) P.3353v《春日相餞一首》:"相送至河良(梁),相思殊未米。"(《法》23/302B) P.3904(1)《注般若波羅蜜多心經》"照見五蘊皆空"注:"因缘和合,發生於識,此即内假眼根,外假色塵,中米假識,三缘具足,方始能見。"(《法》29/139) S.8583《後晋天福八年(943)二月十九日河西都僧統龍辯牓》:"忽若檢教(校)不周,一則虧陷律儀,二則却招殃禍。"(《英》12/164B) P.3457《河西節度使司空造大窟功德記》:"時則有我河西節度使司空先奉爲龍天八部護蓮府、却殄災殃。"(《法》24/272B) P.3546《齋文》:"竿(?)遍蕭宫,千般災殃而蕩盡。"(《法》25/223B)以上例中的截圖字,分别爲"央"(前三例)和"殃"(後三例)的手寫變體。故"當米佛"實爲"當央佛"。

"當央佛"也費解,"央"又是"陽"之音近借字,"央"(影紐陽韻)與"陽"(以紐陽韻)聲近韻同,可以通借。"當陽佛"謂佛乃聖中之聖,坐北朝南,當陽而居,故稱。S.5588《勸善文》:"用心掃灑一間房,清净涅般堂。上下空閑無一物,即見**當陽佛**。"(《英》8/84B)北魏普泰二年(532)《薛鳳規造像碑》:"**當陽佛**主楊解愁一心侍佛。"[47]"當陽佛主"之語,多見於北朝造像記,例中特指出資興造佛像的楊解愁。"當陽佛"或徑稱"當陽",P.4660(19)《前河西都僧統故翟和尚邈真贊》:"名馳帝闕,恩被遐荒。遷加僧統,位處**當陽**。符告紫綬,晶日争光。"(《法》33/39)"位處當陽"言翟法榮遷任河西釋門都僧統後,位居僧界之首,無比顯赫,如當陽佛一般。是"當米佛"應校讀爲"當央(陽)佛",前揭文書中"阿你老宿是當央(陽)佛赤子,作此偏波(頗),抵突老人,死當不免"句,是説即便老宿是當陽佛的親生兒子,犯下棒打僧官法律的過錯,也難免死罪。其中"當陽佛"用以喻世間地位最尊顯者。

---

〔47〕 毛遠明編著《漢魏六朝碑刻校注》第6册,綫裝書局,2008年,362頁。

七、無觜

P.2749《洞淵神呪經》卷九:“大富貴之人,田宅**無觜**,吏兵數百,錢財足手,奴婢供使,天下貧人悉爲己作,從意所用,無有之梪(乏短)。”(《法》18/70B)

按:例中“無觜”,《中華道藏》整理本照録[48];葉貴良輯校本指出:《正統道藏》本作“廣有”[49]。“無觜”異文作“廣有”,表明其義爲很多、無數。然“觜”本指貓頭鷹頭上的毛角,也指鳥嘴,二義均與“廣有”無涉。疑“觜”當讀爲“訾”,“觜”“訾”皆從“此”得聲,《廣韻》二字皆音即移切,讀音相同,應可通借。“訾”謂估量、計算,《淮南子・人間訓》:“虞氏,梁之大富人也。家充盈殷富,金錢無量,財貨無訾。”[50]“無量”與“無訾”同義對文。《後漢書・陳蕃傳》:“又比年收斂,十傷五六,萬人飢寒,不聊生活,而采女數千,食肉衣綺,脂油粉黛,不可訾計。”李賢注:“訾,量也。”[51]“無訾”即不可估量,難以計數。北魏賈思勰《齊民要術・養魚第六十一》:“如朱公收利,未可頓求。然依法爲池養魚,必大豐足,終天靡窮,斯亦無訾之利也。”[52]皆其例。是“無觜”當作“無訾”,“觜”爲“訾”的音借字,“田宅無訾”言田地、宅舍無數。

八、餘仗

S.2832《文樣・闍梨》:“水净禪戒,雲開月心。以大悲前行,迴平濟物。日唯一食,減半共(供)於病人;三眼(服)持身,**餘仗**施於貧下。門人等追摧心〔骨〕,意奮(奪)神駭,痛人天眼滅,法炬沉輝。”(《英》4/240B)

---

〔48〕《中華道藏》第30册,華夏出版社,2004年,111頁上。

〔49〕葉貴良《敦煌本〈太上洞淵神呪經〉輯校》,中國社會科學出版社,2013年,172頁。

〔50〕劉安撰,何寧集釋《淮南子集釋》卷一八,中華書局,1998年,1304頁。

〔51〕《後漢書》卷六六《陳蕃傳》,中華書局,1965年,2161—2162頁。

〔52〕賈思勰撰,繆啓愉校釋《齊民要術校釋(第二版)》卷六,中國農業出版社,1998年,461頁。

按:例中"餘仗",黄征、吴偉録作"□仗"〔53〕,郝春文照録而無校〔54〕。例謂闍梨減省衣食,將多餘的供給病人、施予貧困。"餘仗"當作"餘長","仗"爲"長"的同音借字。《玉篇·長部》除亮切:"長,多也。"〔55〕《集韻·漾韻》:"仗,直亮切,兵器。……長,度長短曰長;一曰餘。"〔56〕"仗""長"同一小韻,皆音直亮切(zhàng),是"長"表多、餘義時,與"仗"音同,可以通借。"長"這一音義,文獻習見,如《吕氏春秋·先識覽》:"此治世之所以短,而亂世之所以長也。"高誘注:"短,少;長,多也。"〔57〕南朝梁鍾嶸《詩品》卷中《宋徵士陶潛詩》:"其源出於應璩,又協左思風力。文體省静,殆無長語。"〔58〕《廣韻·魚韻》:"餘,賸(賸)也。"〔59〕《詩經·秦風·權輿》:"於我乎,夏屋渠渠。今也每食無餘。"〔60〕是"餘長"爲同義複詞,指賸餘、多餘。三國魏康僧鎧譯《曇無德律部雜羯磨·安居法第五》:"先與上座房已,次第與第二、第三、第四乃至下座,法亦如是。若有**餘長**房者,應留客比丘也。"〔61〕東晋佛陀跋陀羅共法顯譯《摩訶僧祇律》卷八:"汝今多欲難滿,廣求衣物,積畜**餘長**,此非法、非律、非如佛教,不可以是長養善法。"〔62〕唐義净譯《根本説一切有部尼陀那目得迦》卷七:"時有乞食苾芻遊行至此,時舊住者便爲解勞,彼客苾芻問言:'具壽!頗有**餘長**閑卧具不?'答曰:'此無閑物。'"〔63〕"餘長"一詞,習見於漢譯佛經,中土文獻罕見,這當與佛教戒"貪"、提倡"不蓄長物"有關。

上引敦煌願文中的"餘仗",謂闍梨捨己長物,給施貧乏,這一行爲本身就是僧侣日常生活中對佛典戒律的修持,由此也證明"餘仗"確應校作"餘長"。

〔53〕 同注〔12〕,78頁。
〔54〕 同注〔13〕,247頁。
〔55〕 同注〔46〕,130頁上。
〔56〕 同注〔22〕,171頁下。
〔57〕 陳奇猷校釋《吕氏春秋校釋》卷一六《先識覽第四》,學林出版社,1984年,957、960頁。
〔58〕 曹旭集注《詩品集注》卷中,上海古籍出版社,1994年,260頁。
〔59〕 周祖謨校《廣韻校本》上册,中華書局,2004年,69頁。
〔60〕 《毛詩正義》卷六,阮元校刻《十三經注疏》本,中華書局,2009年,796頁上。
〔61〕 同注〔14〕,第22册,1045頁中。
〔62〕 同注〔14〕,第22册,292頁上。
〔63〕 同注〔14〕,第24册,441頁下。

九、欄楯華碧

S.2832《文様・尊宿律舉發》:"是時也,片片悲雲,凝空未散;關關啼鳥,聲近香樓;梵宇開扉,爐煙芬覆(馥)。以茲勝妙,莫限[良]因,先用奉資和尚靈識:**欄楯華碧**,引向西方;足步金繩,魂遊寶地。千葉蓮座,擁入天宫;五色採(彩)雲,往詣佛國。"(《英》4/247B)

按:例中"欄楯華碧",各家皆無説。上引文例所寫乃爲耆年律師舉喪發送之事,其中"欄楯華碧,引向西方",謂舉喪者運載靈柩前往荼毗(火化),句中"欄楯華碧"應指靈車與棺柩。"楯"本指欄杆的横木,《説文解字・木部》:"楯,闌檻也。"段玉裁注:"此云'闌檻'者,謂凡遮闌之檻,今之闌干是也。王逸《楚辭》注曰:'檻,楯也。'從曰檻,横曰楯。"〔64〕後泛指欄杆,東漢延熹二年(159)《張景碑》:"宛令右丞慴告追鼓賊曹掾石梁寫移,□遣景作治五駕,瓦屋二間,周**欗楯**十尺,於匠務令功堅。"〔65〕"欗楯"即"欄楯",謂欄杆。古籍中"楯"也用爲"輴",《禮記・雜記上》"載以輲車;入自門,至於阼階下而説車"鄭玄注:"言'載以輲車,入自門',明車不易也……不易者,不易以楯也。廟中有載柩以輴之禮。"陸德明釋文:"楯,敕倫反。下同。一本作輴,同。"〔66〕鄭注"不易以楯"的"楯",余仁仲本、和本、十行本、閩本、監本、毛本、殿本、阮刻本同,撫州本、岳本、嘉靖本、八行本作"輴"〔67〕。"楯"表欄杆,音食尹切(船紐準韻),陸德明給"楯"注"敕倫反",蓋謂其字讀爲"輴"(徹紐諄韻),故又注"一本作輴,同"。

上引敦煌文例中的"欄楯",以其本義"欄杆"解之,文意不諧,應爲"蘭輴"之音借。"輴"指載柩的靈車,實爲"軓"的换旁異體。《説文・車部》:"軓……一曰下棺車曰軓。"段玉裁注:"《士喪禮》'遷於祖用軸'注曰:'軸,輁軸也。狀如轉轔,刻兩頭爲軹輁,狀如長牀。穿桯,前後著金,而關軸焉。天子諸侯以上有四周,謂之輴。天子畫之以龍。'按惟天子諸侯殯葬朝廟皆用輴,許云下棺車,謂天

〔64〕《説文解字注》六篇上,上海古籍出版社,1988 年,256 頁上。

〔65〕同注〔47〕,第 1 册,216—217 頁。

〔66〕《禮記正義》卷四〇,阮元校刻《十三經注疏》本,中華書局,2009 年,3358 頁上。

〔67〕王鍔《禮記鄭注彙校》卷四十,中華書局,2020 年,573 頁。

子諸侯窆用輴也。”〔68〕原本《玉篇》殘卷《車部》:“輴,《禮記》:‘天子之殯也,菆塗龍輴而椁幬,諸侯輴而設幬。’鄭玄曰:‘龍輴,畫轅以龍也。’《字書》亦軕字也者。”〔69〕《篆隸萬象名義・車部》:“軕,敕輪反,棺車。輴,同上,天子殯。”〔70〕“輴”用爲“軕”之異體,指載棺的靈車,至遲6世紀初已出現。北魏正光六年(525)《李遵墓誌》:“丹旐夙設,龍輴戒辰。悽悽楚攙(挽),灼灼容輴。長歸泉室,委體幽塵。”〔71〕又孝昌元年(525)《元焕墓誌》:“庭建龜祧,堂啓龍輴。白楊思鳥,青松愁人。”〔72〕二例中截圖字皆“輴”的俗寫變體。這是目前所見“輴”字的較早用例,較顧野王編成《玉篇》的時間(梁大同九年,543)略早。“輴”字出現以前,“載柩車”之義多借“楯”爲之;“輴”出現後,便逐漸成爲記録該義的專字〔73〕。如北周建德元年(572)《步六孤須蜜多墓誌》:“至於追葬之日,步從輴途,泥行卌餘里,哭泣哀毁,感動親賓。”〔74〕建德五年(576)《王鈞墓誌》:“安塋卜地,移輴筮日。”〔75〕S.4473《後晋文抄・大晋皇帝祭文》:“今則龍輴須進,鳳翣難停,日慘邙山,風悲瀍水。”(《英》6/92B)例中“輴”皆指運載棺柩的靈車。

“碧”從玉從石、白聲,指青緑的玉石,此義在句中講不通,其字當是“椑”之音借。“椑”《廣韻》音房益切,並紐昔韻;“碧”音彼役切,幫紐昔韻,二字聲近韻同,僅聲母有清濁之别。晚唐五代時期,濁音已清化,“椑”“碧”音同可通。“椑”本指内棺,《禮記・檀弓上》:“君即位而爲椑,歲壹漆之,藏焉。”鄭玄注:“椑,謂杝棺,親尸者。”陸德明釋文:“椑,蒲厤反……櫬尸棺。”〔76〕後泛指棺材,

---

〔68〕 同注〔64〕,723頁上。

〔69〕 顧野王《原本〈玉篇〉殘卷》,中華書局,1985年,329頁。原文所引《禮記》文出自《檀弓下》,文中“天子之殯也菆塗”七字,蓋涉《檀弓上》“天子之殯也,菆塗龍輴以椁”之語而衍;引文末的“也者”,係用來補白以使雙行小注對齊的虚詞,無義。

〔70〕 空海《篆隸萬象名義》,中華書局,1985年,181頁下。

〔71〕 同注〔47〕,第5册,324—326頁。

〔72〕 同注〔47〕,第5册,342—343頁。

〔73〕 當然,文獻中也仍有借“楯”來表示的,譬如本條討論的“欄楯”。另,前引鄭玄注中的“輴”是宋代刻本的用字,不可視爲東漢時期的用字。其中“楯”“輴”前後雜出,體現的正是歷史上不同文本的用字在後代刻本中共存的情形。

〔74〕 同注〔47〕,第10册,258—259頁。

〔75〕 同注〔47〕,第10册,291—292頁。

〔76〕 同注〔66〕,卷八,2799頁下。

《廣韻・昔韻》:"椑,棺也。"[77]唐劉肅《大唐新語》卷一〇《釐革》:"玄宗北巡狩,至於太行坂,路隘,逢椑車,問左右曰:'車中何物?'曰:'椑。《禮》云:天子即位,爲椑,歲一漆之,示存不忘亡也。出則載以從,先王之制也。'玄宗曰:'焉用此!'命焚之。天子出不以椑從,自此始也。"[78]是"碧"當作"椑","華椑"與"蘭輴"構詞表意近似,皆爲偏正結構,都是對靈車和棺柩的美稱:"蘭""華"指芳香、華美,分别修飾"輴"和"椑"。"華椑"指華美的棺木。

綜上,"欄楯華碧"應作"蘭輴華椑",指芳美的靈車載着華麗的棺櫬前往火化,尊宿律師的魂神隨着裊裊青煙往生極樂净土。

十、幸解、幸者、幸婆、檢幸、無幸、姓幸、幸建

(1)S.6537v《文樣・社條》:"竊以敦煌勝境,地傑人奇,每習儒風,皆存禮故(教)。談量**幸解**,言詁(話)美辤(辭),自不能實,須憑衆類。所以共諸無(英)流,結爲壹會。"(《英》11/96)

按:例中"詁"與"類",寧可與郝春文分别校作"語"、録爲"賴",並把"談量幸解言詁(語)美辭"連成一句[79]。趙静蓮指出:"談量"爲談説、談論義,"幸"指希望,"解"謂理解,"談量幸解言詁(語)"是説談論時希望聽懂彼此所説[80]。"談量"之解可從,"幸解"之釋未諦。

"幸"當讀爲"行","幸"(匣紐映韻)與"行"(匣紐映韻)聲同韻近(僅調有上、去之異),可以通借。敦煌文獻中,二字通借,極爲常見(詳下)。"行解"猶德能,指德行與能力,爲類義複詞。如南朝梁慧皎《高僧傳》卷八釋智順:"司空徐孝嗣亦崇其**行解**,奉以師敬。"[81]P.4525(2)v《調海興押衙歌》:"海興押衙,文筆堪誇;出到街頭,萬民談話。若説**行解**,世上莫過。"(《法》31/355A)宋延壽《宗鏡録》卷一〇:"如是等一切世界,一切趣中,悉見此普救衆生夜神,於一切時,一

[77] 同注[59],521頁。
[78] 劉肅撰,許德楠、李鼎霞點校《大唐新語》卷一〇,中華書局,1984年,152頁。
[79] 寧可、郝春文《敦煌社邑文書輯校》,江蘇古籍出版社,1997年,42頁。
[80] 同注[31],39—40頁。
[81] 同注[14],第50册,381頁中。

切處,隨諸衆生形貌、言詞、**行解**差别,以方便力,普現其前,隨宜化度。"[82] P.3409《安心難》:"不琱不琢不成寶,無**解**無**行**無道德。**解行**相依如車輪,亦如空中鳥二翼。"(《法》24/129A)末例"解行"與"行解"爲同素異序詞。上引 P.4525(2)v 例中"談話"與前揭社條中"談量"義同,皆含有稱説、誇贊的意味,其語境近似,可知"幸解"確當作"行解"。"談量幸解,言話(話)美辭,自不能實,須憑衆類",言稱説德行能力,都用美好的言辭,但這些好聽的話不能自己説,還須仰仗衆人。

(2)S.4601《佛説賢劫千佛名經》卷上題記:"雍熙二年乙酉歲十一月廿八日書寫。押牙康文興自手併筆墨寫記。清信弟子**幸婆**表(袁)願勝,**幸者**張富定、**幸婆**李長子三人等,發心寫《大賢劫千佛名》卷上,施入僧順子道場内。若因奉爲國安人泰,社稷恒昌,四路通和,八方歸伏;次願**幸者**、**幸婆**等願以乘生净土,見在合宅男女大富吉昌,福力永充供養。"[83]

(3)莫高窟 166 窟西壁龕外南壇南壁宋供養人像列西向第三身題名:"施主大乘**幸婆**阿杜一心供養。"[84]

(4)S.4120《某寺布褐綾絹破歷》:"布尺五,石**幸者**亡,吊孝翟法律用。"(《英》5/254)

(5)P.2040v《净土寺食物等品入破曆》:"布一匹,氾**幸者**木價入。"(《法》3/28)

(6)P.2680v《某年七月廿三日社司轉帖》所列社人名單:"黑社官 押衙曹 閻賢者 氾**幸者** 石章友 ▨漢君 米**幸者**……"(《法》17/226B)

(7)S.5493v《般若心經》卷末題記:"庚辰年十二月十八日,祝**幸者**爲寫經壹卷記。"[85]

(8)S.274《戊子年四月十三日春坐局席轉帖抄》:"社官安**幸者**。"(《英》1/107B)

(9)P.3894v《唐光化四年(901)三月都僧録帖》:"每日人各▨▨▨《大

[82] 同注[14],第 48 册,470 頁下。

[83] 黄永武主編《敦煌寶藏》第 37 册,新文豐出版公司,1986 年,38 頁下。

[84] 敦煌研究院編《敦煌莫高窟供養人題記》,文物出版社,1986 年,77 頁。

[85] 同注[83],第 43 册,182 頁上。

般若經》兩卷，不得怠慢。每翻（番）令遣福田判官**檢幸**。若也當翻（番）僧不在，各罰布半匹，的無容恕。恐衆不知，將帖曉示。”（《法》29/106B）

（10）P.3812《詩歌叢鈔·十二月》：“▨（八）月仲秋秋已凉，寒雁南飛數萬行。賤妾猶存舊日意，君何**無幸**不還鄉。”（《法》28/141A）

（11）S.2472v《佛誕日請某法師大開講筵疏》：“使君、指撝、都衙及親事官寮等，公途以（與）竟（鏡）面而争平，**姓幸**以（與）弓弦而競直。”（《英》4/84B）

上舉例中的“幸”亦皆爲“行”之音借字。其中，例（2）—（8）中的“幸婆”“幸者”即“行婆”“行者”，指修習佛道的信徒，男子稱行者，女子謂行婆。如 S.8649《某寺作道場麵油破歷》：“當寺二十人，沿道場二十人……漢大師四個，董道者、賢者、**行婆**四十人。”（《英》12/170B）P.3928v《陳文建等捐資繪大悲像功德記》：“謹於龕内敬繪大悲一鋪，今因功罷，略記歲寒，傳示後昆，用留遐劫。兄賢者陳文建，**行者**陳義通。”（《法》30/207B）P.4021bis《庚子年某寺寺主善住領物歷》：“於城南姚**行者**手上領得麥肆碩。”（《法》31/1A）S.4081《授三皈八戒儀軌》：“**行者**已具慚愧，棄捨家緣，來投道場，先須克責身心，至誠懺悔。”（《英》5/241）P.2337《三洞奉道科誡儀範》卷五：“科曰：道民、賢者、施主、善男子、善女子、**行者**皆是道士、女官美前人之稱。”（《法》12/129A）“行者”之稱，佛道都通用；“行婆”似僅見於和佛教相關的記載。

例（9）中“檢幸”即“檢行”，謂檢查巡行。如《後漢書·任文公傳》：“哀帝時，有言越巂太守欲反，刺史大懼，遣文公等五從事**檢行**郡界，潛伺虚實。”〔86〕《宋書·徐湛之傳》：“每夜常使湛之自秉燭，繞壁**檢行**，慮有竊聽者。”〔87〕P.2507《開元水部式》：“其斗門，皆須州縣官司**檢行**安置，不得私造。”（《法》15/1A）“幸”亦“行”之音借字。

例（10）中“無幸”，S.6208v《十二月曲子》第三首末句作“君何無行不歸還”（《英》10/190），用詞表意與“無幸”句近似，饒宗頤據以校“幸”作“行”〔88〕；任半

---

〔86〕《後漢書》卷八二上《方術上·任文公傳》，2707 頁。

〔87〕《宋書》卷七一《徐湛之傳》，中華書局，1974 年，1848 頁。

〔88〕饒宗頤《敦煌曲》，巴黎法國國家科學研究中心，1971 年；收入《饒宗頤二十世紀學術文集》第 8 卷，新文豐出版公司，2003 年，869 頁。

塘以爲:"'幸'亦可作'信',書信也。饒編作'行',似佳。惟曰'無行',則追久滯不歸之責,唯在狂夫;曰'無幸',則追羈役迫害之責,將在當時之封建主,宜辨。故取原寫'無幸',突出辭之歷史性。"〔89〕徐俊校作"信",並加案語云:"'信'指信用,非書信。"〔90〕蕭旭以爲:"幸"指寵愛,與上句"舊日意"相應〔91〕。竊謂饒校是也。作"行"不僅有異文的佐證,而且貼合"追久滯不歸之責"的辭意;任氏明知"行"字"似佳",却爲"追羈役迫害之責""突出辭之歷史性"而棄置不顧,仍依原卷作"無幸",又覺與曲子的意旨不合,遂提出"亦可作'信',書信也"的别解;徐氏從之校作"信",但認爲"信"指信用,此説於詞意雖可通,但"信"(心紐震韻)與"幸"(匣紐耿韻)讀音不近,無由通借;蕭氏稱"幸"指寵愛,似未達辭意,有無"寵愛",大抵都是對女子而言,不用於男子。從詞中女子的口吻來看,"幸"確當從饒校作"行","無幸"即"無行",謂品行不端,常用來指(男子)薄情、負心,義猶"薄行"。如《太平廣記》卷四四四"陳巖"條(出《宣室志》):"劉君**無行**,又娶一盧氏者,濮上人,性極悍戾,每以唇齒相及,妾不勝其憤,故遁而至此。"〔92〕S.1441v《雲謡集雜曲子·鳳歸雲·閨》:"想君**薄行**,更不思量。"(《英》3/47)因"行"常借"幸"爲之,故"薄行"又作"薄幸",唐范攄《雲溪友議》卷上"嚴黄門"條:"吾與汝,母子也。以汝尚幼,未之知也。汝父**薄幸**,嫌吾寢陋,枕席數宵,遂即懷汝。自後相棄,如離婦焉。"〔93〕"幸"或增旁作"倖","薄幸"又作"薄倖",唐杜牧《樊川詩集·外集·遣懷》:"十年一覺揚州夢,佔得青樓薄倖名。"〔94〕薄倖"即"薄幸",亦即"薄行",謂輕薄無行也。

例(11)中"姓幸",郝春文無校〔95〕。例中祝願使君等官寮時,希望其"姓幸"可與"弓弦"比"直","直"謂正直,多用來形容品性,故"姓幸"當作"性行",

〔89〕 任半塘《敦煌歌辭總編》,上海古籍出版社,1987年,1271頁。

〔90〕 徐俊《敦煌詩集殘卷輯考》,中華書局,2000年,380頁。

〔91〕 蕭旭《〈敦煌詩集殘卷輯考〉補正》,韓國《東亞文獻研究》第1輯,2007年;此據同作者《群書校補》,廣陵書社,2011年,872頁。

〔92〕 《太平廣記》卷四四四《畜獸十一》,中華書局,1961年,3632頁。

〔93〕 范攄《雲溪友議》卷上,《四部叢刊》續編景明刊本,15頁。

〔94〕 杜牧撰,何錫光校注《樊川文集校注》之《樊川外集》,2007年,巴蜀書社,1376頁。句中"佔"或作"贏"。

〔95〕 同注〔13〕,第12卷,2015年,161頁。

"幸"亦"行"之借。《三國志・魏書・盧毓傳》:"〔盧〕毓於人及選舉,先舉性行,而後言才。"〔96〕P.2292《維摩詰經講經文》:"我長於諸處,誇汝婁羅,心田無荆棘之林,性行絶波濤之險。"(《法》11/98)後例言光嚴品性平直。

以上所舉都是"幸"用爲"行"的例子。其實,敦煌文獻中,"行"也可借"幸"爲之。如P.2539v《後唐朔方節度使書啓底稿・三司院營田案院長書》:"具信。右謹寄上,聊表下情。誠愧丹(單)微,深懷悚灼。伏惟不以干瀆,恩賜檢留,下情**恩行**。"(《法》15/236)"恩行"不辭,當作"恩幸",敬稱對方所行於自己猶如蒙受恩寵一般。如P.2155v《曹元忠與迴鶻可汗書》:"到日,伏希兄可汗天子細與尋問,勾當發遣,即是久遠之**恩幸**矣。"(《法》7/131B)S.4341《論義徵問》:"但厶乙晚輩小學,羽零(翎)初政(正),輒然會下蒙命故敫(邀),自愧無能;敢乘(承)來旨,若懷崑(昆)友之情,願垂矜血(恤),即是**恩幸恩幸**。"(《英》6/40A)可見,"幸""行"之間的通借是雙向的。

(12)P.2226v《文樣・亡姟文》:"然今跪爐所身(申)意者,奉爲亡考妣厶七功德諸家(之嘉)會也。……故於是日,**幸建**檀那,延屈聖凡,聿修自(白)業。於是請弟(帝)釋,列真儀;爐焚海岸之香,供列〔天〕廚〔之〕饌。"(《法》9/253A)

例中"幸建"當作"興建","幸"爲"興"的音近借字,"幸"(匣紐梗攝耿韻)與"興"(曉紐曾攝蒸韻)聲韻皆近,可以通借。"興建"謂興辦、建立;"檀那"爲梵語 dāna 的音譯,本指給予、施捨,後引申表施主,例中進一步轉指施主置辦的齋會。敦煌文獻中即有"興建齋會""興建齋延(筵)"的表達,如S.107《太上洞玄靈寶昇玄内教經》:"如此之人,慳惜至死,炁欲絶時,猶故吝惜,無有施與貧之(乏)親黨之心,豈當能施散、興建齋會、供養三寶受道者乎?"(《英》1/48B)P.4911《布薩等念誦文》:"徒加嘆恨,無益亡靈,興建齋延(筵),用申冥祐。"(《法》33/262)皆其例。

本條以"幸"爲中心,從讀音上將與之相關的詞語彙聚一處,通過闡明其間的通假關係來考釋一些看似尋常却奇崛的詞語的獲義之由(如:無幸→無行≈薄行←薄幸←薄倖"),由此揭示語音在敦煌文獻詞語考釋乃至漢語詞彙研究中

〔96〕《三國志》卷二二《魏書・盧毓傳》,中華書局,1982年,652頁。

的重要作用。

上文對敦煌文獻中的十七則字詞做了較爲詳盡的考釋,其中與字形相關者六則,兼涉字形、讀音者一則,其餘十則皆與讀音相關。考釋詞義時,也從學術史的角度對相關的録文、校勘和釋義進行了檢討,由此引發一些思考,形成了幾點不成熟的想法。

一、面對文本,需摒除“先入爲主”的主觀傾向,客觀地從文意上對字詞作出恰切的校讀、解釋。如“利命”條,前人已有正確的録文,後來者多從自己熟悉的專業領域提出新見。而“新見”的提出,只是因爲“乞利”和“乞利本”有兩字雷同,有學者爲了證實新見,不惜將原卷的“請乞利命”校補作“請乞利〔本判〕命”,硬生生地造出一個“乞利本”來。從專業的眼光分析、解決問題,“先入爲主”是每個學者面對新問題時作出的正常反應,而且也常常因此求得與衆不同的正解,它是展示學者專業特色的一個重要窗口,但如何恰如其分地用好這個窗口,則是需要嚴謹以待的問題。

二、文本中講不通的疑難字詞,究竟是“字形”還是“讀音”的問題,需從文意的準確理解入手,因爲具體語境中的詞,其表意是唯一的。如“祇試”與“戈”兩條,前賢多從讀音的角度切入。但前者内容與臘八温室洗浴相關,“祇試”與“祇域”之間的聯繫,只能是字形的問題;後者出自解夢書,其行文多是對某種場景存續狀態的描述,從文本相似語境中的用詞“在”入手,找到“在”與“戈”草書字形上的關聯,問題即迎刃而解。

三、敦煌文獻多爲民間抄本,其中充斥着大量的記音字,今人因不明這種用字習慣,理解文本時難免誤解或歧解;明白這種用字習慣,則可對一些詞語的得名之由作出更爲合理的解釋。“幸”條即通過對相關詞語的輯録校釋,揭示了唐五代時期“幸”“行”音近通借的用字實況,廓清了以往的誤解。

四、敦煌文獻中原汁原味地保存的這批豐富的俗訛字和音借字,既是研究中古近代漢語文字、詞彙和語音的寶貴資料,也是校讀文本、釋疑解難的絶佳例證,亟待進行全面的搜集、整理和研究。

Interpretation of Some Characters and Words in Dunhuang Manuscripts

Zhang Xiaoyan

The great majority of Dunhuang 敦煌 manuscripts were written in the late Tang and Five Dynasties, in which there are many non-standard, erroneous, and phonetic loan characters, which reflect the authentic situation of folk characters at that time. This article explains the following seventeen characters and words: *liming* 利命, *qishi* 祇試, *tao* 縚, *hua* 椛, *ge* 戈, *jiangzhouxuanbang* 將肘宣棒, *dangjianfo* 當尖佛, *wuzi* 無觜, *yuzhang* 餘仗, *lanchunhuabi* 欄楯華碧, *xingjie* 幸解, *xingzhe* 幸者, *xingpo* 幸婆, *jianxing* 檢幸, *wuxing* 無幸, *xingxing* 姓幸 and *xingjian* 幸建, which are common in literal and prone to be misinterpreted, mispronounced, or inaccurately transcribed. This paper also shows that the abundant non-standard, erroneous and phonetic loan characters preserved in Dunhuang manuscripts are not only valuable for the study of medieval Chinese characters, words and their meaning and pronunciation but also provide excellent examples for text collation and solving many doubts and difficulties. Therefore, it is crucial to collect, collate and study these manuscripts comprehensively.

《唐研究》第二十七卷
2022 年,27—57 頁

敦煌雜字疑難字詞箋釋*

張文冠

雜字由於其口語性强、多用俗字等原因,逐漸受到語言學界的重視。敦煌寫卷中的雜字類文獻主要有《開蒙要訓》《俗務要名林》《字寶》《雜集時用要字》《諸雜字》等。對敦煌雜字進行系統整理的有張金泉、許建平兩位先生的《敦煌音義匯考》,張涌泉先生的《敦煌經部文獻合集》(下簡稱《合集》)第七、八册。此外,姚永銘、張小豔、杜朝輝、張新朋、趙家棟、高天霞、趙静蓮、陳敏和孫幼莉等先生也在各自的論著中對敦煌雜字字詞作過研究[1]。目前,敦煌雜字文獻的研究成績斐然,不過,仍有一些"俟考""俟再考"的疑難問題。筆者平時研讀雜字文獻及相關論著後,利用詞彙的系統性、方言求證、辨析字形和因聲求義等方法,對《開蒙要訓》《雜集時用要字》等敦煌雜字中的疑難字詞作了考釋。現擇取部分陳列於下,敬請各位師友同好不吝賜教。

苫持

(1)P.2578 號《開蒙要訓》:"杈杷挑撥,扻築聚散。捶(穜) 積苫持,浸漬淹瀾。"[2]

* 本文爲 2021 年度國家社科基金重大招標項目"東漢至唐朝出土文獻漢語用字研究"(編號 21&ZD295)、貴州省 2019 年度哲學社會科學規劃國學單列課題青年課題"宋元以來俗字輯釋、研究與字庫建設"(編號 19GZGX25)成果之一。文章曾在"復旦大學敦煌文獻語言文字研究青年工作坊(2021.06.19)"上宣讀,得到了趙家棟教授和部同麟副研究員等與會學者的指正。張小豔教授審讀全文,提出了很多寶貴意見,在此一併致謝! 文中疏漏,概由作者負責。

[1] 張金泉、許建平《敦煌音義匯考》,杭州大學出版社,1996 年。張涌泉《敦煌經部文獻合集》,中華書局,2008 年。爲節約篇幅,具體論著不再一一列舉。

[2] 《合集》,4042 頁。

按:《敦煌寫本〈開蒙要訓〉研究》:"'持'字乙卷誤作'特'。"[3]將"特"視爲"持"之誤字,當是,惜未對"苦持"作詳細解釋。《敦煌古代兒童課本》:"苦持,用苦加以護持。持,護持。"[4]此説將"持"釋作"護持",然未提供"持"作"護持"講的證據。

筆者以爲,"苦持"之"持"當通"治"。"持""治",在《廣韻》中皆音"直之切"[5],讀音完全相同。二字也可互注讀音,《慧琳音義》卷一五《大寶積經》卷一一六音義"治打"條:"上音持。"[6]

"持""治"時常相通,相關的例證非常多,兹不贅舉。在敦煌文獻中的也有旁證,《敦煌社會經濟文獻詞語論考》"持 除"條即已指出"持""通'治',謂鞣治皮革,使之變得熟軟"[7]。

"治"之常義爲"治理",此義相對抽象,可與表具體動作的單音節詞組合爲"X 治"或"治 X"結構的雙音節詞,表示某種生活或生産活動。

諸如文獻中有"掃治""治掃",義謂"掃除"。例如:

(2)東晋瞿曇僧伽提婆譯《中阿含經》卷二九《中阿含大品瞻波經第六》:"猶如居士秋時揚穀,穀聚之中若有成實者,揚便止住;若不成實及粃糠者,便隨風去。居士見已,即持掃箒,掃治令净。"(T1,P611b)[8]

(3)唐義净譯《根本説一切有部毘奈耶》卷一九《從非親尼取衣學處第五之二》:"於時大王大喜充滿,告諸臣曰:'卿等即宜治掃街衢,香花遍布,懸繒幡蓋,極令嚴好。'"(T23,P725a)

又有"洗治",義謂"清洗"。例如:

---

[3] 張新朋《敦煌寫本〈開蒙要訓〉研究》,浙江大學博士學位論文,2008 年,115 頁。同名專著注同,中國社會科學出版社,2013 年,219 頁。《合集》亦同,4084 頁。筆者按:此處的乙卷指 P.3610 號《開蒙要訓》。

[4] 汪泛舟《敦煌古代兒童課本》,甘肅人民出版社,2000 年,26 頁。

[5] 陳彭年等《廣韻》,澤存堂本,卷一 27 頁下欄。

[6] 徐時儀校注《一切經音義三種校本合刊(修訂版)》,上海古籍出版社,2012 年,766 頁。

[7] 張小豔《敦煌社會經濟文獻詞語論考》,上海人民出版社,2013 年,553 頁。部分文獻中的"治"寫作"持",除了讀音相同,還與唐代避李治諱有關,詳可參《敦煌社會經濟文獻詞語論考》,554 頁;竇懷永《敦煌文獻避諱研究》,甘肅教育出版社,2013 年,153 頁。

[8] 本文引用《大正藏》,例句後所標出處中的大寫字母 T 和 P 分别代表册數和頁碼,小寫字母"a、b、c"分别代表該書的上、中、下三欄。下仿此。

(4)隋闍那崛多譯《善恭敬經》:"師所營事,應盡身力而營助之,取師應器,洗治令净。"(T24,P1101c)

又有"刷治",義謂"清刷"。例如:

(5)《周禮》卷三《地官司徒第二》:"凡祭祀,飾其牛牲。"漢鄭玄注:"飾,謂刷治潔清之也。"[9]

又有"染治""治染"義謂"染色"。例如:

(6)唐道世《法苑珠林》卷三五《法服篇・功能部第二》:"若有衆生心有净信,爲比丘僧染治袈裟法服,命終生彩地天,與諸天女五欲自娱。"(T53,P556c)

(7)宋法護等譯《佛説除蓋障菩薩所問經》卷一三:"心謙下故,能以一切人所嫌棄糞掃之物而悉取之。取已洗滌治染縫綴,不生厭惡而不疲倦。"(T14,P737c)

"染治"有時寫作"染持"。例如:

(8)S.2501號《四分戒本疏》卷二:"若至三十日足已不足,同衣不同衣,即日應割截染持,恐不成者,餘人相助,免有犯過。"(T85,P585a)

"治染"或可作"持染"。例如:

(9)《北户録》卷三"山花燕支":"土人採含苞者賣之,用爲燕支粉。或持染絹帛,其紅不下藍花。"[10]

又有"縫治"。例如:

(10)舊題三國吴支謙譯《撰集百緣經》卷四《尸毘王剜眼施鷲緣》:"其中或有浣衣薰鉢、打染縫治,如是各各,皆有所營。"(T4,P218a)

例中"縫治",羅曉林釋作"縫剪、縫補"[11],此説是。

"縫治"也作"治縫"。例如:

(11)後秦弗若多羅共羅什譯《十誦律》卷三九《明雜法之四》:"若糞掃衣、若居士衣,好割截治縫,令周正别施緣。"(T23,P281a)

---

[9] 《周禮》,《四部叢刊》影長沙葉氏觀古堂藏明翻宋岳氏刊本,卷三35頁上欄。

[10] 段公路《北户録》,《叢書集成初編》本,商務印書館,1936年,45頁。

[11] 羅曉林《從漢譯佛典看〈漢語大詞典〉的失誤》,《河池學院學報》2011年第3期,29頁。

“縫治”又作“縫持”。例如：

(12)劉宋沮渠京聲譯《治禪病祕要法》卷下《治入地三昧見不祥事驚怖失心法》：“心復明利，見一一節間，月光如衣，星光如縷，縫持相著。”(T15，P339c)

又有“擣治”“治擣”，義謂“舂擣”。例如：

(13)《漢書·東方朔傳》：“置守宫盂下，射之，皆不能中。”唐顔師古注：“守宫，蟲名也。術家云以器養之，食以丹砂，滿七斤，擣治萬杵，以點女人體，終身不滅。”〔12〕

例中“擣治”，《博物志》作“治擣”〔13〕。“治擣”之他例如：

(14)《雲笈七籤》卷七四《靈飛散方》出《太清經》卷一五三：“著銅器中，懸著甑下蒸，黍一斛二斗，熟出，藥曝乾，更治擣之令細。”〔14〕

“擣治”又作“搗持”。例如：

(15)《四時纂要》卷三“造神麴法”：“小麥三石，生、蒸、炒各一石，同前法，但不用羅麵，生麥搗持須精細。”〔15〕

例中“生麥搗持須精細”，《四時纂要選讀》誤録作“生麥搗，特須精細”〔16〕。

又有“耕治”，義謂“耕地”。例如：

(16)劉宋求那跋陀羅譯《雜阿含經》卷三二：“聚落主！譬如有三種田，有一種田沃壤肥澤，第二田中，第三田塉薄。云何，聚落主！彼田主先於何田耕治下種？”(T2，P231a)

又有“墾治”，義謂“開墾”。例如：

(17)元魏慧覺等譯《賢愚經》卷九《善事太子入海品第三十七》：“墾治田畝，不避寒暑，廣種五穀，可得多財。”(T4，P411b)

又有“薅治”，義謂“薅除雜草”。例如：

(18)《齊民要術》卷五《種藍第五十三》：“藍三葉澆之，薅治令净。”〔17〕

又有“鋤治”，義謂“鋤草”。例如：

---

〔12〕《漢書》，中華書局，1962年，2843頁。

〔13〕張華《博物志》，指海本，卷二5頁上欄。

〔14〕張君房輯《雲笈七籤》，《四部叢刊》影明張萱補訂清真館本，卷七四19頁上欄。

〔15〕韓鄂《四時纂要》，朝鮮刻本，卷三16頁上欄。

〔16〕繆啓愉選譯《四時纂要選讀》，農業出版社，1984年，89頁。

〔17〕賈思勰《齊民要術》，《四部叢刊》影明鈔本，卷五20頁上欄。

(19)《尚書》卷四《仲虺之誥》:"肇我邦於有夏,若苗之有莠,若粟之有秕。"舊題孔安國傳:"始我商家國於夏,世欲見翦除,若莠生苗,若秕在粟,恐被鋤治簸颺。"〔18〕

"鋤治"也可寫作"鋤持"。例如:

(20)《南部新書》卷八:"李英公爲宰相時,有鄉人嘗過宅,爲設食。客裂却餅緣,英公曰:'君太少年。此餅犂地兩遍,熟概下種,鋤持收刈,打颺訖,磑羅作麵,然後爲餅。少年裂却緣,是何道理?'"〔19〕

例中"持",《叢書集成初編》本如字〔20〕,清《粤雅堂叢書》本誤作"痔"〔21〕。

又有"耘治",義謂"鋤草"。例如:

(21)隋智顗《妙法蓮華經文句》卷一〇:"譬如田家,春生夏長,耕種耘治,秋收冬藏一時穫刈。"(T34,P137a)

又有"糞治",義謂"施肥"。例如:

(22)《漢書·西域傳上·罽賓國》:"種五穀、蒲陶諸果,糞治園田。"〔22〕

又有"揚治",義謂"藉風力把塵土和碎芒殼等吹掉"。例如:

(23)東晋瞿曇僧伽提婆譯《增壹阿含經》卷三二《力品第三十八》:"猶如有人極飢,欲修治穀麥,揚治令净而取食之,除去飢渴。"(T2,P728b)

與《開蒙要訓》例中"苫持(治)"詞義最爲接近的一詞是"蓋治"。其例如:

(24)《唐開元占經》卷七〇《甘氏外官·蓋屋星占十二》:"甘氏曰:'蓋屋二星在危南。'主蓋治之官也。"〔23〕

(25)《程氏經説》卷三《詩解·豳·七月》:"乘屋,蓋治也。"〔24〕

二例中的"蓋治"義謂"苫蓋"。《程氏經説》例的語義猶爲顯豁,《七月》一詩中的"亟其乘屋",漢鄭玄注:"乘,治也。七月定星將中,急當治野廬之屋。"〔25〕程

〔18〕《尚書》,《四部叢刊》影烏程劉氏嘉業堂藏宋刊本,卷四 3 頁上欄。

〔19〕錢易《南部新書》,清文淵閣《四庫全書》本,卷八 14 頁上欄。

〔20〕錢易《南部新書》,商務印書館,1936 年,85 頁。

〔21〕錢易《南部新書》,辛部,12 頁下欄。

〔22〕同注〔12〕,3885 頁。

〔23〕瞿曇悉達《唐開元占經》,清文淵閣《四庫全書》本,卷七〇 3 頁下欄。

〔24〕程頤《程氏經説》,清文淵閣《四庫全書》本,卷三 28 頁上欄。

〔25〕《毛詩》,《四部叢刊》影常熟瞿氏鐵琴銅劍樓藏宋刊巾箱本,卷八 4 頁上欄。

頤進一步將鄭注中的"治"詳釋作"蓋治",義謂"苫蓋屋頂、修繕房屋"。清馬瑞辰將"乘屋"釋作"覆蓋其屋"〔26〕,亦可佐證"蓋治"之詞義。

以上諸多表示某種勞作的"X治(持)"或"治(持)X"結構的詞語,可證"苫持"當通"苫治",義謂"苫蓋"。《開蒙要訓》中的"杈杷挑撥,扻箖聚散。揰(穜)積苫持(治),浸漬淹瀾",指將穀物播揚之後,將糧食或者農作物的秸稈堆積起來並進行苫蓋,以免遭到雨水的"浸漬"。

大量"X治(持)"或"治(持)X"結構的詞語,顯示出漢語詞彙具有非常强的系統性。利用詞彙的系統性,我們不但可以解釋《開蒙要訓》中的"苫持",還可以藉此辨析文獻中的一些相關異文。例如:

(26)《齊民要術》卷二《大小麥第十》"青稞麥"條小注:"〔青稞麥〕特打時稍難,唯伏日用碌碡碾。"〔27〕

例中的"特"有異文作"持""治"等,《齊民要術校釋》:"特,黄校、明抄同,金抄、張校誤作'持',他本作'治'。"〔28〕《農桑輯要》卷二〔29〕、《農政全書》卷二六〔30〕皆引作"治"。繆啓愉將"特"視作正字,"持""治"爲誤字,概因不明"治(持)打"之義而誤校。

"治打"義謂"用手或者連枷等工具捽打穀物,以收穫糧食顆粒"(參圖1〔31〕、圖2〔32〕)。"治打"的用例如:

(27)P.2551號《太上業報因緣經》卷三:"或飲水食飯,煞害衆生;或治打米麥,煞害衆生。"〔33〕

例中"治打",《敦煌社會經濟文獻詞語論考》釋作"收拾整治穀物"〔34〕,甚是。

---

〔26〕 馬瑞辰《毛詩傳箋通釋》,《清經解續編》本,卷一六18頁下欄。

〔27〕 同注〔17〕,卷二12頁上欄。

〔28〕 繆啓愉《齊民要術校釋(第二版)》,中國農業出版社,1998年,134頁。

〔29〕 司農司《農桑輯要》,清文淵閣《四庫全書》本,卷二7頁上欄。

〔30〕 徐光啓《農政全書》,清文淵閣《四庫全書》本,卷二六12頁上欄。

〔31〕 王進玉主編《敦煌石窟藝術全集·科學技術畫卷》,同濟大學出版社,2016年,62頁。

〔32〕 佚名《開軒面場圃,把酒話桑麻。夢回田園,掩不住心頭那縷淡淡的鄉愁》,百家號"伊闕三月天",網址:http://baijiahao.baidu.com/s?id=1658864540567262460&wfr=spider&for=pc,訪問時間:2021年11月20日。

〔33〕 《法藏敦煌西域文獻》第15册,上海古籍出版社,2001年,309頁。

〔34〕 同注〔7〕,305頁。

圖 1　莫高窟 205 窟《連枷打麥圖》

圖 2　當代連枷打麥

張小豔還提到"治打"又作"持打"。例如：

(28) P.3774 號《丑年十二月僧龍藏析産牒》："未得牛中間，親情知己借得牛八具，種澗渠地，至畢功。其年收得麥一十七車，齊周自持打。"[35]

(29) P.3021 號《佛道要義雜抄》："譬如弟子家内有一塲穀，持打了首(手)，聚著地上。"[36]

以上二例中的"持打"，都義謂"收穫時捽打穀物以脱粒"。

又作"打治"。例如：

(30) 唐大覺《四分律行事鈔批》卷八："又近見西方幻人。至京中賣驢，其買者乘驢還舍，明日見是一束草。尋即趂驢主，行至西涼州東界，見本主即撮來。其人即言：'我有田取收刈，將粟還汝。'即待他刈粟打治，量粟准錢，雇車載歸，行到中道，看之盡是砂土也。"(X42, P854c)[37]

---

[35] 《法藏敦煌西域文獻》第 28 册，上海古籍出版社，2004 年，10 頁。

[36] 《法藏敦煌西域文獻》第 21 册，上海古籍出版社，2002 年，86 頁。

[37] "打治"的對象還可以是衣服，義謂"捶打衣服"。例如：隋闍那崛多譯《佛本行集經》卷五六《佛本行集經難陀出家因緣品第五十七上》："汝既信心之善男子，捨家出家，所持衣服，何故打治，令出光澤？"(T3, P912c) 例中"治"，宋、元、明本作"持"。"持打"也有徑直表示"捽打"之例，參《敦煌社會經濟文獻詞語論考》，同注[7]，305 頁。此外，敦煌文獻中還有"持治"。P.2825《太公家教》："禾熟不收，苦於風雨爲一耗；蓄積在場，不早持治，苦於雀鼠爲二耗；盆瓮碓磑，覆蓋不勤，掃略不净爲三耗。"《法藏敦煌西域文獻》第 19 册，上海古籍出版社，2001 年，3 頁。例中的"持治"，《敦煌社會經濟文獻詞語論考》認爲與"治打""持打"義同，也指捽打整治穀麥，同注[7]，305 頁。這種釋義無疑是正確的。"持""治"所記本是同一詞，二字出現在一起可能是"打治"訛作"持治"，也有可能是因"持""治"字形不同，時人將二字同義連用。這種同一詞的不同寫法連用的情況也有他例，比如在表"背叛"義時，"倍""背"組成"倍背"。例如：《新書》卷二《五美》："制定之後，下無倍背之心，上無誅伐之志。"漢賈誼《新書》，《四部叢刊》影江南圖書館藏明正德乙亥吉藩刊本，卷二 2 頁下欄。

例中的“刈粟打治”指收割粟之後進行打捽,以收穫粟米。

又作“打持”。例如:

(31)《晦庵先生朱文公文别集》卷九《再諭上户恤下户借貸》:“今仰人户速將所收禾穀,日下打持,趁此土脈未乾,並力耕墾。”〔38〕

例中的“日下打持”指趁晴天捽打收割後的禾穀。

我們再回到《齊民要術》中的“(青稞麥,)特打時稍難,唯伏日用碌碡碾”,這句話的大意是“青稞麥,人工捽打脱粒稍有難度,衹有在大晴天時用碌碡碾壓(更爲容易)”。其中的“特”爲“持”之形近誤字,當從早期的版本金抄本作“持打”,或者從《農桑輯要》《農政全書》作“治打”。“治打”“持打”“打治”“打持”其義都是“捽打收割後的穀物”之義,是一種常見的農業收穫勞動。

以上“苦持”“蓋治”“洗治”“染治(持)”“治(持)染”“擣治”“治擣”“搗持”“鋤治(持)”“薅治”“耕治”“耘治”“糞治”“揚治”“治(持)打”“打治(持)”等等,都屬於“X治(持)”“治(持)X”類型的詞語,其主要特徵就是由表示具體動作的語素和相對抽象的語素“治(持)”組合而成,“治(持)”的位置一般在後,也可以居前。明乎此,對我們訓釋詞語和校訂文本都有所幫助。

稍緒桐

(1)S.3227 號背《雜集時用要字(二)·農器部》:“槤枷。磃碡。稍緒桐。稍穀。朾麥。鎌鎫。”〔39〕

按:例中的“稍緒桐”一詞,《合集》未作校釋。《雜字書疑難語詞考辨與研究》:“‘稍緒桐’不知爲何物,疑‘稍’字本無,涉下‘稍穀’而衍。後世雜字書中多見‘硐’字:清《眼前雜字》:‘碌䃅硐子,籮頭籠垛。’清《校正七言雜字》:‘犁鏵硌硐廣種田。’……清《總魁雜字》:‘莠草苜蓿,幫耬硐地。’……《玉篇·金部》:‘鍴,磨也。’《廣韻·宕韻》:‘鐊,工人治木器。’鍴、鐊與‘硐’義同、聲韻亦近,皆可視

〔38〕 朱熹《晦庵先生朱文公别集》,《四部叢刊》影上海涵芬樓藏明刊本,卷九 20 頁上欄。

〔39〕 同注〔2〕,4151 頁。

圖3 耥

爲與'耥'同源。耥又稱耥耙,這種農具或'形如木屐,底下有許多鐵釘,上面有木柄,可在稻田行間推拉,鬆土除草'……頗疑敦煌雜字書中的'縮桐'即'縮硐'('縮'有挽、牽義),指'硐(耥)'有繩索方便人手把持、或藉助牛等畜力索引使用。"〔40〕筆者贊同"'稍'字本無,涉下'稍穀'而衍"和"'縮桐'即'縮硐'('縮'有挽、牽引義)"這兩個觀點。衹是"硐"並非是在田中推拉、用來除草鬆土的農具"耥"〔41〕("耥"之形制參圖3),因爲"耥"是用來在稻田中鬆土除草的工具,一般出現在南方地區,此物在唐代敦煌地區使用的可能性不大。

孫博士在文中指出"桐"當作"硐",而"硐"又與清代雜字中的"硐子""硌硐"有關,這爲解決問題提供了重要綫索。

事實上,"硌硐""硐子"並非"耥",而是一種播種後用來壓實土壤的農具。其例如:

(2)《(民國)陽原縣志》卷八《産業·農業》:"碌碡,長圓形,有木架置於外,用以壓穗取粟,多用牛馬驢騾,拉之前行。硌硐,扁圓形石塊二或三,以木杆穿於石塊之中央,播種後,用以壓土者。"〔42〕

(3)《凉城縣志》:"碌碡,是傳統碾打工具,有單、雙畜之别,多用馬、騾或小四輪拖拉機索引碾打,俗稱碾場。……硌硐,曾是耬播作物的鎮壓工具,有3個一串,兩個一串聯結的,也有兩個兩串組合成4串的。"〔43〕

〔40〕 孫幼莉《雜字書疑難語詞考辨與研究》,復旦大學博士學位論文,2015年,274—275頁。

〔41〕 佚名《古董古玩收藏耥耙雜項清代農用工具木器農具稻耥》,"7788收藏網",網址:https://www.997788.com/pr/detail_4803_61708190.html,訪問時間:2021年11月20日。

〔42〕 劉志鴻修,李泰棻纂《(民國)陽原縣志》,民國二十四年鉛印本,卷八5頁上欄。

〔43〕 凉城縣《凉城縣志》編纂委員會《凉城縣志》,内蒙古人民出版社,1993年,270頁。

圖 4　碌碡碾場

（4）《土默特右旗志（1991—2008）》："提耬不會，幫耬瞌睡，打硌硐打了四個壟背。"[44]

通過例（2）（3）可知"硌硐"與"碌碡"有所區别，"碌碡"一般是指收穫時碾壓穀物、用來脱粒的圓柱狀大石磙（參圖 4[45]）。

"硌硐"並不是收穫時用來壓場的農具，而是屬於另外一種用來壓實土地、粉碎土塊、保墒的鎮壓器。這種壓地保墒用的鎮壓器，通常被稱作"滚（磙、磙）子"或"砘子"，由硬木或石頭製成，後者較常見，其壓實的對象有壟溝、壟背和平面之分。

圖 5　西漢壓地磙子

由於地域差異和壓實對象的不同，"滚（磙、磙）子""砘子"的形狀和組合方式多種多樣。從單獨使用和多個組合的角度，可以分爲兩大類。第一類是單獨使用的，個頭相對較大，但比壓場脱粒的碌碡小，也叫作"小石磙""壓地磙子""地壓子""義歪旦"或"一條用磙子"等。這種單獨使用的鎮壓器，其形一般呈腰鼓狀，中間粗、兩端細，其主要功能是用來對土地進行壓實以保墒，或者壓青苗以壯苗。這種壓地磙子源遠流長，在河南内黄三楊莊西漢遺址中就出土了一個（見圖 5[46]），這個出土實物，證明這種

〔44〕 張海明主編《土默特右旗志（1991—2008）》，遠方出版社，2009 年，1053 頁。

〔45〕 佚名《過去麥收的老照片，全是滿滿的回憶！》，"吾穀新聞網"，網址：http://news.wugu.com.cn/article/1265232.html，訪問時間：2021 年 11 月 20 日。

〔46〕 符奎《三楊莊遺址出土石磙淺識》，《中國農史》2013 年第 6 期，31 頁。文中指出内黄三楊莊西漢遺址中的磙子就是單獨使用的砘子。

壓地磙子至遲在西漢時即已出現。時至今日,此物依然被農民使用(見圖 6[47])。

有的單獨使用的磙子呈橢圓形,與雞蛋或鴨蛋有些相似,故又名"蛋磙子""蛋形石砘子""鴨蛋混子"或"鴨蛋"(見圖 7[48]、圖 8[49])。

圖 6 一條用磙子

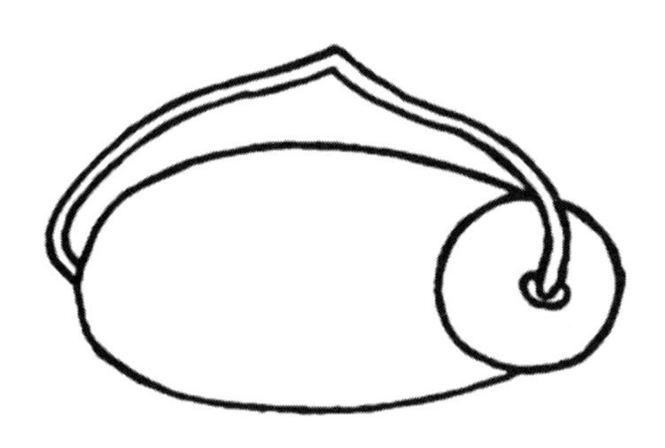

圖 7 蛋形石砘子

圖 8 "鴨蛋"

還有的呈圓柱狀,木製,叫作"木滾子"或"木砘子"(見圖 9[50])。

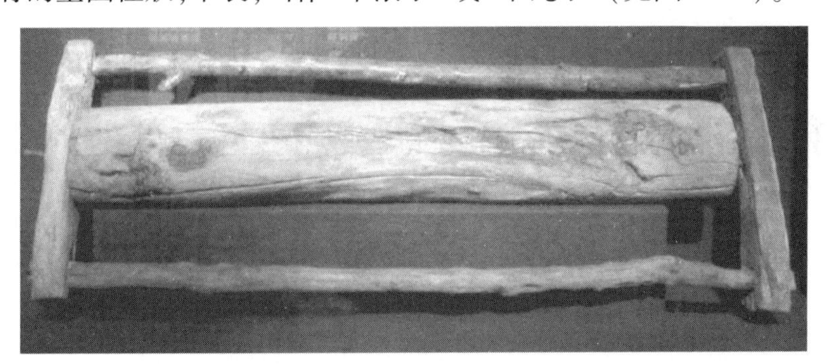

圖 9 木滾子

---

[47] 方正三編著《農具手册》,中華書局,1953 年,48 頁。

[48] 《中小農具、農藥械、農膜商品學》編寫組編《中小農具、農藥械、農膜商品學》,中國財政經濟出版社,1994 年,33 頁。

[49] 黄人森《打磙子》,新浪博客"黄人森的博客",網址:http://blog.sina.com.cn/s/blog_13fd301a60102vy3m.html,訪問時間:2021 年 11 月 20 日。

[50] 由共夫《我的故鄉》72(耬耙與耬地),新浪博客"離離天上草的博客",網址:http://blog.sina.com.cn/s/blog_abb932c90102w9sf.html,訪問時間:2021 年 11 月 20 日。

圖 10　砘子

第二類是由多個個體組合在一起使用,個體呈圓輪狀,多用來壓實剛播種後的土壤,以保墒、促使種子生芽。在不少方言中,被稱作“磙子”“硌砘”[51]“砘車”“石砘”“小砘子”“砘子”“砘軲轆”“碾子”“碾砘”“腰串子”“落蛋子”“驢石”“二(三、四)條用碾子”等,其中最常見的稱呼是“砘子”(見圖 10[52])。而“硌硐”“硐子”即山西、内蒙古等晉語區對這種“砘子”的俗稱。

在晉語區中,與“硌硐”“硐子”同義的是“砬硐”。其例如:

(5)《二人臺山曲經典》:“没人提樓打砬硐,寸草長下一卜混。”[53]

(6)《新城區・毫沁營鎮志》:“砬硐,石制圓形磙子。外徑六寸、厚三寸,内孔二寸許。四個一組,以木軸兩兩串連畜力拉動,用於穀子播種後壓墒,一幅壓四壟,經砬硐壓墒後的穀子苗齊苗壯。”[54]

(7)《新城區・毫沁營鎮志》:“貧民人拉犁、人拉糖、人拉砬硐、肩扛人背者常有。”[55]

(8)卓資縣《民間故事傳説・棋盤山》:“平展而光滑的、方方正正的石頭棋盤有一盤炕那麽大小,棋仔有砬硐軲轆那麽薄厚,都固定在那裏。”[56]

有時也作“垃垌”。例如:

(9)《土默川串話輯錦》:“摇樓不會,幫樓瞌睡,打垃垌打了四個

[51] “硌砘”與“硌硐”構詞相類,所以在此特舉一例。《呼和浩特市農業區劃》:“鎮壓,播種後打硌砘或耙糖一次。”《呼和浩特市農業區劃》編輯委員會編《呼和浩特市農業區劃》,内蒙古人民出版社,1990 年,441 頁。

[52] 《這些東北老物件名字少見,有秧馬,有砘子,有襪撑子,您認識幾樣》,“新浪網”,網址:http://k.sina.com.cn/article_1349714023_5073006700100t1sh.html,訪問時間:2021 年 11 月 20 日。

[53] 周萬金、郭源主編《二人臺山曲經典》,中國戲劇出版社,2005 年,272 頁。

[54] 成吉思汗大街街道辦事處編《新城區・毫沁營鎮志》,自印本,2013 年,123 頁。

[55] 同注[54],124 頁。

[56] 《卓資縣政協文史資料》第 2 集,自印本,1997 年,20 頁。

壟背。"[57]

(10)《内蒙古土默川方言賞析》:"打垃垌,一個人攏着馬,用馬拉的四個小石磙垃垌把壟溝裹的土壓瓷實。"[58]

(11)《山鄉莜麵情》:"摇耬的老把式,雙手摇擺着三條腿木耬,將籽種均匀地播撒在濕漉漉的土地中。我牽着騾子緊隨其後打垃垌,石頭做成的垃垌滚碾在莜麥地的壟眼裹。"[59]

(12)《花逝》:"到了播種的時候,老婆兒(媳婦兒)拉着馬走前面,馬拉着耬,三娃扶着耬把,兒子走在最後面牽着騾子打拉垌(用石頭做的軲轆,用來壓實土,讓土裹種子保持濕氣),前後一字排開。"[60]

例(9)和例(4)是同一則俗語,一作"硌硐",一作"垃垌",説明二者爲同一物品;例(10)(11)則解釋了"打垃垌"的具體含義;例(12)叙述了打垃垌的主要作用是"讓土裹種子保持濕氣",即保墒。

有時也作"拉硐"。例如:

(13)《新城區・毫沁營鎮志》:"當地哈拉沁溝内出産的藍色花崗岩,可製作拉硐、地磙子、碌碡等農具。"[61]

(14)《我的陽臺博物館是這樣布置的》:"這是拉硐,跟在耬車的後面,憑藉三個石頭軲轆將種子壓實。我特别想用它説明一個道理:没有一定壓力,種子就不能破土而出茁壯成長,人的成長不也是這樣嗎?"[62]

(15)《塞外春華》:"隊裹給我安排的具體農活是打拉硐(音洞),打拉硐是跟在種地的耬具後面,手牽着一匹馬,馬拉着用木質框架連接固定的四個石輪,四個石輪必須準確地碾軋在耬具已種下籽種的土地壟溝内。打拉硐的作用一是保墒,二是防風。"[63]

---

[57] 史銀堂《土默川串話輯錦》,土默特左旗土默特志編纂委員會編輯《土默特史料》第7集,自印本,1982年,284頁。

[58] 郝萬慧《内蒙古土默川方言賞析》,遠方出版社,2016年,155頁。

[59] 范天雲《山鄉莜麵情》,微信公衆號"察右中旗人的故事",2020年3月8日。

[60] 三門俠客《花逝》,微信公衆號"三門俠客",2021年2月25日。

[61] 同注[54],279頁。

[62] 趙學東《我的陽臺博物館是這樣布置的》,微信公衆號"文博圈",2020年5月18日。

[63] 張秉全、于德源主編《塞外春華》,天津人民出版社,2015年,438頁。

例(15)中提及打拉硐的作用“一是保墒,二是防風”。

又有“碌硐”。例如:

(16)《什物雜字》:“糖耙碌硐。”〔64〕

例中的“糖耙”和“碌硐”是兩種用來平磨壓實土壤的農具。

在雜字中,還有寫作“硅硐”者。例如:

(17)《便用雜字》:“連稭硅硐。”〔65〕

例中的“連稭”指連枷。“硅硐”則費解,大概“碌硐”先寫作“陸硐”〔66〕,“陸”受“硐”類化从石旁作“碕”,“碕”又訛作與之形近的“硅”。

又作“硐軲轆”。例如:

(18)《鄉村記憶》:“硐軲轆的‘硐’字寫對嗎?”〔67〕

“硐”字經常被寫作記音字“動”。“硐軲轆”常作“動骨碌”。例如:

(19)《大同方言博覽》:“動骨碌,播下種後壓實虛土的農具。木頭架子上安裝三個直徑約 20 釐米的石頭滾子。”〔68〕

(20)《曾經的農諺》:“穀子不出芽,全靠動骨碌壓。”〔69〕

《漢語方言大詞典》“動軲轆”條:“一種在播上種子後用來壓頂的有三個石輪的農具。晋語。山西山陰。”〔70〕

“碌硐”又作“碌動”。例如:

(21)《紅高粱白高粱》:“最讓我發怵的是‘拉碌動’,用耬種完高粱後爲了給高粱種子保墒保温,就用石頭作的小圓輪子在種過高粱的畛子上壓一遍,我們村的老鄉管這種耕作方式叫‘拉碌動’。那‘碌動’是四個小石輪

〔64〕 佚名《什物雜字》,抄本。與“碌硐”的同義詞是“碌砘”。例如:忻州民謡《没一料兒》:“摇耬不會,幫耬瞌睡,打碌砘打的個壟背。”王興治編《忻州地方民謡歇後語》,山西人民出版社,2010 年,78 頁。

〔65〕 佚名《便用雜字》,党昇满抄本。

〔66〕 也作“陸動”,詳見下文。

〔67〕 趙占江《鄉村記憶》,載“美篇”,https://www.meipian.cn/1wbnmek9,訪問時間:2021 年 11 月 20 日。

〔68〕 李金《大同方言博覽》,北岳文藝出版社,2013 年,41—42 頁。

〔69〕 佚名《曾經的農諺》,新浪博客“齊漢彬”,http://blog.sina.com.cn/s/blog_6be66fce0102x4re.html,訪問時間:2021 年 11 月 20 日。

〔70〕 許寶華、宫田一郎主編《漢語方言大詞典》,中華書局,1999 年,1571 頁。

並排,一次可以壓四行。"[71]

也作"陸動"。例如:

(22)《定襄方言志》:"陸動,壓地壟用。"[72]

也作"動碌"。例如:

(23)《大同方言博覽》:"摇耬不會,幫耬瞌睡,拉動碌,一拉就是那壟背。"[73]

又作"落動"。例如:

(24)《平遥方言民俗語彙》:"落動,用木棍串起的並排三個小石滚,種上麥子後壓籽溝用的。"[74]

《漢語方言大詞典》"落動"條:"莊稼下種後,用來壓實地壟的一種農具。晋語。山西忻州。"[75]

又有"動子"。例如:

(25)《拉動子》:"拉動子:這種活,没有了技術含量,却需要好的體力。拉動子,村裏人又叫'拽蛋'。動子,是用一根木棍,將三個中間厚,兩邊薄的,直徑不到一尺的石頭穿在一起,再拴上一根繩索,拉動子的人,將繩索搭在肩上,拉上這三塊石頭蛋子,在剛剛經過摇耬,播下種子的田裏,一壟一壟跟過去,所以,拉動子被叫作'拽蛋',這活是要把剛下種後的虚土,壓瓷實一些,從而起到保墒的作用。"[76]

又作"耬動子"。例如:

(26)《小雜糧生産技術》:"播後如遇雨形成硬蓋時,用耬動子碾壓或其他農具破除硬蓋,以利苗全苗壯。"[77]

---

[71] 崔濟哲《最後的狼》,三晋出版社,2014年,166頁。

[72] 陳茂山《定襄方言志》,山西高校聯合出版社,1995年,38頁。

[73] 同注[68],366頁。

[74] 侯精一《平遥方言民俗語彙》,語文出版社,1995年,56頁。

[75] 同[70],5934頁。

[76] 董尚文《拉動子》,微信公衆號"老三届之家",2019年3月17日。

[77] 王豔茹主編《小雜糧生産技術》,河北科學技術出版社,2016年,9頁。"耬動子"的同義詞是"耬砘子"。其例如:《皇城鎮志》:"[砘子]有雙眼耬砘子和單眼耬砘子兩種。雙眼耬砘子由人拉動,單眼耬砘子由人推動。"張建平主編,皇城鎮志編纂委員會編纂《皇城鎮志》,山東省地圖出版社,2002年,110頁。

“垃硐”也作“垃動”。例如:

(27)《内蒙古土默川方言賞析》:“垃動跑不在耬前頭。垃動:播種後用來鎮壓地壟的一種石製農具。”〔78〕

有時字也寫作“洞”。例如:

(28)《北方兩句頭》:“碌洞子跑不在耬頭起。碌洞子,壓壟壕子的工具。”〔79〕

例中的“碌洞子”即“碌硐子”。

我們再回到例(1)《雜集時用要字(二)》,“磃磚”之後爲“稍綰桐”。“稍綰桐”正如孫幼莉博士所言,當作“綰桐”,“桐”則同“硐”,義同“硐子”“硌硐”。衹是其所指不是流行於南方的“耥”,而是一種北方常見的、播種後用來壓實土地的輪狀小型石磙。

下面,我們再分析一下“綰桐(硐)”“砬硐”“垃硐”“拉硐”“硌硐”和“碌硐”等詞語的語源和構詞方式。“硐”本義謂“磨”,《廣雅·釋詁三》:“硐,磨也。”〔80〕《玉篇·石部》:“硐,摩也。”〔81〕“碾壓”即圓狀物和其他物體進行接觸、並産生滚動摩擦運動,所以“磨”義和“用來碾壓的圓狀物”或“用圓狀物碾壓”之間有密切的聯繫。因此,“硐”由“磨”義引申出“用來碾壓鬆土的輪狀農具(即‘砘子’)”和“碾壓鬆土”〔82〕義。可以作爲佐證的是“磨”,“磨”有“摩擦”義,也有“石磨”義,還有“碾軋土地”義〔83〕。又比如“碾”,“碾”既有“研磨”,也有“滚壓”義〔84〕。再如“砘子”的“砘”,“砘”的語源可能是“扽”,“扽”有“摩擦”

〔78〕 同〔58〕,401頁。

〔79〕 賈德義《北方兩句頭》,三秦出版社,2017年,204頁。“硌硐”也有寫作“硌洞”的。例如:《懷念我的母親》:“母親用一個‘硌洞’(鎮壓穀壟的有孔石器)把我攔腰拴住,攬了針綫活給人家做。”楊茂林《懷念我的母親》,《茂林文選》,作家出版社,2006年,299頁。

〔80〕 王念孫《廣雅疏證》,清嘉慶刻本,卷三上8頁上、下欄。

〔81〕 陳彭年等《大廣益會玉篇》,澤存堂本,卷二二18頁上欄。

〔82〕 “硐”之“碾壓鬆土”義也有用例。比如孫幼莉博士所提到的“清《總魁雜字》‘莠草苜蓿,幫耬硐地’”例。又如:《歷史上的朔州》:“耬後面還用石滚子壓土保墒,稱爲‘拉硐軲轆(俗稱腰串子)’,作用是把壟溝壓實,使籽觸土生芽。第二天有的要‘復硐’(即第二次壓實)。”尚連山主編《歷史上的朔州》,中國文史出版社,2008年,568頁。例中“復硐”之“硐”即是動詞。

〔83〕 漢語大字典編輯委員會編纂《漢語大字典(第2版)》,崇文書局、四川辭書出版社,2010年,2626、2627頁左欄。

〔84〕 同注〔83〕,2623頁左欄。

義,《集韻·恨韻》:"扽,摩也。"[85]

我們再來看"縮"。"縮桐(硐)"之"縮",孫幼莉博士已經指出是"牽挽、拉拽"義。因此,"縮桐(硐)"應當是動賓結構。這種農具在使用時需要畜力或人力拉拽(參圖11[86]、圖12[87]、圖13[88]),所以"硐"前面可以搭配一些表示"牽挽、拉拽"義的構詞語素。明乎此,也可以幫助我們尋找本字。比如上文中提到的"垃硐""砬硐""拉硐",在這三種寫法中,本字應當是"拉硐"[89]。可資參考的是,除了"縮桐(硐)",還有名詞"拉砘"。例如:

(29)《伊克昭盟志》:"拉砘是伊盟梁外地區農家普遍使用的傳統鎮壓保墒農具。……用拉砘鎮壓碾實,使土壤與種子充分貼合,易於吸水萌發。

圖 11　牛拉砘

圖 12　驢拉砘

圖 13　人拉砘

[85] 丁度等《集韻》,曹氏楝亭本,卷七 98 頁下欄。

[86] 丁明燁《中原風情之——砘地》,載"丁明燁的博客",網址:http://blog.sina.com.cn/s/blog_4599bfb00102vs37.html,訪問時間:2021 年 11 月 20 日。

[87] 潘吉星《天工開物校注及研究》,巴蜀書社,1989 年,236 頁。

[88] 郭促《拉石砘》,載"山西郭促的博客",網址:http://blog.sina.com.cn/s/blog_49872a680100vnkp.html,訪問時間:2021 年 11 月 20 日。

[89] "拉"寫作"垃",一方面是字形相近,另一方面,"拉硐"是壓土的工具,故字易从"土"旁。"拉"作"砬",則是受到"硐"字的類化影響。類似的有"拉砘"作"垃砘""砬砘",參下文注[90]。動賓結構複音詞中動詞語素的用字,受下字類化影響而易旁的現象,在文獻中比較常見。又如 S. 3227 背《雜集時用要字(二)·石器部》有"砓礌"一詞,蕭旭指出:"'砓'即'投'分別字。'砓礌'指投擲之石。"蕭旭《敦煌文獻校讀記》(上),花木蘭文化事業有限公司,2019 年,65 頁。

拉砘雖屬古老農具,因其製作容易,保墒效果很好,迄今不廢。"〔90〕

例中的"拉砘"明顯是動賓結構的名詞,義同"砘子"。

"硌硐"的"硌"似乎難以解釋,從"綰桐(硐)"的"綰"、"拉硐"的"拉"來看,"硌"也許與"拉拽、牽引"義有關。疑"硌"的本字是"挌","挌"有"牽引"義。《集韻·鐸韻》:"挌,挒挌,牽引也。"〔91〕"挒"有"牽引"義,《廣雅·釋詁一》:"挒,引也。"〔92〕《玉篇·手部》:"挒,輓也。"〔93〕"挒挌"當是同義連言。"挌硐"之"挌"受"硐"字類化影響後易从"石"旁即是"硌"。

至於"碌硐""碌動""陸動""落動"之"碌""陸""落",筆者懷疑本字是"挌""硌"。在《廣韻》中"挌""硌"和"落"皆音"盧各切"〔94〕,在方言中"碌""陸""落"音同或音近,故字又寫作"碌""陸"〔95〕。

還值得我們關注的一點是,將敦煌雜字中的"綰桐(硐)"釋作"砘子(砘車)",也有助於我們對這種農具進行探源。上文中已經提到,根據出土實物,單獨使用的砘子至遲在西漢就已經出現。由多個圓輪狀的石砣組合而成的"砘子(砘車)",在傳世文獻中最早見於元代王禎的《農書》(見圖 14〔96〕)。

以往對於"砘子(砘車)"的溯源,論據大都是王禎《農書》。《中國農業百科全書·農業歷史卷》認爲"砘子(砘車)"始見於宋元時期〔97〕,很多論著都持此

〔90〕 伊克昭盟地方志編纂委員會編《伊克昭盟志》第 2 册,現代出版社,1994 年,430—431 頁。"拉砘"有時也寫作"垃砘"。例如《土默特志》:"以牲畜牽動的有犁、耙、耱、樓、垃砘、地磙子。"土默特左旗《土默特志》編纂委員會編《土默特志》,内蒙古人民出版社,1997 年,242 頁。《商都縣志》:"〔舊式農具〕用於耕地播種的,主要有木犁、木耙、木耱、木樓、垃砘、石滚等。"《商都縣志》,内蒙古文化出版社,2007 年,331 頁。有時也寫作"砬砘"。例如:《察哈爾右翼前旗志》:"砬砘,是樓播作物後的鎮壓工具,有 3 砘一串或兩砘一串聯結的分别。"察哈爾右翼前旗志編纂委員會《察哈爾右翼前旗志》,内蒙古文化出版社,2006 年,290 頁。《察哈爾右翼後旗志》:"鎮壓,又叫打砬砘,凡樓播作物均進行打砬砘。"察哈爾右翼後旗地方志編纂委員會編《察哈爾右翼後旗志》,内蒙古文化出版社,2007 年,385 頁。

〔91〕 同注〔85〕,卷一〇 13 頁上欄。

〔92〕 同注〔80〕,卷一下 34 頁下欄。

〔93〕 同注〔81〕,卷六,60 頁下欄。

〔94〕 同注〔5〕,卷五 30 頁上欄。

〔95〕 "碌硐"之"碌"也有可能和"骨碌""軲轆"之"碌""轆"有關,存疑。

〔96〕 王禎撰,繆啓愉、繆桂龍譯注《農書譯注》,齊魯書社,2009 年,445 頁。

〔97〕 中國農業百科全書總編輯委員會農業歷史卷編輯委員會、中國農業百科全書編輯部編《中國農業百科全書·農業歷史卷》,農業出版社,1995 年,52 頁。

説。一般來講,某物實際出現的時代要早於文獻記載。因此,也有學者對宋元説持懷疑態度。周昕認爲:"〔砘車〕發明於何時,尚考證不詳。王禎説:'以砘爲車古未聞。'古文獻中未見有砘車的記載,考古中亦未見實物。"〔98〕荊三林、李趁有猜測"砘子(砘車)"的出現是晚唐到宋元時期的事〔99〕,這種猜測將上限提早到晚唐,但作者並未提供王禎《農書》之外的其他證據。近年來,史曉雷根據新出土的金墓壁畫(見圖15〔100〕),認定"砘子(砘車)"至晚在金代初年已經出現〔101〕,該觀點證據確鑿,不過從敦煌文獻來看,"砘子(砘車)"的出現時代還能繼續上溯。

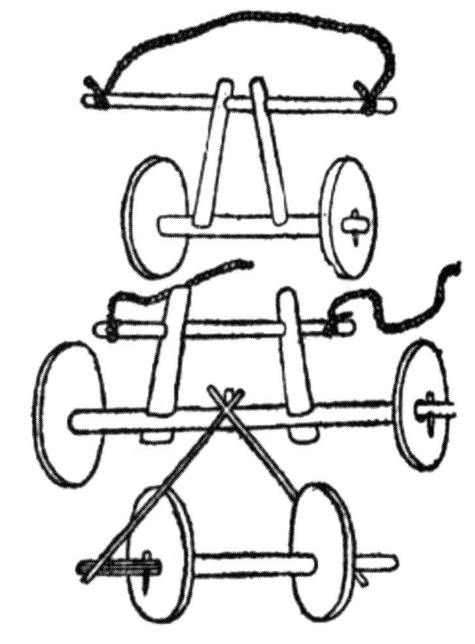

圖 14　王禎《農書》中的砘車

S. 3227 號背《雜集時用要字(二)》的抄寫年代是唐僖宗乾符六年(879),成書上限大概是唐玄宗開元十一年(723)〔102〕。表"砘子(砘車)"義的"綰桐(硐)"出現在此書中,説明由多個輪狀石砣組合而成的"砘子(砘車)",至遲在晚唐就出現了,這有力地印證了荊三林、李趁有兩位先生的推測。再結合文獻記載的滯後性,我們甚至可以大膽推斷,在盛唐或者更早的時候

圖 15　山西屯留宋村金墓壁畫中的砘子

〔98〕周昕《中國農具史綱及圖譜》,中國建材工業出版社,1998 年,83 頁。

〔99〕荊三林、李趁有《中國古代的復種工具》,《農業考古》1986 年第 1 期,155 頁。

〔100〕史曉雷《我國至晚在金代初年已經出現砘車》,《中國科技史雜志》2011 年第 3 期,345 頁。

〔101〕同上注,343—346 頁。

〔102〕同注〔2〕,4150 頁。

就有了“砘子(砘車)”[103]。

稍穀、稍粟

(1)S.3227號背《雜集時用要字(二)·農器部》:“樋枷。礁磚。稍縮桐。稍穀。打麥。鐮鈠。”[104]

(2)P.2880號《雜集時用要字(八)》:“刈麥。稍粟。”[105]

按:例(1)中的“稍穀”一詞,《敦煌蒙書研究》録作“弰彀”[106],《合集》未作校釋。例(2),《合集》校勘記:“費解,稍字疑誤。”[107]《雜字書疑難語詞考辨與研究》:“頗疑‘稍’爲‘捎’之訛,《廣韻·肴韻》:‘捎,芟也。’刈、稍(捎)都指收割莊稼。‘鐮鈠’之鈠,《廣韻·昔韻》訓爲‘小矛’,疑爲‘鍥’之省,而‘鍥’又爲訓大鐮之‘釤’换聲俗寫。《農政全書》卷二四‘農器圖譜’有‘麥釤’,訓‘芟麥刃’。”[108]此説將“稍”與“捎”聯繫在一起,非常有見地。《敦煌本〈雜集時用要字〉疑難詞語校釋》:“‘稍’應爲表收割義的動詞,疑其字爲‘捎’之音借。……詞義上,‘捎’本指採取物之末端,《説文解字·手部》:‘捎,自關已西凡取物之上者爲撟捎。’段玉裁注:‘取物之上,謂取物之巔也。捎之言梢也。’由此引申,‘捎’可指芟除,《廣韻·肴韻》:‘捎……亦芟也。’……‘稍穀、稍粟’的‘稍’即當讀爲‘捎’,指芟割、剪除。……‘捎’這種用法,至今仍保存在冀魯官話中。”[109]此説更進一步,指出“稍”本字作“捎”,由其本義“採取物之末端”引申出“芟割、剪除”義。關於“稍穀”“稍粟”的具體含義、所使用的相關工具以及其他用字等,筆

[103] 在敦煌莫高窟壁畫中,我們没有發現“砘子(砘車)”,但是莫高窟壁畫和敦煌文獻中的記載並不完全一致。有些農具,諸如《開蒙要訓》中“杈杷”之“杷”,同樣也没有出現在莫高窟壁畫中。在《齊民要術》一書中,播種後覆土的鎮壓器是“撻”,而非“砘子(砘車)”。因此,“砘子(砘車)”的出現,應當不早於南北朝。

[104] 同注[2],4151頁。

[105] 同注[2],4213頁。

[106] 鄭阿財、朱鳳玉《敦煌蒙書研究》,甘肅教育出版社,2002年,100頁。

[107] 同注[2],4215頁。

[108] 同注[40],274頁。

[109] 張小艷《敦煌本〈雜集時用要字〉疑難詞語校釋》,《敦煌吐魯番研究》第20卷,上海古籍出版社,2021年,260頁。

者在此再作一些補充。

因爲割取穀穗與穀子有直接關係,加上“稍”本義即是“禾末”[110],所以字从“禾”寫作“稍”也有理據可言。在當代方言中,亦多有寫作“稍”者。例如:

(3)《河洛方言詮詁》“稍穀子”條:“新安謂以鎌縛置長板凳上去穀之穗曰:‘稍穀子。’《説文》:捎,段氏謂取物之上,謂物之巔也。”[111]

(4)《登封民俗志》:“處暑是收穀子的季節,穀子的收穫方式,登封各地又不太一樣,有些是先到大田收穀穗,即�個籃子,手拿剪刀或鐮刀,不論大小,見穗就剪。之後單獨用鐮刀收穀秆。有些地方是連穀秆帶穀穗一次收割,到場裏之後再剪穀穗,方言叫‘稍穀’。即把鐮刀木把壓在地上(打穀場),鐮頭(尖)朝上,然後一手抓住穀秆,一手捏住穀穗在鐮刀上割斷。不管什麽方法,總之要先把穀穗和穀秆分離,然後,將穀秆收到場邊堆放起來,把穀穗曬乾,套上石磙碾軋。”[112]

(5)《穀黍與晋北飲食文化》:“稍(割)穀穗:穀子上場後,婦女們上場稍穀穗。即:人坐在地下,腿底壓鐮刀柄,刃子朝上,一手捉穀穗,一手捉秸杆,將穀穗逐個割下來,堆放在一起,秸草堆在另一邊,用作牲畜飼草。”[113]

圖 16　稍穀

以上三則材料詳細叙述了“稍穀”的具體過程,即將穀子帶穗收割後整體運到打穀場,然後把鐮刀綁在長板凳上或壓在地上,再把穀穗削下來(參圖 16[114])。

也常寫作“捎”。例如:

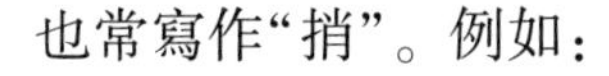

[110] 這一點,是部同麟、趙家棟兩位先生提供的意見。

[111] 王廣陵《河洛方言詮詁》,中州古籍出版社,1993 年,42 頁。

[112] 《登封民俗志》編纂委員會編,常松木主編《登封民俗志》,河南人民出版社,2011 年,15 頁。

[113] 范金榮《穀黍與晋北飲食文化》,劉琦等編《麥黍文化研究論文集》,甘肅人民出版社,1993 年,226 頁。

[114] “陝西農村網”,網址:http://www.sxncb.com/html/2012/baoyouzhijia_1019/2114.html,訪問時間:2021 年 11 月 20 日。

(6)《日用俗字·莊農章第二》:“黍子刭(刁)時穀未捎,秫稭不捆穗先劓(千)。”〔115〕

例中的“穀未捎”指穀穗尚未收割,“捎”字,張樹錚注云:“今方言音去聲,指用刀猛力斜着砍削植物枝條、稭稈。”〔116〕

在方言詞典和方言志中,“捎穀(子)”有很多記載。《山東方言詞典》:“捎穀子,從割下來的穀稈上把穀穗削下來。(德州、陽穀)”〔117〕《漢語方言大詞典》“捎”字條:“把穀穗用刀削下。冀魯官話。山東聊城。俺娘去捎穀子去了。山東莘縣、冠縣、茌平。”〔118〕《河南内黄方言研究》:“捎穀得,割穀穗(一般在場裏)。”〔119〕

在一些方言中,用來捎穀的工具叫作“捎穀刀”。《山東方言詞典》“捎穀刀,削下穀穗的短把兒長刃刀。(德州、陽穀)”〔120〕《平頂山方言》:“捎穀刀,切掉穀子穗的釤刀。”〔121〕《德州方言志》:“捎穀刀,削穀穗的長刃刀。”〔122〕《現代文學作品山東方言詞例釋》:“捎穀刀,形似鐮刀,但有彎度,一端安有短把,主要用來削穀穗的農具。”〔123〕

當然,用來收穀穗的工具也不僅限於“捎穀刀”。例如:

(7)《親家賣糧》:“魏三嬸、桂花,在一堆穀穗跟前兒捎穀子,魏三嬸用切刀幾穗幾穗的往下切,桂花用捎穀刀一把一把地往下捎。”〔124〕

從該例來看,“捎穀子”有廣義和狹義之分。籠統地講,“捎穀子”也包括用切刀來切穀穗。如果嚴格區分的話,衹有用捎穀刀捎穀穗纔是“捎穀子”。

“稍”“捎”有時寫作記音字“哨”。例如:

---

〔115〕 蒲松齡《日用俗字》,清乾隆蒲立德鈔本。

〔116〕 張樹錚《蒲松齡〈日用俗字〉注》,山東大學出版社,2015年,44—45頁。

〔117〕 董紹克、張家芝主編《山東方言詞典》,語文出版社,1997年,36頁。

〔118〕 同注〔70〕,4716頁。這一條材料,張小豔《敦煌寫本〈雜集時用要字〉疑難詞語校釋》一文已經引到。

〔119〕 李學軍《河南内黄方言研究》,中國社會科學出版社,2016年,155頁。

〔120〕 同注〔117〕,46頁。

〔121〕 魯劍主編《平頂山方言》,中州古籍出版社,2014年,390頁。

〔122〕 曹延傑《德州方言志》,語文出版社,1991年,92頁。

〔123〕 董遵章《現代文學作品山東方言詞例釋》,青島海洋大學出版社,1991年,141頁。

〔124〕 戴雲卿《親家賣糧》,内蒙古當代文學叢書編委會《内蒙古電視劇本選》,内蒙古人民出版社,1987年,131頁。

（8）《我認識的牛》："冬天，這裏（場院）絶對是村子最熱鬧的地方，勞動力們男男女女在這裏'哨穀子''千高粱''打苞米'……"〔125〕

在某些方言中，"捎"與"掃"同音，《現代文學作品山東方言詞例釋》："方言中，'捎'還説成'掃'音。"〔126〕所以字亦寫作"掃"。《輝縣市志》："掃穀，用刀把穀穗從稈子上削掉。"〔127〕《義馬民俗志》："打穀時先掃穀，由婦女們圍坐場裏，用石頭壓住鐮把，一把一把將穀穗在鐮頭上割掉。穀穗摺入場中，曬乾，用石滚碾軋。"〔128〕

有的寫作"少"。《南陽方言》："少，（同）削：少穀子（把穀穗削下，以集中脱粒）。"〔129〕

有的寫作"邵"或者"劭"。《清河縣志》："邵穀子，削穀穗。"〔130〕《臨西縣志》："邵穀子，用長刀把穀穗砍下來。"〔131〕《禹城縣志》："劭，削穀穗。如劭穀子。"〔132〕

有的寫作"紹"。《南董古鎮志》："穀子用鐮刀割，割倒後再用'紹穀刀'把穀穗從穀草上裁下來。"〔133〕

有的寫作"招"。《忻州歇後語詞典》："半夜割穀——招梢子。招：用鐮刀割。梢子：這裏指穀穗。"〔134〕

---

〔125〕 楊玉坤《我認識的牛》，《獨坐殘陽》，内蒙古人民出版社，2008年，21—22頁。

〔126〕 同注〔123〕，141頁。

〔127〕 輝縣市史志編纂委員會編《輝縣市志》，中州古籍出版社，1992年，812頁。

〔128〕 戴景琥主編《義馬民俗志》，中州古籍出版社，1991年，33頁。

〔129〕 丁全、田小楓編著《南陽方言》，中州古籍出版社，2001年，170頁。

〔130〕 河北省清河縣地方志編纂委員會編纂《清河縣志》，中國城市出版社，1993年，709頁。

〔131〕 臨西縣地方志編纂委員會編纂《臨西縣志》，中國書籍出版社，1996年，789頁。

〔132〕 張成道主編，山東省禹城縣史志編纂委員會編《禹城縣志》，齊魯書社，1995年，555頁。

〔133〕 南董村公益聯合會編《南董古鎮志》，河北人民出版社，2015年，169頁。

〔134〕 張光明主編《忻州歇後語詞典》，上海辭書出版社，2006年，98頁。方言中又有"找穀穗"。例如：《文化通州——硯耕散人圖説》："長大後就跟大人們一塊幹活兒了，諸如：扦高粱、找穀穗、殺芝麻、割豆子、掰玉米、刨紅薯，樣樣都得學着幹。"景浩《文化通州——硯耕散人圖説》，團結出版社，2008年，8頁。"找穀穗"的工具叫作"找鐮"。《漢語方言大詞典》"找鐮"條："用來割取禾穗的鐮刀。冀魯官話。1934年《井陘縣志料》：'邑人名摘取禾穗時所用之鐮刀爲找鐮。長約三四寸，寬約寸許，上有二小孔，繫之以麻繩，套於手上用之。'"同〔70〕，2526頁。也寫作"爪"。《走滿風中的步子》："國慶日前後，村裏都在掰玉茭、爪穀穗（用一種叫爪鐮的小農具從穀秸上切下穀穗兒）。"張樂朋《走滿風中的步子》，《亂結層》，三晉出版社，2014年，403頁。《平定話》："爪鐮，用細繩繫於腕上，握於掌中，切下穀穗的無柄鐮刀。"王儉《平定話》，三晋出版社，2012年，61頁。"招""找""爪"可能是"稍""捎""紹"等在某些方言中的音變，也有可能自是一詞，本字或是"爪"，與"稍""捎""紹"等無關，存疑。

有的寫作“㨨”。《濮陽方言詞語彙釋》:“㨨穀刀,削去穀穗兒的釤刀。”[135]《陽穀方言研究》:“㨨穀子,把穀穗削下來。”[136]《現代漢語方言大詞典》“㨨穀”條:“濟南,穀子從地裏割下後,先垛成垛子,等乾了以後再在倒置的鐮刀上切下穗子,叫㨨穀。”[137]

有的寫作“嘯”。《俚語證古》卷五“飲食”:“嘯穀,削穀也。斷穀穗謂之嘯穀子。嘯字當作削。(古音讀肖)《漢書・禮樂志》:‘削則削。’注云:削者,謂有所删去。”[138]丁先生認爲本字“削”,“削穀”在文獻中也有用例。例如:

(9)《駁案續編》卷六:“〔許燦文〕隨攜取削穀小刀,潛入西屋。”[139]

在當今一些出版物中,也有寫作“削”的[140]。例如:

(10)《山東省農機志》:“削穀刀,穀子收割後,在場院削割穀穗用。刀長30釐米,刀幅3釐米,柄長8釐米。山東古代粟(穀子)種植面積大,爲農民主要收穫工具。”[141]

(11)《寧津縣志》:“削穀刀,由短木柄與月牙形鐵制刀頭組成,用於穀子收割後在場園内削穀穗。”[142]

“削(捎、稍)穀刀”,其形可參圖17[143]。

收穫穀物時,先用短鐮割取穀穗,然後再進行脱粒,這種收獲方式起源很早,在原始農業階段就已出現,《中國農具發展史》“原始農業時代的收割農具”對此言之甚詳[144]。收割穀穗的工具,最初是用蚌殼或石頭製作(見圖18[145])。

進入鐵器時代後,這種收割穀穗的工具通常叫作“銍”。《釋名・釋用器》:

---

〔135〕劉行軍、賈文《濮陽方言詞語彙釋》,《漢語論叢》第2輯,河南大學出版社,1992年,352頁。

〔136〕董紹克《陽穀方言研究》,齊魯書社,2005年,106頁。

〔137〕李榮主編《現代漢語方言大詞典》,江蘇教育出版社,2002年,5565頁。

〔138〕丁惟汾《俚語證古》,齊魯書社,1983年,154頁。

〔139〕金士潮《駁案續編》,清光緒七年刻本,卷六4頁下欄—5頁上欄。

〔140〕在表示“芟割禾穗”義時,“稍”“捎”“削”等當是同源字,下文還將論述這個問題。

〔141〕山東省農機志編纂委員會編《山東省農機志》,自印本,1990年,89頁。

〔142〕山東省寧津縣史志編纂委員會編《寧津縣志》,齊魯書社,1992年,158頁。

〔143〕左圖同注〔141〕,90頁;中圖載秦含章《農具》,商務印書館,1950年,146頁;右圖載“1688網”,網址:https://www.1688.com/huo/detail-653992787125.html?spm=a262i4.9164788.zhaohuo-list-offerlist.4.540563364zyLu2,訪問時間:2021年11月20日。

〔144〕周昕《中國農具發展史》,山東科學技術出版社,2005年,64—70頁。

〔145〕同注〔144〕,69頁。

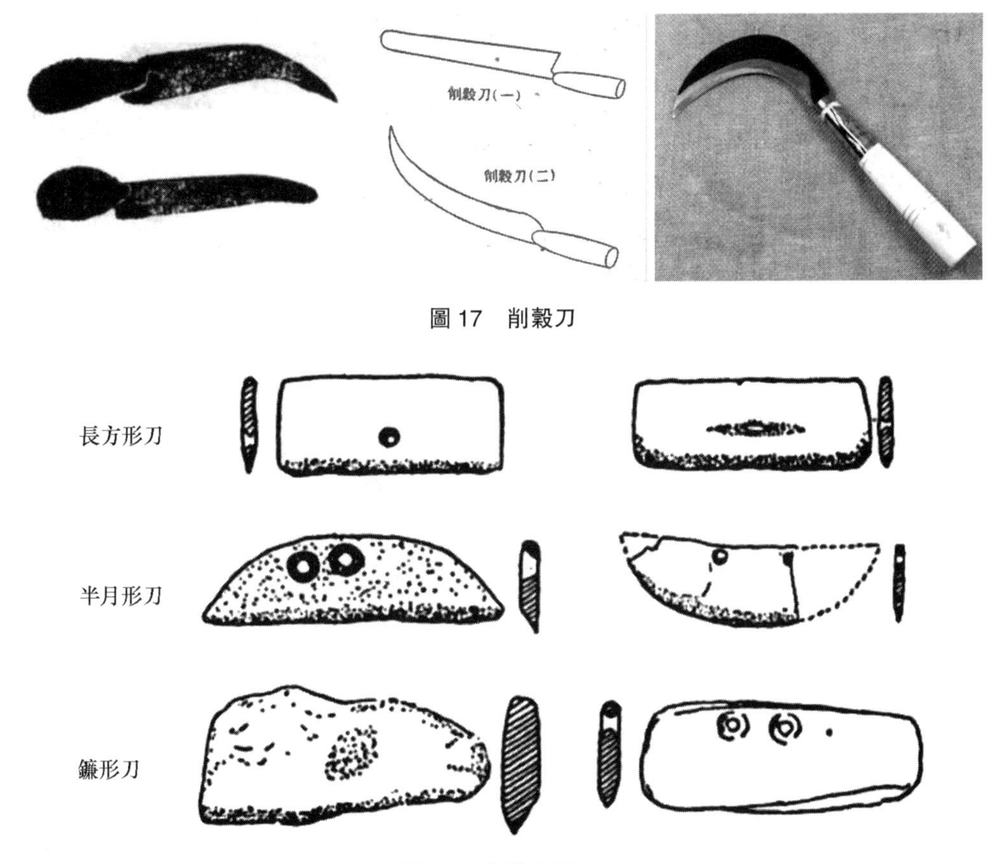

圖 17　削穀刀

圖 18　割穀穗石刀

“銍,穫禾鐵也。”[146]《説文・金部》:“銍,穫禾短鎌也。”[147]“銍”也可作動詞“割穀穗”,《小爾雅・廣物》:“截穎謂之銍。”[148]

通過例(1)(2)兩則敦煌雜字文獻的記載,可知在唐代敦煌地區繼續沿襲了“割穀穗”這種收穫方式。衹是在當時的口語裏,不再使用“銍”,而是“稍”。在北方地區,這種農業收穫技術一直沿用至今,而表“割穀穗”義的“稍”,在北方方

---

〔146〕 清畢沅《釋名疏證》,清乾隆刻本,卷七 3 頁上欄。

〔147〕 漢許慎《説文解字》,清陳昌治刻本,第十四 6 頁下欄。

〔148〕 《小爾雅》,吴琯《古今逸史》本,6 頁上欄。《正字通・手部》:“挃,《説文》:‘穫禾聲。’《詩・周頌》:‘穫之挃挃。’《爾雅》:‘挃挃,穫也。’《六書故》:‘别作揢。’《小爾雅》:‘禾穗謂之穎,截穎謂之挃,通作銍。’《韻會》本作:‘揢,擿也。’《集韻》或作‘穃’‘秷’。並非。”張自烈《正字通》,清畏堂本,卯集中 35 頁上欄。《正字通》羅列材料較全,但疏通字際關係有誤,“挃”“揢”“揢”“銍”“擿”“穃”“秷”等皆有“截取、摘取”義,或是異體字,或是同源字。

言中也得到保留，且又寫作“捎”“削”等。了解到這一點，對我們辨析敦煌雜字文獻中的一些異文也有所幫助。例如：

(12)P.2578 號《開蒙要訓》：“柯柯橿柄，芟刈撩亂。梢斫斬銼，蹂挼押按。”[149]

例中的“梢”，有異文作“稍”“削”，張新朋認爲正字是“削”，《敦煌寫本〈開蒙要訓〉研究》：“‘梢’字丙、戊卷同，庚、壬、癸卷及 P.3102 號作‘稍’，皆‘削’字音訛，乙、丁、己、辛卷及綴六正作‘削’。”[150]

例(12)中“梢斫斬銼”當是四字近義連文，至於“梢”“稍”“削”諸字的關係，並非“梢”“稍”爲“削”之音訛這麽簡單。通過上文的考察，我們看到《雜集時用要字》例中的“稍穀”“稍粟”，一直到當代北方方言都有用例。因此，在表示“芟取、收割”義時，“稍”並非“削”之訛字，甚至從其本義“禾末”來看，還有可能是本字。

從字形上看，“梢”有可能是“稍”或“捎”之俗寫，但是“梢”也有較强的理據可言。與“稍”可以由“禾末”義引申出“芟割、削”義相似，“梢”由本義“樹末”引申作動詞“芟割、削”也是順理成章的事情。《漢語大字典》“梢”字條：“同‘槊(揱)’。削尖；尖細。《集韻·效韻》：‘槊，剡木殺上也。或省。’砍伐枝葉。《宋史·河渠志一》：‘凡伐蘆荻謂之芟，伐山木榆柳枝葉謂之梢。’”[151]在今之河北邯鄲，有一種砍柴劈柴用的砍刀叫作“梢鐮”[152]，“梢鐮”之“梢”當即“芟割、削”義。因此，“梢”也並非“削”之音訛。“稍”“梢”“捎”“削”等聲符相同，又皆有“芟割、削”義，比較穩妥的看法是，諸字爲同源關係。

篙秘

(1)BD03925 號(北 8347；生 25)《諸雜字一本》(一)：“鋤刨。篙秘。滴溉。溝瀆。亭渠。”[153]

---

[149] 同注[2]，4042 頁。

[150] 浙江大學博士學位論文，2008 年，114 頁。同名專著注同，218 頁。《合集》亦同，4083 頁。

[151] 同注[83]，1300 頁左欄。

[152] 參李行健主編《河北方言詞彙編》，商務印書館，1995 年，315 頁。

[153] 同注[2]，4243 頁。

按:例中的"鶑私",《合集》校勘記:"字書皆不載,疑爲'營私'二字之訛。"[154]從上下文的"鋤刨""滴溉""溝瀆"等詞語來看,"鶑私"當爲農業術語。筆者懷疑本當作"蒿秐"。

構件"炏"常作"艹",如"勞"作"劳"、"營"作"营"等。張小艷教授見告,書手可能受"炏"作"艹"寫法的影響,據"蒿"字錯誤類推還原造出誤字"鶑"。而"蒿"與"薅"音同可通,《漢語大詞典》"蒿"字條義項六:"用同'薅'。《金瓶梅詞話》第八十九回:'〔經濟〕罵道:"還不與我撻了去,我把花子腿砸折了,把淫婦鬢毛都蒿净了。"'"[155]文獻中"薅"寫作"蒿"的例子較多,不再贅言。

"私"看似"私"之俗訛,但此處本字則當作"秐"[156]。"秐"則同"耘""芸",《集韻・文韻》:"耘,《説文》:'除苗間穢也。'亦作'秐'。通作'芸'。"[157]

"薅""耘(芸)"皆義謂"除草",故二者可以同義聯言。例如:

(2)《農書》卷上篇名《薅耘之宜篇第八》[158]。

(3)《默堂集》卷二一《祭龜山先生文》:"誘而與之如工之造器,刻雕琢磨,而冀其用如農之養苗灌溉薅芸,以俟其實。"[159]

在敦煌文獻中有"蒿芸",義謂"除草"。例如:

(4)P.3643號《唐咸通二年(861)齊像奴與人分種土地契》:"蒿芸、澆溉收拾等……"[160]

蕭旭指出:"蒿,讀爲薅、茠,《廣韻》三字並音呼毛切,同音通假。"[161]此説是。例(3)(4)中"蒿芸""灌溉、澆溉"這兩種農業活動同時出現。例(1)中"鋤刨""鶑私""滴溉"則是指鋤地、除草、灌溉三種農活。

---

[154] 同注[2],4248頁。

[155] 羅竹風主編《漢語大詞典》第9卷,漢語大詞典出版社,1992年,514頁。

[156] 文獻中有"私""秐"相混的情況。例如:《水經注》卷一三:"若會稽之耘鳥也。"校勘記:"耘,近刻訛作'私'。"北魏酈道元《水經注》,清《武英殿聚珍版叢書》本,卷一三1頁下欄。

[157] 同注[85],卷二62頁上欄。

[158] 陳旉《農書》,清《知不足齋叢書》本,卷上9頁下欄。

[159] 陳淵《默堂集》,《四部叢刊三編》影國立北平圖書館藏影宋鈔本,卷二一9頁上下欄。

[160] 唐耕耦、陸宏基編《敦煌社會經濟文獻真迹釋録》第2册,書目文獻出版社,1990年,24頁。

[161] 蕭旭《敦煌契約文書校補》,《群書校補》(三),廣陵書社,2011年,1092頁。

𫏋草

(1)P.3644號《詞句摘抄》:"桿草。磨草。𫏋草。鹿𦣘。細滑。"[162]

按:例中的"𫏋",《合集》校勘記:"'𫏋'字字書不載,存疑俟考。"[163]筆者以爲,"𫏋"字或是"䓎"的俗字。

"𫏋"之聲符"易"在《廣韻》中音"羊益切"[164],屬以母昔韻開口三等入聲梗攝;"䓎"及其聲符"弋"在《廣韻》中音"與職切"[165],屬以母職韻開口三等入聲曾攝。在《開蒙要訓》《字寶》和敦煌變文中,昔、職二韻時常相通[166]。例如:

(2)P.2579號《開蒙要訓》:"匡翊亦勤恪。"[167]

例中的"亦"是"翊"之注音字,而"亦"和"易"在《廣韻》中皆音"羊益切"[168],"翊"和"弋""䓎"在《廣韻》皆音"與職切"[169]。由此可知,在唐代西北邊音中,"易""弋""䓎"同音。

在傳世文獻中,"易"有作"弋"者。例如:

(3)《漢書·地理志》:"陽陵,故弋陽,景帝更名,莽曰'渭陽'。"宋祁注:"弋,當作'易'。"[170]

---

[162] 同注[2],4286頁。

[163] 同注[2],4293頁。

[164] 同注[5],卷五36頁上欄。

[165] 同注[5],卷五41頁上欄。

[166] 對此,詳可參邵榮芬《敦煌俗文學中的别字異文和唐五代西北方音》,《邵榮芬語言學論文集》,商務印書館,2009年,255頁;羅常培《唐五代西北方音》,商務印書館,2017年,162頁,此書已經提到《開蒙要訓》例;劉燕文《從敦煌寫本〈字寶〉的注音看晚唐五代西北方音》,國家文物局古文獻研究室編《出土文獻研究續集》,文物出版社,1989年,248頁。此外,據周祖謨、張渭毅等人的研究,北宋時期,汴洛音昔韻、職韻三等字不分。參周祖謨《宋代汴洛語音考》,《問學集》(下),中華書局,1966年,653頁;張渭毅《論〈集韻〉異讀字與〈類篇〉重音字的差異》,《語言學論叢》第32輯,商務印書館,2006年,211頁。在明代韻書《韻略易通》中,"易""弋"二字同音,皆在小韻"益"之下,明蘭茂《韻略易通》,明嘉靖三十二年高岐刻本,卷上33頁下欄。

[167] 同注[2],4040頁。

[168] 同注[5],卷五36頁上欄。

[169] 同注[5],卷五41頁上欄。

[170] 《漢書》卷二八上,清武英殿本,14頁上欄。

因此,"麧"之聲符可换从"易"作"麲"。"麧"義謂"破碎的麥殼或稻殼",《玉篇·麥部》:"麧,麧麥。"〔171〕"麧草"義同"麧",指"麥殼或稻殼"等物。例如:

(4)唐菩提流志譯《大寶積經》卷一一《密迹金剛力士會第三之四》:"或現其身卧荆棘上、或現卧麧草上、或卧土上。"(T11,P16a)

例(1)P.3644 號《詞句摘抄》中的"桿草",《合集》校作"稈草"〔172〕,此説是。"稈草"當指穀物莖幹,和"麧"都可以充作牲口的飼料,故二者可以同時出現。他例如:

(5)《文苑英華》卷四二九《會昌五年正月三日南郊赦文》:"京兆府諸縣,應欠開成五年終已前青苗、榷酒,秋夏品送府倉正稅、地租,百官職田資百姓種糧,户部和糴變色粟,驛蓄科稈草、麬麧,並放免。"〔173〕

例(1)P.3644 號《詞句摘抄》中"麲草"之後是"鹿(麁)澁"一詞。因麥糠之物比較粗糙,故可用"麁澁"來形容。例如:

(6)隋灌頂撰《大般涅槃經疏》卷六:"滑草滑利,則譬利使;麥麧麁澁,以譬鈍使。"(T38,P74a)

綜上,"麲草"之"麲"爲"麧"之换聲符俗字。"麲草"即"麧草",指麥糠、穀糠或稻糠等物。

以上文章對"苦持""稍縮桐""稍穀""稍粟""鶯松""麲草"等敦煌雜字中的疑難字詞作了考釋。在考釋過程中,筆者有一些心得體會,在此與大家分享並請各位指正。

(1)"稍縮桐"當作"縮硐",義謂"砘子",作爲構詞語素的"硐",在今之山西、内蒙古等晋方言區中依然使用;"稍穀""稍粟"義謂"割取穀穗","稍穀"在今之冀魯官話、中原官話等方言中也還在使用。可見唐代敦煌地區的一些農業詞語,尚存於今之敦煌以外的一些北方地區。由此可以窺知,這些詞語當年的使

---

〔171〕 同注〔81〕,卷一五,42 頁下欄。

〔172〕 同注〔2〕,4293 頁。

〔173〕 李昉等《文苑英華》,中華書局影明刻本,1966 年,2173 頁。該例的標點,採用的是周佳副教授等學者的觀點,在此致謝!

用範圍可能比現在要廣,甚至有可能屬於當時的北方通語詞彙〔174〕。因此,謹慎地利用敦煌地區之外的方言求證敦煌文獻疑難詞語,是一種行之有效的方法。而且學者們使用這種方法考釋敦煌文獻字詞,也取得了很大的成績。

(2)對“稍縮桐”“稍穀”“稍粟”等字詞的校訂和解釋,有助於我們深入了解唐代敦煌地區的農業生産狀况和“拉硐”“削穀刀”等農具的溯源。需要注意的是,受地理條件的影響,北方各地的農業生産工具和方式具有較高的相似性。因此,與南方相比,在考察敦煌雜字中的農業術語時,應當更加重視調查北方的農業生産情况和相關的方言詞語。

(3)“苦持”同“苦治”,義謂“苦蓋”,“具體動作+治”是一種常見的構詞方式;“縮硐”“拉/垃/砬硐”“硌/碌(挌)硐”“拉/垃/砬砘”“硌/碌(挌)砘”等皆義謂“砘子”,且是動賓結構的名詞,都由表“牽引、拉拽”義的語素“縮”“拉”“挌”等和表“石輪”義的語素“硐”“砘”組成。“苦持”和“縮硐”所屬的詞群,都呈現出非常整齊嚴密的系統性〔175〕。總之,從詞彙的系統性入手,結合相關詞義相近、結構相同的詞語,考察構詞方式,可以幫助我們探尋本字、校改誤字和準確理解詞語的意義及其理據。這種研究角度或方法,值得我們今後在考釋疑難字詞時予以更多的關注。

Explanations of Some Intricate Characters and Words in Dunhuang *Zazi* 雜字

Zhang Wenguan

Materials of *Zazi* 雜字 discovered in Duhuang 敦煌 are important for the study of the history of Chinese language. Nevertheless, some characters and words in *Zazi* are difficult to understand. Through studying the systematization of Chinese vocabulary, dialect words, graphic forms, pronunciation, this article explains the meaning of

〔174〕 這一點,是張小豔教授賜教的意見,謹致謝意!

〔175〕 這種構詞的系統性,學界也稱作“類比構詞”,詳參張小豔《敦煌書儀語言研究》,商務印書館,2007年,326—329頁。

shanchi 苫持, *shaowantong* 稍綰桐, *shaogu* 稍穀, *shaosu* 稍粟, *haoyun* 鴍秐, *yicao* 㝵草. Explaining these intricate characters and words can also aid the study of the regional variation of dialect words, the agricultural situation of the Dunhuang area in the Tang Dynasty and the origins of some farm tools. Therefore, research on the meaning and formation of words is a method that deserves more attention.

《唐研究》第二十七卷
2022 年,59—70 頁

敦煌變文字詞考釋四則

趙静蓮

敦煌變文字詞的研究成果目前已十分豐富,但仍有一些需要進一步研究的問題,如字詞考釋不確切、校録失當等,筆者不揣淺陋,對其中的四則字詞重新校讀或解釋。

一、金臺、寶槐

S.4571《維摩詰經講經文》:"更有毗耶衆,奔波百萬垓。六和持寶鉢,八敬捧金臺。羅綺攜香印,英賢掌寶槐。滿街填塞鬧,喜遇覺花開。競到菴園會,駢填卒莫裁。"[1]

項楚認爲"'槐'當作'槐','寶槐'謂槐笏"[2]。《校注》:"'寶槐'疑當作'寶槐',指槐綬(印綬)之屬。"[3]黄征將"寶槐"列入新《待質録》中[4]。"槐"應爲"槐"的俗字。《金石文字辨異·平聲·佳韻》引《唐孟達石像文》"槐"字作"𣐚"[5]。與"槐"僅有結構上的差異。但認爲"寶槐"爲印綬或官員的笏版均不確切。從内容來看,上段文字是描寫衆多信徒參加佛事法會的盛況。"寶鉢"

[1] 《英藏敦煌文獻》第 6 卷,四川人民出版社,1992 年,156 頁下—157 頁上。

[2] 項楚《〈維摩詰講經文〉補校》,氏著《敦煌文學叢考》,上海古籍出版社,1991 年,286 頁。

[3] 黄征、張湧泉《敦煌變文校注》,中華書局,1997 年,798 頁。

[4] 黄征《〈變文字義待質録〉考辨》附録,敦煌研究院編《2000 年敦煌學國際學術討論會文集——紀念敦煌藏經洞發現暨敦煌學百年·歷史文化卷》下册,甘肅民族出版社,2000 年,438—439 頁。又見浙江大學漢語史研究中心編《中古近代漢語研究》第 1 輯,上海教育出版社,2000 年,224 頁。

[5] 邢澍《金石文字辨異》卷三《佳韻》,《叢書集成續編》本,新文豐出版公司,1988 年,第 93 册,199 頁。

"金臺""香印"均與佛事法會活動有關。"金臺"當即佛教中常見的金蓮臺,爲佛及菩薩乘坐之物。宋王日休《龍舒增廣净土文》卷五《唐台州僧懷玉》:"弟子有見佛與二菩薩共乘金臺,臺傍千百化佛自西而下迎玉,玉恭敬合掌含笑長歸。"〔6〕佛教傳説人死後往生西方極樂世界會有佛及菩薩手捧金莲臺(金臺)接引。S.6417《文樣・願文》:"次用莊嚴某先亡父母者:唯願化身寶殿,遊歷金臺;不礫(歷)三塗,無經八難。"〔7〕宋王日休《龍舒增廣净土文》卷一二載慈雲懺主《晨朝十念法》:"若臨欲命終,自知時至,身不病苦,心無貪戀,心不倒散,如入禪定,佛及聖衆手持金臺來迎接我。"〔8〕宋宗曉《樂邦文類》卷二載宋遵式《往生西方略傳序》:"十者命終之時,心無怖畏,正念歡喜,現前得見阿彌陀佛,及諸聖衆,持金蓮臺,接引往生西方净土,盡未來際,受勝妙樂。"〔9〕宋元照《觀無量壽佛經義疏》卷下:"行者命欲終時,阿彌陀佛與觀世音大勢至無量大衆眷屬圍遶持紫金臺至行者前,紫金臺亦即蓮花,二贊嘆安慰。"〔10〕圖1爲黑水城出阿彌陀佛接引圖〔11〕,圖中阿彌陀佛放光來迎,二侍菩薩手捧金色蓮臺前來接引左下角的亡者。

圖1　内蒙古自治區阿拉善盟額濟納旗黑水城出阿彌陀佛接引圖

香印也不是普通的印章,而是給香料造型和印字的模具。唐寶思惟《不空羂索陀羅尼自在王呪經》卷上:"畫其界道,於壇方面各開一門,門外各有

〔6〕王日休《龍舒增廣净土文》卷五《唐台州僧懷玉》,《大正藏》第47册,267頁上。

〔7〕《英藏敦煌文獻》第11卷,四川人民出版社,1995年,49頁。

〔8〕慈雲懺主《晨朝十念法》,王日休《龍舒增廣净土文》卷一二,《大正藏》第47册,287頁下。

〔9〕遵式《往生西方略傳序》,宗曉《樂邦文類》卷二,《大正藏》第47册,168頁中。

〔10〕元照《觀無量壽佛經義疏》卷下,《大正藏》第37册,300頁下。

〔11〕羅世平、如常等主編《世界佛教美術圖説大典・繪畫卷》第3册,湖南美術出版社,2017年,1000頁。

二吉祥柱,於其壇内應畫螺形萬字香印。”〔12〕敦煌文獻亦習見。P.3638《辛未年正月六日沙彌善勝於□都師慈恩手上見領得諸物曆》:“方香印壹,團香印壹。”〔13〕P.2305《妙法蓮花經變文》:“雙雙瑞鶴添香印,兩兩靈禽注水瓶。”〔14〕圖2所示即爲各式銅香印圖片〔15〕。

圖2　銅香印

“寶槐”當也是佛事所用之物。“槐”當是“魁”的俗字。可洪《新集藏經音義隨函録》卷一二《中阿含經》卷四“以槐”條:“苦迴反,正作盔。”〔16〕對應經文爲東晋伽提婆譯《中阿含經》卷四:“或不以瓶取水,或不以魁取水。”〔17〕魁、槐、盔爲異體字,本字爲“魁”。《説文・斗部》:“魁,羹斗也。”〔18〕“魁”原是一種有柄的取用液體食物的用具。據張小黿考證其器型後來逐漸演變爲接近盆類器物〔19〕。佛教中常用魁(槐)來取水,或用以作浴佛的器具。P.3638《辛未年正月六日沙彌善勝於□都師慈恩手上見領得諸物曆》:“浴仏槐子壹。”〔20〕“‘浴仏槐子’似當指給佛洗浴的澡盆,而非澆灌浴佛的工具。”〔21〕所言近是。佛教傳説佛誕生時有九龍吐水爲佛洗身。S.2832《文樣・十二月應時》:

〔12〕寶思惟《不空羂索陀羅尼自在王呪經》卷上,《大正藏》第20册,422頁下。

〔13〕《法藏敦煌西域文獻》第26册,上海古籍出版社,2002年,185頁下。

〔14〕《法藏敦煌西域文獻》第11册,上海古籍出版社,2000年,174頁上。關於香印,揚之水有考證,見揚之水《印香與印香爐》,《古詩文名物新證》第1册,紫禁城出版社,2004年,88—95頁。

〔15〕潘奕辰《香事・生活》,黑龍江科學技術出版社,2018年,150頁。

〔16〕可洪《新集藏經音義隨函録》卷一二,《中華大藏經》第59册,987頁下。

〔17〕伽提婆譯《中阿含經》卷四,《大正藏》第1册,441頁下。

〔18〕許慎著,徐鉉校訂《説文解字》一四篇上《斗部》,中華書局影印陳昌治刻本,1978年,300頁上。

〔19〕張小黿《敦煌社會經濟文獻詞語論考》,上海人民出版社,2013年,187—188頁。

〔20〕《法藏敦煌西域文獻》第26册,185頁下。

〔21〕張小黿《敦煌社會經濟文獻詞語論考》,188頁。

“四月八日:時屬四月維八,如來誕時。七步蓮花,既至於〔是〕日;九龍吐水,亦在於玆辰。”〔22〕後來每年的佛誕日浴佛成爲一種固定的節日習俗,日期多在每年四月八日或十二月八日。所謂的浴佛就是用摻雜各種香料的水盥洗佛像。唐寶思惟譯《佛説浴像功德經》:“若欲沐像,應以牛頭栴檀、紫檀、多摩羅香、甘松、芎藭、白檀、欝金、龍腦、沈香、麝香、丁香,以如是等種種妙香,隨所得者,以爲湯水,置净器中。先作方壇,敷妙床座,於上置佛,以諸香水次第浴之。用諸香水周遍訖已,復以净水於上淋洗其浴像者。”〔23〕又有將佛直接置於盆中者。宋周密《武林舊事》卷三《浴佛》:“四月八日爲佛誕日,諸寺院各有浴佛會。僧尼輩競以小盆貯銅像,浸以糖水,覆以花棚,鐃鈸交迎,遍往邸第富室,以小杓澆灌,以求施利。是日西湖作放生會,舟楫甚盛,略如春時,小舟競賣龜魚螺蚌放生。”〔24〕宋孟元老《東京夢華録》卷一〇《十二月》:“初八日,街巷中有僧尼三五人作隊念佛,以銀、銅沙羅或好盆器坐一金銅或木佛像,浸以香水,楊枝灑浴。”〔25〕宋西湖老人《西湖繁勝録》:“内以沙羅盛金佛一尊坐於沙羅内香水中,扛臺於市中。宅院鋪席,諸人浴佛求化。”〔26〕“沙羅”即“沙鑼”,指洗漱用的盆。元自慶編述《增修教苑清規》卷一“如來降生”條:“將届降生,住持專誠命庫司預備供養,令行者於佛殿設毗藍園香湯盆,安太子像,置二小杓於盆内,至日,敷陳供養併香湯畢,堂司行者覆打起,大衆各具威儀,備香湯錢候鐘聲,俱詣大殿,依次立。”〔27〕不列顛博物館藏的敦煌絹畫即反映了佛出生時九龍吐水爲佛灌頂的情形。〔28〕

從圖3畫面上看,一個上身袒露,下身穿犢鼻褌的小孩站立在敞口束腰蓮花寶盆之上,眼神微微下視。“浴仏槐子”當即給佛沐浴時盛放香湯的净器或佛站立

〔22〕《英藏敦煌文獻》第4卷,四川人民出版社,1991年,242頁下。

〔23〕寶思惟譯《佛説浴像功德經》,《大正藏》第16册,799頁中。

〔24〕周密《武林舊事》卷三《浴佛》,江畬經編《歷代小説筆記選·宋》,上海書店出版社,1983年,675—676頁。

〔25〕孟元老《東京夢華録》卷一〇《十二月》,《叢書集成初編》影秘册彙函本,商務印書館,1936年,第3216册,203頁。

〔26〕西湖老人《西湖繁勝録》,清華大學圖書館藏涵芬樓輯涵芬樓秘笈本,《四庫全書存目叢書》史部,齊魯書社,1996年,第247册,651頁。

〔27〕自慶編述《增修教苑清規》卷一“如來降生”條,《卍新纂續藏經》第57册,頁304頁中。

〔28〕李經緯、梁峻等主編《中華醫藥衛生文物圖典·玉石、織物及標本卷》,西安交通大學出版社,2017年,388頁。

其中使用的澡盆。敦煌變文中的“寶槐”或許與浴佛相關。然變文言“英賢掌寶槐”,“寶槐”顯爲人所執持之物,器型當較小,而從上述傳世文獻用例及圖像資料反映來看,浴佛用的槐子往往體形較大,需要人扛抬,故又疑此“寶槐”爲敦煌文獻習見的魁斗形的香爐〔29〕,又稱“長柄香爐”。P.3432《龍興寺器物曆》:“長柄銅香爐壹拾兩並香奩。”〔30〕S.1774《天福柒年十二月十日某寺判官與法律智定等一伴交歷》:“長柄熟銅香爐貳,内壹在櫃。”〔31〕又稱“香斗”。宋曉瑩集《羅湖野録》卷三載宋文準《十二時頌》:“日入酉,净室焚香孤坐久。忽然月上滿東窗,照我床頭瑞香斗。”〔32〕圖4爲法門寺地宫出土如意長柄銀香爐〔33〕。

圖3　九龍灌頂沐浴圖

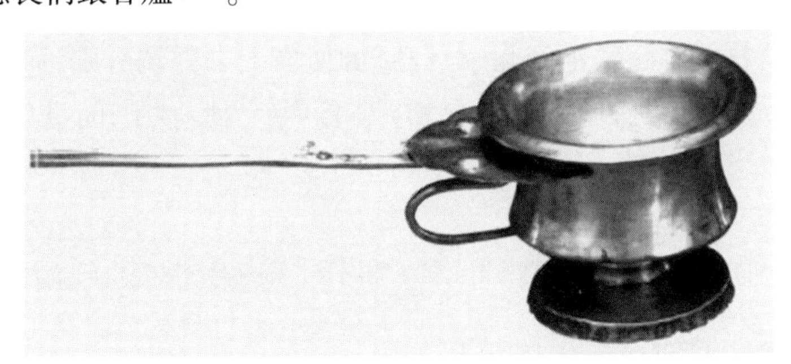

圖4　唐法門寺地宫出土如意長柄銀香爐

〔29〕 此蒙復旦大學舉辦的敦煌文獻語言文字研究青年工作坊諸位老師見告。

〔30〕 《法藏敦煌西域文獻》第24册,上海古籍出版社,2002年,183頁上。

〔31〕 《英藏敦煌文獻》第3卷,四川人民出版社,1990年,142頁下。

〔32〕 曉瑩撰《羅湖野録》卷三,《叢書集成初編》影寶顔堂秘笈本,商務印書館,1936年,第3354册,29頁。

〔33〕 李炳武主編《石破天驚的盛世佛光:法門寺博物館》,西安出版社,2018年,211頁。

圖 5　法國集美博物館藏敦煌施主樊繼壽及僕從供養像絹畫

長柄香爐敦煌壁畫、絹畫等中習見，圖 5 爲敦煌施主樊繼壽及僕從供養像絹畫〔34〕，樊繼壽手中所持即爲長柄香爐。

二、揁據

S.4571《維摩詰經講經文》:“長時事事發精勤，不向頭頭生楨據。”〔35〕

《校注》:“‘楨據’，俟校。（‘楨’，原卷左半作‘才’字形，應即‘楨’字。下文‘乾坤如把繡屏楨’，‘楨’字原卷作‘揁’，是其比。）原録作‘指據’，與原卷不合。”〔36〕

黄征將其列在新《待質録》中〔37〕。

“楨”原卷作“揁”，當録爲“揁”，“生楨（揁）據”疑當讀爲“生撐拒”，即産生抗拒，不情願做（詳下）。據，《廣韻》居御切，見母，御韻；拒，群母，語韻。唐五代西北方音中全濁聲母逐漸清音化〔38〕，語、御僅僅上去聲調有别，而敦煌文獻中多見上聲字與去聲字通假者〔39〕。“揁”疑爲“敞（撐、撑）”的借字或换旁字。

〔34〕 敦煌研究院主編《敦煌石窟藝術全集·贈閲卷·藏經洞珍品卷》，同濟大學出版社，2016 年，83 頁。

〔35〕《英藏敦煌文獻》第 6 卷，150 頁上。

〔36〕《敦煌變文校注》，779—780 頁。

〔37〕 黄征《〈變文字義待質録〉考辨》附録，敦煌研究院編《2000 年敦煌學國際學術討論會文集——紀念敦煌藏經洞發現暨敦煌學百年·歷史文化卷》下册，甘肅民族出版社，2000 年，438 頁。又見浙江大學漢語史研究中心編《中古近代漢語研究》第 1 輯，上海教育出版社，2000 年，224 頁。

〔38〕 羅常培通過分析《開蒙要訓》對音材料認爲:“這種方音（唐五代西北方音）裏見、群兩母没有分别。”見羅常培《唐五代西北方音》120 年紀念版，商務印書館，2017 年，126 頁。

〔39〕 S.2144《韓擒虎話本》:“擒虎聞言，或遇（語）將軍:‘具狄者殺，來頭（投）者便是一家。’”（《英藏敦煌文獻》第 4 卷，30 頁下）“具狄”《校注》校爲“拒敵”（303 頁），是，“拒敵”即抵抗、抗拒，典籍習見。具，《廣韻》《集韻》並“其遇切”，亦爲去聲字。“拒”字在唐五代西北方言中亦很可能已經濁上變去。

S.388《正名要録》"右本音雖同字義各别例"列有"堂:岠"〔40〕。《説文・止部》:"堂,歫也。從止,尚聲。"〔41〕段注:"大鄭曰:'堂讀如牚距之牚。''牚距'即'堂歫'字之變體。……今俗字堂作撐。"〔42〕《説文・木部》:"橕,衺柱也。"徐鉉注:"今俗别作樘,非是。"〔43〕"橕"本爲"斜撑着的柱子",引申爲支撑、抵拒義,又引申爲"抵觸""衝撞"義,與"堂"爲同源字,古籍中每多通用,字形極爲多變,其中一種俗體爲"敞(敞)"〔44〕。而"楨""揁"等字在典籍中常作"張掛""張展""畫幅"等義講,本字爲"幢",蔣禮鴻有考證〔45〕。"幢(幀)"又本作"橕"。慧琳《一切經音義》卷六一"一橕"條:"檹(摘)更反,《韻詮》:'或從人作倀。'《考聲》云:'展張形像也。'律文作楨(疑爲楨之訛),非也,從木敞聲。"〔46〕對應經文唐義净《根本説一切有部毘奈耶》卷四八:"人即共大臣等議,可畫一幀作紺容夫人所爲因緣、投火死狀。"〔47〕可見"一橕"即"一幀","畫一幀"即畫一幅畫。從慧琳所引《韻詮》"或從人作倀",説明《韻詮》以"倀"爲"橕"的異體,而"倀"又爲"幢(幀)"的常見俗體。慧琳《一切經音義》卷三五《佛頂尊勝念誦儀軌經》"倀像"條:"上擿更反,借用,本無此字,張展畫像也。或有從木也作楨,或作椗,皆俗字也,非正也。"〔48〕可知"幀"俗字常作"楨",换聲旁作"橕"〔49〕。從上引慧琳對"一橕"條的論述來看,"橕"是當時專門爲"張展""張展行像"所造的一個字,慧琳以爲是正體。慧琳《一切經音義》卷六二《根本説一切有部毘奈耶雜事》卷三

---

〔40〕《英藏敦煌文獻》第1卷,四川人民出版社,1990年,176頁下。

〔41〕《説文解字》二篇上《止部》,38頁上。

〔42〕段玉裁《説文解字注》二篇上《止部》,上海古籍出版社影印經韻樓藏版,1981年,67頁下。

〔43〕《説文解字》六篇上《木部》,120頁上。

〔44〕關於以上"堂(橕)"源流變化,張涌泉、曾良等學者均有過考證,見張涌泉《"棖"字源流考》,《漢語俗字研究》,岳麓書社,1995年,336—344頁。又見曾良《敦煌文獻字義通釋》,厦門大學出版社,2001年,144頁,又曾良《〈高僧傳〉字詞劄記》,《中國訓詁學報》2013年第2輯,商務印書館,162頁。

〔45〕見蔣禮鴻《敦煌變文字義通釋》,《蔣禮鴻集》第1卷,浙江教育出版社,2001年,147—148頁。

〔46〕慧琳《一切經音義》卷六一,《大正藏》第54册,714頁中。

〔47〕義净《根本説一切有部毘奈耶》卷四八,《大正藏》第23册,892頁中。

〔48〕慧琳《一切經音義》卷三五,《大正藏》第54册,539頁下。

〔49〕所换聲符"敞"當不是"寬敞"的"敞","寬敞"的"敞"《廣韻》爲"昌兩切",與"摘更反"相差較遠。"敞"應即爲"堂"的俗字。

“衣㲉”條:“謫庚反,《考聲》云:㲉,展也。從木敞聲。律本作揁,非也。”[50]“𣪠”即“㲉”,“攴”“支”字形相近,每相混淆。“衣㲉”即“衣揁”,當指“張掛衣服用的架子”,“㲉”字當是在“橕”的基礎上偏旁易位而成。可洪《新集藏經音義隨函録》卷一六《根本説一切有部毘奈耶雜事》卷三“衣揁”條:“上陟孟反,張也,謂開張使展也。正作㲂䋫二形也。又如前畫㲂字作揁字是也。……又以牚字替之,褚孟反,亦非也。”[51]可知“衣揁”之“揁”可借“牚”字爲之。慧琳《一切經音義》卷三九唐寶思惟《不空羂索陀羅尼自在王呪經》卷上“𣪠前”條:“上謫更反,經作楨,非也。楨音客庚反,琴瑟聲也,若以爲楨像字,於義乖失。今借𣪠字用之稍近於理,順俗爲去聲呼也。”[52]“𣪠”當即“㲉”,“㲉前”當即“幀前”,畫像前。從以上慧琳爲“橕(㲉)”所注的讀音來看,“橕(㲉)”當有平去兩種音讀,“㲉”讀平聲“謫庚反”,與當支撐、抵觸講的“敞”音形俱同。“揁據(拒)”之“揁”可能當寫作“敞”(支撐、抵觸),卻被誤認爲是張展義的“敞”,又寫作其常見借字“揁”。

P.2609《俗務要名林》:“楨,女楨也。音貞。”[53]S.5566《失名文集》:“前件官皆推楨幹。”[54]“楨幹”指重要的起決定作用的人或事物。《廣韻·清韻》:“楨,楨幹,又女楨,冬不凋木也。”[55]下“楨”,《廣韻》爲陟盈切,知母,清韻;“定”,《廣韻》直庚切,澄母,庚韻。“楨”作楨幹、女楨講與“定”音近亦可通。

又“揁”亦很可能即爲“撐(撑)”的換聲旁字。段玉裁《周禮漢讀考》卷六“維角定之,注:鄭司農云:‘定,讀如牚距之牚,車牚之牚’”條:“定,古本音堂,轉爲直庚反,其字變牚,變橕,變撑。”[56]蓋“(定)撑”上古本屬陽部字,後轉入庚青韻,而“貞(《廣韻》清韻)”的表音效果顯然比“掌”“堂”“長”等要好。

“撑拒(撐拒、牚距)”兼有“支撑”“抗拒(逆拒)”二義。《後漢書·列女傳·

---

〔50〕 慧琳《一切經音義》卷六二,《大正藏》第54册,718頁中。

〔51〕 可洪《新集藏經音義隨函録》卷一六,《中華大藏經》,第60册,7頁上。

〔52〕 慧琳《一切經音義》卷三九,《大正藏》第54册,566頁上。

〔53〕《法藏敦煌西域文獻》第16册,上海古籍出版社,2001年,223頁下。

〔54〕《英藏敦煌文獻》第8卷,四川人民出版社,1992年,37頁下。

〔55〕 陳彭年等《廣韻》卷二,《宋本廣韻·永禄本韻鏡》,江蘇教育出版社,2002年,54頁。

〔56〕 段玉裁《周禮漢讀考》卷六,《續修四庫全書》經部,上海古籍出版社影印經韻樓藏版,2002年,第80册,365頁下。

董祀妻》:"斬截無孑遺,尸骸相掌拒。"[57]唐柳宗元《問答·晋問》:"其高壯則騰突撑拒,聱岈鬱怒。"[58]以上爲支撑義。又可作"抗拒(逆拒)"講。《漢書·匈奴傳下》:"單于輿驕,謂遵、颯曰:'……莽卒以敗而漢復興,亦我力也;當復尊我!'遵與相牚距,單于終持此言。"[59]明朱謀㙔《駢雅》卷二《釋訓》:"牚距,傛㕢、抵梧(牾)也。"[60]清魏茂林《駢雅訓纂》卷二《訓纂四》引上《漢書》例爲證[61]。唐沈迥《武侯廟碑銘並序》:"遇先主之短促,值曹魏之雄富,能以區區一州,介在山谷,驅羸卒,輔孱主,衡擊中原,撑拒强敵。"[62]"撑拒强敵"即抵禦强敵。宋岳珂《桯史》卷二《望江二翁》:"翁卒辭曰:'當時固已許之,實又過直,子欲爲君子,老夫雖賤,可强以非義之財耶!'〔陳國瑞〕固授之,往反撑拒,詰旦拂衣去。"[63]"往反撑拒"即雙方來回推拒,不接受。"長時事事發精勤,不向頭頭生楨據(撑拒)","精勤"爲專一勤勉義,典籍習見。"長時事事發精勤"意爲"長時間事事都專一勤勉地〔去做〕"。"頭頭"爲件件桩桩,敦煌變文習見。如同篇:"休向頭頭作妄緣,直須處處行真(斟)酌。"[64]"不向頭頭生撑拒"意思是不應每件事都生逆拒之心,不情願做。"生撑拒"雖不見於敦煌典籍,但敦煌變文有與之類似的例子。P.2491《燕子賦》:"鳳凰大嗔,狀後即判:'雀兒之罪,不得稱算,推問根由,仍生拒捍。責情且决五下,枷項禁身推斷。'"[65]"拒捍"即拒絶,不接受之意,"生拒捍"與"生撑拒"類似。

---

〔57〕 范曄《後漢書》卷八四《列女傳》,中華書局,1965年,2801頁。

〔58〕 柳宗元《問答·晋問》,張敦頤音辯,潘緯音義《增廣注釋音辯唐柳先生集》卷一五,《四部叢刊初編》集部,商務印書館影元刊本,第687册,無頁碼。

〔59〕 班固著,顔師古注《漢書》卷九四《匈奴列傳下》,中華書局,1962年,3829頁。

〔60〕 朱謀㙔《駢雅》卷二《釋訓》,《叢書集成初編》影借月山房彙鈔本,商務印書館,1936年,第1174册,34頁。

〔61〕 魏茂林《駢雅訓纂》卷二《訓纂四》,《續修四庫全書》經部影印有不爲齋藏版,上海古籍出版社,2002年,第192册,714頁上。

〔62〕 沈迥《武侯廟碑銘並序》,周紹良主編《全唐文新編》第2部第4册,吉林文史出版社,2000年,5187頁。

〔63〕 岳珂《桯史》卷二《望江二翁》,《叢書集成初編》影印津逮秘書本,商務印書館,1936年,第2869册,14頁。

〔64〕 《英藏敦煌文獻》第6卷,146頁下。

〔65〕 《法藏敦煌西域文獻》第14册,上海古籍出版社,2001年,286頁下。

三、[illegible]、[illegible]

S.4571《維摩詰經講經文》:"父母人間恩最深,憂男憂女不因循。那堪疾瘵虺(尫)[illegible](羸)苦,豈謂纏痾惹患迍。"

"父容日日尫[illegible](羸),母貌朝朝憔悴。"〔66〕

[illegible]、[illegible],《校注》均録爲"[illegible]",並曰"[illegible],當作'羸'"〔67〕。[illegible]、[illegible]均爲"羸"的俗字。可洪《新集藏經音義隨函録》卷二《大寶積經》卷一二〇"[illegible]瘦"條:"上力垂反,悮。"〔68〕對應經文唐菩提流志譯《大寶積經》卷一二〇:"作是念已便生悲惱,能令其母現諸惡相,所謂身體臭穢羸瘦萎黄。"〔69〕"[illegible]"俗字與"羸"俗字上部接近。《金石文字辨異・平聲・支韻》引《唐孟法師碑銘》"[illegible]"字作"[illegible]",引《唐南海廣利王廟碑》作"[illegible]"〔70〕。《干禄字書・平聲》:"羸羸,上通下正。"〔71〕"[illegible]""羸"上部接近,下部"羸"受到"[illegible]"的影響類化爲"[illegible]"。

四、額

S.2073《廬山遠公話》:"於是道安聞語,作色動容,嘖(責)善慶曰:'亡(望)空便額!我佛如來妙典,義里(理)幽玄,佛法難思,非君所會。'"〔72〕

"亡(望)空便額"爲憑空斥責義,經前人研究已無異議〔73〕。但"額"之本字尚有

〔66〕《英藏敦煌文獻》第6卷,152頁下、153頁上。

〔67〕《敦煌變文校注》,788頁。

〔68〕可洪《新集藏經音義隨函録》卷二,《中華大藏經》第59册,604頁上。

〔69〕菩提流志譯《大寶積經》卷一二〇,《大正藏》第11册,680頁下。

〔70〕《金石文字辨異》卷一《支韻》,178頁下。

〔71〕施安昌《顔元孫書〈干禄字書〉》,紫禁城出版社影故宫博物院拓本,16頁。

〔72〕《英藏敦煌文獻》第3卷,272頁下。

〔73〕關於"額"爲訓斥、斥責義,蔣禮鴻、陳治文、項楚、江藍生均有過論述。見蔣禮鴻《敦煌變文字義通釋》,《蔣禮鴻集》第1卷,浙江教育出版社,2001年,545—546頁。陳治文《敦煌變文詞語校釋拾遺》,《中國語文》1982年第2期,121頁。項楚《敦煌變文字義析》,朱東潤、李俊民等主編《中華文史論叢》1983年第1輯,上海古籍出版社,136—138頁,江藍生《"望空便額"別解》,《中國語文》1983年第2期,144頁。

分歧,陳治文認爲"額"本字爲"敋"〔74〕,訓爲"擊",劉凱鳴認爲"額"本字應爲"譕"〔75〕,《廣韻》烏路切:"譕,相毁"〔76〕,爲影母去聲暮韻字。《集韻》於五切:"《説文》相毁也。"〔77〕爲影母上聲姥韻字。《集韻》遏鄂切:"譕,諻也。"〔78〕影母入聲鐸韻字。趙家棟認爲"額"本字爲"吿"〔79〕。《説文・口部》:"吿,語相訶岠也。"〔80〕《廣韻》音"五割切",《集韻》音"牙曷切",皆爲疑母曷韻字。以上三種觀點均不十分妥當。"額"本字當爲"詻"。"詻"本義爲争辯。《説文・言部》:"詻,論訟也。"〔81〕因争辯必然要嚴厲地指責對方的問題,所以引申爲嚴厲地訓誡人。《禮記・玉藻》:"戎容暨暨,言容詻詻。"鄭玄注:"詻詻,教令嚴也。"〔82〕《莊子・人間世》:"若唯無詔,王公必將乘人而鬥其捷。"〔83〕陸德明《經典釋文》:"詔,告也,言也,崔本作'詻',音額,云:'逆擊曰詻。'"〔84〕朱駿聲《説文通訓定聲・豫部》:"'詻'假借爲挌。"〔85〕不確切。崔譔本的"詻"與"詔"異文同意,均爲告誡、訓誡義,"逆擊"即用言語回擊。P.2653《燕子賦》:"雀兒被額,更害氣噴(賁)。""額",P.2491作"嚇"〔86〕。《集韻・禡韻》:"嚇,以口距(拒)人謂之嚇。"〔87〕"以口拒人"即以言語抵拒人,與以言語逆擊人類似。"訟"本義爲争

〔74〕 陳治文《敦煌變文詞語校釋拾遺》,《中國語文》1982年第2期,121頁。

〔75〕 劉凱鳴《敦煌變文校勘復議》,《中國語文》1985年第6期,452—453頁。

〔76〕 《廣韻》卷四,106頁。

〔77〕 丁度等《集韻》卷五,上海古籍出版社影宋述古堂本,1985年,340頁。

〔78〕 《集韻》卷一〇,729頁。

〔79〕 趙家棟《字詞釋義復議五則》,《語言研究》2015年第2期,102—103頁。

〔80〕 《説文解字》二篇上《口部》,33頁下。

〔81〕 《説文解字》三篇上《言部》,51頁下。

〔82〕 杜預注,孔穎達疏《禮記注疏》卷三〇,阮元校刻《十三經注疏》,江蘇廣陵古籍出版社影印版,1995年,1485頁上。

〔83〕 郭象《莊子注》卷二,《文淵閣四庫全書》,台灣商務印書館影印版,子部,1986年,第1056册,22頁下。

〔84〕 陸德明《經典釋文》卷二六《莊子音義》,《叢書集成初編》影抱經堂本,1936年,第1198册,1441頁。

〔85〕 朱駿聲《説文通訓定聲・豫部》,世界書局,1936年,398頁。

〔86〕 《法藏敦煌西域文獻》第17册,上海古籍出版社,2001年,108頁上;《法藏敦煌西域文獻》第14册,287頁上。

〔87〕 《集韻》卷八,595頁。

辯,亦引申爲"指責"義。《廣雅・釋詁一》:"訟,責也。"[88]《論語・公冶長》:"吾未見能見其過而内自訟者也。"何晏引包咸:"訟,猶責也。"[89]"額""詻"皆爲《廣韻》"五陌切",概當時"詻"字不常用,借同音的"額"表示。

Interpretation of Four Characters and Words in Transformation Texts Discovered in Dunhuang

Zhao Jinglian

Combined with the knowledge of non-standard characters, phonology and exegesis, and unearthed objects, this article interprets four characters and words including *baokui* 寶槐, *zhenju* 楨據, *lei* 𪛉/𪛉 and *e* 額 in transformation texts (*bianwen* 變文) discovered in Dunhuang 敦煌. Through textual research, it is considered that the *kui* 槐 in *baokui* 寶槐 in *Literary Lecture on the Vimalakīrti Nirdeśa Sūtra* S.4571 is a non-standard character of *huai* 槐. Yet the *huai* 槐 means not the locust tree, but a non-standard character of *kui* 盔(魁) which is a kind of basin. From the context, the *baobo* 寶鉢, *xiangyin* 香印 and *jintai* 金臺, juxtaposed with *baokui* 寶槐, are related to the activities of Buddhist dharma services. *Baokui* 寶槐 should also be a Buddhist utensil which serves as a basin for holding incense soup instead of *huaihu* 槐笏 or *huaishou* 槐綬. *Zhenju* 楨據 in *Literary Lecture on the Vimalakīrti Nirdeśa Sūtra* S. 4571 should be pronounced as *chengju* 撑拒, which means unwilling to do something. *Lei* 𪛉 and *lei* 𪛉 in *Literary Lecture on the Vimalakīrti Nirdeśa Sūtra* S.4571 should be written as 𪚦 instead of *gui* 龜 and 𪚦 is a non-standard character of *lei* 羸. This character was generated under the influence of the non-standard character *gui* 龜. In *Words of Master* [*Huī*]*yuan of Mount Lushan* 廬山遠公話 S. 2073, the *e* 額 in *wangkongbiane* 亡(望)空便額 should be recognized as *luo* 詻 which originally means arguing with others and later extended to teaching others.

[88] 張揖《廣雅》卷一《釋詁》,《叢書集成初編》影小學彙函本,商務印書館,1936年,第1160册,10頁。

[89] 《論語》,何晏集解,《四部叢刊初編》經部,商務印書館1922年觀古堂影日本平正本,第37册,無頁碼。

《唐研究》第二十七卷
2022年,71—99頁

試論敦煌道教文獻的漢語史研究價值*

郜同麟

20世紀初,在敦煌莫高窟發現了六萬餘件古代抄本、刻本,其中有八百餘件道教文獻。這些文獻或是已佚道籍,或與傳世本相比多有異文,在宗教學、文獻學方面有很大的研究意義。除此之外,敦煌道教文獻在語言研究方面也有不小的價值,葉貴良、馮利華、牛尚鵬、忻麗麗、周學峰、謝明等學者都在這方面做出了不少成果[1]。但敦煌道教文獻中還有一些詞語未得到合理的解釋,其漢語史研究價值還没有被很好地揭示出來。筆者不揣譾陋,對敦煌道教文獻中的十餘組詞做了新釋,並從提供新詞新義、輔助經書校勘、展示語言文字發展綫索、提供聯綿詞的不同形式、揭示道教術語的詞源、展示特殊構詞法六個方面舉例説明這批敦煌遺珍的漢語史研究價值。

一、提供新詞新義

此前關於敦煌道教文獻詞彙的研究論著大多重視對新詞新義的考釋,並取得了很大成就,本文再舉幾例於下:

---

* 本文爲國家社科基金青年項目“敦煌吐魯番道教文獻綜合研究(16CZS005)”階段性成果。張涌泉師及張小豔、趙家棟、張文冠、景盛軒諸先生對本文多有指教,謹致謝忱。

〔1〕 葉貴良《敦煌道經寫本與詞彙研究》,巴蜀書社,2007年;葉貴良《敦煌道經詞語考釋》,巴蜀書社,2009年;馮利華《中古道書語言研究》,巴蜀書社,2010年;牛尚鵬《道經詞語考釋》,中國社會科學出版社,2017年;忻麗麗《中古靈寶經詞語考釋》,南開大學2012年博士論文(導師:楊琳);周學峰《道教科儀經籍疑難語詞考釋》,南開大學2013年博士論文(導師:楊琳);謝明《宋前道書疑難字詞考釋》,浙江大學2017年博士論文(導師:許建平)。

【匡】

Дх1962+Дх2052+P.2728+P.2848+S.238《金真玉光八景飛經》:"九天有命,普告万靈,三代相推,五氣交并,五帝顯駕,匡轡霄庭。"《道藏》本"匡"作"控"。

按:《道藏》本作"控"可能是後人所改,但這確實提示道教文獻中"匡"有控御之義。"匡轡"一詞較爲習見,除前揭例外,又如:

《高上太霄琅書瓊文帝章經》:"匡轡明霞上,流精耀玉枝。"(D1,p891)〔2〕又云:"匡轡九天外,運駕以逍遥。"(D1,p892)

《太上求仙定録尺素真訣玉文》:"神鳳匡轡,靈妃導仙。"(D2,p863)

《洞真上清神州七轉七變舞天經》:"神鳳撫鳴,巨虬框轡。"(D33,p544)(《無上秘要》卷九五引作"匡轡"。)

又有"匡駕"一詞,如:

《洞玄靈寶六甲玉女上宫歌章》:"碧鳳策朱轡,匡駕宴雲營。"(D11,p156)

又有"匡軿",如:

《上清黄氣陽精三道順行經》:"飛騎羽蓋,四真匡軿,携我同昇,俱造玉清。"(D1,p827)

又有"匡御",如:

《元始天尊説變化空洞妙經》:"其日天地水官、五岳真靈、四海大神皆乘八景玉輿,五色雲軿,匡御朱鳳,或乘飛龍。"〔3〕(D1,p846)

《洞真上清青要紫書金根衆經》卷上:"長餐皇華,昇入帝庭。浮遊太空,匡御飛軿。上享無極,億劫兆齡。"(D33,p425)

《上清元始變化寶真上經九靈太妙龜山玄籙》卷中:"太和上真右侍太丹玉女,左衛赤圭靈童,常集霍山之獸,匡御九色鳳皇。"(D34,p227)

亦有單用"匡"字者,如:

《洞真上清青要紫書金根衆經》卷上:"時乘碧霞飛輿,從十二飛龍、二十四

---

〔2〕 爲省繁冗,本文所引道經,一般引自《道藏》,文物出版社、上海書店、天津古籍出版社1988年版,以"D×,p×"標示册數和頁碼;所引佛經,一般引自《大正新脩大藏經》,以"T×,p×"的形式標明册數和頁碼。

〔3〕 該例"匡"字《正統道藏》原作"[illegible]",係"匡"避宋諱缺筆後的形訛,本文徑録正。《正統道藏》部分經書的底本是宋道藏,故其中有避宋諱的現象。下文引各經,"匡"字多因避諱缺下横。

仙人,匡鵠侍輪,遊於虚玄之上。"(D33,p426)又云:"時乘紫雲飛精羽蓋,從十二鳳凰、三十六玉女,匡鳳侍仙,遊於太清之上,無崖之中。"(D33,p426)

《洞真太上八素真經服食日月皇華訣》:"二素共乘紫青二色之雲,瓊輪玉輿,九龍匡玄,從上宫玉女二十四人,徘徊紫虚之上。"(D33,p484)

《上清外國放品青童内文》卷上:"曾玄受青洞文三行,匡五龍,遊雲宫。"(D34,p13)

《上清外國放品青童内文》卷下:"玉皇迴靈,瓊輿緑飈,四元策轡,六師匡虬,遊觀四天,洞映九遼。"(D34,p21)又云:"玉仙左迴,三首交通,皇上耀靈,玉華匡龍,六轡超虚,逍遥太空。"(D34,p21)又云:"爲學不知九壘地音三十六土皇内諱,九地不滅兆迹,九天丞相不受兆名,五岳不降雲輿,五帝不衛兆身,徒明外國之音,故不得匡虚而昇也。"(D34,p26)

前引諸例,"匡"字或與"運""策""乘"等字對文,可知"匡"即控馭之義。比較相近的句式,亦可得出這一結論,如:

BD1017《洞真上清經摘抄》:"控轡九天外,俯仰自寥寥。"

《上清外國放品青童内文》卷下:"皇崖晏轡,玉仙策軿。遊眄四天,洞披三清。"(D34,p20)

《洞真上清青要紫書金根衆經》卷上:"時乘紫霞飛蓋緑軿丹輿,從上宫玉女三十六人,手把神芝五色華旛,御飛鳳白鸞,遊於九玄之上,青天之崖。"(D33,p427)

《上清元始變化寶真上經九靈太妙龜山玄籙》卷中:"青真聖皇左侍青腰玉女,右直翠羽靈童,常乘太山靈獸,策御九光神龍。"(D34,p227)

考察"匡"字此義之源,蓋因"匡"本有匡正之義,在道教文獻中常與"御""制"等詞連用,指控制、統御,如:

P.2606《太上洞玄靈寶無量度人上品妙經》:"有過我界,身入玉虚。我位上王,匡御衆魔。"

《上清金真玉光八景飛經》:"其道高妙,衆經之尊,總統萬真,匡御群仙。"(D34,p54)

《元始五老赤書玉篇真文天書經》卷上:"成天立地,開張萬真。安神鎮靈,生成兆民。匡御運度,保天長生。上制天機,中檢五靈,下策地祇,嘯命河源,運

役陰陽，召神使仙。"（D1，p784）

《太上靈寶諸天内音自然玉字》卷四："神王常使匡御三界之上，以簡人生死之籍。"（D2，p559）

《太上洞玄靈寶真文要解上經》："子位登高仙，總統三界，匡御群靈，今以相告。"（D5，p905）

《太上洞玄靈寶八威召龍妙經》卷下："指叩虞淵，群龍飛鳴。匡御千萬，承受功名。"（D6，p241）

《上清佩符文青券訣》引《三天正法經》："玄黄飛玄之氣結成玉文，佩者與三氣同真，匡制六天，檢氣攝魔，馘斬千凶，威御群靈，入出水火，萬災不傷。"（D6，p572）

《上清佩符文絳券訣》引《三天正法經》："元白飛玄之氣結成玉文，佩者匡制萬靈，威神滅魔，辟却陽九，防過窮年，災所不傷，出入空玄，適意所行。"（D6，p577）

《洞真太上九赤班符五帝内真經》："輔我太真，給我神兵，匡制五岳，封山召靈，群魔滅試，我道肅清。"（D33，p525）（請比較前文"制命五靈，封河召山"，"封掌五岳，制命九江"。）

這些例子中，"匡御""匡制"或與"總統"等詞對文，或與"封掌"等互見，乃是統御之義，"匡"字的匡正義已不明顯，或因此"匡"字得到了控制之義。"匡轡""匡駕"中"匡"字的駕馭義當即由此引申而來。

【所向】

P.2440《靈寶真一五稱經》："諸百姓治▨（生）不利，錢財聚復散，興造校計，所向不成，爲人所疾，數見加誣。""所向"，《道藏》本作"所圖"（D11，p633）。

羽612號《洞真高上玉帝大洞雌一玉檢五老寶經》："夜在密室，常存三元君來在室中，心拜心語，如是不替，則所向如願，万事剋和，此爲真人致神仙之要法也。"

同卷："太上高精，三帝丹靈，絳宫明撤，吉感告情，三元柔魄，天皇授經，所向諧合，飛仙上清，常與玉真，俱會紫庭。"

P.2399《太上洞玄靈寶空洞靈章》："有聞諸天大聖靈章之音，皆福延万祖，死魂昇天……三界侍門，神祇營護，所向從心，世世不絶，長享無窮，世有其文，國土太平。"

P.2343《太上洞玄靈寶昇玄内教經》:"此經尊妙,履行供養,當得尊位,見世獲祐,所向隆利。"

P.3233《洞淵神呪經》卷一:"是以智人道士,誘化愚人,令受此經,此經消一切病,鬼賊伏散,万願自果,所向合矣。"

P.2559《陶公傳儀》:"乞真炁布體,充滿榮衛,疾病除愈,尸耶消滅,長生久視,通達諸靈,所向如願,万事合心。"

同卷:"使神光靈炁常現身中,凶鬼惡人自然弭伏,所向所願,皆得從心。"

BD2983《太上洞淵三昧神呪大齋儀(擬)》:"令甲家大小蒙恩,所向隆利,万願從心。"

按:前引幾例中,"所向"多與"所願"連用,義亦相近。《道藏》本《靈寶真一五稱經》改作"所圖",雖可能未必符合經書原貌,但確實揭示了"所向"的含義。"所向"本義指所面向的地方、所要前往的地方。P.2361《太玄真一本際經疏》:"行之者可以經危冒嶮,越山跨海,所之所向,千妖伏匿,万靈束形。""所向"與"所之"連用,即指所要前往之處。S.3570《陶公傳儀》:"厶爲虎起,虎走千里,所向皆開,金石爲摧,佩呑神符,長生不衰。""所向皆開",蓋亦指所前往之處皆爲開路。P.2394《閲録儀》:"出入行遊,諸所之詣,金石爲開,水火爲滅。""所向皆開"即"諸所之詣,金石爲開"。"所向"的所願之義蓋即由此引申。在傳世道教文獻中也有不少用作所願義的"所向",如《上清大洞真經》卷六"九靈真仙母青金丹皇君道經第三十九":"所願即從,天禄詵詵;所向如心,萬福盈門。"(D1,p553)《元始五老赤書玉篇真文天書經》卷上:"壽同天地,福禄光亨,所向所求,莫不利貞。"(D1,p788)《上清握中訣》卷上:"乞丐飛仙,書名丹界,所向所願,無灾無害。"(D2,p897)此類例子較多,不煩再舉。佛教文獻中"向"字亦有用作此義者,如BD7364《俗流悉曇頌》:"西方净土不肯向,欲含魔軍相閉障,出離牢獄依無相,不生不滅速迴向,佯良黄賞,各各脩無上。""不肯向"即不肯求。

【棄疾】

S.1605+S.1906《太上洞玄靈寶真一勸戒法輪妙經》:"万劫當得還生賤人之中,身嬰六極,或抱殘病,或生棄疾,以報宿怨,其目如此。"《道藏》本"棄"作"業"(D6,p871)。

津藝289號《太上妙法本相經》卷九:“居世好發人塚墓,取他衣物,劫奪塼具,報之以棄疾。”

津藝184號《太上妙法本相經》卷一〇:“一切惡業,乃至滅門,都由五惡。五惡者,亦能絶世,亦能棄疾,亦能卑隆(罷癃),亦能爲常狼所食,亦以繫閉王法仍纏。”

按:《左傳·哀公七年》“必棄疾於我”,楊伯峻注:“棄疾猶今言加害。”[4]《漢語大語典》引之以“棄疾”爲加害義,但此義於前引道經顯然不可通。前揭之“棄疾”與“殘病”“卑隆(罷癃)”等連用,蓋指廢疾、惡疾,令人厭棄之疾。P.2343《太上洞玄靈寶昇玄内教經》:“誹謗之者,衆罪歸身,苦痛皆經,見世軨軻,身得惡疾,人所棄薄。”“棄疾”蓋即指令人棄薄之惡疾。此詞在道教文獻中習見,《漢武帝内傳》:“輕則鍾禍於父母,詣玄都而考罰;慢則暴終而墮惡道,生棄疾於後世。”(D5,p55)所謂“生棄疾於後世”,即指“報之以棄疾”,後世生惡疾。《漢語大詞典》引之以爲加害、遺患義,非是。又如《上清五常變通萬化鬱冥經》:“不遵所奉,闕略違慢者,三世祖獲刑於火官,身生棄疾。”(D5,p886)《上清太極隱注玉經寶訣》:“受經不敬師,修之亦無福,而後生棄疾及六畜之中也。”(D6,p645)《太上洞玄靈寶智慧罪根上品大戒經》卷下:“斯人所行,罪在酷逆……萬劫得還,生賤人之中,身嬰六極,或抱殘傷,或生棄疾,輪轉十二萬劫無數之周,乃得作東岳都役使。”(D6,p889)皆其例。

【偃晏】【嵗嘈】

BD1017《洞真上清經摘抄》:“飛景控紫輪,三素轡丹軿。偃晏太帝館,嵗嘈阿母庭。”《洞真太一帝君太丹隱書洞真玄經》“嵗嘈”作“敖嘈”(D33,p528);《上清道寶經》卷三“偃晏”作“偃息”,“嵗嘈”作“嗷嘈”(D33,p720);《上清諸真人授經時頌金真章》“偃晏”作“偃寢”,“嵗嘈”作“嗷嘈”(D34,p90);《上清諸真章頌》(D11,p150)、《上清金章十二篇》(D34,p781)“偃晏”作“寢偃”,“嵗嘈”作“峻嵧”。

按:“偃晏”一詞其他文獻未見。該詞雙聲疊韻,當爲聯綿詞,諸書或作“偃息”,或作“偃寢”,當均非。“偃晏”蓋猶“偃仰”,遊樂之義。《詩經·小雅·北

[4] 楊伯峻編著《春秋左傳注》,中華書局,1990年,1641頁。

山》:"或棲遲偃仰,或王事鞅掌。"馬瑞辰《毛詩傳箋通釋》:"偃仰猶息偃、媅樂之類。"〔5〕其説是。《雲笈七籤》卷七八《三品頤神保命神丹方敍》:"偃仰六合之中,高視數百年外。"〔6〕音轉又作"偃蹇",《上清高聖太上大道君洞真金元八景玉籙》:"摘絳林之琅實,餌玄河之紫蘂,偃蹇靈軒,領理帝書。"(D34,p146)《雲笈七籤》卷一一〇《洞仙傳》"敬玄子"條:"採藥三微嶺,飲漱華池泉。遨遊十二樓,偃蹇步中原。"〔7〕可見"偃蹇"即"遨遊"之義。

"嶅嘈""敖嘈""嗷嘈"顯然是同一聯綿詞的異形。但文獻中"嗷嘈"多用爲聲音嘈雜之義,於此似不可通。此處"嶅嘈"與"偃晏"對文,當亦爲遊宴之義,蓋即"遨"之音衍。"嗷嘈"在其他道經中也有用例,《上清高聖太上大道君洞真金元八景玉籙》:"時復廣眄空同,嗷嘈絶漢,乘風振轡,始暉滄畔。"(D34,p147)《太上飛行九晨玉經》:"飛步遨北漢,長齡天地居。"(D6,p671)"遨北漢"正與"嗷嘈絶漢"句式一致。又《雲笈七籤》卷一〇六《馬明生真人傳》:"朝乘雲輪來,夕駕扶摇去。嗷嘈天地中,囂聲安得附?"〔8〕"嗷嘈"亦遨遊之義。

值得注意的是,《上清諸真章頌》及《上清金章十二篇》"嶅嘈"作"崚嶒",除都從"山"旁字形稍似外,二詞之義也有相近之處。"嗷嘈"又有高峻之義〔9〕,《紫陽真人内傳》:"嗷嘈太微觀,崚嶒九玄所。"(D5,p547)"嗷嘈"正與"崚嶒"相對。"嶅嘈"二字從"山",蓋正以其有一義爲高峻貌。

二、輔助經書校勘

敦煌道經與傳世本有很多異文,這些異文有的體現了宗教觀念的變化,有的展示文字的發展演變,有些則是後人不明中古詞義的誤改。通過研究敦煌道經詞彙,可以對經書校勘提供一些幫助。

---

〔5〕 馬瑞辰《毛詩傳箋通釋》卷二一,中華書局,1989年,690頁。

〔6〕 張君房編《雲笈七籤》卷七八,中華書局,2003年,1759頁。

〔7〕 《雲笈七籤》卷一一〇,2395頁。

〔8〕 《雲笈七籤》卷一〇六,2307頁。

〔9〕 參郭在貽《魏晋南北朝史書語詞瑣記》,《古漢語研究》1990年第3期,15頁;謝明《宋前道書疑難字詞考釋》,160頁。

【巔徊】

羽612號《洞真高上玉帝大洞雌一玉檢五老寶經》:"於是五老啓塗,太帝扶軒,西皇秉節,東華揚幡,九天爲之巔佪,太無爲之起烟,幽炁隱藹,八景連塵,顧盻羅於無上,俯仰周乎百圓。"《道藏》本"巔佪"作"低回"(D33,p390)。

按:此文又見《上清三元玉檢三元布經》(D6,p224)及《無上秘要》卷九三[10],皆作"巔徊"。徊、佪異體字,"巔佪""巔徊"當讀作"顛迴",爲倒轉、倒流之義。"顛"之倒義常見,"迴"亦有倒義,如《文選》卷四左思《蜀都賦》:"望之天迴,即之雲昏。"[11]羽612號前文亦云:"左迴九天,傎倒七曜。"天本右轉,左行爲倒轉,故稱"左迴"。"九天爲之巔佪"與"天迴""左迴九天"義同,"顛迴"近義連文。《洞真太上説智慧消魔真經》卷一:"若欲白日昇天,北詣玉皇,策龍飛景,宫館上清,倒擲瓊輪,巔迴五辰,合日揚光,入月徹明者,當得玉清隱書,佩神金虎符。"(D33,p600)"巔迴",《真誥》卷一八作"顛迴"[12]。"巔迴五辰"與前"倒擲瓊輪"義近,"巔迴"正是指倒轉。文獻中又或作"巔徊",除前揭例外,又如《雲笈七籤》卷八四"尸解次第事迹法度":"所謂化遯三辰,巔徊日精,呼吸萬變,非復故形者也。"[13]或作"顛徊",朱熹《步虚詞》:"宴罷三椿期,顛徊翳滄流。"[14]又或作"巔回",《雲笈七籤》卷三一引《九真帝君九陰混合縱景萬化隱天訣》:"左佩隱符,右帶虎文。銜火戴斗,手把絶幡。傍麾八風,四掣景雲。逍遥天綱,化蕩七元。蔽伏山河,巔回五辰。日月塞暉,列宿失真。"[15]又作"迴巔",《上清化形隱景登昇保仙上經》:"九晨迴巔,隱化無方。"(D33,p834)可見敦煌本作"巔佪"是,"九天爲之巔佪"指九天反方向旋轉。《道藏》本作"低回"非。

【墮生】

P.2461《太上洞玄靈寶智慧上品大戒》:"在所墮生,常值聖世,與靈寶法教相值不絶。"《道藏》本"墮"作"托"(D3,p391)。

---

[10] 《無上秘要》卷九三,中華書局,2016年,1170頁。

[11] 蕭統編《文選》卷四,中華書局,1977年,76頁。

[12] 陶弘景《真誥》卷一八,中華書局,2011年,327頁。

[13] 《雲笈七籤》卷八四,1896頁。

[14] 朱熹《晦庵先生朱文公文集》卷一,《朱子全書》第20册,上海古籍出版社、安徽教育出版社,2002年,252頁。

[15] 《雲笈七籤》卷三一,706頁。

P.2348《天尊爲一切衆生説三塗五苦存亡往生救苦拔出地獄妙經》:"一萬以上,報不可勝,願在處墮生,恒得富貴,衣食自然。"《道藏》本《太上洞玄靈寶往生救苦妙經》有此文,"墮"作"托"(D6,p282)。

按:作"墮生"是。中村173號《龍沙開寶》第二卷第1號《護身命經》即改造自《太上洞玄靈寶智慧上品大戒》,彼經亦作"墮生"。"墮"即"墮"之俗寫,"墮生"即"墮生"。"墮生"義即生,二字近義連文。"墮"亦有出生之義。P.2461《太上洞玄靈寶智慧上品大戒》:"勸助法師法服,令人世世長雅,逍遥中國,不墮邊夷,男女端正,冠冕玉珮。""不墮邊夷"即"不生邊夷"。P.2468《太上消魔寶真安志智慧本願大戒上品》:"若於今世忍苦吞分,悔往脩來,趣求奉法,以自解脱者,亦見世漸報,來生將受大福,當隨富貴侯王之家。""隨"當讀作"墮"[16],即生之義。"墮"字此義在佛經也多有用例,如支謙譯《惟日雜難經》:"後世不欲墮貧家,墮貧家無所有,便墮惡因緣;墮富家者意安隱,不隨(墮)奸惡。"(T17,p608)"墮生"一詞在佛經在也較多見,如佛陀耶舍、竺佛念譯《長阿含經》卷七:"諸沙門、婆羅門各懷異見,説有他世,言不殺……者,身壞命終,皆生天上。我初不信,所以然者,初未曾見死已來,還説所墮處。若有人來説所墮生,我必信耳。今汝是我所親,十善亦備,若如沙門語者,汝今命終,必生天上,今我相信,從汝取定。"(T1,p43)"所墮生"即前"所墮處",即指前"生天上"。支謙譯《佛説維摩詰經》卷一《菩薩品》:"行俗數中,不斷無想;在所墮生,不斷無願;護持正法,不斷力行。"(T14,p525)鳩摩羅什譯本"在所墮生不斷無願"作"示現受生,而起無作"(T14,p543),玄奘譯本作"以故作意受生,行相引修無願"(T14,p566),可知"墮生"即受生之義。又竺法護譯《正法華經》卷二《應時品》:"若後壽終,即當墮生,邊夷狄處。"(T9,p79)總體上看,"墮生"一詞多見於早期譯經,鳩摩羅什及以後的譯經似已少見。《道藏》本多將"墮生"改作"托生",蓋正因後世此詞少見,抄刻者不知其義而妄改。

【霄霞】

P.4659《太上洞玄靈寶自然至真九天生神章》:"淡遊初無際,繁想洞九遐。

[16] "隨"古多通作"墮",參王念孫《讀書雜志·管子第七》"不隨"條,江蘇古籍出版社,2000年,470頁。

飛根散玄葉,理反非有他。常能誦玉章,玄音徹霄霞。甲申洪灾至,控翮王母家。永享无終紀,豈知年劫多。"《道藏》本"霞"作"遐"(D5,p847)。

按:董思靖《洞玄靈寶自然九天生神章經解義》云:"人能以常爲法,誦玉章之文,行玉章之道,則功行顯著,自可以上徹九霄之遐遠也。"(D6,p422)如此則似作"遐"字是。其實作"遐"似是而實非。"霄霞"此處爲一詞,本指天界的雲氣,如《洞真太上太霄琅書》卷四:"别有芙蕖之冠,周人謂爲委貌,裝制小異,體用大同,本是諸天神聖高德之冠,皆結三素紫雲,或七色霄霞,或九光精炁,自然成冠。"(D33,p663)"霄霞"與"紫雲""精炁"義近,因而借指天界。《太上玉珮金璫太極金書上經》:"能修之者,皆上步霄霞,遨遊太極,寢宴九空,遊行紫虚也。"(D1,p901)"霄霞"與"太極""九空""紫虚"之義相同,皆指天界。《洞真太上紫度炎光神玄變經》:"清朝服一丸,合三日服(王)〔三〕丸,即能乘空步虚,出有入無。令七日合服七丸,即自浮景霄霞,騰身五岳,五色神官五萬人衛從身形。"(D33,p562)"浮景霄霞"即 P.2576v《上清三真旨要訣》的"浮景紫清",指昇上天界。《雲笈七籤》卷一〇一《元始天王紀》:"散形靈馥之煙,栖心霄霞之境。"[17]"霄霞之境"亦指仙界。P.3282《自然齋儀》:"夫發音誦詠,則聲聞九霄,響徹諸天。""玄音徹霄霞"即"聲聞九霄,響徹諸天",指誦玉章之音上達天界。《道藏》本改作"霄遐",誤。由前引董思靖《解義》可知,至遲在宋代已誤。

三、展示語言文字發展綫索

敦煌道教文獻中多用古字,保存了不少南北朝到唐代的實際文字應用情况。其中有些情况較爲簡單,如羽 612 號《洞真高上玉帝大洞雌一玉檢五老寶經》"帝君内填"之"填"即今安鎮之"鎮",同卷"放光萬刃"之"刃"即今之"仞",又同卷"絜寂爲難"之"絜"即今之"潔",此類例子較多,不煩再舉。但在個别情况下,敦煌道教文獻的用字展示了語言文字發展的複雜過程。

【捻】【躡】【揲】【念】

羽 612 號《洞真高上玉帝大洞雌一玉檢五老寶經》:"厭消之方也,若夢覺,

〔17〕《雲笈七籤》卷一〇一,2188 頁。

以左手躡人中二七過,喙(啄)齒二七。"《雲笈七籤》卷四五"躡"作"捻"[18],《道藏》本"以左手躡人中二七過"作"以左手第二指捻人中三七過"(D33,p390)。

P.2576v《上清三真旨要玉訣》:"以左手第二、第三指躡兩鼻孔下人中之本,鼻中鬲孔之内際也,卅六過……躡畢,因叩齒七通。"《道藏》本(D6,p627)、《登真隱訣》卷中、《雲笈七籤》卷四六"躡"皆作"捻"[19]。

P.2352《洞玄靈寶長夜之府九幽玉匱明真科》:"傳言奏事飛龍騎等,一合來下,監臨齋堂,揲香願念,應口上徹。"《道藏》本(D34,p384)、《無上秘要》卷五一"揲"作"捻"[20]。

同卷:"信向之士,心口相應,揲香啓願,已徹諸天,生死罪對,靡不釋然。"《道藏》本"揲香啓願"作"捻香感願"(D34,p387)。

P.4965《金録齋上香章表(擬)》:"謹以初念上香,云云。願以是功德,歸流皇家陵廟仙儀宗祧神識。"

按:《説文》無"捻"字,《玉篇》始收此字。關於此字的來源,各家意見不一。《説文新附》:"捻,指捻也。"[21]戴侗《六書故》:"捻,又作敜,見《支部》。俗作捻。"[22]桂馥《説文解字義證》、王筠《説文句讀》、高翔麟《説文字通》、錢坫《説文斠詮》、鄭珍《説文新附考》引莊炘説皆以爲本字即"捻"[23]。鈕樹玉《説文新附考》以爲本爲"敜"字:"《玉篇》:'捻,乃協切,指捻。'支部:'敜,乃頰切,閉也,或作捻。'按《一切經音義》卷六'捻箭'注云:'又作敜,同乃協切,謂以手指捻持。'《集韻》:'捻,按也,或從支作敜。'"[24]鄭珍、胡吉宣皆同其説[25]。毛際盛

[18] 《雲笈七籤》卷四五,1026頁。

[19] 王家葵《登真隱訣輯校》,中華書局,2011年,37頁;《雲笈七籤》卷四六,1035頁。

[20] 《無上秘要》卷五一,818頁。

[21] 許慎《説文解字》卷一二上,中華書局,1963年,258頁。

[22] 戴侗《六書故》卷一四,上海社會科學出版社,2006年,328頁。

[23] 桂馥《説文解字義證》卷三八,中華書局,1987年,1053頁;王筠《説文句讀》卷二三,中華書局,1988年,476頁;高翔麟《説文字通》卷一二,《續修四庫全書》第222册,656頁;錢坫《説文解字斠詮》卷一二,《續修四庫全書》第211册,767頁;鄭珍《説文新附考》卷六,《續修四庫全書》第223册,327頁。

[24] 鈕樹玉《説文新附考》卷五,《續修四庫全書》第213册,145頁。

[25] 鄭珍《説文新附考》卷六,《續修四庫全書》第223册,327頁;胡吉宣《玉篇校釋》,上海古籍出版社,1989年,1256頁。

引王宗涑以爲本爲“擪”字,《説文新附通誼》:“或以爲即‘拈’字,際盛以爲即‘敜’字。宗涑謹案……攷《説文·手部》:‘擪,一指按也。从手厭聲。’大徐於協切,《集韻》諾協切,音敜,此即捻之正字也。”[26]

以上所引諸家均是在字書基礎上所做的推測,並無實據。鈕樹玉引《一切經音義》以爲“捻”或作“敜”,其實恐怕只是改换近義偏旁的異體字,與《説文》之“敜”無涉。從敦煌道教文獻的用例來看,“捻”字的按捏義皆借“躡”字,前揭前二例即是;“捻”字以指掇取義則多借用“擛”字、“念”字,前揭後三例是也。

躡、捻音近,古多互借,如S.328《伍子胥變文》“捻脚攢形而映樹”,“捻脚”即“躡脚”。從敦煌道教文獻看,“躡”借作“捻”皆表示揉捏之義,或因此義與“躡”字踩踏、碾壓之義相關。《道藏》所收諸經多改作“捻”,但猶有未改者,如前引前兩例在《真誥》中均有相近之文,皆作“躡”[27]。又如《洞真太一帝君太丹隱書洞真玄經》:“存念五神都畢,呪文内視所思都訖,乃開目啄齒五過,以左手第三指躡鼻下人中七過,以右手第二指躡兩眉間九過,此爲却轡三五七九,封制百神門户之法。”(D33,p537)這在非道教文獻中亦有用例,《佛説罪業應報教化地獄經》:“囂升弄㪷,躡秤前後,欺誑於人。”(T17,p451)《慈悲道場懺法》亦云:“巧弄升斗,躡秤前後。”(T45,p935)秤自然無法用脚踩踏,當指用手按捏。《大正藏》校勘記稱明本《佛説罪業應報教化地獄經》、明萬曆十三年刊增上寺報恩藏本《慈悲道場懺法》“躡”皆作“捻”,P.2186《普賢菩薩説證明經》亦有此語,亦作“捻”,可證此處之“躡”正當讀作“捻”。又慧琳《一切經音義》卷七八《經律異相》第十五卷音義:“捻挃,上念牒反。《廣雅》:捻,塞也。顧野王云:捻,乃穽也。《漢書音義》云陳平手捻漢王是也。或作躡。”[28]《漢書·韓信傳》原作“張良、陳平伏後躡漢王足”[29],慧琳引以證“捻挃”之“捻”,亦可證時人是清楚此二字關係的。此義之“躡”後世又或寫作“攝”[30]。《漢語大詞典》收録此義之“躡”,

---

〔26〕 毛際盛《説文新附通誼》卷上,《説文解字研究文獻集成·古代卷》第3册,作家出版社,2007年,898頁。

〔27〕《真誥》卷九,156頁;《真誥》卷一〇,174頁。

〔28〕 慧琳《一切經音義》卷七八,《中華大藏經》,第58册,1045頁。

〔29〕 班固《漢書》卷三四,中華書局,1962年,1874頁。

〔30〕 詳參曾良、郭磊《略談明清小説俗寫釋讀——爲紀念蔣禮鴻先生誕辰一百週年而作》,《漢語史學報》第18輯,38—39頁。該文亦以“躡”“攝”通“捏”,似稍有未當。

以爲通“揑”。“揑”字在《廣韻》屬屑韻，但 P.2717《字寶碎金》“手揑搙”條音“怒結切”，《類篇》亦音乃結切[31]，與“捻”同音，則“揑”“捻”恐怕都是在揉按義上新造的後起字。

“捻”字除繼承了“躡”的“躡脚”義和揉按義外，也繼承了“躡”的追趕義。俄弗 101 號《维摩詰經講經文》：“猧儿亂趁生人咬，奴子頻捻野鴿驚。”趙匡華録、周紹良校《維摩碎金》將“捻”校作“攆”[32]。潘重規《敦煌變文集新書》：“《一切經音義》卷六：‘捻，謂以手指捻持。’附録校改‘捻’爲‘攆’，未諦。”[33]項楚《敦煌變文選注》：“附録所改不誤，‘捻’即‘蹨’字，今寫作‘攆’，追趕、驅趕之義。《集韻》上聲二十七銑：‘蹨，乃殄切，蹈也，逐也，或作跈、趁。’”[34]項先生所説是。“捻”與“躡”“跈”“撚”等字同源。“躡”有追趕之義，蓋因“躡踵”“躡迹”等詞引申而來。《後漢書·南匈奴傳》：“躡北追奔三千餘里。”[35]“躡”與“追”對文，顯爲追趕之義。文獻中又習見“追躡”一詞，如《三國志·魏書·鄧艾傳》：“欣等追躡於彊川口，大戰，維敗走。”[36]“躡”字之義更爲顯豁。如同“躡”的按壓義後多寫作“捻”，“躡”字的追趕義也被“捻”字繼承。除前揭《维摩詰經講經文》例外，“捻”字此義在傳世文獻中也另有用例，如宋曾慥《類説》卷五七蔡絛《西清詩話》載陳元《咏白鷹》：“有心待捻月中兔，故向天邊飛白雲。”[37]宋陳鵠《西塘集耆舊續聞》亦載此詩，“捻”作“搦”[38]。與“躡”“捻”同源的還有“撚”“蹨”“跈”“趁”等字。《廣雅·釋詁》：“躡、跈，履也。”王念孫疏證：“《説文》：‘撚，蹂也。’《淮南子·兵略訓》‘前後不相撚’，高誘注：‘撚，蹂蹈也。’……跈與撚同。”[39]伯 2976 號《温泉賦》：“狗向前撚，馬從後[illegible]（逼）。”《元曲選》本《單鞭奪槊》：“兩隻脚驀嶺登山跳澗快撚。”[40]“撚”皆追趕之義。“撚”與“捻”

[31] 司馬光《類篇》卷一二上，中華書局，1984 年，454 頁。
[32] 白化文、周紹良編《敦煌變文論文録》，明文書局，1985 年，第 859 頁。
[33] 潘重規《敦煌變文集新書》，文津出版社，1994 年，第 395 頁。
[34] 項楚《敦煌變文選注》，中華書書，2006 年，第 1414 頁。
[35] 范曄《後漢書》卷八九，中華書局，1965 年，第 2967 頁。
[36] 陳壽《三國志》卷二八，中華書局，1959 年，第 778 頁。
[37] 曾慥《類説》卷五七，文學古籍刊行社，1956 年，第 34 頁上。
[38] 李廌、朱弁、陳鵠《師友談記 曲洧舊聞 西塘集耆舊續聞》，中華書局，2002 年，第 350 頁。
[39] 王念孫《廣雅疏證》卷一下，中華書局，2004 年，第 29 頁。
[40] 臧晋叔《元曲選》，中華書局，1958 年，第 1184 頁。

在執持義、揉按義上多互爲異文,"撚"字既有履蹈義,又有追趕義,與"躡"字字義引申軌迹一致。"趁"即"跈"之異體,文獻中習見。"躡""捻""撚""趁""跈",字形雖異,所記之詞則一。至於"攆"字,則又此義之後起字。

《周易·繫辭上》"揲之以四,以象四時",《經典釋文》"揲"下引鄭玄注:"取也。"〔41〕是"揲"本有"取"義。"揲香"之"揲"蓋即"揲蓍"之"揲"。《説文·手部》:"拈,拈也。"〔42〕《廣韻》"拈"有陟葉、丁愜兩音〔43〕,均與"揲"音近,頗疑二字同源。但"拈"字在傳世文獻中用例極少,"揲"大多僅是用在"揲蓍"這一固定結構中。從前引敦煌道教文獻用例來看,"捻香"之"捻"古多用"揲"字,蓋後世此義發生語音轉變,故前揭P.4965又借用"念"字,後世又增加形旁另造"捻"字。《説文·手部》又有"拈"字,恐怕也是這種語音演變的結果。《玉篇》收録"捻"字,似南北朝時此字已經出現。敦煌文獻中取香之字多用"揲",少數用"念",但"捻"字也有不少應用,甚至有傳世文獻中作"揲",而敦煌文獻已改作"捻"者,如《正統道藏》本《太上洞玄靈寶授度儀》引《太上太極太虚上真人演太上靈寶洞玄真一自然經訣》:"太上治紫臺,衆真誦洞經。揲香稽首禮,旋行遶宫城。"(D9,p848)P.2452猶存該經斷章,"揲"正作"捻"。除道教文獻外,其他文獻中也有揲、捻的異文,如《佛説四不可得經》:"張弓捻矢,把執兵仗。"(T17,p706)《大正藏》校,宋本、宫内廳本"捻"作"攝",元本、明本作"弽"。"弽"字於此不可通,應是"揲"字受前"張弓"影響類化出的訛體〔44〕。

總之,"捻"字不同義項的來源不同,揉捏義的"捻"古或借用"躡"字,而指掇取的"捻"字與"揲""拈""拈"等同源。

【蜎息】【蜎飛】

向達摹寫本《太上洞玄靈寶金録簡文三元威儀自然真經》:"願以是功德☐王侯國主、地土官長、藉師☐木、巖栖道士、同學之人、九親☐蝖飛蠕動、

〔41〕 陸德明《經典釋文》卷二,中華書局,1983年,31頁。

〔42〕 《説文解字》卷一二上,252頁。

〔43〕 周祖謨《廣韻校本》,中華書局,2011年,542、544頁。

〔44〕 真大成謂此爲後世不知"攝"字的捻取義而誤改,見氏著《中古文獻異文的語言學考察》,上海教育出版社,2020年,30—31頁。似猶未達一間。

蚑行蜎息,一切衆[illegible]”〔45〕

P.2406《太上洞玄靈寶明真經科儀》:“今故立齋,燒香燃燈,願以是功德,照曜諸天,普爲帝主國王、君臣吏民、受道法師、父母尊親、同學門人、隱居山林學真道士、諸賢者,及蠢飛蠕動,岐(蚑)行蜎息,一切衆生,並得免度十苦八難。”

按:世俗文獻中少見“蜎息”一詞,多作“喙息”。《史記・匈奴列傳》:“元元萬民,下及魚鼈,上及飛鳥,跂行喙息,蠕動之類,莫不就安利而辟危殆。”司馬貞索隱:“言蟲豸之類,或企踵而行,或以喙而息,皆得其安也。”〔46〕《漢書・公孫弘傳》載漢武帝策詔諸儒:“舟車所至,人迹所及,跂行喙息,咸得其宜。”顔師古注:“喙息,謂有口能息者也。”〔47〕是“喙息”之義。因該詞多指蟲豸之屬,故或易“喙”從“虫”,《靈寶領教濟度金書》卷八正作“跂行蝝息”(D7,p80)。“蝝”又爲“蜎”之異體字,《集韻・獮韻》:“蜎蝝,井中小蟲,或作蝝。”〔48〕蓋因此又書“蝝”作“蜎”。故道教文獻中多見“蜎息”一詞。

但值得注意的是,道教文獻中還有“蜎飛”一詞,《正統道藏》本《太上大道玉清經》卷二:“一切人民、蜎飛蠢動皆悉悲鳴。”(D33,p297)這裏的“蜎”,與“蜎息”之“蜎”同形不同字。“蜎飛”之“蜎”又作“蝖”,前引《太上洞玄靈寶金録簡文三元威儀自然真經》即是;又作“蠉”,《淮南子・原道》:“跂行喙息,蠉飛蝡動,待而後生,莫之知德。”〔49〕又作“翾”,《洞真太上八道命籍經》卷上:“月行八道之日,各有變化,翾飛蠕動,含炁之流,草木飛沉,隨緣感應,改故易新。”(D33,p502)又作“蝝”,慧琳《一切經音義》卷一六《無量清淨平等覺經》音義:“蠉飛,上血緣反,亦作‘蝝’,皆正體字也。”〔50〕字形雖異,其義則一,均指蟲豸之爬行飛動。字書中多或以“蜎”爲“蠉”之異體,如《集韻・仙韻》:“蠉蜎,蟲行皃,一曰井中小赤蟲,或从目。”〔51〕

因此,“蜎息”之“蜎”本爲“喙”字,由“喙”訛形作“蝝”,又由“蝝”改作

〔45〕《向達先生敦煌遺墨》,中華書局,2010年,48頁。
〔46〕司馬遷《史記》卷一一〇,中華書局,1959年,2903頁。
〔47〕《漢書》卷五八,2614頁。
〔48〕《宋刻集韻》卷六,中華書局,2005年,112頁。
〔49〕何寧《淮南子集釋》卷一,中華書局,1998年,9頁。
〔50〕慧琳《一切經音義》卷一六,《中華大藏經》第57册,712頁。
〔51〕《宋刻集韻》卷三,50頁。

"蜎";"蜎飛"之"蜎"則爲"蠉"之異體字。二字音義各别,發展軌迹完全不同。

【眠】

P.2440《靈寶真一五稱經》:"五九卌五日,萬病无不愈。所謂氣絶復息,目眠復視,脉散身寒,然後復熅,巫祝不施,針艾不設者也。"《道藏》本"目眠"作"目昏"。

按:《説文》無"眠"字,"眠"實爲"瞑"之後起字。《説文·目部》:"瞑,翕目也。"段玉裁注:"俗作'眠',非也。"《玉篇·目部》:"瞑,寐也。眠,同上。"胡吉宣校釋:"重文眠者,三體石經'瞑'之古文作'[illegible]',从目民聲。民者,冥也。《釋名》:'眠,泯也,無知泯泯也。'"[52]"瞑"本有目不明之義,《三國志·魏書·梁習傳》裴松之注引《魏略·苛吏傳》:"〔王思〕正始中,爲大司農,年老目瞑,瞋怒無度。"[53]道教文獻中亦不乏用例,如《雲笈七籤》卷一九引《老子中經》云:"傷肝則目瞑頭白。"[54] P.2440"目眠"之"眠"正應讀作"瞑",與《魏略》"年老目瞑"同義。傳世文獻中已鮮見"眠"字此義,從 P.2440 恰可見出早期文獻中"眠"與"瞑"的異體字關係。

【惌】

P.2366《太玄真一本際經》卷五:"无上真人文始先生受學於老君,道業稍成,初受童真之任,隨從老君遊此惌利天下,五岳名山、洞天宫舘及四海江河、洞淵水府,諸是上真下治之所。"

按:"惌利天下"即"宛利天下",又或作"宛黎天下",爲玉京山南方之世界。《太上洞玄靈寶本行宿緣經》:"是時太上玉京玄都八方諸天三千大千世界衆聖真人亦來到,玉京山東方无極諸天安大堂鄉大千納善之世界衆聖,玉京山東南无極諸天元福田大千用賢之世界衆聖,玉京山南方无極諸天宛黎城境大乘棄賢之世界衆聖……"(D24,p669)這顯然是受佛教影響産生的世界觀。後世道經在細節上或稍有不同,但多沿用了這一觀念,如 BD1218《太上洞玄靈寶天尊名》卷上:"此宛利天棄賢世界,雜惡之處,地獄餓鬼畜生盈滿,多不善聚。"羽 410 號

〔52〕 胡吉宣《玉篇校釋》,815 頁。

〔53〕 陳壽《三國志》卷一五,中華書局,1959 年,471 頁。

〔54〕《雲笈七籤》卷一九,442 頁。

《太玄真一本際經疏》:"此則正當崑崙山之東南,名爲宛利天下,有棄賢世界,亦名南閻浮提,叢雜境界,日月之本際。"S.75《老子道德經序訣》:"汝應爲此宛利天下棄賢世傳弘大道,子神仙者矣。"因此,P.2366之"惌"當讀作"宛"。

《説文・宀部》:"宛,屈草自覆也,从宀夗聲……惌,宛或从心。"〔55〕正以"惌"爲"宛"之異體。但這一用法在文獻中較爲少見。《玉篇・心部》:"惌,於元切,惌枉。又於阮切。"已以"惌"爲"冤"字。胡吉宣《玉篇校釋》:"《宀部》:'宛,屈草自覆也。'重文亦作'惌'。惌从宀怨聲,此惌从心宛聲。"〔56〕是"宛"字異體之"惌"與"冤(怨)"字異體之"惌"同形異字。敦煌文獻中"惌"亦多用爲"怨"字俗寫,詳參張涌泉師《敦煌俗字研究》〔57〕。在敦煌道經寫本中,"惌"亦多爲"怨"或"冤"字,如P.2440《靈寶真一五稱經》:"諸百姓凡欲……通辞訟,理惌枉,青要玉女主之。"P.2352《洞玄靈寶長夜之府九幽玉匱明真科》:"无極世界,男女之人,生世慳貪,唯欲益己,不念施人,割奪四輩,人神爲惌。"皆其例。"惌"字用爲"宛"字異體,在敦煌文獻中未見其他用例,在傳世文獻中也極爲少見〔58〕,從P.2366可證早期文獻中"惌"字的這一用法。

四、提供聯綿詞的不同形式

道教文獻中大量使用聯綿詞,不少都是以傳世文獻少見的形式出現,如P.2728《金真玉光八景飛經》"翁藹玄玄之上,焕赫鬱乎太冥","翁藹"即"蓊藹"。P.2352《洞玄靈寶長夜之府九幽玉匱明真科》"狼猶鏁械","狼猶"即與"郎當""琅當""琅璫""硠礑"等同源。P.2004《老子化胡經》卷一〇"星辰互差馳","差馳"即"差池"。S.2081《太上靈寶老子化胡妙經》"人民繞壤","繞壤"即"擾攘"。這都是一望可知的。但敦煌道經中還有一些詞義不太顯豁的聯綿詞,需要找到詞源並繫聯起詞族來,纔能弄清其確切含義。現舉數例於下:

---

〔55〕許慎《説文解字》卷七,150頁。

〔56〕胡吉宣《玉篇校釋》,1734頁。

〔57〕張涌泉師《敦煌俗字研究》,上海教育出版社,2015年,618—619頁。

〔58〕筆者僅見《考工記・函人》"欲其惌也"一例。

【飈瑶】【瑶飆】

BD1017《洞真上清經摘抄》:"曲晨乘風扇,飈瑶時下傾。蹔適圮藹中,迴駕氾良貞。""飈瑶",《洞真太一帝君太丹隱書洞真玄經》作"瑶飈"(D33,p528),《上清道寶經》卷三作"摇飈"(D33,p720),《上清諸真人授經時頌金真章》作"飄颻"(D34,p30),《上清諸真章頌》(D11,p150)《上清金章十二篇》(D34,p781)作"飄飄"。

按:"飈瑶""瑶飈""摇飈""飄颻"均爲同一聯綿詞的不同形式,爲飛翔之貌、風吹之貌。文獻中多作"飄摇",《説苑》卷二〇:"陛下之意,方乘青雲,飄摇於文章之觀。"〔59〕又作"飄颻",BD1017《洞真上清經摘抄》:"若能得此道,首則生圓光。身濟无待津,飄颻逸仙堂。"P.2560《太上洞玄靈寶昇玄内教經》卷六:"出步歷金陛,入室蹈玉階。陶治三儀化,割判陰陽坏。息我九天阿,飄颻絶塵埃。恬子守虚寂,泊子若未孩。"又作"飄遥",《文選》卷一五張衡《思玄賦》:"超逾騰躍絶世俗,飄遥神舉逞所欲。"〔60〕又作"飄姚",《漢書·外戚傳》載漢武帝《李夫人賦》:"的容與以猗靡兮,縹飄姚虖愈莊。"〔61〕音轉又作"扶摇",《爾雅·釋天》:"扶摇謂之猋。"〔62〕《上清高上玉晨鳳臺曲素上經》:"扶摇運太空,七景轉天經。"(D34,p1)又作"猋悠",《文選》卷三張衡《東京賦》:"建辰旒之太常,紛猋悠以容裔。"吕向:"飈悠、容裔,從風轉薄貌。"〔63〕其説是。薛綜注以爲"悠,從風貌……猋,火花也"。非是。

黄侃《爾雅音訓》:"猋者,扶摇之合聲。"〔64〕其説是。"飄颻""飈瑶"等恐怕都是"飄(飆)"字的音衍。"飄(飆)"字重言曰"飄飄""飆飆",亦與"飄颻""飈瑶"等同義。P.3435《上清元始變化寶真上經九靈太妙龜山玄籙》:"皇清摽晨暉,靈炁翼虚遷。颰颰九元上,靡靡入帝晨。"《道藏》本"颰颰"作"飄飄"(D34,p192)。P.2399《太上洞玄靈寶空洞靈章》"太黄翁重天章(帝)君道經空洞靈章

---

〔59〕 向宗魯《説苑校證》卷二〇,中華書局,1987年,518頁。
〔60〕《文選》卷一五,222頁。
〔61〕《漢書》卷九七上,3953頁。
〔62〕《十三經注疏》,中華書局,2009年,5673頁。
〔63〕《六臣注文選》卷三,中華書局,1987年,71頁。
〔64〕 黄侃《爾雅音訓》卷中,上海古籍出版社,1983年,168頁。

第廿一":"苦魂披重出,飄飄升福堂。"《無上秘要》卷二九引,"飄飄"作"飆飆"〔65〕。前引BD1017"飄颻逸仙堂",《太霄琅書》卷一〇作"飄飄"(D33,p696)。

總之,前列一組異文爲同族聯綿詞,於文中皆可通。

【匡落】【弘絡】

Дx1962+Дx2052+P.2728+P.2848+S.238《金真玉光八景飛經》:"明景道宗,捴統九天,匡落紫霄,迅御八烟,迴停玉輦,下降我身,啓以光明,授以金真。"《無上秘要》卷九九、《雲笈七籤》卷五三引,"匡落"作"匡絡"〔66〕,《道藏》本作"弘絡"(D34,p57)。

按:"匡落紫霄"與"迅御八烟"相對,"匡落"當與"迅御"義近。匡、落二字陽入對轉,蓋爲聯綿詞,當爲徘徊、行走之義。傳世文獻中亦不乏其例,如:

《雲笈七籤》卷一百二引《洞真青要紫書金根衆經》:"上登三元,朝謁玉官。遊覽無崖,匡落九天。出入洞門,携契玉仙。"〔67〕(今本《金根衆經》作"胤洛",誤。)

《洞真太上八素真經服食日月皇華訣》:"玉皇迴轡,匡絡紫瓊,徘徊丹房,八氣洞明。"(D33,p485)

《上清高上玉晨鳳臺向素上經》:"陰陽否而不虧,履億劫而方鮮。匡絡於衆妙,威制於群靈。"(D34,p8)

以上三例中"匡落(絡)"蓋即遊覽、徘徊之義。但《道藏》本作"弘絡"未必誤,可能與"匡落"是同源聯綿詞。又作"宏落",《元始天尊説變化空洞妙經》:"驚浪幽虚,總持上機。宏落九冥,日門廓開。戢翼上舘,靈化二儀。"(D1,p846)"宏落九冥"正與"匡落九天"句法一致。另外,"虚落"可能也與此詞同源,《真誥》卷一八《握真輔》:"登七關之巍峩,味三辰以積遷,虚落霄表,精郎(《雲笈七籤》卷一〇六引作'映朗')九玄,此道高邈,非是吾徒所得聞也。"〔68〕"虚落霄

〔65〕《無上秘要》卷二九,411頁。

〔66〕《無上秘要》卷九九,1114頁(《道藏》本原爲卷九九,整理本從敦煌本目録將此卷改爲卷九十);《雲笈七籤》卷五三,1175頁。

〔67〕《雲笈七籤》卷一〇二,2210頁。

〔68〕《真誥》卷一八,325頁。

表”與“匡落紫霄”義亦相近。又 P.2399《太上洞玄靈寶空洞靈章》“無極曇誓天帝君道經空洞靈章第廿四”:“曇誓高澄,虛落十迴。青精始周,元炁敷暉。”此句蓋指曇誓天帝君徘徊十遍,與下文“十轉迴玄”義近。

因此,“匡落”“弘絡”爲一詞異形,兩皆可通。

【脩條】

Дx1962+Дx2052+P.2728+P.2848+S.238《金真玉光八景飛經》:“无景太一淡天道君……頭戴七寶進賢之冠,足躡九色之履,手執命神之策,乘脩條玉輦、五采朱蓋紫雲之車,駿駕六龍。”“脩條”,《道藏》本(D34,p57)、《雲笈七籤》卷五三皆作“翛條”[69]。

P.2751《紫文行事决》:“其時太素上真人白帝君乘脩條玉輦,上詣玉天玄皇高真也。”“脩條”,《雲笈七籤》卷五一[70]、《九真中經》卷上(D34,p37)皆作“翛條”。

按:脩、翛聲旁相同,聲音相近,“脩條”“翛條”爲同一聯綿詞的不同形式,即“蕭條”,亦即“逍遥”,爲逍遥放曠、悠然自得之義。其他文獻中亦有“翛條”一詞,如《道教義樞》卷一《三寶義第三》:“《昇玄經》云:虛堂空室,名曰仙家。此謂放曠翛條,自然趣善。”(D24,p808)又作“蕭條”,道教文獻中用例極多,如BD1017《洞真上清經摘抄》:“太上敷洞文,賢賢歸本緣。蕭條三寶囿,繁華秀我因。”P.2399《太上洞玄靈寶空洞靈章》“無思江由天帝君道經空洞靈章第廿二”:“諸天並稱慶,蕭條誦靈書。”又“秀樂禁上天帝君道經空洞靈章第廿八”:“輪儛空洞,儵欻上軒。諸聖朝慶,齊礼玉門。飛行步虛,蕭條靈篇。”《周氏冥通記》卷二:“虛者,謂形同乎假,志無苟滯,蕭條而應真。靈者,謂在世而感神,棄世而爲靈。”(D5,p525)文獻中又或用來形容經書玄妙,如 S.1351《太極左仙公請問經》:“洞玄步虛詠,乃上清高旨,蕭條玄暢,微妙之至文,亦得終始脩詠,以齋戒也。”音轉則爲“逍遥”“消摇”“逍摇”,文獻常見,此不贅舉。再音轉則與“棲遲”“從容”“須臾”等相近,亦文獻習見,今不贅言。

---

〔69〕《雲笈七籤》卷五三,1174 頁。

〔70〕《雲笈七籤》卷五一,1129 頁。

五、揭示道教術語的詞源

道教的神鬼、符籙、輿服等多有專名,這些專名有些可能是無意義的文字組合,有些則是就實際語言中所用詞語進行加工的結果。前面提到的“倏倏玉輦”本爲神仙之輦名,經過分析可知“倏倏”一詞本有逍遥從容之義。以下再舉三例:

【豁落】

Дx1962+Дx2052+P.2728+P.2848+S.238《金真玉光八景飛經》:“於是,九天丈人即臨玄臺之上,命左仙侍郎李羽非、監靈使者鄧元生,執九色之麾、瓊文帝章,告盟四明,啓付衆真‘太上大道君八景飛經金真玉光豁落七元’,位登至上,同遊玉清。”

按:上清類道教經典中常見“豁落”一詞,如P.3435《上清元始變化寶真上經九靈太妙龜山玄籙》:“皇上四老道中君……頭建元真七寶玉冠,衣鳳文斑裘,佩豁落流鈴,帶招真之策。”《太上玉珮金璫太極金書上經》:“元始天王……左佩豁落,右佩金真。”(D1,p897)《真誥》卷一九《翼真檢》:“唯以豁落符及真唆二十許小篇并何公所摹二録等將至都。”[71]其中的“豁落”都是指一種道教符籙,其源頭當即前舉《金真玉光八景飛經》中的“豁落七元”,P.2337《三洞奉道科誡儀範》亦有“上清太微帝君豁落七元上符録”。《漢語大詞典》收録“豁落”一詞,並釋爲“道教的符箓”,這是没有問題的,但“豁落”一詞的原始意義似乎並不明確[72]。

在敦煌文獻和傳世文獻中,有一些關於“豁落”的異文,如:Дx1962+Дx2052+P.2728+P.2848+S.238《金真玉光八景飛經》:“我備焕落,流金火鈴,内保六府,外引流精。”《道藏》本《金真玉光八景飛經》“焕落”作“豁落”(D34,p61)。同卷:“趙伯玄,昔師万始先生,受書道成,當登金闕,而无招靈致真、焕落七元二符。”

[71] 《真誥》卷一九,344頁。

[72] 葉貴良曾釋“豁落”爲“廣大空闊,高大虚無”,並舉《天童宏智禪師廣録》例,見葉貴良《敦煌道經詞語考釋》,254頁。本文以爲禪宗語録中的“豁落”當與“廓落”同源,與道經並不同義。

《道藏》本“焕落”作“豁落”。這二例中“焕落”顯然均爲符籙,《道藏》本作“豁落”是符合文義的,但敦煌本也未必爲誤,傳世文獻中也有不少把此符寫作“焕落”的例子,如《太真玉帝四極明科經》卷一:“流金吐威,焕落火鈴。”(D3,p415)《洞真太上三九素語玉精真訣》:“流金交擲,焕落火鈴。”(D33,p497)均其例。可見“焕落”即“豁落”。

文獻中“焕落”一詞的用例非常多,如:

Дx1962+Дx2052+P.2728+P.2848+S.238《金真玉光八景飛經》:“七元焕落,流威吐精,擲光万里,神耀五靈。”

P.4659《太上洞玄靈寶自然至真九天生神章》:“清明重霄上,合期慶雲際。玉章散冲心,孤景要雲會。焕落景霞布,神衿靡不邁。玉條流逸響,縱容虚妙話。”

BD1017《洞真上清經摘抄》:“於是雙皇合輦,万靈翼飈。焕落七度,四遐逍遥。”

《上清大洞真經》卷三《皇清洞真道君道經第十一》:“日中赤帝,號曰丹靈,靈符命仙,五籍保生,虹映玉華,焕落上清。”(D1,p528)

《上清元始變化寶真上經九靈太妙龜山玄籙》卷中:“太陽焕精,玉柱通明,六氣流布,焕落朱庭。”(D34,p216)

《上清黄氣陽精三道順行經》:“當此之時,七曜焕落,流精竟天。”(D1,p830)

《洞真太上紫度炎光神玄變經》:“存我兩目童子光如流星,焕落五方。”(D33,p558)

又作“焕洛”,如:

P.2399《太上洞玄靈寶空洞靈章》:“无思無色界,眇眇元始初。江由映高玄,焕洛五篇舒。”

又作“焕絡”,如:

《洞真太上太霄琅書》卷一:“是時天光冥逮,三晨迴精,五宿改度,七元運靈,九色晃曜,焕絡玉清。”(D33,p645)

“焕落”一詞字無定形,應爲聯綿詞。從前引幾例看,“焕落(洛、絡)”多與“光”“明”“映”等詞相關。又前揭《金真玉光八景飛經》云“七元焕落”,《上清玉帝七聖玄紀迴天九霄經》云“三晨翼軒,七元焕明”(D34,p63),可見“焕落”即“焕明”,義爲光明之貌,用作動詞則爲照耀之義。

“豁落七元”中的“豁落”原本亦當爲光明貌,“七元”指日月、五星,《金真玉光八景飛經》下文即有“一元豁落日精之符”“二元豁落月精之符”等名目。“豁落七元”“七元焕落”意思相近,均指七曜光華暉耀。單用“豁落”指光明貌亦有其例,如Дх1962+Дх2052+P.2728+P.2848+S.238《金真玉光八景飛經》:“玉光焕霄,豁落洞明。”BD1017《洞真上清經摘抄》:“瓊房構太虚,七映冲九玄。豁落丹霄觀,寶景躡龍烟。”《洞真太上三九素語玉精真訣》:“金真感暢,豁落洞明,神燭潛照,寶光夜生。”(D33,p497)皆其例。

“豁落”“焕落”是同一聯綿詞的不同形式,與此同源的詞還有不少。音稍變則作“焕爛”,《文選》卷一二郭璞《江賦》:“鱗甲鑼錯,焕爛錦斑。”[73] P.2454《仙公請問本行因緣衆聖難經》:“近登崐崘玄圃宫侍座,見正一具(真)人三天法師張道陵降座……項負圓明,身生天光,文章焕爛。”又作“焕樂”,《上清高上玉晨鳳臺曲素上經》:“焕樂重虚上,曲折洞八清。”(D34,p1)又作“焕朗”,《太上洞玄靈寶諸天内音自然玉字》卷二:“玉文焕朗,三景自明。”(D2,p544)又作“晃朗”,P.2452《太上太極太虚上真人演太上靈寶洞玄真一自然經訣》:“蒨蔡(粲)七寶林,晃朗日月精。”又作“爌朗”,《文選》卷六左思《魏都賦》:“或嵬壘而複陸,或爌朗而拓落。”李善注:“爌朗,光明之貌。”[74] 又作“曠䀶”,《集韻·宕韻》:“曠,曠䀶,明貌。”[75] 又作“晃爛”,《上清高聖太上大道君洞真金元八景玉籙》:“希悠眇眇,霞飛煙散,藹裔雲鏤,翳勃晃爛。”(D34,p147)又作“迴絡”,《上清太上玉清隱書滅魔神慧高玄真經》:“七度迴絡,三光映真。”(D33,p753)(可比較前引BD1017“焕落七度”。)又倒作“麗焕”,《上清大洞真經》卷四《九皇上真司命道君道經第二十三》:“九皇上真炁,四司太仙宫,飛霞散天日,麗焕六合房。”(D1,p539)又作“朗焕”,《上清玉帝七聖玄紀迴天九霄經》:“八道暉光,流精朗焕。”(D34,p70)

---

[73] 《文選》卷一二,185頁。

[74] 《文選》卷六,98頁。

[75] 《宋刻集韻》卷八,172頁。

總之,“豁落”係聯綿詞,義爲明亮貌,符籙名“豁落七元”正用此義。後世只知其爲符名,本義反晦。

【家親】

P.3233《洞淵神呪經》卷一:“若今世間有男女之人,有厄急之者,此法師持經到家救者,汝等鬼王收汝小鬼,一切未令犯此主人。當爲和喻中外之神,家親殃疾,分別解絶,使令病人得差。”

P.2959《洞淵神呪經》卷二:“官事之人,速得解脱,疾病輕差,和喻万神,令家親歡喜,中外社竈,悉令分了,勿使枉攬(濫)主人。”

P.2444《洞淵神呪經》卷七:“自今有病者,及轉此神呪經之處,當遣万和卌万人、百舌吏卅六万人,爲此主人疾病之家、刑獄囚徒之人,和喻家親、太祖父母、内外强殃,及祠之者、不應祠者,悉爲分別遣之,悉令了了。”

按:以上之例中的“家親”顯然已不是一般的家族親屬之義,而是指已去世的親屬留在家中的魂魄,這些魂魄很容易受到影響而對生人作祟。羽637+S.3389《洞淵神呪經》卷四:“自伏羲以來,壞軍死將……人不備之,恠亂人心,動欲作祟,祟秏田蠶,凡百不利,恐人家親,强生異端,令主人大小疾病。”P.2444《洞淵神呪經》卷七:“古之死主……倚人門户,取人小口,恐人家親,家親畏人,逐隨使令,是以不祐,病痛生人。”是“家親”容易被恐動而生異端、病生人。P.2444《洞淵神呪經》卷七:“鬼兵熬熬,千万爲衆,枉其良人,病煞无辜,敕人家親,摧捉竈君,令人宅中神不安,每事不果,行万種病痛急疾。”是“家親”可被鬼兵下敕作祟。P.2365《洞淵神呪經》卷八:“家親被繫,謫作三官,考掠万毒,死人不堪,來取生人大小及六畜生口,後致滅門,未復怨道也。”是“家親”被繫後又會取生人性命。因“家親”易於恐動作祟,故需多“和喻”,使歡喜。也因“家親”易作祟,故文獻中多以之與鬼並列,如Дx5628+BD2983+P.3484《太上洞淵三昧神咒大齋儀(擬)》:“善神來守户,力士交万靈。家親乃得住,百鬼不相聽。”這一觀念在民間文化中流傳很久〔76〕,如莊綽《雞肋編》卷上載宋代婚俗:“婦既至門,以酒饌迎祭,使巫祝焚楮錢禳祝,以驅逐女氏家親。”〔77〕《金瓶梅詞話》第六二回:“西門慶

〔76〕 景盛軒先生見告,今甘肅方言中猶有此語。

〔77〕 莊綽《雞肋編》卷上,中華書局,1983年,8頁。

聽了,説道:‘人死如燈滅,這幾年知道他往那裏去了。此是你病的久了,下邊流的你這神虛氣弱了,那裏有甚么邪魔魍魎、家親外祟。’”〔78〕均與《洞淵神呪經》所言“家親”同義。《漢語大詞典》引《金瓶梅》例釋作“已故的親人”,稍有未確。

【結璘】

羽612號《洞真高上玉帝大洞雌一玉檢五老寳經》:“上清若捴行鬱儀,凝景結隣,炁游八素,體練玉晨……便得參讐三元,定書玉真。”《道藏》本“隣”作“璘”(D33,p383)。

按:鬱儀、結璘爲日月神名,又爲奔日、月之法術名,道經中習見。《黄庭内景經》“鬱儀結璘善相保”,梁丘子注:“鬱儀,奔日之仙。結璘,奔月之仙。”〔79〕值得注意的是,敦煌道經中“結璘”無作“璘”字者,或作“隣”,或作“驎”,而保存在《正統道藏》中的道經基本都作“璘”,如:

P.2399《太上洞玄靈寶空洞靈章》:“消魔非洞友,結驎以我朋。”P.2602《無上秘要》引作“結隣”,《道藏》本《無上秘要》卷二九引作“結璘”(D25,p92)。

P.2399《太上洞玄靈寶空洞靈章》:“集採日月華,奔景步結隣。”P.2602《無上秘要》同,《道藏》本《無上秘要》卷二九引,“隣”作“璘”(D25,p95)。

在《道藏》以外的傳世文獻中也時見有例,如《太平御覽》卷六六〇引《登真隱訣》所述“上真之道”之二即“太上結隣奔月章”,同卷書卷六七二、六七三亦多處提到“結隣”。《唐六典》卷七載大明宫有“鬱儀、結鄰、承雲、修文等閣”〔80〕,後世或改作“結麟”,《雍録》卷四力辯當爲“鄰”字〔81〕。《樂府詩集》卷七八載吴筠《步虚詞》:“迴首邇結鄰,傾眸親曜羅。”〔82〕黄庭堅《玉京軒》詩:“蒼山其下白玉京,五城十二樓,鬱儀結鄰常杲杲。”〔83〕此類之例極多,不煩再舉。

在《道藏》也可找到旁證,如舊題劉長生《黄庭内景玉經注》注“鬱儀結璘善相保”一句云:“嬰子抱真,鬱母爲鄰。母養其子,鍊氣成神。”(D6,p510)其注顯

〔78〕 蘭陵笑笑生《金瓶梅詞話》第六二回,人民文學出版社,2000年,778頁。

〔79〕 《雲笈七籤》卷一二,257—258頁。

〔80〕 李林甫等《唐六典》卷七,中華書局,1992年,219頁。

〔81〕 程大昌《雍録》卷四,中華書局,2002年,72頁。

〔82〕 郭茂倩《樂府詩集》卷七八,中華書局,1979年,102頁。

〔83〕 《黄庭堅詩集注》,任淵、史容、史季溫注,劉尚榮校點,中華書局,2003年,1047頁。

然是錯誤的,但從“鬱母爲鄰”一句可知做注之時《黄庭經》猶作“隣”。

因此,“結璘”蓋本當作“結隣”。考道教中有成仙後與日月星辰爲鄰的説法,如《大洞真經》卷五:“北宴上清,列爲玉賓。命生日華,年合月烟。長躋金房,晨景爲鄰。”(D1,p546)《真誥》卷一四《稽神樞》:“至人焉在,腺曜南辰。含靈萬世,乘景上旋。化成三道,日月爲鄰。實玄實師,號曰元人。變成三老,友帝之先。”[84]頗疑月神名“結隣”與此有關。後世道教徒既不知“結隣”得義之由,遂以“璘”字替换了“隣”字。考道教文獻在流傳中多或將其經字改從玉旁,蓋以從玉之字多爲美稱。如:

《道藏》本《洞玄靈寶長夜之府九幽玉匱明真科》:“苦行修生道,服藥鍊芝英。”(D34,p381)P.2352“英”作“瑛”。

《道藏》本《元始五老赤書玉篇真文天書經》:“甘露自生,芝英滂沱。”(D1,p775)S.5733《太上洞玄靈寶妙經衆篇序章》引,“英”作“瑛”。

《道藏》本《上清元始變化寶真上經九靈太妙龜山玄籙》卷上:“思玉晨君隨四時形影,在上清蘂珠宫日闕府紫映鄉金光里中。”(D34,p193)P.3435“映”作“瑛”。

P.2576v《上清三真旨要玉訣》:“魂臺四明,瓊帝(房)零浪。”《道藏》本《上清三真旨要玉訣》(D6,p627)及《真誥》卷一〇(D20,p547)[85]引,“浪”作“琅”。

P.2409《太上玉佩金鐺太極金書上經》皆作“佩”作“鐺”,《道藏》本則皆作“珮”作“瑲”(D1,p896)。

P.2431《洞玄靈寶諸天内音自然玉字》“大焕極摇天”,《道藏》本“摇”作“瑶”(D2,p540)。

P.t.560v《太上洞玄靈寶真文度人本行妙經》:“中央玉寶元霊元老君者,本姓鋧,字信然。”《無上秘要》卷一五[86]、《雲笈七籤》卷一〇二[87]引,“鋧”皆作“現”。

此類例子尚多,今不再舉。“結隣”之“隣”改作“璘”,正是受此思維定式之

〔84〕《真誥》卷一四,261頁。

〔85〕趙益《真誥》整理本此處“零琅”作“玲瑯”(《真誥》卷一〇,174頁),未出校記,不知何據。

〔86〕《無上秘要》卷一五,137頁。

〔87〕《雲笈七籤》卷一〇二,2212頁。

影響。文獻中“璘”字一般用於聯綿詞中,極少單用之例,亦可見作“璘”者當非其本貌。

六、展示特殊造詞法

【鼓洋】【鼓從】

P.2728《金真玉光八景飛經》:“雲中含朱宫,北帝踴神兵。鼓洋自智道,玄運來相征。”“鼓洋自智道”,《道藏》本作“鼓翔自知道”(D34,p58)。

P.2606《太上洞玄靈寶无量度人上品妙經》:“五帝大魔,万神之宗。飛行鼓從,捴領鬼兵。麾幢鼓節,遊觀太空。”

按:P.2728之“智”當讀作“知”,陸修静《太上洞玄靈寶授度儀》(D9,p843)、《無上秘要》卷四〇[88]皆引作“鼓洋自知道”,是知“洋”字是。“鼓洋”蓋指踴躍且喜樂,與前“踴”字呼應。“洋”蓋即“洋洋”,爲喜樂貌。《上清修身要事經》引《消魔經》云:“袄魔鼓洋,穢氣紛紛。”(D32,p572)《太上靈寶諸天内音自然玉字》卷四:“咎醜遏生源,通勃肆鼓洋。”(D2,p554)亦有“鼓洋”一詞。P.2386《太上洞玄靈寶妙經衆篇序章》引《元始五老赤書玉篇真文天書經》:“八者,群鳥翔儛,飛欣天端。九者,蛟龍踊躍,鼓洋淵澤。”[89]“鼓洋”亦與“踊躍”連用,且“鼓洋”與前“飛欣”構詞正一致。《洞玄靈寶二十四生圖經》:“龍麟踊躍,鳥獸飛欣,三界長樂,人神歡焉。”(D34,p343)亦有“飛欣”一詞,且與前“踊躍”對文,可知“飛欣”與“踊躍”近義,指高飛且歡欣。

與“鼓洋”“飛欣”構詞法一致的還有“鼓從”一詞,前揭P.2606《度人經》即其例。但古代注家多以“鼓從”之“從”爲導從之義,嚴東即注《度人經》云“導從鬼神”,薛幽棲亦云:“飛天靈魔,乘虚駕浮,前導後從,統押鬼兵。”(D2,p221)但如此解釋則“鼓”字無着落。成玄英注云:“此明五帝大魔常部領鬼兵,飛行大虚之中,以音聲鼓吹之從,故云飛行鼓從也。”如此解釋雖似可通,但與下句“麾幢鼓節”義複。杜光庭《太上黄籙齋儀》卷四〇、卷四四載《衛靈咒》均有“吉日行

[88] 《無上秘要》卷四〇,594頁。
[89] 《元始五老赤書玉篇真文天書經》仍存《正統道藏》中,但“欣”誤作“掀”。

事,八威鼓從”一句(D9,p292、p309),此“鼓從”與《度人經》之“鼓從”義同。蓋“從”讀作“縱”,爲縱恣之義。“鼓縱”即踴躍而縱恣。

“鼓洋”“飛欣”“鼓縱”,皆爲動詞加一表示精神狀態的形容詞。這與一般的述補短語構詞有所不同,“洋”“欣”“縱”并非“鼓”和“飛”的結果或趨向,而是伴隨“鼓”和“飛”的狀態。這似乎是古代漢語中一種較爲罕見的構詞方法。

A Research on the Value of Dunhuang Taoist Scripture on the History of Chinese Language

Gao Tonglin

The Dunhuang Daoist scriptures are valuable for the study of the history of Chinese language. First, they provide new vocabularies or new understandings of the meaning of characters and words. For example, “*kuang* 匡” has the meaning of control; “*suoxiang* 所向” has the meaning of desiderata; “*qiji* 棄疾” means serious illness; “*yanyan* 偃晏” and “*aocao* 敖曹” means amusing. Second, they are helpful in the collation of other Daoist scriptures. For instance, “*dianhui* 巔徊” has the meaning of invert; “*duosheng* 墮生” means birth; “*xiaoxia* 霄霞” means heaven, and these vocabularies were mistakenly altered in *Zhengtong Daozang* 正統道藏 due to misunderstanding. Third, they provide clues about the development of Chinese language. Such as “*nie* 捻” which means kneading could be written as “*nie* 躡” instead, and “*nie* 捻” in the meaning of holding between the fingers could be written as “die 揲” instead; “*hui* 喙” which means mouth or beak could be written as “*yuan* 蜎”; “*mian* 眠” which means groggy was the subsequent character of “*ming* 瞑”. “*yuan* 惌” is the variant character of “*yuan* 宛”, and has the same shape as the non-standard form of “*yuan* 怨”. Fourth, they show different expressions of some words of bound compounds. For example, “*biaoyao* 飈瑶” has the same meaning of flying as “*piaoyao* 飄搖”; “*kuangluo* 匡落” and “*kuangluo* 匡絡” have the same meaning of touring as “*hongluo* 宏絡”; and “*xiutiao* 脩條” and “*xiaotiao* 翛條” have the meaning of leisure. Fifth, they assist the etymologic study of Daoist terminologies. For instance, “*huoluo* 豁落” is same as “*huanluo* 焕落”, which means light; “*jiaqin* 家親” refers to the souls of deceased family members prone to make trouble; “*jielin* 結璘” is originally written as "*jielin* 結鄰", and it is derived form being the neighbour of the sun and the moon. Sixth, they show some rare word formation in ancient Chinese language. Such as "*guyang* 鼓洋", "*feixin* 飛欣", "*gucong* 鼓從" are all verb+an adjective of mental state.

《唐研究》第二十七卷
2022年,101—112頁

寫本文獻中的借筆字研究*

張　磊

“借筆”是古文字形體演變中一種較爲常見的現象。在楷書完全定型之後,借筆字依然大量存在於敦煌、契約等手寫紙本文獻以及石刻、刻本文獻中,甚至在域外文獻中也有使用。大部分借筆字是由於抄手爲了書寫簡便,省去部分筆畫而産生。對借筆字的形成規律進行研究,不僅有助於探究古今漢字的源流演變,而且對於文獻校勘、寫本系統的判斷等,都具有一定價值。

一、楷書中的借筆字

“借筆”又叫“共筆”“兼筆”,《語言學名詞》解釋“借筆”説:“古漢字中爲了方便書寫和簡化字形而借用鄰近筆畫的構形與書寫的現象。”[1]借筆既可以借筆畫、借偏旁,也可以借字[2],如甲骨文“[illegible]”(乙8334)是“王亥”的合文,二字共用中間的筆畫。“借筆”與《説文》學所説的省形和省聲有相似之處,如王筠《説文釋例》卷三:“凡省必成字,然亦有不成字者,則以其牽連爲一,上下兩借也。如童從重省聲,重從壬、從東,童字省人,則壬不成壬矣,并以東之首一畫,合於辛之下一畫,則東亦不成東矣,惟其牽連故也。”“童”字小篆作“[illegible]”,“辛”下面一横與“東”的起筆共用同一横畫,這樣既是省,也是借。《説文》的省形和省聲

* 本文是國家社科基金一般項目“隋唐五代寫本新增字研究”(20BYY131)、國家社科基金冷門絶學項目“敦煌殘卷綴合總集”(20VJXT012)成果之一。文章曾在復旦大學“2021年敦煌文獻語言文字研究青年工作坊”宣讀,承蒙張小豔、蕭瑜教授提出寶貴意見和建議,謹致謝忱。

〔1〕 語言學名詞審定委員會編《語言學名詞》,商務印書館,2011年,22頁。

〔2〕 吴振武《古文字中的借筆字》,《古文字研究》第20輯,中華書局,2000年,308頁。

通常省略的是某個成字部件,衹有個别字纔是借筆。前人對古文字中的借筆字研究較爲充分[3],而在楷書完全定型之後的敦煌文書、契約等手寫紙本文獻以及石刻文獻中,同樣存在大量的借筆字。如吕永進對《碑别字新編》中的借筆字進行了研究[4],徐秀兵以碑帖中的個别字形爲例,探討了行草書中的借筆字[5]。這些研究對楷書階段的構形分析都有一定的參考價值。在此基礎上,本文進一步擴大研究材料和範圍,以敦煌等寫本文獻中的字形爲主,探究楷書階段的借筆現象及其規律。

"借筆"是爲了調整部件筆畫間的相對位置,省略某些對於整字來説區别度較低的筆畫。借筆字廣泛存在於各類載體的文獻,在漢字文化圈的域外文獻中也有踪迹可尋。以"匧"旁爲例(如"篋""愜"等字),古文字中尚未出現借筆,但到了隋代《任顯及妻張氏墓誌》"琴書尚在,机篋猶陳"一句中,"篋"字作"",中間筆畫出現借用。中國國家圖書館藏抄寫於 8 世紀的 BD15167《無垢净光大陀羅尼經》"以肩荷擔,寶篋盛之"(140/112A/10),"篋"字原卷作""。Φ.365《妙法蓮華經講經文》"凡夫見即生驚怪,菩薩看時未愜懷"(5/332/11),"愜"字原卷作""。再看刻本,五代吴越國乾德三年(965)《寶篋印陀羅尼經》"一切如來心秘密全身舍利寶篋印陀羅尼經","篋"字作"";吴越國開寶八年(975)《寶篋印陀羅尼經》"世尊説此大全身舍利寶篋印陀羅尼","篋"字作""。再看域外文獻,日本承曆三年(1079)抄本《金光明最勝王經音義》第五卷:"篋,脇~。"[6]"篋"字作"",抄手既借用了筆畫,又在字形右下增加了一筆豎畫,顯然,上面的横畫被借用後,抄寫者並不認可"乚"這樣的非字部件,故又增一筆而成"凵"。敦煌文獻中也有相同的情况,如中村不折舊藏《莊子・天運篇》:"夫芻苟之未陳也,盛以篋衍,巾以文繡,尸祝齋戒以將之。"(中/305B/10)"篋"字原卷作""。可見,無論寫本、石刻、早期刻本文獻或者域外文獻,都存在借筆的情

[3] 除吴振武《古文字中的借筆字》外,劉釗《古文字中的合文、借筆、借字》也對借筆字有詳盡的論述,《古文字研究》第 21 輯,中華書局,2001 年,397—410 頁。

[4] 吕永進《碑别字借筆結構分析——兼論漢字借筆構形的動機》,《貴陽學院學報》1997 年第 3 期。

[5] 徐秀兵《近代漢字的形體演化機制及應用研究》,知識産權出版社,2015 年,138—140 頁。

[6] "~"爲"音"的省代符號。古典研究會《古辭書音義集成》第 12 卷(别册),汲古書院,1981 年,65 頁。

况,而石刻和刻本兩類文獻同樣離不開"寫樣"這一步驟,衹要經過手寫,就會存在差異,衹不過差異程度隨着宋代雕版印刷的流行而逐漸降低而已。

寫本或石刻文獻中的借筆字,絶大部分是抄手爲了書寫簡便而省去部分筆畫,衹有少量借筆字經過了抄手的設計和安排,並非一味求簡。如BD5397-2《證香火本因經》:"𦼮長七尺,梨如五升瓠盧,棗如二斗欓。"(72/324B/26)"𦼮"可認同作"𦼮",即"瓜"的增旁俗字"苽"的再疊增偏旁俗字。因右下部件筆畫較爲完整,故左下部件"瓜"省略了末筆捺,而借用右下角部件的撇畫。抄手在寫左下部件"瓜"時,需要提前計劃好如何利用右下部件"瓜"的撇畫,如此纔能提前留出位置,以便安排共用的筆畫。

二、借筆字的研究意義

借筆字這一特殊的文字現象,不僅是近代漢字研究的對象之一,而且對於文獻校勘、寫本系統的判斷等,都具有一定價值。具體來説主要體現在以下四個方面:

(一)對於一些變化較大的字形,可以從借筆的角度來解釋。

如S.2071《切韻箋注·談韻》:"痰,胷上水病。"(英藏3/246/16)該字爲"痰"的俗寫,上"火"的撇畫拉得較長,成了"疒"旁左側撇畫借用的對象,而"疒"旁左下一點,又成了下"火"左側點畫的借用對象,整個字形筆畫呈犬牙交錯之狀,正是由於多次借筆所致。如果借筆成了一種普遍的書寫習慣,就會形成字形内部的演變規律,進而產生異寫字。如"養"字《説文》從羊,食聲,秦簡作養(睡.秦113),字形内部界限分明,至武威漢簡作"養",下部"食"的起筆撇畫,借用自上部"羊"的末筆豎畫,此後該字形便行於世,并最終取得了正字的地位。因借筆而產生的異寫字,主要出現於隸變階段,後世楷書多是承前而來。

(二)如果對借筆現象缺乏了解,可能會認錯字形,乃至誤解文義。

例如"朋"字,《説文》作"𠍗"(本爲"鳳"字古文),隸變作"朋",作兩個斜書的"月"形。宋孫奕《履齋示兒編》卷二三引《明皇雜録》云:"劉晏以神童爲秘書省正字,上問:'汝爲正字,正得幾字?'晏曰:'天下字皆正,唯'朋'字未正。'"意思是説“朋”字是應須斜書的〔7〕。由於兩個部件的中間筆畫所在位置相近,抄手往往借用後者的起筆,作爲前者的末筆而寫作“用”,如北魏《元恩墓誌》“言不苟合,則朋友稱其信”,“朋”字作“用”。隋唐五代時期,作斜書的“朋”或斜書的“用”皆有,就敦煌文獻而言,抄手多爲求簡,斜書的“用”明顯多於斜書的“朋”,如果不明白“用”其實是“朋”的借筆字,很可能會認錯字形。如1932年鄭振鐸先生出版《中國俗文學史》,引用敦煌變文 P.2653《韓朋賦》“獨養老母,謹身行孝。用身爲主意遠仕,憶母獨住,〔故娶〕賢妻”(17/109B/3)一句時,不明其中的“用”當爲“朋”的借筆字,誤録作“用”〔8〕。1957年《敦煌變文集》出版時,整理者依然誤録作“用”〔9〕,以致有學者誤認爲是“母”的誤字〔10〕。其實,P.2653《韓朋賦》“朋”字多作“用”,與“用”字形近,該句意爲韓朋雖自身打定主意要遠行做官,想到母親一人獨住,不放心,所以娶妻代他贍養母親。〔11〕

又如 S.525《搜神記》“王子珍”條:“我之所論,非言人事容貌。弟是生人,李玄是鬼,生死殊別,焉爲用。”(英圖 8/248/17)檢中村不折舊藏句道興《搜神記》,與“焉爲用”相對應的文字爲“若爲用友”(中/336/13),截圖字形一正一斜,可知 S.525 的抄手已不知“用”當爲“朋”的借筆字,故直接抄作“用”。

(三)掌握借筆字的特點和規律,能够判斷并校正文獻流傳過程中出現的訛誤。

例如,《大正藏》本唐彦琮《唐護法沙門法琳别傳》卷下:“陛下若奮赫斯之怒,則百万不足恢情;陛下若斂秋霜之威,則一言容有可録。”《龍龕·心部》:“愜、悏、愜,謙叶反。當也,可也,快也,心伏也。”“恢情”即“愜情”,指滿意。“愜”字借筆之後作“悏”,俗寫進而將右旁改作“恢”,這一字形較早見於 P.2193《目連緣起》:“孃聞此語,深恢本情,許往外州,經營求利。”(8/297A/12)上揭《大正藏》中的“恢”當是“愜”的訛俗字,而《高麗藏》本與 P.2640《唐護法沙門法

〔7〕參見張涌泉《敦煌俗字研究》,上海教育出版社,2015年,578頁。
〔8〕鄭振鐸《中國俗文學史》,上海書店,1984年,162頁。
〔9〕王重民等《敦煌變文集》,人民文學出版社,1984年,137頁。
〔10〕項楚《敦煌變文選注》,中華書局,2006年,348頁。
〔11〕此處句意承蒙張小豔教授指正。

琳别傳》該字均作“愜”,《大正藏》若以《高麗藏》爲底本,就應校録作“愜”[12],而非“恢”。

(四)根據借筆字,可以判定不同寫卷的系統和來源。

如敦煌本《老子》(白文本)總體上可分爲五千文本和非五千文本,五千文本又可分爲甲本、乙本、丙本、丁本四種,其中甲本與乙本最主要的區别在於,甲本每章末用小字注文標明章節字數,如 P.2255、P.2599、S.6453;乙本則無字數注文,如 S.189、P.2347、P.2420[13]。《老子》卷下多處出現“饜”“餍”或“厭”字,如“天下樂推而不~”“~飲食”“夫唯不~,是以不~”,該字在寫本中形體各異,但基本可分爲借筆字系統和非借筆字系統,大致跟五千文本的甲本和乙本系統相對應。如 P.2255、P.2599、S.6453 多作“[illegible]”或“[illegible]”,疒旁或广旁内部爲左右結構,“食”的上部借筆;而 P.2347 作“餍”,P.2420 作“厭”,屬於非借筆字。

值得注意的是,S.189 既有借筆字“[illegible]”(英圖 3/236A/20),又有非借筆字“[illegible]”“[illegible]”(英圖 3/238A/19)、“[illegible]”(英圖 3/237B/19)。尤其是“[illegible]”字,借鑒了某一底本中的借筆字,却對其進行了改造,將原本内部爲左右結構的借筆,改成了上下結構的非借筆,使得整字完全脱離了借筆的形態,并朝着正字“饜”的結構模式轉變。這説明 S.189 號寫本雖然屬於乙本,但同時也參考過甲本系統的寫本,甚至是以甲本作爲底本并增加章名字數而形成的[14]。

三、借筆字釋例

以下將寫本文獻中的借筆字分類列出,同時參考石刻等材料,從中可以看出楷書定型之後,尤其是寫本文獻中字形的借筆規律。敦煌文獻的書寫時間主要在唐五代,涉及的編號及出處説明如下:“P”指《法藏敦煌西域文獻》所收法國國家圖書館藏敦煌文獻伯希和編號,“S”指英國國家圖書館所藏敦煌文獻斯坦因編號(《英國國家圖書館藏敦煌遺書》簡稱“英圖”、《英藏敦煌文獻[漢文佛經以

---

[12] 《大正藏》的工作底本《頻伽藏》亦作“愜”。

[13] 朱大星《敦煌本〈老子〉研究》,中華書局,2007 年,183 頁。

[14] 此外,P.2350、S.2267 也屬於甲本,但却用“厭”字。

外部分]》簡稱“英藏”、《敦煌寶藏》簡稱“寶藏”),“BD”指《國家圖書館藏敦煌遺書》編號,“Дх”“Φ”指《俄藏敦煌文獻》編號,“敦研”指敦煌研究院所藏敦煌文獻編號(《甘肅藏敦煌文獻》),“中村”指《台東區立書道博物館所藏中村不折舊藏禹域墨書集成》編號。引文之後括注例字所在的册數、頁數、行數,以便覆核原卷字形。

(一)字形内部上下部件之間相同或相近的筆畫易相互借用,尤以横畫和撇(捺)畫最爲常見。

1.横畫借筆。

P.3109《諸雜難字》“廩”字原卷作“[illegible]”(21/324B/15)。S.779-4《諸經要略文》:“稟性黠慧,解人言語。”(英藏 2/152B/8)“稟”字原卷作“[illegible]”。P.3765-11《亡妣文》:“天資稟柔和之雅則。”(27/339B/14)“稟”作“[illegible]”。再如唐《處士楊吴生墓誌》“[illegible]秀挺生,孝友温恭”,皆是借中間一筆。

S.5139v-1《乙酉年六月凉州節院使押衙劉少晏狀抄》“衙”字原卷作“[illegible]”(英藏 7/25A/1)。

S.840《佛經難字音》收了兩個“瓮”,其中一個“瓦”旁訛作“凡”,而另一“瓮”字作“[illegible]”(英藏 2/194B/13),下部“几”是“瓦”的俗寫,此處借用上部“公”的横畫。

P.3799《切韻箋注・緝韻》:“集,聚。秦入反。”(28/86B/7)“集”字原卷作“[illegible]”。

《大正藏》本《鞞婆沙論》卷三:“若受惡慧,如鱣魚齧。”P.3578v《大般涅槃經等佛經難字》列出“鱣”字,原卷作“[illegible]”(25/378A/2)。

P.2951v《十一面神咒心經》:“與大苾芻衆千二百五十人俱。”(20/211B/2)“芻”字原卷作“[illegible]”。P.2487《開蒙要訓》:“仙紋雙絙,紕縵緊縐。”(14/273B/19)“縐”字原卷作“[illegible]”。

P.3344《老子十方像名經》:“〔次〕滅占候圖讖,妄説吉凶之罪。”(23/249B/9)“圖”字原卷作“[illegible]”。這種借筆較好地處理了筆畫和結構間的關係,魏晋以來大量存在於石刻文獻中。

2.撇(捺)畫借筆。

BD5517《佛名經(十六卷本)》卷一:“南無奮迅菩薩。”(74/212A/15)“奮”

字原卷作“奪”(此處誤爲“奪”字俗寫),“亻”的撇畫借筆。而在韓國文獻中,《全韻玉篇》(1796年刊刻)、《謚狀》(1908年刊刻)、《上言》(1922年抄寫)的“奪”字,左上同樣出現了借撇畫的現象〔15〕。

《莊子》刊本有“中墮四時之施”句,P.3602《莊子集音》:“中隳,許規。”(26/63B/6)《五經文字·阜部》:“墮,俗作隳。”“隳”即“墮”的俗字,原卷作“隳”。

羽631《四分律羯磨》:“僧今以此某甲房與某甲比丘,斷理白如是。”“房”字原卷作“房”。

“願”字俗寫通常作願(P.2108)、願(敦研356)等形,右側從彡者,爲“頁”旁形省。然而P.2044v《釋門文範》:“賴沐天恩,賜粟用濟於貧虚,聲譽遠傳於邊國,願一。”(3/129A/26)卷中“願”字作“願”,該字末筆點畫爲左右兩個部件所共用。

3.豎畫借筆。

《莊子》郭象注文“揉曲爲直”,P.3602《莊子集音》:“揉,女柳反。”(26/62B/15)“揉”字原卷作“揉”。中村029《地藏十輪經》:“常生佛國,恒聞種種柔濡人聲及音樂聲。”(上/166A/15)“柔”字原卷作“柔”。“柔”旁借筆在北魏石刻中就已經出現,如《元暐墓誌》:“義圃辭林,優柔載緝。”

S.1308《開蒙要訓》:“針縷綻□(綴),補袟穿陋。”(英藏2/263B/8)“陋”字原卷作“陋”。

(二)存在兩個相同部件時,因部件筆畫相同或相近而互借。

Дx699《正法念處經難字》“嚇”字原卷作“赤”(7/54/5)。唐歐陽詢《九成宫醴泉銘》:“介焉如響,赫赫明明。”“赫”字作“赫”。後世這類省筆的情况很多,亦波及韓國等域外寫本,如《韓國文獻説話全集》中“赫”字作“赤”〔16〕,與歐陽詢書如出一轍。

S.4992v《文樣》:“男則如金如玉,榮國榮家。”(英藏7/12/12)“家”字原卷作“家”,“豕”的前兩畫往往連筆,與“宀”的末筆共用筆畫。

S.110《佛説無量大慈教經》:“衆生愚癡,現前顛倒,弃其貴妻,逐他賤妄

---

〔15〕 吕浩《韓國漢文古文獻異形字研究之異形字典》,上海大學出版社,2011年,80頁。

〔16〕 金榮華《韓國俗字譜》,亞細亞文化社,1986年,207頁。

(妾)。"(英圖 2/244/15)"顛"字原卷作"𩑺",這是字形内部類化之後出現的借筆。

P.3109《諸雜難字》"嬰"字原卷作"𡣍"(21/324A/8),同書"癭"字作"𤸰"(21/324B/6)。再如《徽州文書(第三輯)》"清光緒十二年丙戌冬月宋觀成訂《鄉音集要解釋》上册之四十三":"嚶,鳥鳴嚶嚶。罌,仝。"前一字即"嚶",後一字即"罌"。在《鄉音集要解釋》這一抄本中,"賏"旁下部有的借筆作撇與點兩筆,也有作正常偏旁的情况。

P.2078《佛説觀佛三昧海經》卷四:"腋下摩尼珠皆放光明。"(4/242B/2)"摩"字原卷作"𢉧",可楷定作"摩"。《中國徽州文書(民國編)》"民國十四年十二月〔休寧〕陳聚隆立當田租契附民國三十年五月取回批":"又土名石麻長,係王字號。""麻"字作"麻"。同書"民國十六年二月〔歙縣〕張炳森立賣厠所契":"民國拾六年二月日,立賣契人:張炳森〔押〕。""森"字作"森"。

此類以同時借用撇捺或撇點最爲常見,兩個"貝"同時出現時尤爲突出,吴振武先生在《古文字中的借筆字》中,指出漢印"嬰"即"嬰"的借筆字,可見"嬰"借筆作"嬰"起源很早,且這一寫法通行於唐代的寫本和石刻文獻,直到近代。兩個"木"的借筆主要流行於行書文獻,楷書寫本中則較爲少見。

(三)部件中如果存在點畫或類點畫(如鈎、短提、短豎),而相同或相近位置亦有其他部件的點畫或類點畫,筆順在後的點畫或類點畫會借用筆順在前的點畫或類點畫。

BD8091《大通方廣懺悔滅罪莊嚴成佛經》卷下:"我等今日,稽首過去。"(100/279/5)"稽"字原卷作"𥡴","旨"字俗寫往往作"盲",因"禾"旁末筆作捺點,故"盲"省去上面一點,借用左上"禾"旁的末筆。這種情况在北魏墓誌中就已經存在,如《北魏故使持節侍中司空尚書左僕射驃騎大將軍徐州刺史王誦墓誌》:"屬石渠闕寄,讎校佇司,稽古之選,僉議惟允。"

S.3883《佛説海龍王經》:"以燃燈故,得天眼净。"(寶藏 32/128B/9)"燃"字原卷作"燃"。"火"旁右下點畫借筆。再如 BD843《轉女身經》:"擣藥舂米,若𤎅若磨。"(12/88A/10)"𤎅"即"熬"的偏旁位移俗字。

S.268《大乘百法明門論開宗義記》:"謂即四大堅濕煖動。"(英圖 4/314/17)"煖"字原卷作"煗","煗"爲"煖"字俗寫(見《龍龕·火部》),"而"旁左下短豎借筆。再如 S.2071《切韻箋注・寒韻》:"觽,魚(角)觽,獸名。"(英藏 3/243/24)"觽"字原卷作"觽"。

BD1017《洞真上清諸經摘抄(擬)》:"夫悠悠者,胡以測人心之必然乎?"(15/122A/22)前一"悠"字原卷作"悠""心"左側點畫乃借短豎而成。

P.2609《俗務要名林・聚會部》"餖飣"(16/221B/18),"餖"同"餖",兩字原卷作"餖飣","食"旁的點畫借筆。

P.3406《妙法蓮華經難字》:"窪,坻。"(24/122B/9)"窪"字原卷作"窪"。

S.2071《切韻箋注・宵韻》:"霄,近天赤色。"(英藏 3/244/40)"霄"字原卷作"霄"。

BD1017《洞真上清諸經摘抄(擬)》:"天威焕赫,三燭合明。"(15/117A/20)"赫"字原卷作"赫"。再如 BD6642-3《觀彌勒菩薩上生兜率天經》:"身紫金色,光明豔赫,如百千日。"(91/327B/8)BD6727《隨求即得大自在陀羅尼神咒經》:"復次大梵,過去有佛名開顔含笑摩尼金寶赫光明出現王如來。"(93/60A/5)三例中的"赫"字,均爲兩個"赤"旁中間借用點畫的情況,唐代石刻中亦常見。

再如《徽州文書(第三輯)》"清光緒十二年丙戌冬月宋觀成訂《鄉音集要解釋》上册之五":"鄬,文王子封於此。""鄬"即"鄬",爲"郇"的異體字。同書:"剃:剃頭,鬍、鬚、髭:仝。""鬍"字作"鬍"。

(四)兩個前後筆順相接的部件,前一部件的末筆與後一部件的起筆原本并不相同,但因二者所處位置相同或相近(以左右相鄰居多),抄手利用其筆勢,借用前者的末筆作爲後者的起筆。

1.借撇畫代替豎畫。

"扁"旁借筆是借撇畫代替豎畫的典型代表,這一情況在古文字中就有體現,如吴振武先生提到漢印"扁"作"扁"。敦煌寫本如 P.2011《刊謬補缺切韻・仙韻》:"篇,芳連反。"(1/91/16)"篇"字作"篇",可轉寫爲"篇"。P.2833《文選音》:"徧,遍。"(19/40A/13)二字原卷作"徧""遍"。P.2833《文選音》:"褊,必善。"(19/42A/8)"褊"作"褊"。除敦煌寫本外,石刻文獻中也較爲常見,如《唐故河南府參軍張軫墓誌》:"變風雅之篇什,禀江山之清潤。"

P.3506《佛本行集經難字音》"劈"字作"劈"(24/381A/13),"臂"字作"臂"(24/381A/18)。

2.借豎畫代替撇畫。

P.3109《諸雜難字》"膽"字作"[illegible]"(21/324A/6)。類似的情况再如S.3836v《雜集時用要字》:"猪蹏。"(英藏5/171/25)"蹏"即"蹄"的古字,此處改换"足"旁爲"月(肉)"旁而作"[illegible]",右旁爲"虒"的俗寫,其上中下三個部件均借用"月"旁的豎鈎。S.216《大乘四法經論廣釋開決記》:"佛令鶖子隨而瞻揆,唯有此處,堪造僧房。"(英圖3/370/3)"瞻"字原卷作"[illegible]"。S.617《俗務要名林·木部》:"榑,敕居反。"(英藏2/96B/15)"榑"字原卷作"[illegible]"。

BD8230《菩薩和戒文》:"一切地獄盡逕過,皮膚血肉如流水。"(101/283/13)"膚"字原卷增肉旁作"[illegible]"。

3.借折筆的一部分代替撇畫和點畫。

如S.2071《切韻箋注·模韻》:"鵌,鳥名,與鼠同穴。"(英藏3/241/18)"鵌"字原卷作"[illegible]"。S.617《俗務要名林·魚鼈部》:"鰁鰟,上音郎,下薄郎反。"(英藏2/96B/8)"鰟"字原卷作"[illegible]"。

4.借兩個交叉筆畫代替豎鈎。

P.2617《周易釋文》:"敝,婢世反。"(16/290A/15)"敝"字原卷作"[illegible]";又同卷"弊"字作"[illegible]"(16/290B/12)、"蔽"字作"[illegible]"(16/289A/15)。部件"㡀"借用"攵"後兩筆的交叉部分,從而省去了右下的豎鈎。

(五)將部件中的某一筆畫有意識地延長,成爲另一部件相應的筆畫。

BD14732《大般涅槃經(北本)》卷一一:"所謂礔裂,身體碎壞,互相殘害。"(132/377A/16)"礔"同"劈",原卷作"[illegible]"。又如P.2160《摩訶摩耶經》卷上:"行住坐卧,去來迅疾,石礔無閡。"(7/210A/9)"礔"字作"[illegible]"。寫本中"辛"旁往往在末筆之下再增加一横畫作"辛",不增筆的情况反而少見,兩"礔"字部件"石"的筆畫延長後,亦成爲"辛"的一畫。

P.3835《不空羂索神呪心經音》:"蛆,猪列反。"(28/302B/18)"蛆"字原卷作"[illegible]"。

S.102-1《梵網經》卷一〇下:"亦如師子身中蟲,自食師子肉,非餘外虫敢食。"(英圖2/204/2)"蟲"字原卷作"[illegible]"。

明清契約文書多用行楷或行草,故此類現象較爲普遍。例如《中國徽州文書(民國編)》"民國七年十二月〔休寧〕鄭元椿立當田契":"立當[illegible]人鄭元椿,今因欠缺錢糧正用,無得出辦,將阻(祖)遺下……田壹坵……出當與鄭□□名下爲業。”“契”即“契”字,左上部件的末筆延長後,成了另外兩個部件所共用的筆畫。

《中國徽州文書(民國編)》“民國九年十一月〔歙縣〕劉文遂立退小買山批”:“土名冷水坑。”“冷”字作“冷”。再如《清水江文書(第一輯)》“姜永昌、姜永松弟兄二人斷賣田字”:“塗乙(壹)自(字)。”“塗”字作“塗”。

(六)上下兩字共用相同的筆畫,這在古文字中較爲常見,寫本文獻中同樣也存在,有的因此而成爲合文。

寫本文獻中的借筆字以單字居多,但也存在少量合文。例如:

S.5685《妙法蓮華經難字》“嚼”(英藏9/69A/10),“咀”字的末筆横畫,因與撇畫較爲相近,故被借用作“嚼”字右上部件的筆畫。BD1482《受八戒儀》:“弦管吹時,玉顔稀有,潦澆從天得下來。”(21/367B/6)“稀有”二字原卷作合文“稀有”。P.2040v《净土寺食物等品入破曆》“羅平水”之名作“平水”(3/21/24)。此外,敦煌寫本中還有多處“闍梨”的合文,多以行草書寫就[17]。

明清時期同樣存在合文。如《清水江文書(第二輯)》“出入總簿之八”:“付去火食錢十壹千捌百文。”“火食”即“火食”,二字共用中間的筆畫“人”,亦可看作“火食”二字的合文。

四、結語

楷書階段的借筆字,通過簡省某些對於整字來説區别度較低的筆畫,進而調整部件之間筆畫的相對位置,這是借筆現象貫穿古今各時期的根本原因,“借筆”衹是其外在表現形式。雖然寫本文獻中一些單字内部的借筆現象(如上文所舉“嬰”“扁”旁),可以從戰國時期的璽印文字中找到源頭,但楷書階段的借筆字呈現出了新的特點,這既是漢字形體趨於穩定的表現,也是漢字職能進一步分化的結果。借筆現象普遍存在於中外不同地域以及各類文獻載體,既包括寫本

〔17〕 詳見黄征《敦煌俗字典(第二版)》,上海教育出版社,2019年,695頁。

文獻,也包括石刻和版刻文獻。“借筆”這一規律跟“文化風尚的潛移默化”[18]没有本質聯繫。

Research on the Stroke Loan Characters in Manuscripts

Zhang Lei

Stroke loan (*jiebi* 借筆) is a common phenomenon in ancient characters. Even after the regular script (*kaishu* 楷書) had been finalized, stroke loan characters remained in usage as shown in a large number of handwritten documents, stone carvings, printed works of literature, and even in foreign texts. Most of the stroke loan characters were produced by transcribers who deliberately omitted some strokes to simplify the writing. Studying stroke loan characters does not only help to understand the writing of Chinese characters but can also aid literature collation and judgment of manuscript system.

〔18〕 吕永進《碑别字借筆結構分析——兼論漢字借筆構形的動機》,《貴陽學院學報》,1997年第3期。

《唐研究》第二十七卷
2022 年,113—124 頁

甘露元年《譬喻經》寫卷中值得注意的語言文字現象*

蕭　瑜

甘露元年《譬喻經》寫卷(下簡稱《譬喻經》寫卷),係一份現藏於日本東京台東區立書道博物館的有紀年佛經寫本。該寫卷大約在 20 世紀 30 年代前流入日本,被中村不折收藏。1931 年平凡社出版《書道全集》,此卷收録其中。目前,該寫卷被定爲日本重要文化財産。

有關該卷的研究,主要集中在其真僞及抄寫年代兩方面。據張永强介紹〔1〕:藤枝晃認爲是僞卷〔2〕。而主張該卷是真卷的學者,分歧主要集中於該卷卷尾題記所署抄寫年代"甘露元年"的具體所指年代:一、收藏者中村不折認爲是曹魏高貴鄉公時期(256)〔3〕,《敦煌大藏經》採用此説〔4〕;二、常盤大定認爲是前秦時期(359)〔5〕,姜亮夫〔6〕、薄小瑩〔7〕、池田温從之〔8〕;三、羅振玉認

* 本文係國家社科基金規劃項目(17XYY013)"基於年代學的漢文佛典常用字形體演變研究"階段性成果之一。本文完成後,蒙廣西大學文學院龔元華副教授、吉林大學文學院馬進勇博士指正。2021 年 6 月 19 日,本文提交復旦大學出土文獻與古文字研究中心"敦煌文獻語言文字研究青年工作坊"討論,得到復旦大學張小豔教授、浙江師範大學張磊副教授指正。提交定稿後,又蒙復旦大學張小豔教授審讀是正多處! 在此一併致謝! 文中錯誤,概由本人負責。

〔1〕 張永强《十六國甘露元年譬喻經寫本考》,華人德主編,《中國書法全集·14·兩晋南北朝寫經寫本》,榮寶齋出版社,2013 年,24—31 頁。

〔2〕 薄小瑩《敦煌遺書漢文紀年卷編年》,長春出版社,1990 年,1 頁。

〔3〕 中村不折《禹域出土墨寶書法源流考》,中華書局,2003 年,28 頁。

〔4〕 筆者未見,此據張永强説。

〔5〕 池田温《中國古代寫本識語集録》,東京大學東洋文化研究所,1990 年,76 頁。

〔6〕 姜亮夫《莫高窟年表》,上海古籍出版社,1985 年,43 頁。

〔7〕 同注〔2〕。

〔8〕 同注〔5〕。

爲題記中的"甘露"爲高昌自建年號[9],但未明確爲何時。持第三種觀點的學者,又有三種不同的斷代:1.吴震主張殘卷抄寫於高昌闞氏政權時期(460—488)[10];2.王素主張殘卷抄寫於高昌麴氏政權時期(526)[11],侯燦[12]、榮新江[13]、張永强從此説[14];3.張永强認爲殘卷可能抄寫於北凉沮渠政權時期(443—460),甚至更早的4世紀中期到5世紀初[15]。

對於《譬喻經》寫卷字形和異文的研究,可見高静怡[16]、梁紅燕[17]、張永强的研究[18]。高静怡重點就寫卷的十條詞彙異文做了研究。梁紅燕就寫卷的兩個異體字形和三處用字方面的異文做了研究。張永强在全面介紹該寫卷的形態、發現與流散、寫定年代與地點、書體價值的時候,提到該寫卷與《中華大藏經》本對校,有百餘處異文,並從書法字形的角度,指出《譬喻經》寫卷字形中大量使用的異體字、簡化字和簡化部首,可與十六國和南北朝時期的寫卷和碑版字形互相印證。

筆者將《譬喻經》寫卷文字與大正藏本《法句譬喻經》文字進行對校,共計發現161處異文。鑒於《譬喻經》寫卷藴藏的豐富異體字和異文材料,本文在已有研究的基礎上,重點挖掘寫卷中三類值得注意的語言文字現象:1.有鮮明時代特徵的書寫習慣;2.有重要研究價值的用字現象;3.極有價值的詞彙異文。

---

〔9〕 羅振玉《增訂高昌麴氏年表》,《遼居雜著乙編》,遼東印本,1933年。

〔10〕 吴震《敦煌吐魯番寫經題記中"甘露"年號考辨》,《西域研究》1995年第1期,17—27頁。

〔11〕 王素《吐魯番出土寫經題記所見甘露年號補説》,《敦煌吐魯番學研究論集》,書目文獻出版社,1996年,244—252頁。又王素《吐魯番出土高昌文獻編年》,新文豐出版公司,1997年,147頁。

〔12〕 侯燦《麴氏高昌王國官制研究》,《文史》第22輯,中華書局,1984年,75頁。

〔13〕 榮新江《吐魯番歷史與文化》,胡戟、李孝聰、榮新江著《吐魯番》,三秦出版社,1987年,38頁。

〔14〕 張永强《從長安到敦煌——古代絲綢之路書法圖典》,西泠印社出版社,2020年,364—365頁。

〔15〕 同注〔1〕。

〔16〕 高静怡《書道博物館藏〈法句譬喻經〉校勘小記》,《安順學院學報》2011年第4期,33—35頁。又高静怡《書道博物館藏〈法句譬喻經〉詞彙異文初探》,《荆楚理工學院學報》2011年第8期,78—80頁。

〔17〕 梁紅燕《日本書道博物館藏〈法句譬喻經〉異文考釋四則》,《齊齊哈爾大學學報》2012年第3期,131—133頁。

〔18〕 同注〔1〕。

一、有鮮明時代特徵的書寫習慣

仔細分析《譬喻經》的寫卷字形，可以發現該寫卷包含一些有鮮明時代特徵的書寫習慣，如由“戈”“犬”“求”等部件省略書寫右上角“丶”而類推出的筆畫簡省現象，“糸”因書法因素而導致的下面的“小”簡省爲一横，“夊/殳”的創新形體，“弟”“夷”字的左邊竪折向下出頭或加短竪等。

(一)簡省“丶”的現象

1.《譬喻經》寫卷中含“戈”的字形，如“我”“義”“議”“戒”“成”“城”“盛”“減”“滅”“國”“惑”“威”“感”“熾”“識”等，均統一省略了部件“戈”右上角的“丶”。

我:、、、、、	義:,議:、、
戒:、、、	成:、,盛:、,城:、
感:,減:、	國:、、、,惑:
滅:、、、	識:,熾:
威:	感:

2.含“犬”的字，《譬喻經》寫卷中含部件“犬”的字形，如“然”“獄”，均統一省略了部件“犬”右上角的“丶”。

然:、、、、、、	獄:、、

3.“求”省“丶”：、、、

筆者曾揭示這一書寫習慣：“與‘戈’及含‘戈’的系列字形簡省‘丶’這一文字現象相對立，大量不簡省‘丶’的字形也在漢代簡牘及石刻文字材料中同時並存。如前文列舉的‘成’‘城’‘武’等字，在簡牘中不簡省的字形，其出現頻率還佔優勢。這樣的優勢直到東漢後期的熹平石經及其他碑刻，還在延續。而到了魏晋以後，‘戈’字及含‘戈’的系列字形，簡省‘丶’的情況已經開始佔據了强勢地位,大量出現在出土文字材料中"[19]。

(二)"糸"演變的中間形態

緣:[illegible],羅:[illegible]、[illegible]、[illegible],經:[illegible]、[illegible]、[illegible]、[illegible],細:[illegible],絶:[illegible],終:[illegible],給:[illegible],約:[illegible]

《譬喻經》寫卷中含"糸"的字形,除"經"字外,其他如"緣""羅""細""絶""終""給""約","糸"下面的"小"都寫成了"一"或者"㇀"。這種從"糸"到"纟"過渡的中間形態,"反映出'糸'從繁趨簡的變異過程"[20]。

(三)"攵/殳"的創新形體

教:[illegible]、[illegible]、[illegible],敬:[illegible]、[illegible],敢:[illegible],微:[illegible],散:[illegible],嚴:[illegible]、[illegible],數:[illegible]、[illegible]、[illegible]、[illegible],毁:[illegible]、[illegible]、[illegible],投:[illegible]、[illegible]、[illegible]、[illegible]、[illegible]、[illegible]、[illegible]、[illegible]、[illegible],設:[illegible],没:[illegible]、[illegible]、[illegible]、[illegible]

《譬喻經》寫卷中含"攵"的字形,有兩種形體寫法:第一種作"攵",如"教""敬""敢"等;第二種作"𠬝",如"微""散""嚴""數""毁""投""設""没"等。

筆者曾經認爲"古寫本《吴主傳》、《虞翻傳》前篇、《張温傳》中的'㕟'是'殳'形體演變的過渡字形。這些從'㕟'的字形,在現有文字材料中未見,我們推測屬於魏晋以後受行書筆意影響而産生的新字形"[21],現在結合《譬喻經》寫卷字形來看,"㕟"的楷定有問題,應該楷定爲"𠬝"。

(四)"弟"的創新形體

弟:[illegible]、[illegible]、[illegible]、[illegible]、[illegible]、[illegible]、[illegible]、[illegible]、[illegible]、[illegible],梯:[illegible]

上述"弟"字和從"弟"的字形,"弟"左邊出頭寫成"弟"或加短豎寫成"弟"。筆者在考察《三國志》古寫本字形時,發現這一有趣的創新形體,並認爲屬於魏晋之後的新興寫法。其出現原因,筆者認爲:"還是跟書法因素有關。'弟'字在古寫本和敦煌寫本中,因下面的撇寫得較短小,所以留下了書法發揮的空間。"[22]《譬喻經》寫卷中"夷"([illegible])字也出現了相同的書寫創新形體。

以上所揭四種書寫習慣,都是因書寫習慣改變造成的創新,具有鮮明的時代特徵,且這四種書寫習慣在寫卷内部具有非常統一的風格。

造假者在作僞的時候,一般很難在内部書寫習慣上達到高度統一。《譬喻

[19] 蕭瑜《〈三國志〉古寫本用字研究》,上海教育出版社,2011年,57頁。

[20] 同上書,104頁。

[21] 同上。

[22] 同上書,97頁。

經》寫卷内部高度統一的書寫習慣，可以有力證明寫卷是真卷而非僞卷。

二、有重要研究價值的用字現象

《譬喻經》寫卷雖不長，但却蘊含了一些有重要研究價值的用字現象，具體表現爲：（一）有重要漢字史價值的俗字形體；（二）有獨特斷代價值的通假現象。試分類舉例如下：

（一）有重要漢字史價值的俗字形體

梁紅燕（2012）、張永强（2013）對《譬喻經》寫卷俗字形態已有初步涉及。此外，筆者在研究敦煌吐魯番出土的《三國志》古寫本字形時，對《譬喻經》寫卷中有重要漢字史價值的俗字形體，如"詣（[illegible]）"〔23〕、"避（[illegible]）"等字形〔24〕，曾經做過比較深入的研究，兹不贅述。下面以"淵（灟）""老（[illegible]、[illegible]、[illegible]）""瘦（[illegible]、[illegible]、[illegible]）"爲例，再對該寫卷俗字形體富含的漢字史研究價值略作討論。

1.淵：灟

《法句譬喻經》卷三《道行品第二十八》："遠離諸淵，如風却雲，已滅思想，是爲知見。"（CBETA，T04，no.211，p.598，a15-16）

上句中"諸淵"的"淵"，寫卷字形作"灟"。這一字形，見收於以下字書及音義書：

《龍龕手鏡・水部》收録"灟"字："烏玄反，深也。又泉水不流者曰淵。"〔25〕

《新集藏經音義隨函録》卷一二："深灟，烏玄反，深也。正作渆、㴊、囦三形。見别本作渆。"〔26〕

《重訂直音篇》卷五《水部》："灟，音淵。深也；泉水不流也。"〔27〕

---

〔23〕 蕭瑜《敦煌研究院藏〈三國志・步騭傳〉殘卷疑難俗字補釋》，《敦煌研究》2008 年第 5 期，35—37 頁。又同注〔19〕，28—29 頁。

〔24〕 同注〔19〕，99、144 頁。

〔25〕 行均《龍龕手鏡》，中華書局，1985 年，230 頁。（筆者按：中華書局影印高麗本上聲卷實際是用《四部叢刊續編》本補配，中華書局再造善本與《四部叢刊續編》本爲相同的宋版。）朝鮮本《龍龕手鑒》亦收録此字形。參看袁如詩《朝鮮本〈龍龕手鑒〉異體字表》，黄山書社，2019 年，399 頁。

〔26〕 鄭賢章《〈新集藏經音義隨函録〉研究》，湖南師範大學出版社，2007 年，695 頁。

〔27〕 章黼《重訂直音篇》卷五，49 頁，明萬曆明德書院刻本。

《字彙補・巳集・水部》:“灁,烏涓切,音淵。深也。”〔28〕

《譬喻經》寫卷中的這個“灁”字形體,可爲始見於《龍龕手鏡・水部》的“灁”字提供一個極好的實際例證。

“灁”這個字形,屬於寫本時代佛經疑難字形,恐怕造假者在作僞過程中有意識使用的可能性極低。這也可以爲寫卷的真實性,提供一個强有力的疑難字形證據支撑。

2.老:老、老、老

《譬喻經》寫卷出現了三個不同的“老”字形體,分别是“老、老、老”。

上述三個“老”字形體中,第三個較爲特殊,見於《法句譬喻經》卷三《地獄品第三十》:“於是富蘭迦葉與諸弟子受辱而去,至道中逢一老優婆夷,字摩尼……”(CBETA,T04,no.211, p.599,a8-10)

梁春勝曾論及“老”來源於《孔宙碑》字形“老”〔29〕,但未提供中間演變字形的證據。《譬喻經》寫卷中的“老”,則正好提供了一個中間過渡字形,填補了“老”上面的“土”變成“生”的空白。這種把左上角的“一”,通過書寫變異成“𠂉”的情況,在魏晋南北朝時期的其他字中也可見到,具體可參見筆者有關《三國志・步騭傳》殘卷中“封”字的討論〔30〕。

3.瘦:瘦、瘦、瘦

《譬喻經》寫卷出現了三個不同的“瘦”字形體,分别是“瘦、瘦、瘦”。

(1)《法句譬喻經》卷三《廣衍品第二十九》:“若欲不肥,減食麤燥,然後乃瘦。”(CBETA, T04,no.211,p.598,b8-9)其中的“瘦”,寫卷字形作“瘦”。

(2)《法句譬喻經》卷三《廣衍品第二十九》:“王聞偈喜,日減一匙,食轉減少,遂以身輕,即瘦如前。”(CBETA,T04,no.211,p.598,b14-15)其中的“瘦”,寫卷字形作“瘦”。

(3)《法句譬喻經》卷三《廣衍品第二十九》:“王喜白佛:‘前得佛教奉行如法,今者身輕。世尊之力,是以步來知爲何如。’”(CBETA,T04,no.211,p.598,

〔28〕 吴任臣《字彙補》巳集,5頁,清康熙五年彙賢齋刻本。
〔29〕 梁春勝《楷書部件演變研究》,綫裝書局,2013年,31頁。
〔30〕 同注〔23〕。

b18-19）

這句中的“身輕”，在寫卷中出現了異文，作“身瘦”，字形作“瘦”。

這三個字形中的“叟”，形體各不相同。第一個形體較爲特殊，梁春勝〔31〕、周陽曾有論及〔32〕。

《異體字字典》收録“瘦”的異體有：瘦、痩、瘦、瘦、瘦、瘦、瘦、瘦、瘦、瘦、瘦、瘦、瘦、瘦、瘦、瘦、瘦、瘦、瘦、瘦、廋、瘦、瘦、瘦、瘦、瘦、瘦、瘦、瘦、瘦、膄、膄。而本寫卷所見的三個“瘦”字形體，均未見收録，可以在將來增訂時考慮補充進去。

上揭“爛”“老”以及“瘦、瘦、瘦”的三種變體，都是有重要漢字史研究價值的形體，造假者很難憑空造出來，這也可以爲《譬喻經》寫卷是真卷提供强有力的字形支撑證據。

（二）具有語音史價值的通假現象

《譬喻經》寫卷中，還有很多通假現象，如今本《法句譬喻經》卷三《廣衍品第二十九》，在寫卷中作“譬喻經第廿九出廣演品”。《集韻·獮韻》“衍”字下謂“通作演”〔33〕。“衍”“演”二字同音，以淺切，字均見《集韻·獮韻》。而下面這例通假現象，具有重大的價值。它既可補充現行通假字典的闕失，還爲我們提供了一則寶貴的語音史資料。

牢—聊

《法句譬喻經》卷三《廣衍品第二十九》：“於是世尊重説偈言：人之無聞，老如特牛，但長肌肥，無有智慧。生死無聊，往來艱難，意倚貪身，更苦無端。慧人見苦，是以弃身，滅意斷欲，愛盡無生。”（CBETA，T04，no.211，p.598，b22-27）

這段中的“人之無聞……無有智慧”四句，聖語本、本寫卷均無。《大正藏》本“倚”，在本寫卷、宋、元、明諸藏經本中作“猗”；《大正藏》本“弃”，本寫卷字形作“棄”，爲“棄”的異體字形，宋、元、明諸藏經本作“捨”；《大正藏》本“無聊”的“聊”，宋、元、明諸藏經本同，而在本寫卷中作“牢”。

我們這裏重點要討論的是“無聊”的“聊”，在本寫卷中作“牢”這一通假現

〔31〕 同注〔29〕，182—184頁。

〔32〕 周陽《北魏碑誌俗字考辨七則》，《漢語史研究集刊》第27輯，2019年，256—257頁。

〔33〕 丁度《集韻》（上），上海古籍出版社，2017年，388頁。

象。在目前的大型語文工具書和通假類字典中,這一通假現象尚未見收録。

先看兩字的語音關係。

牢,《廣韻·豪韻》魯刀切;聊,《廣韻·蕭韻》落蕭切。

從《廣韻》的反切來看,兩字聲母同爲"來"母,韻母屬於同攝的不同韻,其差别在於牢是一等豪韻字,聊是四等蕭韻字。

而在法炬翻譯《法句譬喻經》的西晉時代,牢、聊兩字的音韻關係到底如何?説到底,就是豪、蕭兩韻的分合問題。周祖謨先生的研究表明〔34〕,《譬喻經》寫卷中的"牢""聊",其韻母同屬晉代的宵部,主要元音相同,完全可以通假。而且豪、蕭兩韻,從魏晉宋發展到齊梁陳隋,由可分可合變成了衹分不合。劉冠才先生對北朝通語語音的新近研究成果也與周祖謨先生的觀點基本一致〔35〕。

再看兩字在古書中的通假用例。

就筆者所及,在現有的大型語文工具書和通假類字典中,暫未發現有記録"牢""聊"二字存在通假關係的。但下面這兩條古注,足見"牢""聊"密切相關。

(一)《漢書·揚雄傳上》"名曰《畔牢愁》"顔師古注引李奇曰:"畔,離也。牢,聊也。與君相離,愁而無聊也。"〔36〕

李奇直接用聲訓"聊"來注釋"牢",這看起來是没有問題的。但在接下來增"無"字,解"聊"爲"無聊",暴露了其理解上的偏差。

王念孫在《讀書雜志·漢書第十三·揚雄傳》"畔牢愁"條下曰:"'又旁《惜誦》以下至《懷沙》一卷,名曰《畔牢愁》',李奇曰:'畔,離也。牢,聊也。與君相

〔34〕 周祖謨先生在《魏晉宋時期詩文韻部的演變》一文中認爲:魏晉宋時期宵部是由"東漢幽宵兩部所有的兩類豪肴宵蕭四韻字合併而成的。三國時期這一部字用的較少,但是從曹植的作品裏可以清楚地看到這兩類不同來源的字是合用不分的。到晉宋時期也是如此。不過有一些人,如張華、潘尼、庾闡、王韶之、謝惠連、鮑照等,豪肴和宵蕭分用,這就是齊梁以後宵蕭獨成一部的前趨"(《周祖謨語言學論文集》,商務印書館,2001年,169頁)。"上面所定的宵部包括豪肴宵萧四韻字,在魏晉時代豪肴與宵蕭分用的例子很多,但是多數的作家還都有合用的例子。……因此,衹得把豪肴宵蕭作爲一部看待。"同書,175頁。在《齊梁陳隋時期詩文韻部研究》一文中認爲:"豪肴宵蕭四韻分爲三部,豪爲一部,肴爲一部,宵蕭爲一部等,都與劉宋時期不同。" 同書,177頁。

〔35〕 劉冠才《北朝通語語音研究》認爲:"豪韻獨立性很强,但與蕭宵肴的關係也比較密切,尤其是魏晉宋時期,無論説豪韻是獨立的韻部或是與其他韻合一,都存在一定的難度,南朝從梁陳開始,纔明顯成爲一個獨立的韻部。"中華書局,2020年,136頁。

〔36〕 《漢書》卷八七上《揚雄傳上》,中華書局,1962年,3515頁。

離愁而無聊也。'念孫案:如李説,則畔、牢、愁三字義不相屬,訓牢爲聊,而又言無聊,義尤不可通。余謂牢讀爲㦢。《廣韻》:'㦢,力求切,烈也。'《廣雅》曰:'烈烈,憂也。'是㦢爲憂也。《集韻》:'㦢慄,憂也。'《外戚傳》'㦢慄不言'師古曰:'㦢慄,哀愴之意也。'義並相近。牢字古讀若劉說見《古韻標準》,故與㦢通。牢愁,疊韻字也。畔者,反也。或言反騷,或言畔牢愁,其義一而已矣。"[37]

王念孫批評李奇訓"牢"爲"聊",衹是找了個當時的音同字來聲訓,並且李奇在進一步解釋"聊"義的時候,還出現了增字釋義的錯誤。

(二)《集韻・平聲・蕭韻》"聊、膠、𦕁,憐蕭切,《説文》'耳鳴也'。又姓。或作膠、𦕁。"[38]"𦕁",又見於《類篇・耳部》《四聲篇海・耳部》《字彙・耳部》《正字通・耳部》,均注爲"聊"的異體字形。"𦕁",係"聊"更换聲符而造的異體字形。

此外,據《辭通》[39],"牢落",又寫作"寥落""遼落"等。"寥""聊"完全同音。這也是"牢""聊"音近可通的間接證據。

《譬喻經》寫卷中的這一"牢""聊"通假現象,既填補了"牢""聊"通假例證的空白,又反映了豪、蕭兩韻可合這一具有明顯時代特徵的語音現象。

三、富有時代性的詞彙異文

《譬喻經》寫卷雖短,但包含了很多有價值的詞彙異文。如今本《法句譬喻經》卷三《地獄品第三十》:"富蘭迦葉自知無道,低頭慚愧不敢舉目。於是金剛力士舉金剛杵,杵頭火出以擬迦葉。"(CBETA,T04,no.211,p.599,a3-5)其中的"慚愧",在寫卷中作"慚怖(怖)";"舉金剛杵",在寫卷中作"擎金剛杵"。據《大正藏》的校勘記,聖語藏中,"愧"作"悕","舉"作"擎"。甘露元年的寫卷文字,接近早期的聖語藏,《大正藏》的校勘者,極有可能因"布""希"字形相似而誤將聖語藏的"怖"認爲是"悕"[40]。

[37] 王念孫《讀書雜志》,江蘇古籍出版社,2000年,365頁。

[38] 同注[33],175頁。

[39] 朱起鳳《辭通》,開明書店,1934年,2498頁。

[40] 此處蒙張磊先生指正。

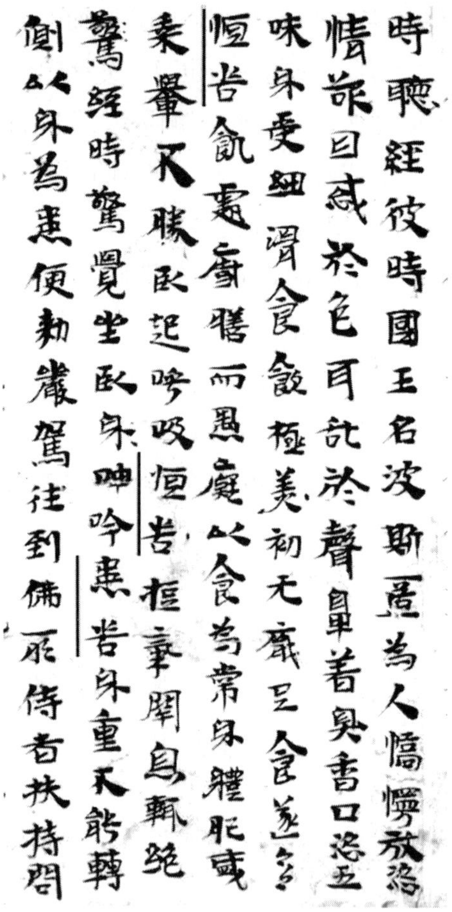
時聽經彼時國王名波斯匿為人憍慢放恣
情欲目惑於色耳亂於聲鼻著臭香口恣五
味身受細滑食飲極美初无厭足食遂多
恒苦飢處廚膳而恩廢以食為常身體肥盛
乘輦不勝卧起呼吸恒苦短氣閉息輒絕
驚經時驚覺坐卧身呻吟患苦身重不能轉
側以身為患便勅嚴駕往到佛所侍者扶持問

圖 1

接下來揭示的這則詞彙異文,既可以爲傳世本《譬喻經》提供一條有價值的異文,還可以爲判定《譬喻經》的真僞提供一個具有抄寫年代烙印的詞彙史證據。

患苦—恒苦

今本《法句譬喻經》卷三《廣衍品第二十九》:"彼時國王名波斯匿,爲人憍慢,放恣情欲,目惑於色、耳亂於聲、鼻著馨香、口恣五味、身受細滑,食飲極美,初無厭足,食遂進多,恒苦飢虚,厨膳不廢,以食爲常。身體肥盛,乘輿不勝,卧起呼吸,但苦短氣,氣閉息絶,經時驚覺,坐卧呻吟,恒苦身重,不能轉側,以身爲患,便敕嚴駕,往到佛所。"(CBETA, T04, no. 211, p.598, a25-b2)(圖 1)

今本《譬喻經》這一小段文字的"恒苦飢虚""但苦短氣""恒苦身重",在寫本中,分别作"恒苦飢處""恒苦短氣""患苦身重"。

"虚/處""恒/但"字形相近,容易混淆,不足爲奇。而寫本中的"患苦",却顯得格外引人注目。

到底是今本中的"恒苦"更符合原經的面貌?還是寫本中的"患苦"更符合原經的面目?由於筆者不懂梵文,無法從對譯的角度去進行判斷哪個更符合原經的面目。這裏我們衹從詞彙學的角度,討論寫卷中的"患苦"一詞是否更能反映出抄寫時代的問題。

首先,分析"患苦"的詞義及其構詞方式。

《廣雅·釋詁四》:"患,苦也。"[41] 由此,我們可以知道,《譬喻經》寫卷中的

[41] 王念孫《廣雅疏証》(上),上海古籍出版社,2018 年,464 頁。

“患苦”,是一個動詞性的同義複詞,表示“苦惱”之義。

在同經中,還可見另一同義用例:

《法句譬喻經》卷三《愛欲品第三十二》:“時有年少比丘入城分衛,見一年少女人端正無比,心存色欲迷結不解,遂便成病食飲不下,顔色憔悴委卧不起。同學道人往問訊之:‘何所患苦?’年少比丘具説其意,欲壞道心,從彼愛欲願不如意,愁結爲病。”(CBETA,T04,no. 211,p.602,b8-13)

其次,看看“患苦”和“恒苦”在佛經中的用例情况。

“患苦”一詞,在筆者調查的唐代及唐代以前的譯經中,共173例,具有名詞和動詞兩種詞性。表1是該詞在歷代譯經中的分佈情况表,例句從略。

表1 “患苦”在歷代譯經中的分佈

朝代	後漢	附後漢録	吴	西晋	晋世	東晋	附東晋録	北凉	附秦録	後秦	元魏	劉宋	梁	附梁録	高齊	隋	唐
頻次	2	4	5	5	1	11	4	17	8	43	4	10	4	3	3	12	37

從“患苦”一詞在歷代譯經中的分佈情况來看,我們發現從西晋開始,至南北朝時期,“患苦”的出現次數爲113次,佔歷代總次數65.32%。尤其東晋至劉宋(317—479),“患苦”的出現次數爲97次,佔比56.07%。

“恒苦”,不是一個詞,而是一個“副詞+動詞”的詞組。在筆者調查的唐代及唐代以前的譯經中,僅19例,具有名詞和動詞兩種詞性。表2是該詞在歷代譯經中的分佈情况表,例句從略。

表2 “恒苦”在歷代譯經中的分佈

朝代	後漢	晋世	姚秦	劉宋	梁	陳	隋	唐
頻次	3	2	1	1	4	4	1	3

再次,談談筆者對於《大正藏》本《譬喻經》“恒苦”在甘露元年寫卷中作“患苦”的理解。筆者認爲存在兩種可能性[42]:

1.甘露元年寫卷“患苦”不誤,《大正藏》本“恒苦”涉上而訛。《譬喻經》寫卷中,“恒苦”在前面兩行各出現一次,但是甘露元年的抄寫者並未出現抄寫訛誤。

〔42〕 張小豔教授認爲從詞義和用語習慣來看,也不能排除“患”爲“恒”之形誤的可能,筆者亦認可這種可能性的存在。

到了後代,早期的"恒苦短氣"被訛作"但苦短氣",而"患苦",也極可能在流傳的過程中因涉上文"恒苦飢虚""恒苦短氣",而訛成了"恒苦"。

2.《大正藏》本"恒苦"不誤,甘露元年寫卷"患苦"是書手受特定時代用詞習慣的影響而出現的改動。從前面的用例統計來看,這種可能性也是存在的。

四、小結

榮新江先生指出了敦煌寫卷辨僞研究的方向[43],張涌泉先生提出了敦煌吐魯番寫卷斷代與辨僞研究的具體角度框架[44],具有指導意義。本文在兩位學者的理論基礎上,挖掘出《譬喻經》寫卷中四種有鮮明時代特徵的書寫習慣、四個有重要研究價值的用字現象和一條極有價值的詞彙異文。根據這些具有鮮明時代特徵、富有重要價值的語言文字現象,筆者做出以下判斷:書道博物館收藏的甘露元年《譬喻經》寫卷不可能是僞卷。

Notable Language Phenomena in the Manuscript of *Dharmapadavadana Sutra* Which Was Copied in the First Year of Ganlu

Xiao Yu

Past researches on the manuscript of *Dharmapadavadana Sutra* which was copied in the first year of Ganlu 甘露元年 mainly focused on the authenticity of the manuscript and the date of copying. This manuscript has many variant words and materials, which had attracted the attention of scholars. This article focuses on three noteworthy language phenomena by studying the variant characters and sentences in this manuscript which include writing habits with distinctive characteristics of the times, the use of words with important research value, and valuable words and variant texts. The study shows that this manuscript cannot be a pseudo.

---

〔43〕 榮新江《敦煌學十八講》,北京大學出版社,2001 年,353—364 頁。

〔44〕 張涌泉《敦煌寫本文獻學》,甘肅教育出版社,2013 年,615—689 頁。

《唐研究》第二十七卷
2022 年,125—137 頁

S.388《字樣》反切對《切韻》的研究價值*

趙 庸

敦煌寫本 S.388 由前後兩部分組成。前一部分爲《字樣》,存 83 行,卷首殘缺,書名和作者不詳。後一部分爲《正名要録》。《字樣》殘卷對部分漢字加注了反切。《字樣》殘卷和《切韻》及其早期傳本大致是同一時期的文獻(詳下説),音注材料值得參互考查。

《切韻》原本佚,早期傳本大多僅存殘頁,唯 S.2071(習稱《切三》)和北京故宫博物院藏《王仁昫刊謬補缺切韻》(習稱《王三》,下從此簡稱)保存相對完整。S.2071 存平上入四卷,去聲卷缺。《王三》則基本完整,可算全帙,平上去入五卷皆存。《切韻》系韻書後期傳本最完整且流行最廣的是《廣韻》。今研究《切韻》,S.2071、《王三》《廣韻》三書屬重點書目,如欲就近《切韻》原貌,則前二書尤爲重要。本文通過比較 S.388《字樣》與 S.2071、《王三》《廣韻》[1] 的反切,來討論 S.388《字樣》反切對《切韻》研究的獨特價值。

一、S.388《字樣》和《切韻》及其早期傳本成書及抄成年代考

(1)S.388《字樣》成書年代。《字樣》末有一段文字,首句"右依顔監字樣甄録要用者,考定折衷,刊削紕繆"。所謂"顔監字樣",即唐太宗貞觀七年

* 本研究爲上海市社科規劃課題(2020BYY012)、上海市浦江人才計劃項目(2020PJC040)、國家社科基金重大項目(18ZDA296)的階段性成果。

〔1〕 P.2011(習稱《王一》)、裴務齊正字本《刊謬補缺切韻》(習稱《王二》)、蔣斧藏本《唐韻》也存帙較多,但不及《王三》《廣韻》完整。裴務齊正字本《刊謬補缺切韻》、蔣斧藏本《唐韻》時間偏晚,且裴務齊正字本對《切韻》原本切語多有改易。所以,本文不選取此三本爲參考。

(633)顏師古所作《顏氏字樣》。無論該《字樣》如張涌泉所疑,爲杜延業《群書新定字樣》[2],還是如張孟晋推測,爲郎知本修訂《顏氏字樣》[3],S.388《字樣》的書成年代不會早於貞觀七年。

至於成書年代下限,古人抄書,習慣根據成書先後安排抄寫前後,S.388《字樣》居前,《正名要録》居後,故 S.388《字樣》成書當早於《正名要録》。《正名要録》書名下題"霍王友兼徐州司馬郎知本撰",周祖謨考《舊唐書・霍王李元軌傳》,李元軌任徐州刺史在貞觀十年至貞觀二十三年之間,因此認爲《正名要録》當作於此期間[4]。如是,S.388《字樣》的成書時代下限在貞觀二十三年(649)。

(2)S.388《字樣》抄成年代。S.388 前後兩部分字體統一,抄成於一人之手,抄成年代可合併考慮。周祖謨根據《字樣》"治"字("琱"字注)避唐高宗諱寫作"理",而《正名要録》不避中宗和玄宗諱,認爲該卷抄於唐高宗或武則天之世[5]。高宗李治 649—683 年在位,武則天 690—705 年在位,則此卷抄成於 7 世紀後半葉至 8 世紀初。

(3)《切韻》成書年代。《切韻》系韻書傳本 S.2055、P.2017、P.2129、《王三》、P.4879、P.2638、《廣韻》載陸法言《切韻》序,據其末句"於時歲次辛酉,大隋仁壽元年也"[6],可知《切韻》成書於隋仁壽元年(601),比 S.388《字樣》稍早。

(4)S.2071 成書年代。具體時間不可考。周祖謨依據字數、體例、内容等反映的時間早晚,推斷《切韻》系韻書幾種傳本的前後關係,認爲 S.2071 比《王韻》更接近《切韻》原本[7]。

(5)S.2071 抄成年代。周祖謨據"民""旦""純"等字的書寫情況,推測 S.2071 似爲元和(806—820)以後 9 世紀人所書[8]。施安昌從字形演變的角度判

---

[2] 張涌泉《從語言文字的角度看敦煌文獻的價值》,《中國社會科學》2001 年第 2 期,155—165 頁。

[3] 張孟晋《〈顏氏字樣〉與唐代的字樣學》,《中國文字研究》第 24 輯,上海書店出版社,2016 年,195—200 頁。

[4] 周祖謨《敦煌唐本字書叙録》,《敦煌語言文學研究》,北京大學出版社,1988 年,40—55 頁。

[5] 同上。

[6] P.4879、P.2638、《廣韻》無"也"字。

[7] 周祖謨《唐五代韻書集存》,中華書局,1983 年,851 頁。

[8] 同上書,827 頁。

斷 S.2071 抄寫於中唐後期至晚唐〔9〕。關長龍認爲:"底卷字形草率,似爲硬筆所書,不甚拘行款,當爲敦煌陷蕃後抄本。"〔10〕吴風航明確指出 S.2071 的抄寫時代是"吐蕃統治敦煌時期的公元 786—848 年之間,大約是八世紀晚期至九世紀中期之間"〔11〕。幾家意見大致吻合,9 世紀前半葉是共同認可的時間範圍。

(6)《王三》成書年代。是書北京故宫博物院影印本唐蘭 1947 年跋語認爲,王仁昫《刊謬補缺切韻》作於唐中宗神龍二年(706)〔12〕。周祖謨贊同唐蘭説,又據避諱改字、序文"大唐龍興"句等綫索考察,認爲"王仁昫書著作的年代當在中宗之世可以説毫無疑問了"〔13〕,當爲定讞。

(7)《王三》抄成年代。周祖謨指出:"本書只有'顯'字缺末筆,其他唐帝名號都不避諱,偏旁寫法與唐人一般的手寫體有不同,書寫的年代可能比較晚。"〔14〕《王三》卷末宋濂跋:"右吴彩鸞所書《刊謬補缺切韻》。"此即唐裴鉶《傳奇》"文簫"條、北宋佚名《宣和書譜》"吴彩鸞"條等所記女仙吴彩鸞抄《唐韻》事。故事虚妄荒誕,難免附會,不過流傳甚廣,或有一二現實由來。《傳奇》"文簫"條記彩鸞語:"君但具紙,吾寫孫愐《唐韻》。"孫愐《唐韻》有開元、天寶二本〔15〕,蔣藏本《唐韻》王國維認爲是天寶十載(751)孫愐以己意所作的增修本〔16〕,徐朝東則認爲是成書於開元二十一年(733)的開元本〔17〕。《王三》實非孫愐《唐韻》抄本〔18〕,不過既然"文簫"條有此語,説明民間多以爲彩鸞所抄在孫

---

〔9〕 施安昌《論漢字演變的分期——兼談敦煌古韻書的書寫時間》,《故宫博物院院刊》1987 年第 1 期,65—69、86 頁。

〔10〕 關長龍《敦煌經部文獻合集》,中華書局,2008 年,2159 頁。

〔11〕 吴風航《敦煌韻書〈箋注本切韻〉整理與研究》,復旦大學博士學位論文,2017 年,66 頁。

〔12〕 唐蘭《唐寫本王仁昫刊謬補缺切韻跋》,龍宇純《唐寫全本王仁昫刊謬補缺切韻校箋》,香港中文大學,1968 年,(唐蘭跋文部分)1—2 頁。

〔13〕 周祖謨《王仁昫切韻著作年代釋疑》,《問學集》,中華書局,1966 年,483—493 頁。

〔14〕 同注〔7〕,885 頁。

〔15〕 王國維《書式古堂書畫彙考所録唐韻後》,《觀堂集林》,中華書局,1959 年,361—364 頁。

〔16〕 同上。

〔17〕 徐朝東《蔣藏本〈唐韻〉撰作年代考》,《古籍整理研究學刊》2007 年第 6 期,53—56 頁。

〔18〕 徐朝東將蔣藏本《唐韻》和 S.2071、《王三》進行比較,認爲蔣藏本《唐韻》與 S.2071 的關係更直接,直接來源應是 S.2071 類《切韻》原卷或箋注本。參徐朝東《蔣藏本〈唐韻〉研究》,北京大學出版社,2012 年,160 頁。

愐《唐韻》之後,然則《王三》的抄成或許不早於孫愐《唐韻》開元本成書的 733 年〔19〕。又《傳奇》"文簫"條:"大和末歲,有書生文簫者。"彩鸞嫁與文簫,則彩鸞亦文宗大和年間(827—835)人,如此,則《王三》抄成又晚在 9 世紀前半葉。要之,《王三》抄成的具體時間無法定論,勉强推之,上限或在 8 世紀前半葉,下限或在 9 世紀前半葉。

條理以上分析,《切韻》成書於 601 年,《王三》成書於 706 年,S.2071 的面貌早於《王三》晚於《切韻》,則底本大概率是成書於 7 世紀的《切韻》傳本。S.388《字樣》成書於 633—649 年之間。如是,S.388《字樣》和 S.2071、《王三》成書基本可算是同一時期。

至於抄成年代,據 S.388《字樣》抄成推測的最晚年份 705 年及《王三》抄成的時間上限 733 年計,《王三》和 S.388《字樣》的抄成時間相距不遠。據 S.388《字樣》抄成推測的最早年份 649 年及 S.2071、《王三》的抄成時間 9 世紀前半葉計,S.2071、《王三》的抄成年代比 S.388《字樣》最多可能晚 200 年左右。

韻書有科場功令之用,抄寫忌隨意改易,"唐人對《切韻》的加工主要是增字增注"〔20〕,而非反切音讀實質的改動。比如 S.2071、《王三》和蔣藏本《唐韻》,音系基本框架一致,《王三》、蔣藏本《唐韻》等對《切韻》切語的更革没有涉及音位系統的改變〔21〕。因此,既然 S.388《字樣》、S.2071 及《王三》成書年代相近已獲得確認,那麽,即便三書抄成年代如上述推測的第二種情形,存在一定時間差距,三書反切仍可視作同時代的音注材料,三者之間的可比性和比勘意義仍是可以確信的。

二、S.388《字樣》反切的概況

S.388《字樣》作爲字樣書,旨趣主要在字形,而非字音,因此讀音不是每字必注。經檢,反切注音共 66 條。其中 1 條因卷殘,祇見切語"匹賣反",未見字頭,1

〔19〕 733 年時間上限的推測依據一爲傳説,恐未必準確,姑妄言之,下不贅釋。

〔20〕 平田昌司《文化制度和漢語史》,北京大學出版社,2016 年,23 頁。

〔21〕 徐朝東《蔣藏本〈唐韻〉研究》,160 頁。

條反切下字脱，衹見上字“布”（“悖誖”字反切），故可資比較的有效反切實爲64條。

64條反切中，62條爲字頭注音。最常見的注音形式是一字一注，如“祐”字注：“于救反。”“圖”字注：“大廬反。”有時無“反”字，僅出反切上字和反切下字，如“寵”字注：“力動。”“牢”字注：“郎刀。”

有些反切數字併注。如“摭”“拓”上下並列字頭，“拓”下注：“二同，並之亦反。”“燕”“鷰”上下字頭，“燕”字注：“正。”“鷰”字注：“鳥也。並一見反。此相承用。”

有2條反切附於注中，爲注文用字注音。“輒”字注：“字從耴。耴，耳垂也。耴音竹涉。”“蔄”字注：“經顯反。從芇聲。芇音亡殄反。”

三、S.388《字樣》與S.2071、《王三》反切的比較及對《切韻》性質的輔證

（1）S.388《字樣》和S.2071的反切比較。S.2071卷殘相對較嚴重，收紐、收字不及《王三》全備。S.388《字樣》有25條因S.2071卷殘，3條因S.2071未收紐，2條因S.2071未收字，致反切不可比對。餘下34條，S.388《字樣》與S.2071同音同切的共3條。如“瓜”，S.388、S.2071均作“古華反”。“收”，S.388、S.2071均作“式周反”。

S.388《字樣》與S.2071同音異切的共31條。其中，①上字不同的共8條。如“淫”，S.388作“弋針反”，S.2071作“餘針反”。“抵”，S.388作“丁礼反”，S.2071作“都礼反”。②下字不同的共9條。如“已”[22]，S.388作“居擬反”，S.2071作“居似反”。“飯”，S.388作“扶晚反”，S.2071作“扶遠反”。③上、下字都不同的共14條。如“折”，S.388作“之列反”，S.2071作“旨熱反”。“賾”，S.388作“仕隔反”，S.2071作“士革反”。

可見，S.388《字樣》和S.2071反切的語音同質率非常高（100%=[3+31]/34），但是反切同切率很低（8.82%=3/34）。

---

〔22〕 S.388俗誤作“巳”。

(2)S.388《字樣》和《王三》的反切比較。S.388《字樣》有1條因《王三》相應反切未收字,反切不可比對。餘下63條,S.388《字樣》與《王三》同音同切的共5條[23]。如"瓜",S.388、《王三》均作"古華反"。"炙",S.388作"之石反,又之夜反",《王三》二收於"之夜反""之石反"。

S.388《字樣》與《王三》同音異切的共56條。其中,①上字不同的共17條。如"麪",S.388作"蒲北反",《王三》作"傍北反"。"殛",S.388作"居力反",《王三》作"紀力反"。②下字不同的共19條[24]。如"罕",S.388作"呼旱反",《王三》作"呼稈反"。"戛",S.388作"古八反",《王三》作"古黠反"。③上、下字都不同的共20條。如"畎",S.388作"工犬反",《王三》作"古泫反"。"售",S.388作"時溜反",《王三》作"承秀反"。

S.388《字樣》與《王三》異音異切的共2條。"企",S.388作"丘紙反溪紙開A",《王三》作"去智反溪寘開A"。"貿",S.388作"亡富反明宥",《王三》作"莫候反明候"。

可見,S.388《字樣》和《王三》反切的語音同質率非常高(96.83%=[5+56]/63),但是反切同切率很低(7.94%=5/63)。

據我們先前統計,S.2071全書和《王三》全書的反切同切率在90%左右。現將S.388《字樣》分别和S.2071、《王三》進行反切比較,兩組比較的結果高度一致,比例數字也差不多,反切都是高語音同質率而低反切同切率,即儘管反切用字不同的現象普遍,但反切的音讀實質普遍相同。這一情况説明,S.388《字樣》和S.2071及《王三》的反切反映同一個語音系統,祇是反切來源不同。這一點對明確《切韻》音系性質是一個提示。

《切韻》的性質,主要有兩種觀點,一種認爲是單一音系,一種認爲是綜合音系。持單一音系説的各家儘管對具體的基礎方言還有討論,也不否認可能有異質語音成分的雜入,但都認爲《切韻》音系有實際語音基礎,反映真實語音(如黄淬伯、周祖謨、邵榮芬等)。持綜合音系説的各家則認爲無法從《切韻》中提煉出

---

[23] "埋"字反切歸入此類。"埋"《王三》作"草皆反",《廣韻》作"莫皆切",《王三》"草"字當爲抄誤。S.388"埋"字莫皆反。"甕"字反切歸入此類。"甕"《王三》作"馬貢反",《王二》作"烏貢反",《廣韻》作"烏貢切",《王三》"馬"字當爲抄誤。S.388"甕"字烏貢反。

[24] "飯"字反切歸入此類。"飯"紐《王三》原作"丘遠反",S.2071、P.2011作"扶遠反",《王三》"丘"字當爲抄誤。S.388"飯"字扶晚反。

一個真實的語音系統,《切韻》音系有雜凑性(如張琨、何九盈等)。兩種觀點各有持論,不過似乎衹有單一音系説能解釋S.388《字樣》和S.2071及《王三》反切的比較結果。因爲S.388《字樣》反切用字和S.2071及《王三》差異很大,如果《切韻》音系是綜合音系,那麽無論S.388《字樣》反切基於的是單一音系還是綜合音系,其反切都很難和S.2071及《王三》有如此高的語音同質率。

魏晋以降,音韻蜂出,韻書編撰成爲一時之風尚,各家或自擬反切,或抄承前人韻書、音義反切,直至陸法言《切韻》行世,衆家韻書方逐漸淡出,最終以《切韻》爲範。初唐時期,陸氏《切韻》問世不久,S.388《字樣》反切不摘引《切韻》,而有其他來源,無甚不妥。這種現象在同時期其他文獻中也可以看到,中土文獻如顔師古《漢書》注音、李善《文選》注音,西域文獻如吐峪溝出土的"雜字"殘卷注音〔25〕。

S.388《字樣》卷末有"右依顔監字樣"爲起句之説明,張涌泉據這段文字認爲:"據此可知該書係依顔師古之《字樣》而增删考定者。"〔26〕這樣,今見S.388《字樣》的反切很可能即出自顔師古之手。顔師古祖父爲《切韻》論難八人之一的顔之推,顔氏素有"吾家兒女,雖在孩稚,便漸督正之,一言訛替,以爲己罪矣"〔27〕的家族正音傳統。如是,顔師古注音自然是音出典正。周祖謨認爲,《切韻》反映6世紀的書音系統,可以代表6世紀的語音〔28〕。這一認識目前爲大多數學者接受。顔師古遵照當時的書音爲《顔氏字樣》注音,實際上和《切韻》同屬一個系統。因此,即便顔氏反切和陸氏反切的用字不同,語言實質仍然可以高度吻合。

四、S.388《字樣》反切對《切韻》輕重唇音分化細節的提示

S.388《字樣》爲7個唇音字注了反切。敷母"肺敷"敷敷廢反,並母"麪並"蒲並北反,奉母"餅奉"扶奉蔓反、"飯奉"扶奉晚反、"吠奉"扶奉廢反,明母"芇明"亡微殄反、"貿明"亡微富反。

〔25〕 聶鴻音《吐峪溝出土"雜字"殘卷初探》,《勵耘語言學刊》第26輯,中華書局,2017年,69—75頁。

〔26〕 張涌泉《漢語俗字研究》,商務印書館,2010年,260頁。

〔27〕 語出《顔氏家訓·音辭篇》。

〔28〕 周祖謨《切韻的性質和它的音系基礎》,《問學集》,434—473頁。

敷母、並母、奉母5字都是重脣音字作重脣音字的切上字,輕脣音字作輕脣音字的切上字。衹有明母例外,"苀""貿"二字都是輕脣音字作重脣音字的切上字。這一現象似乎暗示,S.388《字樣》反切所據音系輕重脣音已開始分化,不同聲母分化與否情況不一。

輕脣音從重脣音分出是中古時期的一項重要音變。先發生在北方,不會早於周、隋時期,因爲從周、隋的梵漢對音材料來看,當時長安方音還沒有出現脣音分化〔29〕。分化是稍後的事。根據玄奘譯著的梵漢對音,可知玄奘時代(600—664)中原方音的脣音分化已經發生〔30〕。武周時期(690—705)張戩《考聲切韻》和天寶年間(742—756)元廷堅《韻英》的"秦音"很多被慧琳《一切經音義》(789)採用,而慧琳音注輕重脣音已不相混〔31〕。不空(705—774)對梵咒進行漢譯,漢譯材料表明8世紀長安音輕重脣音顯然已經分開〔32〕。曾在長安太學受業的涇州(今甘肅涇川縣)人張參著《五經文字》(776),書中反切和直音反映脣音已徹底分化〔33〕。可見,輕重脣音分化大致始於7世紀的唐初,到8世紀局面已然明朗。

S.388《字樣》反切的時代差不多正相當於脣音分化的初始時期,脣音字反切可提醒我們注意《切韻》反切的一些隱微信息。表1是S.2071、《王三》《廣韻》脣音字據三十六字母判斷的類隔反切,加粗字體的爲類隔上字:

表1　S.2071、《王三》《廣韻》脣音字類隔切

	鄙幫	奔幫	兵幫	琫非	愎並	僶明
S.2071	**方**非美反	博〔34〕幫昆反	**甫**非榮反	方非孔反	——	**武**微項反
《王三》	**方**非美反	博幫昆反	補幫榮反	方非孔反	皮並逼反	**武**微項反
《廣韻》	**方**非美切	**甫**非悶切	**甫**非明切	**邊**幫孔切	**符**奉逼切	**武**微項切

類隔切未改作音和切,屬抄撰編修者的疏漏。比較上表三書反切,三書不完

〔29〕尉遲治平《周、隋長安方音初探》,《語言研究》1982年第2期,18—33頁。

〔30〕施向東《玄奘譯著中的梵漢對音和唐初中原方音》,《語言研究》1983年第1期,27—48頁。

〔31〕黃淬伯《慧琳一切經音義反切聲類考》,《歷史語言研究所集刊》1930年第一本第二分。

〔32〕劉廣和《唐代八世紀長安音聲紐》,《語文研究》1984年第3期,45—50頁。

〔33〕邵榮芬《〈五經文字〉的直音和反切》,《中國語文》1964年第3期,214—230頁。

〔34〕S.2071作"慱",爲俗形。

全一致,但都保留了"鄙"方美反/切、"伲"武項反/切這兩個後世看來的類隔切。這不是偶然的,S.388《字樣》其實已經做出了呼應。輕唇音從重唇音中分化出來,不同聲母的速度不同,塞音一類唇音分化略先,鼻音一類分化略後。也即微母的分出會晚於非、敷、奉母的分出。這和《切韻》舌上音從舌頭音分出,娘母的分出晚於知、徹、澄母,受制的是同一種音系結構變動的驅動力。

唇音的這一現象在比 S.388《字樣》和《切韻》更早的文獻裹也可以見到。如周祖謨通過分析《篆隸萬象名義》來求取顧野王(519—581)《玉篇》的音系,發現幫、滂、並三母可析分爲重唇"補""普""蒲"三類和輕唇"甫""孚""扶"三類,而明母仍作一類,名之"莫"類〔35〕。不過,《篆隸萬象名義》的反切並不嚴格,重唇三類和輕唇三類間還有互用,所以有些學者又考慮到顧野王《玉篇》代表的是南方音系,輕唇化不當早於北方,而主張這衹是介音和諧現象〔36〕。我們認爲,介音和諧可能是其一,其二可能便是唇音分化之濫觴,兩者從語音漸變的角度來説並不抵牾。如果説顧野王《玉篇》的時代對解釋來説略有未穩,那麽與《切韻》同時期的 S.388《字樣》反切就不啻爲妥帖的佐證。

再來看《切韻》系韻書的例子。"伲"字反切頗典型,明母字至《廣韻》仍用微母上字。"鄙"爲幫母字,本該改切音和切,之所以一直保留類隔切,可能是因爲連讀時反切上字"方非"受下字"美明"的同化,拼讀時易趨近於雙唇成阻而非唇齒成阻,即遲滯在重唇的讀法,上、下字拼讀如若尚且和諧,便不易被察覺到類隔。"伲""鄙"和其他幾字反切的對比正是音變發展不平行現象於聲母的體現。

五、S.388《字樣》反切對《切韻》尤韻系唇音讀入侯韻系的旁證

"貿"字 S.388《字樣》注"亡富反",明母宥韻,而《切韻》系韻書如 P.3694、《王一》《王三》《王二》《唐韻》《廣韻》都作"莫候反/切",明母候韻。S.388《字樣》和《切韻》讀音的聲調相同,去聲:去聲,但韻不同,尤韻:侯韻,等也不同,三等韻:一等韻,明顯不反映混韻現象。

---

〔35〕 周祖謨《萬象名義中之原本玉篇音系》,《問學集》,270—404 頁。

〔36〕 黄笑山《〈切韻〉和中唐五代音位系統》,文津出版社,1995 年,151 頁。

“貿”字 S.388《字樣》亡富反 mriu[37],《切韻》莫候反/切 mu,兩音之間實際是自然音變關係,亡富反 mriu>莫候反/切 mu。音變原因是鋭音[r]、[i]與前後具有持續性特徵的鈍音[m]、[u]相抵觸,最終減音現象發生,[r]、[i]丢失。

這類現象限於上古之部、幽$_1$部來源的字,且集中於唇音聲母條件。之部中古當一等入咍、灰韻系,二等入皆韻系,三等入之、脂、尤韻系,均不入侯韻系,幽$_1$部中古當一等入豪韻系,二等入肴韻系,三等入尤、幽韻系。不過,如遇唇音聲母,尤韻系的讀音就容易發生條件音變,讀入侯韻系。《切韻》系韻書中還有一些字例,如表 2:

表 2 《切韻》系韻書尤韻系唇音字讀入侯韻系例

字	聲符	上古韻部	中古聲	中古韻	S.2071	《王三》	《廣韻》
掊	不	之	幫	厚	□垢反	方垢反	方垢切
剖	不	之	滂	厚	普厚反	普厚反	普后切
瓿	不	之	並	厚	□□□	蒲口反	蒲口切
姆	母	之	明	候	——	莫候反	莫候切
捊	孚	幽$_1$	幫	厚	□垢反	方垢反	方垢切
裒	裒	幽$_1$	並	侯	——	蒲溝反	薄侯切
懋	矛	幽$_1$	明	候	——	莫候反	莫候切

不過,這裏需要辨析另一種可能,即僅從上古韻部和中古韻的對應關係看,這些字音現象也可能是上古之、幽部轉入侯部的音變結果。如果這樣,相關音變就屬於上、中古之間的歷史音變,而非中古内部前後時期的語音演變[38]。

之、幽部轉入侯部發生得很早,據押韻材料時間可定位在三國時期。“東漢音之部所有的尤(尤)侯(母)兩類字,在三國時代轉入侯部。”“到了三國時期幽部的……尤幽兩類與少數的侯韻字就與從魚部分化出來的侯類歸併成一部了。”新的侯部“直到齊梁以後仍舊没有什麽變動”[39],也即這一格局一直保持到《切韻》。

---

[37] 本文中古音擬音據黄笑山《〈切韻〉和中唐五代音位系統》,22、97 頁。上古音系據潘悟雲《漢語歷史音韻學》,上海教育出版社,2000 年,219 頁。

[38] 感謝匿名審稿專家提出這一問題。

[39] 周祖謨《魏晋宋時期詩文韻部的演變》,羅常培、周祖謨《漢魏晋南北朝韻部演變研究》,中華書局,2007 年,323—346 頁。

押韻材料反映的韻類分合衹能提示主元音的趨同、合併或分離，不能反映早期與介音來源相關的韻類轉换，也不能反映後來介音的有無及異同。换而言之，三國時期及以後，新的侯部内部，後來發展成中古三等韻尤幽韻、一等韻侯韻的兩類字之間是否因爲發生了與介音來源相關的韻類轉换，或者發生了介音的丢失或增生，進而讀入對方一類，從押韻材料是無從知曉的。

據反切等音注材料看，新的侯部内部，這一對應《切韻》讀音等第差異的韻類轉换發生得可能不會太早，至少三國時已完成的假設會和反切等後世音注材料相矛盾。《經典釋文》同條字音例可以清楚地説明來源於上古之、幽$_1$部的唇音字中古尤、侯韻系讀音的先後關係[40]，如表3：

表3 《經典釋文》反映唇音字尤、侯韻系讀音先後關係的同條字音例

字	聲符	上古韻部	典籍	《經典釋文》	中古《廣韻》			注家	朝代
					聲	韻	韻系		
眸	牟	之	《周禮》	劉無不反	明	尤/有	尤	劉昌宗	東晋
				莫侯反	明	侯	侯	陸德明[41]	隋唐
菩	不	之	《周禮》	劉音負	並	有	尤	劉昌宗	東晋
				——	——	——	——	——	——
姆	母	之	《儀禮》	《字林》亡又反	明	宥	尤	吕忱	西晋
				劉音母	明	厚	侯	劉昌宗	東晋
				莫候反	明	候	侯	陸德明	隋唐
貿	卯	幽$_1$	《禮記》	徐亡救反	明	宥	尤	徐邈	三國魏
				又音茂	明	候	侯	陸德明	隋唐
垺	孚	幽$_1$	《莊子》	郭芳尤反	敷	尤	尤	郭象	西晋
				崔音裒	並	侯	侯	崔譔	東晋
蟊	矛	幽$_1$	《爾雅》	《字林》亡牛反	明	尤	尤	吕忱	西晋
				亡侯反	明	侯	侯	陸德明	隋唐

〔40〕反例很少。《周禮》“蟊”字注：“劉莫溝反，沈音謀。”劉昌宗東晋人，沈重南朝梁、陳人，莫溝反侯韻，音謀尤韻（依《廣韻》）。侯韻讀在前，尤韻讀在後，似爲反例（不詳沈重“音謀”確爲尤韻讀還是侯韻讀）。

〔41〕注音未標明注家者視作是陸德明音，下同。

反切的産生不會晚於東漢末年,表 3 注家所歷時代都已有反切方法和反切行爲。表 3 字音中古都是尤韻系讀和侯韻系讀的差異。而且注家時代基本都在之、幽部轉入侯部的三國以後,時代早的注家注音都讀尤韻系,時代晚的注家注音都讀侯韻系。兩讀都有反切拼切的“眸”“姆”“蝥”字尤其可作證明。這些現象説明,上古之、幽 1 部字中古唇音尤、侯韻系兩讀,尤韻系讀應産生較早,侯韻系讀應産生較晚,兩音不反映上、中古之間的歷史音變,而反映中古前後期的語音演變,具體音變是唇音聲母條件下尤韻系讀入侯韻系。

該音變到《切韻》時代規則性顯現得比較徹底,相關字《切韻》系韻書大多衹有侯韻系的讀音,没有尤韻系的讀音。也即衹有作爲音變結果的讀音,没有音變初始的讀音。這對理解這一音變過程以及侯韻系讀音的來源來説,在反切證據上是缺失的。“貿”字《切韻》系韻書衹有候韻讀,没有宥韻讀,S.388《字樣》“亡富反”正好補足了這一缺失,對《切韻》反切及音變研究是一印證。

六、結語

相對於《切韻》,S.388《字樣》反切的數量很少。不過,能確定和《切韻》同時期且反映真實語音的反切材料本就有限,因此即便吉光片羽,也彌足珍貴。比較 S.388《字樣》反切和 S.2071、《王三》《廣韻》的反切,可見 S.388《字樣》反切對理解《切韻》音系性質、輕重唇音分化時間和聲類的不同步現象、尤韻系唇音讀入侯韻系等問題來説,都含有重要信息,這些信息對認識《切韻》音系及其演變來説無疑是難得的綫索和證據。

The Value of Examples of *fanqie* 反切 Recorded in S.388 *Ziyang* 字樣 on the Study of *Qieyun* 切韻

Zhao Yong

Dunhuang 敦煌 manuscript S.388 *Ziyang* 字樣 was written or was copied close to the year when *Qieyun* 切韻 or its early spread editions were finished. This aids the study of *Qieyun*. Most examples of *fanqie* 反切 recorded in *Ziyang*, S.2071 and *Wang-san* 王三 used different characters to express the same pronunciation. This phenomenon supports the single phonologic group hypothesis of *Qieyun*. Moreover, the examples of *fanqie* recorded in *Ziyang* show the unparallel differentiation of sound change between the bilabial plosives and the bilabial nasal when *Qieyun* was written. Furthermore, they provide evidence of the sound change from early medieval to late medieval China as characters with labial initial were pronounced with rhyme that changed from the rhyme group of *you* 尤 to the rhyme group of *hou* 侯.

《唐研究》第二十七卷
2022 年,139—154 頁

敦煌寫本 P.3715“類書草稿”疑難字句考校*

高天霞

敦煌寫本 P.3715 是一個大體用行草書抄寫的類書草稿寫卷。所輯内容比較龐雜,取材範圍遍及經史子集,有人事,有詩文,間雜字詞音義、書信、詔對等。體例不够嚴謹統一,有將事文概括爲對偶詞句或散詞散語然後加小字注釋者,有直陳其事者,也有散録片言隻語者,且録文記事大多不注出處。編纂時大致將出自同一種或同一類文獻的事文,或主題相近相關的事文抄録在一起,基本没有明確的部類名稱。《敦煌遺書總目索引》題“殘類書草稿”[1],黄永武《敦煌遺書最新目録》題“類書草稿”[2],《敦煌遺書總目索引新編》題“類書”[3]。因其編纂不似傳統類書那樣體例完備、類目分明,僅粗具樣式,故稱作“類書草稿”較爲恰當。

王三慶先生的《敦煌類書》是最早對 P.3715 加以校録研究者。該書將 P.3715歸入“類句式之類書”,稱其“體制毫無規律可言”,並根據寫卷上“楊嗣復”“開成皇帝”等信息判斷其作者“大約是在開成年後,最晚不得遲至晚唐”[4]。李冬梅則根據 P.3715 背面殘文“春景暄甚,伏惟大夫尊理嘉裕,球自到西▨……”中的“球”字,並聯繫歸義軍時期張球的事迹,認爲 P.3715“類書草稿”的撰寫年代“最早不能早於大中年代,當是張氏歸義軍時期的作品。時張球任歸義軍節度判官權掌書記,擔任教授學生之職,故此卷文書可能是張球使用過

---

* 本文爲國家社科基金西部項目“敦煌類書與相關傳世文獻比較研究”(18XTQ005)的部分成果。

〔1〕 王重民等編《敦煌遺書總目索引》,新文豐出版公司,1985 年,293 頁。

〔2〕 黄永武主編《敦煌遺書最新目録》,新文豐出版公司,1986 年,738 頁。

〔3〕 敦煌研究院編《敦煌遺書總目索引新編》,中華書局,2000 年,294 頁。

〔4〕 王三慶《敦煌類書》,麗文文化事業股份有限公司,1993 年,113—114 頁。

的教材”[5]。王金保的《敦煌遺書 P.3715“類書草稿”校注研究》(以下簡稱《校注研究》)在前人的基礎上細緻分析了寫卷形態、文本關係、引書情況等,重新校録了寫卷内容並作了較爲詳細的注釋[6]。相比於《敦煌類書》,《校注研究》的録文後出轉精,糾正了先前録文中的不少疏失,注釋也更加詳細豐富。不過在比照彩色圖版並查考相關傳世文獻的基礎上我們發現,P.3715 寫卷上仍有一些疑難字句值得進一步考釋,其中個別詞語的考釋直接關乎傳世文獻的校勘和輯佚。

圖 1

1.春暄無伏乞面情,藥膳以頭施爲言。(《法藏》27/59 下/5)[7]

上揭語句是 P.3715 上的一句類似於書信問候的語句,《校注研究》録文如上[8]。《敦煌類書》作:“春臨□□衆乞面情,藥膳以頭□爲定。”[9]該句的圖版見圖 1。對照圖版可見:(1)《校注研究》改録《敦煌類書》的“臨”“衆”二字爲“暄”“伏”,甚是;(2)《校注研究》録作“無”字的位置,其實當有二字;(3)兩家録文均不甚通暢,有進一步考釋的必要。

首先,《校注研究》録作“無”的位置,寫卷上有一塊污漬,導致釋讀不準確。今對照彩色圖版仔細辨認,當爲“日甚”二字。第一字“”釋作“日”字當無大問題(可與“春”字下部的“日”字旁比勘)。第二字作“”,與“甚”字的草書寫法“”“”等完全一致[10]。“春暄日甚”謂春天的天氣一天比一天暖和[11]。P.3715 背面所存殘書信的起首作“春景暄甚”,與此處的“春暄日甚”基本同義。

---

[5] 李冬梅《唐五代敦煌學校部分教學檔案簡介》,《敦煌學輯刊》1995 年第 2 期,67 頁。

[6] 王金保《敦煌遺書 P.3715“類書草稿”校注研究》,蘭州大學碩士學位論文,2013 年。

[7] 括注表示所討論語句的圖版在《法藏敦煌西域文獻》第 27 册第 59 頁下欄第 5 行,上海古籍出版社,2002 年。後皆仿此。

[8] 王金保《敦煌遺書 P.3715“類書草稿”校注研究》,39 頁。

[9] 王三慶《敦煌類書》,478 頁。

[10] 孫雋主編《中國書法大字典·草書》,江西美術出版社,2012 年,537 頁。

[11] 本句筆者最初釋讀作“春暄日長”,2021 年 8 月 7 日在西北師範大學舉辦的“首屆簡牘學與出土文獻語言文字研究學術研討會”上交流時,河西學院何茂活教授和一位暱稱爲“呆子”的騰訊會議綫上網友提示最末一字當爲“甚”。在此向二位老師表示感謝。

其次,諸家録文中“面情”當爲“留情”之誤識,“留情”謂留心、留意、用心。類似用法見於傳世文獻者,如唐薛元超《諫皇太子箋》:“今高秋戒序,景物漸凉,伏乞聽政餘閒,留情墳典。”〔12〕《晋書·郭璞傳》:“計去微臣所陳,未及一月,而便有此變,益明皇天留情陛下懇懇之至也。”〔13〕《周書·韋敻傳》:“〔韋敻〕少愛文史,留情著述,手自抄録數十萬言。”〔14〕與“留情”近義的還有“存意”。如《齊民要術》卷七《笨麯並酒》:“勢盛不加,便爲失候;勢弱不減,剛强不消。加減之間,必須存意。”〔15〕從句法和文意看,寫卷“伏乞留情”當與後邊的“藥膳”連爲一句,“藥膳”是“留情”的賓語,“伏乞留情藥膳”謂乞請對方用心喫藥飲食。

再次,《校注研究》録作“以頭施爲言”的部分,寫卷圖版基本清晰,當爲“以頤攝爲意”。“頤”“頭”形近,故誤識。“攝”字作“[illegible]”,略顯模糊。不過聯繫字形、文意,比照寫卷下文“更望順時調攝”的“攝([illegible])”字,便可確定“[illegible]”即“攝”。“頤攝”謂保養調攝,文獻習見。如李商隱《爲安平公賀皇躬痊復上門下狀》:“伏以聖上祇膺大寶,虔奉睿圖,務此憂勤,稍虧頤攝。”〔16〕又《上李舍人書四》:“時向嚴冽,伏惟特加頤攝。”〔17〕《敦煌類書》録作“定”、《校注研究》録作“言”者,寫卷字形作“[illegible]”。此字粗看確有些像“言”,但仔細審辨發現乃“意”字的草寫。兹將 P.3715 上“意”“言”的寫法列爲表 1 對比如下:

表 1　P.3715“意”“言”寫法

“言”所在例句	今又言李聽男有文章	言之無文	如卿此言	鸚鵡能言
“言”字截圖	[illegible]	[illegible]	[illegible]	[illegible]
“意”所在例句	明經念疏,不會經意	直情忤意	豈意明珠生於老蚌	以頤攝爲意
“意”字截圖	[illegible]	[illegible]	[illegible]	[illegible]

由表 1 可見,P.3715 上“意”的寫法與“言”字在最後一筆上有明顯的區别,“頤攝”句的“[illegible]”乃“意”字無疑。“以頤攝爲意”謂希望對方在保養調攝方面多

〔12〕《全唐文》卷一五九,中華書局,1983 年,1627 頁。

〔13〕《晋書》卷七二《郭璞傳》,中華書局,1974 年,1904 頁。

〔14〕《周書》卷三一《韋敻傳》,中華書局,1971 年,546 頁。

〔15〕賈思勰著,繆啓愉校釋《齊民要術校釋》卷七《笨麯並酒》,中國農業出版社,1998 年,506 頁。

〔16〕劉學鍇、余恕誠《李商隱文編年校注》,中華書局,2002 年,33 頁。

〔17〕同上書,1110 頁。

加用心。

綜上所述,本條討論的語句當録作:“春暄日甚,伏乞留情藥膳,以頤攝爲意。”春日漸暖,乞請您用心喫藥飲食,留意保養調攝。由季節轉换而過度到對對方身體狀況的關切、叮嚀或惦念,這是古人書信開頭的慣常表達。寫卷“春暄日甚,伏乞留情藥膳,以頤攝爲意”的前面抄録的是《論語》“苟患失之,無所不至”句及其解釋,後面抄録的是“古人云:言之無文,行之不遠”。因上下文没有提供更多的關於此書信語句的信息,故目前無法判斷這封信是誰寫給誰的,也不清楚開頭寒暄後還説了什麽。

2.儻通西江麗澤,將回題柱之心;東壁餘光,曲照棄繻(繻)之志。(《法藏》27/60 上/10)

上揭録文出自 P.3715 一篇名爲《求賢》的駢文,《校注研究》録文如上〔18〕。《敦煌類書》作:“儻通西江潘澤,將回題柱之心;東壁餘光,曲照棄端之去。”〔19〕《校注研究》改《敦煌類書》“棄端之去”爲“棄繻之志”,極是。然二家録文首句的句意均不明了,仍需進一步推敲。

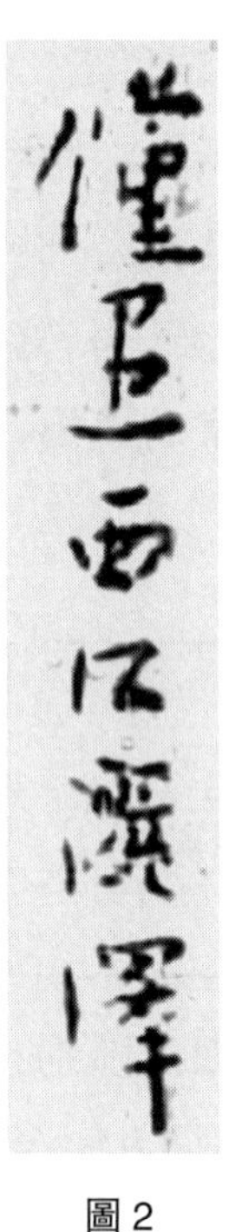

圖 2

本條起首六字寫卷截圖見圖 2。仔細辨識可知首字當爲“儻”。第二字亦非“通”,而是“遇”的草書。《中國書法大字典·草書》“遇”字有“”“”之形〔20〕,均可以與寫卷此處的“”字比勘。“澤”前之字,既非“潘”字,亦非“麗”字,而是“灑”字。故竊以爲本條當録作:“儻遇西江灑澤,將回題柱之心;東壁餘光,曲照棄繻(繻)之志。”

“灑澤”本指天降甘雨,亦比喻恩澤眷顧。如南朝宋顔延之《應詔宴曲水作詩》:“朏魄雙交,月氣參變。開榮灑澤,舒虹爍電。化際無間,皇情爰眷。”〔21〕又如唐蘇頲《爲岐王讓太常卿表》:“伏乞太陽

〔18〕 王金保《敦煌遺書 P.3715“類書草稿”校注研究》, 45 頁。

〔19〕 王三慶《敦煌類書》,479 頁。

〔20〕 孫雋主編《中國書法大字典·草書》,687 頁。

〔21〕 李善注《文選》卷二〇,上海古籍出版社,1986 年,964 頁。

迴光,慶雲灑澤,俯察蒙鄙,旁求賢俊。”〔22〕寫卷“西江灑澤”化用了車轍之鮒遇西江之水而得活的典故,謂渴望皇恩澤被。《莊子·雜篇·外物》曰車轍之鮒祈求莊周以斗升之水搭救自己,莊周却説“我且南遊吴、越之王,激西江之水而迎子”,於是鮒魚忿然,曰:“吾失我常與,我無所處。吾得斗升之水然活耳,君乃言此,曾不如早索我於枯魚之肆!”〔23〕此故事之本意是譏諷對受困者採取敷衍態度和迂遠不切實際的幫助,但後世往往反用之,以“鮒逢西江”比喻喜受恩澤眷顧。如宋晁補之《策問十九首》之二:“沛公入關,民之望之,猶鮒逢西江也。”〔24〕

寫卷“東壁餘光”“題柱之心”“棄繻之志”亦皆爲用典。“東壁餘光”出《史記·樗里子甘茂列傳》,甘茂謂蘇代曰:“臣聞貧人女與富人女會績,貧人女曰:‘我無以買燭,而子之燭光幸有餘,子可分我餘光,無損子明,而得一斯便焉。’今臣困而君方使秦而當路矣。茂之妻子在焉,願君以餘光振之。”〔25〕後用“東壁餘光”指在困頓時得到別人的順手幫助和提攜。“題柱之心”和“棄繻之志”分别用西漢司馬相如和終軍之事。《白氏六帖》卷三《橋》“題柱”下曰:“司馬相如往京師,過蜀郡升仙橋,題其柱曰:‘不乘駟馬,不復過此!’”〔26〕《漢書·終軍傳》:“初,軍從濟南當詣博士,步入關,關吏予軍繻。軍問:‘以此何爲?’吏曰:‘爲復傳,還當以合符。’軍曰:‘大丈夫西遊,終不復傳還。’棄繻而去。”〔27〕後世往往用“題柱”和“棄繻”表示立志成就一番事業。寫卷“儻遇西江灑澤,將回題柱之心;東壁餘光,曲照棄襦(繻)之志”謂倘若遇到皇恩垂顧或他人提攜,自己的遠大抱負將得以實現。

以上校録語句出自 P.3715 上一段以“求賢”爲名的駢體對策文,《校注研究》認爲“所對之策是武則天垂拱元年乙酉科策文的第二策《求賢篇》”〔28〕,此説可信。據《文苑英華》記載,本次考試共出策五道,分别是《政理》《求賢》《祥

〔22〕《文苑英華》卷五七八《表二六·藩王讓官》,中華書局,1966 年,2983 頁。
〔23〕郭慶藩撰,王孝魚點校《莊子集釋》,中華書局,1961 年,924 頁。
〔24〕晁補之《雞肋集》卷三九,四部叢刊景明本。
〔25〕《史記》卷七一《樗里子甘茂列傳》,中華書局,1982 年,2316 頁。
〔26〕白居易《白氏六帖事類集》卷三《橋第十一》,民國景宋本。
〔27〕《漢書》卷六四下《終軍傳》,中華書局,1962 年,2819—2820 頁。
〔28〕王金保《敦煌遺書 P.3715“類書草稿”校注研究》,45 頁。

瑞》《五運》《歷代帝王爲理》,《文苑英華》中保留有本次考試獲狀元及第的吴師道的全部五道對策文〔29〕。P.3715 所存則是另一逸名作者針對《求賢》的對策。該對策不見於傳世文獻,但從它可以被摘録編入 P.3715 這件晚唐敦煌文士編纂的類書草稿這一點看,肯定也是一篇知名度高、流布較廣的對策文,因此極具輯佚價值。

爲了便於讀者理解,現將保存在《文苑英華》中的《求賢篇》的出策文以及 P.3715所存對策文迻録如下,並對 P.3715 中前人録文不够準確的地方以及部分字詞略作補充注釋。

問:朕聞運海摶扶,必藉垂天之羽;乘流擊汰,必佇飛雲(一作端)之檝。是知席蘿黄屋,握(一作緬)鏡紫微,誠(一作咸)資獻替之功,必待弼諧之助。所以軒轅撫運,遂感大風之祥;伊帝乘時,遽致秋雲之兆。朕雖慚古烈,而情切上皇。未校滋泉之占,猶虚傅野之夢。欲使歲星入仕,風伯來朝,河薦蕭張之名,山降甫申之佐,垂衣佇化,端拱仰成,多士溢於周朝,得人過於漢日。行何政道,可以至斯(一作不知何道可致英才)? 思聞進善之言,以副求賢之旨。(《文苑英華》卷四八二《策六・方正・賢良方正策七道》之第二道《求賢》)〔30〕

求賢:歲星入仕,非唯漢武之臣;風伯來朝,豈止周王之世? 察寶劍於幽匣,訪逸驥於鹽車;值伯樂以被收,逢張華而見識。儻遇西江灑澤,將回題柱之心;東壁餘光,曲照棄褠(繻)之志。故知寒谷已變,得蒙吹律之恩;夏葉傾柯,實賴陽光之照。薄冰凝池,得爲廊廟之珍;細露懸芳,蒙系綴冕之飾。(P.3715,《法藏》27/60 上/8-12)〔31〕

P.3715"察寶劍於幽匣"句,《敦煌類書》漏録,《校注研究》録作"察寶劍於出匣"〔32〕,無注釋。按:《校注研究》録作"出匣"的"出",寫卷作"[出]",的確酷似"出",不過比照 P.3715"丈夫不杖節,終不出此關"的"出([出])",以及"乃出敦煌

〔29〕《文苑英華》卷四八二《策六・方正》,2461 頁。

〔30〕同上書,2462 頁。

〔31〕本録文在依據寫卷黑白和彩色圖版的同時,參考了王三慶《敦煌類書》479 頁、王金保《敦煌遺書 P.3715"類書草稿"校注研究》45 頁的校録成果。

〔32〕王金保《敦煌遺書 P.3715"類書草稿"校注研究》,45 頁。

玉關”的“出(𡴭)”,可知“𡴭”字中間一豎並没有和兩側的兩筆連起來,因此“𡴭匣”當非“出匣”,而是“幽匣”。“出”“幽”相混者,傳世文獻亦有之。如《文心雕龍·練字》:“是以綴字屬篇,必須練擇。一避詭異,二省聯邊,三權重出,四調單複。……重出者,同字相犯者也。”其中“三權重出”下楊明照注:“‘出’,黄校云:‘元作幽,欽愚公改。’兩京本、王批本、何本、訓故本、謝鈔本作‘出’;文通引同。按:欽改是。”[33] P.3715“察寶劍於幽匣”與下文“逢張華而見識”需連起來理解,用的是張華識劍之典。《晋書·張華傳》載,張華見斗牛之間有異氣而問雷焕,雷焕説乃寶劍之精;張華又問寶劍之所在,雷焕言在豫章豐城縣,於是張華補雷焕爲豐城令,“焕到縣,掘獄屋基,入地四丈餘,得一石函,光氣非常,中有雙劍,並刻題,一曰龍泉,一曰太阿”[34]。“察寶劍於幽匣”“逢張華而見識”表面説裝在幽暗的匣子裏的寶劍因遇到了張華而被人所識,深層指賢才遇見了伯樂。寫卷“訪逸驥於鹽車”“值伯樂以被收”的典故義亦如此,詳參《校注研究》的相關校記[35],此不贅述。

“寒谷已變,得蒙吹律之恩;夏葉傾柯,實賴陽光之照”謂賢才的成長和向心力實仰賴於明君的垂恩眷顧。律爲陽聲,“吹律”謂陽氣至,寒谷升温,萬物得以生長。“寒谷已變”句化用鄒衍使燕地寒谷生黍之典,《校注研究》徵引較詳,此不贅述。“夏葉傾柯”表面指夏天樹木的枝葉向着太陽傾斜,深層比喻明君以恩光籠絡人才。傳世文獻中類似的表達如鮑照《園葵賦》:“承朝陽之麗景,得傾柯之所投。”[36]

“薄冰凝池”寫卷作“薄池凝冰”,《敦煌類書》及《校注研究》均照録,無校記,不過從來源、文例、文意看,當爲“薄冰凝池”。“薄冰凝池”句化用的是束皙的詩句。《藝文類聚》卷九引《束皙集》曰:“君聞薄冰凝池,非登廟之寶;零露垂林,非綴冕之飾。”[37]此詩《校注研究》有徵引,可惜没有進一步據以校勘寫卷的

---

〔33〕黄叔琳注,李詳補注,楊明照校注拾遺《增訂文心雕龍校注》,中華書局,2000年,492頁。(此例蒙張文冠老師見告,謹致謝忱。)

〔34〕《晋書》卷三六《張華傳》,1075頁。

〔35〕王金保《敦煌遺書 P.3715“類書草稿”校注研究》,46頁。

〔36〕嚴可均輯《全宋文》,商務印書館,1999年,456頁。

〔37〕《藝文類聚》卷九《水部下·冰》,上海古籍出版社,1982年,180頁。

表達。文例上,“薄冰”與“細露”對仗,均比喻微不足道且容易消失的事物,作“薄池”則無此義。文意上,寫卷“薄冰凝池,得爲廊廟之珍;細露懸芳,蒙系綴冕之飾”乃反用束晳的詩句,謂一些才華如“薄冰”“細露”般微小的人也因明君的知遇和賞識而得以爲朝廷效力,成爲廟堂之珍、仕宦之才。

由以上梳理和校注可見,P.3715 所載這篇名爲《求賢》的對策文具有如下特點:(1)結構完整,既呼應了策問,也充分表達了作者自己對求賢的認識,從中可見唐人科舉應試中對策文的基本章法;(2)句式偶儷,用典豐富,辭采華美,全篇以四六句結體,幾乎句句用典,顯示了作者高超的文學寫作水平。

3.是以目以檮杌之稱,標上議者以虚談爲名。(《法藏》27/61 上/3)

P.3715 號寫本上抄録有五條本自干寶《晋紀總論》的語句,具體内容如下:

(1)方岳無鈞石之鎮。

(2)作法於治,其弊猶亂;作法於亂,誰能救之。

(3)見危受命,而不求生。

(4)國無醇德之士,鄉乏不貳之老。

(5)是以目以檮杌之稱,標上議者以虚談爲名。

與今傳世史書、文集所載《晋紀總論》相比,有的語句完全相同,如(1)(2)兩條。有的略有改造,如(3),今本作“故其民有見危以受命,而不求生以害義”,寫本截取了其中最核心的八個字並改編成了“四四”句式。再如(4),今《晋書·孝愍帝紀》引干寶《晋紀總論》作:“朝寡純德之人,鄉乏不貳之老。”〔38〕李善注《文選·干寶〈晋紀總論〉》作:“朝寡純德之士,鄉乏不二之老。”〔39〕寫卷與傳世文獻之間存在“國—朝”“無—寡”“醇—純”“士—人”“貳—二”等同義或近義詞替换的關係。

上揭五條中最特别的是句(5),《敦煌類書》録作“並以目以檮杌之稱,擇上議者以虚談爲名”,無校記〔40〕;《校注研究》録文同《敦煌類書》,校記曰:“本則不知出處,待考。”〔41〕均不甚妥帖。

---

〔38〕《晋書》卷五《孝愍帝紀》,135 頁。

〔39〕李善注《文選》卷四九,2186 頁。

〔40〕王三慶《敦煌類書》,481 頁。

〔41〕王金保《敦煌遺書 P.3715“類書草稿”校注研究》,53 頁。

句(5)對應的寫卷截圖見圖3。首字“□”前人録作“並”,不確。此字當爲“是”之草寫,類似寫法見於敦煌文獻者,如P.2141《大乘起興論略述》卷上“是以用大法寶化身之體相故”中“是”作“□”〔42〕。又如P.2063《因明入正理論略抄》“此《論》一部,有其兩名:一者‘因明’,即是諸論之通名;二者……”中“是”字作“□”〔43〕。《中國書法大字典·草書》“是”字有“□”“□”等寫法〔44〕。這些形體均可以與P.3715的“□”字相比勘。“檮杌”二字所從之“木”部,寫卷俗寫作“扌”部,前人録作“檮杌”,甚是。“標”所從“木”部,寫卷亦俗寫作“扌”部,前人録作“擇”,不確。綜合以上對比,圖3所示語句當録作:“是以目以檮杌之稱,標上議者以虛談爲名。”

圖3

此句並非“不知出處”,而是與前四句一樣,也出自干寶《晋紀總論》。通過與傳世本比較可見:其一,寫卷文句可能存在衍脱訛誤現象;其二,寫卷“檮杌”二字對傳世本有重要的校勘價值。

與P.3715“是以目以檮杌之稱,標上議者以虛談爲名”相對應的語句,今《晋書》引干寶《晋紀總論》無之;李善注《文選·干寶〈晋紀總論〉》作“是以目三公以蕭杌之稱,標上議以虛談之名”〔45〕;六臣注《文選》作“是以目三公以蕭机之稱,摽上議以虛談之名”〔46〕。儘管在字詞上稍有區别,但兩種《文選》本的句式都是對仗的,符合《晋紀總論》駢化史論的文體特徵。與之相比,P.3715的句式並不整齊,句意也不甚通暢,故竊以爲寫卷上句“目”字後當脱“三公”二字,下句之“者”字當爲衍文,全句當校作:“是以目〔三公〕以檮杌之稱,標上議以虛談爲名。”

寫卷之“檮杌”,傳世本或作“蕭杌”,或作“蕭机”。李善曰:“蕭杌,未詳。”〔47〕劉良於“蕭机”下注:“言時名目三公皆蕭然自放机爾,

〔42〕 黄征《敦煌俗字典》,上海教育出版社,2020年,721頁。

〔43〕 同上。

〔44〕 孫雋主編《中國書法大字典·草書》,353頁。

〔45〕 李善注《文選》卷四九,2186頁。中華書局1977年影印胡刻本李善注《文選》692頁同。

〔46〕 六臣注《文選》卷四九,中華書局,1987年,932頁。《四部叢刊》本六臣注《文選》同。

〔47〕 李善注《文選》卷四九,2186頁。

無爲名稱。"[48]竊以爲劉良的解釋較爲牽强。從字形看,"机"和"杌"字形接近,李善注本的"蕭杌"有可能是"蕭机"之誤。可是,除六臣注《文選》此處一見之外,傳世文獻再不見表示"蕭然自放机爾"的"蕭机/蕭機/瀟机/瀟機"等詞,單例孤證,實在可疑。退一步説,即便當時的確有"蕭机"一詞,表達的也的確是"蕭然自放机爾"的意思,但從漢字形義看,無論這裏的"机"是時機、機變,還是神機、心機,六朝時的主流寫法以及後世繁體刻本文獻中都應該是"機",而不是"机"。古籍中"机"讀作 jī,義項有三:①木名,即榿木;②通"几",指几案、小桌子;③姓,如戰國時有"机氾"[49]。無論哪一個音義,放在"蕭然自放机爾"這個語境中都不合適。所以,六臣注《文選》中"蕭机"一詞很可疑。

將 P.3715 寫本的"檮杌"與傳世本《晋紀總論》的"蕭杌""蕭机"相比勘,並從字形、詞義、文意諸方面考察,我們認爲傳世本中的"蕭杌""蕭机"均當校作"檮杌"。

字形關係上,"檮"存在訛作"蕭"的可能。單就"檮—蕭"二字看,字形不近,但假如中間加入一個過渡形體"橚"字,情况就不一樣了。首先,從漢字構形的角度看,從"艸"之字往往與從"木"之字形成俗字關係,如"蔟"可俗寫作"槉"[50]。其次,"蕭""橚"同音,且文獻有"蕭"用作"橚"的例子。如《史記·司馬相如列傳》載《上林賦》形容樹木枝條茂密悠長、隨風擺動時曰:"紛容蕭蔘,旖旎從風。"[51]《説文解字·木部》:"橚,長木皃。"段玉裁注:"《史記·上林賦》'紛容蕭蔘','蕭'同'橚'。"[52]再次,"橚"與"檮"形近,其中的"肅"旁與"壽"旁存在訛混的可能,傳世文獻中即有類似的例子。如清易順鼎《和元韻二首》之二:"大名銅柱肅,小隊繡旗斜。"陳松青注:"《琴志樓編年詩集》卷十九,肅作壽。"[53]簡而言之,"檮"訛作"蕭"的過程可圖示如下:檮—(形近而誤)→橚—(俗寫或同音替代)→蕭。因此,李善本及六臣本《晋紀總論》之"蕭杌""蕭机"

---

[48] 六臣注《文選》卷四九,932 頁。

[49] 漢語大字典編輯委員會《漢語大字典》,崇文書局、四川辭書出版社,2000 年,1237 頁。

[50] 張涌泉《漢語俗字叢考》,中華書局,2020 年,363 頁。

[51] 《史記》卷一一七《司馬相如列傳》,3029 頁。

[52] 許慎撰,段玉裁注《説文解字注》,上海古籍出版社,1988 年,251 頁。

[53] 陳松青《易佩紳易順鼎父子年譜合集》,湖南師範大學出版社,2018 年,383 頁。此例蒙張文冠老師見告,謹致謝忱。

極有可能都是“檮杌”之訛。

詞義上,“檮杌”與語境甚合。“檮杌”本指傳説中的惡獸,後來比喻惡人。《漢語大詞典》“檮杌”第一個義項是“傳説中的凶獸名”,引《神異經・西荒經》曰:“西方荒中有獸焉,其狀如虎而犬毛,長二尺,人面虎足,猪口牙,尾長一丈八尺,攪亂荒中,名檮杌,一名傲狠,一名難訓。”第二個義項爲“惡人”“泛指惡人”,引葛洪《抱朴子・審舉》:“小人道長,則檮杌比肩。”[54]將傳世本《晋紀總論》的“蕭杌”“蕭机”校作“檮杌”後,“目三公以檮杌之稱”謂把三公視作如檮杌一樣的惡人。

文意上,李善注《文選・干寶〈晋紀總論〉》“是以目三公”句所在的段落如下:

> 又加之以朝寡純德之士,鄉乏不二之老。風俗淫僻,恥尚失所。學者以《莊》《老》爲宗,而黜《六經》;談者以虚薄爲辯,而賤名儉;行身者以放濁爲通,而狹節信;進仕者以苟得爲貴,而鄙居正;當官者以望空爲高,而笑勤恪。是以目三公以蕭杌之稱,標上議以虚談之名。劉頌屢言治道,傅咸每糾邪正,皆謂之俗吏。其倚杖虚曠,依阿無心者,皆名重海内。[55]

此段内容闡述晋景、文二帝之時,朝野上下缺乏賢才,社會風尚追求虚薄,士人官吏皆不重實幹,只求苟得,真正在朝忠正、悉心治道的官員往往被恥笑爲俗吏,而善於阿諛依傍、無心朝政的人却名重海内。全文唯“蕭杌”一詞難以理解。不過若將“蕭杌”校作“檮杌”,則文從字順。“是以目三公以蕭(檮)杌之稱,標上議以虚談之名”謂一般官員將三公看作惡人,把君上的論議當作虚談,整句話批評當時上下不齊心聚力,官員不勤恪務實,這與整段文意完全相合。相反,若按傳世本的“蕭杌”或“蕭机”來理解,不但詞義不明,文意也難通。

因此,今李善注《文選・干寶〈晋紀總論〉》之“蕭杌”,六臣注《文選・干寶〈晋紀總論〉》之“蕭机”,均當據敦煌寫本 P.3715 校作“檮杌”。

4.高武盡美(《法藏》27/61 上/10)

P.3715“類書草稿”之“逸民”條曰:“堯稱則天,不屈潁陽之節;高武盡美,終

[54] 漢語大詞典編輯委員會《漢語大詞典》第四卷,漢語大詞典出版社,1989 年,1350 頁。

[55] 李善注《文選》卷四九,2186—2187 頁。

全孤竹之潔。”上句末尾的“節”字與下句起首的“高”字之間有一明顯的空隙,似爲停頓而作。此句乍一看是標準的“四六”駢句,但對比傳世文獻,可見寫卷語句存在改造重構的現象。

寫卷語句本自《後漢書·逸民列傳論》,今傳世本作:“堯稱則天,不屈潁陽之高;武盡美矣,終全孤竹之絜。”〔56〕謂堯帝可以稱得上是效法天的君主,却不能使巢父、許由違背他們高遠的志向;武王可以算是完美的君主,却最終也衹得成全孤竹君之子伯夷和叔齊清白的名聲。上句的“高”與下句的“絜”對文,用以形容逸民高潔的品質。P.3715 在摘編時省略了“矣”字,增加了“節”字,將整個句子重構成了“堯稱則天,不屈潁陽之節;高武盡美,終全孤竹之潔”。重構後的句子,其六字句部分對仗工整,但四字句部分變原來的“武”爲“高武”,打破了原文“堯(帝堯)”與“武(武王)”對仗的格局。之所以會出現這種現象,大約與《後漢書》原文本身不甚對仗以及 P.3715 的摘編者不熟悉“武盡美矣”的出處有關。《後漢書》“堯稱則天,不屈潁陽之高;武盡美矣,終全孤竹之絜”中,四字句部分的語義是對稱的,但用詞上除主語“堯”與“武”外,剩餘部分都不對仗,而且“武盡美矣”的“矣”字還是一個虚詞。於是摘編者便省去虚詞“矣”,加入實詞“節”,對全句進行了重構。殊不知《後漢書》“武盡美矣”雖不甚對仗,但亦有所本。“武盡美矣”本自《論語·八佾》,原文作:“子謂《韶》,‘盡美矣,又盡善也’。謂《武》,‘盡美矣,未盡善也’。”〔57〕其中的《韶》和《武》本來分别指“舜的樂曲名”和“周武王的樂曲名”,後來就指代舜和周武王了。《後漢書》所引“武盡美矣”的“武”即指周武王。

由 P.3715 的摘編者對《後漢書》“堯稱則天,不屈潁陽之高;武盡美矣,終全孤竹之絜”的改造重構,可見唐五代時期駢偶化的文風之盛,反映在民間類書編纂中就是出現了改造原文以求駢偶的現象。其實不唯 P.3715 如此,保留在敦煌文獻中的以《語對》《籯金》爲代表的衆多對語、對句體類書殘卷以及以《兔園策府》爲代表的文賦體類書寫卷,無不是爲了適應當時句式駢儷的詩文創作風尚而編寫的“作文寶典”。

---

〔56〕《後漢書》卷八三《逸民列傳》,中華書局,1965 年,2755 頁。

〔57〕楊伯峻《論語譯注》,中華書局,1980 年,33 頁。

5.蠶祊(《法藏》27/62 上/22)

P.3715“稼穡有京坻之積”下引《説文》以及《周禮》《詩經》《禮記·月令》等文獻作注,其中與《禮記·月令》相關的語句是:“《月令》:季春,天子薦鞠衣於先帝。注云:鞠衣,言爲蠶祈也。”“祈”字《敦煌類書》和《校注研究》均録作“祊”[58],然此字實乃“祈”。字形上,本卷下文“鄧析子”的“析”作“析”,與此處的“祈”字互參,可知“祈”爲“祈”。字義上,“祊”同“鬃”,指廟門内設祭之處。《説文·示部》:“鬃,門内祭先祖所旁皇也。……祊,鬃或從方。”[59]因此,“祊”字置於寫卷所記《月令》注中於義不合。今傳世本《禮記·月令》“天子乃薦鞠衣於先帝”下鄭玄注:“爲將蠶求福祥之助也。鞠衣,黄桑之服。先帝,大皡之屬。”[60]其中“爲將蠶求福祥之助”的意思與寫卷“爲蠶祈”正合,謂季春之時,天子將黄桑之服獻給先帝的目的是祈求其護佑蠶桑之事順利。

6.以肺石遺民(《法藏》27/63 上/7)

P.3715 有“以肺石遺民:肺石,赤石也”,其中“遺”作“遺”。對此,《敦煌類書》及《校注研究》均無異議。然傳世文獻未聞“以肺石遺民”者,頗疑“遺”乃“達”之誤。《周禮·秋官·大司寇》:“以肺石達窮民。凡遠近惸獨老幼之欲有復於上而其長弗達者,立於肺石,三日,士聽其辭,以告於上而罪其長。”鄭玄注:“肺石,赤石也。”[61]又《周禮·秋官·朝士》:“左嘉石,平罷民焉。右肺石,達窮民焉。”[62]由此可見,擊肺石是下情得以達上的一種手段,寫卷“以肺石遺民”當校作“以肺石達民”,因“遺”“達”字形略近,故有此誤。

7.頞頤,欠不平,語惡人。(《法藏》27/64 上/12)

P.3715 有一條形容人貌醜的事文,曰:“《矦團傳》曰:‘公貌蹙頞欽頤。’”其中“蹙”下雙行小字注“訓逼”;“頞”下注“音遏,鼻頞短貌”;“欽”下注“訓敬,亦欠貌”;“頤”下注“頞丿欠不平語惡人”。《校注研究》認爲“矦團”乃“周燮”之

[58] 王三慶《敦煌類書》,483 頁。王金保《敦煌遺書 P.3715“類書草稿”校注研究》,67 頁。
[59] 許慎撰,段玉裁注《説文解字注》,4 頁。
[60] 阮元校刻《十三經注疏·禮記正義》卷一五《月令》,中華書局,1980 年,1363 頁。
[61] 阮元校刻《十三經注疏·周禮注疏》卷三四《秋官·大司寇》,871 頁。
[62] 阮元校刻《十三經注疏·周禮注疏》卷三五《秋官·朝士》,877 頁。

誤,甚是。《後漢書・周燮傳》:"燮生而欽頤折頞,醜狀駭人。"〔63〕"周燮"何以誤作"侯團",仍是個謎。我們這裏重點討論"頤"字下的注釋。

"頤"字及其下面的小字注釋,《敦煌類書》和《校注研究》均録作:"頤:頍頤,欠不平,語惡人。"〔64〕該録文在字形考校和句讀方面都有進一步討論的必要。首先,前人録作"頍"的字,寫卷作"頍",録作"頍"似無大礙,但字義與語境不合。"頍"指戴弁的樣子,如《詩・小雅・頍弁》,陸德明釋文:"頍弁,缺婢反,著弁貌。"〔65〕其次,寫卷"頍"下之字作省代符"丿",前人認爲該符號替代的是被釋詞"頤",並將其與"頍"字連讀作"頍頤",但"頍頤"不辭,文獻亦未聞。聯繫《後漢書・周燮傳》"欽頤折頞"李賢注"頤,頷也"〔66〕,並綜合考慮句讀因素,我們認爲寫卷"頤"字及其下面的小字注釋當校録作:"頤:頍(頷)。頤欠不平,語惡人。"

字義上,"頤"和"頷"爲同義詞,均指下巴。《急就篇》:"頰頤頸項肩臂肘。"顔師古注:"下頷曰頤。"〔67〕字形上,"頍"與"頷"略近似。因此校"頍"爲"頷",並將第一個"頍(頷)"視作"頤"字的釋義庶幾可通。從省代符的用法看,省代符一般用來"代替類書、辭書和音義類寫本辭目中已出現過的字"〔68〕。因此前人認爲"頤"字注文中的"丿"指代的就是"頤",這是正確的。類似用法如上文提到"頞"下注"音遏,鼻頞短貌",其注文中的"頞"就用的是省代符。問題是用"丿"替代的這個"頤"應該屬上讀作"頍(頷)頤",還是應該屬下讀作"頤欠不平"?我們認爲應該是後者。小字注文"頤欠不平"是對大字正文"蹙頞欽頤"之"欽頤"的解釋,指下巴不够端正飽滿,略微向前翹起。寫卷"欽"字下注:"訓敬,亦欠貌。""欽頤"之"欽"用的是"欠貌"義,此處指不飽滿、略前曲。傳世文獻亦有類似用法。如《後漢書・周燮傳》"欽頤折頞"李賢注:"欽頤,曲頷也。"〔69〕《漢書・揚雄傳》:"蔡澤,山東之匹夫也,顉頤折頞,涕涶流沫。"顔師古注:"顉,

〔63〕《後漢書》卷五三《周燮傳》,1741頁。

〔64〕王三慶《敦煌類書》,487頁。王金保《敦煌遺書P.3715"類書草稿"校注研究》,79頁。

〔65〕陸德明《經典釋文》卷六《詩・小雅・頍弁》,上海古籍出版社,1985年,332頁。

〔66〕《後漢書》卷五三《周燮傳》,1742頁。

〔67〕史游撰,顔師古注,王應麟、伯厚甫補注《急就篇》卷三,岳麓書社,1989年,209頁。

〔68〕張涌泉《敦煌寫本文獻學》,甘肅教育出版社,2013年,409頁。

〔69〕《後漢書》卷五三《周燮傳》,1742頁。

曲頤也,音欽。”[70]《文選·揚雄〈解嘲〉》:“顩頤折頞,涕唾流沫。”李善注:“韋昭曰‘曲上曰顩’,欺甚切。”[71]是“欽頤”亦作“顩頤”“鎮頤”,古人往往釋作“曲頷”“曲頤”“曲上”。它們描寫的究竟是怎樣的一種醜貌呢?《説文·頁部》:“頙,曲頤也。從頁,不聲。”段玉裁注:“曲頤者,頤曲而微向前也。”[72]綜合段注及上揭材料可見,“欽頤、顩頤、鎮頤”即“曲頷、曲頤、曲上”,均指“頤曲而微向前也”,即下巴略微彎曲前翹。寫卷“頤欠不平”所描寫的也正是此義。因“蹙頞”(即“鼻頞短”)和“欽頤”(即“頤欠不平”)均爲醜人之貌,故寫卷“頤欠不平”下緊接着説“語惡人”。這裹的“惡”有醜陋之義,“惡人”即醜人。類似用法文獻習見,如《左傳·昭公二十八年》:“昔賈大夫惡,娶妻而美。”杜預注:“惡亦醜也。”[73]《孟子·離婁下》:“雖有惡人,齋戒沐浴,則可以祀上帝。”趙岐注:“惡人,醜類者也。”[74]綜上所述,P.3715“公貌蹙頞欽頤”之“頤”字下的小字注釋當校録作:“頞(頷)。頤欠不平,語惡人。”其中“頞(頷)”是對“頤”的解釋;“頤欠不平”是對“欽頤”的解釋;“語惡人”是對“蹙頞欽頤”的總括。

以上我們考證了 P.3715“類書草稿”寫卷中的部分疑難字句,從中可見,在參考更爲清晰的敦煌文獻圖版的基礎上審辨字形,聯繫六朝隋唐時期文多駢化的特點類比文例,通過通讀上下文來連貫句意,利用數據庫充分檢索參比某些詞句在傳世文獻中的用例,是考釋敦煌類書寫本疑難詞句的有效方法之一。

---

〔70〕《漢書》卷八七下《揚雄傳下》,3572 頁。

〔71〕六臣注《文選》卷四五,845 頁。

〔72〕許慎撰,段玉裁注《説文解字注》,417 頁。

〔73〕阮元校刻《十三經注疏·春秋左傳正義》卷五二《昭公二十八年傳》,2119 頁。

〔74〕阮元校刻《十三經注疏·孟子注疏》卷八下《離婁章句下》,2730 頁。

A Supplementary Collation and Investigation on Disputed Words and Sentences in Dunhuang Manuscript P.3715

Gao Tianxia

Despite former researchers have made a comprehensive study of Dunhuang manuscript P.3715, the complex content, the hast and careless of the writer, the light and vague of ink of some words, and the vague of early photos of the manuscript have led to disputed opinions on some words and sentences. This article makes a supplementary collation and investigation on this manuscript by using clearer coloured pictures, carefully distinguishing the cursive script, contrasting sentence patterns, and comparing with the handed-down documents. This paper aims at helping researchers to make better use of this manuscript and other related documents. This paper studies seven sentences and words which include the clarification of the term "*taowu* 檮杌", which is related to the interpretation and collation of *Wenxuan* 文選. "*Taowu* 檮杌" was written as "*xiaowu* 蕭杌" or "*xiaoji* 蕭机" in current editions of *Wenxuan* 文選, but the meaning is unclear. In terms of character and meaning, both "*xiaowu* 蕭杌" and "*xiaoji* 蕭机" should be changed to "*taowu* 檮杌".

《唐研究》第二十七卷
2022 年,155—165 頁

敦煌文獻中“惡”字的形、音、義*

景盛軒

在敦煌文獻中,“惡”字的俗體較多。黄征《敦煌俗字典》收録其俗體多達34 個〔1〕。這些俗體,在敦煌文獻中出現頻率較高的是“悪”和“恵”。經進一步調查,我們又發現了 20 個《敦煌俗字典》未收形體,進一步豐富了“惡”字的構形資料。

一、新發現“惡”字的構形

新發現的 20 個“惡”字俗體,根據構形可分爲異寫和異構兩大類。

(一)異寫類

“惡”字的異寫俗體是書寫時以連筆、增筆、減筆等方式形成的。

1.[illegible]

S.4562 號《大般涅槃經》卷一六:“善言諸喻,不加其~。”(《寶藏》36/567B)

按:此形當是“惡”形的連筆俗寫。

2.[illegible]

敦研 48 號《大寶積經》卷八:“卒便臭穢,顔色甚~。”(《甘藏》1/55A)

按:此形當是在“惡”形的俗寫基礎上增筆而成〔2〕。

---

* 本文係國家社科基金研究專項“敦煌《大般涅槃經》寫本研究”(18VJX067)階段性成果。

〔1〕 黄征《敦煌俗字典》,上海教育出版社,2005 年,第 100—102、434 頁。

〔2〕 此形當承東漢《石門頌》“[illegible]”字而來。“惡”字上部增筆,最早見於戰國楚簡。如湖北江陵天星觀 1 號楚墓竹簡中的“[illegible]”、郭店楚墓竹簡中的“[illegible]”形。參滕壬生編《楚系簡帛文字編》(增訂本),湖北教育出版社,2008 年,919 頁。武威漢簡作“[illegible]”形,頂部仍可見點筆。

3.恴

上博 33 號《出曜經》卷一〇："况汝嗽唾弊～之人，可付授聖衆耶？"（《上博》1/270B）

按：此形當是"恵"形的增筆俗體[3]。

4.悪

BD434 號《净名經集解關中疏》："樂將護～知識，樂近善知識。"（《國圖》6/469A）

按：此形當是"悪"形的訛省，與武周新字"𢘑"（臣）字形近。

5.[illegible]

S.6503 號《净名經集解關中疏》："菩薩成佛時國土無有三～八難。"（《寶藏》47/515A）

按："心"字底行草書常作三點，此形當是"悪"的行書異寫。

6.**西**

P.2250 號《净土五會念佛誦經觀行儀》卷下《極樂欣厭贊》："閻浮世界不堪停，～業因緣每日盈。"（《法藏》10/78B）

按：此形當是"悪"簡省構件"心"而成，結果與"西"字同形[4]。

7.[illegible]

中村 44 號《小乘戒律注疏》："第十三～性不受諫。"（《中村》卷上/225A）

按：此形當是"恵"簡省構件"心"而成。

（二）異構類

"惡"字的異構俗體是在異寫俗體的基礎上累增構件而成。其累增的構件主要有"亻"旁、"口"旁、"忄"旁三種。

---

〔3〕此形當承居延漢簡"[illegible]"字而來。敦研 250 號背《維摩詰經注》："若藏[illegible]心，內心恥責，名爲慚；客懷[illegible]心，名爲愧也。""[illegible]""[illegible]"同行共見，當互爲變體，可資參證。在漢簡中有把"䒑"頭寫作"亠"的現象。如《居延新簡》300.8"薑"寫作"[illegible]"，而在《居延新簡》136.25 寫作"[illegible]"。參馬瑞《西北屯戍漢簡文字研究》，西南大學博士論文，2011 年，75 頁。

〔4〕《集韻·亞韻》"惡"有"衣駕"一切，與表示"復（覆）"義的"襾（西）"同音，"悪"寫作"襾"，則又與"襾（西）"同形。

8. 僫

S.4426號《大般涅槃經》卷一二：“則爲衆人之所～賤。”（《寶藏》36/99A）

按：“惡”字俗寫常作“惪”形。在此基礎上累增“亻”旁則得此形。

9. 僫

敦研48號《大寶積經》卷八：“便示死亡，益用～見。”（《甘藏》1/55A）

按：如前文所揭，“惡”字俗體作“惪”。在此基礎上累增“亻”旁則得此形。

10. 德

S.42號《佛説胞胎經》：“三十六七日，兒身成滿，骨節堅實，～於胞裹，不以爲樂。”（《寶藏》1/203B）

按：“亻”“彳”俗書相混。此形與“徳”（德）字同形。

11. 德

中村166-7號《大般涅槃經》卷一一：“爾時家室，心生～賤，起必死想。”（《中村》卷下/54C）

按：此形當是“惡”字俗體“徳”的行書異寫。

12. 㴛

BD6638號《大智度論》卷二三：“若能觀食本末如是，生～厭心。”（《國圖》91/300A）

按：“惡”字有俗體作“悳”。累增“彳”旁（“亻”旁變體）作“徳”，俗書“彳”常作“氵”形，故有此形。

13. 僫

BD15248號《小品般若波羅蜜經》卷七：“以是事故，輕蔑～賤諸餘菩薩。”（《國圖》141/188B）

按：如前文所揭，“惡”字俗體作“惪”。在此基礎上累增“亻”旁則得此形。

14. 僫

BD13881號《大般涅槃經》卷一一：“爾時家室，心生～賤，起必死想。”（《國圖》115/170A）

按：“惡”字有俗體作“悪”。在此基礎上累增“亻”旁則得此形。

15. 僫

BD1470號《大般涅槃經》卷六：“如彼薄福，憎～粳糧及石蜜等。”（《國圖》

21/314B)

按:此形當是爲"恶"累增了"亻"旁。

16.⿰彳恶

首博 32.546 號《大般涅槃經》卷十二:"形容改異,人所～賤。"(《首博》4/847)

按:"亻""彳"俗書相混。"⿰亻恶"俗寫作"彳"旁。

17.⿰口恶

BD9243 號《太子須大拏經》:"其婦～見,呪欲令死。"(《國圖》105/182A)

按:此形當是爲"恶"累增了"口"旁[5]。

18.⿰口惡

BD2224 號《涅槃經疏》(拟):"如彼薄福,憎～粳糧及石蜜等。"(《國圖》31/186)

按:此形是"⿰口恶"字的增筆異寫。

19.⿰忄恶

BD1000 號《大般涅槃經》卷三一:"丑陋可～。"(《國圖》14/380B)

按:此形當爲"恶"累增了"忄"旁。《漢語大字典》(第二版)2489 頁"⿰忄覀心"條:"《龍龕手鑒·心部》:'⿰忄覀心,烏故反。'《字彙補·心部》:'⿰忄覀心,牛路切,音悮。出《海篇》。'按:張涌泉《漢語俗字叢考》:'《字彙補》讀作牛路切,似未妥。此字當是"惡"的俗字。'"張涌泉先生所言極是。"⿰忄覀心"當爲"⿰忄恶"的部件移位俗體,《字彙補》誤。

20.⿰忄㥀

P.4506 號《金光明經》卷二:"復次是身不堅,無所利益,可～如賊。"(《法藏》31/210A)

按:"惡"字有俗體作"⿱亜心","累增"忄"旁可作"⿰忄⿱亜心"。可洪《音義》第肆册《度世品經》第五卷音義:"憎⿰忄⿱亜心,烏故反,正作惡。""⿰忄㥀"當爲"⿰忄⿱亜心"的俗讹形體,或

〔5〕《集韻·遇韻》:"惡,恥也,憎也,或作謳。""謳"又是"諲"的異體。《集韻·鐸韻》:"謳,詎也,或省。"《説文·言部》:"諲,相毁也。从言亞聲。一曰畏亞。"段注:"此與'惡惡'之'惡'略同。"敦煌文獻中的"⿰口恶"也有可能是"謳"的换旁俗體。

是受同行上文“無常壊(壞)敗”中“壊”字影響而發生了類化。

敦煌文獻中“惡”字的異寫俗體,與漢魏六朝簡帛石刻中的形體一脈相承。由於手寫有一定的隨意性,跟同時期的石刻資料相較,敦煌文獻中“惡”字的變體更多[6]。前文所列“惡”字的減筆異寫俗體,在石刻資料中比較罕見,這體現了“惡”字俗體的發展演變。至於敦煌文獻中“惡”字的增旁異構俗體,更是隋唐五代時期的新增字形,在前代文字資料中尚未發現,尤其值得重視。

二、“惡”字增旁俗體的字義

仔細分析前文所列“惡”字的13個增旁俗體所處的句法位置,可發現其所記録的都是“惡”的動詞用法。例8、11、13、14、16是“惡賤”組合;例9、17是“惡見”組合;例12是“惡厭”組合;例15、18是“憎惡”組合;例19、20是“可惡”組合;例10是“惡”後跟介賓短語。在這些句法位置中的“惡”都是動詞。看來“惡”字增旁很可能有區别字義的作用。

爲了進一步驗證這一設想,我們擴大了調查範圍,對《敦煌俗字典》、敦煌《大般涅槃經》寫卷以及電子版《大正藏》進行了窮盡式的調查。

(一)《敦煌俗字典》

《敦煌俗字典》收録“惡”字俗體34個,其中增旁俗體4個,其義都爲“憎惡”義:

1.僫

敦研361號《佛經》:“又有婦狀如怨家,常~見其夫聟(壻)。”

2.僫

敦研127號《大般涅槃經》:“二乘之人,亦復如是,增(憎)~無上大涅槃經。”

3.僫

敦研36(2-1)號《金光明經》:“可~如賊,猶若行厠。”

〔6〕 具體可參看毛遠明《漢魏六朝碑刻異體字典》,中華書局,2014年,193頁;日本京都大學人文科學研究所藏石刻資料 http://coe21.zinbun.kyoto-u.ac.jp/djvuchar? query=%E6%83%A1(惡),訪問時間:2021年11月3日。

4. 僫

敦研 108(2-2)號《大般涅槃經》:"菩薩摩訶薩,~賤三覺,不受不味,亦復如是。"

分析《敦煌俗字典》中"惡"字增旁俗體出現的語法環境,四例"惡"字皆是動詞。末例《敦煌俗字典》歸在 è 音下,有待斟酌。

(二)《大般涅槃經》寫卷

曇無讖譯《大般涅槃經》40 卷共有"惡"字 872 個,其中形容詞有 854 個,表示"憎惡"義的有 17 個[7]。在敦煌《大般涅槃經》寫卷含有動詞"惡"的卷子中,其增旁俗體一共出現於 16 個卷號,凡 24 次,今羅列如下:

1. BD14859 號卷四:"如人噉蒜,臭穢可僫。"(《國圖》134/397B)

2. S.2864 號卷六:"如彼薄福,憎僫粳粱及石蜜等。"(《寶藏》24/147A)

按:羽 530 號作"僫"(《秘笈》7/23);BD1470 號作"惡"(《國圖》21/314B)。

3. S.2864 號卷六:"憎僫無上大涅槃經。"(《寶藏》24/147A)

按:羽 530 號作"僫"(《秘笈》7/23);BD1470 號作"惡"(《國圖》21/314B)。

4. BD13881 號卷一一:"心生僫賤,起必死想。"(《國圖》115/170A)

按:BD13900 號作"僫"(《國圖》115/415A);BD1424 號作"僫"(《國圖》21/113A);S.3316 號作"僫"(《寶藏》27/508);S.2799 號作"僫"(《寶藏》23/472);S.81 號作"惡"(《英圖》2/81A)。

5. S.4426 號卷一二:"及其萎黄,人所僫賤。"(《寶藏》36/98B)

按:S.6553 號作"僫"(《寶藏》48/400A);臺圖 74 號作"惡"(《臺圖》659B)。

6. S.4426 號卷一二:"及其老至,衆所僫賤。"(《寶藏》36/98B)

按:S.6553 號作"僫"[8](《寶藏》48/400A);臺圖 74 號作"惡"(《臺圖》659B)。

---

〔7〕 具體分佈情況是:卷一 2 個;卷四 1 個;卷六 2 個;卷一一 1 個;卷一二 5 個;卷一三 1 個;卷二一 1 個;卷三一 1 個;卷三八 1 個;卷三九 2 個。

〔8〕 原卷該字有污漬,但還是能隱約看出"亻"旁。

7. S.4426 號卷一二：“形容改異，人所僫賤。”（《寶藏》36/99A）

按：S.6553 號作“僫”（《寶藏》48/401A）；首博 32.546 號作“僫”（《首博》4/847）；臺圖 74 號作“惡”（《臺圖》660B）。

8. S.4426 號卷一二：“則爲衆人之所僫賤。”（《寶藏》36/99A）

按：S.6553 號作“僫”（《寶藏》48/401A）；首博 32.546 號作“僫”（《首博》4/847）；臺圖 74 號作“惡”（《臺圖》660B）。

9. BD13849 號卷一三：“是諸外道雖復憎僫一切諸苦。”（《國圖》114/206B）

按：Дx.654 號作“僫”（《俄藏》7/35A）。

10. BD1000 號卷三一：“生處臭穢醜陋可惡。”（《國圖》14/380B）

11. BD5794 號卷三九：“無常不净臭穢可僫。”（《國圖》77/311A）

從上面的例子看出，動詞“惡”的詞形可以增旁，也可以不增旁，如 S.4426 號卷一二：“凡夫之人欣生惡死。”（《寶藏》36/97B）其中的“惡”，臺圖 74 號作“惡”（《臺圖》658A），S.6553 號作“惡”（《寶藏》48/399A），皆“惡”字異寫，並不增旁。可見，在敦煌《大般涅槃經》寫卷中，“惡”及其異寫俗體既可以記録形容詞“惡”，也可以記録動詞“惡”，但是其增旁俗體都記録動詞。《大般涅槃經》寫卷 24 個“惡”的增旁異構字，無一例外。

（三）CBETA《大正藏》中的“僫”字

利用 CBETA 電子佛典，檢得《大正藏》中“僫”字共 10 筆，其中一處爲“得”之誤字：可洪《新集藏經音義隨函録》卷五《等集衆德三昧經》下卷音義“不僫”條：“都勒反，正作得也，郭氏作烏卧反，非也。”（K34，p812，b6-7）

按：查《等集衆德三昧經》卷三：“志如王路，不得輕慢貴賤中間之人。”（T12，p986，a17-18）字正作“不得”。“得”之所以誤作“僫”，或許是“得”音誤作“德”，“德”又與“僫”之俗體“德”極爲相似，進而誤作“僫”[9]。又《等集衆德三昧經》卷三的“得”字，宋、元、明本作“懷”，宫本作“壞”，皆當爲“德”之形訛。

---

〔9〕 可洪《新集藏經音義隨函録》卷八《華手經》音義“……上**僫**（音德）。大**僫**（同上）。華**僫**（同上）……愛**僫**（同上），已上三十八個並同，音德也。又郭氏音作烏卧反，非也。《南岳經音》作烏各、烏故二反，並非也。”（K34，p922，c6-7）則“德”的俗體也作“**僫**”，與“惡”的俗體同形。

另一處“㤅”爲被注音字:釋處觀撰《紹興重雕大藏音》卷一“㤅(烏故、烏各二反)”(C59,p511,a11)。

除了這兩處,其他8處皆表“憎惡”義:

1.《六度集經》卷二:“言語蹇吃,兩目又青,狀類若鬼,舉身無好,孰不㤅憎?”(T3,p9,b4-5)按《大正藏》校勘記:㤅,宋、元、明本作“惡”。

2.《大方便佛報恩經》卷七“親近品”:“有一比丘身患惡瘡,形體周匝膿血常流,衆所㤅賤,無人親近,住在邊外朽壞房中。”(T3,p162,a7-9)

3.《禪要經》卷一“訶欲品”:“所至之處,物皆可㤅。”(T15,p238,a6-7)又:“不净可㤅,九孔流出。”(T15,p238,b7-8)按《大正藏》校勘記:㤅,宋、元、明、宮本作“惡”。

4.《大方等陀羅尼經》卷二:“諸根不具,人所㤅見。……説其形貌過狀諸惡,人所㤅見。”(T21,p651,c18-21)按《大正藏》校勘記:㤅,宋、元、明本作“惡”。

5.《一切經音義》卷二六《大般涅槃經》卷一二音義“惡賤”:“上烏故反,憎嫌也,亦作㤅字,用同。”(T54,p473,b8)

6.《一切經音義》卷七五“惡露”:“上烏固反,顧野王云惡猶憎也,《玉篇》云惡露,洩漏無覆蓋也,形聲字。經從人作㤅露,俗字,非正體。”(T54,p792,c4)

按:《一切經音義》卷七五“惡露”條出《道地經》:“一者念惡露;二者念安般守意。惡露行云何?是間行者等意念一切人令安隱。便行至父樹,便行至觀死尸,一日者至七日者,膖脹者,青色者,如盟者,半壞者,肉盡者。”(T15,p235,c16-21)此“惡露”猶“不净”,佛教謂身上不净之津液。《雜阿含經》卷二九:“有異比丘極生厭患惡露不净。”(T2,p207,b26)《佛般泥洹經》卷下:“七者視身中惡露。”(T1,p168,a16)《大方等大集經》卷三九:“或如人膿或涕或涎腦髓唾等,如是惡露臭處難看。”(T13,p263,c9)皆其例。按經文意思,“惡露”之“惡”當“烏各反”,爲形容詞;但慧琳音“烏固反”,又經從人作“㤅露”,可見慧琳等將“惡”理解爲動詞,義爲“可惡”[10]。慧琳明確指出“惡”寫作“㤅”,爲“俗字,非正體”。

---

[10] 慧琳《一切經音義》卷五四《摩鄧女經》音義“惡露“條:“上烏故反,《考聲》云惡猶憎嫌也;《周易》云愛惡相功;《禮記》云惡猶臭也;《毛詩》傳云無見惡於人也。”(T54,p670,a15)慧琳音“惡”爲“烏固反”,引證釋義既有“憎嫌也”,又有“臭也”,不易看出“惡”究竟爲何義。

又據《大正藏》校勘記,上列 1—4 例中的“僫”字,宋、元、明本一般多作“惡”,這也許進一步證明“僫”是流行於隋唐五代的一個俗字,到了宋代以後,動詞義的“惡”習慣上已經不靠增旁來區别。

三、敦煌文獻中“惡”字的讀音

“惡”字《廣韻》有三讀:1.平聲烏韻哀都切,義爲“安”也;2.去聲烏路切汙韻,義爲“憎惡”也,此義又音入聲烏各切;3.入聲烏各切,義爲“不善”也,《説文》曰:“過也。”此義又音去聲烏故切。“惡”字《集韻》亦有三讀:1.平聲烏韻汪胡切,義爲“安”也,通作“烏”;2.去聲烏故切汙韻,義爲“恥”也,“憎”也,或作“誣”“謡”;3.入聲遏鄂切惡韻,《説文》:“過也。”隸作“悪”,或從人。在《廣韻》中,“惡”字讀去聲亦有入聲又音,讀入聲又有去聲又音,《集韻》中,又音現象消失,補充了異體俗字。其俗體“僫”讀入聲,則又與其義不匹配。又《龙龛手鏡·人部》:“德僫,二俗,乌各、乌故二反,正作惡字。”上揭《紹興重雕大藏音》卷一“僫(烏故、烏各二反)”。可見,辭書中“惡”字的音義匹配關係比較混亂。

據研究,“惡”的平去入三讀是區别詞義的:“惡”讀平聲,是用作疑問代詞,意思是“哪裏”;讀入聲,用作形容詞、名詞和動詞,意思是“不善”“不善之人或不善之事”“遭受凶惡”;讀去聲,用作動詞,意思是“討厭,厭惡”。現在可以肯定的是,最晚在西漢末“惡”已經以去聲、入聲來區别詞義了〔11〕。顔之推《顔氏家訓·音辭》:“夫物體自有精粗,精粗謂之好惡;人心有所去取,去取謂之好惡。此音見於葛洪,徐邈。而河北學士讀《尚書》云好生惡殺。(原注:‘好,呼號反。惡,於各反。’)是爲一論物體,一就人情,殊不通矣。”〔12〕陸德明《經典釋文·條例》:“夫質有精粗,謂之好惡;(原注:‘並如字。’)心有愛憎,稱爲好惡。(原注:‘上呼報反,下烏路反。’)”〔13〕張守節《史記正義·論音例》:“夫質有精粗,謂之

〔11〕 孫玉文《以“惡”爲例看詞的語法分析必須以音義結合爲基礎》,見北京大學中文系、北京大學中國語言學研究中心編《高名凱先生學術思想研討會——紀念高名凱先生誕辰 100 週年論文集》,2011 年,3 頁。

〔12〕 王利器撰《顔氏家訓集解》(增補本),中華書局,1993 年,557 頁。

〔13〕 陸德明撰,黄焯彙校《經典釋文》,中華書局,2006 年,4 頁。

好惡,並如字;心有愛憎,稱爲好惡,並去聲。”又《發字例》:“惡,烏各反,麤也。又烏路反,憎也。又音烏,謂於何也。”

按《經典釋文》音注,“惡”讀入聲,爲“如字”音;讀去聲,則出音切“烏路反”。古人讀書碰到多音多義字時,常會朱筆“點發”。張守節《史記正義·發字例》云:“字或數音,觀義點發,皆依平、上、去、入。……又一字三四音者,同聲異唤,一處共發,恐難辯别。故略舉四十二字,如字初音者皆爲正字,不須點發。”〔14〕查敦煌點發本 S.618 號《論語集解》:“子貢曰:‘君子亦有惡乎?’子曰:‘有惡:惡稱人之惡者(孔曰好稱説人之惡[所]以爲惡),惡居下流而訕上者,惡勇而無禮者,惡果敢而窒者。’”在“惡居下流”之“惡”字右上角有朱筆點,“表示去聲圈的‘憎惡’而被加點,表示入聲圈意思的時候没被加點”〔15〕。《經典釋文》卷二四:“有惡,烏路反。除‘稱人之惡’,注‘爲惡’三字,餘同音。”“稱人之惡”“爲惡”中的“惡”爲名詞,如字,讀入聲,其他的“惡”爲“憎惡”義,讀去聲烏路反,敦煌寫卷點發。又 S.767 號《大般涅槃經》卷二三爲唐人點發本,全卷點發 30 個多音字,像“樂”(快樂)、“處”(居處)、“量”(數量)、“難”(困難)、“相”(面相)等義,其字中心有朱筆點發,而“樂”(音樂)、“處”(處所)、“量”(測量)、“難”(困難)、“相”(相互)等義,則不點發。可見古人以“點發”來區别詞義。考 S.767 號“惡”字有 16 處〔16〕,寫卷無一點發,細審詞義,則皆是名詞或形容詞,讀“如字”音烏各反,故不需點發。設若爲“憎惡”義,讀烏故反,古人必爲點發。

又查慧琳《一切經音義》卷二五至卷二六雲公《大般涅槃經》音義含“惡”字條目有四:

卷六“憎惡”條:“烏故反。嫌也。”

卷八“惡”條:“阿各反。正體惡字也。”

卷十“弊惡”條:“上毘謎反,惡性也,疾也,急性也。”

卷一二“惡賤”條:“上烏故反,憎嫌也,亦作‘僫’字,用同。”

---

〔14〕《史記》後附《正義論例》,中華書局,1959 年,附録第 16 頁。

〔15〕石塚晴通著,唐煒譯《敦煌的加點本》,《敦煌學·日本學——石塚晴通教授退職紀念論文集》,上海辭書出版社,2005 年,15 頁。

〔16〕“種種惡獸”1 處;“一切衆惡”1 處;“不擇好惡”1 處;“六塵惡賊”8 處;“種種惡魚”2 處;“三惡道”1 處;“惡業”1 處;“諸惡”1 處。

可以看出,“弊惡”條中,“惡”爲“凶惡”義,不出音。而“憎惡”“惡賤”出音“烏故反”,記録此義的文字可作“惡”,亦可作“僫”。至於卷八“惡”出入聲音“阿各反”者,蓋因此處“惡”是梵文字母的音譯,故出反切以標音。

綜上所述,“惡”字的形容詞義、名詞義,是其如字音,在敦煌文獻中不點發,在音義中一般不出音切。“惡”字的“憎惡”“惡賤”義,讀去聲“烏故反”,在敦煌文獻中點發,在音義中必出音切。因此,爲區分“憎惡”“惡賤”義而創造的“惡”字的增旁俗體,皆當讀去聲“烏故反”。

在古代辭書中之所以有“僫”去入兩讀的情況,那是由於“惡”的形容詞義、名詞義、動詞義共用同一個詞形“惡”,而在處理“惡”和“僫”的關係上,又理解爲“用同”,即功能完全等同的異體字,因“惡”有去入兩讀,故而推及“僫”亦有去入兩讀。非獨古人對“惡”“僫”字際關係認識不清,今人在編纂辭書時,也存在同樣的問題。例如《漢語大字典》(第二版)256頁“僫”條下説:“同‘惡’。《集韻・鐸韻》:‘惡,或從人。’”其實“僫”是“惡”的分化字,功能並不等同,從敦煌文獻來看,“僫”不讀入聲,並不具有“惡”的形容詞功能。

The Graphic Form, Pronunciation, and Meaning of the Chinese Character “惡” in Dunhuang Manuscripts

Jing Shengxuan

Huang Zheng 黄征, in his *Dunhuang su zidian* 敦煌俗字典 (*Dictionary of Dunhuang non-standard characters*), recorded thirty-four graphic forms of “e/wu 惡”. This article indicates that there are extra twenty graphic variations of this character by further scrutinizing Dunhuang manuscripts. The different graphic forms of this character can be categorized into two groups including variations in writing style and variations in configuration. The different configurations of this character were created by adding character components such as “亻”(meaning human), “口” (meaning mouth), or “忄”(meaning heart or mind). All these characters are derivatives of “e/wu 惡”, and pronounce as “wu” and mean “hate”.

《唐研究》第二十七卷

2022 年,167—182 頁

“羅悉鷄”及相關詞語考辨*

傅及斯

敦煌漢文文獻中有一個常見的外來語音譯詞“羅悉鷄”,有時也寫作“羅寔鷄”,習見於人名材料中,如“王拙羅寔鷄”“王住羅悉鷄”“判羅悉鷄”“屈羅悉鷄”“于羅悉鷄”“住羅悉鷄”,具體用例如下:

(1)S.5824《應經坊供菜牒》“昨奉處分當頭供者,具名如後:行人……判羅悉鷄;絲綿……屈羅悉鷄。”(《英》9/167b)[1]

(2)S.8448A、S.8448B《辛亥年正月廿七日紫亭羊數名目(參 S.8446)》:“辛亥年正月廿七日,紫亭羊數名目:何擖羅兩口。于羅悉鷄一口。景都衙六口。”“景都衙羊一百六十口殘十口。于羅悉鷄三十口殘伍口。”(《英》12/138a、b)

(3)S.8516C4-2《廣順三年(953)十二月十九日歸義軍節度使曹元忠牓》:“新鄉口承人:……于羅悉鷄。”(《英》12/151a)

(4)Дx.1424《庚申年十一月廿三日僧正道深分付牧羊人王拙羅寔鷄羊

---

* 本文在寫作過程中蒙業師張小豔教授多次審閲並提出修改意見。初稿完成後,又蒙復旦大學古籍所余柯君先生審讀,就文中漢藏對音問題多有提示;又蒙復旦大學史地所任小波先生指正,對文中所涉藏文語詞的釋讀和通解給予諸多寶貴的修改意見。筆者受益良多,謹此一併致謝。文中疏誤概由本人負責。

〔1〕 本文引用的敦煌圖録主要有:《英藏敦煌文獻(漢文佛經以外部份)》(簡稱《英》,凡 14 册),四川人民出版社,1990—1995 年;《法藏敦煌西域文獻》(簡稱《法》,凡 34 册),上海古籍出版社,1995—2005 年;《俄藏敦煌文獻》(簡稱《俄》,凡 17 册),上海古籍出版社,1992—2001 年。爲避文繁,所引文例後均以簡稱的方式括注出處,如“《法》33/257b”表示該例引自《法藏敦煌西域文獻》第 33 册 257 頁下欄;無欄次者則省之,如“《英》9/251”。其餘類推。如無特殊説明,本文所列寫本定名參上舉敦煌圖録。另,例(3)S.8516C4-2 定名參榮新江《英國圖書館藏敦煌漢文非佛教文獻殘卷目録(S.6981—S.13624)》,新文豐出版社,1994 年,94—95 頁。

抄》:"庚申年十一月廿三日僧正道深見分付常住牧羊人□(王)拙羅寔鷄,白羊羖羊大小抄録謹具如後:見行大白羊羯陸口,貳齒白羊羯肆口,大白母壹拾捌口,白羊兒落悉無柒口,白羊女落悉無伍口。已上通計肆拾口,一一並分付牧羊人王拙羅寔鷄,後筭爲憑。牧羊人王拙羅寔鷄(畫押)、牧羊人弟王悉羅(畫押)"(《俄》8/164b)

(5)S.5964-1《某寺分付牧羊人王悉羅等羊抄》:"□口,當年兒白羊羔子兩口,女羔子壹口。已上通計白羊羖羊兒女大小貳伯捌拾伍口,一一並分付牧羊人王住羅悉鷄,後筭爲憑。牧羊人王悉羅(畫押)、牧羊人王住羅悉鷄(畫押)"(《英》9/251)

(6)P.4906《衆僧東窟等油麵抄》:"白麵叁㪷,生成、上座、沈法律等三人,紫亭去剪羔子毛食用。麧麵壹石、粟麵壹石,就羊群頭付與住羅悉鷄用。白麵壹㪷,剪毛到來解火用。"(《法》33/257b)

孟列夫根據Дx.1424中"牧羊人王拙羅寔鷄"的記載,推測"羅寔鷄"是藏文牧羊人(log sdzi)的音譯,該寫本中還記載了另一個牧羊人的名字"悉羅",他進一步推測爲"落悉無羅寔鷄"的簡寫,即綿羊牧羊人[2]。此後,"羅寔鷄"是吐蕃語音譯詞這一説法,便被學者廣泛採納。黑維强在《敦煌、吐魯番社會經濟文獻詞彙研究》"外來語"一節中收有詞條"羅悉鷄、羅寔鷄",釋義爲"牧羊人。吐蕃語lugs dzi的音譯",並增舉了S.5964、S.5824、P.4906中相關諸例[3]。蔣冀騁轉引孟列夫、黑維强的研究成果,將外來語"羅悉鷄、羅寔鷄"釋作"牧羊人。吐蕃語lugsdzi的音譯"[4]。陸離在討論S.5824中的人名"判羅悉鷄""屈羅悉鷄"時,稱"羅悉鷄即藏語(lug rdzi)的音譯,爲牧羊人之意"[5]。此外,姜伯勤、乜小紅

[2] 孟列夫主編《俄藏敦煌漢文寫卷叙録》(上册),上海古籍出版社,1999年,641頁。原書名《亞洲民族研究所藏敦煌漢文寫卷叙録》,第一、二册由蘇聯科學出版社東方文學部(前身爲東方文學出版社)分别於1963年、1967年出版。後由西北師範大學敦煌學研究所組織翻譯,會同孟列夫主編對原書的部分内容作了不少增補删改,由上海古籍出版社出版漢譯本。本文所引内容出自漢譯本上册(原俄文版第一册)。

[3] 黑維强《敦煌、吐魯番社會經濟文獻詞彙研究》,民族出版社,2010年,216頁。

[4] 蔣冀騁《近代漢語詞彙研究(增訂本)》,商務印書館,2019年,72頁。

[5] 陸離《吐蕃統治敦煌時期的官府牧人》,《西藏研究》2006年第4期,12頁。

也認爲"羅寔鷄/羅悉鷄"是藏語牧羊人的音譯〔6〕。

前輩學者有關"羅悉鷄"爲吐蕃語的音譯之説,是很有啓發性的。但是,我們注意到這幾種論述中所擬定的音寫是有問題的,上引諸例分别作 log sdzi、lugs dzi、lugsdzi、lug rdzi,實際上前三者與藏語"牧羊人"的音寫並不同。牧羊人在現代藏文及古藏文中皆作 lug rdzi,其中 lug 意爲綿羊,rdzi 意爲牧人。孟列夫可能根據藏文"lug rdzi(牧羊人)"一詞的發音推測了"羅悉鷄(log sdzi)"的音譯形式,但是"log sdzi"只是讀音上和"lug rdzi"比較接近,實際上在藏文的拼寫規則中,上加字"sa"並不會與"dzi"相拼,也就是説,並不存在"sdzi"這一音寫形式;同時,log 不是名詞,也没有綿羊的含義。黑維强在孟列夫的基礎上,將音寫形式修正爲"lugs dzi"。如前所述,綿羊的藏文音寫爲"lug","lugs"則爲方法、風俗等義,同時"dzi"也不是牧人的意思。總之,如果"羅悉鷄/羅寔鷄"是藏語"牧羊人"的音譯形式,那它所對應的音寫形式應如陸離文中所指出的,爲"lug rdzi"。但在"lug rdzi"一詞中,並没有能與漢語"悉/寔"對音的音素,前輩學者或許正是考慮到了"悉/寔"的對音需求,才生造出"log sdzi"或是"lugs dzi"這樣的音譯形式。

那麽,是否"羅悉鷄/羅寔鷄"就是藏語"牧羊人(lug rdzi)"的譯音呢?由於古藏文上加字 ra 和 sa 時有交替的現象〔7〕,或許"lug rdzi"可讀作"lug sdzi"(羅悉鷄/羅寔鷄)。然而,在已發現的西域古藏文文獻中,從字形看,表示牧人的"rdzi"並無一例作"sdzi"(詳表 1),這與漢文文獻中的實際情況不符。此外,如前所述,藏文拼寫規則中上加字"sa"没有和基字"dza"相拼的情况,所以對於 rdzi 來説,並不存在上加字 ra 和 sa 交替的可能。

---

〔6〕 姜伯勤《沙皇俄國對敦煌及新疆文書的劫奪》,《中山大學學報》(哲學社會科學版)1980 年第 3 期,38 頁;乜小紅《俄藏敦煌契約文書研究》,上海古籍出版社,2009 年,191 頁。

〔7〕 比如 P.T.1287 記載有"rgyal po nI gnam sa gnyIs kyi bar yul du brnam zhIng",譯作"贊普統治了天地之間的疆土",其中動詞"brnam བརྣམ"應作"bsnam",意爲"職掌、統領"。又如同卷"dpav vdzangs gnyIs nI rlag pa bzhin btsal te",譯作"像選皮衣一樣(精挑細選)揀選英雄和賢者",其中名詞"rlag pa རླག་པ"應爲"slag pa",意爲"皮衣"。此二例由任小波先生在復旦大學《古藏文文獻選讀》課上揭示,特此説明。

表 1　西域出土古藏文文獻中的“牧人(རྫི rdzi)”

寫卷編號	用　例	རྫི(rdzi)字形
ITJ.1368	rnga rdzi 牧駝人、rta rdzi 牧馬人	
P.T.2204C	chibs rdzi 牧馬人、bong rdzi 牧驢人	
P.T.1084	pyugs rdzi 牧人、phyugs rdzi 牧人	
P.T.1096	rta rdzi 牧馬人	
P.T.1136	ra rdzi 牧羊人	
P.T.1283	bevu lug rdzi 牧牛羊人	
XB M.I.h9	lug rdzi 牧羊人	
Or.8212/169	phyugs rdzI 牧人	

另一方面,我們注意到古藏文複輔音聲母的前置輔音在漢語表達中,未必是一一對應的。聶鴻音指出“藏文的輔音聲母組合並非在所有情況下都代表了實際語言裏的複輔音,藏族人有時會依照傳統習慣多寫出一兩個不發音的字母,也有時會借用某些字母來表示其他的音素”〔8〕。李方桂曾對此現象做過討論,“有時一位在漢文文獻和藏文原文裏都是有名的人士,在漢字音譯上却出現困難。例如人名‘禄東贊’,無疑是指七世紀作爲使節到唐朝去迎娶文成公主下嫁吐蕃贊普的著名大臣。他的名字藏語是 stong rtsan,理應音譯爲‘悉東贊’,而 luk tung tsân(禄東贊)這種音譯,似是音譯 ltong(或 ldong)rtsan 更爲恰當,但是這個名字在藏文文獻中却無可考查”〔9〕。這裏李方桂就討論了藏文人名 stong rtsan 在譯作漢語時所出現的對音不合理的現象,其中訛誤産生的緣由,由於材料的匱乏,我們無從知曉〔10〕。那麽,我們討論的藏文詞彙 lug rdzi 譯作漢語“羅

〔8〕 聶鴻音《藏文複聲母的表音功能及其在上古漢語構擬中的局限》,《北斗語言學刊》第 1 輯,上海古籍出版社,2016 年,60 頁。

〔9〕 李方桂《藏語複輔音的漢語音譯法》,譚克讓譯,瞿靄堂校《民族譯叢》1983 年第 5 期,59—60 頁;李方桂《吐蕃大相禄東贊考》,《西藏研究》1985 年第 2 期。李氏對“禄東贊”的姓氏問題、官職問題、如何取得大相的位置、擔任大相的事迹大略、他的兒子五個方面進行了考證,“禄東贊”全名爲“mgar stong rtsan yul zung”,“mgar”是他的藏文姓氏,《舊唐書》作“薆氏”、《新唐書》作“薛氏”、《通典》作“辥氏”、《唐會要》作“築氏”,李方桂認爲根據唐時譯吐蕃音的常例,“辥”字與“mgar”對音最爲合適,其他諸字皆爲訛誤。

〔10〕 人名“禄東贊”中“禄”字,卓鴻澤認爲可能是突厥語漢譯,並引黎吉生(Hugh E. Richardson)之説,懷疑東贊或出自操突厥語之部族。參卓鴻澤《雜胡稱兜鍪爲“突厥”説》,氏著《歷史語文學論叢初編》,上海古籍出版社,2012 年,57 頁。

悉鷄/羅寔鷄”時是否也是類似的情形呢？漢語中的“悉”字是否也是“借用某些字母來表示其他的音素”的結果？

我們認爲這一則對音的不合理不僅僅因爲“悉”無語音來源，該詞中“羅”“鷄”二字的對音似乎也很難説得通〔11〕。根據《敦煌吐蕃漢藏對音字彙》提供的對音材料可知，“羅”《切韻》音系來母歌韻，屬果攝，該字的韻母部分主要對藏語的a，如對la、ra等，偶也有對o的情況，如對ro，可見該字韻母的主元音在音高上應該比較低，至於對高元音u的情況，則完全没有出現過。“鷄”《切韻》音系見母齊韻，屬蟹攝，在漢藏對音材料中一般用音節kye對，以dz爲輔音的基字與之相對的情況没有出現過。而藏語中以dz爲聲母的音節如dzi等，主要用“自”“慈”“子”等精組字對，也從不用見組字（詳表2）〔12〕。因此從共時語音材料上看，不僅“羅悉鷄”中的“悉”字無語音來源，且“羅”“鷄”二字與藏文牧羊人（lug rdzi）中相關音素的發音也不接近，也就是説，這則對音根本没有成立的語音條件。

表2 《敦煌吐蕃漢藏對音字彙》所引字例舉例

字　頭	《敦煌吐蕃漢藏對音字彙》所引對音及字例
lug（漢藏對音）	六—lug 六：來屋合三入。如Ch.77，ii，3《阿彌陀經》第12行：zhag lug zhir（若六日）、ITJ.1240人名bam shib lug nyang（氾十六娘）〔13〕
羅（漢藏對音）	羅（來歌開一平）—ra/ro/la ra。如P.T.448《般若波羅蜜多心經》第14行：pa ra vga ti（波羅揭帝）、pa ra sang vga ti（波羅僧揭帝）〔14〕 ro。如S.2736《漢藏對照詞彙》第10行：vbag vgwave ra ro-a（莫怪了羅）〔15〕 la。如S.2736《漢藏對照詞彙》第17行：lovu la（婁羅）

〔11〕 余柯君先生提示筆者這則對音中rdzi和“鷄”的發音並不相合，且“羅”字中古一般對“la”與“ra”，他的這些意見給了筆者很大啓發。

〔12〕 周季文、謝後芳《敦煌吐蕃漢藏對音字彙》，中央民族大學出版社，2006年。

〔13〕 所引ITJ.1240用例非《敦煌吐蕃漢藏對音字彙》字例，爲本文所加。

〔14〕 同卷中多處以“la”對“羅”音的，如第2—3行：pu zha pa la vbyi ta zhi（般若波羅蜜多時）。承余柯君先生提示，“羅”字與“ra”相對的引例都是梵語音譯詞，可能是藏文譯自梵文的結果，作爲漢語“羅”與藏語“ra”對音的例證似乎不够典型。

〔15〕 該卷多次出現“ro-a”這樣的對音形式，《敦煌吐蕃漢藏對音字彙》有時作“羅”，有時作“羅啊”。我們傾向“ro-a”是“羅啊”的對音形式，“a”是語氣助詞“啊”的對音。所以本文在列舉“羅”的藏文對音時，僅列“ro”。

續　表

字　頭	《敦煌吐蕃漢藏對音字彙》所引對音及字例
羅(藏漢對音)	la——羅。如《唐蕃會盟碑》北面第 28 行:phyI blon bkav la gtogs pa cog ro(紕論伽羅篤波屬盧)
dzi(漢藏對音)	自/慈/字/净/子—dzi 自:從至開三去。如 P.T.1046《千字文》第 7 行:好爵自[縻](havu tsyag dzI) 慈:從之開三平。如 P.T.1258《天地八陽神咒經》第 35 行:甚大慈悲愍念(shim de dzi pyi vmyin nem) 字:從志開三去。如 P.T.1258《天地八陽神咒經》第 26 行:不聞佛法名字(pu vbun vbur phab myi vdzi) 净:從勁開三去。如 P.T.1258《天地八陽神咒經》第 100 行:得法眼净(tig phab gen dzi) 子:精止開三上。如 P.T.1291.p.1《春秋後語》(音譯詞語摘録)第 11.8:子(dzI)〔16〕
鷄(漢藏對音)	鷄(見齊開四平)—kye。如 S.2736v《漢藏對照詞彙》第 18 行:ya kye(野鷄)、P.T.1046《千字文》第 25 行:kye dyan(鷄田)

我們還需注意的是,前輩學者將“羅悉鷄”與藏語牧羊人(lug rdzi)相聯繫,除了語音上的近似,兩者似乎還有文義上的關聯。這與“羅悉鷄”所在的文書Дx.1424 的内容有關,這是一件某寺僧正分付牧羊人“王拙羅寔鷄”羊隻的憑證,交付白羊羖羊大小總計四十口,後有牧羊人“王拙羅寔鷄”,以及其弟“王悉羅”的簽名畫押。牧羊人的職業身份,讓學者將以“羅寔鷄”爲名的牧羊人與吐蕃語中的“牧羊人”聯繫了起來。同時,讓這種説法更爲可信的是,“羅寔鷄”這一人名還出現在其他與羊隻有關的文書中。如 S.5964-1《某寺分付牧羊人王悉羅等羊抄》,其中也有“牧羊人王住羅悉鷄”這樣的記載,這是一件與 Дx.1424 内容相似的文書,記載了某寺分付牧羊人“王住羅悉鷄”羊隻大小貳伯捌拾伍口一事,後亦有“王住羅悉鷄”及其弟“王悉羅”的簽名畫押,所以兩件文書中所載人名“王拙羅寔鷄”與“王住羅悉鷄”實爲同一人。另有 P.4906《衆僧東窟等油麵抄》記載將糧食支付給牧羊人“住羅悉鷄”。又,S.8448A、S.8448B 都記載了紫亭鎮納羊數名目,其中包括羊主“于羅悉鷄”,在兩件文書中分别需納羊一口及三十口。我們認爲因爲文書中有“牧羊人王拙羅寔鷄”“牧羊人王住羅悉鷄”這樣的記載,就認爲“羅悉鷄”是牧羊人的意思,是不够嚴謹的。首先,Дx.1424 與

〔16〕 該寫本另有一處“子”以“tshe”對音。

S.5964-1中“王拙羅寔鷄”與“王住羅悉鷄”是同一人，P.4906中記載的“住羅悉鷄”很可能與前述兩件寫卷中的人物有關，因而“拙羅寔鷄/住羅悉鷄”只是從事畜牧工作的一個少數民族人名，並不能由此推出凡名爲“羅悉鷄”的就是“牧羊人”這一結論。唐五代時期畜牧業的從事者主要有吐蕃人、吐谷渾人等，所以牧羊人的人名中常常能見到非漢族的名字，上舉P.4906、S.8448A、S.8448B就記録了不少胡名。又S.5824《應經坊供菜牒》記載了行人部落與絲綿部落中爲寫經僧供菜的名籍，陸離認爲其中“判羅悉鷄和屈羅悉鷄都是牧羊人，還承擔了給當地經坊抄經的任務”[17]，這一説法先是假定“羅悉鷄”爲牧羊人，從而認爲從屬於行人部落和絲綿部落的判羅悉鷄和屈羅悉鷄既是牧羊人又承擔着給寫經生供菜的任務，此説的前提既不成立，在此基礎上做出的推論自然也不能令人信服。事實上，鄭炳林在討論非胡姓的少數民族人名時，已指出“住羅悉鷄/拙羅寔鷄”是“採取用漢字標音的姓名”的吐蕃移民[18]。

因此，我們認爲“羅悉鷄/羅寔鷄”不是藏文牧羊人（lug rdzi）的音譯，而是藏文人名“la skyes”的音譯形式。根據上舉敦煌漢藏對音材料，藏文la對“羅”，skyes對“悉鷄”，是很合理的。雖然在已公佈的對音材料中，並没有出現藏文skyes的漢譯音，但是前置輔音“sa”與“悉”相對，在古藏文人名譯音中用例較多，李方桂列舉《唐蕃會盟碑》中的幾則例證如下：snya音譯爲“悉諾”，如7世紀大臣“贊悉諾（btsan snya）”；stag音譯爲“悉諾”，如“旦熱悉諾匝（brtan bzher stag cab）”“悉諾熱合干（stag bzher hab ken）”；stang音譯爲“悉當”，如9世紀大臣“綺立藏窟寧悉當（khri brtsan khod ne stang）”；snam音譯爲“悉南”，如“悉南紕波（snam phyi pa）”[19]。所以，我們認爲從語音上看，“la skyes”譯爲“羅悉鷄”是符合唐五代時期敦煌地區的實際情況的。同時，“la skyes”這一語音形式也出現在同時期的藏文人名材料中，如P.T.1096《亡失馬匹糾紛之訴狀》第11行和第29行記載的驛丞人名“yo gang g·yu la skyes”、ITJ.750《吐蕃大事編年》第301行記載的大臣人名“seng go vphan la skyes”、Db.t.2190、2529、2614、2615、2616所

---

〔17〕 同注〔5〕，12頁。

〔18〕 鄭炳林《晚唐五代敦煌地區的吐蕃居民初探》，《敦煌歸義軍史專題研究三編》，甘肅文化出版社，2005年，623頁。

〔19〕 同注〔9〕，李方桂《藏語複輔音的漢語音譯法》，58—59頁。

載寫經生“lung stag la skyes”、P.T.1629、1653-1、1944、2030 所載寫經生“vphan la skyes”〔20〕。上述人名中的“vphan la skyes”與 S.5824 中的“判羅悉鷄”在語音上也有勘同的可能〔21〕。

那藏文“la skyes”具體是什麽含義呢？通過考察 8—10 世紀的漢藏人名，我們發現古藏文寫本中涉及“skyes”的用例非常多，有時寫作“la skyes”，有時徑作“skyes”（詳表 3）。西藏早期敘事中亦不乏以“skyes”爲名的歷史人物，如瑪桑九族中的第一位低品神“gnyan g.yav spang skyes”，意爲“由岩板山山麓而降生”，其中“g.yav”是“岩板”，“spang”是“草灘”，“skyes”表動詞“降生”義〔22〕；又如傳説中第九代藏王布帶鞏甲的大臣“ru las skyes”，意爲“從角中出生的人”，其中“ru”是“角”，“las”是從格助詞，“skyes”表動詞“出生”義，ru las skyes 的出生是西藏歷史上的一個著名傳説，相傳止貢王妃在牧場時夢見與雅拉香波山神化身的一位白人交合，醒來之後看見一頭白牦牛從身邊走開，後生下了一個血團，把血團放到一個野牦牛角裹孵出一個兒子，即 ru las skyes，史稱“七賢臣”之一；而早期文獻中，此人（或其兄弟）又作 ngar la skyes，意爲“生於嗥/从[犬]嗥中生者”或“生於阿塘”“爲替贖而生者”“生於達[地方]之子”，以上不同説法源於學者對“ngar”含義的不同理解，但其中“skyes”表動詞“出生”義，“la”是格助詞當無疑礙〔23〕。在上述三則用例中，“skyes”皆爲“出生”義，這些早期敘事中的人名形式

---

〔20〕 本文所引甘肅藏敦煌藏文文獻的寫經人名材料來自張延清《吐蕃敦煌抄經研究》一書的附録，根據該書的附録説明，Dy.t.代表敦煌研究院所藏敦煌古藏文文獻資料、GM.t.代表甘肅省博物館藏敦煌藏文文獻目録、Gt.t.代表甘肅省圖書館所藏敦煌古藏文文獻資料、Db.t.代表敦煌市博物館所藏敦煌古藏文文獻資料、Dd.t.代表敦煌市檔案館藏敦煌藏文文獻、Jb.t.代表酒泉博物館藏敦煌藏文文獻、Zhb.t.代表張掖市博物館藏敦煌藏文文獻、Gb.t.代表高臺縣博物館藏敦煌藏文文獻、LF.t.代表蘭山范氏藏敦煌藏文文獻。本文所引法國國家圖書館藏敦煌藏文文獻中的寫經生人名材料同樣來自該書，特此説明。張延清《吐蕃敦煌抄經研究》，民族出版社，2016 年，275—358 頁。

〔21〕 此處承任小波先生提示。

〔22〕 石泰安（Stien, R.A.）《川甘青藏走廊古部落》，耿昇譯，王堯校，民族出版社，1992 年，14 頁注釋 2；巴卧·祖拉陳瓦著，黄顥、周潤年譯注《賢者喜宴——吐蕃史譯注》，中央民族大學出版社，2010 年，3 頁。

〔23〕 有關“ngar”的不同釋義，參任小波《贊普葬儀的先例與吐蕃王政的起源——敦煌 P.T. 1287 號〈吐蕃贊普傳記〉第 1 節新探》，《敦煌吐魯番研究》第 13 卷，2013 年，435 頁、438—439 頁；卓鴻澤《“吐蕃”源出“禿（偷）髮”問題析要》，同注〔10〕，89 頁；Brandon Dotson, *Theorising the King: Implicit and Explicit Sources for the Study of Tibetan Sacred Kingship*, Revue d'Etudes Tibétaines, （轉下頁）

與我們討論的古藏文寫本中的人名,有很大的關聯性。此外,根據學者對常見藏人姓名的研究,凡是包含“skyes”的人名,其中“skyes”都與“出生”義有關,如“bsam skyes”(如意生、按照願望出生)、“dgos skyes”(男子漢應需而生)、“rgod skyes”(能幹的漢子出生)、“mtsho skyes”(海生、蓮花的異名、月亮的異名)、“tshes bzang skyes”(吉日生)[24]。

“skyes”在古藏文中有“出生”和“禮物”兩個含義,通過上文對藏文古今人名含義的考索,可知“skyes”在人名中常表“出生”義,且絶大多數情況處於人名形式的末尾,與藏文構詞法動詞居後的語法規則一致[25]。“skyes”前的“la”則是格助詞,意爲“在/於/如”,在人名中有時可省略。我們據此對表 3 古藏文寫本中的人名稍作分析,根據“skyes”前接詞類的不同,可大致分爲下述幾類:(一)“skyes”前接專有地名的用例,如“vphan la skyes”(生於 vphan)、“sha cu skyes”(生於沙州/沙州生);(二)“skyes”前接地點名詞的用例,如“khrom skyes”(生於市場)、“lha ri skyes”(生於神山);(三)“skyes”前接動物名詞的用例,如“stag la skyes”“stag skyes”(生於虎/虎生 = 剛猛似虎)、“vbrug skyes”“klu skyes”(龍生);(四)“skyes”前接形容詞的用例,如“legs skyes”(妙生)、“bzang skyes”(善生);(五)“skyes”前接其他名詞的用例,如“rmang la skyes”“rmang skyes”(生於夢/夢生)、“lha skyes”(神生/天生)。表中“stag skyes”“lha skyes”用例較多,一定程度上能反映藏人的取名習慣及思維方式,同時可與之類比的還有人名“lha la skyabs”(依於神/神佑)。以上針對古藏文寫本中“skyes”人名用例的分析仍是非常初步的,我們希望通過分析這些人名的組織結構、搭配特點,來幫助我們更好地理解藏民族豐富的文化形態和宗教信仰。

(接上頁)No.21, 2011, pp.91-93;山口瑞鳳《吐蕃王家の祖先:sToṅ lom ma tse の意味》,《駒澤大學佛教學部研究紀要》第 31 號,1973 年,20—21、25—27 頁。文中所舉 ru las skyes 與 ngar la skyes 二則人名用例,蒙任小波先生告知。

〔24〕參王貴《藏族人名研究》(附録一),民族出版社,1991 年,81—140 頁;楊嘉銘《藏族人名的構成與漢譯問題淺探》(常見人名音義簡表),出版信息不詳,復旦大學圖書館藏書,2002 年,24—74 頁。

〔25〕本文初稿曾將“skyes”理解爲“禮物”,“la”理解爲無實義的墊詞。承蒙任小波先生告知,“skyes”應作動詞“出生”理解,下舉“stag la skyes”“ramng la skyes”“lha la skyes”的釋義亦蒙任小波先生教示。

表 3　西域出土藏文文獻所見"skyes"的人名材料(以拉丁字母轉寫爲序)[26]

藏文人名	出　處
bam mdo skyes	Db.t.1175、1176、2344、2547、2659、2773、2967、P.T.1396-7、1396-8、1410-1、1410-2、1410-3
blon skyes bzang	M.I.i.23
cang stag skyes	Db.t.0110、0111;Dy.t.0075;ITJ.310.223
do stag skyes	P.T.1089
du dun skyes	M.Tagh.a.v.0015
g.yu bzang lhag rtsa skyes	M.I.ii.40
jin khrom skyes	Db.t.0613
jin legs skyes	P.T.1405-14
khag lha skyes	M.Tagh.091
khong we lung bzang skyes	P.T.1634
khrom skyes	Or.8212/1834c、M.I.xvi.009、Db.t.1553、Gt.t.0055、P.T.2125
khyung po myes skyes	M.Tagh.c.II.0065
klu vbrug skyes	ITJ.1572
klu bra skyes	ITJ.1533
leng ho lha skyes	Db.t.0705、2029、2033、2198、2279、2392、2451、2522、2560、2561、2579、2599、2601、2619、2685、2785、2811、2817、2833、2878;Gt.t.0114
lha ri skyes	M.Tagh.b.I.0095
lha skyes	M.I.xxiv.0036
li lha skyes	Db.t.0426、0427、0531、1556、1794、2380、2415、2422、2425、2679、2712、2713、2714、2794;P.T.1403-2、1414-3、1622;ITJ.1359;Gt.t.0185
li stag skyes	ITJ.1359、Db.t.0490
lung stag la skyes	Db.t.2190、2529、2614、2615、2616
mnyam nya skyes	P.T.1312-2

〔26〕 表中所引人名信息分别來自西岡祖秀《ペリオ蒐集チベット文〈無量壽宗要經〉の写経生・校勘者一覽》,《印度學佛教學研究》第 33 卷第 1 號,1984 年,320—314 頁;武内紹人《敦煌西域出土的古藏文契約文書》,楊銘、楊公衛譯,趙曉意校,新疆人民出版社,2016 年;張延清《吐蕃敦煌抄經研究》,參注〔20〕;胡靜、楊銘編著《英國收藏新疆出土古藏文文獻敘録》,社會科學文獻出版社,2017 年;F.W.托馬斯編著,劉忠、楊銘譯注《敦煌西域古藏文社會歷史文獻》,商務印書館,2020 年。International Dunhuang Project 網站上所提供的 Marta Matko、Sam van Schaik 合編 *Scribal colophons in the Tibetan manuscripts at the British Library* (*Prajñāpāramitā and Aparimitāyus sūtras*)。

續　表

藏文人名	出　處
phal kyo klu skyes	P.T.1605
rdzas ma skyes	M.I.xiv.109
re vgra vbrog skyes	P.T.1628
rgyal zigs lha rtsa skyes	M.Tagh.b.I.0095
rlang lha skyes	M.I.xxvii.004
rmang la skyes	M.I.xxx.8
rtsig lha rtsa/tsa skyes	M.I.xiv.109、M.I.xiv.113、M.I.xiv.24、M.I.xiv.61.c
sag legs skyes	Db.t.0763、1064、1600、1741;ITJ.1359
seng go vphan la skyes	ITJ.750
ser mdo skyes	ITJ.1357
shu gas skyes	Khad.052
sna nam vdus skyes	P.T.1945
snyal kha ba skye/skyes	P.T.3513、3654、3783、3854、3912、3972、3992;ITJ.310.1196
song stag skyes/skye	Db.t.0182、P.T.3729、ITJ.1755
stag skyes	P.T.3924、ITJ.1652
tor vgu rmang skyes	M.I.xvi.22
vbom zhang skyes	P.T.1297-3
vgo klu skyes	ITJ.310.704
vgreng ro dra ma skyes	P.T.1300、1312
vphan la skyes	P.T.1629、1653-1、1944、2030
yo gang g·yu la skyes	P.T.1096
yul skyes	M.I.xxx.001
zing sha cu skyes	P.T.1095
zong lha skyes	Db.t.0593、0644、1069、1450、1722、1881;Gt.t.0061、0062、0090

可與之參照的是,在同時期的漢文文獻材料中,名字帶有“悉鷄”的吐蕃人名也不少。鄭炳林在討論晚唐五代敦煌地區的吐蕃居民時,列舉了不少名字中有“悉鷄”成分的人名,並認爲這些都是吐蕃的移民。除了本文開頭所舉數例,鄭氏還列舉了如下幾例:申衍悉鷄(P.3145《戊子年閏五月社司轉帖》);仍鉢悉鷄、鄧宇悉鷄(Дх.2971《康願德等糧食賬册》);索乞悉鷄(P.2040v《後晋時期净土寺諸色入破曆算會稿》);程悉鷄(P.5038《丙午年九月一日納果人名目》);于悉鷄(S.8446《辛亥年正月廿七日紫亭羊數名目》);索阿律悉鷄(S.8692《退渾便物人名目》)[27]。

此外,還可補充的有:何悉鷄(S.8448A《辛亥年正月廿七日紫亭羊數名目》)、米訥悉鷄(P.3418v《唐沙州諸鄉欠枝夫人户名目》)、孟喝悉鷄(S.447v《太子大師告紫亭副使等帖(擬)》)、李衍悉鷄(P.3412《太平興國陸年十月都頭安再勝都衙趙再成等牒》)、龍磨骨悉鷄(P.2680v-2《便物曆》)。

對於“漢姓+藏名”或“漢姓+藏/漢混合名字”這一姓名類型,武内紹人認爲這是漢族居民在長期的吐蕃統治下,後代開始擁有吐蕃或與吐蕃成分混合的姓名[28]。鄭炳林則認爲“移居敦煌的吐蕃移民被安置在敦煌的各個部落中,他們中的很多人改用漢姓,甚至使用漢族名字,開始吐蕃人的漢化過程”[29]。在我們討論的材料中,“漢姓+吐蕃名”的形式很多,漢文材料中記録了吐蕃人採用“王、程、索、李、孟”等漢人姓氏,上舉表3藏文人名材料中,亦可見bam(氾)、cang(張)、jin(金)、leng ho(令狐)、li(李)、sag(索)、song(宋)、vgo(吴)等漢姓的吐蕃音譯形式,可見唐五代時人採用漢姓+吐蕃名的比例是很高的。還值得注意的是,“悉鷄”和藏文“skyes”在人名中所處的相對位置一樣,都是靠後的音素,亦可證明兩者的相關性。此外,漢文文獻中,有些人名作“悉鷄”,有些人名作“羅悉鷄”;藏文文獻中,亦同時有“skyes”“la skyes”這兩種形式,可知“拉”或“la”在這一人名結構中,是可以省略的虚詞成分,且從後世藏民族人名用例來看,“la”也幾乎不再存在於這一人名形式中。同時,如前所述,“skyes”或“la

[27] 同注[18],617—633頁。所列敦煌寫卷定名據鄭氏原文,其中“P.2040v”原誤作“P.2040”,徑改。

[28] 同注[26],武内紹人《敦煌西域出土的古藏文契約文書》,131—133頁。

[29] 同注[18],621頁。

skyes”只是人名中的一個部分,前面需接續其他詞類來作爲動詞“skyes”的對象,這也能够幫助我們理解本文開頭所述敦煌漢文文獻中幾例與“羅悉鷄”有關的人名,“判羅悉鷄”“于羅悉鷄”“屈羅悉鷄”“住羅悉鷄/拙羅寔鷄”都是吐蕃名字的音譯,且只有“王住羅悉鷄/王拙羅寔鷄”帶有漢姓“王”,其他幾例仍應作爲吐蕃人名來理解,我們不應把“羅悉鷄”從這些人名中單獨提取出來分析,也更不應該將其翻譯作“牧羊人”。

綜上所述,我們認爲漢文人名中的“悉鷄”可與藏文人名的“skyes”勘同,漢文文獻中的“羅悉鷄”或許是藏文“la skyes”的音譯形式,其中“skyes”是“出生”的意思,“la”是表“在/於/如”的格助詞,過去學者把“羅悉鷄”理解爲“牧羊人”的説法是值得商榷的。由於早期資料公佈不全,這樣的對音錯誤是很難避免的,正如李方桂所指出的,我們“並不總是能容易地從漢語音譯恢復藏語原詞。原文的訛轉更使問題複雜化”〔30〕。

最後,藏文“skyes”是何時進入漢語的?在吐蕃統治結束以後,“悉鷄”作爲人名使用又在漢語世界延續了多久?我們試將漢文文獻所見“悉鷄”人名材料以時代排列(詳表4)。從表中提供的時代信息可知,僅S.5824可確定爲吐蕃佔領敦煌時期的寫本,因寫卷内同時出現了行人部落和絲綿部落這樣的吐蕃時期特徵用語,其餘寫本則大多屬於歸義軍時期,最晚可至988年,已是曹氏歸義軍晚期。這再次向我們證明藏文在後吐蕃時期的影響,以及吐蕃人逐漸漢化的趨勢,或者説是漢人逐漸蕃化的結果。又,根據表3提供的漢姓+吐蕃名字的人名材料可知,其中bam mdo skyes、cang stag skyes、li lha skyes、li stag skyes都是吐蕃時期藏文佛經的抄寫人員,這種人名形式在吐蕃時期非常常見,或許這正是漢姓+吐蕃人名進入漢語世界的中間形態吧,也就是説,在吐蕃時期這樣的人名形式以藏文爲主,而到了後吐蕃時期,則逐漸出現漢譯模式,這一趨勢同樣值得我們關注。

---

〔30〕 同注〔9〕,李方桂《藏語複輔音的漢語音譯法》,59頁。

表 4　敦煌出土漢文文獻所見"悉鷄"的人名材料

人　名	寫卷編號及題名	參考時代〔31〕
判羅悉鷄、屈羅悉鷄	S.5824《應經坊供菜牒》	吐蕃佔領敦煌時期
米訥悉鷄	P.3418v《唐沙州諸鄉欠枝夫人户名目》	9 世紀後期?
程悉鷄	P.5038《丙午年九月一日納果人名目》	886 年/946 年
索乞悉鷄	P.2040v《後晋時期净土寺諸色入破曆算會稿》	939 年
龍磨骨悉鷄	P.2680v-2《便物曆》	約 944 年
何悉鷄	S.8448A《辛亥年正月廿七日紫亭羊數名目》	951 年
于羅悉鷄	S.8448A、S.8448B(《辛亥年正月廿七日紫亭羊數名目(參 S.8446)》	951 年
于羅悉鷄	S.8516C4-2《廣順三年(953)十二月十九日歸義軍節度使曹元忠牓》	953 年
王拙羅寔鷄	Дx.1424《庚申年十一月廿三日僧正道深分付牧羊人王拙羅寔鷄羊抄》	960 年?
王住羅悉鷄	S.5964-1《某寺分付牧羊人王悉羅等羊抄》	未詳
李衍悉鷄	P.3412《太平興國陸年十月都頭安再勝都衙趙再成等牒》	981 年
申衍悉鷄	P.3145《戊子年閏五月社司轉帖》	988 年
住羅悉鷄	P.4906《衆僧東窟等油麵抄》	公元 10 世紀
仍鉢悉鷄、鄧宇悉鷄	Дx.2971《康願德等糧食賬册》	未詳
孟喝悉鷄	S.447v《太子大師告紫亭副使等帖(擬)》	未詳
索阿律悉鷄	S.8692《退渾便物人名目》	未詳

〔31〕 在此對寫卷的參考時代稍作説明。有些寫卷有明確的年代信息,如 P.3412 原卷載有"太平興國陸年",則表中徑列 981 年。有些寫卷可據特徵詞大致判斷,如 S.5824 原卷有"行人部落""絲綿部落",據此判斷爲吐蕃統治時期寫本;P.5038 原卷有"丙午年",大致判斷爲歸義軍時期寫本。有些寫卷没有直接的年代信息,但已有學者對其進行斷代,在此統一説明:S.8448A、S.8448B、S.8516C4-2 參榮新江《英國圖書館藏敦煌漢文非佛教文獻殘卷目録(S.6981—S.13624)》,同注〔1〕,91、94—95 頁;P.2680v-2 參唐耕耦、陸宏基編《敦煌社會經濟文獻真迹釋録》第 2 輯,書目文獻出版社,1990 年,234 頁;P.4906 參唐耕耦、陸宏基編《敦煌社會經濟文獻真迹釋録》第 3 輯,233 頁;Дx.1424 參山本達郎、池田温《敦煌吐魯番社會經濟史文書》第 III 册,*Tun-huang and Turfan Documents Concerning Social and Economic History*,東洋文庫,1987 年,127 頁;P.3145 參山本達郎、池田温《敦煌吐魯番社會經濟史文書》第 IV 册,1989 年,47 頁;P.3418v 參池田温《中國古代籍帳研究》,中華書局,2007 年,454 頁;P.2040v 參郝春文《敦煌寫本社邑文書年代彙考(三)》,《社科縱横》1993 年第 5 期,8 頁。其餘年次不明的寫本,則標明"未詳"。所引寫本中 P.5038、P.2040v、P.3145、Дx.2971、S.8692 定名來自鄭炳林,參注〔18〕〔27〕。

由於對音材料的缺乏，比定漢藏文獻中的人名詞彙並不容易，但是仍有一些前輩學者的研究成果可供參考。除了《唐蕃會盟碑》中所列的漢藏對照官員姓名外，敦煌社會經濟文書中也有可勘同的漢藏人名材料，如武内紹人文中所引諸例：漢文寫卷 P.2686《巳年二月六日普光寺人户李和和等便麥契》卷末紇骨薩部落便麥人“王清清”以藏文“vang cheng cheng”簽名、藏文寫卷 P.T.2220《買房支付契》卷中及卷末有買房人“phag lig”的漢文簽名“法力”、漢文寫卷 S.11332+P.2685《沙州善護遂恩兄弟分家契》卷末有見人“索神神”的藏文簽名“sag shin shin”等[32]；又高田時雄轉寫並翻譯了漢藏雜抄寫本 P.T.1102 背面的藏文納贈曆，發現其中記載的藏文人名與該寫本正面吐蕃時期申年二月廿日的漢文社司轉帖相關，正反寫本中所出現的人物基本一致，記載有 shang hing tse（常黑子）、shang kun tse（常君子）、do dze shing（杜再晟）、do ^an tse（杜安子）、dzevu kevu kevu（曹苟苟）、den sheng tse（段昇子）等人名[33]。除了上述漢名藏譯的人名形式，高田時雄考訂藏文人名中“stag”爲漢文“悉歹”的譯音更是非常重要的發現[34]。此外，我們也檢得如下幾例可相對照的吐蕃人名用語，如 P.3418v-1《唐沙州諸鄉欠枝夫人户名目》中“羅他悉賓”“楊他悉賓”中的“他悉賓”可能是藏文“lha sbyin”的對音，意爲“天賜”[35]，藏文人名中亦有 cang lha sbyin（Db.t.1156、1157、1158、1339、2778）、do lha sbyin（Db.t.0594、0928、1130、1240、1329；Gt.t.0003；P.T.1588）等用例。S.8446《丙午年六月廿七日羊司於常樂税羊人名目》中“王于羅丹、王悉末羅丹”、P.2049v-1《净土寺直歲保護牒》“楊鉢羅丹”中“羅丹”可能是藏文“la brtan”的對音，brtan 表動詞“依”，“la”仍是格助詞，相應地，藏文人名中亦有 cang kung la brtan（Db.t.2123、P.T.1343-7）、im vphan la brtan（Gt.t0001）等，上述人名的釋義應爲“依於 kung”“依於 vphan”，其中“kung”“vphan”

---

〔32〕 武内紹人《敦煌西域古藏文契約文書中的印章》，楊銘、楊公衛譯，《魏晋南北朝隋唐史資料》第 30 輯，上海古籍出版社，2014 年，268—269 頁。

〔33〕 高田時雄《藏文社邑文書二三種》，《敦煌吐魯番研究》第 3 卷，北京大學出版社，1998 年，188 頁。

〔34〕 高田時雄《説“歹”》，《敦煌寫本研究年報》第 14 號，2020 年，109—117 頁。

〔35〕 H.E.Richardson, *Names and Titles in Early Tiebtan Records*, Bulletin of Tibetology, vol.4-1, 1967, p.16. Richardson 解釋 lhas byin 爲“blessed by God”，原文中“lhas byin”應爲“lha sbyin”之誤。

可能是姓氏、部落或是地名[36]。

我們深知對於唐五代時期吐蕃人名的理解還遠遠不够,上文揭示的内容也僅是冰山一角,正如鄭炳林所指出的,研究晚唐五代歸義軍時期敦煌吐蕃居民的情況是很困難的,因爲"吐蕃移民的情况在敦煌文獻中没有明確的記載,從居民姓名上又很難區分"[37]。因而,我們將"悉鷄"與"skyes"相對也只是增加了對音的一種可能性,對於西域出土文獻中數量衆多的外來語人名,本文的討論只能説是一個初步的嘗試。藉助考察這些人名用語,我們希望能够更好地理解唐五代時期敦煌西域地區多民族雜居的社會歷史狀況。

Investigation of "*luoxiji* 羅悉鷄" and Related Words

Fu Jisi

There are many foreign transcriptions in the Chinese manuscripts excavated in Dunhuang cave, one of them is "*luoxiji* 羅悉鷄" or "*luoshiji* 羅寔鷄".Since the twentieth century, this term has been recognized as a transcription of the Tibetan word "lug rdzi", which means shepherd. This article opposes this idea and suggests it is a transcription of the Tibetan name of "la skyes" by investigating the Chinese and Tibetan names, as well as the Sino-Tibetan phonetic transcriptions. The word "*xiji* 悉鷄" represents "skyes", which means "born", and "*luo* 羅" represents "la", which is a particle used to indicate different kinds of location in place or in time. Meanwhile, the common Chinese name "*xiji* 悉鷄" from Dunhuang and the Tibetan name "skyes" can also be matched. This type of Chinese transcription of Tibetan names continued from the Tibetan ruling period to the late Guiyi Army 歸義軍 period and is of some value in deepening our understanding of the multi-ethnic historical status in the northwest region of China during the Tang and Five Dynasties period.

---

[36] 此處藏文詞的釋義,承任小波先生提示。

[37] 同注[18],617頁。

論　文

《唐研究》第二十七卷
2022年,185—206頁

佛教文獻編纂史和寫本一切經史中的《大般若經》

張美僑

《大般若經》是玄奘(602—664)晚年翻譯的一部規模宏大的集成類經典。關於玄奘的研究,學界早期重在梳理其生平重要事件[1],後來進入對其傳記文本新材料的挖掘與比較的新階段[2]。通過對傳記材料的解讀,學界進一步考察了玄奘和初唐三位皇帝之間的政治關聯[3]、傳記文獻編纂者所要彰顯的利益訴求等問題[4]。但遺憾的是,與玄奘密切相關的《大般若經》研究却依然乏

[1] 有關玄奘生平的研究數不勝數。以下主要列舉筆者以爲重要的幾部:袴谷憲昭、桑山正進共著《人物中国の仏教:玄奘》,大藏出版,1981年。楊廷福《玄奘年譜》,中華書局,1988年。其他研究可參見兩篇綜述:趙歡《近五年玄奘翻譯綜述(2008—2013)》,《世界宗教文化》2015年第1期;海波《2014—2018年玄奘研究綜述》,《世界宗教研究》2019年第6期。

[2] 藤善真澄《〈續高僧傳〉玄奘傳の成立——新發見の興聖寺本をめぐって》,《鷹陵史学》第5号,1979年,65—90頁,後收入氏著《道宣傳の研究》第六章《〈續高僧傳〉玄奘傳の成立》,京都大學學術出版會,2002年,179—244頁。吉村誠《〈大唐大慈恩寺三蔵法師伝〉の成立について》,《佛教學》第37號,1995年,79—113頁。齊藤達也《金剛寺本〈續高僧傳〉の考察—巻四玄奘傳を中心に—》,國際佛教學大學院大學文科省戰略計畫實行委員會編《續高僧傳 卷四 卷六》(日本古寫經善本叢刊第8輯),東京:日本古寫經研究所,2014年,246—267頁。

[3] 吉村誠《玄奘の事迹にみる唐初期の仏教と国家の交涉》,《日本中國學會報》第53號,2001年,72—86頁。劉淑芬《玄奘的最後十年(655—664)——兼論總章二年(669)改葬事》,《中華文史論叢》2009年第3期,1—97頁。

[4] 師茂樹"Biography as Narrative: Reconsideration of Xuanzang's Biographies Focusing on Japanese Old Buddhist Manuscripts", *From Chang'an to Nālandā: The Life and Legacy of the Chinese Buddhist Monk Xuanzang (602?—664)* (《玄奘和絲綢之路第一届國際會議論文集》), Shi Ciguang, Chen Jinhua, Jiyun, Shi Xingding edited. Singapore: World Scholastic Publishers, 2000年,252—269頁。Jeffrey Kotyk "Chinese State and Buddhist Historical Sources on Xuanzang: Historicity and the *Da Ci'en Si Sanzang Fashi Zhuan* 大慈恩寺三藏法師傳",首發於*T'oung Pao* Vol 105, 2019, pp. 513-544,後被收入上述論文集270—310頁。前者注意到《大正藏》本《續高僧傳》玄奘本傳的叙事結構順序和《續高僧傳》的早期稿本(金剛寺本)有很多不同,主要表現在《大正藏》本着重强調玄奘在印度的師傳——戒賢(Śīlabhadra)的重要,以及玄奘到達印度的艱辛等。後者則認爲,十卷本《大唐大慈恩寺三藏法師傳》中有關玄奘和太宗之間針對《瑜伽師地論》討論的部分,其實是處於武則天時期的彦悰爲了抬高當時法相宗地位和影響力的刻意撰寫。

善可陳[5]。目前,已有學者從《大般若經》在後世受到的尊崇[6],及其抄寫和刻經等問題進行了有益的討論[7],但還無法全面反映《大般若經》自玄奘譯出後,在以長安佛教爲中心的中國佛教中的具體發展過程等問題[8]。

《大正新修大藏經》是學者們利用佛教文獻的主要來源,其本身的編纂方針和底本來源亦日漸引起佛教學界的高度重視。尤其是隨着直接反映唐代寫本、早期寫本一切經面貌的敦煌寫本和日本古寫經的發現和刊佈,國際學界愈來愈重視對漢文大藏經發展演變問題的討論。關於寫本、刊本漢文大藏經史的研究,亟待從文獻學的角度進行精細的考證與討論。

本文以單部佛經中影響較爲深遠的《大般若經》爲個案,嘗試在唐代佛教史和寫本一切經史的發展脈絡中,通過分析當時的佛教知識精英們對《大般若經》的記載,考察《大般若經》翻譯完成至被編入藏前後,其文本的動態流傳情況,及其在寫本經藏目録中地位之演變等問題。

一、唐初佛教僧傳、經録文獻的編纂與《大般若經》翻譯記載

翻譯《大般若經》是玄奘生平的標誌性事件之一,散見於記録其生平事迹的唐代佛教文獻。主要有以下6部:(1)被視作出自玄奘本人的《寺沙門玄奘上表記》(以下簡稱《上表記》);(2)被認爲由冥詳(生卒年不詳)撰寫的《大唐故三藏

[5] 中國學界有從譯經的語言結構角度討論《大般若經》的,參見高列過《試論玄奘譯經的語言特點——基於〈大般若經〉和〈勝天王經〉被動式的對比》,《浙江師範大學學報》(社會科學版)2019年第21期。

[6] Wong, Dorothy C. “The Making of a Saint: Images of Xuanzang in East Asia”, in *Early Medieval China*《中國中古研究》2002年第8期;劉淑芬《唐代玄奘的聖化:圖像、文物和遺迹》,《中華文史論叢》2019年第1期。

[7] 鄭炳林《晚唐五代敦煌地區〈大般若經〉的流傳與信仰》,鄭炳林主編《敦煌歸義軍史專題研究三編》,甘肅文化出版社,2005年,148—176頁。氣賀澤保規《房山雲居寺石經事業と唐後半期の社會》,氏編《中国中世仏教石刻の研究》,勉誠出版,2013年,296—333頁。George A. Keyworth “On Xuanzang and Manuscripts of the *Mahāprajñāpāramitā—sūtra* at Dunhuang and in Early Japanese Buddhism”, 收入《玄奘和絲綢之路第一屆國際會議論文集》,437—495頁。

[8] 劉淑芬在《唐代玄奘的聖化》中分析了中晚唐出現的以玄奘之名宣揚的疑僞經典、齋儀以及與玄奘西行有關的深沙神信仰,不過並未涉及《大般若經》的問題。參見劉淑芬《唐代玄奘的聖化》,《中華文史論叢》2017年第1期。

玄奘法師行狀》(以下簡稱《行狀》);(3)道宣(596—667)完成於貞觀十九年(645),後歷經增改的《續高僧傳》卷四玄奘傳(以下簡稱《玄奘本傳》);(4)垂拱四年(688)由彦悰(活躍於650—688)增訂慧立《慈恩傳》,形成的十卷本"慧立本彦悰箋"《大唐大慈恩寺三藏法師傳》(以下簡稱《慈恩傳》);(5)完成於唐玄宗開元十八年(730)的《開元釋教録》(以下簡稱《開元録》);(6)劉軻於開成四年(839)撰寫的《大唐三藏大遍覺法師塔銘(並序)》[9]。其中有關《大般若經》翻譯的重要記載,詳見表1。

表1 唐代佛教文獻所見《大般若經》翻譯記載表

文獻名	内 容	《大正藏》出處
《上表記》	以顯慶五年正月一日起,首[譯]《大般若經》,至今龍朔三年十月廿三日絶筆。合成六百卷。	第52册、第826頁中27—29。
《慈恩傳》	至五年春正月[一]日起,首[翻]《大般若經》……至龍朔三年冬十月二十三日功畢絶筆。合成六百卷,稱爲《大般若經》焉。	第50册、第275頁下23—276頁中10。
《開元録》	五年春正月一日起,首翻《大般若經》。梵本總有二十萬頌,佛於四處十六會説……至龍朔三年十月二十日功畢絶筆。合成六百卷。	第55册、第560頁中27—下4。
《行狀》	以顯慶五年正月一日翻《大般若》,至龍朔三年十月二十三日終訖。凡四處十六會説,總六百卷。	第50册、第218頁下29—第219頁上2。
《玄奘本傳》	以顯慶五年正月元日創翻大本,至龍朔三年十月末了。凡四處十六會説、總六百卷。	第50册、第458頁上1—3。

根據"合成六百卷"和"凡四處十六會説、總六百卷"兩處不同結尾,可將上述文獻分爲兩組(《上表記》《慈恩傳》爲一組,《行狀》與《玄奘本傳》爲一組,而《開元録》介於兩組中間)。主要區别在於,對《大般若經》翻譯完成時間的日期記述是否精確到"十月二十三日",以及是否包含對"四處十六會"的介紹兩點。有關"四處十六會"的來源問題,將於下節詳述。這裏首先分析涉及翻譯《大般若經》記載的這幾部文獻的成立先後問題。

學界對玄奘傳記成立先後的劃分,經歷了主要以玄奘歸國的貞觀十九年

[9] 收入《全唐文》中的《大唐三藏大遍覺法師塔銘並序》的主要内容,幾乎是對十卷本《慈恩傳》的抄録,故一般不爲研究者所重。本文亦不採。

(645)前後,到以貞觀二十二年(648)前後作爲分析基準的變化。1932 年,宇都宫清吉指出慧立(615—?)原著(《慈恩傳》前五卷)是玄奘歸唐前有關記載的直接素材,《行狀》的後半部分則是其歸唐後相關記載的權威資料〔10〕。其文亦大體論述不包括《上表記》的其他 4 部文獻的成立關係,並多爲後世學者繼承和發展〔11〕。

1978—1979 年,日本古寫經興聖寺本《玄奘本傳》得以向學界公開〔12〕,其内容僅截止於唐太宗、唐高宗分别賜予《三藏聖教序》和《述聖記》,以及貞觀二十二年玄奘翻譯《瑜珈師地論》的部分,一度被看作現存最早的玄奘傳記材料。1995 年吉村誠利用這一新資料,在宇都宫清吉研究基礎上,進一步指出興聖寺本《玄奘本傳》並没有參見慧立五卷本的痕迹,反而存在被其參照的可能性〔13〕。近 20 年來隨着日本古寫經調查研究工作的開展,又發現了可資對照的金剛寺本和七寺本。通過對三個古寫經本的仔細對照,齊藤達也認爲編纂時期爲《續高僧傳》初稿完成後的貞觀二十年至貞觀二十二年的金剛寺本《玄奘本傳》,應是最早且未經後人增改的版本〔14〕。

至此,有關貞觀二十二年之前玄奘傳記的最早文本得以確定。然而,包括《大般若經》翻譯在内,貞觀二十二年之後傳記的最早文本,至今未有明確的詳

〔10〕 宇都宫清吉《慈恩傳の成立に就いて》,《史林》第 17 卷第 4 號,1932 年,收入氏著《中國古代中世史研究》,創文社,1977 年,558—595 頁。尤其是結論的 589 頁。

〔11〕 不過,有關十卷本《慈恩傳》的後五卷完全是出自彦悰的看法,受到了高田修的質疑。參見高田修《大唐大慈恩寺三蔵法師伝解題》,《国譯一切經》史傳部 11,大東出版社,1940 年,4—5 頁。

〔12〕 緒方香州於 1978 年告知藤善真澄京都圓通山興聖寺所藏和現行本不同的《續高僧傳》的存在,在隨後的 1979 年,緒方香州於印度學佛教學研究會上口頭報告了這一發現,但並未刊登論文。同年,藤善真澄則於《鷹陵史学》雜誌上發表了論文。參見藤善真澄《道宣傳の研究》,181—182 頁。

〔13〕 吉村誠《〈大唐大慈恩寺三蔵法師伝〉の成立について》,102—103 頁。

〔14〕 據齊藤達也研究,金剛寺本除了在個别字詞上和七寺本不同之外,二者非常近似;興聖寺本雖然和金剛寺本、七寺本一樣,都無貞觀二十二年以後的記載,但他認爲由於金剛寺本中不見記載於興聖寺本的"武德五年""年十五"等内容,不太可能是後人故意漏寫所致,因此金剛寺本要早於興聖寺本。此外,根據金剛寺本記載玄奘翻譯《瑜珈師地論》時的年齡爲"卌百〔有〕五",而非和玄奘的其他生平不符的七寺本、興聖寺本的"卅有五",亦進一步確認了金剛寺本最古老的地位。參見齊藤達也《金剛寺本〈續高僧傳〉の考察—卷四玄奘傳を中心に—》,國際佛教學大學院大學文科省戰略計畫實行委員會編《續高僧傳 卷四 卷六》(日本古寫經善本叢刊第 8 輯),東京:日本古寫經研究所,2014 年,246—266 頁。另外,由於"版本"亦用於表達某一文本在流傳過程中所産生的不同時代、不同形態的本子,略帶歧異,因此筆者在表達同寫本相對的文獻形態時,會選用"刊本"一詞。而此處用"版本"。

細討論。前輩學者大都認爲《行狀》中有關貞觀二十二年之後到麟德元年(664)玄奘示寂之前的記載是其獨有的内容;且由於《行狀》提到"於今二十載"和内容中並未涉及玄奘死後的喪葬事宜等緣由,推定該書的成立時間爲麟德元年〔15〕。康傑夫(Jeffrey Kotyk)則在其最近的研究中强調,《行狀》的完成時期應晚至9、10世紀〔16〕。康傑夫的論證有助於説明《行狀》最晚在9到10世紀業已存在,但他指出玄奘遊學印度時拜師龍智的内容,雖不載於金剛寺本《玄奘本傳》,但見於《高麗藏》本(《大正藏》本底本)《玄奘本傳》〔17〕。由此可做兩種推測:1. 整部《行狀》均爲晚出,但不排除參考經過增補的《高麗藏》本《玄奘本傳》的可能;2. 現本《行狀》中有關玄奘遊學印度的内容經過補訂,其與《高麗藏》本《玄奘本傳》的增補有密切關聯。總之,《高麗藏》本《玄奘本傳》的形成過程,疑點重重,仍有待釐清〔18〕。下文將主要以貞觀二十二年之後的記載爲中心,比較《行狀》《玄奘本傳》和《開元録》三本的異同。

(1)《開元録》對玄奘的記載幾乎没有原創性,大部分是直接抄自《玄奘本傳》,但亦添加不見於《玄奘本傳》而載於《行狀》的内容。(2)《玄奘本傳》和《行狀》之間既有大量的内容重合,又有各自的獨立部分。在重合處,兩者在個別字句上又有所區別(如《行狀》記"冬十月,隨駕還京,於北闕别弘法院安置"〔19〕。

---

〔15〕 宇都宮清吉《慈恩傳の成立に就いて》,589頁;吉村誠《〈大唐大慈恩寺三藏法師伝〉の成立について》,93頁;劉淑芬《玄奘的最後十年(655—664)——兼論總章二年(699)改葬事》,15頁。

〔16〕 康傑夫的理由如下:首先,《行狀》不見於中國歷代經録。其次,目前被認爲是《行狀》作者"冥詳"一詞的信息,其實是來自抄寫於14世紀的日本寫本的識語内容。再次,"玄奘行狀"見諸引用的最早文獻,是活躍於12世紀的日本真言宗僧人重譽的《秘宗教相鈔》。該引用内容中宣稱玄奘在印度遊學之際便拜師於龍樹的弟子——龍智,這一代表日本真言宗弟子們看法的内容,其實並不見於目前可信度最高的金剛寺本《玄奘本傳》,而見於《高麗藏》本。最後,"宜祥"一名還見於永超(1014—1096)《東域傳燈目録》(1094)中。Jeffrey Kotyk "Chinese State and Buddhist Historical Sources on Xuanzang: Historicity and the *Da Ci'en Si Sanzang Fashi Zhuan* 大慈恩寺三藏法師傳",521—524頁。

〔17〕 吉村誠亦注意到玄奘遊學印度記載中的另外一處衹見於《行狀》和高麗本《玄奘本傳》的記載,見吉村誠《〈大唐大慈恩寺三藏法師伝〉の成立について》,95頁。

〔18〕 齊藤達也列出僅見於《高麗藏》本《玄奘本傳》的内容,但並未言及《高麗藏》本的成立時間。齊藤達也《金剛寺本〈續高僧傳〉の考察—卷四玄奘傳を中心に—》,246—266頁。有關玄奘傳記文獻的形成史問題,筆者擬另作他文詳討。

〔19〕 《大唐故三藏玄奘法師行狀》,《大正藏》第50册218頁中13—14。

《玄奘本傳》載“冬十月,隨駕入京,於北闕造弘法院”〔20〕。《行狀》的獨有内容,除了“師年尊,此間小窄,體中如何”一句是抄自《上表記》外〔21〕,其餘的大部分則屬於玄奘示寂前帶有“冥應”成分的對話内容。而僅見於《玄奘本傳》的内容,除了部分被《開元録》繼承外,還有玄奘回鄉訪親的獨有記載(“奘少離桑梓……施塋改葬”〔22〕),以及道宣辭世後發生的玄奘改葬事〔23〕。此外的部分,《玄奘本傳》和《行狀》幾乎没有太大的内容差别,據此可以判斷兩者文獻來源的重合性。(3)相對於《行狀》和《開元録》的“叙述性”記載,《玄奘本傳》在描述事件的同時,還加入了作者的“概括性”和“評價性”内容(如“此土八部,咸在其中”;“遂得托静,不爽譯功”;“般若空宗,此焉周盡”〔24〕)。這亦成爲《玄奘本傳》和《行狀》擁有各自編纂風格的重要證據。

再者,三者在具體遣詞造句上的差異,亦可幫助判斷三者編纂的前後順序。《玄奘本傳》在記載玄奘示寂時提到“又有冥應,略故不述”〔25〕。“冥應”一詞,在唐代佛教文獻中並不多見。但和道宣關係密切的道世,在《法苑珠林》中明確提到了道宣示寂前夕感通到的“冥應”〔26〕。即道宣和第一欲界南天王之子之間,有關“報命遠近”“生第四天彌勒佛所”的對話。道世還交待,這裏的“冥應”故事是據“若見若聞”和“隨理隨事、捃摭衆記”而來,這和《行狀》中引用“弟子僧玄覺”“玉華寺寺主慧德”“看病僧明藏”等人講述玄奘遇到的“冥應”故事非常相似。想必這類“冥應”故事“衆多”,但因都是他人見聞,不宜當作傳記材料,纔被道宣捨棄。另,《開元録》明確提到“又冥應衆多,具於别傳”,可見當時記載

〔20〕 道宣撰,郭紹林點校《續高僧傳》卷四,中華書局,2014年,127頁。

〔21〕《大唐故三藏玄奘法師行狀》,《大正藏》第50册218頁中20。《寺沙門玄奘上表記》,《大正藏》第52册821頁中10。

〔22〕《續高僧傳》卷四,128頁。高麗本作“旋”。雖然並不清楚這些獨自的部分是否是後人(或道宣)在《玄奘本傳》之後添加《那提傳》之時所加。但筆者認爲,兩傳的史料來源應該並不相同,因此在分析《玄奘傳》形成之時,暫時不必考慮過多和《那提傳》有關的問題。

〔23〕 吉村誠指出高麗本中含有的玄奘改葬事記載,是後人的加筆。吉村誠《〈大唐大慈恩寺三藏法師伝〉の成立について》,93—94頁。

〔24〕《續高僧傳》卷四,129頁。

〔25〕《續高僧傳》卷四,130頁。

〔26〕 下文所引和道宣有關的“冥應”故事,參見《法苑珠林》卷一〇,《大正藏》第53册353頁下22行—354頁中19頁。

着"冥應"故事的文獻亦爲智昇所見。從現存文本來看,這樣的材料衹見於《行狀》,而其中帶有"冥應"故事的内容並未爲道宣所採。

至此可知,貞觀二十二年之後的内容,《玄奘本傳》中亦存在獨有的部分,但道宣在第二次增補時或許參考過記載玄奘冥應故事的《行狀》。由於改葬事除外的《高麗藏》本《玄奘本傳》祖本是出自道宣之手,因此《行狀》的成立時間應不早於玄奘示寂的麟德元年,且不晚於道宣示寂的乾封二年(667)。

既然無法排除道宣參考過《行狀》的可能性,那麽表1中反映的《行狀》和《玄奘本傳》之間的相似性,或許正是後者對前者借鑑的體現。其中,《玄奘本傳》在記載《大般若經》翻譯的起訖時,用"十月末了"對"十月二十三日終訖"的具體日期進行了模糊化處理。關於"十月二十三日"的信息,見於奈良時期傳入日本的唐代寫本《大唐三藏玄奘法師表啓》中玄奘的《請御製大般若經序表》〔27〕,增加了《行狀》參考《上表記》的可能,同時亦暗示精益求精的道宣在第二次增補時,或許並未參看過玄奘的表文,而是直接利用了《行狀》的内容〔28〕。這亦可以解釋,不見《上表記》而僅見於《行狀》和《玄奘本傳》的"凡四處十六會説"〔29〕,是道宣借鑑了《行狀》。那麽,"四處十六會"出自何處?

二、入藏前後《大般若經》文本的流傳情況:以序文爲中心

"四處十六會"不是來源於智昇的《開元録》,甚至亦未出自玄奘的《上表

〔27〕《大正藏》所收《寺沙門玄奘上表記》的底本是小泉策太郎氏藏唐代寫本,校本是知恩院藏奈良時代寫本《大唐三藏玄奘法師表啓》。兩者内容一致,衹是標題不同(高田修《大唐大慈恩寺三藏法師伝解題》,3頁)。其中,知恩院藏本的背面寫有天平神護元年(765)四月東大寺僧興顯書寫的《華嚴八會綱目章》(《國寶 重要文化財大全》第7册書迹上,每日新聞社,1998年,507頁)。《國寶 重要文化財大全》雖然没有影印載有"龍朔三年十月廿三日"的部分,但同書還收入了另外一份私人收藏的古寫本《大唐三藏玄奘法師表啓》,其中見有明載"龍朔三年十月廿三日"的《請御製大般若經序表》。

〔28〕宇都宫清吉在分析《玄奘本傳》和《行狀》的關係時,亦指出道宣的《玄奘本傳》並未參見慧立《慈恩傳》,而是直接參照利用了《行狀》。參見宇都宫清吉《慈恩傳の成立に就いて》,568—569頁。

〔29〕《大般若經》共十六會的記載亦見道宣的《大唐内典録》,但該處衹是略微談及玄奘在玉華宫翻譯《大般若經》共"十有六會"(《大正藏》第55册313頁中21—22),且從《大般若經》並不見於《大唐内典録》的入藏録來看,道宣在此處對"十有六會"的記載應亦是來自他處。

記》。在《大正藏》版《大般若經》十六會的開頭,收有"西明寺沙門玄則製"序,故推測"四處十六會"的觀點是源自玄則。如果在麟德元年至乾封二年間完成的《行狀》中已有"四處十六會"的記載,那麽玄則的序文也應出現於這一時期。

再者,在敦煌寫本《大般若經》卷一中,並不載玄則的初會序,且書寫於日本平安時期的《大般若經》寫本,同敦煌寫本一致,衹有唐太宗、唐高宗的序文,而無玄則序文。這表明《大般若經》的早期寫本和進入刊本時代的後期刊本之間存有不同,同時亦涉及玄則序文在唐末宋初寫本一切經成立之際是否得以入藏的問題。

(一)有關《大般若經十六會序》及其作者玄則的記載

從梁僧祐《出三藏記集》專門收録經序開始〔30〕,"制(製)序"活動的相關記録多見後世佛傳和經録。比如鳩摩羅什的弟子僧叡曾給羅什所譯經論中的《大智度論》《十二門論》《中論》《大品般若經》《小品般若經》《法華經》《維摩經》《思益經》《自在王禅經》等作序文〔31〕,僧叡在《高僧傳》中亦被專門立傳。與之相對,爲《大般若經》作序的玄則,不僅鮮見於同時代的佛教文獻,後代的《宋高僧傳》(988)亦衹於會隱傳記的附傳中略有提及。

《宋高僧傳》載:"天皇朝慎選高學名德、隱膺斯選。麟德二年敕北門西龍門修書所、同與西明寺玄則等一十人。於一切經中略出精義玄文三十卷,號《禪林要鈔》。書成奏呈,敕藏祕閣。"〔32〕此内容又見《法苑珠林》(668):"《禪林鈔記》三十卷。右此一部,西京弘福寺沙門會隱、西明寺沙門玄則等十人。皇朝麟德二年,奉敕北門西龍門修書所於一切經略出。"〔33〕兩者對比可知,《宋高僧傳》極大可能參考了《法苑珠林》。二者均提到玄則和會隱等十人在麟德二年(665)間曾編纂出一部30卷的書籍,其書名是《禪林鈔記》還是《禪林要鈔》尚不明確,但

〔30〕《出三藏記集》總經序,見卷六至卷一二。

〔31〕《高僧傳》卷六,《大正藏》第50册346頁中11—13。《歷代三寶紀》卷八,《大正藏》第49册77頁中26—79頁上6。

〔32〕贊寧撰,范祥雍點校《宋高僧傳》卷四,中華書局,1987年,81頁。

〔33〕《法苑珠林》卷一〇〇,《大正藏》第53册1023頁下15—下18。周叔迦、蘇晋仁校注本以道光年間常熟燕園蔣氏刻本爲底本,與《大正藏》本校記中的明本接近。但此處與《大正藏》所反映的高麗再雕本的不同却並未出校。參見周叔迦、蘇晋仁校注《法苑珠林》,中華書局,2003年,2883頁。鑑於此,以下所引《法苑珠林》均用《大正藏》本。

《禪林妙記》的書名在道宣《廣弘明集》(664)中亦有收入,且道宣全文抄録了玄則撰寫的“禪林妙記前集序”和“禪林妙記後集序”〔34〕。“妙”“鈔”二字,在寫本、刊本間經常被混淆,同屬西明寺的道宣和道世的記載應更爲可信。《法苑珠林》中除了提到玄則編寫《禪林鈔(妙)記》外,還列有玄則的另外一部作品“《注金剛般若舍衛國》二卷,右此一部兩卷,皇朝麟德二年西明寺沙門玄則注”〔35〕。道世在《法苑珠林》中以同樣的列舉方法(作品+作者),對唐代其他僧人及作品也作了介紹〔36〕,類似的内容又見道宣的《大唐内典録》(以下簡稱《内典録》)〔37〕。不過《法苑珠林》在《内典録》的基礎上,對道宣的18部作品新增了“《西明寺録》一卷、《感通記》一卷、《祇桓圖》二卷、《遺法住持感應》七卷”4部〔38〕,而將玄奘作品中的漢譯佛經全部去掉,僅保留了“《大唐西域傳》十二卷”1部〔39〕。由此可知,道世雖然參考了道宣的《内典録》,但也做了相當程度的增改,其新增書籍部分中囊括了玄則2部和道宣4部。

《法苑珠林》最後一卷以“般若部”爲標題,列出了16條有關《大般若經》十六會的説法處、梵文頌數和漢譯的卷數等内容〔40〕。這些内容之後,又有“此十六會序,長安西明寺沙門玄則撰”的説明〔41〕。可見玄則的“十六會序”在道世撰寫《法苑珠林》時已然流行〔42〕。《法苑珠林》之外,“四處十六會”亦見於玄奘弟子窺基(632—682)《金剛般若經贊述》和圓測(613—696)《仁王經疏》《解深密經疏》,道氤(668—740)《御注金剛般若波羅蜜經宣演》以及良賁(717—777)

---

〔34〕《廣弘明集》卷二〇,《大正藏》第52册245頁上14—246頁中11。

〔35〕《法苑珠林》卷一〇〇,《大正藏》第53册1023頁下15—21。

〔36〕《法苑珠林》卷一〇〇,《大正藏》第53册1023頁上28—下24。

〔37〕《大唐内典録》卷一〇,《大正藏》第55册332頁下10—333頁上23。

〔38〕《法苑珠林》卷一〇〇,《大正藏》第53册1023頁下9—12。

〔39〕《法苑珠林》卷一〇〇,《大正藏》第53册1023頁下22。

〔40〕《法苑珠林》卷一〇〇,《大正藏》第53册1024頁中19—1025頁上15。

〔41〕《法苑珠林》卷一〇〇,《大正藏》第53册1025頁上16。

〔42〕《法苑珠林》初稿完成的時間是在麟德元年還是麟德三年,學界尚有分歧。但對終稿時間爲總章元年並無異議。具體參見川口義照《経録研究より見た法苑珠林—とくに撰述年時について—》(《印度學仏教學研究》第23號,1974年,168—169頁)和小南一郎《法苑珠林》解説,見荒牧典俊、小南一郎共譯《出三藏記集・法苑珠林》(大乘仏典),中央公論社,1993年,304—305頁。劉林魁認爲“《廣弘明集》成書應在麟德元年,續補工作持續到乾封元年三月稍後”,劉林魁《〈廣弘明集〉研究》,中國社會科學出版社,2011年,35頁。

《仁王護國般若波羅蜜多經疏》等7、8世紀活躍於長安的義學高僧的注疏中。但如《法苑珠林》一樣詳列十六會説法處、梵文頌數和漢譯卷數的,可能衹有《開元録》以及繼承了《開元録》的《貞元新定釋教録》(800年,以下簡稱《貞元録》)。值得注意的是,《高麗藏》本《開元録》中,不見各會所對應的梵文頌數[43],且後來的《貞元録》繼承的亦是和《法苑珠林》一致的宋元明三本《開元録》[44]。據此可以認爲,《法苑珠林》是現存文獻中詳細記載玄則和"十六會序"的早期源頭。

從"撰定諸品次比"的序文功能來看[45],將《大般若經》分爲"四處十六會"的做法,可能正是出自參與《大般若經》翻譯的玄則編寫的《十六會序》[46]。玄則撰寫完成時間的上限,則應在《大般若經》600卷完成的龍朔三年十月二十三日之後;下限亦應不晚於《法苑珠林》終稿本完成的680年,甚至因"四處十六會"亦見於《行狀》而提前至《行狀》完成的時間。如果玄則的序文是隨同各會的翻譯同時撰寫,那麽在經文譯成之後,《十六會序》也已然脱稿。

(二)不同寫本藏經中《大般若經》的流傳情況

不管《十六會序》的撰寫和《大般若經》的翻譯是否同時結束,在《大般若經》各會之前附有《十六會序》的文本形態,似乎並不是《大般若經》文本早期的流傳情況。

見於《行狀》和《慈恩傳》"玉花寺僧玄奘既亡,其翻經事且停。已翻成者,宜准舊例,官爲抄寫。自餘未翻本,付慈恩寺"的這一敕文[47],表明《大般若經》在翻譯後的翌年、玄奘示寂的麟德元年被規定按照"舊例"由官方抄寫。這裏的"舊例"是否規定了序文隨同經文一起流傳?

據《行狀》,自貞觀十九年五月開始的玄奘譯經事業,到貞觀二十二年翻譯《瑜伽師地論》時,收到太宗命令抄寫所翻經論并頒佈各州的敕文:"寫新翻經

〔43〕 智昇撰,富世平校注《開元釋教録》卷一一、638—643頁。校注10—33。

〔44〕 《貞元録新定釋教録》卷二〇,《大正藏》第55册910頁中1—911頁上11。

〔45〕 《大周刊定衆經目録》卷六,《大正藏》第55册404頁上22—23。

〔46〕 玄則一名見於《大般若經》卷二三二、三四八卷末的"譯場列位"中。分别參見池田温《中国古代写本識語集録》(大藏出版,1990年,204—205頁);鵜飼徹定(1814—1891)《譯経列位》,收入《解題叢書》影印本(國書刊行會,1916年)。

〔47〕 《大唐故三藏玄奘法師行狀》,《大正藏》第50册219頁下25—27。

論,爲九本,頒與雍、洛、相、兖、荆、揚等九州。"[48]這是有關玄奘譯經最早的官方敕文。不久,玄奘獲唐太宗所賜《大唐三藏聖教序》和太子李治的《述聖記》(以下簡稱"太宗、高宗二序文")。李治在《述聖記》中將太宗賜序記作"御製衆經論序"[49],《行狀》中亦載有"《大唐三藏聖教序》通冠新經之首"[50],可見唐太宗的序文甫一頒佈,便被奉爲玄奘所有譯經的序文。而玄奘在《上表記》"請經論流行表"中,在沿襲唐太宗規定向各州頒發新譯經論的做法之後,還提出在各經論前冠以"太宗、高宗二序文"的請求[51]。BD.15243、P.2323號敦煌寫本玄奘譯《能斷金剛般若波羅蜜多經》,在經文前抄有"太宗、高宗二序文"[52],可見玄奘的請求得到了一定程度的貫徹和實施。據此,在玄奘譯經之前抄寫"太宗、高宗二序文"並頒發各州,可能是玄奘示寂後敕文所言的"舊例",而其中並未提及兩位皇帝序文之外的其他序文。

静泰《衆經目録》(以下簡稱《静泰録》)載:"貞觀已來玄奘見所翻,顯慶四年西明寺奉敕寫經,具録入目,施一十五部六百六十四卷。顯慶已來玄奘法師後所譯,得龍朔三年敬愛寺奉敕寫經,具録入藏。"[53]玄奘自貞觀十九年翻譯的經論,在顯慶四年(659)西明寺的寫經活動中得以入藏,而自顯慶四年之後的譯經,則在龍朔三年開始的大敬愛寺寫經場中得以入藏。智昇於《開元録》中指出,經藏目録的總體目的是爲了便於分辨經文真僞和標明卷數多少[54],且經録中的"入藏録",則主要承擔"標顯名目,須便抽撿,絶於紛亂"的功能[55]。然而關於經文内容之前方是否標有序文,似乎從來都未成爲"入藏録"的記録對象。

[48] 這一敕文内容不見於《玄奘本傳》的早期稿本,但見於《行狀》《慈恩傳》和現行本《玄奘本傳》。此處利用《大唐故三藏玄奘法師行狀》,《大正藏》第50册218頁上23—24。

[49] 《續高僧傳》卷四,127頁。《述聖記》的内容在金剛寺本《玄奘本傳》中,被"文廣不可具載"一句略過,故此處利用大正藏本。

[50] 《大唐故三藏玄奘法師行狀》,《大正藏》第50册218頁上26。

[51] 《寺沙門玄奘上表記》,《大正藏》第52册820頁上24—26。

[52] 從兩卷卷尾的識語"貞觀二十二年十月一日,於雍州宜君縣玉華宫弘法臺三藏法師玄奘奉詔譯"來看,此單卷本玄奘譯《能斷金剛般若波羅蜜多經》應並非《大般若經》卷577的鈔出,而正是玄奘在玉華宫翻譯的第一部般若經典。

[53] 《衆經目録》卷一,《大正藏》第55册181頁中22—25行。

[54] 《開元釋教録》卷一,"夫目録之興也,蓋所以别真僞、明是非,記人代之古今,標卷部之多少",1頁。

[55] 《大唐内典録》卷八,《大正藏》第55册302頁中27—28。

可是,佛經的序文能否得以長久流傳,却和是否隨同佛經一起入藏緊密相關[56]。

同追求簡明扼要的經録不同,起"注釋訓解"[57]作用的音義書則爲我們提供了連同經文一起流傳的序文的記録。現存的佛典音義書,主要有以下幾種:(1)唐初玄應編《一切經音義》(以下簡稱《玄應音義》),二十五卷;(2)慧苑(7—8C)撰《新譯大方廣佛華嚴經音義》,二卷;(3)慧琳(737—820?)依據西明寺所存的一部藏經編纂而來的《一切經音義》(以下簡稱《慧琳音義》)[58],百卷;(4)後晋可洪編《新集藏經音義隨函録》(以下簡稱《可洪音義》,940),三十卷;(5)約和可洪同時代的行瑫(?—956)編《内典隨函音疏》五百卷;(6)遼代希麟編《續一切經音義》(987),十卷等[59]。其中,主要以《開元録》所收經典爲對象撰寫的音義書,且目前得以全卷保存的,衹有《玄應音義》《慧琳音義》和《可洪音義》三部。

玄應曾參與過玄奘譯場,但又不見於《大般若經》的譯場列位。神田喜一郎據平安時代興福寺僧永超(1014—1095)編纂的《東域傳燈録》中在《大般若經》條下有"同經音義三卷(玄應撰有私記)"的記載,認爲玄應曾編寫了《大般若經音義》,衹是作品還未完成便已辭世,致使《大般若經音義》未被《玄應音

[56] 在平安時代前中期的《大小乘經律論疏記目録》中,有"般若十六會序二卷 四十五紙/十六會序記一卷 四十紙"的記載(梶浦晋録文,收入牧田諦亮監修,落合俊典編《七寺古逸經典研究叢書》第6卷,大東出版社,1998年,333頁)。若按一紙20—25行、一行17字的規格來看,45或40紙的這兩部序文,遠遠超過了篇幅簡短的玄則序文。由此亦可推測,這兩部序文的散佚或許與其並未得以與《大般若經》共同入藏有關。

[57] 《開元釋教録》卷八,520頁。

[58] 方廣錩利用《慧琳音義》中記載的景審《一切經音義序》的内容認爲,《慧琳音義》寫於建中四年(783)至元和二年(807)。且認爲隸屬於大興善寺的慧琳前往西明寺編纂《一切經音義》是因爲圓照於貞元十六年(800)剛剛完成了《貞元録》之故(同上書,281、283頁)。但方廣錩認爲《慧琳音義》是依"據西明寺所存的一部現前藏經增補删節後編寫而成"(方廣錩《中國寫本大藏經研究》,上海古籍出版社,2006年,295頁),對此,筆者還不敢百分之百肯定慧琳會對一部大藏所收經典進行所謂的"增補删節",更傾向於《慧琳音義》中未收入音義的經文,可能是所依據底本中不存在該部分經文。

[59] 參見高田時雄《蔵経音義の敦煌吐魯番本と高麗蔵》,《敦煌寫本研究年報》第4號,2010年,3—4頁,注10。高田時雄《新出の行瑫〈内典隨函音疏〉に關する小注》,《敦煌寫本研究年報》第6號,2012年,4頁。

義》所收〔60〕。由於該條記載出自11世紀的日本目録,且所謂的《大般若經音義》並未流存,故本文暫不予討論。值得注意的是,在玄應爲玄奘翻譯的其他經論所作音義中,並没有發現按照“舊例”保留的“太宗、高宗二序文”〔61〕。

或許《玄應音義》尚未開啓對序文撰寫音義一事,但從慧苑《新譯大方廣佛華嚴經音義》中對武則天所撰序文作有音義開始,之後的音義書都收入對皇帝序文的音義。《慧琳音義》中不僅有“太宗、高宗二序文”,還有武則天、唐中宗、唐代宗序文的音義。不過,“太宗、高宗二序文”僅見於《大般若經》音義之前,且玄則《十六會序》不見於《慧琳音義》。如果慧琳衹是因爲重視皇帝序文,纔未收玄則序文的音義的話,却又無法解釋《慧琳音義》中收入玄則之外的其他參與過玄奘譯場的僧人所作序文的音義〔62〕。因此,很可能是《慧琳音義》所依據的《大般若經》文本本身並未收入《十六會序》〔63〕。進而推測,《慧琳音義》依據的《大般若經》底本可能是在長安地區按照官方的“舊例”抄寫而來。

《可洪音義》是以河中府方山(今山西吕梁)的延祚寺藏經爲基礎,參考其他諸寺藏經所作的一部旨在糾正藏經中俗字的音義書〔64〕。其中對“太宗、高宗二

〔60〕 神田喜一郎《緇流の二大小學家》,《“支那”學》第7卷1號。之後收入《神田喜一郎全集》第1卷,同朋舍,1986年,190頁。這一觀點爲高田時雄和徐時儀所沿用,參見高田時雄《藏経音義の敦煌吐魯番本と高麗蔵》,2頁。徐時儀《一切經音義三種校本合刊緒論》,徐時儀校注《一切經音義三種校本合刊》第一册,上海古籍出版社,2012年,14頁。

〔61〕《玄應音義》中唯一可見的序文是《勝天王般若經》的“經後序”。這明確表明《勝天王般若經》的“經後序”是因抄在經文之後而得以一起流傳。《玄應音義》中收有在“太宗、高宗二序文”製成之後完成的其他玄奘譯經(比如翻譯於永徽元年的《稱贊净土佛攝受經》),因此筆者推測《玄應音義》未收“太宗、高宗二序文”或許是玄應衹對經文内容編修音義,而有意未收序文的編輯方針所致(《勝天王般若經》的“經後序”中的音義,或許是玄應將序文内容當成了經文内容)。

〔62〕 神昉《大乘大集地藏十輪經》序的音義和窺基爲《阿毘達摩界身足論》所作後序的音義等。參見《一切經音義》卷一八,《大正藏》第54册416頁上19—下19。《一切經音義》卷六七,《大正藏》第54册748頁上23—中14。

〔63〕 方廣錩則通過比較《慧琳音義》和《貞元入藏録》(主要以《開元入藏録》爲基礎,在此基礎上增補了11部21卷)在“般若部”中所收的卷數,指出《慧琳音義》要比《貞元入藏録》少6部20卷(方廣錩《中國寫本大藏經研究》,286頁)。此外,方廣錩認爲《慧琳音義》中没有《出三藏記集》等6種經録的音義,是由於慧琳有意將之删略,並進而指出當時大藏經究竟應該收納哪些經典,不同的人可以有自己不同的觀點(方廣錩《中國寫本大藏經研究》,292—293頁)。這一觀點也可佐證《慧琳音義》中未收玄則音義或許亦是慧琳的編輯方針所致。同時,方廣錩的觀點亦可用來説明當時的大藏經編入哪些經典以及是否編入序文等問題的不確定性。

〔64〕 高田時雄《藏経音義の敦煌吐魯番本と高麗蔵》,9頁。

序文”音義,共作了5次收録〔65〕。在《大般若經》卷一的音義之前,先後列有“太宗、高宗二序文”和《十六會序》初會序的音義〔66〕。表明可洪參見的《大般若經》中,玄則的《十六會序》散見於各會開頭,進而亦知這套《大般若經》文本並未嚴格遵照麟德元年的“舊例”抄寫。高田時雄指出,《可洪音義》完成後三十年左右中國最早的刊本大藏經《開寶藏》開始雕刻,之後便進入了一段相當長時期的寫本和刊本的並存時代〔67〕。既然河中府寫本藏經的《大般若經》文本中,帶有“太宗、高宗二序文”和分散排列的《十六會序》,我們或許可以大膽猜測,位於益州(今四川成都)雕造開寶藏的底本寫經中,亦是帶有《十六會序》的《大般若經》,進而影響其覆刻本的《金藏》《高麗藏》。結合江南諸地域的宋元刊本中亦採取“太宗、高宗二序文”+分散排列的《十六會序》+《大般若經》各會經文的分佈來看,或許這樣的順序在可洪時代已經定型。

在唐代玄逸(7—8C)的《大唐開元釋教廣品歷章》(以下簡稱《廣品歷章》)中,帶有“太宗、高宗二序文”的玄奘所譯經論共計13部之多。據手島一真研究,《廣品歷章》的成立時間約在開元十八年之後,安史之亂(755—763)發生之前〔68〕,其中反映的寫經情況應是河南共城(今河南輝縣)的紙本面貌〔69〕。遺憾的是,僅爲《金藏》所收的《廣品歷章》現存文本中,殘缺了《大般若經》的前二百卷部分,在現存的後四百卷内容中,並未提及玄則的《十六會序》。因此,無法確認《廣品歷章》所依據的《大般若經》是否是帶有“太宗、高宗二序文”和玄則《十六會序》的文本。目前衹能認爲,玄則的《十六會序》和“太宗、高宗二序文”不同,前者直到10世紀中期《可洪音義》産生之際纔和《大般若經》一起並行流傳。

從7世紀末至10世紀中期這一段時期,玄則《十六會序》很有可能是單獨流

〔65〕分别位於《大般若經》《攝大乘論》《攝大乘論釋》《辯中邊論頌》和《大乘大集地藏十輪經》的經文音義之前。

〔66〕《新集藏經音義隨函録》卷一,《高麗大藏經》第34册,東國大學校,1976年,630頁上4—下14。

〔67〕高田時雄,《蔵経音義の敦煌吐魯番本と高麗蔵》,9頁。

〔68〕方廣錩亦曾指出,玄逸的活動時代是在智昇後、圓照前,並認爲玄逸的《廣品歷章》依據《開元入藏録》編成,可以反映智昇後、圓照前漢文大藏經的情況。方廣錩《中國寫本大藏經研究》,283頁。

〔69〕手島一真《〈大唐開元釈教広品歴章〉について》,《法華文化研究》29號,2003年,26—29頁。

佈。P.2484v 號敦煌寫本,寫有《大般若經》第五、八至十四、十六會序,該件寫經正面有"戊辰年(968)"的紀年和歸義軍節度使的印章,可被認爲是一件官文書[70],因此背面所抄《大般若經十六會序》内容應晚於正面文書,但其抄寫下限應在藏經洞封閉(1035)之前。日本高山寺本《東域傳燈目録》(1094)在《大般若經》條中,亦列有"同十六會序(玄則三藏)"的記載[71]。可見到了 11 世紀,玄則的《十六會序》已流傳到了日本[72]。至今,在日本名古屋市七寺中仍存有平安後期抄寫的一卷本玄則撰《大般若經十六會序》[73]。此外,《文獻通考》中記載了來自大理國以李觀音爲首的 23 人,於乾通九年(1173)向南宋請求賜與《文選五臣注》等文獻的一個書目,《大般若經十六會序》亦名列其中[74]。從這些零星記載來看,玄則《十六會序》的單行本在 10 世紀前後已在相當廣泛的地域内流傳,且頗爲邊緣地區所重。

綜上,《大般若經》文本的流傳經歷了從帶有"太宗、高宗二序文"的初期形態(寫本一切經階段),到同時帶有"太宗、高宗二序文"和玄則《十六會序》的中期形態(寫本一切經、刊本大藏經並存階段),再到僅存玄則《十六會序》的後期形態(以刊本大藏經爲主的現階段)這樣富有動態的變化過程。

---

[70] 此點受趙貞、馮培紅兩位業師賜教。

[71] 高山寺典籍文書綜合調查團編《高山寺資料叢書》第 19 册《高山寺本東域傳燈目録》,東京大學出版會,1999 年,28 頁。

[72] 天平十六年(744)的正倉院寫經所文書中見有未署撰者的"大般若十六會序"(《大日本古文書》編年文書 8,東京大學出版會,1977 年,534 頁),此爲玄則《十六會序》還是注 56 中所引平安時代前中期的《大小乘經律論疏記目録》所列《十六會序》的問題,因缺乏材料而暫不可知。

[73] 目録所記,見七寺一切經現存目録"番外三函"(《尾張史料七寺一切經目録》,七寺一切經保存會,1968 年,123 頁)。寫本照片可於日本古寫經數據庫 https://koshakyo-database.icabs.ac.jp/materials/index/1532 中查見。

[74] "乾道癸巳冬,忽有大理人李觀音、得董六、斤黑張、般若師等率以三字爲名、凡二十三人,至横山議市馬。出一文書,字畫略有法,大略所須《文選五臣注》《五經廣注》《春秋後語》《三史加注》《都大本草廣注》《五藏論》《大般若十六會序》及《初學記》《張孟押韻》《切韻》《玉篇》《集聖曆》《百家書》之類。"馬端臨撰,上海師範大學古籍研究所、華東師範大學古籍研究所點校《文獻通考》卷三二九《四裔考六》,中華書局,2011 年,9067—9068 頁。類似記載,還見於李心傳撰《建炎以來朝野雜記》甲集卷一八《兵馬》,中華書局,2000 年,427 頁;脱脱等撰《宋史》卷一九八《兵志十二》,中華書局,4956 頁。不過後兩處都不如《文獻通考》記載詳細,所請書單中的非文學類書籍被省略爲"醫、釋等書",故不見《大般若經十六會序》。

三、《大般若經》在寫本經藏目録中地位的演變

自高麗初雕、再雕藏開始,《金藏》《崇寧藏(東禪寺版)》《毗盧藏(開元寺版)》《思溪藏》《磧砂藏》等藏,都將玄奘翻譯的六百卷《大般若經》列於大藏經之首。這一地位的形成始自何時?下文將按照年代順序整理分析《大般若經》在唐代幾部重要經録中的收録情况,進而分析其在大藏經中地位演變的過程及其原因。

唐代的經藏目録主要有:(1)以長安西明寺藏經爲基礎編纂的《内典録》[75];(2)洛陽大敬愛寺寫經道場的一切經目録——《静泰録》;(3)武則天時期洛陽佛授記寺僧明佺等人試圖刊定疑僞經典,但結論却不爲後人稱信的《大周刊定衆經目録》(以下簡稱《大周録》)[76];(4)開元年間長安崇福寺僧智昇在吸收諸家經録精華的基礎上完成的《開元録》。其中,《静泰録》是對當時寫經道場書寫的一切經本的直接反映;其他三本經録則在撰者所參考或直接利用的寺院藏經的"入藏録"之外,又列有按照年代或撰者各自的分類順序(比如大乘經單譯、重譯的分類)羅列的非"入藏録"部分。其中《大般若經》在四部經録中的收録情况,參見表2。

表2　唐代經録中所見《大般若經》的配列位置

經　録	入藏録經首的佛經	《大般若經》出現位置	《大般若經》位列順序
《内典録》(664)	"大乘經一譯":《大方廣佛華嚴經》(六十華嚴)	"歷代衆經傳譯所從録"和"歷代衆經舉要轉讀録"	玄奘譯經之首
《静泰録》(665)	"大乘經單本":《大方廣佛華嚴經》(六十華嚴)	入藏録"單本"之"大乘經單本"	第3部

〔75〕 湯用彤《隋唐佛教史稿》,中華書局,1982年,100頁。方廣錩亦認爲《大唐内典録》的入藏録便是據西明寺御造藏經的目録改製而來。參方廣錩《佛教大藏經史》,中國社會科學出版社,1991年,31頁。

〔76〕 智昇就多次指出《大周刊定衆經目録》對疑僞經典判定的問題。相關研究參見定源(王招國)《論〈大周録〉的疑僞經觀——日本古寫經本發現的意義》,方廣錩主編《佛教文獻研究》第2輯,廣西師範大學出版社,2016年;後收入定源(王招國)著《佛教文獻論稿》,廣西師範大學出版社,2017年。

續　表

經　録	入藏録經首的佛經	《大般若經》出現位置	《大般若經》位列順序
《大周録》（695）	“單譯經”：《大方炬陀羅尼經》； “重譯經”：《大方廣佛華嚴經》（六十華嚴）	非入藏録之“大乘重譯目録”； “見定流行入藏録”之“大乘重譯經”	第 37 部； 第 20 部。
《開元録》（730）	《大般若經》	“總括群經録”； “有譯有本録”之“大乘經重單合譯”； “大乘入藏録上”之“大乘經重單合譯”	玄奘譯經之首； 般若部之首； 入藏録之首。

《内典録》中有 2 處記載了《大般若經》，第 1 處是在按照譯經年代順序列舉的“歷代衆經傳譯所從録”之“皇朝”部分，《大般若經》位列玄奘譯經之首；第 2 處是在“歷代衆經舉要轉讀録”中對鳩摩羅什譯《摩訶般若波羅蜜經》（大品般若）異譯本的補充説明中。《大般若經》並未出現在《内典録》的“歷代衆經見入藏録”中，這可能與《内典録》完成之際《大般若經》還未入藏有關。

在《静泰録》中，《大般若經》得以首次入藏。《静泰録》將之列爲“大乘經單本”中的第 3 部，在其之前的是六十卷本《大方廣佛華嚴經》和四十卷本《大般涅槃經》，緊隨其後的是大品般若和三十卷本的《大方等大集經》。此外，《静泰録》和《内典録》都將六十華嚴列於單譯大乘經典的首位。

《大周録》中亦有 2 處《大般若經》的記載，第 1 處是在“大乘重譯目録”中，第 2 處是在“見定流行入藏録”内。兩處都將《大般若經》當作“重譯”佛經，且排列位置並不靠前，而位列“大乘重譯經”之首的亦是六十華嚴。

《開元録》完全不同於前面幾部經録。智昇在各大子録中都將《大般若經》列於首位，比如，“總括群經録”玄奘譯經中的首經〔77〕，“有譯有本録”之“大乘經重單合譯”中般若部的首經〔78〕，“大乘入藏録上”之“大乘經重單合譯”中的首經〔79〕。智昇羅列玄奘的譯經時，並非按照譯經的時間或卷數多少排列，而是先按内容排列，後按卷數多少排序，當卷數相同時再按漢譯先後排列。按照這樣的邏輯，當將般若經列於首位時，長達 600 卷的《大般若經》自然而然便是首經。

〔77〕《開元釋教録》卷八，490 頁。

〔78〕《開元釋教録》卷一一，638 頁。

〔79〕《開元釋教録》卷一九，1288。

在“以經典本身的内容特徵來决定”歸屬的分類方法下編造的經録[80],方廣錩認爲是漢文大藏經結構體(體系)化階段結束的標誌[81]。而《大般若經》之所以能成爲後世漢文大藏經的首部佛經,可能正是受益於智昇《開元録》之獨特的編排結構。那麽,智昇爲何要將般若部列於大乘經之首[82]?

方廣錩注意到《開元録》在大乘經中設立了“般若”“寶積”“大集”“華嚴”“涅槃”等五大部,並指出“這五大部的設立與中國佛教各宗派及其判教學説有一定關係”[83],但並未進行詳細討論。筆者以爲,《開元録》以外的幾部經録對大乘經的排列順序,似乎是從首創“入藏録”的《歷代三寶紀》延續而來。《歷代三寶紀》中對前幾部大乘佛經的排列順序如下(序號爲筆者所加):

①大方廣佛華嚴經六十卷

②大方等大集經六十卷

③大般涅槃經四十卷

④摩訶般若波羅蜜經四十卷

⑤放光般若波羅蜜經二十卷

⑥光贊般若波羅蜜經十卷(上三經,同本别譯,異名,廣略殊)

⑦法炬陀羅尼經二十卷

⑧威德陀羅尼經二十卷[84]

如果按判教方法歸類,這 8 部佛經可分别被歸爲華嚴部、方等部、涅槃部、般若部和陀羅尼經類。從《内典録》《静泰録》《大周録》入藏録均將六十華嚴列爲首經

〔80〕 方廣錩《佛教大藏經史》,38 頁。

〔81〕 同上。在《中國寫本大藏經研究》中,方廣錩將《佛教大藏經史》中的原文“標誌着漢文大藏經結構體化階段的結束”修改爲“反映了漢文大藏經結構體系化階段已經取得决定性的成果”,上海古籍出版社,2006 年,66 頁。

〔82〕 將般若部列爲佛經首部,則不能肯定是否始於智昇。因爲在敦煌 S.6511 号二十卷本《佛説佛名經》卷一中,“次禮十二部經、般若海藏”後,緊接着列出的是般若類 8 部,之後纔是《大方廣佛華嚴經》和《大般涅槃經》。其録文原載方廣錩主編《藏外佛教文獻》第二編總第十輯,中國人民大學出版社,2008 年,232—233 頁,後收入釋源博《敦煌遺書二十卷本〈佛説佛名經〉録校研究》,宗教文化出版社,2015 年,第 133 頁。但《佛説佛名經》中出現的一系列佛經名及其排序的依據出自何處,仍有待考察。此點受鍾芳華先生賜教。

〔83〕 方廣錩《佛教大藏經史》,39 頁。

〔84〕 《歷代三寶紀》卷一三,《大正藏》第 49 册 109 頁中 15—22。

以及前幾部佛經的排列順序來看,這三部經録都大體遵照了《歷代三寶紀》入藏録中的排序。此外,日本平安時期幾部古經論章疏録亦都統一地將華嚴經類列於目録首位[85],可見判教學説確實對某些經録的編纂産生了一定影響。根據已有研究來看,創立"五時八教"(華嚴、鹿苑、方等、法華、涅槃的五時;頓、漸、秘密、不定教,藏、通、别、圓教的八教)説的天台大師智顗(538—597)活躍的年代[86],剛好和《歷代三寶紀》的作者費長房(活躍於572—578年)一致;而首次明言"五時八教"説的荆溪湛然(711—782)[87],亦與《開元録》的作者智昇處於同一時代。如果認爲經録編纂者在編排佛經順序時,多少受到判教學説影響的話,確實可以解釋其他經録將六十華嚴置於大藏經首位的原因[88],但却依然無法説明智昇將般若部置於首位的原因。

智昇在《開元録》中寫道"般若經建初者,謂諸佛之母也"[89],表明了將般若部放置大藏經首位,是出於該類佛經内容中强調的"佛母"概念。佛教經論中多處言及"佛母"概念[90],除了佛傳文獻中講述的摩耶夫人、涅槃經中强調的佛性[91]、

---

〔85〕 由於入唐八家主要搜集的是當時日本所没有的經論,所以幾乎没有録入奈良時期便已傳入日本的佛經。除入唐八家録之外,日本平安時期主要的幾部經論章疏目録有高山寺藏《東域傳燈目録》,其中列華嚴部、般若部、法華部、衆經部;七寺藏《古聖教目録》(擬題),其中列華嚴、法華、大般涅槃、唯識論、維摩疏、瑜珈論疏記、般若經疏部、楞伽梵經部等;七寺藏平安末期寫本《一切經論律章疏集(傳録)並私記》,排列順序爲華嚴經部、天台宗章疏、三論宗章疏、法相宗疏部等;法金剛院藏《大小乘經律論疏記目録》排列順序爲:華嚴、般若……涅槃。此外,高麗大覺國師義天編寫的《新編諸宗教藏總録》(1090)中的排列順序爲:華嚴、大涅槃、毘盧神變經、法華經……仁王經、金剛般若經、般若理趣分經等。有關這些目録的大致介紹可參考末木文美士文對高山寺本《東域傳燈録》的解題《〈東域傳燈目録〉の諸問題》,《高山寺資料叢書》第19册《高山寺本東域傳燈目録》,313—325頁。

〔86〕 原文參見高麗諦觀録《天台四教儀》,《大正藏》第46册774頁下13—18。

〔87〕 池田魯彦《湛然に成立する五時八教論》,《印度學佛教學研究》第47號,1975年,268頁。

〔88〕 馮國棟提出自隋代法經的《衆經目録》開始,大乘經的排列方式多是依據經典卷數的多寡,《大般若經》和《新合大集經》《大寶積經》的出現,引起了大部經排列順序的變化。參見馮國棟《"華嚴居首"還是"般若建初"——大乘經分類的歷史演變》,待刊稿。特此致謝。

〔89〕 《開元釋教録》卷一一,637頁。

〔90〕 關於"佛母"概念的梳理,還可參見 Michael Radich, *The Mahāparinirvāṇa-mahāsūtra and the Emergence of Tathāgatagarbha Doctrine*, Hamburg: Hamburg University Press, 2015, pp.143-155。

〔91〕 "佛性者即首楞嚴三昧,性如醍醐,即是一切諸佛之母。"北凉曇無讖譯《大般涅槃經》卷二七,《大正藏》第12册,524頁下18—19。

含有密教思想的經典中出現的陀羅尼之外〔92〕,剩下的經論幾乎都是對般若經中記載的般若即佛母的强調〔93〕。

其次,智昇在批判道宣《内典録》的不足時,明確指出道宣在"歷代衆經舉要轉讀録"中衹重視大品,而輕視其他九部般若經的不足,並批評道宣没有認識到《大般若經》的重要性:"諸部般若唯舉大品一經,放光等九部云'重沓罕尋,舉前以統,大義斯盡。玉華後譯大般若者,明佛一化十有六會,得在供養,難用常行。'今謂不然。豈可以凡愚淺智而堰截法海乎。人性不同,所樂各異。豈以自情好略,令他同己見耶。般若大經,轉讀極衆。佛記弘闡在東北方,而言難用常行,竊爲未可。"〔94〕智昇在這裏直接引用了《内典録》中對《大般若經》的評價。其中"重沓"一詞,見於道宣《玄奘本傳》中對印度梵語的總結"西梵所重,貴於文句,鉤鎖聯類,重沓布在"〔95〕。在該句之後,道宣又指出玄奘譯經"頗居繁複"〔96〕,可見道宣並不欣賞"重沓""繁複"的玄奘譯經風格,這亦導致他認爲《大般若經》是"難用常行"。然而智昇却認爲這是道宣個人對簡略文風的一種喜好,並不是公正的看法〔97〕。因此,在智昇看來,"轉讀極衆"的《大般若經》不應被看作"難用常行"。

再者,《大般若經》在入藏録"大乘經重單合譯"中位列首位,還與智昇對重譯佛經的重視有關。智昇提到:"諸舊録皆以單譯爲先,今此録中以重譯者居首。所以然者,重譯諸經,文義備足,名相揩定,所以標初也。又舊録中直名重譯,今改名重單合譯者。以《大般若經》九會單本,七會重譯。《大寶積經》二十

〔92〕"此陀羅尼乃是過、現、未來諸佛之母。"唐義净譯《金光明最勝王經》卷五,《大正藏》第16册,423頁中27—28。

〔93〕梁武帝蕭衍曾爲《摩訶般若波羅蜜經》作注,並認爲"以八部般若是十方三世諸佛之母,能消除災障蕩滌煩勞"。《歷代三寶紀》卷一一,《大正藏》第49册99頁下1—2。

〔94〕《開元釋教録》卷一〇,611頁。

〔95〕早期稿本金剛寺寫本和現行本中均有記載,《續高僧傳》卷四,《大正藏》第50册455頁上29—中1。

〔96〕《續高僧傳》卷四,121頁。

〔97〕道宣對簡略的喜好在《内典録》之《歷代衆經舉要轉讀録》序文中有所表達,比如道宣指出歷代"轉讀多陷廣文",但欣賞"卷雖少而意多,能使轉讀之士,覽軸日見其功"。《大唐内典録》卷九,《大正藏》第55册313頁上12—13。

會單本,二十九會重譯。直云重譯,攝義不周,餘經例然。故名重單合譯也。"[98]可見重譯經典的内容,不僅文意更爲完備,名相亦經過多次推敲參定而來。《大般若經》中有七會是重譯,《大寶積經》中有二十九會是重譯。將般若部、寶積部置於大藏經的前一、二部類,反映了智昇在强調般若是諸佛之母的佛教理論之外,亦非常重視内容愈加詳實的重譯佛經。

由於智昇的《開元録》在後世備受重視,後世經藏幾乎都按照《開元録》的入藏録編收佛經。無論是音義書依據的寫本藏經,還是自開寶藏開始的刊本大藏經,多是以《開元録》入藏録的收經順序爲基準。可以説,漢文大藏經結構的形成和定型,是促成《大般若經》在漢文大藏經中居於首要位置的關鍵。

四、結語

翻譯《大般若經》一事是玄奘生平後半段的重要事件之一,爲唐初的僧傳、經録等文獻大書特書。在有關貞觀二十二年之後的傳記材料中,帶有"冥應"故事的《行狀》,是道宣增補《玄奘本傳》時的主要參考來源。道宣在參考《行狀》時,進行了一定程度的取捨,保留了較爲客觀的史實部分,剔除了和玄奘有關的"冥應"故事,並對特定事項作了一定的評述。後期的《開元録》則幾乎是對《玄奘本傳》和《行狀》兩者内容的糅合。

受是否在經文開頭附加"太宗、高宗二序文"和玄則序文的影響,《大般若經》文本經歷了從帶有"太宗、高宗二序文"的初期形態,到同時帶有"太宗、高宗二序文"和玄則《十六會序》的中期形態,再到僅存玄則《十六會序》的後期形態這一動態流傳過程。不同文本形態的發展變化,有助於認識和區分寫本、刊本《大般若經》底本的形成時代和流行時期,亦爲將來進一步釐清《大般若經》的版本譜系工作奠定重要基礎。

《大般若經》自翻譯完成後,雖然一直受到佛教學界的重視,但直到《開元録》纔將其確立爲漢文大藏經經首。智昇開創的具有獨特結構的《開元録》,對《大般若經》在後世的流傳和影響力的增大,起到了不可忽視的作用。

---

[98] 《開元釋教録》卷一一,637 頁。

《大般若經》的流傳史和漢文大藏經的形成史互爲關照，加上《大般若經》漢譯完成的時代與漢文大藏經經録結構趨於成熟和日益定型的發展期基本同步，因此不同形態、不同時期的《大般若經》文本中表現出來的問題，亦是對整個漢文大藏經形成過程反映。

附記：稿件寫成後，蒙馮國棟先生惠賜未刊大作，與拙文第三節討論問題相近，但側重點有所不同，特此説明，並向馮先生深表謝忱。

The History of the Translation of *Mahaprajnaparamita Sutra* and the Development of Its Text and Status in the Chinese Buddhist Tripitaka

Zhang Meiqiao

Xuanzang 玄奘, in his last years, translated the *Mahaprajnaparamita Sutra* (*Large Perfection of Wisdom Sutra*) into Chinese. Despite its great significance, few studied the development and spread of the text. By investigating the process of the translation, the spread of the text of the sutra, and the changing status of the sutra in the Buddhist Tripitaka catalogue, this article provides a few insights on questions relating to this sutra. First, several Buddhist pieces of literature composed in the Tang Dynasty that recorded the *Mahaprajnaparamita Sutra* had taken reference to each other. Second, concerning whether the prefaces of Taizong 太宗, Gaozong 高宗 and Xuanze 玄則 were included, the development of the text can be concluded into three phases. Third, Zhisheng 智昇' s designed Buddhist Tripitaka catalogue influenced later monks and Buddhist scholars to treat *Mahaprajnaparamita Sutra* as the supreme sutra. The development of the spread of the *Mahaprajnaparamita Sutra* epitomizes the formation and development of the Chinese Buddhist canon.

《唐研究》第二十七卷
2022年,207—243頁

唐代長安太清宮的儒道儀式

吴　楊

對老子的尊奉是玄宗崇道活動的核心。天寶二年(743),改長安玄元宫爲太清宫,洛陽玄元宫爲太微宫,諸州玄元宫爲紫極宫,標誌皇家對老子之崇祀已達到新的程度。其中,太清宫之創設、制度與儀式革新均由玄宗一手推動,重要性最高,學界已有不少相關研究[1]。不過,對於太清宫的基本性質,却仍存在不同甚至相反的看法。舉最近的研究爲例,吴麗娱先生主張太清宫首要功能爲祭祖,而湯勤福先生認爲其前身玄元皇帝廟是先聖祭祀之所,後來成爲道教宫觀,但具有與太廟相同的地位[2]。我們認爲,太清宫的根本屬性是舉行崇祀老子的儀式場所。“場所”(place)與“儀式”(ritual)之間存在複雜的關係:“場所”將普通的動作形塑、組合成具有特殊意義的“儀式”,而“儀式”也反映和强化着“場所”的内容[3]。本文以太清宫儀式爲對象,不僅因爲這是既往研究中被忽

〔1〕 孫克寬《寒原道論》,聯經出版,1977年,101—114頁;丁煌《唐代道教太清宫制度考》,原分上下兩篇,上篇刊《成功大學歷史學報》第6期,1979年;下篇刊《成功大學歷史學報》第7期,1980年,此據氏著《漢唐道教論集》,中華書局,2009年,73—156頁;Edward Schafer, “The Dance of the Purple Culmen,” *T'ang Studies* 5 (1987): 45-68; Charles Benn, “Religious Aspects of Emperor Hsüan-tsung's Taoist Ideology”, in David Chappell ed., *Buddhist and Taoist Practice in Medieval Chinese Society* (Honolulu: University of Hawaii Press, 1987), 127-145; Timothy Barret, *Taoism Under the T'ang: Religions and Empire During the Golden Age of Chinese History* (London: Wellsweep, 1996), 60-73; Victor Xiong, “Ritual Innovations and Taoism under Tang Xuanzong,” *T'oung Pao* 82 (1996): 258-316;吴麗娱《也談唐代郊廟祭祀中的“始祖”問題》,《文史》2019年第1輯,107—138頁;湯勤福《唐代玄元皇帝廟、太清宫的禮儀屬性問題》,《史林》2019年第6期,49—57頁。

〔2〕 吴麗娱《也談唐代郊廟祭祀中的“始祖”問題》,125頁;湯勤福《唐代玄元皇帝廟、太清宫的禮儀屬性問題》,49、57頁。

〔3〕 Jonathan Z. Smith, *To Take Place: Toward Theory in Ritual* (University of Chicago Press, 1987), 108-109.

視的方面,而且由於這些儀式實爲玄宗崇道活動的結晶,希望通過檢視其類型與流變,更準確地辨析太清宫的性質,並揭示出圍繞此地展開的政治、禮制、宗教三者之間的互動。

一、高宗之前的皇家老子祭祀

如所週知,東漢延熹八年(165)桓帝"遣中常侍左悺之苦縣,祠老子",是最早以國家或皇帝的名義祭祀老子的活動。同年十一月,桓帝再"使中常侍管霸之苦縣,祠老子"[4]。次年,又親自"祠老子於濯龍"[5]。桓帝祭祀老子的動機和背景,在邊韶的《老子銘》中有所交待。銘文中提到,延熹八年八月甲子,"皇上……潛心黄軒,同符高宗,夢見老子,尊而祀之"[6]。索安(Anna Seidel)認爲,這是説桓帝希望達到黄帝時天下一家、治臻大化的境界,又渴求像商代的武丁發現傅悦那樣,找到輔佐自己的賢臣。不過,桓帝因此所夢見的老子,除了能輔弼帝王,還具有超自然的神力,即銘文中所謂"同光日月,合之五星,出入丹廬,上下黄庭"。雖然"丹廬"含義不明,但"黄庭"則有明確定義。索安徵引唐代梁丘子對《黄庭内景經》"黄者,中央之色也;庭者,四方之中也"的注文,認爲"黄庭"指天之中,是老子居住的場所。同時期陳愍王劉寵曾祭祀天神"黄老君",而"黄老君"就是老子。那麽,老子在代表皇家祭祀態度的邊韶看來,也同時具備天神的特徵[7]。

桓帝於宫中祭祀老子的儀式,文獻留下了兩種記載。《東觀漢記》云:"祀黄老於北宫濯龍中,以文罽爲壇,飾金銀釦器,采色眩耀,祠用三牲,太官設珍饌,作倡樂,以求福祥。"[8]《後漢書·祭祀志》載:"文罽爲壇,飾淳金釦器,設華蓋之

[4] 《後漢書》卷七《桓帝紀》,中華書局,1965年,313、316頁。

[5] 《後漢書·祭祀志》,3188頁。

[6] 洪适《隸釋》卷三,中華書局,1985年,35—37頁。

[7] Anna Seidel, *La divinisation de Lao Tseu dans le Taoisme des Han* (Paris: École Française d'Extréme-Orient, rpt.1992), 47-50.

[8] 《太平御覽》卷五二六《禮儀部》,中華書局,1960年,2387頁。

坐,用郊天樂也。"〔9〕除了樂舞方面的分歧,二者基本一致。祭祀老子所用的壇場十分華麗,不僅鋪上圖案華美的毛織品,還裝飾了貴金屬鑲嵌的器物。祭品有牛、羊、豕等"三牲",以及有司準備的珍饈。"華蓋"既是典型的御用器物,又與黄帝建華蓋而登仙的傳説有關。"倡樂"是倡優的歌舞雜戲,娱樂性較高,一般在宴會或朝會中表演。如果桓帝的確將老子體認爲天神,那麽此處使用"郊天樂"的可能性更大。

桓帝"祠老子"有如下特點。首先,該儀式的本質是一種祭祀,目的是對君主個人福祉的祈求。儀式的祭品採用了"三牲"。《孝經》云"雖日用三牲之養,猶爲不孝也",即以"三牲"贍養父母〔10〕。東漢梁商病篤時,敕其子梁冀等曰:"祭食如存,無用三牲。"〔11〕然則"三牲"也可用來祭祀祖先。班固稱"祀者,所以昭孝事祖,通神明也"〔12〕,説明在漢人心目中,通神與祭祖是能用同一種儀式達成的。這可能也是桓帝"祠老子"的原理所在。其次,《老子銘》結尾部分的"辭"提到"天人秩祭,以昭厥靈"。"天人"當指作爲祭祀對象的老子,而"秩祭"是按等級祭祀之意。在《後漢書·祭祀志》所見國家祭祀的序列中,"祠老子"位於北郊、明堂之後,宗廟、社稷之前,其層級並不算低。不過,無論從事漢代國家宗教活動的儀式專家,還是在該領域具有話語權的士大夫,所作儀式的權威皆源於某種文本,如正統的儒家經典、緯書、經書注解等〔13〕。而此處桓帝所據以施行祭祀的來源不明。最後,老子"爲王者作師"的特徵,是早期天師道教徒重要的集體記憶。儀式中增飾的"華蓋之座",也頗與該傳統對老子的視覺表達類似〔14〕。但是,天師道倡導神靈氣化的觀點,反對殺牲取血以祭神,這與使用"三牲"以祀老子的實踐在根本上是矛盾的。

---

〔9〕《後漢書·祭祀志》,3188頁。

〔10〕《孝經注疏》卷六《紀孝行章》,《十三經注疏》,藝文印書館,1965年,42頁。

〔11〕《後漢書》卷三四《梁商傳》,1177頁。

〔12〕《漢書》卷二五上《郊祀志上》,中華書局,1962年,1189頁。

〔13〕Marianne Bujard, "State and local cults in Han religion", in John Lagerwey and Marc Kalinowski ed., *Early Chinese Religion Part One: Shang through Han* (1250 BC-220 AD) (Leiden: Brill, 2009), 801-802.

〔14〕巫鴻《無形之神:中國古代視覺文化中的"位"與對老子的非偶像表現》,巫鴻著,鄭岩譯《儀式中的美術》,三聯書店,2005年,509—522頁。

從上述特點來看,桓帝祭祀老子的儀式最有可能是自我作古的一種行爲,不僅缺乏和民間宗教的明確關聯,與國家宗教實踐傳統更是格格不入。這可能是儀式本身並未流傳下來的主要原因。不過,桓帝兩次派人祭祀的老子出生地苦縣(今河南省鹿邑縣。該地歷代名稱不同,爲行文方便故,下文統稱鹿邑),却逐漸成爲極具影響力的宗教聖地。史載"漢桓帝立老子廟於苦縣之賴鄉,畫孔子象於壁;疇爲陳相,立孔子碑於像前"〔15〕。《水經注》亦云,老子廟"前有二碑在南門外,漢桓帝遣中官管霸祠老子,命陳相邊韶撰文。碑北有雙石闕,甚整頓。石闕南側魏文帝黄初三年經譙所勒。闕北東側有孔子廟。廟前有一碑,西面,是陳相魯國孔疇建和三年立。北則老君廟。廟東院中有九井焉。又北過水之側,又有李母廟,廟在老子廟北。廟前有李母冢,冢東有碑,是永興元年譙令長沙王阜所立"〔16〕,已有完備的建築群落以及獨特的地貌景觀。值得注意的是,鹿邑老子廟也吸引了皇家祭祀。魏文帝下豫州刺史修葺老子廟的詔書中,曾提及"往禱"〔17〕。雖不清楚施行該儀式的主體,但此後該地逐漸發展成彰顯聖迹的區域,爲皇家祭祀老子的必選之地。

漢唐之間,崇祀老子的儀式實踐主要來自於道教傳統。在天師道神話中,老君於漢安元年(142)降下人間,號"新出老君",授予張道陵以"正一盟威"之道。天師道傳入南方後,其傳統教區"治"的結構仍比較穩定,傳授亦未中斷,老子也保持着最高神的地位。不過,東晋末年於江南興起的其他道教傳統對老子的態度則比較複雜。上清經未將老子放在顯著的位置上。天師道在靈寶經中的地位不高,被認爲是低級的、過渡性的學説。老子原本不顯,據稱借助靈寶經之神力,纔得以成爲高級仙人〔18〕。宋、齊之間,陸修静發展了"三洞"説,即三皇、靈寶、上清三類經書,由低至高地代表了道教的正統經典,其中並無天師道。在北方,

---

〔15〕《三國志》卷一六《倉慈傳》注引《孔氏譜》,中華書局,1959年,514—515頁。並參饒宗頤《釋、道並行與老子神化成爲教主的年代》,《燕京學報》2002年新12期,1—6頁。

〔16〕陳橋驛《水經注校證》卷二三《過水》,中華書局,2007年,553頁。

〔17〕《隸續》卷四《魏下豫州刺史修老子廟詔》,《石刻史料新編》第一輯第十册,新文豐出版公司,1977年,7108頁。

〔18〕Stephen Bokenkamp, "The Salvation of Laozi: Images of the Sage in the Lingbao Scriptures, the Ge Xuan Preface, and the 'Yao Boduo' of 496 C.E.", 李焯然、陳萬成主編《道苑繽紛録:柳存仁教授八十五歲祝壽論文集》,香港商務印書館,2002年,287—314頁。

寇謙之稱從老君受天師之位及《雲中音誦新科之誡》,革新天師道,其教風靡一時。天保六年(555),高洋下詔廢道,造成"齊境皆無道士"的局面。道教在北周則相對繁盛。統治者直接繼承了北魏諸帝即位受籙的傳統,且直接贊助編纂長達百卷的道教類書《無上祕要》。書中節録了大量南方道書經典、儀式手册的内容。陳述這些早爲治道教史者所熟知的事實,是爲了指出一個重要的背景,即南北朝中後期,以上清、靈寶經典爲代表的南方道教知識開始傳入北方,形成了一種重要的儀式資源。

正是在此背景之下,這些先進的儀式知識被北方組織化的道教教團吸收和使用。終南山下的樓觀是北方崇拜老子的中心。傳説老子曾向函谷關關令尹喜傳授《道德經》及其他秘訣,尹喜勤勉修行,得道成仙。後人便於其故宅之上建立了樓觀[19]。幾部中古時期極重要的老子信仰之經典、注釋、聖傳,其製造和傳播均與此地有關[20]。6世紀前後成書的《樓觀先師傳》,最早詳細地叙述了第二代祖師尹軌以來等十二位於樓觀修煉的高道。北周道士韋節再加損益,續撰了第二卷[21]。譜系的建構和存續反映出,樓觀道團至遲在北周已具備强烈的自我認同。在樓觀道士修行内容之中,就有大量來自南方道教的知識:

> 王延字子玄,扶風始平人也。九歲從師,西魏(孝文帝)大統三年(537)丁巳入道,依貞懿先生陳君賓熾。時年十八,居於樓觀,與真人李順興相友善。又師華山真人焦曠……周武以沙門邪濫,大革其訛,玄教之中,亦令澄汰。而素重於延,仰其道德,又召至京,探其道要。乃詔雲臺觀,精選道士八人,與延共弘玄旨。又敕置通道觀,令延校三洞經圖,緘藏於觀内。延作《珠囊》七卷,凡經傳疏論八千三十卷,奏貯於通道觀藏。由是玄教光興,朝廷以大象紀號。至隋文禪位,置玄都觀,以延爲觀主。又以開皇爲號。六年

〔19〕 參見陳國符《道藏源流考》,中華書局,2012年,259—263頁。

〔20〕 Livia Kohn, "Yin Xi, the Master at the Beginning of the Scripture", *Journal of Chinese Religions* 25 (1997): 83-139.

〔21〕 曾召南《尹軌和樓觀先師傳考辨》,《宗教學研究》1984年第2期,75—81頁。

(586)丙午,詔以寶車迎延於大興殿,帝潔齋請益,受智慧大戒。[22]

王延的幾位老師代表兩個不同的傳統。陳寶熾是潁川人,在樓觀修道,師從王道義與陸景真[23]。王道義是并州人,在北魏太和年間至樓觀修道。陸景真則有南方的學習經歷,曾在建康附近的興世館學習,館主即是陸修静之徒孫遊岳。陸景真後來入北,立觀於華陰。焦曠被稱作"茅山道士",可能也曾受學於南方,後來又在華山上營建白雲宫、太清宫、雲臺宫等多處道觀[24]。王延所學之師多有南方道教背景,其自身也就具備了"三洞"經書圖籙的知識。隋朝建立後,王延不僅主持長安最重要的道觀,而且還親向皇帝舉行道教的傳授儀式。在陸修静最早確立的靈寶傳授儀次第中,有初受(初盟)、中盟、大盟三個階段。每個階段的授受内容對應不同的經、戒、符、籙、圖和其他物品。初盟"度自然券",中盟"付授靈寶十部妙經",大盟"佩受真文赤書、二籙、策、杖"。智慧大戒爲中盟所授,是靈寶傳統中重要的戒規[25]。文帝受戒不僅有極大的政教意義,標誌着世俗政權對樓觀的公開支持,而且該道團之特色,特别是融合南北道教傳統及崇拜老子,也能在國家儀式的層面呈現出來[26]。

在受戒之年,隋文帝下令於鹿邑老子廟舉行道教醮儀來崇祀老子。薛道衡在《老氏碑》中記録了這個事件:

> 雖蒼璧黄琮,事天事地,南正火正,屬神之禔,猶恐祀典未弘,秩宗廢禮。永言仁里,尚想玄極。壽宫靈座,靡鹿徙倚。華蓋屬壇,風霜凋弊。乃詔上

---

[22]《雲笈七籤》卷八五《尸解》,《道藏》第22册,文物出版社、上海書店、天津古籍出版社,1988年,602頁中欄。關於南北朝末期樓觀道士群體最原始的資料是三卷本《樓觀先師傳》。該書在元代以後散佚。書中記叙的三十位樓觀道士散見於幾種宋元時期的仙真傳記中。其中直接引用《樓觀先師傳》者,有王松年《仙苑編珠》(10世紀後半期成書)、朱象先《終南山説經臺歷代真仙碑記》(13世紀末成書)。不言資料來源,或綜合資料改寫的,有張君房《雲笈七籤》(北宋真宗天禧年間編成)、趙道一《歷世真仙體道通鑑》(1294年左右成書)。雖然在細節上各書記叙偶有出入,但在生平、師承、修煉等重要内容上是基本一致的。通過比較,在這裏我們選擇《雲笈七籤》所載傳記,因其在細節上最豐富。

[23]《歷世真仙體道通鑑》卷三〇《王延》,《道藏》第5册,272頁中欄。

[24]《仙苑編珠》卷下引《樓觀傳》,《道藏》第11册,39頁下欄。

[25] 參見吕鵬志《早期靈寶傳授儀——陸修静(406—477)〈太上洞玄靈寶授度儀〉考論》,《文史》2019年第2輯,121—150頁。

[26] 關於樓觀道的特色,參見李剛《樓觀道的神學歷史傳承》,氏著《整合・轉型・昇華:道教史論集之一》,四川大學出版社,2016年,455—458頁。

> 開府儀同三司亳州刺史武陵公元胄,考其故迹,營建祠堂。皇上往因歷試,總斯蕃部。猶漢光司隸之所,魏武兖州之地。對苦相之兩城,繞渦縠之三水。芝田柳路,北走梁園。沃野平皋,東連譙國。望水置槷,撥景瞻星。擬玄圃以疏基,横玉京而建宇。雕楹畫栱,磊砢相扶。方井圓淵,參差交映。尊容肅穆,仙衡儼而無聲;神館虚閑,滴瀝降而成響。清心潔行之事,存玄守一之儔。四方輻湊,千里波屬。知如在之敬,申醮祀之禮。顯仁助於王者,冥福資於黎獻。允所謂天大道大,難幾者矣。若夫名言頓絶,幽泉之路莫開;形器不陳,妙物之功難著。騰茂實,飛英聲,圖丹青,鏤金石,不可以已,而在兹乎!歲次敦牂,律中姑洗,大隋馭天下之六載也。乃詔下臣,建碑作頌。其詞曰:……乃建清祠,式圖靈狀。原隰爽塏,亭皋彌望。梅梁桂棟,曲檻叢楹。煙霞舒卷,風露淒清。仙官就位,羽客來庭。穰穰簡簡,降福明靈。至神不測,理存繫象。大音希聲,時振高響。遐邇贊頌,幽明資仰。敬刊金石,永蟠天壤。[27]

楊堅在北周建德年間曾爲亳州總管,即碑文中所謂"往因歷試,總斯蕃部"。此時他很可能親自接觸了當地的老子信仰。隋著作郎王邵曾上書言符命,提到:"陳留老子祠有枯柏,世傳云老子將度世,云待枯柏生東南枝迴指,當有聖人出,吾道復行。至齊,枯柏從下生枝,東南上指。夜有三童子相與歌曰:'老子廟前古枯樹,東南狀如傘,聖主從此去。'及至尊牧亳州,親至祠樹之下,自是柏枝迴抱,其枯枝,漸指西北,道教果行。"[28]這段話中老子爲一救世主的形象,反映出當時社會上極濃厚的終末論(eschatology)氛圍。在南方傳播於社會中上層的上清經宣揚,未來某個壬辰之年後聖李弘會降臨人世,信仰者隨之而補職天庭[29]。不過,在天師道和民間信仰中終末論更加流行,他們信奉老子或其化身李弘將出世建政[30]。王邵提及的老子信仰,雖然吸收了望氣占候的因素,但也

---

〔27〕《文苑英華》卷八四八《碑》,中華書局,1966年,4480—4482頁。

〔28〕《隋書》卷六九《王邵傳》,中華書局,1973年,1604頁。

〔29〕 Michel Strickmann, "The Alchemy of T'ao Hung-ching", in Holmes Welch and Anna Seidel eds., *Facets of Taoism* (Yale University Press, 1978), 153.

〔30〕 Anna Seidel, "The Image of the Perfect Ruler in Early Taoist Messianism: Lao-tzu and Li Hung", *History of Religions*, 9.2/3 (1969-1970), 216-247.

同樣將老子視爲重要的政治權威來源，亦即“道教果行”所言，文帝的統治教化以大道爲依歸。因此淵源，很有可能文帝除下詔重建老子廟之外，對具體的儀式細節也有所指示。

這時鹿邑老子廟已經衰敗荒廢，“壽宫靈座，麋鹿徙倚。華蓋罽壇，風霜凋弊”，自然也缺乏專業的儀式人員。元胄除了營造殿堂，恢復舊觀，更重要的是引入新的儀式活動。碑文中提到了一些重要的儀式細節。“知如在之敬，申醮祀之禮”，清楚地説明儀式類型是醮儀。醮有世俗醮儀和道教醮儀之分。《儀禮》中最早載有一種由賓客給冠者敬酒的醮禮。此外，醮還可以增加敬獻乾肉、肉醬等環節。而道教醮儀的主要特點是：設立壇場，安置神位，準備杯盤席案等醮具，供奉酒肉素食等飲食供品、絹帛符圖經書等信物，以祈求神靈降臨壇場。碑文詞中的“仙官就位，羽客來庭。穰穰簡簡，降福明靈”，就是描述神靈下降，人們向之祈請的情景。所以元胄所舉行的無疑爲道教醮儀。

道教醮儀來源於戰國秦漢間方士所行的祭祀之醮。南北朝醮儀的主流也是受此影響而産生的南方道教醮儀。不過最遲在6世紀中期以前，道教醮儀便已傳至北方。《無上祕要》中載有不止一種醮儀的儀軌。尤其是該書卷四九的《三皇齋品》，爲齋醮結合的新型儀式類型，在宿啓、行道、謝功等三個主要儀式階段中都有醮儀的因素，特别是行道部分包含了向三皇經系諸神酌酒拜祝的環節〔31〕。《老氏碑》中的醮儀也存在齋儀的因素。詞中提到的“遐邇贊頌”，是指作爲儀節的贊頌。該時期醮儀中的口頭表達一般僅表現爲祝詞，而贊頌則是靈寶齋儀的發明，模仿天真朝禮的吟唱，又吸收了佛教贊唱的表演因素。在齋官吟唱之時，還會加入旋行禮拜等動作。碑詞稱贊頌爲“遐邇”，則其遠近呼應，必定是一種集體行爲，因此最有可能在該醮儀中加入了靈寶齋的贊唱。

與桓帝祭祀老子的儀式相比，此醮儀在儀式原理上已有極大不同。桓帝殺牲求福，是典型的祭祀行爲。《老氏碑》既稱之爲“清祠”，應當捨棄了血祭犧牲。道教醮儀從南北朝末期開始，也逐漸出現取消殺牲血祭的改革〔32〕。碑文没有

〔31〕以上關於醮儀的簡述，見吕鵬志《早期道教醮儀流變考索》，譚偉倫主編《中國地方宗教儀式論集》，崇基學院宗教與中國社會研究中心，2011年，19—145頁。

〔32〕參見王宗昱《道教的“六天”説》，《道家文化研究》第16輯，三聯書店，1999年，22—49頁。

提及這場儀式的具體施行者,但樓觀道團具備此種儀式知識與政治影響,又承負崇祀老子的傳統,最有資格參加這場儀式。

老子在李唐創業的過程中曾於羊角山三次化現,宣示立國之兆。李淵在建政後便拜謁樓觀,並親自參加崇祀老子的儀式。武德二年(619),高祖"敕樓觀令鼎新修營老君殿、天尊堂及尹真人廟",同時還賜予田産〔33〕。據《長安志》,盩厔縣樓觀之地"舊有尹先生樓",樓南有老子廟,"隋文帝開皇元年復修",又有尹先生廟,"在老子廟北"〔34〕。這次擴建應當整合了當地有關老子崇拜的幾種建築,從而形成了祠廟的基本格局。唐初成書的《太上混元真録》記載,樓觀位於"盩厔縣神就鄉聞仙里中,有草樓厥壇、仁祠靈宇"〔35〕,應該就是這次擴建的結果。次年,李淵拜謁了擴建後的廟宇,改觀名作"宗聖",親自參加了一次醮儀,即《樓觀先師傳》所記"〔高祖〕嘗親幸觀庭,命建醮,有瑞應"〔36〕。武德七年,高祖再次拜謁樓觀,祀於老子。這次事件不僅留下了官方記録,還以《大唐宗聖觀記》刊石紀之。銘文由陳叔達撰寫,序文、書丹由歐陽詢完成。碑文首先追溯了四年前的那場儀式,稱"爰初啓祚,致醮靈壇,自然香氣,若霧霏空,五色雲浮,如張羽蓋"〔37〕。此次儀式具體類型不明,但從主事者爲法師吕道濟與監齋趙道隆來看,應當也是齋醮一類的道教儀式。

高祖數次拜謁樓觀,又在該地舉行醮儀,這是繼踵隋代的舊法。正如《宗聖觀記》所云:"順法行禮,異代同規。"不過,如同宗教史上很多其他的現象一樣,皇家崇祀老子的儀式活動也充滿了斷裂。桓帝祭祀老子的儀式並未流傳下來,致醮於老子是隋文帝創造出的新傳統。該傳統的成立依賴於三點:北方對南方

---

〔33〕《混元聖紀》卷八"武德二年"條,《道藏》第17册,855頁中欄。

〔34〕辛德勇、郎潔點校《長安志 長安志圖》卷一八,三秦出版社,2013年,558頁。

〔35〕《太上混元真録》,《道藏》第19册,508頁中欄。

〔36〕《終南山説經臺歷代真仙碑記》,《道藏》第19册,548頁上欄。《混元聖紀》卷八還記載了一次醮祭。南進途中,隋軍據守霍邑。由於連綿大雨,李淵軍隊糧草不繼,準備退兵。此時有"白衣老父詣軍門曰:余爲霍山神,太上老君使謁唐公曰:'八月雨止,路出霍邑東南,吾當濟師。'"李淵攻克霍邑之後,遣使詣樓觀設醮祈福,其後出現了神異的景象,"是夕,白雲如幕,蔭覆壇場,與香交映"。《道藏》第17册,854頁中欄。案此時長安尚在隋軍控制之下,樓觀所在盩厔縣更在長安以西,李淵當無從遣使致禮,該記載可能是張冠李戴了。

〔37〕《古樓觀紫雲衍慶集》卷上《大唐宗聖觀記》,《道藏》第19册,549頁下欄。此書爲元代朱象先所編,碑文略優於後代金石著作所録者。

道教儀式知識的長期吸收與融合,樓觀爲代表的地方道團之强大生命力,密切且連續的政教互動。正因爲如此,這個新傳統的底色是道教的,不僅老子以道教神靈的面目出現,主要的儀式人員也由道士充任。唐代伊始,老子即被賦予道教尊神與皇家先祖的雙重地位,道教儀式却不能完整表達這一特性。致禮的對象與手段之統一於是成爲必須解決的問題。

二、“朝獻”禮的成立

崇祀老子的儀式革新事實上始於高宗。武德四年平王世充,老子祠所在的谷陽縣正式屬於唐朝管轄[38]。乾封元年(666),高宗封泰山後迴駕亳州,便拜謁老君廟,“追號曰太上玄元皇帝,創造祠堂”[39]。其上老子尊號之詔書云:

> 大禮云畢,迴輿上京,肅駕瀨鄉,躬奠椒糈。仰瑞柏而延佇,挹神泉而永嘆。如在之思既深,敬始之情彌切。宜昭元本之奥,以彰玄聖之功。可追上尊號曰太上玄元皇帝,祠堂廟宇,並令修創,廟置令丞,以供薦饗。[40]

高宗爲昭顯老子作爲始祖的崇高地位,表彰其協力創業的功績,加之以“太上玄元皇帝”的尊號。儀式革新則是爲符合這一稱號。詔書中透露了該儀式類型爲“薦饗”。“薦”“饗”本爲不同的儀式,淵源甚早。薦禮仿效祭禮而爲之,但不卜日、無尸、不用牲、不用樂。天子諸侯之薦有二,奉以時鮮食品的“薦新”與每月例行的“朔薦”[41]。“饗”指享客之禮的一種,食物有大牢,賓主之間又有行酒往還的儀節[42]。合而言之,“薦饗”即爲祭獻之統稱,以儒家禮經爲原理,强調祭品的象徵意義。《史記・封禪書》記載武帝首次郊祀太一時,“有司奉瑄玉嘉牲薦饗”[43]。璧大六寸謂之“瑄”,“嘉牲”是祭天所養之牛,五歲至二千斤。後

---

〔38〕《舊唐書》卷三八《地理志一》,中華書局,1975年,1437頁。

〔39〕《舊唐書》卷五《高宗紀》,90頁。

〔40〕《唐大詔令集》卷七八《追尊玄元皇帝制》,中華書局,2008年,442頁。

〔41〕金鶚《求古録禮説》卷一一《薦考》,《續經解三禮類彙編》第一册,藝文印書館,1986年,142—144頁。

〔42〕錢玄《三禮通論》,南京師範大學出版社,1996年,464—470頁;錢玄《三禮辭典》,江蘇古籍出版社,1178—1179、1272—1273頁。

〔43〕《史記》卷二八《封禪書》,中華書局,1982年,1395頁。

來,"薦饗"或特指太廟祭祀,或泛指獻祭國家承認的神靈[44]。唐代延續了這種用法。"薦饗"是國家禮制的組成部分,其執行者當即高宗所設的令、丞等人。此前,太宗已下詔修繕該廟,配給二十户享祀[45]。令丞與廟户的設置不僅完備了鹿邑老子廟的管理體系,也爲"薦饗"提供了儀式人員。

"薦饗"可能並非首次使用的崇祀老子的儒家儀式。詔書中還提到,高宗拜謁老子廟時,已"躬奠椒醑"。用以椒浸製的烈酒釋奠改變了於此地專行醮儀的舊規。不過,道教儀式仍是皇家崇祀老子的主要儀式種類,樓觀一脈的傳統也扮演着重要角色。尹文操在宗聖觀入道,高宗以太原舊宅爲太宗造昊天觀,他亦任觀主,是重要的宫廷道士。員半千所撰《尹尊師碑》記載:"儀鳳四年(679),上在東都,先請尊師於老君廟修功德,及上親謁,百官咸從。上及皇后、諸王、公主等,同見老君乘白馬,左右神物,莫得名言,騰空而來,降於壇所,内外號叫,舞躍再拜,親承聖音,得非尊師之誠感也。"[46]這座老君廟位於北邙山上,前身是一座老子祠堂。龍朔二年(662)高宗命洛州長史許力士"特建清廟",改建成符合道教儀式功能的場所,使内侍與道士等"夜建道場,慶贊設醮"[47]。尹文操在此所做儀式的類型不明,但毫無疑問爲道教的性質,而且效果與先前的醮儀一樣,最終使得老子降下壇場。

所以從高宗開始,皇家崇祀老子形成了儒道二元、多儀式中心並存的格局。不過直到開元末年以前,道教儀式仍是其中的主流。開元十一年(723),玄宗至太原,建齋拜謁龍角山的老子廟。張九齡寫有《奉和聖製謁[玄]元皇帝廟齋》一詩,記下了他參與的這次儀式:"興運昔有感,建祠北山巔。雲雷初締構,日月今悠然。紫氣尚蓊鬱,玄元如在焉。迨兹事追遠,輪奂復增鮮。洞府香林處,齋壇清漢邊。吾君乃尊祖,夙駕此留連。樂動人神會,鐘成律度圓。笙歌下鸞鶴,芝

[44] 《宋書》卷一六《禮志三》,"拜廟薦饗",中華書局,1974年,446頁;同書卷一七《禮志四》,"四時薦饗,故祔江夏之廟",476頁;《南齊書》卷九《禮志上》,"羣神小祠,類皆限南面,薦饗之時,北向行禮,蓋欲申靈祇之尊,表求幽之義",中華書局,1972年,137頁。

[45] 《舊唐書》卷三《太宗紀下》,48頁。

[46] 《古樓觀紫雲衍慶集》卷上《尹尊師碑》,《道藏》第19册,551頁下欄。

[47] 《猶龍傳》卷五《大唐聖祖》,《道藏》第18册,29頁中欄;亦見《混元聖紀》卷八"龍朔二年"條,《道藏》第17册,857頁中欄。

木萃靈仙。曾是福黎庶,豈唯味虛玄。賡歌徒有作,微薄謝昭宣。"〔48〕詩中不僅明確指出齋壇的建制,而且點出設齋之目的爲"福黎庶",然則此齋儀的類型極有可能爲"調和陰陽,消災伏害,爲帝王國土延祚降福"的金籙齋〔49〕。十七年,又立《大唐龍角山慶唐觀紀聖之銘》以紀念老子所賜祥瑞,碑詞中有"誦我道經,介我神聽"之語〔50〕,必然也舉行了道教儀式。二十七年,玄宗再詔景龍觀高道田僓、太常卿韋滔、内常侍陳忠盛至鹿邑老子祠"修齋醮……實多靈應,書諸國史"〔51〕。龍角山慶唐觀以及鹿邑老子廟一樣受到皇帝的重視,而且齋醮得以進入國家禮儀系統主祀之地,説明在崇祀老子的儀式活動中,道教的影響力超過了儒家。

開天之間,玄宗的崇道運動進入高峰。老子崇拜是這場運動的核心,而儀式改革又是核心中的關鍵。具體地説,即如何用儀式將老子作爲道教尊神與皇家先祖的身份統一起來。對這個問題的回答是由創設儀式地點——太清宫——而展開的。開元二十八年五月,玄宗首次向宰臣提及:"朕在藩邸,有宅在積善里東南隅。宜於此地置玄元皇帝廟及崇玄學。"〔52〕經過約半年的策劃,玄宗在開元二十九年正月下令"兩京及諸州各置玄元皇帝廟一所,每年依道法齋醮"〔53〕。作爲崇祀老子的專門場所,玄元皇帝廟覆蓋了全國,成爲一個體系。來年五月,玄宗將長安的玄元皇帝廟遷至大寧坊西南隅。其中宫垣連接,栽有松竹,以象仙居。宫開有三門,每門設立二十四戟。宫内最重要的建築是聖祖殿。其中有以白石雕成的老子真容之像。像當南面而坐,衣王者衮冕之服。右側有玄宗真容

〔48〕熊飛《張九齡集校注》卷一,中華書局,2008年,36—37頁。

〔49〕"其一曰金籙大齋,調和陰陽,消災伏害,爲帝王國土延祚降福。其二曰黄籙齋,並爲一切拔度先祖。其三曰明真齋,學者自齋齊先緣。其四曰三元齋,正月十五日天官,爲上元;七月十五日地官,爲中元;十月十五日水官,爲下元,皆法身自懺愆罪焉。其五曰八節齋,修生求仙之法。其六曰塗炭齋,通濟一切急難。其七曰自然齋,普爲一切祈福。"陳仲夫點校《唐六典》卷四《尚書禮部》,中華書局,1992年,125頁。

〔50〕張金科等編《三晋石刻大全・臨汾市浮山縣卷》,三晋出版社,2012年,21頁。

〔51〕《景龍觀威儀田僓墓誌》,録文見雷聞《貴妃之師:新出〈景龍觀威儀田僓墓誌〉所見盛唐道教》,《中華文史論叢》2019年第1期,335頁。

〔52〕周勛初等校訂《册府元龜》卷五三《帝王部・尚黄老》,鳳凰出版社,2006年,560—561頁。

〔53〕《册府元龜》卷五三《帝王部・尚黄老》,561頁。

之像,着通天冠絳紗袍。殿之東西,分别有皇帝御齋院以及公卿與行事官的齋院[54]。玄元皇帝廟的制度至此基本完備。

此時廟中所行之儀式,是按照道教儀規所舉行的齋儀和醮儀。不過,隨後的儀式改革逐漸引入儒家因素,朝着强調老子皇家先祖的身份傾斜。二十九年四月,玄宗夢見老子賜告真容。天寶元年正月,陳王府參軍田文秀上言老子降見於丹鳳門之通衢,告賜靈符所在。玄宗求得靈符後,下詔改元。詔書明確宣示,“神之降休,禮無不答,永言禋祀,必在躬親”[55],即必須通過儀式來回報老子的休徵,而玄宗亦將親自設計和參與。也正是在這次詔書裏,玄宗下令“以來月十五日祔玄元皇帝廟”。“祔”是納神主於太廟的儀式。開元十一年後,太廟形成九室九主的格局。神主入室後,主事者由第一室依次至各室行祼禮、饗饌、獻奠[56]。也許因爲共有敬獻酒食的因素,隋代的祔祭之禮,與時享相同[57]。《大唐開元禮》卷三七“皇帝時享於太廟”的儀文當中,也有晨祼、饋食的節次,唐人可能亦有這種觀念,所以《舊唐書·儀禮志》稱玄宗於“二月辛卯,親祔玄元廟”[58],《舊唐書》本紀與《通鑑》爲“親享玄元皇帝於新廟”[59],“祔”“享”當爲同一事。祔祭的舉行標誌着玄元廟性質的關鍵轉變,開啓了以儒家祖先崇拜進行儀式改革的序幕。

天寶元年九月,兩京玄元廟改爲太上玄元皇帝宮。二載正月,追尊老子爲大聖祖玄元皇帝。三月,玄宗親祠玄元皇帝廟,制曰:

> 聖祖所理,本在諸天,將欲降靈,固宜取象。况爲帝號,豈可名宫?其玄元宮,西京宜改爲太清宮,東宮改爲太微宮,天下諸郡改爲紫極宮。……古人制禮,祭用質明,義兼取於尚幽,情實緣於既没。我聖祖湛然常在,爲道之

[54] 參見丁煌《唐代道教太清宮制度考》,93—95頁。

[55] 《唐大詔令集》卷六七《天寶元年南郊制》,377頁。

[56] 王文錦等點校《通典》卷八七《禮·沿革·凶禮》“祔祭”條,中華書局,1988年,2372—2381頁。

[57] 《通典》卷四九《禮·沿革·吉禮》“時享“條,1371頁。

[58] 《舊唐書》卷二四《禮儀志四》,926頁。

[59] 《舊唐書》卷九《玄宗紀下》,215頁;《資治通鑑》卷二一五《唐紀三十一》天寶元年二月辛卯條,中華書局,1956年,6852頁。魏侯瑋(Howard J. Wechsler)也指出,唐代用在宗廟的“享”一般就是季節性獻祭的“時享”,見所著 *Offerings of Jade and Silk: Ritual and Symbol in the Legitimation of the T'ang Dynasty* (Yale University Press, 1985), 132。

宗，既殊有盡之期，須展事生之禮。自今已後，每於聖祖宫昭告，宜改用卯時已前行禮。[60]

將玄元皇帝宫升格爲太清宫，是出自道教之義理。在5世紀初開始形成的道教宇宙論中，最高天是大羅天，其下則是由“玄元始”三氣化生的玉清、上清、太清三天。太清天的主神是道德天尊，一般認爲這就是指老子。玄宗認爲老子的治所本在天上，人間的祀宫當與之對應，纔能保證降神的儀式效果。其次，他又進一步定義老子的神格屬性。“湛然”一詞，《舊唐書·禮儀志》《會要》等引作“澹然”，二者都是“安然”之義。在注釋《道德經》第二十五章時，玄宗解釋“有物之體，寂寥虚静，妙本湛然常寂，故獨立而不改。應用遍於群有，故周行而不危殆。而萬物資以生成，被其茂養之德，故可以爲天下母”[61]，即大道具有清净常住的特性。玄宗稱老子“湛然常在，爲道之宗”，無疑是將老子等同於大道，或宇宙的本體。雖然這種關聯早在東漢中後期就已發生了，但此詔書不僅以最高權力當局的角度加以確認，而且將此特徵疊加於皇家先祖的身份，以爲儀式改革的邏輯起點。也就是説，老子並非已故的，而是永恒常在的先祖。現世祖先與道教尊神是一體兩面的關係，不可分割。

確定了這一根本屬性之後，玄宗便援引儒家理念來作具體的儀式革新。“事生”很早就出現在儒家經典之中，指以先人生時所行用來祭祀[62]。以“事生”的方式來“事死”，既是個人孝行的體現，也是先秦社會高度承認的禮數。《左傳》載，“冬，公至自唐，告於廟也。凡公行，告於宗廟，反行，飲至、舍爵、策勳焉，禮也”，孔穎達疏“凡公行者，或朝、或會、或盟、或伐，皆是也。孝子之事親也，出必告，反必面。事死如事生，故出必告廟，反必告至”[63]。玄宗所設計的“事生之禮”首先嘗試改革禮儀時間。“昭告”就是明白告知之意，在唐代的國家祭祀中，其對象一般爲天地、祖先或其他神靈。因爲帶有“昭告”的文辭寫在祝版之上，這裏代指祭祀。玄宗認爲，傳統的祭祀時間選擇在天剛亮的時候，使之

[60]《唐大詔令集》卷七八《追尊先天太皇德明興聖皇帝等制》，443頁。

[61]《唐玄宗御注道德真經》，《道藏》第11册，726頁下欄。

[62]《儀禮注疏》卷四一“燕養饋羞湯沐之饌如他日”，鄭玄注“孝子不忍一日廢其事親之禮。於下室日，設之如生存也。進徹之時如其頃”，《十三經注疏》，483頁。

[63]《左傳注疏》卷五《桓公二年》，《十三經注疏》，96頁。

對應幽冥,是因爲祭祀對象是故去的先祖。但是,其原理顯然不符合老子作爲永恒常在之神的屬性,所以祭祀時間需推遲至卯時之前。

"事生之禮"並非玄宗專爲太清宫儀式改革而提出的。吴麗娱先生指出,開元年間改革陵寢上食,增加籩豆數量,添入帝王生前所喜食的珍饈熟鮮,就是出於强調"事生"的動機[64]。不過,老子畢竟不同於凡間的祖先,如何將"事生之禮"應用於湛然常在的神靈身上,尚有大量細節需要推敲。天寶二年之後,又發生若干起老子顯現的事件,可能刺激了玄宗繼續推動儀式改革。四載四月,玄宗下詔,親自提出了方案:

> 尊祖奉先,必在於崇敬;辨儀正禮,所貴於緣情。伏以大聖祖玄元皇帝御氣昇天,長生久視,體重玄而不測,與元化以無窮。真容屢見,寶符仍集,恭惟孚祐,實表常存。比太清宫行事官,皆具冕服。爰及奏樂,未易舊名。并告獻之時,仍陳筴祝。既非事生之禮,皆從降神之儀。且真俗殊倫,幽明異數,理有非便,亦在從宜。自今以後,每太清宫行禮官,宜改用朝服,兼停祝版,其告獻辭及所奏樂章,朕當别自修撰。[65]

"告獻"一詞並非禮書習語。其首見於此,且詔書未言儀式類型有所變更,太清宫當繼續沿用享禮。之所以特意用"告獻"指代,可能因爲向祭祀對象報訴的"告"與敬獻酒食的"獻"爲其中代表性的環節。告禮的對象主要是上天與先祖,即所謂"古者天子將巡狩,必先告於祖,命史告羣廟及社稷、圻内名山大川。七月而徧。親告用牲,史告用幣"[66]。告祖於宗廟有專門之禮,稱爲"告廟",即天子諸侯有事如朝聘、盟會、征伐而出發之前與返回之後,向宗廟告祭[67]。唐代的儀禮實踐中,皇帝會向太廟報告祥瑞、戰功。由於太清宫的祖廟性質,也有向之獻俘的例子[68]。但告禮並非在太清宫獨立使用的儀式類型。

此時玄宗的不滿主要在於,現有儀式遵循傳統的祖先祭祀之原理,用祭品和

[64] 吴麗娱《唐宋之際的禮儀新秩序——以唐代的公卿巡陵和陵廟薦食爲中心》,《唐研究》第11卷,北京大學出版社,2005年,252頁。

[65] 《册府元龜》卷五四《帝王部·尚黄老》,567頁。

[66] 王文錦等點校《通典》卷五五《禮·沿革·吉禮》"告禮"條,中華書局,1988年,1536頁。

[67] 錢玄《三禮辭典》,390—391頁。

[68] 《册府元龜》卷一二《帝王部·告功》,123—125頁。

樂舞以感應降神[69]。這種做法不能準確反映老子作爲在世先祖,又兼具道教尊神的屬性。爲此,需要加强宗教與現世——詔書中“真俗”之“真”與“幽明”之“明”——的儀式因素。

玄宗所依賴的資源主要是世俗朝儀與道教章儀。首先,行事官儀式服飾由冕服改作朝服,是爲了符合朝禮的需要。唐代的服制可分爲祭服、朝服、公服、公事之服以及燕服五類。祭服的主體是冕服。除大裘冕之外,其他五種冕服君臣一體,主要用於各類祭祀的場合。五品以上的官員可以在陪祭、朝、饗、拜表時着朝服。皇帝的朝服冠通天冠,群臣則冠進賢冠[70]。行事官是臨時派遣主持儀式的官員,他們有着冕服或朝服的資格。太清宫聖祖殿中老子像“當扆南面坐,衣以王者衮冕之服”,玄宗像“侍立於左右,皆衣以通天冠絳紗袍”[71]。開元二十七年,玄宗追謚孔子爲文宣王,下令將兩京及兖州舊宅廟像改服衮冕,多是出於尊經復古的動機[72]。這裏老子像的服飾和位置却有明顯的儀式意義。《儀禮・覲禮》記載,“天子衮冕,負斧依”,鄭玄注“南鄉而立,以俟諸侯見”。《禮記・曲禮下》亦有“天子當扆而立,諸侯北面而見天子曰覲”的説法。在實際政治生活中,“覲”和“朝”並無二致[73]。老子着衮冕又背靠屏風南向而坐,正是象徵着朝覲禮中的尊位。玄宗着通天冠絳紗袍,即皇帝之朝服,也是因應朝禮的服飾要求。而且,在爲紀念老君顯現而建立的龍角山慶唐觀、後來成爲平陽郡的玄元皇帝宫之中,也有身着衮冕的老君像[74]。可以推測,在包括太清宫在内的玄元皇帝宫廟體系中,世俗朝禮一定是重要的儀式因素。

其次,是人神溝通方式的徹底轉變。祝版一般由木牘製成,墨書其上。根據祭祀對象的不同,皇帝署名各異。如祭北郊、五帝,署“嗣天子臣”,祀太廟署“孝

[69] 關於這種實踐的思想淵源和早期歷史,參見 Deborah Sommer, “Ritual and Sacrifice in Early Confucianism: Contacts with the Spirit World”, in Mary Evelyn Tucker and Tu Wei-ming ed., *Confucian Spirituality* (New York: Crossroad, 2003), 199-221。

[70] 閻步克《隋朝冠服“四等之制”辨——兼論唐朝服等》,《文史》2007 年第 4 輯,175—187 頁。

[71] 《大唐郊祀録》卷九,汲古書院,1972 年,788 頁。

[72] 閻步克《服周之冕:〈周禮〉六冕禮制的興衰變異》,中華書局,2009 年,357 頁。

[73] 徐傑令《朝覲禮考》,《求是學刊》2002 年第 3 期,116—120 頁。

[74] 雷聞《龍角仙都:一個唐代宗教聖地的塑造與轉型》,《復旦學報》2014 年第 6 期,93 頁。

子孝孫皇帝臣",社稷署"天子",五岳署"皇帝"。祭祀時由有司跪讀祝版,禮成後則焚之[75]。青詞在各個方面都有根本不同。李肇《翰林志》記載,"凡太清宫道觀薦告詞文,用青藤紙朱字,謂之青詞"[76]。一方面,藤紙造價昂貴,更高級的物質材料增加了儀式隆重感;另一方面,青色也有宗教象徵意義。學者大多同意,青詞模仿了道教上章儀式的機制,有嚴格且一致的格式規定,包括皇帝自稱"嗣皇帝臣某"、神靈的尊稱、儀式時間地點等[77]。下文將指出,創製青詞吸收了關於道教神靈的義理、儀式因素,與章儀既有聯繫,也存在重要區别。在這裏要補充的是,在太清宫的"享"禮中,青詞的根本功能是申説告薦之意。相較於尺幅狹小的祝版,青詞能容納更多的詞句,上詞者可以從容地叙述事由。這樣人神交流更加深入,儀式所解決的問題也趨於多樣。

"皆從降神之儀"的批評最後指向樂舞。唐代宫廷音樂中,專用於祭祀的是雅樂。其内容包括樂曲、樂舞、樂詞三個重要部分[78]。天寶元年,玄宗命有司定玄元皇帝廟告享所奏樂,"降神用混成之樂,送神用太一之樂"[79]。太清宫建成後,"薦獻大聖祖玄元皇帝奏混成紫極之舞"[80]。案玄宗天寶二年上老子尊號"大聖祖玄元皇帝",八載加之爲"聖祖大道玄元皇帝",則混成紫極舞當作於二者之間。樂舞的標題有極强的道教意義。"混成"出自《老子》第二十五章"有物混成,先天地生",指天地未分之前萬物渾然一體、自然將成的狀態。後世也常將"混成"指代神化的老子與宇宙同久的特質。"紫極"原爲星名,在道教文學

---

[75] 金子修一《唐代皇帝祭祀の親祭と有司攝事》,《東洋史研究》1988 年總第 47 期,307 頁注 5。

[76] 李肇《翰林志》,《景印文淵閣四庫全書》第 595 册,臺北商務印書館,1986 年,298 頁上欄。

[77] 張澤洪《道教齋醮史上的青詞》,《世界宗教研究》2005 年第 2 期,112—122 頁;張海鷗、張振謙《唐宋青詞的文體形態與文學性》,《文學遺産》2009 年第 2 期,46—53 頁;Franciscus Verellen, "Green Memorials: Daoist Ritual Prayers in the Tang-Five Dynasties Transition", *T'ang Studies* 35 (2017): 51-55。

[78] 楊蔭瀏《中國古代音樂史稿》,人民音樂出版社,1981 年,246—251 頁。

[79] 《舊唐書》卷二八《音樂志一》,1045 頁;《通典》卷五三《禮・沿革・吉禮》"老子祠"條同。惟《唐會要》卷三三《太常樂章》叙此事之後,又稱有"樂章十一"。按所定降神、送神僅有二曲,絶難對應十一章之多的樂章。"樂章十一"當爲編者將玄宗於天寶二年之後親撰的樂章誤係於此。另《混元聖紀》卷九記玄宗所製爲"降真召仙之曲,紫微送仙之曲"。

[80] 《唐會要》卷三三《太常樂章》,601 頁。

中多指玄都所在之地[81]。玄宗親自撰寫的是樂詞部分。這套共十一章的樂詞完整地保留在《大唐郊祀録》中[82],其中包含了大量珍貴的儀式信息:

1. 降神作煌煌之樂一章(黄鍾宫)

煌煌道宫,肅肅太清。禮先尊祖,樂備充庭。罄竭誠至,希夷降靈。雲凝翠蓋,風焰虹旌。衆真以從,九奏初迎。永惟休祐,是錫和平。

2. 登歌發爐奏冲和(大吕宫)

虚無結思,鐘罄和音。歌以頌德,香以達心。禮殊祼鬯,義取昭臨。雲車至止,慶垂愔愔。

3.1. 登歌奏初上香(大吕宫)

肅肅我祖,綿綿道宗。至感潛達,靈心暗通。雲駢御氣,芝蓋隨風。四時禋祀,萬國來同。

3.2. 登歌奏再上香(大吕宫)

仙宗纘道,我李承天。慶深虚極,符光象先。俗登仁壽,化闡蟺涓。五千貽範,億萬斯年。

3.3. 登歌奏終上香(無射羽)

不宰玄功,無爲上聖。洪源長發,誕受天命。金奏迎真,璇宫展敬。備禮用樂,垂光儲慶。

4.1. 上香畢奏紫極之舞(並序演黄鍾宫)

至道生元氣,重光法混成。無爲觀大象,冲用體常名。仙樂臨丹闕,雲車出玉京。靈符百代應,瑞節九真迎。寶運開皇極,天靈鏡太清。長垂一德慶,永庇萬方寧。

---

[81] Schafer, "The Dance of the Purple Culmen", 56-57.

[82] 關於《大唐郊祀録》的編纂,參見張文昌《制禮以教天下:唐宋禮書與國家社會》,臺灣大學出版中心,2012年,77—88頁。另外,該文本之性質有兩點需要釐清。其一是創作時間。《郊祀録》作者王涇注"開元中御製"。不過,歌詞4.1—4.4爲紫極舞的伴唱,而紫極舞之創作不早於天寶二載;3.1—3.3中有三次上香的動作,三上香的環節至遲在天寶八載已出現(詳下)。歌詞既反映這些儀式因素,當於二載與八載之間産生,最有可能爲此次詔書之後玄宗親自撰寫。其二是儀式性質,爲親祀或有司攝事。該套樂章附於"薦獻太清宫"條之後。天寶九載,"親告享太清、太微宫改爲朝獻,有司行事爲薦享",均未言"薦獻"。不過唐代皇帝親祀或有司攝事的差别,主要體現在規模、費用和參與者多寡上(金子修一《唐代皇帝祭祀の親祭と有司攝事》,298頁)。行禮者的身份對歌詞所反映的儀式結構並未産生決定性的影響。

4.2. 入破第一首

真宗開妙理,玄教統清虚。化演無爲日,言昭有象初。瑶壇肅靈瑞,金闕映仙居。一奏三清樂,長回八景輿。

4.3. 第二首

虚極仙宗本,希夷象帝先。百靈朝太上,萬法祖重玄。善貸惟冲德,成功兆自然。雲門達和氣,思用合鈞天。

4.4. 第三首

元符傳紫極,寶祚啓玄真。道德先垂裕,冲和已化淳。人風齊太古,天瑞叶惟新。仙樂清都上,長明交泰辰。

5. 登歌撤醮(無射羽)

嚴禋展事,禮潔烝嘗。皇矣聖祖,德惟馨香。殷薦既撤,歌工再揚。大來之慶,降福穰穰。

6. 送仙奏真和

玉磬含響,金爐既馥。風馭泠泠,靈壇肅肅。杳歸大象,沛流嘉福。俾寧萬邦,無思不服。[83]

唐代"凡大祭祀、朝會用樂,則辨其曲度、章句,而分始終之次"[84],上面的樂章也包含了曲調、歌詞、音樂所對應儀節等信息。開元二十九年,定雅樂爲《大唐樂》十五樂,包括《元和》《順和》《永和》《肅和》《雍和》《壽和》《太和》《舒和》《休和》《昭和》《裓和》《正和》《承和》《豐和》《宣和》[85]。樂章2與6所用的《冲和》與《真和》,與《大唐樂》諸樂名稱相似,當是專爲太清宫"告獻"所譜之新樂。樂隊主要有兩部分。堂下設宫懸,即四面懸掛編鐘、鎛鐘和磬,共二十組[86]。另有演奏登歌者。登歌的編制一般爲堂上"鐘、磬各一虡,節鼓一,歌者四人,琴、瑟、箏、筑皆一",還有"笙、和、簫、篪、塤皆一,在堂下"[87]。不過,宋代

[83] 《大唐郊祀録》卷九《薦獻太清宫》,789—790頁。節次數字號碼爲作者所加。

[84] 《唐六典》卷一四《太常寺》"太樂署"條,405頁。

[85] 《舊唐書》卷二八《音樂志一》,1044—1045頁。

[86] 《舊唐書》卷二九《音樂志二》,"太廟含元殿並設宫縣三十六架,太清宫、南北郊、社稷及諸殿庭,並二十架",1082頁。

[87] 《新唐書》卷二一《禮樂志十一》,中華書局,1975年,463頁。

踵唐代故事而作朝謁太清宫之儀,其樂章僅九曲而歌人有四十八人之多[88]。"告獻"儀式有十一節樂章,又作於唐代國力最盛之時,歌者當遠不止四人。從登歌和宫懸一併使用的情况看,儀式是很隆重的[89]。

更重要的是,樂章的次標題揭示出改革後"告獻"儀式之框架,即其主要儀節依次爲:降神、發爐、上香、紫極舞、撤醮、送仙。儀式整體上呈現出對稱的結構。"降神"與"送仙"對應,指示儀式的開端和結尾。第二節次"發爐"標誌着向老子薦獻正式開始。而"撤醮"則提示薦獻的結束。位於二者間的"上香"與"紫極舞"爲薦獻的具體内容。從歌詞内容看,上文所分析的世俗朝儀因素最有可能被用在"降神"或"發爐"的環節。

一方面,儀式明顯地吸收了道教醮儀的因素。"發爐"是道教獨有的儀式術語,指法師點燃香爐,召唤體内之神上天闕啓真靈。這個儀節很早就用於道教醮儀。南朝梁陶弘景所撰《陶公傳授儀》中授受三皇文的醮儀,就已將"發爐"作爲儀式的開端[90]。此後的醮儀中"發爐"亦以相同的功能被沿用。與"發爐"搭配的樂章 2 提到"香以達心",則此時必有焚香的舉動,這與"發爐"的内涵一致。儀節 6 之歌詞云"金爐既馥",即儀節進入尾聲,爐中香火熄滅而尚存馥郁香氣的情形,也與道教儀式中常與"發爐"對應的"復爐"相當。《郊祀録》稱"有事郊廟,皆先朝謁,令道士灑掃焚香"[91],可證由於"發爐"所包含的濃厚道教色彩,該環節是由太清宫道士承擔的。以氣臭或樂舞降下神靈,是儒家祭祀的重要原理,也是玄宗批評的"降神之儀"。如節次 2 歌詞"禮殊裸鬯,義感昭臨"所云,道教"發爐"的設置則徹底改變了傳統感降神靈的方式。

薦獻之後的"撤醮"還清楚地表明,時人使用"醮"的觀念來定義薦獻之物。太清宫"薦獻之饌,皆以素位(案當作'味')雅潔之物。三獻行上香之禮"[92],很可能受到唐代道教醮儀實踐的影響。盛唐時長安清都觀高道張萬福撰有《醮

[88] 蔡堂根、束景南點校《樂書》卷一五六《樂圖論》,浙江大學出版社,2016 年,877 頁;同書卷一九四《樂圖論》,1114 頁。

[89] 《通典》卷一四二《樂・歷代沿革下》,"其登歌,祀神宴會通行之。若有大祀臨軒,陳於階壇之上。若册拜王公,設宫懸,不用登歌。釋奠則唯用登歌,而不設懸",3619 頁。

[90] 吕鵬志《唐前道教儀式史綱》,70 頁。

[91] 《大唐郊祀録》卷九《薦獻太清宫》,788—789 頁。

[92] 《大唐郊祀録》卷九《薦獻太清宫》,789 頁。

三洞真文五法正一盟威籙立成儀》,内容是關於道士受三洞及正一各階符籙之後,次年如何設醮禮請籙上真靈及三界官屬降臨醮席。其中便未再使用傳統醮儀所用的酒脯,三次獻酒也被改爲“三上香”“三上湯”〔93〕。張萬福曾參加金仙、玉真二位公主的入道儀式,所設計的醮儀當與唐代道教主流相符。而且,樂章 6 還提到“靈壇”,説明嚴格遵照了道教醮儀所需要的場域要求。各種道教儀式類型之中,醮儀是玄宗本人較常舉行的,不僅於“天下名山,令道士、中官合鍊醮祭,相繼於路”,在“諸郡有自古得道升仙之處”,亦令致醮祭〔94〕。他將醮儀的因素移用至太清宫,實屬自然之舉。但同時也應該看到,這種做法淵源有自,與隋文帝、唐高祖以來醮祀老子的傳統一脈相承。

另一方面,醮儀的因素被嵌套在一個更大的儒家祭祀框架之中。這個框架明顯參考了時享太廟之儀,並加以改造和緣飾。時享太廟共有齋戒、陳設、省牲器、鑾駕出宫、晨祼、饋食、祭七祀、鑾駕還宫等八個部分。其中最重要的是向祖先的神靈祭獻酒食的“晨祼”和“饋食”,二者中重要的儀節均有樂舞伴奏。時享太廟與“告獻”之間有高度的相似性。首先,道教醮儀一般以“入户”和“出户”爲始末,依照法師等儀式人員的進止而展開。“告獻”則始以“降神”,終以“送仙”,是以致禮的對象命名,與太廟“享”禮中的“迎神”和“送神”一致。其次,與道教色彩濃厚的儀節如“發爐”“上香”“撤醮”等相伴隨的,並非道教儀式音樂,而是以儒家傳統樂器和樂者所演奏的登歌。演奏登歌的樂工和歌者具有世俗性和職業性的特點。採用登歌而非道士贊唱,説明道教因素的影響被刻意地降低了。當然,這一系列登歌的内容與太廟所用並不完全一樣。“發爐”所奏登歌的調式爲大吕宫,“三上香”分别爲大吕宫與無射羽,而太廟所奏則統一以圜鐘爲律位。再次,紫極舞被安排在“三上香”之後,也與享禮當中三獻之後奏文舞、武舞類似。雖然“混成紫極”的標題具有道教象徵意義,但從德宗時李絳、張復元觀摩紫極舞表演的描述來看,無論是進退周旋的動作,還是協和天地、溝通神人的功能,均有濃厚的儒家色彩〔95〕。最後,告獻中的“拜跪之節,亦參於郊廟之

〔93〕 吕鵬志《早期道教醮儀流變考索》,103 頁。

〔94〕《舊唐書》卷二四《禮儀志四》,934 頁;《唐大詔令集》卷九《天寶七載册尊號赦》,53 頁。

〔95〕《文苑英華》卷一二五《太清宫觀紫極舞賦》兩首,571 頁。

儀”[96],可能指那些過渡性的、没有具體象徵意義的動作。它們溝通聯繫着主要的儀式環節,説明在儀式細節上,也有儒家儀式的影響。

所以,“告獻”是一種亦舊亦新的混合型儀式。其中重要的儀式因素,或有長久的實踐,如皇家祀老子傳統中的醮儀;或本身即是成熟的儀式實踐,如世俗朝儀和郊廟之禮;或具有充足的儀式專家以供調遣,如演奏登歌的樂工。但是,這些舊有因素被重新組合,並與個别新的因素一道,構成了全新的儀式。在玄宗儀式改革的時間綫上,“告獻”是向着加强儒家因素的方向發展的。其結果如樂章1所言,在新的儀式場所“煌煌道宫”中,人們“禮先尊祖”。這樣,老子作爲在世聖祖和道教尊神的根本身份得到了兼顧,也意味着“事生之禮”最終得以成立。

“告獻”的改革至此基本完成。天寶五載正月,太清宫使、門下侍郎陳希烈奏:“昨二日緣告獻大聖祖宿齋,時日抱戴。又今日告限(案當作‘獻’)後,有紫雲從殿上起,向東南飛,光昭清宫,色蓋仙宇,久而不散。”[97]這是玄宗下詔革新儀式之後首次舉行的“告獻”。“抱戴”是太陽周圍的光圈。開元十三年,玄宗封泰山後回還齋宫,也出現過“慶雲見,日抱戴”的奇觀[98]。紫氣則是傳説中尹喜候於函谷關時,伴隨老子而出現的景象。由大臣公開上奏“告獻”前後出現的祥瑞,反映出時人公認儀式效果是成功的。“告獻”儀式的程序節次也基本固定下來。鄭樵著録過《唐明皇撰聖祖混元皇帝太清宫祠令》一卷[99],其成立年代便應在此前後。

此後,“告獻”儀式繼續舉行,也直接地影響了太清宫的性質。天寶八載閏六月丙寅,玄宗親謁太清宫,加老子尊號爲“聖祖大道玄元皇帝”。是日大赦,制曰:“禘祫之禮,以存序位;質文之變,蓋取隨時。國家系本仙宗,業承聖祖。重熙累盛,既錫無疆之休;合享登神,思弘不易之典。自今以後,每禘祫,並於太清宫聖祖前設位序正,上以明陟配之禮,欽若玄宗;下以盡虔恭之誠,無違至道。比來每緣禘祫,則時享暫停,事雖適於從宜,禮或虧於必備。以後每緣禘祫,其常享

[96]《大唐郊祀録》卷九《薦獻太清宫》,789頁。

[97]《册府元龜》卷五四《帝王部·尚黄老》,567頁。

[98]《舊唐書》卷八《玄宗紀上》,188頁。

[99] 鄭樵撰,王樹民點校《通志二十略·藝文略第五》,中華書局,1995年,1622頁。

無廢,享以素饌,三焚香以代三獻。"[100] 此處"時享"是太廟四時的祭祀,開元二十五年令文有"禘祫之月,不行時享",即因禘祫廢時享之明文[101]。"常享"則指禘祫禮中常用祭祀禮料,與牙盤、薦新這類特殊祭品相對。祖先神主以昭穆順序列於老子像前,象徵老子亦參加合食之享。皇室祖先作爲配享的角色,致祭之形式當遵從太清宫主神老子的儀式設定。因此,在序昭穆於太清宫之時,禘祫禮料用素饌,並以三上香代替三獻,以求融洽於合祭太清宫的儀式場合。這也反映出,素饌、三上香等因素當在此之前已爲太清宫儀式所用。而且,在老子像前序昭穆之舉本身,加强了太清宫作爲祖廟的功能。正如唐人的評價,太清宫爲"不遷之廟,太素之宫"[102],兼具祖廟與道宫的雙重性質。

天寶九載,玄宗下詔以"春秋祭享,用存昭敬。祝史陳信,必在正辭。苟名位之或乖,於上下而非便。承前有事宗廟皆稱告享。兹乃臨下之辭,頗乖尊上之義,静言斯稱,殊爲未允。自今以後,每親告享太清、太微宫改爲朝獻,有司行事爲薦享,親巡陵改爲朝拜,有司行事爲拜陵,應緣諸事告宗廟者,並改爲奏"[103]。玄宗將"告獻"正名爲"朝獻",固然有詔書中所言"尊上"的意涵,但也反映着太清宫儀式改革中所增加的朝禮因素。自天寶之後,皇帝郊祀天地之前,必先朝獻太清宫,再朝饗太廟,並以此爲常式[104]。成爲國家大祀之後,朝獻儀式的實踐内容没有發生重大變化。《大唐郊祀録》稱"自天寶以來,行事官皆行三稽首之禮,太尉一獻而止。興元元年十二月十九日,詔加太常卿亞上香,光禄卿終上香,改三拜禮爲再拜也"[105],即僅在有司代攝事時出現微調。

綜上所述,在玄宗的體認之中,老子兼具現世先祖與道家尊神的屬性。玄宗由此借用儒家舊有的"事生之禮",並斟酌參考道教神學,作爲太清宫儀式改革

---

[100] 《通典》卷五〇《禮・沿革・吉禮》"祫禘下",1400頁。

[101] 仁井田陞著,栗勁、王占通譯《唐令拾遺》,長春出版社,1989年,95頁。此條承張曉宇先生賜教。

[102] 《全唐文》卷四一六《爲宰相賀連理木表》,4257頁。

[103] 《唐會要》卷二三《緣祀裁制》,517頁。

[104] 例外者僅有順宗與哀宗,參見丁煌《唐代道教太清宫制度考》,119—124頁。

[105] 《通典》卷五三"老君祠"條云,"十三載正月,令有司,每至孟月,則修薦獻上香之禮",1479頁;《唐會要》卷五〇"孟月"作"春日"。"薦獻上香之禮"代指"朝獻""薦享",由"每……則"之語可見,玄宗令文針對的是儀式頻率,而非儀式内容自此後被調整爲薦獻和上香。

的指導理念。以太廟享禮爲藍本而形成的"朝獻"儀式,繼承了隋代唐初祠祀老子的醮儀儀式因素,又加入了大量的儒家儀式音樂、動作和器具,是一種儒道混合的新型儀式。作爲國家大祀,"朝獻"在有唐一代得到了持續的實踐,影響深遠。

三、太清宫的金籙齋儀

道教儀式很早便成爲太清宫儀式的另一重要部分。天寶元年,玄宗置玄元皇帝新廟於長安大寧坊,廟中有以太白山砥石雕成的老子像。在其《奉和聖製慶玄元皇帝玉像之作應制》中,王維記叙了將玉像移入廟中的典禮,云"明君夢帝見,寶命上齊天。秦后徒聞樂,周王恥卜年。玉京移大像,金籙會羣仙。承露調天供,臨空敞御筵。斗迴迎壽酒,山近起爐烟。願奉無爲化,齋心學自然"。詩中頸聯即描述新廟如同天上的仙都,移入時舉行的金籙齋似更使得羣仙來集會[106]。這反映出,雖然"朝獻"成爲太清宫儀式改革的中心,但初置玄元廟時"每年依道法齋醮"的規定也曾被貫徹執行。

關於宫内的道教儀式,丁煌先生認爲太清宫組織形式與道觀相同,因此宫中亦遵循《唐六典》三元日、千秋節日修金籙、明真齋儀,並於國忌日設齋的規定[107]。不過,普通道觀並不與太清宫相同。我們已證明太清宫兼具祖廟的複雜特性。《唐六典》認定明真齋功能爲"學者自齋齊先緣",即道士用以超度自家先亡。這與太清宫視老子爲在世先祖的基本立場是衝突的。除此之外,太清宫宫門施二十四戟,與太社、太廟、諸宫殿等級相當。宫内還設有崇玄學(後爲崇玄館),教習道家經典。在祠享老子的儀式中,崇玄生擔任齋郎的角色。太清宫主事者爲公卿兼任的太清宫使,掌有重要的人事權。這些國家禮祀的特徵或功能使得太清宫不可能完全如道觀一樣進行儀式活動。舉例來説,元和元年(806)長安國忌日行香,於興唐、昭成、玄都、昊天等八處道觀設齋,其中便没有

[106] 陳鐵民《王維集校注》卷三,中華書局,1997年,212—216頁。

[107] 丁煌《唐代道教太清宫制度考》,113—118頁。

太清宫[108]。與道觀相提並論時,太清宫往往處於首位,如天寶十載玄宗寫《一切道德經》五本,"於太清宫、興唐、東明、龍興觀各置一本"[109]。國忌日齋儀規模宏大,參與者多達數百人,若太清宫儀式活動與其他道觀完全相同,則不應在此處被遺漏。

欲明確宫内道教儀式的具體情况,必首先瞭解作爲儀式實踐者的宫内道士。自太清宫初立,便設有配駐道士二十一人,其宫内的居所據稱"房院委曲,難可殫論"[110]。自玄宗以下,歷朝太清宫道士留有姓名事迹者亦斑斑可考,如代宗時有史華[111],德宗時有吴善經[112],憲宗時有盧元卿[113]、郗彝素[114],敬宗時有趙歸真[115],文宗時有楊弘元[116]、鄧延康[117],武宗時有劉玄靖[118]。穆宗長慶三年(823),"以内庫錢一百貫賜太清宫道士,人一千"[119]。千錢爲一貫,如果不考慮道士等級對受賜的影響,那麽此宫道士人數在唐末已有大幅增長。我們尚不清楚太清宫是否着力培養自己的師資,就上面材料所見,宫内道士的一大來源是從各地徵召的高道。在屬籍太清宫前,他們多數早已成名,熟稔教義、傳播教理,具有豐富的道門經歷和廣泛的教内外聯繫。如吴善經先後在"匡廬、天台、三茅、句曲"等地漫遊,又從長安開元觀申甫受習經法,再由宰相王縉奏隸宫籍[120]。在受召入京之前,鄧延康於會稽受道,又在麻姑山、鍾山、廣陵等地修道

[108] 參見聶順新《元和元年長安國忌行香制度研究——以新發現的〈續通典〉佚文爲中心》,《魏晋南北朝隋唐史資料》第 32 輯,上海古籍出版社,2015 年,131—149 頁。

[109] 《册府元龜》卷五四《帝王部・尚黄老》,570 頁。

[110] 《大唐郊祀録》卷九《薦獻太清宫》,789 頁。

[111] 范祥雍點校《宋高僧傳》卷一七《唐京師章信寺崇惠傳》,中華書局,1987 年,425 頁。

[112] 蔣寅箋,唐元校,張静注《權德輿詩文集編年校注》,元和十年《唐故太清宫三洞法師吴先生碑銘》,遼海出版社,2013 年,682 頁。

[113] 洪丕謨點校《法書要録》卷四,上海書畫出版社,1986 年,135 頁。

[114] 《權德輿詩文集編年校注》,元和六年《興唐觀新鐘銘并序》,646 頁。

[115] 《舊唐書》卷一七上《敬宗紀上》,521 頁。

[116] 謝思煒校注《白居易文集校注》卷第三一《三教論衡》,中華書局,2011 年,1849 頁。

[117] 《全唐文》卷七六七《唐故上都龍興觀三洞經籙賜紫法師鄧先生墓誌銘》,7981—7983 頁。

[118] 陳尚君輯校《全唐文補編》卷五《廣成先生劉玄靖傳》,中華書局,2005 年,2310 頁。

[119] 《册府元龜》卷五四《帝王部・尚黄老》,571 頁。

[120] 參見雷聞《太清宫道士吴善經與中唐長安道教》,《世界宗教研究》2015 年第 1 期,70 頁。

傳道。隸籍太清宫後,又主持恢復龍興觀,大行齋醮之儀〔121〕。因此,他們具備道教儀式的一般性知識,由他們舉行的太清宫道教儀式也應當體現唐代道儀的普遍性。

不過,太清宫道教儀式也存在重要的獨特性。首先,此地儀式的類型以金籙齋爲主〔122〕。《文苑英華》卷四七二録有五份完整的青詞,分别爲白居易的《季冬薦獻太清宫青詞》、吴融的《上元青詞》、張玄晏的《下元金籙齋青詞》、封敖的《太清宫祈雪青詞》與《祈雨青詞》。五份青詞的格式完全相同,當均施用於太清宫。其中除"薦獻"爲有司祠享老子之外,剩下四種全以道士爲儀式主體。唐代以祈雪、祈雨爲目的的道教儀式不止一種,章、醮、齋均有使用之先例。道教三元齋的主要功能是禮懺謝罪,而《上元青詞》祈求政治清和、農物豐登,從功能上看當與金籙齋一致。憲宗時張仲素有《上元日聽太清宫步虚》詩,云:"仙客開金籙,元辰會玉京。靈歌賓紫府,雅韻出層城。磬雜音徐徹,風飄響更清。紆餘空外盡,斷續聽中生。舞鶴紛將集,流雲住未行。誰知九陌上,塵俗仰遺聲。"〔123〕描述的是金籙齋齋儀接近尾聲時,齋官率領參加人員繞行壇場三週,同時口誦"步虚"的詩歌。金籙齋的出典是古靈寶經《洞玄靈寶長夜之府九幽玉匱明真科》,行儀程序包括:入地户、發爐、稱法位關啓、三上香、十方願念禮謝、旋行步虚、復爐。經過南北朝時期的發展,唐代齋儀已進入成熟期,結構、節次等保持穩定。這幾份青詞詞文爲報告皇帝舉行儀式的動機和訴求,當如後世道士所總結的,"齋中青詞,則求哀請宥,述建齋之所禱也"〔124〕,即被用在儀式核心的"稱法位關啓"部分。

青詞本用於"朝獻"儀式,在與齋儀結合的過程中,其原理産生了深刻的變化。張澤洪先生較早指出,青詞使用"青紙朱書",其色彩象徵來源於天師道上

〔121〕 參見雷聞《碑誌所見的麻姑山鄧氏:一個唐代道教世家的初步考察》,《唐研究》第17卷,北京大學出版社,2011年,56頁。

〔122〕 《册府元龜》卷一四五《帝王部·弭灾》:哀帝天祐二年四月"己未,司天臺奏星文彗見,請於太清宫建黄籙道場,從之"。按此太清宫爲唐都東遷洛陽後,改建北邙山上清宫而成,此場所已非長安舊貌。

〔123〕 《文苑英華》卷一八二《詩》,928頁。

〔124〕 《上清靈寶大法》卷二四《章詞表牘品》,《道藏》第31册,498頁中欄。

章儀式[125]。傅飛嵐(Franciscus Verellen)補充世俗文書行政中的色彩與封裝制度也是青詞的來源之一[126]。上呈青詞者自稱"臣",想象詞文以文書的形式上達天庭,報告具體的事件,請求解決具體問題。這樣的形式是符合道教上章程式的。請以《下元金籙齋青詞》爲例:

> 維乾寧二年歲次丙辰十月戊申朔十二日己未,嗣皇帝臣稽首大聖祖上大道金闕玄元天皇大帝:伏以强名曰道,迥出氤氲之表;惟天爲大,是生恍惚之中。融和氣以陶蒸,藹真風而煦育。况黄廷碧落,集列聖之威儀;絳闕丹臺,聚羣仙之步武。爰啓祈恩之路,寔開請福之門。敢用真誠,陳於下會。今雖物無疵癘,年獲豊登,遠人不倦於梯航,絶塞靡虞於烽燧。而鯨鯢作慝,蛇豕爲祆,塗炭黎元,黷亂紀律。宫朝載罹於焚毁,簪裾仍廹於羇離。敢不寤寐思愆,曉夕引咎。由是廣延真侣,重叩玄關,幣帛交陳,香燈備設。伏願堅覆露之德,暢亭毒之恩,使氛祲盡消,萬彙咸泰,復安宗社,大定寰區。及臣眇身,同霑弘造。謹詞。[127]

從所述齋事的緣由看,乾寧二年(895)五月,王行瑜、李茂貞等將兵詣闕,造成動亂,昭宗倉皇出京,"京師士庶從幸者數十萬,比至南山谷口,暍死者三之一。至暮,爲盜寇掠,慟哭之聲,殷動山谷"[128]。八月昭宗回宫,所修金籙齋即爲此而做。

在這裏,青詞與章儀也存在重要區别。章儀的儀式原理建立在氣化的官僚神靈觀之上。天師道教徒認爲神靈的本質是元氣,又被自上而下地組織在想象的官僚世界當中。受一百五十將軍籙之後,天師道道徒方有資格擔任祭酒。在上章儀式中,由他們召唤出的體内吏兵與地方神靈一道,傳遞章文上達天曹。天庭中有主司消災解厄的官君,各具不同的職能、治所、從屬吏兵等。記録這些信息的《千二百官儀》《正一法文經章官品》等是天師道傳統中重要的經典。在教團起源的傳説中,太上老君正是以這些儀式手册和章書範本相授第一代天師[129]。上章者需準確填寫官君信息,因爲他們是章文訴求的執行者。章文的

---

[125] 張澤洪《道教齋醮史上的青詞》,113 頁。

[126] Verellen, "Green Memorials: Daoist Ritual Prayers in the Tang-Five Dynasties Transition", 54.

[127] 《文苑英華》卷四七二,2412—2413 頁。

[128] 《舊唐書》卷二〇上《昭宗紀》,754 頁。

[129] 《赤松子章曆》卷一,《道藏》第 11 册,173 頁上欄。

上呈對象則是神系中的最高神。上章者通過啓請最高神,由其派遣神官執行具體的任務。南北朝天師道以“太清玄元、無上三天、無極大道、太上老君、太上丈人、天帝君、九老仙都君、九氣丈人、百千萬重道氣、千二百官君、太清玉陛下”爲請奏對象。一般認爲,此處“玄元”指宇宙元氣的“玄”“元”“始”三氣;“無上三天”即三氣化成的“清微”“禹餘”“大赤”三天;“無極大道”首見於曹魏天師道經典《大道家令戒》,是該教團最高的崇拜對象。如“百千萬重道氣”所暗示的,上章對象是多元的神靈。

不過,青詞在這些方面均有重要不同:老子既是唯一的請奏對象,也是解決災患的單獨神靈。因此,上呈青詞者不再要求必由受籙者充任,也無需掌握天師道神將官君的知識。其次,幾份詞文中老子均被稱作“大聖祖上大道金闕玄元天皇大帝”。這是天寶十三載玄宗所加的尊號,對比八載所上的“聖祖大道玄元皇帝”,主要增添了“金闕”一詞。雖然史未明言該尊號之確切含義,但頗有可能與太清宫儀式改革相關。中古早期的道典中,“金闕”指代後聖帝君李弘在上清天之治所,三天中最高的玉清天中也有該神的“金闕宫”[130]。李弘被視爲老子在現世的化身,其淵源至少可以在天師道與上清這兩種道教傳統中找到[131]。隨着該信仰産生更廣泛的宗教與社會影響,老子所居的太清天也被加以“金闕”,而且在章儀中被表現出來。《混元聖紀》提到,“蓋老君於將來運親降爲太平真君也,故亦號金闕後聖君。世間拜表上章,露刺投詞,皆乞逕御太平金闕後聖玄元上道太上老君太清玉陛下,蓋老君號千二百官君、千二百官章之主也”[132]。玄宗所加“金闕”的尊號,可能正是借鑑這種道教章儀的特殊實踐,用以改善青詞。

更重要的是,在道教齋儀和章儀逐漸結合的背景下,“金闕”也可指代齋儀

〔130〕 Paul Kroll, “Spreading open the barrier of heaven”, *Asiatische Studien* 60.1 (1985): 25.

〔131〕 唐長孺《史籍與道經中所見的李弘》,氏著《魏晋南北朝史論拾遺》,中華書局,1983 年,208—217 頁;Stephen Bokenkamp, *Early Daoist Scriptures* (Berkeley: Univercity of California Press, 1997), 282。

〔132〕 《混元聖紀》卷九,《道藏》第 17 册,884 頁上欄。傅飛嵐注意到《赤松子章曆》規定封裝章文時題寫“謹詣虚無自然金闕玉陛下”(Franciscus Verellen, “The Heavenly Master Liturgical Agenda According to Chisong zi's Petition Almanac”, *Cahiers d'Extrême-Asie* no. 14 (2004): 298),可能也與此有關。

中所用的章奏對象。六朝道書《正一法文太上外籙儀》記載了一個在黄籙齋中爲受籙者謝恩上章的儀式,其中上奏對象即是“太清玄元、無上三天、無極大道、太清金闕七寶玉陛下”[133]。在太清宫這個特殊的場域之中,青詞正是與金籙齋儀結合起來使用的。六朝道典所見金籙齋儀軌中,致禮之最高神有無極大道與元始天尊。二者所憑據的道教傳統不同,前者爲天師道,後者則源出古靈寶經[134]。如果老子作爲青詞唯一致禮對象,那麼使用青詞的齋儀也應當符合這個儀式設定。上節討論過,玄宗已在詔書中確認了老子與大道的同一性。如果儀式整體的邏輯必須一致,那麼老子也應當與元始天尊産生關聯。

我們發現,早在開天之間的崇道運動中,由官方舉行的道教儀式就有意識地將老子與元始天尊聯繫起來了。這個現象主要存在於有關太清宫齋儀的描述性材料中。開元十四年九月,龍角山玄元皇帝廟中根子樹兩枝連理,合成一枝。玄宗選派道士七人於廟中“潔齋焚香,以崇奉敬”[135]。十七年,玄宗御製御書《大唐龍角山慶唐觀紀聖之銘》(下文簡稱《紀聖銘》)以紀念此事。碑文開頭説:“神也者,妙有物而爲言,化也者,應無方而成象。言豈立神之主,象微宰化之知。苟言象之不存焉,則神化或幾乎息矣。窮神而極化者,其唯至至之人乎。我遠祖玄元皇帝,道家所號太上老君者也。建宗於常無有,立行於不皦昧。知雄守雌,爲天下谿;知白守辱,爲天下谷。”[136]這段話十分重要,因爲它定義了玄宗所認識的老子的神性。玄宗的理解比較簡單,不過是用今本《道德經》第十四、二十八章中的成語或概念,來描述老子神化莫測、爲萬物之宗本。開元二十五年,在此處舉行了一次盛大的金籙齋儀。天寶二年十月十五日,建崔明允撰、史惟則書《龍角山慶唐觀大聖祖元元皇帝金籙齋頌》碑(下文簡稱《金籙齋頌》)以紀念這次儀式。其中,老子的神性則被這樣描述:

> 空洞之中,溟涬之際,靈文尚矣,混成朕焉。混成者何?象帝之先。靈文者何?龍漢之季,五劫交周,尊神遞運,九炁列正,無始常然。冶於流火之

[133]《道藏》第32册,208頁上欄。

[134] 小林正美《金籙齋法に基づく道教造像の形成と展開——四川省綿陽・安岳・大足の摩崖道教造像を中心に》,《東洋の思想と宗教》,2005年總第22卷,23—24頁。

[135]《册府元龜》卷五三《帝王部・尚黄老》,590頁。

[136] 張金科等編《三晋石刻大全・臨汾市浮山縣卷》,19—21頁。

> 庭，煉於洞陽之館，二儀行之以定位，三景得之以發光。赤明開圖，碧落普度，元元奄有，大道遂荒。真宗天瀍之以無倪，皇仰之而未及。羲軒應運，堯舜乘時，均至化而思齊，酌元風而殆庶。獨立千古，湛兮若存，首出百王，悠兮不極矣！[137]

這段文字同時化用了《道德經》與古靈寶經，與《紀聖銘》開頭所述完全不同。其核心概念"靈文"是指宇宙開闢之前、自然生成於空中的五篇真文。這五篇真文既是宇宙的本源，也是天地萬物生成的動因。靈文與靈寶經的主神——元始天尊有密切的聯繫。元始天尊最開始出現在名爲"龍漢"的劫期。此時，他無形無色，與化生萬物的"梵氣"混而不分。"延康"之時，元氣出現。到了"赤明"的劫期，天地分判，天尊正式成形。最初，靈文色無定方，文勢曲折。天尊在洞陽之館用流火赤氣加以冶煉，"鮮其正文，瑩發光芒，洞陽氣赤，故號赤書"。靈文於是纔成爲可讀的文字，被天尊傳授給其他天真。元始天尊最終得名在"開皇"之時，即爲"玄""元""始"三種元氣之二。宇宙分爲平行而又重疊的三十二天。其上有大羅天，是元始天尊的居所。北方第六天稱爲"始青天"，此天中有一處名爲"碧落空歌大浮黎"的地方，元始天尊在此初次演説靈寶經以普度世人[138]。碑文中涉及的古靈寶經典故大致如是。

另一方面，《道德經》中的概念被融入進來。上文已提到，"混成"本來指天地生成之前大道渾然一體、萬物即將由之而成的狀態，在這裏却用來形容宇宙混沌空洞之時，五篇真文即將自然而生的情形。混成將始的形態是"象帝之先"。"象帝之先"亦出自《道德經》"吾不知誰之子，象帝之先"，河上公注"道自在天帝之前，此言道乃先天地生也"[139]。從東漢中後期開始，神化的老子就被等同於大道。在唐代，"象帝"成爲老子的别稱。崔明允則更進一步，將老子與元始天尊聯繫起來。在描述"赤明"之時靈寶經興盛、天尊於"碧落"演經度人之後，碑文便云"元元奄有，大道遂荒"。"元元"指玄元皇帝老子，"荒"訓"有"。這就是説，演説經教、開劫度人的主神正是大道的化身老子。在碑文結尾的"詞"中，

---

〔137〕 張金科等編《三晋石刻大全·臨汾市浮山縣卷》，26—27頁。

〔138〕 Bokenkamp, *Early Daoist Scriptures*, 373-404；吕鵬志、楊金麗《〈元始五老赤書玉篇真文天書經〉序文校勘研究》，《古典文獻研究》第23輯（下卷），鳳凰出版社，2020年，163—174頁。

〔139〕 唐子恒點校《老子道德經》，鳳凰出版社，2017年，3頁。

這種聯繫更加明顯:“空玄之中,自然妙有。無鞅之衆,勃勃珠口。迎不見前,隨不見後。外物雖變,我法彌久。”這無疑是化用《度人經》中元始天尊於寶珠内講經的神話,來贊美老子的道法與天壤同久[140]。

爲此次儀式,玄宗不僅從長安特派宦官、高道參加,還傳達了“綸音秘旨”。碑文中老子與元始天尊的混同現象,很可能直接出自玄宗的旨意,至少一定不是崔明允自己的杜撰。對此,我們還有兩個旁證。第一,開元時期高道薛幽棲注釋《度人經》,以“元始則元始无終,既湛然常存,故云浩劫之家也”來解釋元始天尊永恒不變的神性[141]。上文已提到,玄宗天寶二年三月下詔將玄元皇帝宫升格爲太清宫,詔書中明確地用“湛然常在,爲道之宗”來定義老子。兩種理解幾乎完全一致,且下詔時間恰在《金籙齋頌》所立的天寶二年十月之前不久。第二,天寶十載杜甫向玄宗進獻《三大禮賦》,在三賦之首的《朝獻太清宫賦》中,詩人這樣描述朝獻隊伍向太清宫進發的過程:“浩劫礨砢,萬山颼飀;欻臻於長樂之舍,嵬入乎崑崙之丘。”[142]“浩劫”出自於《度人經》“三界之上,眇眇大羅。上無色根,雲層峩峩。唯有元始,浩劫之家”,代指元始天尊在大羅天的居所。“長樂之舍”也是古靈寶經中元始天尊教授天真的地方[143]。唐代道經《太上一乘海空智藏經》更直接稱“玉京長樂舍”爲元始天尊的居所[144]。“朝獻”的對象是老子,杜甫却以有關元始天尊的典故描述之,將二者聯繫起來的意圖是很明顯的。其時老子已被尊爲“大聖祖”,獻賦的對象又是玄宗本人,很難想象詩人會對老子的神性自由發揮。這些例子或可反映出,遲至天寶二年三月後的太清宫道教儀式中,老子的神靈形象已開始與道教主流的最高神元始天尊聯繫起來。

這個現象的出現絶非偶然。雖然正統的道教神學體系對老子與元始天尊有

---

[140] 《靈寶無量度人上品妙經》卷一,“於是元始懸一寶珠,大如黍米,在空玄之中,去地五丈。元始登引,天真大神,上聖高尊,妙行真人,十方無極至真大神,無鞅數衆,俱入寶珠之中。天人仰看,唯見勃勃從珠口中入。既入珠口,不知所在。國人廓散,地還平正,無復欹陷。元始即於寶珠之内,説經都竟”,《道藏》第1册,2頁上欄。

[141] 《元始無量度人上品妙經四注》卷三,《道藏》第2册,235頁上欄。

[142] 《杜詩詳注》卷二四,中華書局,1979年,2105—2106頁。

[143] 《太上洞玄靈寶滅度五煉生尸妙經》,“天尊時於長樂舍香林園中,教化七千二百四十童子”,《道藏》第6册,259頁下欄。

[144] 《太上一乘海空智藏經》卷一〇,“爾時,天尊欲隱神光,還於玉京長樂舍中不動之地”,《道藏》第1册,689頁中欄。

嚴格的區分[145],但將二者混同的信仰與實踐同樣源遠流長。早在建立於北魏太和二十年(496)的姚伯多造像記中,就使用過古靈寶經中與元始天尊相關的概念如"真文""梵氣",用以贊美該造像的主神老子[146]。如果説造像記出自普通信衆之手,他們尚不明瞭道教義理、從而混淆了兩種神靈,那麼還有相當數量的道教經書有意識地用義理去解釋二者的同一性。這些經書當中,時代較早的都與化胡有關,且大多散逸,僅保存在敦煌文獻中。

6世紀末成書的《太上靈寶老子化胡妙經》(S.2081)是關於天尊顯現神迹使胡人敬服,又以建齋、立像等方式教化的故事。經末云,"天尊言:此經凡有三名,一名元始大聖,二名老子,三名天尊"[147]。索安對這段話做了很好的解釋。首先,由於本身的神秘及不可知性,"道"在人間的傳授者之形象是不定的,所以無論老子、佛或菩薩,其本質都是"道"的化身。其次,終末論是這部經書成立的重要背景。天尊自言"受命八萬七千歲",又稱"從來至今,以經九萬年",是故經書反映了天尊的最後一次救世。這和以天師道爲代表的道教傳統中老子的形象完全一致。因此,天尊、老子以及元始大聖是同一位神[148]。其他化胡主題之下

[145] 這樣的例子有很多,姑舉其與政治關係最密切者。永隆元年(680),高宗至嵩山逍遥谷,諮詢高道潘師正若干重要的道教神學問題,二人的問答被記録在《道門經法相承次序》中。書以一段有關道教尊經與尊神的簡介開始。其中,潘師正很坦誠地叙述了道教主流的"三洞"理論中,《老子》一書與老子其神的地位:"其老子《道德經》,乃是大乘部攝正,當三輔之經,未入三洞之教。今人學多浮淺,唯誦《道德》,不識真經,即謂'道教起自莊周,殊不知始乎柱下也'。眷言弱喪,深可哀哉!蠡酌管窺,一至於此!何者?老君生於殷末,長自周初,托神玄妙玉女,處胎八十一載,逍遥李樹之下,剖左腋而生,生即皓然,號曰老子,指樹爲氏,因姓李焉。其相也,美眉黄色,日角月懸,蹈五把十,耳有三門,鼻有雙柱。周德既衰,世道交喪,平王三十三年十二月二十五日,去周而度青牛薄輦,紫氣浮關,遂付《道德真經》於關令尹喜。由此明道家經诰,非唯五千。元始天尊,實珠老子,豈唯年代差異,亦自位號不同。"也就是説,元始天尊的地位仍然遠遠高於老子,《老子》一書也不能比擬於三洞尊經的地位。

[146] Stephen Bokenkamp, "The Yao Boduo Stele as Evidence for the 'Dao-Buddhism' of the Early Lingbao Scriptures", *Cahiers d'Extrême-Asie* 9 (1996): 61-62.

[147] 王卡整理點校《太上靈寶老子化胡妙經》,張繼禹主編《中華道藏》第八册,華夏出版社,2004年,210頁上欄。

[148] Anna Seidel, "Le Sutra merveilleux du Ling-pao suprême, traitant de Lao Tseu qui convertit les barbares (le manuscrit S. 2081): Contribution a l'etude du Bouddho-taoisme des Six Dynasties", in Michel Soymie ed., *Contributions aux etudes de Touen-Houang* (Paris, Ecole Frangaise d'Extreme-Orient, 1984), 328-330.

老子天尊的混同現象也能從這個角度理解。出於南北朝末期的《太上洞玄靈寶昇玄内教經》(P.2474)卷八云:"道言:吾亦五氣,周流八極,或號元始,或號老君,或號太上,或號如來,或號世師,或號玄宗。"[149]北周或稍前成書的《靈真戒拔除生死濟苦經》(P.4559+S.793)中以天尊的口吻説道,"若在胡國,稱之恒河沙諸佛;若在漢地,名曰太上老君。在胡在漢,止轉我身"[150]。敦煌文獻S.1857題爲《老子西昇化胡經序説第一》,成書約在開元年間[151]。其中提到天神贊揚老子的十號名,包括太上老君、圓神智、無上尊、帝王師、大丈夫、大仙尊、天人父、無爲上人、大悲仁者、元始天尊[152]。這些不同的神靈均爲"道"在不同時間地域的化現,彼此間是同一的關係,不存在降格或替代的問題。

繼古靈寶經而起的南北朝靈寶類道書,在數量和種類上,都構成敦煌道教文獻中最大的一個部類[153]。其中便不乏將老子冠以天尊名號的例子,如"静老天尊""後聖天尊""靈耀寶藏天尊"等。這些經名雖被冠以"靈寶",但古靈寶經中不僅没有化胡的主題,老子的地位也不甚高。其製造者是利用新興靈寶傳統中的知識,來崇拜老子,進而促成了兩個傳統的融合。其流變下至唐代,在帶有"靈寶"標題的道經中,有部分便明確地以老子之口吻宣教[154]。

先天元年(712)編撰的《一切道經音義妙門由起》是一部道教類書,分爲"明道化""明天尊""明法界""明居處""明開度""明經法"等六類。其中"明天尊"之部節録有關老子的道經多達十數種,包括《三天内解經》《老子襟帶經》《道德經序訣》《樓觀本記》《真誥》《玄妙内篇》《道君列紀》《高上老子内傳》《無上真人内傳》《玄中記》《瀨鄉記》《神仙傳》《出塞記》等,無疑是將老子等同於天尊[155]。這樣的安排事實上深具義理的溝通整合之意。此書序文明言,元始天

[149] 王卡整理點校《太上洞玄靈寶昇玄内教經》,《中華道藏》第五册,102頁下欄。

[150] 王卡整理點校《靈真戒拔除生死濟苦經》,《中華道藏》第四册,312頁下欄。

[151] 劉屹《敦煌十卷本〈老子化胡經〉新探》,《唐研究》第2卷,北京大學出版社,1996年,106頁。

[152] 王卡整理點校《老子化胡經》,《中華道藏》第八册,187頁上欄。

[153] 大淵忍爾《敦煌道經・目録編》,福武書店,1978年,3—10頁;王卡《敦煌道教文獻研究》,中國社會科學出版社,2004年,92—104頁。

[154] Kristofer Schipper and Franciscus Verellen eds., *The Taoist Canon: A Historical Companion to the Daozang*, 3vols (University of Chicago Press, 2005), 1: 517.

[155] 《道藏》第24册,723頁下欄—726頁上欄。

尊與太上老君"應號雖異,本源不殊"。其思想淵源可追溯到南朝後期至隋唐之間,以《太玄真一本際經》爲代表的一系列道教經典化用佛教"三身"的概念,將天尊、道君、老君等神靈用"真身""應身""法身""化身""報身"等統一起來,解釋爲本體及其不同應現[156]。《妙門由起》是由玄宗下令並由學士大臣與諸觀高道共同完成的。這説明最遲至玄宗即位之初,道教内部將老子混同於天尊的暗流便開始浮上檯面,引起官方的注意,並得到政治權力與道教精英的背書。此種關聯似乎也在社會上層産生過一定影響。蘇詵死後,張九齡爲其母寫過一篇《畫天尊像銘並序》的文章,中有"哀而能感,感而能通,極希微而不見,中恍惚其如在。於是欲介景福,將祈太清。因心寓象,命工設色……"之語[157]。以《道德經》習語"希微""恍惚"形容其母感應之神,以"太清"指稱祈福對象,顯然也有意識地將老子等同於天尊。當崇道運動進入高峰,玄宗便有可能借用這一已頗具影響的宗教資源,來改革太清宫的道教儀式。

《金籙齋頌》稱,"因吾道爲天下程,由兹地爲天下式"。我們推測以龍角山玄元宫爲代表的金籙齋吸收了道教關於元始天尊的義理因素,用以强調老子的最高神靈地位。該齋儀向全國的太清宫體系中推廣,與一般的道教金籙齋儀式區别開來。同時或稍後,"朝獻"中的重要儀式技術青詞又被引入,其中既改造了道教章儀的基本機制,又明確地以玄宗所上之尊號致禮老子。在政治力的主導下,太清宫金籙齋定型爲一種與青詞相結合的特殊齋儀。此後,其影響逐漸擴大。唐末楊鉅的《翰林學士院舊規》"道門青詞例"稱,彼時已出現由道士於太清宫外的"某處奉依科儀,修建某道場幾日",而其呈詞對象也變爲"虚無自然元始天尊、太上道君、太上老君、三清聖衆、十極靈仙、天地水三官、五岳衆官、三十六部衆經、三界官屬、玄中大法師、一切衆靈"[158],明顯趨近於傳統道教章儀的請奏對象。這個現象也體現在杜光庭的儀式實踐中。他的《皇太子爲皇帝修金籙齋詞》稱"青詞奏御",《敕醮諸名山大川詞》亦云"敬托青詞"[159],但二者均未以

[156] 王承文《〈隋書·經籍志·道經序〉與道教教主元始天尊的確立》,《唐研究》第8卷,北京大學出版社,2002年,51—53頁。

[157] 《張九齡集校注》卷一七,912頁。

[158] 洪遵輯《翰苑群書》,《叢書集成初編》本,中華書局,1991年,19頁。

[159] 《廣成集》卷四,《道藏》第11册,248頁下欄;卷一二,同書293頁中欄。

老子爲請奏對象,詞文格式也與太清宫青詞大相徑庭。在其宫廷道士生涯的頂峰,杜光庭曾擔任"上都太清宫文章應制"[160],因此不會不瞭解太清宫齋儀的實際情况。將青詞進行改造,並將其引入其他道教儀式的,應當正是那些與杜光庭一樣曾隸屬太清宫的道士。他們有機會接觸宫内的道教儀式,也能明解其原理。經他們之手,青詞從"朝獻"中溝通人神的技術,發展成獨立的道教儀式類型。在這個過程中,以金籙齋爲代表的太清宫道教儀式是其轉變的關鍵環節。

四、餘論

唐初及之前的皇家儀式將老子作爲道教神靈祭祀。在融合南北的道教儀式資源基礎上,政治力量充分利用了北方當地,尤其是樓觀的道團資源,造就了以醮儀祀老子的新傳統。太清宫儀式的邏輯起點則是老子在唐代的新屬性,即如何使得儀式符合老子作爲皇家先祖與道教尊神的特徵。玄宗以"事生之禮"爲理念,揭櫫了儀式改造的序幕。"朝獻"儀式調合了世俗朝儀、道教章儀、醮儀、太廟享禮等多種因素。其最終成立標志着儀式原理與實踐的基本統一,在唐代甚至宋代的政治、禮制、道教等方面均産生了深遠的影響。另一方面,道教儀式、尤其是金籙齋儀,也構成太清宫儀式的重要部分。在遵循道教傳統的同時,其具體實踐也有所變動。齋儀中不僅使用爲"朝獻"儀式發明的青詞,而且老子的形象亦與元始天尊混同起來,成爲齋儀中唯一致禮的最高神。

太清宫儀式的創新性體現在"朝獻"的生成之上。宏觀地看,"朝獻"爲一儒道混合儀式。從微觀的角度分析,其成立之關鍵在於道教醮儀與儒家享禮的銜接。醮與祭本就互通,因爲祭品的象徵意義十分重要,不僅是儀式建立的原理所在,也直接影響儀式的效果。由世俗之醮發展而來的道教醮儀一直含有酒、食這種祭祀中的關鍵因素,以至在醮儀發展爲獨立儀式類型的唐代,時人也往往將"醮""祭"連稱,反映出二者内在原理上的共性。作爲"朝獻"藍本的"時享"中,最重要的是晨祼、饋食節次。同樣,敬獻酒食在醮儀中也有舉足輕重的分量。正

[160] Franciscus Verellen, *Du Guangting* (*850-933*): *Taoïste de Cour à la fin de la Chine Médiévale* (France: Collége de France, 1989), 45.

是對於祭品的重視銜接了兩種儀式類型,而對祭品内容的調整,則僅是技術層面的問題。當素饌代替血牲之後,醮儀的因素就較自然地被吸收在以享禮爲基礎的“朝獻”之中了。

太清宫儀式或具有一定的道教色彩,或本身就是道教的。那麽是否如以前研究所認爲的那樣,包含道教因素的儀式更代表皇帝“私人”和家族的情感、利益呢[161]?首先,從玄宗推進崇道政策的動機來看,爲國家臣民的出發點遠大過於爲私人家族。開元二十九年四月,玄宗曾對侍中牛仙客、中書令李林甫提及“朕自臨御以來,向三十年來,未嘗不四更初起,具衣服,禮謁尊容,蓋爲蒼生祈福也”[162]。五月,他又在詔書中公開了這一點[163]。在天寶改元前,玄宗又兩次宣布過以道教教化社會的目的[164]。其次,“朝獻”儀式樂章的歌詞反映出,時人所理解該儀式的效果主要是增進國家或社會的福祉。如3.2中的“俗登仁壽,化闡蟺涓”,4.1中的“永庇萬方寧”,4.4中“人風齊太古,天瑞叶惟新”,以及6中的“俾寧萬邦,無思不服”。最後,道教齋儀中以皇帝或皇族爲實踐主體的類型,有金籙齋與黄籙齋。但在太清宫的道教儀式中,“調和陰陽,消災伏害,爲帝王國土延祚降福”的金籙齋佔有顯著位置。這些例子或可證明,在唐代政治與禮制實踐之中,道教儀式的功能及影響遠遠地超過了皇帝私人的範疇。

感謝二位匿名審稿人的寶貴意見。本文的一部分曾在2021年11月12日舉行的綫上國際學術研討會“道教儀式與中國社會”報告,白照傑、曹凌、吕鵬志、謝世維諸位先生亦有指正,在此謹致謝意。

[161] David Mcmullen, “Bureaucrats and Cosmology: The Ritual Code of T'ang China”, in David Cannadine and Simon Price eds., *Rituals of Royalty: Power and Ceremonial in Traditional Societies* (Cambridge University Press, 1986), 181-236;吴麗娱《唐宋之際的禮儀新秩序》,267頁。

[162] 《册府元龜》卷五三《帝王部·尚黄老》,561頁。

[163] 《册府元龜》卷五三《帝王部·尚黄老》,“朕纂承寶業,重闡玄猷,自臨御以來,罔不夙夜滌慮凝想,齊心服禮,謁於尊容,未明而畢,事將三十載矣。蓋爲天下蒼生,以祈多福”,562頁。

[164] 《册府元龜》卷五三《帝王部·尚黄老》,“朕每念黎庶,無忘餐寐,冀其家給而足,富而且壽。仙濟之方,莫爲道教”,562頁;卷五四《帝王部·尚黄老》,“朕粤自君臨,載弘道教,崇清净之化,暢玄元之風。庶乎澤及蒼生,時臻壽域”,564頁。

The Confucian and Daoist Rituals Performed at the Taiqinggong in Chang'an during Tang Dynasty

Wu Yang

Although Emperor Huan of Han Dynasty 漢桓帝 was the first emperor who performed imperial rituals to worship Laozi 老子, these rituals were not inherited by monarchs in later dynasties. Emperor Wen of Sui Dynasty 隋文帝 utilized northern local Daoist sources to worship Laozi 老子 in the way of offering (*jiao* 醮) and it was inherited by Emperor Gaozu of Tang Dynasty 唐高祖. Gaozong 高宗 reformed the worship rituals by adopting both Confucian and Daoist style. The Taiqinggong 太清宮 (Palace of Greatest Clarity), established by Xuanzong, was served as both an ancestral temple and a Daoist monastery. The core question of ritual innovation was, however, how to make the ritual(s) better fit the fundamental characteristic of Laozi as the imperial sage ancestor and the supreme Daoist deity. Based on the ancestral offering ritual, Xuanzong established the ritual of *chaoxian* 朝獻 by drawing elements from secular audience ritual, Daoist petition (*zhang* 章) and offering. On the other hand, the golden register retreat (*jinlu zhai* 金籙齋) performed at the Taiqinggong underwent changes as Green Declaration (*qingci* 青詞) was instrumentally served the purpose of delivering the petition. Moreover, the Tang government represented Laozi with elements related to the deity of the Celestial Worthy of Original Commencement (*Yuanshi tianzun* 元始天尊) and worshipped Laozi as the supreme deity. Besides, the reform had a great influence on the later development of Daoist rituals as it helped to elevate the significance of the Green Declaration which developed as an independent Daoist ritual.

《唐研究》第二十七卷
2022 年,245—268 頁

唐前期軍賞機制中"賞功"與"酬勤"的合離*

——兼探軍賞官階對選官秩序的影響

顧成瑞

軍賞是指面向將士和其他軍務輔助人員的賞賜,以褒獎戰功、酬償勤績。所謂"旌勞顯庸,録勤聳善,報之以封爵,寵之以名秩,賚之以金帛,賜之以車服"的衆多軍賞舉措[1],可歸爲官階賞賜和物質賞賜兩種基本類型。一般認爲,唐前期徵兵制下的軍賞以官階賞賜爲主,而後期募兵制下較爲切實的是物質賞賜[2]。其時,有唐一代軍賞實踐中官階與物質組合運用的機制幾經變化,對官僚制度、財政賦役制度有很强的形塑作用。對此進行研究是觀察中古社會向近世社會轉型的一扇窗口。

學界有關唐代軍賞的研究,集中在軍賞所致冗官現象、與財政支出關係兩個維度。前者又包括兩部分:其一,唐前期軍賞濫施造成勳官地位低落、經濟社會特權喪失和衛官、武官冗濫化現象[3]。其二,安史之亂後以職事官酬賞軍功的

* 本文爲教育部人文社科青年項目"官階優免與唐代賦役體系演進研究"(批准號:19XJC770001)、陝西省教育廳專項科研計畫項目(批准號:18JK0753)、中國博士後科學基金第 13 批特別資助項目(2020T130531)階段性成果。

〔1〕 王欽若等編《册府元龜》卷一二七《帝王部·明賞》,影印本,中華書局,1960 年,1518 頁。

〔2〕 參見張國剛《唐代兵制的演變與中古社會變遷》,《中國社會科學》2006 年第 4 期,182—186 頁;賈志剛《唐代軍費問題研究》,中國社會科學出版社,2006 年,50 頁。

〔3〕 有關唐前期軍賞制度實施與勳官制度的變化,可參見傅玫《唐代的勳官》,南開大學歷史系編《祝賀楊志玖教授八十壽辰:中國史論文集》,天津古籍出版社,1994 年,93—107 頁;馬志立《唐代勳官制度若干問題研究》,武漢大學碩士學位論文,2005 年,19—28 頁;金錫佑《唐代百姓勳官考論》,《東方論壇》2004 年第 6 期,89—96 頁;佐川英治《中國中古軍功制度初探》,武漢大學中國三至九世紀研究所編《魏晋南北朝隋唐史資料》第 27 輯,武漢大學人文社會科學學報編輯部,2011 年,69—75 頁;速水大《唐代勳官制度の研究》,汲古書院,2015 年,43—164 頁。有關軍賞推行與衛官、武職事官冗濫的關係,可參見愛宕元《唐代府兵制の一考察——折衝府武官職の(轉下頁)

做法,是與使職差遣體制發展並行使得職事官脱離實際職掌的重要動因〔4〕。後者以李錦繡在研究唐代財政支出方面的梳理最具代表性〔5〕。以上研究都極具價值。不過,將唐代前後期關於軍賞官階各種要素前後貫通起來的觀察,則略顯不足,以至學術史上的不少討論常常局限於制度的某些時段與某些側面,爲後人留下一定的深入空間。如,唐初至武周前後,由按戰功授勳到"年勞賜勳",是否屬於"濫授",其運用邏輯何在? 爲什麽開天之際武職事官會成爲向立軍功者頒授官阶的主體? 軍賞官階對於選官秩序的干擾如何消解?

爲此,本文在已有研究基礎上,嘗試復原唐前期軍賞機制的實施過程,關注其中"賞功"與"酬勤"制度安排的並合與分離,探求其對選官秩序的影響。析言之,筆者將基於律令體制的演進,勾連傳世文獻和出土資料的相關記載,力求釐清軍賞的階段性變化;跳脱"濫賞"之説,在唐代邊防形勢推移、財賦制度調整和兵制嬗替的背景下,揭示"酬勤"新需求的出現及其解決方式的變異。與此同時,關注軍賞實施下唐廷調整官制的思路和舉措,以冀拓寬對於官制演變的理解。本文研究時段"唐前期"的起點爲律令體制定型的太宗貞觀年間(627—649),終點爲安史之亂爆發的玄宗天寶十四載(755)。考察的賞酬對象是在邊境征戰或戍守的兵士。至於唐後期軍賞與官制演變的關係,則另文討論〔6〕。

一、唐初軍賞機制下的勳官頒授及其對選官秩序的牽動

唐代開國之後,繼承周隋以來的府兵制而略加調整,至貞觀十年確立了以折

(接上頁)分析を通して》,中國中世史研究會編《中國中世史研究續編》,京都大學出版會,1995年,173—215頁;賴亮郡《唐代衛官試論》,高明士主編《唐代身份法制研究——以唐律名例律爲中心》,五南出版公司,2003年,275—310頁;吕博《踐更之卒,俱授官名——"唐天寶十載制授張無價游擊將軍告身"出現的歷史背景》,《中國史研究》2019年第3期,96—109頁。

〔4〕參見孫國棟《宋代官制紊亂在唐制的根源》,《唐宋史論叢》,上海古籍出版社,2010年,256—270頁;鄧小南《宋代文官選任制度諸層面》,河北教育出版社,1993年,3—4頁;龔延明《唐宋官、職的分與合——關於制度史的動態考察》,《歷史研究》2015年第5期,94—98頁。

〔5〕李錦繡《唐代財政史稿(上卷)》第三分册,北京大學出版社,1995年,1179—1271頁。

〔6〕參見顧成瑞《唐後期五代宋初勳賞制度述論》,陳峰主編《中國古代軍政研究》,社會科學文獻出版社,2020年,47—65頁。

衛府管理府兵的制度[7]。戰事爆發,則由朝廷調發府兵、徵集兵募,組成行軍應對[8]。戰事結束,行軍解散。兵士戰時的“勤績”可折免賦役,立有“戰功”者被賞以勳官。後者有勳田配給、賦役優免、蔭資、官當等多項特權。其中,勳官的入仕權對於這套機制運行所起支撑作用尤爲關鍵。

(一)令典所涉軍功勳官頒授規定與征遼中的“酬勤”新制

以勳官賞軍功的制度在貞觀年間通過律令修撰而正式確立,並在唐太宗後期和高宗前期系列戰事中得以實施。

唐代勳官制度有一個繼承與整合的過程。其前身是隋代開皇散實官和大業散職。李淵在太原起兵後向長安進軍的途中對投誠軍民授予大業散職[9]。進入長安之後,廢大業律令,改行以開皇律令爲基準而損益的“新格”,大業散職,事實上也就轉换爲開皇散實官了。至武德七年頒新令,唐代勳官名號初步形成,承載開皇散實官、大業散職的功能。貞觀十一年(637)《令》中的《官品令》篇通過對部分名號的調整,確立從武騎尉至上柱國的十二轉勳官制度[10]。此後,勳官在形式上未有再變。根據學界對唐令的復原,有關勳官的頒授、升遷、降黜等相關規定,屬於《軍防令》篇。這也顯示了勳官制度與軍防體制的密切關係。儘

---

[7] 參見《新唐書》卷五〇《兵志》,中華書局,1975年,1324—1325頁。

[8] 參見唐長孺《魏晋南北朝隋唐史三論》,中華書局,2011年,390—398頁;張國剛《唐代兵制的演變與中古社會變遷》,《中國社會科學》2006年第4期,179、180頁;孫繼民《唐前期諸兵員的來源、揀選準則及其分析、比較》,原刊《國學學刊》2012年第2期,後收入同著者《中古史研究彙纂》,天津古籍出版社,2016年,116—130頁。

[9] 參見温大雅撰,李季平、李錫厚點校《大唐創業起居注》卷二,李淵軍隊進入西河時,“仍自注授老人七十已上,通議、朝請、朝散三大夫等官”;打敗宋老生,佔據霍邑時,“其有關中人欲還者,即授五品散官放還”,“其來詣軍者,帝並節級授朝散大夫以上官”,上海古籍出版社,1983年,22、28、29頁。李淵對於有謀臣勸諫授官太濫時説到自己的策略:“不悋爵賞,漢氏以興。比屋可封,唐之盛德。否方稽古,敢不遵行。天下之利,義無獨饗。率士皆貴於我,豈不益尊乎?且皇隋敗壞,各歸於此。雁門解圍之效,東都援臺之勳,在難即許授大夫,免禍則惟加小尉。所以士無鬥志,將有墮心。版蕩分崩,至於今日。覆車明鑒,誰敢效尤。然亦使外寇覬覦之徒,嘗授無過此也。又加官慰撫,何如用兵殺戮?好生任賞,吾覺其優。當以不日而定天下,非卿等小見所及。”同上書,卷二,30頁。

[10] 《舊唐書》卷四二《職官志一》,中華書局,1975年,1806—1808頁。另參陳蘇鎮《北周隋唐的散官與勳官》,《北京大學學報》1991年第2期,29—31頁;王德權《試論唐代散官制度的成立過程》,《唐代文化研討會論文集》,文史哲出版社,1991年,849—857頁;賴亮郡《唐代衛官試論》,295—296頁;速水大《唐代勳官制度の研究》,43—90頁。

管復原條款被推定爲開元七年(719)和開元二十五年《令》文〔11〕,從貞觀以來所秉承的在原有令篇條目内進行調整而不爲原來所無的新制度增入另設條文的原則看〔12〕,它們應源自更早的《貞觀令》。

勳官制度由令典確立後,第一次大規模授勳是在貞觀後期的征遼過程中。此役歷時近兩年,徵調大量士兵,"將士莫不欣然,願從其役,有不預徵名,而請以私裝從軍者,動以千計"〔13〕。"出師命將"出現前所未有的"人心齊一",是由於勳賞的激勵。本次軍賞實施有以下數點突破令典規定,值得措意:其一,對於戰死者給予四級勳官,由子嗣繼承;其二,允許勳官累加;其三,對於未取得戰功的從軍者普遍賜勳一級。後兩點,需稍説明。

〔貞觀〕十九年九月,以舊制勳官十二等,有戰功者隨高下以授之,帝欲隆渡遼之賞,因下詔曰:"授以勳級,本據有功;若不優異,無由勸獎。今討高麗,其從駕爰及水陸諸軍戰陣有功者,並聽從高品上累加。"六軍大悦〔14〕。

此前,將士每次所得勳官是分開的。本次征遼,將士可在已得勳官基礎上累加勳級。换言之,普通兵士可以憑據戰功獲得更快提升。這一做法後來制度化,累加流程見於《司勳格》,"加累勳,須其小勳攤銜,送中書省及門下省勘會,並注毁小勳甲,然〔後〕許累加"〔15〕。據研究,唐格始修於貞觀十一年,再次撰修在永徽二年(651)〔16〕。由此推知,累勳入格應是永徽二年之事。臨時性的恩寵也由此變爲固定制度。

---

〔11〕 參見仁井田陞著,栗勁等編譯《唐令拾遺》,長春出版社,1989年,289—290頁;仁井田陞著,池田温編集《唐令拾遺補》,東京大學出版會,1997年,1158—1161頁;菊池英夫《日唐軍制比較研究上の若干の問題——特に"行軍"制を中心に——》,唐代史研究會《隋唐帝國と東アジア世界》,汲古書院,1979年,339—402頁;速水大《唐代勳官制度の研究》,208—216頁。

〔12〕 參見戴建國《唐宋變革時期的法律與社會》,上海古籍出版社,2010年,103頁。

〔13〕《册府元龜》卷一三五《帝王部·憫征役》,1627頁。

〔14〕《册府元龜》卷六三《帝王部·發號令》,706頁。

〔15〕《唐會要》卷八一《勳》,上海古籍出版社,2006年,1766頁。有關勳官累加,還可參見馬志立《唐前期勳官的授予流程及勳的累加》,武漢大學中國三至九世紀研究所編《魏晋南北朝隋唐史資料》第22輯,武漢大學文科學報編輯部,2005年,110—112頁。

〔16〕 參見樓勁《魏晋南北朝隋唐立法與法律體系》,中國社會科學出版社,2014年,413—417頁。

貞觀二十年班師時發佈詔書,規定“從伐高麗無功者,皆賜勳一轉”〔17〕。這是令文之外的授勳,估計有十萬左右兵士從中獲益〔18〕。有學人認爲這一舉措後被“慣例化”,開啓高宗朝的勳官濫賞〔19〕。這一舉措施行於太宗、高宗兩朝交替時期,針對的是征遼之師。劉仁軌指出“往前渡遼海者,即得一轉勳官”,顯慶五年後不再推行〔20〕。貞觀二十一年遣牛進達、李勣由海陸道攻高句麗,二十二年薛萬徹繼攻,徵兵範圍較廣,永徽、顯慶之際在遼東亦有數役,動員人數稍少〔21〕。高宗朝對遼東大規模用兵是從顯慶五年開始的。賜勳的制度選擇是如何做出的呢?唐初一次行軍作戰短則十幾天,長則數月,一般不會延續一年。參戰府兵可免番上,兵募可折免當年課役。當時衣賜制度尚未確立,兵募需要自辦衣裝和程糧〔22〕。但是,遼役艱苦,參戰兵士被羈留時間已至一年。麟德元年(664)劉仁軌從前綫發回的奏報提到離家一年以上的兵士“衣裳單露,不堪度冬”,返程時資糧也不充足〔23〕。貞觀後期的情況應大體相同。即便未殺敵立功,從軍的代價也遠超被免除的賦役負擔,理應獲得更多補償。此外,太宗君臣對隋末由於征役時吝惜賞賜而致敗亡尚有清醒的認識。唐廷選擇了賜勳而非物質性補償,是出於現實考慮:其一,貞觀時期的財政收入和調撥不足以支撑對於遼役征人的物質性補償;其二,勳官所帶來的收益高於一次性的物質性收益,更利於籠絡軍心。當時内地與遼東間未有顯著的商業物流圈存在,不能藉此供應前綫軍需。官方浮海運輸面臨極高的風險,代價較大,難以囤積軍資,這應是採用賜勳以“酬勤”的重要原因之一。相比之下,唐廷此時在西北的各場戰事,並未如此消耗,不必向無功兵士賜勳。

---

〔17〕 參見《新唐書》卷二《太宗紀》貞觀二十年二月甲午條,45頁。《册府元龜》卷八〇《帝王部・慶賜二》載“詔:遼海人無戰勳者,泛加勳官一級”,925頁。

〔18〕 參見金錫佑《唐代百姓勳官考論》,91頁;速水大《唐代勳官制度の研究》,143頁。

〔19〕 參見速水大《唐代勳官制度の研究》,145—146頁。

〔20〕 《舊唐書》卷八四《劉仁軌傳》,2793頁。

〔21〕 《新唐書》卷二《太宗皇帝紀》貞觀二十一年三月戊子條、二十二年正月丙午條,46、47頁;《舊唐書》卷四《高宗紀上》永徽六年三月條、顯慶三年六月條,74、78頁。

〔22〕 參見李錦繡《唐代財政史稿(上卷)》第三分册,1248頁。

〔23〕 《舊唐書》卷八四《劉仁軌傳》,2794頁。

(二)唐初勳官的入仕機制與實踐中的選闕矛盾

勳官所帶來的收益中,最重要者非"入仕權"莫屬〔24〕。勳官的入仕權到底是什麽?《新唐書・百官志》記載:

> 上柱國以下番上四年,驍騎尉以下番上五年,簡於兵部,授散官。不第者,五品以上復番上四年,六品以下五年,簡如初。再不中者,十二年則番上六年,八年則番上四年。〔25〕

勳官由番上而被簡試授散品〔26〕,再經數年番上方可參加銓選〔27〕。據此,勳官並不能直接銓叙爲職事官。但要注意,《新唐書》未言上述程序存在的時間。劉琴麗從唐人墓誌歸納唐前期軍功入仕情况時,列舉數十個由勳官直接銓選爲職事官的例證,由此指出有關勳官不能直接放選的制度似爲唐高宗咸亨五年後出臺〔28〕。這一推論富有啓發性。實際上,傳世典志相關記述中,也透露了唐初勳官是具備直接參選資格的。顯慶二年(657)主持吏部銓選的劉祥道提出"不簡雜色人即注官是傷濫"的意見。據《通典》注文,"雜色人"爲:

> 三衛、内外行署、内外番官、親事、帳内、品子任雜掌、伎術、直司、書手、兵部品子、兵部散官、勳官、記室及功曹、參軍、檢校官、屯副、驛長、校尉、牧長。〔29〕

概言之,選司要爲包括兵部武散官、勳官在内的諸色人注授職事官。有學者指出這反映了唐初從軍功兵士群體中選拔官吏的取向,並認爲其持續到高宗初年〔30〕。實際推行時間可能更長。儀鳳年間(676—678)魏玄同在論奏銓選之弊時,指出"勳官、三衛、流外之徒,不待州縣之舉,直取之於書判,恐非先行德而後

---

〔24〕 參見張國剛《唐代兵制的演變與中古社會變遷》,183—184頁。

〔25〕 《新唐書》卷四六《百官志一》,1190頁。

〔26〕 按,散官可分爲作爲職事官本品的散官和純粹的散官,或曰散品,參見王德權《試論唐代散官制度的成立過程》,844頁;張國剛《唐代官制》,三秦出版社,1987年,164頁。

〔27〕 參見黄清連《唐代散官試論》,《歷史語言研究所集刊》第58本第1分,1987年,166—172頁。

〔28〕 參見劉琴麗《唐代武官選任制度初探》,社會科學文獻出版社,2006年,50—59頁。

〔29〕 杜佑撰,王文錦等點校《通典》卷一七《選舉五・雜議論中》,中華書局,1988年,403頁。《舊唐書》卷八一《劉祥道傳》載此事在顯慶二年,2750頁。

〔30〕 參見吴宗國《唐代科舉制度研究》,遼寧大學出版社,1992年,21—24頁;吴宗國《唐代官吏的培養和選拔》,同著者《中古社會變遷與隋唐史研究》,中華書局,2019年,903—904頁。

言才之義也”〔31〕。可知,此時勳官身份仍可參選。張鷟《朝野僉載》“以當時人記當時事”,對於研究武周至開元前期歷史有重要價值〔32〕。該書叙述垂拱前後選闕矛盾尖鋭時,提及其時選人中尚有勳官〔33〕。

唐前期軍功勳官入仕的規模和後續遷轉情況如何,雖無量化數據,但可從個案和側面記載略睹。如父、祖未仕的韓仁楷,據墓誌言“纔逾冠歲,便參募旅。永徽元年,從太宗文武聖皇帝討遼,蒙授勳官武騎尉”〔34〕。太宗崩於貞觀二十三年,遺詔“罷遼東之役”〔35〕。誌主可能是次年軍返落實無功賜勳時被授予一轉勳官武騎尉的。誌文續言“既參戎秩,思預文班。二年,選任殿中主事,六年,轉遷登仕郎、行尚書水部主事”。永徽二年,誌主即以武騎尉參選,並得到從九品上的殿中省主事〔36〕。四載考績後,得到正九品上的散官,轉任水部。“既而夷陬逆命,與鄰告急。式遏之道,義在驍雄。其年三月,敕令與中郎將李德武救援新羅,兼行城郭”。此乃永徽六年二月新羅因遭高句麗、百濟等侵略而向唐求援之事。誌主因此前征遼經歷而被臨時徵召。事罷之後,顯慶四年任衛尉寺守宫署令,龍朔三年(663)任相州臨漳縣令,麟德二年任濟州東阿縣令,總章二年(669)遷邢州平鄉縣令,上元三年(676)爲荆州大都督府長林縣令,儀鳳四年(679)卒於官舍。此例説明高宗前期勳官的入仕和遷轉之途是較爲通暢的。祇是韓仁楷無顯赫戰功,所得勳級較低,終未通顯。少習弓馬的婁敬在永徽年間,“青丘道征,蒙授雲騎尉”,龍朔元年“從總管契苾將軍遼東道行,除檢校果毅,至

〔31〕《册府元龜》卷四七三《臺省部·奏議第四》,5651頁,本條時間原繫爲上元中。按,《通典》將此事繫於垂拱中,《通典》卷一七《選舉五·雜議論中》,409頁。二者皆誤。《資治通鑑》卷二〇三《唐紀十九》永淳元年四月丁亥條,記載魏玄同以吏部侍郎拜相,後附載此條,中華書局,1956年,6410頁。《舊唐書》卷八七《魏玄同傳》,“坐與上官儀文章屬和,配流嶺外。上元初赦還,工部尚書劉審禮薦玄同有時務之才,拜岐州長史。累遷至吏部侍郎,玄同以既委選舉,恐未盡得人之術,乃上疏曰……”2849頁。這裏的“岐州長史”,應爲岐州刺史,時間爲儀鳳初,參見郁賢皓《唐刺史考全編》,安徽大學出版社,2000年,149頁。

〔32〕趙守儼《朝野僉載〈點校説明〉》,張鷟著,趙守儼點校《朝野僉載》,中華書局,1979年,3—4頁。

〔33〕張鷟著,趙守儼點校《朝野僉載》卷一,6頁。

〔34〕闕名《大唐故荆州大都督府長林縣令騎都尉昌黎韓君(仁楷)墓誌銘》,吴鋼主編《全唐文補遺》第二輯,三秦出版社,1995年,275頁。

〔35〕《資治通鑑》卷一九九《唐紀十五》貞觀二十三年五月壬申條,6268頁。

〔36〕《舊唐書》卷四四《職官志三》,1863頁。

平壤城鐵山陣,賞緋袍銀帶,授游擊將軍”。誌主乾封二年卒於遼東前綫〔37〕。這是當時以軍功而升至五品官的例證。

顯慶《姓氏録》則從側面反映了這一時期勳賞機制實施的效果。顯慶四年修改貞觀十二年所頒《氏族志》爲《姓氏録》時〔38〕,定下標準,“皇朝得五品官者,皆升士流”,結果“兵卒以軍功致五品者,盡入書限”,引起舊族不滿。《姓氏録》由此被稱爲“勳格”〔39〕。這裏的“五品官”理應是包含五品的職事官、散官和比五品的勳官。以勳官銓入職事官並遷至五品的,如前文的婁敬,應大有人在。

貞觀以來軍賞勳官大量頒賜,給選官機制的運行帶來衝擊。無論是顯慶二年劉祥道奏議,還是儀鳳年間魏玄同上疏,都提到銓選中遇到的難題——待選人數多與“官闕”少的矛盾。選人增擴主要源頭即軍賞勳官。爲此,他們提出以加大銓試難度,限制包括“勳官”在内的“雜色入流”數量,給科舉入仕者以更大空間。這些建議並未立即被採納。朝廷調節舉措除了爲學界所熟知的由裴行儉等人創立的“長名牓”等“繁設等級、遞差選限”相關制度外〔40〕,紓解“雜色入流”困境的辦法就是減少新的軍賞勳官授予,以減少待選勳官,此點尚未引起學界足够注意,略考如下。這一思路的運用早於總章二年(669)“長名榜”的推出。劉仁軌麟德元年奏疏提到當時遼東戰場上募兵孱弱、士氣低,與之前“人人投募,争欲征行,乃有不用官物,請自辦衣糧,投名義征”的情形迥異。他轉述訪聞士卒所得回復如下:

> 今日官府,與往日不同,人心又别。貞觀、永徽年中,東西征役,身死王事者,並蒙敕使弔祭,追贈官職,亦有迴亡者官爵與其子弟。從顯慶五年以後,征役身死,更不借問。往前渡遼海者,即得一轉勳官;從顯慶五年以後,頻經渡海,不被記録……顯慶五年,破百濟勳,及向平壤苦戰勳,當時軍將號

〔37〕 闕名《大唐故右驍衛游擊將軍安義府右果毅都尉上柱國婁君(敬)墓誌銘》,吴鋼主編《全唐文補遺》第五輯,三秦出版社,1998年,141—142頁。

〔38〕 《舊唐書》卷三《太宗紀下》,49頁。

〔39〕 《舊唐書》卷八二《李義府傳》,2769頁。《資治通鑑》卷二〇〇《唐紀十六》顯慶四年六月丁卯條,6315頁。

〔40〕 《新唐書》卷四五《選舉志下》,1175頁。

令，並言與高官重賞，百方購募，無種不道。洎到西岸，唯聞枷鎖推禁，奪賜破勳，州縣追呼，求住不得，公私困弊，不可言盡……又爲征役，蒙授勳級，將爲榮寵；頻年征役，唯取勳官，牽挽辛苦，與白丁無别。百姓不願征行，特由於此。[41]

劉仁軌提及當時除對戰死者撫恤標準降低外，勳賞的變化主要有三點：其一，不再實行“酬勤”賜勳；其二，返程中士卒的戰功授勳被剥奪；其三，相關州縣在派役時，不再給勳官優免權。上述變動體現的是吏部和州縣的意志。前者是爲了限制選人群體的擴大，後者是爲保持賦役基礎。顯慶五年蘇定方討伐百濟時率“水陸十萬”[42]，龍朔元年（661）正月增兵伐高麗時“募河南北、淮南六十七州兵，得四萬四千餘人”[43]，龍朔二年鎮守百濟的劉仁願“奏請益兵，詔發淄、青、萊、海之兵七千人以赴熊津”[44]。這些兵數顯然爲授勳的部門掌握。他們預見到大規模授勳，會讓銓選癱瘓，遂加限制，停止了對征遼兵士的“酬勤賜勳”，壓縮戰功勳官頒授。麟德二年，遠在帝國西陲的西州前庭府衛士左憧憙參與西域道行軍救援于闐[45]，也未得授勳官[46]。可知當時征行兵士獲勳殊爲不易。儀鳳三年太學生魏元忠上封事也提及這一點，“自蘇定方定遼東，李勣破平壤，賞絶不行，勳仍淹滯，數年紛紜，真僞相雜，縱加沙汰，未至澄清”[47]。唐代授勳程序是先由前方軍將開具立功公驗給士卒，並將所有立功者登録在勳簿上呈。由兵部和司勳根據賞格授勳，都省勾檢，下發勳告[48]。顯慶五年以來尚

〔41〕《舊唐書》卷八四《劉仁軌傳》，2792—2793頁。

〔42〕《資治通鑑》卷二〇〇《唐紀十六》顯慶五年三月辛亥條，6320頁。

〔43〕《資治通鑑》卷二〇〇《唐紀十六》龍朔元年正月乙卯條，6323頁。

〔44〕《資治通鑑》卷二〇〇《唐紀十六》龍朔二年七月丁巳條，6330頁。

〔45〕參見榮新江《新出吐魯番文書所見西域史事二題》，北京大學中國中古史研究中心編《敦煌吐魯番文獻研究論集》第5輯，北京大學出版社，1990年，345—352頁；陳國燦《唐麟德二年西域道行軍的救于闐之役》，《魏晋南北朝隋唐史資料》第12輯，武漢大學出版社，1993年，27—33頁。

〔46〕參見吕博《唐西州前庭府衛士左憧憙的一生》，《唐研究》第24卷，北京大學出版社，2019年，428頁。

〔47〕《舊唐書》卷九二《魏元忠傳》，2950頁；《資治通鑑》卷二〇二《唐紀十八》儀鳳三年九月條，6387頁。

〔48〕參見朱雷《跋敦煌所出〈唐景雲二年張君義勳告〉——兼論勳告制度淵源》，同著者《朱雷敦煌吐魯番文書論叢》，上海古籍出版社，2012年，259—261頁；馬志立《唐前期勳官的授予流程及勳的累加》，107—109頁。

書省對於軍勳真僞多有疑慮而停授。州縣則將返替士兵手中的立功"公驗"奪回。

劉仁軌作爲前綫將領,深曉其中利害,反對勳賞停擺的做法。魏元忠也認識到這點,"中才之人不識大體,恐賞賜勳庸,傾竭倉庫,留意錐刀,將此益國"〔49〕,結果致使軍無鬥志、喪師失地。

一言之,從顯慶五年至儀鳳三年的近二十年間,唐廷爲舒緩銓選壓力,縮減對於軍賞勳官的頒授,出現"近日征行,虚有賞格而無其事"的情況。

二、高宗後期至玄宗前期的"年勞賜勳"與"賞功"新探索

顯慶五年以來勳賞實施的停滯狀態,在高宗後期得以扭轉。大約同時,還確立了針對邊州長鎮兵的年勞賜勳制度。勳官群體進一步擴大,獲勳等級升高,入仕權消解。唐廷對戰功軍賞機制又進行新的探索。

(一)征戰勳官頒授的恢復

勳賞問題受到當時朝野上下的關注,上元元年(674)武則天進號"天后",提出自己的政治主張"建言十二事"。其中,第十條就是"上元前勳官已給告身者無追核"〔50〕。這是武后收攏人心之舉,一定程度上呼應了社會關切〔51〕。關於這十二條建議,唐高宗"略施行之"〔52〕。魏元忠在此基礎上建議按照賞格對兵士酬勳。史載唐高宗覽奏後"善其言"〔53〕。

有關此議施行情況,有這一時期造像題記爲證。近來河北南宫後底閣遺址出土以韓善行爲首的同一批士兵在龍朔三年、調露元年(679)出征遼東前所作造像題記。首次參與造像的四十人中僅有勳官兩人:一人爲隊首雲騎尉韓善行,一人未注明勳級。再次造像時,施主都擁有從騎都尉至上柱國等中高

---

〔49〕《舊唐書》卷九二《魏元忠傳》,2949—2950頁。

〔50〕《新唐書》卷七六《后妃傳上》,3477頁。

〔51〕吴宗國《論武則天的建言十二事》,同著者《中古社會變遷與隋唐史研究》,84—90頁。

〔52〕《新唐書》卷七六《后妃傳上》,3477頁。

〔53〕《資治通鑑》卷二〇二《唐紀十八》儀鳳三年九月條,6388頁。

等級的勳官[54]。這一群體勳級的提升,應是落實包括征行賜勳在内的賞勳制度的印證。

武后“建言十二事”發生在上元元年十二月,距咸亨五年(674)八月改元不久,而當年二月關於晋陽起兵後所授散實官比對貞觀勳官品秩的規定出臺,讓其與貞觀之後頒授的同名散官不至於混淆。這就是爲應對當時勳官、散官品秩相同,實際地位、權益已經不同的局面。《舊唐書·職官志》在比品之後説,“自是已後,戰士授勳者動盈萬計……據令乃與公卿齊班,論實在於胥吏之下”[55]。這也反映了恢復授勳機制的效果。授勳群體的擴大,則還與“年勞賜勳”制度有重要關聯。

(二)對長鎮兵的“年勞賜勳”與軍功賞賜升級

高宗中後期帝國在西北、東北邊境的軍事態勢由攻轉守。邊州在原有負責警備烽火而由少數防人輪替執勤的鎮戍外,設立軍鎮。駐守軍士起先是由府兵和兵募組成,後擴展到防人[56]。鎮兵規模較大,原是每年一替,在鎮期間折免課役。後來在鎮時間加長,數年一替。儘管資糧和軍衣已由財政支出[57],在鎮者負擔依舊沉重。因此,向久在軍鎮的士卒賜勳,成爲一種補償方式。

據吐魯番文書《唐上元二年府曹孝通牒爲文峻賜勳事》可知,當時已有“鎮

[54] 有關遺址出土文物基本情况、造像記録文和造像記所反映的唐朝與半島東鄰關係等問題,可參見河北省文物考古研究所等《河北南宫後底閣遺址發掘簡報》,《文物》2012年第1期,19—32頁;朱建路《河北南宫後底閣村唐代佛教造像題記考釋》,《中國國家博物館館刊》2017年第4期,93—99頁;郭曉濤《河北後底閣遺址出土造像題記中所見唐東征史事考》,《唐都學刊》2016年第5期,18—23頁。新近于春等《初唐佛教造像題記中的征遼軍旅》一文公佈了調露元年完整的造像題記,《常州文博論叢》第6輯,文物出版社,2020年,116—117頁。

[55] 《舊唐書》卷四二《職官志一》,1808頁。

[56] 參見菊池英夫《節度使制確立以前における“軍”制度の展開》,《東洋學報》第44卷第2號,1961年,54—85頁;唐長孺《魏晋南北朝隋唐史三論》,399—411頁;孟彦弘《唐前期的兵制與邊防》,《唐研究》第1卷,北京大學出版社,1995年,245—276頁。

[57] 據李錦繡的研究,唐開元年間的軍費支出中有軍資賜,具體又包括行賜、時服、别支賜及賞賜四種,行賜是解决兵募、健兒往返程糧衣裝的,時服是供應兵募、健兒在軍期間的着裝的,别支賜是針對防丁着裝的(給賜額度要少於時服),賞賜是臨時性的。這一時期各類兵士所得的物賜在供應自身日常所需外,剩餘不多。參見同著者《唐代財政史稿(上卷)》,1242—1257頁。

滿十年,賜勳兩轉”敕文規定,且在西州已得到執行〔58〕。敦煌文書《唐景雲二年(711)張君義勳告》提到久視元年(700)六月廿八日敕規定“年别酬勳一轉”〔59〕。有學者就此指出至晚在久視元年已有長鎮兵每年酬勳一轉的制度,至玄宗朝予以沿用〔60〕。不過,這一制度可能僅適用於磧西等部分邊軍,且是否連續實施也難斷言。中宗神龍元年(705)的即位赦書提到軍鎮兵士“先取當土及側近人,仍隨地配割,分州定數,年滿差替,各出本州。永爲格例,不得逾越”〔61〕。這是一般性的原則規定,未考慮到磧西諸軍很難從當地募集到足額兵士的情況。實際上,與張君義同甲授勳者共有 263 人,他們籍貫分佈廣泛,不僅有河西、隴右、關内諸州,還有河東、河北、河南和江淮等地區〔62〕。這些人在鎮時間可能像張君義一樣已滿四年。

開元五年的一道敕文在邊州鎮兵的取替安排上有了地域區分:

> ……是乃選徒興役,禦寇備邊,欽若前載,率由兹道……每念征戍,良可矜者。其有涉河渡磧,冒險乘危,多歷年所,遠辭親愛,壯齡應募,華首未歸,眷此勞止,期於折衷。但磧西諸鎮,道阻且長,數有替易,難於煩擾,其鎮兵宜以四年爲限,散之州縣,務取富户丁多,差遣後量免户納雜科税。其諸軍鎮兵,近日遞加年限者,各依舊以三年二年爲限,仍並不得延留。其情願留鎮者,即稍加賜物,得代願往,聽令復行。〔63〕

這道敕文是爲改變鎮兵“壯齡應募,華首未歸”的狀況。其舉措可分爲三個方面:一、在鎮年限,磧西諸鎮爲四年,其餘諸州軍鎮爲三年、二年;二、鎮兵的征募與待遇,磧西諸鎮取“富户丁多”者,除本丁課役外,免户内雜泛差科;三、對於自願留鎮者在軍資衣糧外,“稍加賜物”。從中或可推測,普遍化地向軍鎮兵士賜

---

〔58〕 文書編號爲 65TAM346:2,載唐長孺主編《吐魯番出土文書(叁)》,文物出版社,1996 年,262 頁。

〔59〕 録文參見朱雷《跋敦煌所出〈唐景雲二年張君義勳告〉——兼論“勳告”制度淵源》,《朱雷敦煌吐魯番文書論叢》,261—262 頁。

〔60〕 馬志立《唐代勳官制度若干問題研究》,19 頁。

〔61〕 宋敏求編《唐大詔令集》卷二,中華書局,2008 年,7 頁。

〔62〕 參見榎一雄主編《講座敦煌 2・敦煌の歷史》,由菊池英夫執筆之“盛唐的河西與敦煌”一節,大東出版社,1980 年,156—159 頁。

〔63〕 《册府元龜》卷一三五《帝王部・憫征役》,1628 頁。

勳,當時還未推行。開元九年的一道敕文提到年滿返鄉後的兵募還有賦役負擔[64],也從側面反映了當時兵募並没有普遍得到賜勳。他們日常所得的衣糧也不多。儘管開元前期已確立“去給行賜,還給程糧”原則,實際上在軍耗費大,不少年滿替返者“食不充腹,衣不蔽形,馱募什物,散落略盡”[65]。

軍鎮兵募負擔沉重,補替越來越難。朝廷衹好延長在鎮年限,將之前存在於磧西軍鎮的“酬勤賜勳”制度全面推行。開元十六年詔定各道長鎮兵“分爲五番,每一年放一番洗沐,遠取先年人爲第一番,周而復始,每五年共酬勳五轉”[66]。據之,當時國家設計的最低在鎮和往返年限爲五年。實際上,現實中多是延長留鎮時間。開元二十三年的一道敕書中提到爲應對突騎施蘇禄的犯邊,朝廷要求牛仙客從河西向安西增兵五千人,與“十八年安西應替五千四百八十人”,組成應戰部隊[67]。可知安西的這批兵募已在年限之外留鎮了五年。按照年别酬勳一轉的規定,這些兵募應至少得到十轉勳官了。

既然高宗後期以來,向軍鎮兵士年勞賜勳制度逐漸推及,那麽對戰功賞賜就應在原有基礎上有所提高。

《唐六典》記載了這一時期戰功等級的評定標準,包括戰役定性和一場戰役中將士戰功等級。戰役定性分爲牢城苦戰和破城、陣戰兩種,後者又根據敵我兵力對比和斬獲數量分爲九個等級。戰士在一場戰役中的戰功等級分爲三等。將這些要素相結合,可對兵士軍功分别授予從五轉到一轉的勳官。此外,一場破城、陣戰役中,“臨陣對寇,矢石未交,先鋒挺入,賊徒因而破者”,評爲跳蕩功;“先鋒受降者”評爲降(殊)功。這兩種軍功所受酬賞要更高。由於先鋒作戰的,往往包括各級軍將,可能已有官資,他們立下這兩種軍功後會得到加階任職事官的優待。普通兵士立下這兩種軍功後也能得到放選或常勳外加轉的待遇[68]。這些應是開元《軍功格》内容。李德裕在唐武宗會昌年間將開元《軍功格》作爲

[64] 《册府元龜》卷六三《帝王部·發號令》,709頁。

[65] 《册府元龜》卷一三五《帝王部·憫征役》,1629頁。

[66] 同上。

[67] 張九齡撰,熊飛校注《張九齡集校注》卷一二《敕河西節度副大使牛仙客書》,中華書局,2008年,671頁。

[68] 李林甫等撰,陳仲夫點校《唐六典》卷五《尚書兵部》兵部郎中員外郎條,中華書局,1992年,160—161頁。

修訂軍賞標準的底本[69]。從中可知,當時跳蕩功和先鋒殊功評定有人數限制,“跳蕩功,破賊陣不滿萬人,所叙不得過十人;若萬人以上每一千人聽加一人。其先鋒第一功,所叙不得過二十人;第二功,所叙不得過四十人”。據此,開元前期,由戰功直接得到職事官或放選的人數是相當有限的。

開元《軍功格》應是據此前軍功授勳基本制度損益而來。《乾封二年(667)郭毡醜勳告》提到募人郭某經歷三場陣戰,每場各得勳官三轉,最後得到九轉的護軍[70]。《唐永淳元年(682)氾德達飛騎尉告身》《武周延載元年(694)氾德達輕車都尉告身》是氾德達因戰功而授勳[71]。《唐開元四年制授李慈藝上護軍告身》是一件原件告身,是沙州白丁李慈藝參與北庭都護郭虔瓘率領的抵禦突厥默啜之子同俄入侵之役立功所得。其内容比前述抄件告身豐富,有當次授勳的485人的户籍情況[72],反映了當時一次戰功授勳的大體規模。以上反映了高宗後期以來“賞功”授勳尺度的提高。這實際上又是受以勳官“酬勤”機制的抬升。當開元前後,向長鎮兵賜勳後,勳官累積變得更爲容易,開創授勳之外的“賞功”方式就越顯得必要了。

從武周時期開始,一度又有章服賞功的舉措。其出現過程及在軍賞制度中的地位,前人措意不多,略述如下。據制,三品服紫並配金魚袋,五品服緋配銀魚袋,六至七品服緑無魚袋。未至相應品級時,可以借服或賜服。軍功賞賜就是其中一途。萬歲通天元年(696)陳子昂出任武攸宜軍府的參議,前去討契丹李盡忠、孫萬榮之叛。他提出從“國家比以供軍,矜不點募”的山東地區招募富室强宗子弟三萬人入軍,並準備“紫袍、緋袍、緑袍、金帶、牙笏、告身,金銀器物”共兩

〔69〕 李德裕撰,傅璇琮、周建國校箋《李德裕文集校箋》,中華書局,2018年,366—368頁。

〔70〕 文書編號65TAM346:1,唐長孺主編《吐魯番出土文書(叁)》,260頁。

〔71〕 文書編號分别爲68TAM100:4,68TAM100:1,載唐長孺主編《吐魯番出土文書(叁)》,404—405、407頁。文書涉及的相關史事可參吴震《從吐魯番出土“氾德達告身”談唐碎葉鎮城》,《文物》1975年第8期,13—14頁;文欣:《吐魯番新出唐西州徵錢文書與垂拱年間的西域形勢》,《敦煌吐魯番研究》第10卷,上海古籍出版社,2007年,153—154頁。

〔72〕 有關李慈藝告身的發現、收藏和研究情況,可參小田義久撰,乜小紅譯《關於德富蘇峰紀念館藏“李慈藝告身”的照片》,《西域研究》2003年第2期,27—36頁;陳國燦《〈唐李慈藝告身〉及其補闕》,《西域研究》2003年第2期,37—43頁。有關文書所反映的史事,還可參王國維《唐李慈藝授勳告身跋》,王國維著,彭林整理《觀堂集林》卷一七,河北教育出版社,2003年,434—436頁。

千件作爲軍賞賜物[73]。可知當時已經有服色賞功的動議了。開元二年的一道敕文提到當時諸軍鎮中已經有不少“借緋及魚袋者”。爲此,敕文要求嚴格規範、杜絶濫賞[74]。十年之後又加以重申[75]。日本有鄰館文書第12號《唐敕瀚海軍經略大使下馬軍行客石抱玉牒》、第32號《唐某人計等賞戰功抄件》,據研究是開元十五年左右瀚海軍士兵的立功公驗[76]。後者顯示該戰士以“斬賊首一,獲馬一疋”和“鞍一具,弓一張,排一面,槍一張,箭十支”的戰績被“注殊功第一等賞緋魚袋”。殊功第一等所得賞賜應比一般的勳賞要高,在不加階或遷官的情況下,賜章服是一個選項[77]。開元十七年對率衆擊破吐蕃的瓜州刺史墨離軍使張守珪、沙州刺史賈思順賜紫,並要求“其立功人叙録具狀奏聞,必須據實,勿使逾濫”,給予相應章服賞賜[78]。

章服賞功相比於酬勳等級要高,但是不會産生額外的特權配置,不增加官僚體制的運行成本。因此,其在一定時期内起到了在勳官頒授擴展情況下的軍功激勵作用。

繼之,勳官的特權如何兑换,也成爲武周前後律令體制調整所要考慮的問題。暫不説勳田難以獲得,入仕權也因遭遇各種“門檻”而漸顯“虚化”。據史睿研究,唐調露二年(680)年已推行了全國範圍内的官職闕員統計,開耀元年(681)確立以選格調節當年選人與闕員比例的制度[79]。因此,限制勳官入仕的

---

[73] 陳子昂撰,徐鵬點校《陳子昂集》卷八《上軍國機要事》,上海古籍出版社,2013年,201—204頁;《資治通鑑》卷二〇五《唐紀二十一》萬歲通天元年九月條,6507頁。

[74] 《唐會要》卷三一《輿服上》,“魚袋”條,677頁;《册府元龜》卷六〇《帝王部·立制度》,671頁。

[75] 《册府元龜》卷六〇《帝王部·立制度》,671頁。

[76] 參見劉安志《唐代安西、北庭兩任都護考補——以出土文書爲中心》,《武漢大學學報》2001年第1期,64—65頁。有鄰館文書最早由饒宗頤、藤枝晃先生介紹並録文刊佈,本書所引兩件文書録文據劉先生的這篇文章。

[77] 唐代開元前期,朝廷對於軍功加階或職事官遷轉嚴格限定。開元四年隴右節度使郭虔瓘奏請將其有戰功的親隨八人除爲五品的游擊將軍。該請求被敕文批准,却被宰相盧懷慎以“亂綱紀”爲由駁回。參見《資治通鑑》卷二一一《唐紀二十七》開元四年正月乙酉條,6715頁。開元四年底宋璟拜相後,對呈獻默啜頭顱而自以爲立下“不世之功”的郝靈荃“痛抑其賞,逾年始授郎將”。參見同書同卷開元四年十二月閏月己亥條,6724頁。

[78] 《册府元龜》卷一二八《帝王部·明賞》,1534頁。

[79] 參見史睿《唐代前期銓選制度的演進》,《歷史研究》2007年第2期,32—37頁。

條法應在此後相繼推行。神功元年(697)有關雜色出身人遷轉限定規定裏就有勳官、品子出身者"不得任京清要等官"〔80〕。至開元年間出現了《新唐書·百官志》中的勳官番上、納資和在兵部簡試授散官的制度。勳官入仕之途艱難,還可以從敦煌文書 P.4978《開元兵部選格殘片》所見的軍鎮勳官參選安排看出:

1.]

2. 節度管内諸軍健兒,其中所有勳官□□

3. 諸色有資勞人及前資、常選□□□□□

4. 勞考,每年爲申牒所田(由?),並先在軍經□□

5. 已上,有柱國、上柱國勳者,准勳官□滿□

6. 聽簡試。十五年已上者,授武散官。兩個上柱

7. 國已上者,放選。各於當色量減次上定留放。

8. 其中有先立戰功,得上柱國勳,長征□□□

9. 軍由分明者,免簡聽選。餘依本條〔81〕。

該選格性質,據劉俊文考證爲開元十九年刪定的格後長行敕一部分〔82〕。它針對常年在軍鎮戍守的兵士,要求其以柱國、上柱國賜勳積資參加簡試,通過後再參加銓選。他們若屢試不第,歷經十五年後,可以直接被授予武散官。這遠超《新唐書·百官志》所規定的番期四年。祇有當兵士累積到兩個上柱國時纔能放選職事官。由戰功獲得上柱國者例外。這表明開元之後大部分軍賞勳官與入仕無緣。至此,勳官的實際日常功用僅爲優免賦役了。這對於鎮兵在結束戍邊返鄉後仍具價值。不過,總體上看,勳官之於軍中賞功的意義已不大。

三、玄宗後期"賞功""酬勤"的實踐分離與武職事官階官化

唐玄宗開元二十五年確定邊州軍鎮兵士不再輪替而由招募健兒長充的制度,所謂的職業邊軍形成了。與之相伴的是兵士日常待遇和賞功制度的變化。

〔80〕《通典》卷一五《選舉三·歷代制下》,364 頁。

〔81〕劉俊文《敦煌吐魯番唐代法制文書考釋》,中華書局,1989 年,301—302 頁。

〔82〕劉俊文《敦煌吐魯番唐代法制文書考釋》,303 頁。

(一)職業邊軍成立與"酬勤""賞功"的分離

軍制變化發生的開元二十五年五月間,十天之內有三道相關的詔敕頒佈,昭示了制度調整的邏輯。先是五月乙亥針對兵募逃死者多的情況,要求"自今已後,每致交兵之時,令御史分住諸軍,與節度使計議,簡括奏聞"〔83〕。次日整頓軍中章服"功賞"狀況,"緋紫之服,班命所崇,以賞有功,不可逾濫。如聞諸軍賞借,人數甚多,曾無甄別,是何道理? 自今已後,除灼然有戰功,餘不得輒賞"〔84〕。可知在勳官之上的"章服"賞功之舉也難以爲繼。接着,七日後新兵制推出,"令中書門下與諸道節度使量軍鎮閑劇利害,審計兵防定額,於諸色征人及客户中召募丁壯,長充邊軍,增給田宅,務加優恤"〔85〕。

職業邊軍的招募任務很快完成,開元二十六年的正月制書提到在"賜其厚賞,便令長往"的導向下,"今諸軍所召,人數向足",由内地派兵募、丁防的舊制不再執行〔86〕。主其事的李林甫在稍後撰成的《唐六典》中記注這一變革,職業邊軍"每年加常例給賜,兼給永年優復;其家口情願同去者,聽至軍州,各給田地、屋宅",結果"人賴其利,中外獲安"〔87〕。這當然有誇大成分,不過,兵防的主體已成爲職業兵則無疑義。

職業邊軍得到"賜其厚賞""加常例給賜"等待遇,相比於此前數年輪替兵募所得的賜勳和折免賦役更優厚。能如此乃是由於當時財政狀況的好轉,尤其是開元後期以來客商運輸、和糴等商業機制在邊地軍資供應方面所起作用。據荒川正晴的考察,開元二十五年以後,通過和糴來確保兵糧的做法已經盛行起來,作爲職業邊軍薪餉的軍資布帛需求量就達到了巨額數字,僅在河西每年從内地州縣送去的布帛就有 180 萬疋之多,較之 7 世紀時每年數萬匹水準是飛躍性的增長〔88〕。此外,這一時期仍存在向兵士賜勳的制度。P.2547P1《敦煌郡張懷欽等告身》是一件天寶初期向瀚海軍兵士張懷欽等人頒授勳官騎都尉的告身殘

---

〔83〕《册府元龜》卷六三《帝王部·發號令》,711 頁。

〔84〕《册府元龜》卷六〇《帝王部·立制度》,672 頁。

〔85〕《資治通鑑》卷二一四《唐紀三十》開元二十五年五月癸未條,6829 頁。

〔86〕《册府元龜》卷一三五《帝王部·憫征役》,1630 頁。

〔87〕《唐六典》卷五《尚書兵部》,兵部郎中、員外郎條,157 頁。

〔88〕荒川正晴著,樂勝奎譯《關於唐向西域輸送布帛與客商的關係》,《魏晋南北朝隋唐史資料》第 16 輯,1998 年,342—353 頁。

件。據此,有來自敦煌郡、西河郡、京兆府等地共500人獲勳。S.3392《唐天寶十四載騎都尉秦元告身》明確提到這是"以勤征戍"的年勞賜勳[89]。騎都尉爲第五轉勳官,此應是由開元十六年所制定的"每五年共酬勳五轉"制度繼續實行所得。此時兵士已是沒有賦役負擔的職業軍人,從勳官身份上獲取的賦役優免權也無實際意義。可能由於這層原因,兩件告身原件都被兵士遺落。由此可知,這一時期,有"酬勤"之功效的是給賜物質,而非賜勳。

職業邊軍制度成立後,"賞功"官階轉變爲頒授武職事官。杜佑在《通典·兵·序》有一段頗具慧識的述論:

> 開元二十年以後,邀功之將,務恢封略,以甘上心,將欲蕩滅奚、契丹,翦除蠻、吐蕃,喪師者失萬而言一,勝敵者獲一而言萬,寵錫云極,驕矜遂增。哥舒翰統西方二師,安禄山統東北三師,踐更之卒,俱授官名;郡縣之積,罄爲禄秩。[90]

這段話强調從開元後期開始,邊將虚報軍功的情况非常嚴重,結果出現了兵卒俱授官名而俸禄開支擴張的情形。《通典》在此自注,"開元初,每歲邊費約用錢二百萬貫,開元末已至一千萬貫,天寶末更加四五百萬"。賞功授官情况爲:

> 按兵部格,破敵戰功各有差等,其授官千纔一二。天寶以後,邊帥怙寵,便請署官,易州遂城府、坊州安臺府别將、果毅之類,每一制則同授千餘人,其餘可知。雖在行間,僅無白身者。關輔及朔方、河、隴四十餘郡,河北三十餘郡,每郡官倉粟多者百萬石,少不減五十萬石,給充行官禄。暨天寶末,無不罄矣。糜耗天下,若斯之甚。[91]

天寶年間軍賞官爵的基本依據仍是開元兵部軍功格。但是,邊帥呈報的軍功中殊功居多,出現了受賞人數多、授官品級高的現象。賞功官階主體升格爲武職事官,尤其是折衝府武官,出現軍中"人人有官"的情形。這些以軍賞獲得職事官

---

〔89〕 兩件文書圖版參見上海古籍出版社、法國國家圖書館編《法藏敦煌西域文獻》(15),上海古籍出版社,2001年,278頁;中國社會科學院歷史研究所等編《英藏敦煌文獻》第5卷,四川人民出版社,1992年,66—68頁;文書録文參見唐耕耦、陸宏基《敦煌社會經濟文獻真迹釋録》第4輯,全國圖書館文獻縮微複製中心,1990年,285—288頁。第二件的秦元告身的最新録文,參見中村裕一《唐代公文書研究》,汲古書院,1996年,120—121頁。

〔90〕《通典》卷一四八《兵·序》,3780頁。

〔91〕 同上。

而仍勒留邊軍中的兵卒,被稱爲“行官”[92]。他們所領取俸料,是當時軍費的一大筆開支,由臨近官倉供應。對於這一重大歷史現象,吕博以吐魯番文書《唐天寶十載制授張無價游擊將軍官告》所見張無價以軍功提升品級任折衝都尉員外置同正員的經歷給予印證[93]。本文在此基礎上討論折衝府官爲代表的武職事官成爲天寶年間軍賞官職選項的歷史邏輯。

(二)邊軍“賞功”實踐與武職事官階官化

職業邊軍成立後,實施軍功賞賜的基本依據仍是之前就已行用的兵部《軍功格》。衹不過,由於邊將頻於用兵,多次申報高級别戰功,現實中用於賞功之官的主體變爲武職事官。

前文已揭開元前期實施《軍功格》時,頒授主體是勳官。不過,《軍功格》也規定了立下高等級跳蕩功的無官資兵士可直接送兵部“稍優於處分”,即授予職事官;僅次於此的殊功第一等無資者,可以獲得銓叙資格。在此之外,“破國王(全)勝,事愈常格,或斬將搴旗,功效尤異”,由軍將臨機録功,爲之請官[94]。開元二十年以降,開邊頻繁,邊將上報軍功等級高,相關將士遂得到職事官賞賜,後累積升遷。至於爲什麽所授是武職事官,而非武散官,則與這一時期後者已作爲勳官、品子等遷轉官階有關[95]。唐代武職事官的結構及其在開天之際職掌失落,也是其用於軍賞的重要緣由。以下闡明之。

唐代武職事官與府兵建置是密切相關的。中央有諸衛,地方設置折衝府,管理五品以上官員子孫所充任的千牛、備身、進馬、三衛等和普通府兵的名籍、日常

---

〔92〕 參見孫繼民《唐西州張無價及其相關文書》,同著者《敦煌吐魯番所出唐代軍事文書初探》,中國社會科學出版社,2000年,276—295頁。李錦繡《唐代財政史稿(上卷)》,1260頁。凍國棟《旅順博物館藏〈唐建中五年“孔目司帖”〉管見》,原刊《魏晋南北朝隋唐史資料》第14輯,武漢大學出版社,1996年,132—135頁,收入同著者《中國中古經濟與社會史論稿》,湖北教育出版社,2005年,304—309頁;吕博《踐更之卒,俱授官名——“唐天寶十載制授張無價游擊將軍告身”出現的歷史背景》,104—105頁。

〔93〕 參見吕博《踐更之卒,俱授官名——“唐天寶十載制授張無價游擊將軍告身”出現的歷史背景》一文,文書圖版和録文,參見唐長孺主編《吐魯番出土文書(肆)》,文物出版社,1996年,392—394頁。

〔94〕 參見《唐六典》卷五《尚書兵部》,兵部郎中、員外郎條,161頁。

〔95〕 參見《唐六典》卷五《尚書兵部》,兵部郎中、員外郎條,160頁;劉俊文《敦煌吐魯番唐代法制文書考釋》,301—302頁。

訓練和番上等。千牛、備身、進馬、親勳翊三衛等和折衝府中下層軍官校尉、旅帥、隊正、隊副又被稱爲“衛官”,是預備武官[96]。其上的統兵官,在中央諸衛是左、右郎將→中郎將,在折衝府爲別將→左右果毅都尉→折衝都尉。天寶年間作爲軍賞的武職事官主要是別將、果毅都尉、折衝都尉、郎將、中郎將。從品秩上看,折衝府有上中下三個等級,相應官職的品級也就有三等,其中,別將分别爲從七品下、從七品上、正七品下,果毅都尉則爲從六品下、正六品上、從五品下,折衝都尉爲從五品下、從四品上、正四品上。據所屬諸衛,郎將分别爲正五品下、正五品上,中郎將爲從四品上、正四品下。别將→果毅都尉→折衝都尉(或郎將)→中郎將→諸衛將軍,是武官升遷的一般路徑[97]。由於官僚隊伍金字塔式結構,全國數百個折衝府就有數千名折衝府武官,而中央諸衛官員數不過數百人,大量的果毅、折衝“歷年不遷”[98]。這是以職事武官進行賞功時的一個背景。另外,愛宕元曾指出從開元之初以來折衝府官即作爲禁軍將士升遷之階[99]。

衆所周知,天寶八載府兵制在形式上終結,“折衝諸府至無兵可交,李林甫遂請停上下魚書”,而兵額、官吏額被保留下來[100]。數千名折衝府職事官員額[101],爲被用來安置立功將士提供了可能。不過,從《通典》所説的每次授官制書有“千餘人”情况看,正員武官遠不够用。朝廷衹好採用此前就已經出現的員外官、同正員等形式[102]。他們與正員官在待遇上有差異,但仍屬於職事官。《通典》對其源流記載:

---

[96] 參見賴亮郡《唐代衛官試論》,279—280頁。

[97] 參見愛宕元《唐代府兵制の一考察——折衝府武官職の分析を通して》,182—183頁。唐初折衝府武官遷轉途徑主要有兩條,一爲遷轉爲中央武官,一爲出任州縣官,貞觀年中馬周批評當時任官中有“重内輕外”傾向,“折衝、果毅之内,身材强者,先入爲中郎將,其次始補州任”,要求减少由折衝府武官出任地方官的做法,參見《舊唐書》卷七四《馬周傳》,2618頁。此後,經過數次調整,由武官出任地方官的情形减少,折衝、果毅的主要遷轉途徑是通向中央諸衛武官。

[98] 《資治通鑑》卷二一六《唐紀三十二》天寶八載四月條,6895頁。

[99] 愛宕元《唐代府兵制の一考察——折衝府武官職の分析を通して》,210—211頁。

[100] 《新唐書》卷五〇《兵志》,1327頁。

[101] 有關唐代兵部所掌握的武職事官的員額,據元和六年八月兵部侍郎許孟容的統計有3329員,其中京官諸衛官706員,其餘爲外官折衝府武官。參見《唐會要》卷五九《尚書省諸司下》,1211頁。

[102] 有關唐代員外官的起源、變化,可參杜文玉《論唐代員外官與試官》,《陝西師大學報(哲學社會科學版)》1993年第3期,90—97頁。

員外官,其初但云員外。至永徽六年,以蔣孝璋爲尚藥奉御,員外特置,仍同正員。自是員外官復有同正員者,其加同正員者,唯不給職田耳,其禄、俸、賜與正官同。單言員外者,則俸禄減正官之半。[103]

像張無價那樣有折衝府武官員外置同正員身份的職業軍人,據此能在其常規待遇外,領取“行官禄料”。换言之,天寶年間對於職業邊軍的武官頒授,雖然不能實任其職,但是通過俸禄支給,變相地提高物質待遇。比起此時放選入仕可能性極小、賦役優免權縮水,且無俸禄支給的勳官,員外武官要實惠得多。這也是玄宗後期職業邊軍成立後,將帥屢興邊事,求取常格之外殊功之緣由。由於申功人數限制被突破,大規模兵士得到武官。要之,募兵制下將士據《軍功格》興功,謀求有實質意義的職事官賞,結合諸衛折衝府職掌閑散化的歷史背景,促成了武職事官的迅速階官化。

這一時期軍功授職事官的情形,還可從以下事例進一步窺探。其一,天寶十三載安禄山入朝爲當道將士請功。據《資治通鑑》載安禄山一次請功“除將軍者五百餘人,中郎將者二千餘人”[104]。對這一事件,《安禄山事迹》中有更爲細緻的記載:

禄山奏:前後破奚、契丹部落,及討招九姓、十二姓等應立功將士,其跳蕩、第一、第二功,並請不拘,付中書門下批擬。其跳蕩功請超三資,第一功請超二資,第二功請依資進功。其告身仍望付本官,爲好書寫送付臣軍前。制曰:可。[105]

據之,論功的等級仍是開元《軍功格》中的“跳蕩功”等名目,其獲賞機率却不再是千分之一。軍賞官品級也被提高,安禄山所轄將士得到諸衛將軍、中郎將等三、四品武官。顯然,從人數上看,它們也衹能是員外官或同正員。天寶十三載三月間河西、隴右節度使哥舒翰在對吐蕃戰争取得復河源九曲的勝利後,“亦爲其部將論功”[106],其中一部分爲:

積石軍使臧奉忠爲左金吾衛員外大將軍,鎮西軍使郭光朝爲右金吾衛

---

[103] 《通典》卷一九《職官一》,472頁。

[104] 《資治通鑑》卷二一七《唐紀三十三》天寶十三載二月己丑條,6924頁。

[105] 姚汝能撰,曾貽芬點校《安禄山事迹》卷中,中華書局,2006年,90—91頁。

[106] 《資治通鑑》卷二一七《唐紀三十三》天寶十三載三月條,6926頁。

員外大將軍,河西經略副使蘇法哲爲威衛員外大將軍,隴右討擊副使郭英乂、彭體盈並爲左羽林軍員外將軍,並充本道驅使。[107]

杜佑所言安禄山和哥舒翰在天寶年間爲其部將請功授官情形不虚。其時,就軍功爲部將請官,其受益面可能不僅是上陣殺敵將士,還包括軍中文職人員。敦煌文書 S.415《唐大曆四年(769)沙州敦煌縣懸泉鄉宜禾里手實》,第 40 行“户主索思禮,年陸拾伍歲,老男,昭武校尉前行右金吾衛靈州武略府別將、上柱國”。爲防僞冒,户籍注脚“官天寶十三年十一月廿七日授,甲頭張思點;勳開元十九年四月十八日授,甲頭王遊仙”[108]。而據被學者考證爲《天寶十載敦煌郡敦煌縣差科簿》之一部分的 P.3559(二),索思禮當時在豆盧軍中擔任軍典[109]。索思禮得以升遷爲別將,可能就是因遇到軍中勝仗而被普遍性地加賞。

使用武職事官“賞功”,對於選官秩序有何影響呢?在文、武分途大背景下,武官雖已冗濫,但遷轉空間被限定,實際上多以“行官”身份被勒留軍中,對於文官銓選秩序影響並不凸顯。武職事官及其員外官、同正員,是脱離職掌的階官了,成爲兵士薪餉待遇的級別。安史亂後的唐代軍賞制度的無序是由此發端的,而此後財政和官制調整也是在上述歷史過程下的繼續演化。

四、結語

唐前期軍賞機制中“賞功”與“酬勤”的安排,經歷了從分離到並合,再到分離的過程。唐初徵兵制下,令典規定了一套以勳官頒授及入仕爲主體的“賞功”機制,對兵士的“酬勤”則表現爲折免賦役。這一機制隨着對外戰争擴大和邊防形勢變化而被調整。太宗後期至高宗前期征伐遼東等數次大規模戰争中,從征者負擔沉重。唐廷在賦役折免之外,將“賞功”與“酬勤”方式並合,對無功征人普遍賜勳。爲舒緩這些勳官給銓選帶來的壓力,唐高宗中期一度暫停授勳,但致

[107] 《册府元龜》卷一二八《帝王部·明賞第二》,1534—1535 頁。

[108] 文書録文參見池田温著,龔澤銑譯《中國古代籍帳制度(録文)》,中華書局,2007 年,75 頁。

[109] 文書録文參見《中國古代籍帳制度(録文)》,120 頁。有關差科簿的考證,可參見王永興《敦煌唐代差科簿考釋》《唐天寶敦煌差科簿研究》二文,均收入同著者《陳門問學叢稿》,江西人民出版社,1993 年,21—44、45—133 頁。

士氣受挫、戰場屢敗。此舉遭致朝野上下的抨擊。高宗上元年間之後重啓勳賞制度,並確立爲長期駐防軍鎮兵士的“年勞賜勳”制度。由此勳官群體規模迅速膨脹,限制其入仕的舉措陸續推出,入仕權被虛化。開元後期職業邊軍制度確立後,“賞功”與“酬勤”形式分途。職業兵的日常勤績被酬以財物。“賞功”則體現爲武職事官及相應員外官、同正員的頒授。軍士憑據這類官職的主要獲益是數額不菲的禄料,放選實官的可能性較小。“官賞”已有濃厚“物賞”色彩。“踐更之卒,俱授官名”,加速了職事官體系的階官化,對唐後期的軍賞制度和官制調整産生了深遠影響。

“酬勤”與“賞功”相分離的制度安排是出於激勵軍功的需要。就立制精神而言,唐初力求維持較低的“酬勤”代價,劃定較高的“賞功”標準。這一方面是由於當時國家財賦汲取與調運能力較差,無法懸高物質賞賜;另一方面是在堅持從軍人中簡拔官吏的傳統。二者集中體現了中古國家的特徵。當拓邊活動頻繁進行,守邊代價也變得愈發沉重,現實需求抬升“酬勤”標準。受限於財物短缺,挪用“賞功”官階頒授的方式來“酬勤”,最終又倒逼着“賞功”標準的升級。唐宋之際,提升兵士日常物質待遇,爲其劃定獨立的“賞功”和遷轉官階序列制度成型,是由徵兵制、人丁税爲驅動的中古國家向實行募兵制、資産税的近世國家轉折的一個縮影。

A Study on the Relationship between the Practice of Military Reward and the Evolution of the Order of Promotion in the First Half of Tang Dynasty

Gu Chengrui

Since the early Tang Dynasty, conscripted soldiers received different rewards according to their military contribution and seniority respectively. The practice of reward constantly transformed due to the change of frontier circumstances and this also led to the evolution of the order of promotion. In the era of Emperor Taizong 太宗, soldiers were rewarded of being exempt from paying tax of labour for their seniority and were remunerated by titles of honorary official (*xunguan* 勳官) for their contribution. Since the war against Goguryeo, honorary titles were also rewarded to senior soldiers. Thus a large number of soldiers received honorary titles and this became very problematic during the reign of Emperor Gaozong 高宗 because people with honorary titles have a right to become functioning officials (*zhiguan* 職官). To maintain the effective selection of functional officials, the practice of military reward was once suspended. Gaozong eventually ended the suspension of military rewards for boosting morale, but the Tang government weakened the right for soldiers who have titles of honorary officials to become functioning officials as well. After Xuanzong 玄宗 firmly replaced conscription by establishing a recruitment system, properties and martial functioning official titles were rewarded to soldiers for their contribution and seniority respectively. With many soldiers receiving martial functioning official titles, these titles were stressed more on their ranking than the actual job. The reforms not only transformed the practice of military reward but also had a profound influence on state formation and operation mechanism.

《唐研究》第二十七卷
2022年,269—297頁

唐代前期的支度使
——對藩鎮財政權力起源的一個考察

吴明浩

前　言

從唐代財政史的視角來看,安史之亂以後,具有明顯地方分權傾向的藩鎮制度,通常被認爲是破壞了原本中央集權的國家財政體制,在州縣之上構成了新的一級地方財政。也正因如此,譬如兩税法的建立即長期被視爲唐朝“抑藩振朝”,在財政上重振中央集權化的舉措〔1〕。而藩鎮之所以能够在國家財政運作方面介入朝廷與州縣之間,正是來源於藩鎮所擁有的財政權力。

問題在於,藩鎮是如何掌握地方財政的呢?毫無疑問,藩鎮所領諸多使職中屬於財政領域的職務是探究此問題的突破口。日野開三郎與李錦繡都對此做了較爲系統的研究,認爲觀察使是藩鎮制度下財務行政的最高領導,構成藩鎮財政權力的核心〔2〕。然而觀察使的設置始於安史之亂爆發以後的乾元元年(758),其前身是遲至開元二十二年(734)纔出現的採訪使,衹負責監察州縣政事,並不

〔1〕 這樣的觀點始於日野開三郎在20世紀五六十年代對兩税法的一系列研究,近年筆者通過對兩税法成立過程的重新考察,否定了最終實施的兩税法具有“抑藩振朝”的效果,指出最初楊炎提出的兩税法計劃雖然包含恢復中央集權財政體系的企圖,但結果未能實現,實際推行的兩税法已與原本的計劃有根本上的差異。參閲吴明浩《楊炎の“量出以制入”と両税法の成立再考》,《東洋史研究》第78卷第1號,2019年。

〔2〕 日野開三郎《日野開三郎東洋史学論集》第一卷《唐代藩鎮の支配体制》,三一書房,1980年,77—86頁。李錦繡《唐代財政史稿(下)》,北京大學出版社,2001年,567—570頁。

具有行政上的指揮權[3]。我們知道,唐代走向藩鎮化並非始自安史之亂,其源頭是玄宗時代成熟的節度使制度,而唐後期觀察使的存在,顯然不足以完全解釋藩鎮財政權力的由來。因此有必要回到藩鎮權力起源的時期,從安史亂前節度使被疊加的那些具有財政職能的使職中尋找答案。如下一則史料提供了關鍵綫索:

> 【史料一】〔元和十三年〕年七月,詔曰:"事關軍旅,並屬節制;務繫州縣,悉歸察廉。二使所領,管轄諸道度支(按,度支爲支度之誤)營田,承前各别置使,自艱虞以後,各置因循,方鎮除授之時,或有兼帶此職,遂令綱目,所在各殊。今者務修舊章,思一法度,去煩就理,衆已爲宜。唯别置營田處,其使且令仍舊。其忠武、鳳翔、武寧、魏博、山南東西、横海、邠寧、義成、河陽等道支度營田使,及淮南支度,近已定省。其餘諸道,並准此處分。"初,景雲開元間,節度支度營田等使,諸道並置,又一人兼領者甚少。艱難以來,優寵節將,天下擁旄者,常不下三十人,例銜節度支度營田觀察使。其邊界藩鎮,增置名額者,又不一。前後六十餘年,雖嘗增減官員及使額。而支度營田,以兩河諸將兼領,故朝廷不議停廢。至是,群盜漸息,宰臣等奏罷之。[4]

這份詔令中的"二使"指節度使、觀察使,即是藩鎮,正如《舊唐書》將此詔内容簡明扼要地記載爲"詔諸道節度使先帶度支(支度)營田使名者,並罷之"[5],朝廷意圖撤去當時藩鎮普遍帶有的支度營田使這個職銜。所謂"支度營田使",實際上是支度使與營田使這兩個財政使職由一人兼領時職能合併的産物[6]。考慮到元和年間不斷削弱藩鎮勢力的大背景,可知對藩鎮的權力組成而言,掌握支度使、營田使職務至關重要。由此需要探究的是,兩使是如何被納入藩鎮的權力體系中的。是否果真如本條史料在記録詔令後所回顧的那樣,在安史亂以前與節

---

〔3〕 參閲鄭炳俊《唐代の観察処置使について—藩鎮体制の一考察》,《史林》第77卷第5號,1994年。

〔4〕《唐會要》卷七八《諸使中·節度使》,上海古籍出版社,2006年,1696頁。

〔5〕《舊唐書》卷一五《憲宗紀》元和十三年,中華書局,1975年,463頁。

〔6〕《唐會要》卷七八《諸使中·諸使雜録上》,"開元十年六月七日敕,支度、營田,若一使專知,宜同爲一額,共置判官兩人"。1701頁。

度使的關係衹是並置或偶由一人兼領?

另外需要注意的是,在朝廷眼中,支度、營田兩使之於藩鎮權力的重要程度並不相同。據史料一的"唯别置營田處,其使且令仍舊",這裏的"使"看似是指前面所説的"支度營田使",實際並非如此。該句後面緊接着的"其忠武、鳳翔、武寧、魏博、山南東西、横海、邠寧、義成、河陽等道支度營田使,及淮南支度,近已定省"所提及已裁撤相關使職的藩鎮中,衹有淮南被除去的是支度使而非支度營田使,且淮南節度使確實在憲宗朝以後所帶使職中衹有營田使而不再出現支度使,上述其餘各藩鎮則似乎在當時俱無營田,譬如其中的邠寧即可確認直到文宗大和六年(832)纔置有營田〔7〕。因此,"唯别置營田處,其使且令仍舊"一句的意思是,衹有設置了營田的藩鎮允許保留營田使一職。也就是説,此次朝廷裁撤的是天下所有暫無營田之藩鎮所領兩使合稱的"支度營田使",以及已有營田之藩鎮的"支度使"。可見,在憲宗朝廷看來,爲了削弱藩鎮的財政權力,非剥奪支度使一職不可。這説明,相比於僅對應營田事務的營田使,兼領支度使對藩鎮而言顯得更加重要〔8〕。所以本文將以支度使的發展作爲考察藩鎮財政權力起源的主要綫索。目前史籍中對支度使職能最直觀的描述衹有下列一則《唐六典》的記載:

> 【史料二】凡天下邊軍皆有支度之使以計軍資、糧仗之用,每歲所費,皆申度支而會計之,以長行旨爲准。(支度使及軍州每年終各具破用、見在數申金部、度支、倉部勘會。)〔9〕

據此可知,在節度使制度已經確立的開元末年,支度使的職責是包括糧草、兵器在内的軍資後勤的會計事宜,且作爲財政領域的重要使職,支度使同時具有地方性和軍事性這兩重特質。再由支度使與軍、州並稱來看,顯然"邊軍"並非指邊

---

〔7〕關於淮南,見《舊唐書》卷一七《文宗紀》大和元年,526頁。關於邠寧,見《舊唐書》卷一七《文宗紀》大和六年,544頁,與《新唐書》卷五三《食貨志三》,1373頁。

〔8〕李錦繡也曾指出,在《李寶臣碑陰題名》(《常山貞石志》卷一〇)中,同爲使職系統内的判官、巡官,支度使系統的署名位置都在節度使、觀察使系統之後,而在營田使系統之前。見李錦繡《唐代財政史稿(下)》,570—571頁。這也從側面説明了支度使與營田使在藩鎮所領一系列使職中的地位高下。

〔9〕《唐六典》卷三《尚書户部》,中華書局,2014年,81頁。

境的各個軍鎮,而是指管轄多個軍鎮的各節度使[10],可見當時九大節度管區皆已設有支度使。那麽,如此關鍵的使職出現的緣由是什麽呢?又是怎樣實現與節度使制度的結合,對藩鎮財政權力的形成與運作有何影響呢?

在迄今的唐代財政史研究中,對支度使及其與節度使—藩鎮的關係並没有深入的探討。雖然日野開三郎最早提出安史之亂以前節度使轄區的財政由支度使統轄,但也衹是概説,並没有展開論證[11]。後來的學者則要麽是基於史料二簡單提及負責掌管軍費爲邊軍提供物資的支度使這一使職的存在[12],要麽是通過西域出土文書研究唐代財政審計制度時,揭示了在傳世文獻記載缺失的具體財務管理中,支度使是擁有勾徵權力的官員之一[13]。除了這些零星的叙述以外,相對而言衹有李錦繡對支度使的關注較多,進一步觸及支度使的由來,指出其是爲了彌補中央與地方之間缺少財務行政領導環的不足而出現,與源於軍事形勢的變化而産生的節度使不同[14],但如此結論也頗爲含糊,衹能説是淺嘗輒止。總而言之,前人對於支度使的研究還存在很多空白之處,並不能很好地解答以上提出的疑問。

因此,本文以唐前期從行軍向軍鎮、從律令官制向使職行政轉化的軍事、政治制度的變革爲大背景,詳細考察支度使在安史亂前的發展過程,試圖基於財政史的視角揭示唐朝之所以走向藩鎮化的一個側面。

---

〔10〕 另外如唐代詔令中常稱藩鎮爲“軍府”,説明在原則上,對節度使—藩鎮的定位即是軍事領導機構。

〔11〕 日野開三郎《日野開三郎東洋史学論集》第一卷《唐代藩鎮の支配体制》,77 頁。

〔12〕 崔瑞德《劍橋中國隋唐史》(中譯本),中國社會科學出版社,1990 年,366 頁。清木場東《唐代財政史研究(運輸篇)》,九州大學出版社,1996 年,34—35 頁。

〔13〕 薄小瑩、馬小紅《唐開元十四年岐州郿縣縣尉判集(敦煌文書伯 2979 號)研究——兼論唐代勾徵制》,《敦煌吐魯番文獻研究論集》,中華書局,1982 年,636 頁。王永興《唐勾檢制研究》,上海古籍出版社,1991 年,77 頁。丁俊《從新出吐魯番文書看唐前期的勾徵》,沈衛榮《西域歷史語言研究集刊》總第 2 輯,科學出版社,2008 年,141—143 頁。

〔14〕 李錦繡《唐代財政史稿(上)》,北京大學出版社,1995 年,336—339 頁。李錦繡《唐代財政史稿(下)》,45—48、539—541、570—572 頁。

一、行軍中的支度使

實際考諸史籍,唐代的支度使並非於景雲、開元年間與節度等使職同步設置,而是早在唐初的行軍中即已可見:

【史料三】隨祚告終,神曆方建,蒙授朝散大夫,擢爲大將軍府典籤。……二年,詔曰……宜加中散大夫,行都官郎中。……其年,檢校秦府行軍支度大使,仍行軍司馬,蒙賜物一千段,細馬兩匹。[15]

這裹的"其年"即大唐建國伊始的武德二年(619),所謂"秦府行軍"應是指當年十月秦王李世民出征劉武周時以關中兵力組建的行軍[16],由元氏擔任這支征討軍的支度使,但並不清楚其職責範圍。後續貞觀年間的一條史料則描述了戰時行軍支度的内容:

【史料四】岑文本爲中書令,征遼之役,凡所支度,一皆委之,糧運甲兵,並自料配,筭不去手,文簿盈前,寄深慮遠,神用頓竭,言辭舉措頗異平常。太宗見而憂之,謂左右曰:文本今與我同行,恐不與同返。俄遇暴疾,須臾而卒。[17]

這裹的"支度"雖然是動詞,並不直接指稱使職,但從"一皆委之"來看,在遠征高句麗的行軍中,岑文本是以宰相之尊總攬軍糧兵器等軍事物資的籌算、分配工作。而此次征遼之役是由唐太宗親征,不同於貞觀年間其他對外戰事,顯然更加需要確保行軍後勤調度的周密,因此岑文本很可能是兼任了支度使一職。在高宗時期的史料中,關於行軍支度使及其職能稍有更加明確的記載:

【史料五】麟德之歲,薄伐遼陽,支度使營州都督李冲寂,司庾大夫楊守訥,以公清白幹能,時議僉屬,乃奏公監河北一十五州轉,不絶糧道,邊兵用

[15] 《大唐故襄州都督府長史常山縣男元公(禧)墓誌銘並序》,胡戟、榮新江主編《大唐西市博物館藏墓誌(上)》,北京大學出版社,2012年,183頁。

[16] 《舊唐書》卷一《高祖紀》,10頁。

[17] 王欽若等編纂,周勛初等校訂《册府元龜》卷三二九《宰輔部・任職》,鳳凰出版社,2006年,3711頁。

給，卉服俄清，璽書褒慰，遷澤州端氏縣令。[18]

麟德年間(664—665)，營州都督李冲寂兼任高句麗征討軍支度使，與管理全國倉儲的户部倉部司郎中[19]楊守訥，一同舉薦王氏監管軍糧經由河北道的轉運事宜，可知行軍的軍資後勤調配正是支度使的職責。然如後文所述，支度使可能主要負責行軍供應的通盤籌算、會計之事，而如王氏這樣具體管理軍糧轉輸任務的情况，有時則需另外委以專官。

由於行軍都是根據戰事需要臨時組建的軍團，其支度使自然都是兼職，上述幾條史料中，兼任支度使者的本官職務、品級並無定制，既有京官，也有地方長吏，除此之外，在高宗以後的行軍支度使記載中還有地方佐官的身影：

【史料六】光宅元年(684)，徐敬業據揚州作亂，以孝逸爲左玉鈐衛大將軍、揚州行軍大總管，督軍以討之。孝逸引軍至淮，而敬業方南攻潤州，遣其弟敬猷屯兵淮陰，僞將韋超據都梁山，以拒孝逸……或謂孝逸曰："超衆守險，且憑山爲阻，攻之則士無所施其力，騎無所騁其足，窮寇殊死，殺傷必衆。不若分兵守之，大軍直趣揚州，未數日，其勢必降也。"支度使廣府司馬薛克構曰："超雖據險，其卒非多，今逢小寇不擊，何以示武？若加兵以守，則有闕前機；捨之而前，則終爲後患，不如擊之。克超則淮陰自懾，淮陰破，則楚州諸縣必開門而候官軍。然後進兵高郵，直趣江都，逆豎之首，可指掌而懸也。"孝逸從其言，進兵擊超，賊衆壓伏，官軍登山急擊之，殺數百人，日暮圍解，超銜枚夜遁。[20]

李孝逸所率平叛軍的南下進攻路綫爲淮陰→楚州→高郵→江都，即沿大運河一綫進軍，之所以由廣州都督府司馬薛克構兼任行軍支度使，應是其熟悉運河漕運、有利於協調大軍的後勤保障之故。因爲廣州都督府至遲在高宗時，已負責嶺南諸州租税送至揚州再經大運河輸入洛陽的財政物流[21]，薛克構作爲廣府司馬，顯然熟悉這條賦税運輸的必經之路。且此時同樣負責輸送江淮庸調物至洛

[18]《大周故瀛州文安縣令王府君(德表)墓誌銘》，周紹良主編《唐代墓誌彙編》，上海古籍出版社，1992年，946—948頁。

[19]《唐六典》卷三《尚書户部》，83頁。

[20]《舊唐書》卷六〇《宗室傳》，2344頁。

[21]渡邊信一郎《中国古代の財政と国家》，汲古書院，2010年，444—453頁。

陽的揚州都督府已隨徐敬業反叛,自然不能提供協助平叛軍藉由運河調配軍資的官員,這樣一來,以廣府司馬出任支度使無疑是再合適不過的選擇。

但需注意的是,唐初的行軍除支度使以外,史料中亦多次出現另一種名稱非常相似的使職,即"支度軍糧使"。此處按年代順序,將筆者所見明確記載此職銜的史料依次羅列並考察如下:

【史料七】薛舉因隋末喪亂,命儔嘯侶,竊據汧隴,毒害黎元,聖朝愍兹塗炭,龔行天罰,乃詔太宗爲(闕一字)討行軍元帥,公復以(闕十字)皇基草創,(闕一字)夏未賓,(闕三字)分陝(闕一字)征以(闕五字)大行臺,總維衆務,公以本任兼度支郎中,尋檢校行臺左丞,並知膳部郎中事,復奉勑爲華州團割使,仍授騎官軍副,公厲兵秣馬,明賞慎罰,(闕十四字)公(闕十四字)薛舉,破劉闥,擒(闕三字)拒(闕二字)賊等,勳封黎陽縣開國子,邑三百户,並賚(闕一字)及馬。又以劉闥重擾河北,命公爲河南道支度軍糧使。[22]

竇建德集團餘黨劉黑闥於河北作亂始自武德四年(621)七月[23],此時雖然尚未設立作爲地理區劃的道制[24],似乎這裏的"河南道"是指行軍制度下的道,但自北朝以來,將黄河以南的中原地區稱之爲"河南道"的做法史不絶書,而且武德年間鎮壓劉黑闥之亂的過程中也未見冠以河南道之名的行軍記載,因此可以認爲,于志寧所任使職是負責調度河南地區的糧草以供應討伐劉黑闥的唐軍。

【史料八】尋授駕部員外郎,轉金部郎中,又敕公爲戎州道支度軍糧使,天府充牣,軍儲委積。……制曰:師出遼左,卿可爲北道主人,檢校營州都督。[25]

此處墓主即史料五中的李冲寂,據誌文可知,李氏出任支度軍糧使是在身爲支度使、營州都督的麟德年間之前,且其間已歷任數職[26],所以這裏的戎州道支度

---

〔22〕 令狐德棻《大唐故柱國燕國公于君(志寧)碑銘並序》,《全唐文》卷一三七,中華書局,1983年,1389—1393頁。

〔23〕《舊唐書》卷一《高祖紀》,12頁。

〔24〕 貞觀元年(627)在地理上將全國分爲十道。見《舊唐書》卷三八《地理志一》,1384頁。

〔25〕 楊炯《李懷州墓誌銘》,《文苑英華》卷九五〇,中華書局,1966年,4997—4998頁。

〔26〕 誌文載:"遷太府鴻臚二少卿丁艱去職。……歷青德齊徐四州刺史。……遷宣州刺史。……遷陝州刺史。……檢校司理常伯。"

軍糧使大約最晚出現在太宗末、高宗初年。所謂戎州道不同於史料七的河南道，衹能是指行軍路綫，史籍中或是缺漏了當時西南戰事的記録，而李氏之所以後來能够兼任高句麗征討軍支度使一職，大概正是因其曾有過負責行軍軍糧供輸的經歷，且政績斐然之故。

【史料九】乾封三年，李勣攻拔扶餘城，遂與諸軍相會。時侍御史賈言忠充支度遼東軍糧使，還，上問以軍事，言忠畫其山川地勢，且言遼東可平之狀。〔27〕

另據《册府元龜》所載"言忠受詔往遼東支度軍粮，使回，帝問以軍事"〔28〕，兩相參照可知，賈氏身爲侍御史，受命前往唐—高句麗戰争前綫臨時負責軍糧供給事務，事罷即回，並未隨戰事長留遼東，自然不可能是行軍本身的支度使。

僅據以上極爲有限的史料樣本來看，目前大概可以推測，某道或某地支度軍糧使看似是强調行軍支度使職務内容的一種别稱，但前者是軍糧供輸的專使，且有可能並不伴隨行軍始終，而後者則是重在行軍全體的軍資會計。另外，在任職者的本官品級上，兩者之間似乎也存在一定的差距〔29〕。因此本文認爲，兩者很可能並非同一職銜，支度使應是比支度軍糧使更加權重的使職。

綜上所述，支度使之職自唐初以來即伴隨行軍的組建而屢見設置，掌管行軍的兵糧軍器等物資的籌算調配供給事宜，這樣一種財政使職的出現，從一開始就是由於軍事上的需要。但此時期的支度使衹能是因時因地而設的臨時性兼職，顯然會在軍事行動結束後隨着行軍的解散而裁撤。

二、軍鎮時期的支度使

自高宗後期開始，隨着對周邊諸政權軍事優勢的衰退，邊境屢受侵擾，唐初以來的行軍組織已不能適應頻繁的戰争需要，行軍在戰事結束後留駐邊疆成爲

〔27〕《唐會要》卷九五《高句麗》，2024 頁。

〔28〕《册府元龜》卷六五五《奉使部・智識》，7557 頁。

〔29〕前述行軍支度使事例中本官職位最低的兩位是作爲中都督府的廣府司馬正五品下，與都官郎中從五品上，而支度軍糧使的事例中可以確認本官職位的則是金部郎中從五品上，與侍御史從六品下。

趨勢。終於在儀鳳年間(676—679)爲防禦西突厥和吐蕃聯軍的攻擊而在隴右河西設置了積石軍、莫門軍、河源軍,這是目前可見最早的組建駐屯軍的記載。由此逐漸形成了以軍、守捉、城、鎮等一系列不同規模的軍事組織構建的地方軍事制度,即所謂軍鎮體制〔30〕。而由於臨時的行軍轉成長期的駐屯軍,負責軍資後勤事務的支度使似乎也變成了常設的職銜:

> 【史料十】乃充兵部尚書裴行儉持節□官。瀚海既静,燕山遂封,旋凱酬庸,授雍州司倉參軍,尋加朝散大夫,轉櫟陽令。我澤如雨,人愛猶春,尋遷潞州司馬兼朔方支度大使。位漸高而效廣,才既用而聲芳,乃拜凉州司馬,復充河源赤水軍支度營田大使,俄遷朝請大夫、綿州長史。……尋拜公使持節渭州諸軍事渭州刺史。……授將作少匠。……以長壽元年十二月十二日遘疾,終於州鎮,春秋五十有六。〔31〕

孟氏兩度以州司馬兼任支度使,但前後兩者性質不同。朔方置軍最早也是孟氏壽終後建於萬歲通天元年(696)的豐安軍〔32〕,且以河東道的地方官身兼關内道北邊駐軍的使職,本身也很可疑,另從"瀚海既静,燕山遂封,旋凱酬庸"一句來看,孟氏應是因隨裴行儉出征平定東突厥叛亂得勝而被授予雍州司倉參軍,這顯然是發生於調露年間(679—680)的事〔33〕,其後唐北邊與東突厥復國勢力屢有戰事,史料可見多次組建朔方道行軍,其中雖無調露以後至長壽(692—694)之間的記録,但亦有可能是史籍缺載,因此所謂"朔方支度大使"實際上應該是指朔方道行軍支度使。而"河源赤水軍支度營田大使"的記載則説明遲至武周初期,駐屯軍已存在支度使一職,很有可能從儀鳳建軍伊始便設有支度使。且赤水軍即置於凉州,河源軍所處的鄯州又毗鄰凉州,身爲凉州司馬的孟氏負責兩軍的支度事務並無不妥。

---

〔30〕 關於唐代行軍向軍鎮的轉變,參閲菊池英夫《節度使制確立以前における軍制度の展開》,《東洋學報》第44卷第2號,1961年;《節度使制確立以前における軍制度の展開—続編》,《東洋學報》第45卷第1號,1962年。

〔31〕 《大唐故渭州刺史將作少匠孟府君(玄一)墓誌銘》,《唐代墓誌彙編》,1163—1164頁。

〔32〕 李宗俊《唐前期西北軍事地理問題研究》,中國社會科學出版社,2015年,10—21頁。

〔33〕 平叛一事詳見《舊唐書》卷八四《裴行儉傳》,但無論本傳或同書卷五《高宗紀》都明確記載,此時裴行儉剛因征討西突厥之功而由吏部侍郎升遷爲禮部尚書,與墓誌所言兵部尚書不符,未知何故。

> 【史料十一】於時四鎮未復,二蕃猶梗,屯田遶塞,戎馬生郊。代郡藏符,臨冀北而誠重,漢家張掖,比西河而還輕。乃徙拜涼州都督府長史,仍知赤水軍兵馬、河西諸軍支度使。地壯伏龍,城雄飛鳥,位居刺史,總管三邊。……遷使持節河州諸軍事河州刺史,仍知營田使。……享年七十有一,證聖元年二月十日寢疾,終於官舍。〔34〕

因其時"四鎮未復,二蕃猶梗",可知冉氏出任涼州事在長壽元年(692)王孝傑收復安西四鎮〔35〕以前,而冉氏亡於證聖元年(695),其間衹歷任河州刺史,故兼赤水軍兵馬使、河西諸軍支度使之時應在長壽元年以前不久,而上文孟氏則在擔任支度使以後至長壽元年去世之前,又歷任綿州長史、渭州刺史、將作少匠三職,因此冉氏出任支度使的時間當在孟氏之後。也就是説,涼州上佐兼任的支度使所領軍鎮從赤水、河源二軍擴大到了河西諸軍,相對應的,本官品級也從司馬升爲長史。

但這裏需留意的是,孟氏所領河源軍在節度使建置後並不屬於河西節度使麾下,此時恐怕不能視爲"河西諸軍"之一。從孟氏到冉氏,兩者前後所任支度使在管轄對象上的變化有着另一番意義。所謂河西,在景雲二年(711)隴右、河西分道以前尚屬貞觀十道之一的隴右道(爲與分道之後相區分,後文姑且稱之爲大隴右道)。自武周後期的聖曆元年(698)至神龍二年(706)期間,在涼州設有統管整個河隴西域地區軍務的隴右諸軍(州)大使一職〔36〕,河西諸軍當屬隴右諸軍(州)大使轄下的河西地區駐軍,即屬其後河西節度使所管軍鎮,冉氏所領兵馬使轄下的赤水軍便是其中主力。顯然所謂河西諸軍支度使職權的範圍自然也包括赤水軍在内,但孟氏所領河源軍却屬隴右地區,爲其後隴右節度使所轄。由此或可推測,河西駐軍早在河西節度使出現以前,已經隨着"河西諸軍支度使"的設立,而開始了單獨整合河西地區諸軍統帥權的軍區化進程。

> 【史料十二】解褐朝議郎申州羅山令,左珍州録事參軍,除朝散大夫,行費州司馬,除朝請大夫,改歸州司馬,改朝議大夫,行成州長史,又加中散

〔34〕《河州刺史冉府君(寔)神道碑》,《張燕公集》卷一九,上海古籍出版社,1992年,155—157頁。

〔35〕《舊唐書》卷六《則天皇后紀》長壽元年,123頁。

〔36〕劉安志《敦煌吐魯番文書與唐代西域史研究》,商務印書館,2011年,99—115頁。

大夫,行本任知莫門等五軍支度兼檢校隴右諸州營田,復領軍馬救援諸軍事。……春秋七十有七,以長安四年七月廿四日卒於履道里之私舘。[37]

由於張氏本官在成州,地處隴右、河西分道後的隴右一側,故張氏所任支度使管轄的五軍應屬十數年後成立的隴右節度使麾下。而在隴右節度的軍力構成中,已知置於長安年間(701—704)以前的至少已有積石軍、莫門軍、河源軍、臨洮軍,另有具體建置時間不明的露谷軍出現於高宗、武后時期的記事[38],此則史料中張氏所管五軍很可能便是這五支駐軍。

再結合史料十一,頗疑其時整個關中以西雖俱屬大隴右道,但隴右諸軍(州)大使治下很可能已按隴右、河西、北庭、安西等不同地域,分别置有掌管所在地區的數個軍鎮之軍資後勤事務的支度使。爲了檢證這一推論,除上述河西、隴右的事例以外,尚需對北庭、安西地區的軍鎮是否設有支度使稍作考察。先看北庭,在與張氏任職五軍支度使同時期的長安二年(702),爲了應對後突厥默啜政權西進造成天山以北陷入東、西突厥夾擊的危局,唐朝將庭州改置爲北庭都護府,又於同年在北庭建立了首支駐屯軍,先稱爲燭龍軍,次年改稱瀚海軍[39]。吐魯番文書中記録了神龍、景龍年間(705—710)隸屬於北庭都護府的支度使,連續五年對軍務相關錢糧會計進行的多次勾檢[40],可以認爲,武周末年以來,隨着北庭地區軍鎮的建置,也長期設有專門的支度使。再看以下關於安西支度的最早記載:

【史料十三】景龍之歲,以軍功授義陽别將、磧西支度營田判官。夙興匪懈,極稼穡之艱難;飭躬律人,大邊垂之倉廪。時安西大都護郭元振與宰臣宗楚客有間,恐禍成貝錦,身陷誅夷,以君德輝宏達,質直不回,奉義而行,有死無隕,拔邪拯難,非君莫可,使馳表奏。[41]

同樣是景龍年間(707—710),墓主和氏曾任磧西支度、營田使下屬判官。此處

[37] 《周故中散大夫上柱國行成州長史張君(安)墓誌銘並序》,《唐代墓誌彙編》,1040頁。

[38] 李宗俊《唐前期西北軍事地理問題研究》,227—256頁。

[39] 劉子凡《瀚海天山:唐代伊、西、庭三州軍政體制研究》,中西書局,2016年,213—232頁。

[40] 丁俊《從新出吐魯番文書看唐前期的勾徵》,141—143頁。

[41] 《唐故中大夫使持節江華郡諸軍事江華郡太守上柱國和府君(守陽)墓誌銘並序》,《唐代墓誌彙編》,1580—1581頁。

的關鍵在於,屢屢見諸於唐人筆下的“磧西”這個地理概念,究竟指安西還是北庭,這也是學界歷來頗有争議的問題。對此,劉子凡曾詳細考察了史籍中多次出現的“磧西節度使”與安西、北庭的關係,認爲磧西節度使即四鎮節度使,兩者祇是同一節度使職的不同稱呼[42]。筆者完全贊同這一觀點,而且據該墓誌,和氏在磧西任職時,其品行深受安西大都護郭元振的賞識,郭因受到宰相宗楚客的猜忌,爲了防患於未然,派遣和氏攜帶表章赴京上奏,可見和氏必然是安西大都護府的屬官,進一步證實這裏的“磧西”即是安西。也就是説,最晚在景龍年間,安西地區已有支度使,由於同時兼任營田使,顯然不可能是臨時的行軍支度使。雖然安西境内規模大小不一、數量衆多的軍鎮很難考出準確的設置年代,但早在長壽元年,王孝傑領軍從吐蕃手中克復四鎮、重建安西都護府後,便留駐三萬漢兵鎮守[43],很可能自此一直存在軍鎮支度使。不過,與河西、隴右的情況不同,安西、北庭的駐軍從建置伊始便是由都護府統領,後來兩都護各自加上節度使銜,直接演變成了安西四鎮節度使與北庭節度使,自然不必完全依靠設立支度使來開啓軍鎮的軍區化[44]。

另外,之所以張氏所領支度使,未像冉氏職銜直接冠名河西那樣徑以隴右諸軍稱之,大概是由於當時隴右之名是關中以西各地區統稱的緣故,祇有隴右諸軍(州)大使那樣統轄整個大隴右道範圍的職銜纔能使用,譬如下則史料所示,大約比張氏稍早,便可見冠以隴右之名的軍鎮支度使:

> 【史料十四】既除,右臺大夫婁師德舉公清白莅職,改授武功縣丞。婁公爲隴右道營田支度諸軍大使,又奏公爲參佐。事無細大,咸以委之。寬而肅,幹以濟。[45]

右臺即御史臺改制後的右肅政臺[46],婁師德於萬歲通天二年(697)五月已檢校

[42] 劉子凡《瀚海天山:唐代伊、西、庭三州軍政體制研究》,274—278頁。

[43] 《舊唐書》卷一九八《西戎傳·龜兹》,5304頁。

[44] 但支度使的作用仍不可忽視,如劉子凡認爲支度使同時監管西州與北庭的財政事務,是促使原本互不統屬的北庭都護府與西州都督府之間的聯繫更加緊密的因素之一,具有開始重新整合伊、西、庭三州的意義。參閲劉子凡《瀚海天山:唐代伊、西、庭三州軍政體制研究》,253頁。

[45] 《大唐故仙州刺史衡府君(守直)墓誌銘並序》,吴鋼《全唐文補遺》千唐誌齋新藏專輯,三秦出版社,2006年,135—136頁。

[46] 《唐六典》卷一三《御史臺》,378頁。

右肅政御史大夫,而其又亡於不久之後的聖曆二年(699)八月[47],那麽,本條史料中婁師德身爲隴右道營田支度諸軍大使的時間段,最長也就在這兩年之間。據考證傳世文獻,婁師德早在延載元年(694)一月便曾以宰相身份出爲河源、積石、懷遠等軍及河蘭鄯廓等州檢校營田大使[48],後於萬歲通天元年(696)統帥行軍出征吐蕃,因戰敗被貶爲原州員外司馬,次年回朝官復宰相,一度征討契丹、安撫河北,聖曆元年(698)四月再次任職隴右,充隴右諸軍大使,仍舊兼管營田事宜[49]。從時間段來看,誌文所説的"婁公爲隴右道營田支度諸軍大使",指的正是婁師德擔任隴右諸軍大使的聖曆元年四月至二年八月這一期間,很可能傳世文獻衹强調了營田而闕載支度使職銜。

不過,"隴右道營田支度諸軍大使"這個稱謂却頗爲可疑。據筆者所見,除這篇衡氏墓誌之外,無論出土文獻抑或傳世文獻,對於軍鎮支度使職名稱的寫法都是"某某軍(或諸軍)支度使(或大使)",即使常常兼任營田使,也是將營田二字寫在支度前後與之連稱,再没有將"某某軍(或諸軍)"寫在支度與營田後面的事例(見下文表1)。因此,很可能誌文是將隴右道諸軍大使與同時兼任的營田、支度使名混寫在了一起,此時營田支度職務的管轄對象自然就是整個河隴西域地區的軍鎮。又因婁師德正是隴右諸軍(州)大使的首任者,統管大隴右道範圍的營田支度使應該也是首例,雖然前者的後繼者並没有在文獻上留下兼任後者的記載,但從前者之所以被設置的西北邊防形勢惡化這個因素來看,後者的存在、前者對後者的兼任都很有可能作爲慣例延續到了神龍二年。

---

〔47〕《舊唐書》卷九三《婁師德傳》,2976頁。

〔48〕《新唐書》卷四《則天皇后紀》,長壽二年"一月庚子,夏官侍郎婁師德同鳳閣鸞臺平章事",93頁。同書同卷延載元年"一月甲午,婁師德爲河源、積石、懷遠等軍營田大使",94頁。關於婁師德的這兩次任官時間,兩《唐書》本傳雖言前者發生於長壽二年,但對後者記載不明,衹知在出任宰相之後,《册府元龜》卷三二九《宰輔部·奉使》則誤記爲長壽二年事,《資治通鑑》卷二〇五《唐紀二十一》的記載與《新唐書》同,可爲佐證。中華書局,1956年,6489頁。

〔49〕戰敗被貶事見《新唐書》卷四《則天皇后紀》,萬歲通天元年"三月壬寅,王孝傑、婁師德及吐蕃戰於素羅汗山,敗績。……庚子,貶婁師德爲原州都督府司馬",96頁。《資治通鑑》卷二〇五《唐紀二十一》所載年月同,但認爲婁師德貶官的日子應與王孝傑同爲壬寅,《新唐書》有誤。兩《唐書》本傳則皆誤記爲證聖年間。官復宰相事見《舊唐書》卷九三《婁師德傳》,2976頁。《新唐書》本紀、本傳與《資治通鑑》卷二〇六同,但《舊唐書》本紀誤記爲萬歲通天二年事。再次出任隴右事見《新唐書》卷四《則天皇后紀》聖曆元年四月"辛丑,婁師德爲隴右諸軍大使,檢校河西營田事",98頁。《資治通鑑》卷二〇六同。

有意思的是，在景雲元年(710)、開元元年(713)分别於凉州、鄯州置河西節度使、隴右節度使之前，衹有隴右諸軍(州)大使可統率河隴與西域在内的西北諸軍鎮，尚無其他史料可印證其中河西、隴右兩地駐軍分别呈現軍區化的過程，且神龍二年以後直至節度使誕生之前，隨着隴右諸軍(州)大使一職的廢止，亦不見河隴地區再有統領數軍的軍職。那麽，難道河隴諸軍是突然之間被分成河西、隴右兩節度所管的嗎？這點在迄今的節度使—藩鎮研究中可謂懸案。

然而，回顧孟氏至冉氏、張氏各自所任支度使的管轄範圍之前後變化，我們會發現，孟氏所管兩軍尚分屬其後的隴右與河西兩節度，但冉氏、張氏所管諸軍則已明確按照河西、隴右兩個不同地理區域來加以分别，且又確屬後來兩節度各自管轄的軍鎮之列。另外，上述婁師德在擔任隴右諸軍大使之前的職務履歷中，頗疑"河源、積石、懷遠等軍及河蘭鄯廓等州檢校營田大使"一職也有漏寫支度二字的可能。倘若果真如此，由於其中提及的軍州，除了天寶二年(743)纔建於遼西的懷遠軍令人費解之外，河源、積石兩軍都位於分道以後的隴右地區。再考慮到上述冉氏任職河西諸軍支度使的時間與延載元年相距不久，或可認爲，與之相對的隴右諸軍支度使性質的職銜未必遲至張氏任職時的武周末年纔出現，而是和冉氏相近，早在婁師德任該職的武周初期就已存在。即使設有隴右諸軍(州)大使，並且很可能由其兼任大隴右道範圍内諸軍支度使的那八九年(聖曆元年—神龍二年)裏，從任職年代正在此期間的張氏事例以及北庭支度使在神龍年間的活動記録來看，可知在暫時整合大隴右道軍政的表面之下，河隴西域各地區仍然在繼續武周初期以來向不同軍事防區分化的進程。

我們知道，高宗後期以來，唐朝邊境的軍事威脅主要來自於吐蕃與後突厥，除了三方勢力反復拉鋸的河隴西域這個首要戰場之外，頻繁面臨後突厥侵擾以及遭受契丹大規模叛亂之苦的便是東北方向的河東、河北兩道[50]。那麽，東北邊境的軍鎮是否也出現了如上述西北各地一樣的現象呢？限於史料，目前我們衹能從下列兩則墓誌記載中窺見一些端倪，首先是河北道的情況：

【史料十五】特加太中大夫、賜物五十段、行幽州都督府長史，又奉敕充

[50] 關於復興的後突厥汗國與唐朝的軍事衝突，參閲李方《後東突厥汗國復興》，《中國邊疆史地研究》第14卷第3期，2004年。

營州紫蒙軍、嬀州清夷軍支度大使。千里饋糧,三軍果腹,自息有烏之覘,不煩流馬之功。使了還京,遂承朝獎,除尚書金部郎中。……除使持節濟州諸軍事、濟州刺史。……除使持節彭州諸軍事、彭州刺史。……又奉墨制,授左羽林將軍。……加上柱國、權檢校揚州大都督府長史,進加開國伯、食邑七百户。不逾期月,改授右驍衛將軍,尋除使持節邢州諸軍事、邢州刺史,又改授使持節、都督安、隨、沔、郢四州諸軍事、守安州刺史、上柱國。……春秋七十有三,終於申州賓館。即以景雲二年正月廿六日歸窆於洛州萬安山南。〔51〕

據此可知,幽州都督府長史柳氏曾兼任河北北部的軍鎮支度使,管轄營州紫蒙軍與嬀州清夷軍。考諸史籍,其中清夷軍確實位於嬀州,武周建立前的垂拱二年(686)設立,是幽州都督府管區内創建最早的駐屯軍,成爲後來幽州節度使麾下諸軍之一〔52〕。但所謂營州紫蒙軍,並不見於後來置於營州的盧龍節度使所轄諸軍之列,以筆者所見,衹有幾處提及其名的記載,出現的時間點大約分佈在高宗後期到武周末年之間〔53〕,至於該軍設立的具體情形,則完全没有明確的描述。不過,在營州與平州的交界處有紫蒙川,其地置有紫蒙戍,是出渝關至營州這條東北出塞最主要交通幹綫上的軍事據點之一〔54〕,大概曾在此建立過軍鎮並由營州都督府統轄。又,久視元年(700)柳氏父母合葬時,其官職正是左羽林將軍,結合其任官履歷來看,出任二軍支度使應是數年之前,而河北邊境僅次於清夷軍設立的經略軍始於延載元年(694),正在其時,又是置於幽州城内,柳氏身爲幽州都督府長史,兼任的支度使管轄對象却不包含此經略軍,這説明很可能柳氏任職正是在延載元年之前不久。其次是河東道的情况:

---

〔51〕《大唐故安州都督柳府君(秀誠)墓誌銘並序》,趙君平、趙文成編《秦晋豫新出墓誌蒐佚》(二),北京圖書館出版社,2012年,407—408頁。

〔52〕《唐會要》卷七八《諸使中·節度使》,1691頁。

〔53〕《唐中大夫安南都護府長史權攝副都護上柱國杜府君墓誌銘並序》,《唐代墓誌彙編》,1172—1173頁;嚴識玄《潭州都督楊誌本碑》,《文苑英華》卷九一二,4800—4803頁;《唐故洛州密縣令王府君墓誌銘並序》,喬棟、李獻奇、史家珍編著《洛陽新獲墓誌續編》,科學出版社,2008年,72頁;《諫曹仁師出軍書》,陳子昂撰,徐鵬點校《陳子昂集(修訂本)》卷九,上海古籍出版社,245—246頁。

〔54〕嚴耕望《唐代交通圖考》第五卷《河東河北區》,歷史語言研究所專刊之八十三,1985年,1752—1753頁。

【史料十六】大唐開元二年五月十七日……隴西李公薨於南海之官舍。……總章元年,國子監明經對策高第。解褐江王府記室,邛州録事參軍,朝散大夫,絳州司法參軍,大理司直,大理寺丞,加太中大夫,汾州司馬,清□平狄等軍支度使,上柱國,彭州長史,萬涪沁嘉眉五州刺史,襄武縣開國侯,銀青光禄大夫,潤滄二州刺史,左清道率,相州刺史,廣州都督,經略軍大使,嶺南道按察使。〔55〕

參考上述多則事例,這裏的墓主李氏應是曾以汾州司馬爲本官,出任汾州所在河東道内的諸軍支度使。關於"清"字後的闕文,目前已知位於河東且以"清"字開頭的軍鎮衹有清塞軍,而該軍在貞元十五年以前本爲清塞守捉城〔56〕。因此很容易可以判定,亡於開元二年(714)的李氏所任支度使管轄的至少是清塞守捉和平狄軍,很可能還包括其他軍鎮。其中平狄軍本名大武軍,調露二年(680)改爲神武軍,武周建立後的天授二年(691)改稱平狄軍,到大足元年(701)又改回大武軍〔57〕,可見,李氏任職必是在天授二年到大足元年這十年之間。

雖然僅憑以上兩條史料的記載,很難還原河東、河北軍鎮所設支度使職的發展過程,但至少可以看出,與西北河隴的情況相似,東北邊境同樣在武周時期出現統管數個軍鎮的支度使,且分屬河北、河東兩個明顯不同的地區範圍内。其中河東道在之後的玄宗時期衹有河東節度使一家,李氏所管的至少一城一軍正是其轄下軍鎮,河北道後來雖有幽州、盧龍兩家節度使,但考慮到幽州、營州從唐初的都督府時期以來就在軍事活動上存在特殊的聯動性〔58〕,亦可將柳氏的事例與李氏一樣視爲各自地區内軍鎮向軍區化方向發展的表現。

試將以上對史料的分析結果,按人物任職的大致時間順序匯總成表1,可見上述事例中,除婁師德之外,都是以駐軍地或鄰近的州(都督府)長史、司馬等上佐官的身份充任支度使,而絶非前文所述行軍支度使擔任者們的本官職務那樣混雜。這説明隨着軍鎮在邊境的長期駐守,不能再臨時委任京官或遠處某州佐

〔55〕《大唐廣州都督襄武李(處鑒)公墓誌銘並序》,胡戟《珍稀墓誌百品》,陝西師範大學出版社,2016年,116頁。

〔56〕《新唐書》卷三九《地理志三》,1007頁。

〔57〕《唐會要》卷七八《諸使中・節度使》"河東節度使",1687頁。

〔58〕關於幽州、營州在唐前期河北軍政、經濟等方面的互動,筆者將另有專文闡述。

官負責軍資供應,而是必須就近選擇地方上的能吏來處理,既能協調地方行政以配合駐軍的財務運作,又可長期任職。此時的軍鎮支度使應已成爲固定使職,衹不過並非一直由某州某官兼任。婁師德的事例則更是以軍事統帥的身份直接兼管支度事務,可以説是後來節度使兼任支度使這一模式的雛形。而這些事例中任職者時常兼管營田事,顯然是由於屯田事關駐屯軍的軍糧供給,宜由支度使一人兼理之故,這應是延續至藩鎮時代支度使和營田使往往並稱的發端。

表1　已知軍鎮支度使人物表

姓　名	職　銜	年　代	備　注
孟玄一	凉州司馬,充河源、赤水軍支度營田大使	長壽元年(692)以前	
冉寔	凉州都督府長史,知赤水軍兵馬、河西諸軍支度使	長壽元年(692)之前不久	
柳秀誠	幽州都督府長史,充營州紫蒙軍、嬀州清夷軍支度大使	延載元年(694)之前不久	
婁師德	隴右道營田支度諸軍大使	萬歲通天元年(696)至聖曆二年(699)	或實爲隴右道諸軍大使兼營田支度使
李處鑒	汾州司馬,清□平狄等軍支度使	天授二年(691)至大足元年(701)間某時	
張安	成州長史,知莫門等五軍支度、兼檢校隴右諸州營田	長安四年(704)以前不久	

另外值得注意的是,雖然上述支度使的管轄對象都是至少兩處軍鎮,但限於目前已知的史料仍不够充分,尚無法肯定各個軍鎮是否單獨設有支度使。不過,在開元末年修撰的《唐六典》中詳細介紹了節度使制度下諸軍各自應設的主要軍職,其中强調萬人以上規模的軍鎮需置營田副使一人,却並無支度使[59];再據大約景龍至景雲年間(707—712)臧懷亮在隴右地區的任官經歷,即其先後擔任鄯州都督兼河源軍經略營田大使、洮州都督兼莫門軍經略營田大使,分别出任兩支軍團的軍事統帥並兼管營田事務,却都不帶有支度使職銜[60]。由此看來,至少從臨近玄宗時代的前夕開始,似乎便不存在一支軍團單獨設有支度使的

〔59〕《唐六典》卷五《尚書兵部》,158頁。

〔60〕《大唐故冠軍大將軍左羽林軍大將軍上柱國東莞郡開國公臧府君墓誌銘》,周紹良主編《唐代墓誌彙編續集》,上海古籍出版社,2001年,521頁。

情況[61]。

總之,我們大概可以肯定,在節度使制度成立之前,軍事衝突劇烈的邊境地區已普遍存在同時掌管數個軍鎮財務的支度使職,正是這些軍鎮在財政管理方面的統一,開啓了之後集合軍事統帥權的節度使誕生的前奏。在歷來對節度使制度的研究中,雖然掌握軍權的節度使和擁有監察權的採訪使一直被認爲是最爲核心的使職,但從本章的考察來看,在節度使—藩鎮權力形成的過程中,支度使這種唐初以來的傳統使職在財政領域所扮演的角色,顯然也是至關重要的。

三、道支度使與節度使制度

通常認爲節度使權限的擴大,是由於陸續兼任其他使職而達成的。雖然上文揭示了早在武周時期,構成後來節度使轄下軍事力量的軍鎮已經共置有支度使,但有意思的是,玄宗時期除了没有單獨成道的安西北庭,以及與幽州共處河北道且祇轄營州一地的平盧以外,其餘六大節度所長期兼領的支度使皆以本身所處的“某某道”來命名,且正如本文開頭所引元和十三年裁撤藩鎮支度使的詔文,在安史之亂以後藩鎮亦被視爲“道”的背景下,更是一直沿用了道支度使這樣的稱謂。那麽,武周時期的軍鎮支度使與節度使—藩鎮體制下的道支度使之間又是怎樣的關聯呢?後者又是怎樣與節度使制度相結合的呢?

在極爲有限的相關史料記載中,年代上最早出現的道支度使一語,見於前文所述冉氏在就任河西諸軍支度使之前的如下履歷:

> 【史料十七】加朝散大夫除鄜州長史仍加關内道支度使。……除婺州司馬,入謝於武成殿,主上以邊庭有事,喜問陳湯,宣室清言,思逢賈誼,公召對醖藉,謀慮深長,眷甚前席,恩加後命,因改恒州長史。[62]

如前所述,冉氏任職河西諸軍支度使一事應在長壽二年之前不久,而據本則史料,冉氏在出任兩次支度使之間,祇一度被任命爲婺州司馬,但並未實際履任,入謝時因奏對得體而改任恒州長史,可知冉氏以鄜州長史身份兼任關内道支度使

[61] 郁賢皓《唐刺史考全編》,安徽大學出版社,2000年,436—437、450頁。
[62] 《河州刺史冉府君(寔)神道碑》,《張燕公集》卷一九,155—157頁。

當在武周建立前後。無論是前文探討的唐初至武周時代演變的行軍、軍鎮支度使,還是本文開頭引用的史料二所言的開元年間節度使制度下的支度使(即兼領的道支度使),其職權都是圍繞軍資後勤事務展開的,可以想見,此時冠以關内道之名的支度使也不會有多大區别,理應與該地區的行軍或軍鎮有關。

如前文所提及,關内道區域内最早建置的軍鎮是始於萬歲通天元年的豐安軍,在武周時期或許還有其他像營州紫蒙軍那樣未能存續至節度使時代的軍鎮,但從前文網羅的軍鎮支度使的命名方式來看,即使當時針對關内可能存在的零星軍鎮任命了支度使,也不會直接冠以關内道之名,因此,更應考慮冉氏的此項職銜與行軍的關係。

隋唐行軍往往名爲某某道行軍,冠名關内道者有李靖在貞觀二年備御薛延陀的事例〔63〕,那之後雖不復見於史籍,但亦如前述孟氏履歷中的朔方道行軍那樣存在漏載的可能,尤其是在冉氏任此職的武周建立前後,正值後突厥汗國復興不久,屢屢侵擾唐朝北部邊疆,此時爲了迎擊突厥而組建過關内道行軍也並不奇怪〔64〕。另外,冉氏入謝時在武成殿的奏對是關於邊境的戰事,而皇帝之所以向衹是例行入謝的大臣特别徵詢邊事,應是由於其剛剛參與過關内戰事的緣故,且冉氏因此受賞識而被改任的恒州,其境内井陘爲太行八陘之一,是連接河北、河東兩地的最主要通道,也是自古以來的兵家必争之地〔65〕。可見冉氏此前擔任的支度使負責的對象,很可能是當時爲迎擊咄咄逼人的突厥攻勢而組建的衆多行軍之一。

也就是説,此處的關内道支度使一語看似是道支度使的最早記載,但實際衹是關内道行軍支度使的訛誤,與後來節度使兼領的道支度使無關。那麽,在開元十四年朔方節度使正式兼領關内道支度使〔66〕以前,這種以關内道爲名的支度使是否存在呢? 如下一則墓誌提供了關鍵的信息。

【史料十八】丁太夫人艱,服闋,調授衛州衛縣主簿,充關内道營田支度

〔63〕《新唐書》卷二《太宗紀》貞觀二年,29 頁。

〔64〕 如史載武周神功年間後突厥入侵過關内道的靈州、勝州,後來景龍年間張仁愿爲了堵絶後突厥南寇關内的通路,在黄河北岸修築三受降城。參閲李方《後東突厥汗國復興》,69 頁。

〔65〕 嚴耕望《唐代交通圖考》第五卷《河東河北區》,1441—1457 頁。

〔66〕《唐會要》卷七八《諸使中・節度使》"朔方節度使",1686 頁。

判官,擇英材也。無何,以開元八年七月十三日奄終於塞下定遠城,春秋肆拾叁。[67]

據筆者所見,這纔是明確記載關内道支度使的最早記録。田氏在擔任關内道營田支度判官後不久便逝於定遠城,時爲開元八年,正在始置朔方節度使的開元元年到兼領關内支度、營田使的開元十四年之間。可見,關内道支度使一職並非是由朔方節度使兼任時纔出現,早在那之前的開元初期就與節度使並存,而且與軍鎮支度使的事例中常見的一樣同時負責營田事務。接下來再看其他道的情況。

【史料十九】開元九年十一月四日,河東河北不須别置支度,並令節度使自領支度。[68]

據此條史料,在開元九年(721)末之前,河東道和河北道都存在與節度使並置的支度使,自當年以後方由節度使兼領。然而,河北的平盧軍節度使已在開元八年許欽琰出任時兼帶了並非以河北道命名的支度使一職[69],可見這裏被稱爲"别置"的支度使顯然與其不同,否則不會在第二年又特别强調由節度使"自領支度"。因此,所謂"河東河北不須别置"的支度使指的正是道支度使而非軍鎮支度使,而自此兼任支度使的河北節度,也衹能是統帥河北道内除平盧軍以外諸軍鎮的幽州節度使。另外,雖然河東節度使之名始自開元十八年,但其前身天兵軍大使則誕生於開元五年,又已在開元八年更名爲天兵軍節度使,成爲統管河東道範圍内現有軍鎮的唯一節度使職[70],由其兼領河東的道支度使並不奇怪。

進一步需要追問的是,在開元九年以前,冠名河東、河北的道支度使是何時出現的呢?與節度使並置時期的情況又是怎樣的呢?以下試論之。

---

〔67〕《齊國田府君(瑀)墓誌銘並序》,李明、劉呆運、李舉綱編《長安高陽原新出土隋唐墓誌》,文物出版社,2016年,153頁。

〔68〕《唐會要》卷七八《諸使中・節度使》,1687頁。

〔69〕《唐會要》卷七八《諸使中・節度使》"平盧軍節度使","開元七年閏七月,張敬忠除平盧軍節度使,自此始有節度之號。八年四月,除許欽琰,又帶管内諸軍諸蕃及支度營田等使",1692頁。另外,雖然《新唐書》卷六六《方鎮表三・幽州》記"開元七年,升平盧軍使爲平盧軍節度,經略、河北支度、管内諸蕃及營田等使,兼領安東都護及營、遼、燕三州",1833頁。看似平盧節度在設立伊始便兼任河北道支度使,但正如若將許欽琰所領視爲河北支度一樣,都會與史料十三的詔令内容相悖,於理不合,故《新唐書》此處記載很可能有誤,應無"河北"二字,僅指軍鎮支度使,從而翌年被繼任者許欽琰所襲任。

〔70〕《新唐書》卷六五《方鎮表二・北都》,1796—1798頁。

【史料二十】姜師度,魏人也。明經舉。神龍初,累遷易州刺史、兼御史中丞,爲河北道監察兼支度營田使。師度勤於爲政,又有巧思,頗知溝洫之利。始於薊門之北,漲水爲溝,以備奚、契丹之寇。又約魏武舊渠,傍海穿漕,號爲平虜渠,以避海艱,糧運者至今利焉。尋加銀青光禄大夫,累遷大理卿。景雲二年,轉司農卿。[71]

另據《唐會要》所載,姜師度開溝修渠事在神龍三年任滄州刺史之時[72]。魏武舊渠下游本在滄州境内[73],修平虜渠或可視爲刺史之職,但開溝一事值得注意。薊門即居庸關,在幽州境内,位於幽州以南的滄州的刺史自然無權開溝於居庸關以北,而姜師度之所以能做成此事,必是因爲擁有其他職權。開溝修渠既是爲了防備邊患,也利於以水路向北邊軍鎮運糧,顯然都是出於軍事目的,溝渠建設的會計事務理應由支度使負責。且姜氏在滄州大修水利之後又興辦屯田[74],這自然也是爲了增加軍糧的供給。由此看來,在河北前後任職易州、滄州刺史的姜氏應是一直兼領河北道支度使。也就是説,河北的道支度使早在幽州節度使設立以前的神龍年間就已存在。

【史料二十一】臣説言,臣聞求人安者,莫過於足食,求國富者,莫先於疾耕。臣再任河北,備知川澤,竊見漳水可以灌巨野,淇水可以溉湯陰,若開屯田,不減萬頃,化萑葦爲秔稻,變斥鹵爲膏腴,用力非多,爲利甚博……亦嘗賜前階之食,承後騎之顧,竟唯唯而無一言者,豈敢隱情於聖主也。正以職在仗衛,憂於部伍,馬上非公議之所,囿遊非朝廷之事,今昧死上愚見,乞與大臣籌謀,速下河北支度及溝渠使,檢料施功,不後農節。[75]

張説在開元元年之後兩度任職河北地方官,分别爲相州刺史和檢校幽州都督[76],據"再任河北""職在仗衛,憂於部伍"等描述,可知此表作於就任幽州都督期間。據考證,張説應是開元六年中履任幽州,且同時兼領幽州節度使,直至

[71] 《舊唐書》卷一八五《良吏傳》,4816頁。

[72] 《唐會要》卷八七《漕運》,1891頁。

[73] 嚴耕望《唐代交通圖考》第五卷《河東河北區》,1631—1632頁。

[74] 張鷟撰,程毅中等點校《朝野僉載》卷二,中華書局,1979年,47頁。

[75] 《請置屯田表》,《張燕公集》卷一三,98—99頁。

[76] 《舊唐書》卷八《玄宗紀》開元元年,172頁;同書卷九七《張説傳》,3052頁。

八年九月由王晙繼任[77]。儘管張説這次上奏的具體年月已無從知曉,但可以肯定的是,在開元初期,河北道的節度使與本道支度使並存,非由一人兼任[78],且由張説請旨下河北支度一事看來,節度使並不能直接干涉支度使職權。

漳水和淇水分别主要位於相州和冀州,都不在開元初期幽州節度使所轄諸州之列[79],利用這兩條水系屯田,自然少不了興修水利工程,自然需要由專門的溝渠使負責。而之所以還得會同河北支度使一起辦理,應是由於河北内地的屯田仍是以供應北邊軍鎮食糧爲主要目的,參考上述姜師度的事例,此時需要支度使的參與也就不奇怪了。且宋慶禮在開元五年提議重建營州時,其身份便是貝州刺史兼領河北支度營田使[80],既然其後張説任職幽州時又見河北支度,那麽由此可知,最晚自神龍(705—707)以後,河北便常設道一級的支度使,似乎一般是兼任營田使,並例由某州刺史擔當。

相比河北道,目前有關早期河東道支度使的史料鳳毛麟角,除了以下這則筆者所見的最早記載之外,無從得見更加詳細的情況。

> 【史料二十二】崔隱甫,貝州武城人。隋散騎侍郎儦曾孫。解褐左玉鈐衛兵曹參軍,遷殿中侍御史内供奉。浮屠惠範倚太平公主脅人子女,隱甫劾狀,反爲所擠,貶邛州司馬。玄宗立,擢汾州長史,兼河東道支度營田使,遷洛陽令。[81]

崔隱甫因彈劾太平公主勢力而遭排擠貶官,在玄宗即位後被提拔爲汾州長史兼河東道支度營田使。據同書《文藝傳》,早在玄宗還是皇太子的時候,崔隱甫與李邕、倪若水都是玄宗親信,而另據李邕在開元二十三年被任命爲括州刺史時所

---

〔77〕 寧志新《隋唐使職制度研究(工商農牧篇)》,中華書局,2005年,150頁;吴廷燮《唐方鎮年表》卷四《幽州》,中華書局,1980年,544頁。

〔78〕 平盧軍節度使雖設立於張説任職幽州期間的開元七年,但如前文所述,即使翌年許欽琰接任平盧軍節度使時兼支度使一職,也並非河北道支度使。可見,無論張説作此表時是否已有平盧節度,在河北地區,都不可能存在節度使兼任道支度使的情況。

〔79〕 據《新唐書》卷六六《方鎮表三》,幽州節度使在開元十八年增領薊、滄二州,二十年又增領十六州及安東都督府以前,衹領有幽、易、平、檀、嬀、燕六州。

〔80〕 《舊唐書》卷一八五《良吏傳》,4814頁;《資治通鑑》卷二一一《唐紀二十七》玄宗開元五年,6727頁。

〔81〕 《新唐書》卷一三〇《崔隱甫傳》,4497頁。

上謝恩表中的回憶,當年太平公主勢力爲了剪除玄宗羽翼,此三人是一同被貶官[82]。大約是在開元元年,李邕從被貶的嶺南崖州舍城縣丞被升遷爲江州别駕(長史)[83],同樣作爲玄宗曾經的左膀右臂,崔隱甫也理應是在此時一起得到重用。可見早在玄宗開元伊始,河東已置有道支度使,也同樣兼任營田使,而此時的河東各軍鎮之上甚至尚未設立天兵軍大使,可見,河東地區的道支度使一職的出現遠遠早於節度使。

另外,除了上述關内、河北、河東三道,在節度使産生之前已設置了道支度使的尚有劍南道:

> 【史料二十三】開元二年,以益州長史領劍南道支度營田、松當姚巂州防禦處置兵馬經略使。[84]

可見,劍南出現道支度使的時間早於設立劍南節度使的開元五年,不過後者自始便兼領支度、營田使職,這一點與河西相同。那麽,在安史之亂前的九節度所處邊境諸道中,除了上述河北、河東、關内、劍南四道已明確了道支度使的設立早於節度使以外,位於西北的隴右、河西兩道的情況又是怎樣的呢?

> 【史料二十四】景雲元年,置河西諸軍州節度、支度、營田、督察九姓部落、赤水軍兵馬大使,領涼、甘、肅、伊、瓜、沙、西七州,治涼州。副使治甘州,

〔82〕《新唐書》卷二〇二《文藝傳》,"岑羲、崔湜惡日用,而邕與之交,玄宗在東宫,邕及崔隱甫、倪若水同被禮遇,羲等忌之,貶邕舍城丞",5755頁;李邕《謝恩慰諭表》,《全唐文》卷二六一,"岑曦、崔湜之輩以臣再用往還,並忌崔隱甫、倪若水等,恐爲陛下之助,與臣同制各貶官,仍聯翩左遷,爲崖州舍城縣丞",2653—2654頁。另外,這份謝恩表的上奏時間雖然並無直接記載,但李邕在表中回顧所受玄宗恩寵經歷的最後寫道"臣出入嶺南,自經一紀,自澧州司馬加朝散大夫,兼此州牧,解青綬,垂彤襜去瘴毒之艱,遂江山之性:又荷陛下活臣之命、貸臣之榮四也"。又據《新唐書》同卷同傳,"邕後從中人楊思勗討嶺南賊有功,徙澧州司馬。開元二十三年,起爲括州刺史,喜興利除害",5757頁。可知,李邕正是在從澧州司馬升遷爲括州刺史時上了這份謝恩表。

〔83〕據《舊唐書》卷一九〇《文苑傳》,"改户部員外郎,又貶崖州舍城丞。開元三年,擢爲户部郎中"(5041頁)。前注《新唐書》出處亦云,"玄宗即位,召爲户部郎中",5755頁。似乎李邕在玄宗開元三年,離開崖州直接回到長安任職户部。但蘇頲《授李邕户部郎中制》(《文苑英華》卷三八九,1982頁)提及李邕在成爲户部郎中之前的身份是"朝散大夫守江州别駕",而《唐大詔令集》卷一三〇《蕃夷·討伐》收録了開元二年二月二十八日頒布的《命姚崇北伐制》(中華書局,2008年,705頁),其中任命江州别駕李邕爲行軍判官,可見最晚在開元二年二月以前,李邕已是江州别駕,那麽,從崖州被提拔至江州擔任别駕很可能是在先天二年下半年徹底剪除太平公主勢力、重整朝局之後的開元元年。

〔84〕《新唐書》卷六七《方鎮表四·劍南》,1862頁。

領都知河西兵馬使。……開元二年,河西節度使兼隴右羣牧都使、本道支度營田等使。[85]

河西節度使始置於景雲元年(710)無疑[86],同時設立的支度、營田等使實際上正是開元二年再次强調由河西節度兼任時冠以本道(河西道)之名的使職,衹是由於景雲元年河西、隴右尚未分道,自然還不能徑直稱爲河西道某某使。作爲描述新置使職管轄對象的"河西諸軍州"一語,恰恰説明了這一點。由此可知,河西的道支度使是與節度使一同産生,並自始即由後者兼任。再者,相比前文冉氏的"河西諸軍支度使",河西道支度使明顯是由其演變而來,職權範圍擴大到了軍鎮以外的各州,結合上述河北道支度使的活動,可以認爲,以某某道命名的支度使不再僅限於處理軍鎮本身的軍資會計事務,本道内州縣涉及軍事財務的部分也成爲道支度使負責的内容。

不過,這裏需要注意的是,在河西道境内的正州中,有一個州並不在景雲元年設置的節度、支度等使所管各州之列,即庭州。如前文所述,早在此前的長安二年(702),庭州已改置爲北庭都護府,從此庭州之名廢除,衹稱北庭。從本條史料來看,在冠以河西道之名的節度使、支度使出現伊始,北庭就不受其節制。繼而自先天元年(712)十一月以後,北庭都護開始兼領節度使職,並將西州、伊州完全納入北庭軍政體系中,這意味着伊、西兩州也脱離了河西節度使的統領[87],所以開元二年的河西"本道支度使"的職權範圍自然也不包括北庭節度使轄區。另外,同樣屬於河西道境内的安西地區,景雲元年正是由安西大都護府管轄,其中四鎮都屬於唐朝軍事控制下的羈縻州,而且最晚在先天二年(713)秋以前就已設立了安西四鎮節度使,顯然與北庭地區一樣,都不可能在河西道支度使所管之列。

---

〔85〕《新唐書》卷六七《方鎮表四·河西》,1862頁。

〔86〕關於河西節度使的建置年代,史籍所載頗有争議,前引《新唐書》與《資治通鑑》卷二一〇《唐紀二十六》睿宗景雲元年均記爲景雲元年十二月。但《唐會要》卷七八《諸使中·節度使》(1689頁)與《通典》卷三二《職官十四》(中華書局,1988年,895頁)則云"景雲二年四月"。本文據岩佐精一郎《河西節度使の起原に就いて》,《東洋學報》第23卷第2號,1936年。

〔87〕但北庭節度使並非在先天元年以後就成爲恒定建置,而是廢置不定,北庭、安西兩軍區長期分分合合,直到開元二十九年(741)纔最終固定下來,分别定名爲伊西北庭節度使、安西四鎮節度使。參閲劉子凡《瀚海天山:唐代伊、西、庭三州軍政體制研究》,286—298頁。

再來看分道以後隴右道的情况。據《唐會要》的記載,隴右節度使之名雖始於開元元年(713),却遲至開元十五年方纔兼任支度、營田等使[88]。此時的支度使自然是指隴右道支度使,至於這一使職在被節度使兼領以前是否存在,則衹有下列墓誌提供了一些綫索:

【史料二十五】弱冠,參鄴城符節。妙年從政,利物興謡。辭滿,群牧使奏西使丞,轉授□州録事參軍。總覈六曹,水壺洞照。紀綱十部,清風襲人。從此隴右支度使奏支度判官,轉成州司馬。元戎拭目,清白貫時。挽粟飛芻,克崇委積。……俄而寢疾,奄以天寶七載八月十日,終於南平郡公館,時載六十有四。[89]

韋氏亡於天寶七載(748),享年六十四歲,因此二十歲弱冠時,應是長安四年(704),在歷任鄴城符節、西使丞、某州録事參軍三職後,由隴右支度使奏請出任支度判官,由於使職體系内的官吏衹是差遣、並無品級,必須以律令制下的官僚身份兼職擔當,故文中"轉成州司馬"應是指其本官,又因唐代前半期官員一般是四年一個任期[90],則此時已進入開元初年,這裏的"隴右支度使"自然是指分道以後的隴右道支度使。也就是説,在開元元年設立隴右節度使名號到十五年由節度兼任支度使爲止期間,隴右地區同時置有道支度使與節度使這兩個以全道軍州爲管轄對象的使職。

綜合以上對開元年間節度使所處邊疆六道的道支度使的考察,明確已知其設立早於本道節度使的有河北、河東、劍南三道,與節度使同時誕生的是河西道。其中劍南、河西是從節度使建置伊始便兼領本道支度使職,河北、河東則存在長期的兩使並置時期,開元九年以後纔由一人兼任。至於關内、隴右兩道,目前衹知開元初期曾有支度使與節度使相並立,但並不清楚兩道支度使產生的時間,尚無法確認是否早於節度使。不過參考前四道的情況來看,關内、隴右道支度使的設立也不會晚於節度使,而這兩道節度使都是始於開元元年,且在前四道的支度使中,早於開元年間出現的衹有河北、河西,河東則已知最早記載的時間應是開

---

〔88〕《唐會要》卷七八《諸使中・節度使》"隴右節度使",1688 頁。

〔89〕《大唐故正議大夫殿中監閑厩使群牧都使貶南平郡司馬韋(衢)府君墓誌銘並序》,《洛陽新獲墓誌續編》,148 頁。

〔90〕孫國棟《唐宋史論叢》,上海古籍出版社,2010 年,406 頁。

元元年,劍南是緊隨其後的開元二年,據此可以推測,關内、隴右的道支度使很可能是與兩道的節度使一同設立於開元元年。

也就是説,道支度使最早見於神龍年間的河北,然後是景雲元年的河西,接着是開元伊始的河東、關内、隴右、劍南。而據上一節的考察,軍鎮支度使普遍設立於武周時期的邊疆地區。由此看來,應是從神龍革命以後的中宗、睿宗復位期間開始,原本的軍鎮支度使陸續被道支度使所取代,後者對軍事財務的監管範圍從軍鎮擴大到了州縣,尤其集中確立於玄宗初年。之所以出現這樣的演變,顯然是爲了應對邊境不斷加劇的戰争需要,使軍鎮駐地及本道腹地的地方政府能够更有效地支援軍資後勤。也正因如此,道支度使首先產生於武周中期以來被後突厥及奚、契丹侵擾最嚴重的河北地區,其次是肩負"斷隔吐蕃、突厥"重任,並最早設立節度使的河西地區。

而在進入玄宗時代以後,直至開元中期,不僅如衆所周知的河西以外八大節度相繼建立,同一時期内也集中設置了繼河北、河西之後的四道支度使。不過值得注意的是,除了整個河西道内的河西節度與前述情況特殊的安西、北庭節度之外,河北、河東、關内、隴右、劍南五道的節度使開始身兼本道支度使職的時間普遍較晚,要麽是存在數年的兩使並立期,要麽是支度使的設置早於節度使數年。這説明在由軍鎮支度使促成的武周以來邊疆軍區化的進程中,道支度使的重要性並不次於節度使,而節度使本身的制度化也並不早於從軍鎮支度使直接發展而來的道支度使。隨着各道支度使職在開元中期都被授予節度使兼領,節度使得以通過道支度使掌握了監管本道内軍鎮及州縣的軍事財務的權力。可以説,自武周時期至玄宗初年,權力範圍得到擴大的支度使奠定了之後節度使—藩鎮這種軍區建置的形成在軍事財政面的基礎,並不需要等到肅宗時期觀察使的設立。

結　語

如本文前言所述,史料二記載了在節度使制度已然確立的開元末年,對於供給節度使管下軍鎮的各種軍事物資,由支度使掌管其會計事宜。現在我們得以確認,由唐初行軍支度使轉變而來的管理一個或數個軍鎮的軍鎮支度使,到了《唐六典》編纂的時期,早已被道支度使所取代,並已形成由各節度使兼任的定制,同時各個軍鎮並不單獨置有支度使。另外,前人的研究雖未能注意支度使演變過程的不同階段,但已籠統地揭示了支度使擁有審計軍鎮相關財務的勾徵權。本文以上的考察也證實了道支度使對軍事方面的財務管理範圍已擴大到本道内的州縣。

那麽,道支度使與節度使制度的結合,除了使節度使得以掌握支度使這一唐初以來的傳統財政使職的固有職能以外,對節度使在財政領域的權力表達又有怎樣進一步的影響呢?限於史料稀缺,我們衹能從西域出土文書的零星記録中稍窺端倪。李錦繡曾在研究唐代財務勾檢制度中的勾徵一項時,詳細分析了天寶十二載(753)敦煌郡申報給户部比部司的勾徵帳(敦煌文書 P.3559、P.3664),其中由專門被派往河西檢查和糴事務的竇御史所勾徵出的一件事很值得關注[91]。河西節度使在天寶六載(747)挪用武威郡的和糴絹買馬一百匹,耗資二千五百匹絹,事後償還了一部分,仍有一千四百八十三匹二丈未還,預備用配給節度使支用的財物("使支物")填補,但實際上,直到天寶十一或十二載被竇御史從賬目中勾出時,使司都没有送還那部分欠款。也就是説,在本應用使支物買馬的情況下,河西節度使首先是擅自挪用使支物範疇以外的公款——和糴絹,其次是馬價半數以上的大額欠賬一直没有彌補,足足過了五六年纔由朝廷派來的特使查出虧空。

按唐代的地方財務審計流程,要求各州每月自勾,支度使或使下判官則每季對管下諸州進行勾檢,然後年終上報朝廷[92]。然而在河西的該案件中,長達五六年間,不僅本道支度使一職因由挪用公款的主使者——河西節度使兼領而沒有發揮任何作用,且無論武威郡還是支度使下屬判官也都未能勾出此事。可以想見,由節度使身兼本道支度使造成了前者借後者職權而掩蓋濫用轄區内財物的惡果[93]。雖然最終被朝廷特使發現,目前已知這樣的事例也僅此一件,但毫無疑問,在吸納了道支度使的節度使制度下,類似的隱患很可能是普遍存在的。一旦原本具備糾錯機能的這種財務監管體系所依賴的中央集權體制瓦解,節度

〔91〕 李錦繡《唐代財政史稿(上)》,252—259 頁。

〔92〕 同上書,232—237 頁。

〔93〕 據《唐方鎮年表》卷八《河西》,在天寶六載至十二載之間出任河西節度使的衹有安思順一人,1222—1223 頁。疑其職務在十二載被哥舒翰取代或與此事有關。

使通過兼任的以支度使爲主的財政使職,對管下州縣財務的控制力勢必得以强化,而安史之亂正是導致這一可能性不幸實現的轉折。

不過,需要注意的是,正如建中元年爲了順利推行兩税法,作爲妥協,德宗派出黜置使與藩鎮長官和各州刺史共同商議决定税額〔94〕,可見即使安史亂後帶有觀察使職的藩鎮,也並不能説是獨攬轄區内的財政權力。這很可能是與支度使在原則上的權力範圍有關。首先,目前尚無史料可以確切表明支度使對管下軍鎮、州縣的審計内容有超出軍事財務的範疇;其次,支度使能够勾檢縣一級的賬目,但在譬如追繳虧空時則需要通過州來下達公文〔95〕;再者,本文史料二明確記載除了支度使以外,各州各軍也都要單獨向朝廷提交賬簿接受審查。因此,我們看到,在唐後半期,作爲藩鎮支郡的州在財政收支方面始終保持着比較獨立的運作空間,並没有完全接受藩鎮領導的迹象〔96〕。但就像上述河西案件中武威郡被挪用和糴絹又未能將虧欠的賬目報告給朝廷那樣,即使在玄宗時期,節度使對其管下州縣財務的干涉似乎也不會衹依靠支度使等財政使職有限的職掌,必然存在從軍事、監察等其他具有權威的方面施加的影響。

至於唐後期隨着觀察使的出現和普及,支度使在藩鎮的財政權力體系中所扮演的角色又有怎樣的變化,元和十三年的裁撤是否意味着支度使的消亡,而這一舉措對藩鎮的財政運作又有怎樣的影響,則是更加複雜的課題,留待今後的研究。

The Fiscal Commissioner during the First Half of Tang Dynasty: A Study on the Origin of Financial Power in Defense Commands

Wu Minghao

Since the beginning of the Tang Dynasty, Fiscal Commissioner (*zhiduoshi* 支度使) was frequently set up to handle the expense of military expeditions. Fiscal Com-

〔94〕 参閲吴明浩《楊炎の"量出以制入"と両税法の成立再考》。

〔95〕 丁俊《從新出吐魯番文書看唐前期的勾徵》,143 頁。

〔96〕 渡邊信一郎《中国古代の財政と国家》,517—532 頁。

missioner was in charge of the calculation and allocation of military equipment and other materials and this post would be abolished whenever the expedition was ended. When it came to the late reign of Emperor Gaozong 高宗, this post became a permanent position due to the set up of long-term Defense Commands (*zhen* 鎮). During the reign of Emperor Wu Zhao 武曌, it became common for some Fiscal Commissioners to take control of the financial affairs of several Defense Commands at the same time. This marked the beginning of the set up of military zone in the frontier. Since the restoration of Emperor Zhongzong 中宗 and Ruizong 睿宗, the former Fiscal Commissioners of Defense Command were gradually replaced by Fiscal Commissioners of Circuit (*dao* 道). This allowed Fiscal Commissioners to supervise not only the financial affairs of Defense Commands but also regional administrative governments such as prefectures (*zhou* 州) and counties (*xian* 縣). The swift was firmly established in the early reign of Emperor Xuanzong 玄宗. During the middle of *Kaiyuan* 開元 of Emperor Xuanzong, many Fiscal Commissioners were also granted the post of Military Commissioner (*jiedushi* 節度使) which permitted them to control not only regional military power but also financial power.

《唐研究》第二十七卷
2022 年,299—333 頁

唐代牒式再研究

包曉悦

牒是唐代應用廣泛的一類官文書,唐律及律疏在定義"官文書"時,常常將牒與符、解、關、移等文書種類並舉[1]。較之其他官文書,牒的現存資料最豐富,情況也最複雜。以往學者既已注意到,不同於符、解等文書形態、行用場合相對固定的文書,唐代的牒格式多變,行用場合也横跨上行、下行與平行諸多方向。筆者分析了典章制度中散見多處對牒的記載、西域出土文書中大量形態各異的牒文實物以及石刻文獻留存的唐牒,在此基礎上認爲,自唐初起,就存在數種被稱作"牒"的文書,但它們在文書形態、行用場合等方面都有所差異,並且彼此間有相對清晰的界限。而基於這些差異進行分類研究,是我們釐清唐代牒式的主要途徑。

一、唐代牒文分類研究回顧

首先簡述有關牒的基本文獻。《唐六典》載:"凡下之所以達上,其制亦有六,曰表、狀、箋、啓、牒、辭。"又稱:"九品已上公文皆曰牒。"[2]《六典》没有記載牒式的具體形態,但非常清晰地説明,牒是"下達於上"的六種公文之一,是上行文書。但是,敦煌出土的《開元公式令》殘卷所見"牒式"却似不同,先録其完整牒式如下:

---

[1] 劉俊文撰《唐律疏議箋解》卷二五《詐僞》,"詐爲官文書,謂詐爲文案及符、移、解、牒、鈔、券之類";同書卷二七《雜律》,"官文書,謂曹司所行公案及符、移、解、牒之類",中華書局,1996年,1708、1914 頁。

[2] 李林甫等撰,陳仲夫點校《唐六典》卷一《尚書都省》,中華書局,1992 年,11 頁。

（前略）

1　牒式

2　尚書都省　爲某事。

3　某司云云。案主姓名,故牒。

4　　　　　　　年月日

5　　　　　　　主事姓名

6　左右司郎中一人具官封名。令史姓名

7　　　　　　　　　　　　書令史姓名

8　　右尚書都省牒省内諸司式。其應受

9　　刺之司,於管内行牒皆准此。判官署位

10　　皆准左右司郎中。[3]

（後略）

吉川真司認爲,這種牒式是與刺相對,行用於官府内部各司間的下行文書[4];盧向前認爲,這種牒行用於不具有直接統屬關係的官府之間,而且文末稱"故牒"不稱"謹牒",是"上施下"的文書[5]。總而言之,《開元公式令》記載的牒是一種下行文書,學者們對這一點似没有争議。這不得不促使我們思考,爲何《唐六典》與《開元公式令》中記載的牒會存在如此區别,二者之間的關係爲何。

典章制度已經紛繁多歧,如果我們再將傳世及出土文獻中的牒文實物納入觀察視野,會發現情况更加複雜。學者們很早就發現,敦煌吐魯番文書中的大量牒文實物,形態上並不完全符合《開元公式令》中的牒式,反倒和司馬光編《書儀》中記載的北宋元豐年間的牒式更加接近[6],它的形態和使用場合如下:

某司牒　某司或某官

[3]　上海古籍出版社、法國國家圖書館編《法國國家圖書館藏敦煌西域文獻》第18册,上海古籍出版社,1995年,364頁。

[4]　吉川真司《奈良時代の宣》,《史林》第71卷第4號,28、34—36頁。

[5]　盧向前《牒式及其處理程式的探討——唐公式文研究》,北京大學中國中古史研究中心編《敦煌吐魯番文獻研究論集》第3輯,北京大學出版社,1986年,343頁。

[6]　參菊池英夫《唐代邊防機關としての守捉・城・镇の成立过程について》,《東洋史學》第27號,1964年,50頁;中村裕一《唐代公文書研究》第十一章《唐代の尚書祠部牒の文書様式再論——敦煌發見唐〈公式令〉牒式の再檢討》,汲古書院,1996年,585—614頁。

某事云云。

牒云云。若前列數事則云"牒件如前云云"。謹牒。

年月　日　牒

列位三司,首判之官一人押,樞密院則都承旨押

右門下中書尚書省以本省,樞密院以本院事相移(並謂非被受者,)及內外官司非相管隸者相移,並用此式。諸司補牒亦同,惟於年月日下書書令史名,辭末云"故牒"。官雖統攝而無狀例,及縣於比州之類皆曰"牒上"。(寺監於御史臺、秘書殿中省准此。)於所轄而無符帖例者則曰"牒某司",不闕字。(尚書省於御史臺、秘書殿中省及諸司於臺省,臺省寺監於諸路諸州亦准此。)其門下中書省樞密院於省內諸司、臺省、寺監官司,辭末云"故牒"。(尚書省於省內諸司准此。)[7]

最後一段對牒文適用場合的解説顯示,宋代牒文行用極廣,不同場合的牒文在形態上也略有差異。唐代的情況與之類似,傳世文獻與出土文書中保存的牒文實物很多,這些存世的牒文形態參差各異,收牒官司和發牒官司的關係也錯綜複雜。這就引出了另一個問題,爲何唐代牒文實物,符合宋代牒式的數量更多,符合唐《公式令》規定的却較少?

目前對牒文分類主要有兩種依據,其一是牒文的運行方向,盧向前[8]、中村裕一[9]等學者都持這一思路,其中又以盧向前研究最爲深入,他依據收發件官府的地位關係,以及牒文末尾稱"謹牒"還是"故牒"兩個依據,將牒分爲牒上型、牒下型和平行型三類(另有按功能單列的補牒),並且强調無論哪一類,發牒官府與收牒官府之間都不存在直接統屬關係,與此同時,他還在每種牒式下都舉出土文獻中的牒文實物爲例,來説明其具體應用。盧向前的研究是此問題的開山之作,他注意到《唐六典》和《開元公式令》記載的差異,以及《唐六典》中牒與辭存在一定聯繫,這些都是極富價值的見解,但是在分析具體的文書時,他考慮更多的是其運行方向和使用場合,對牒文格式注意不够。以《開元公式令》記載

[7] 司馬光《司馬氏書儀》卷一,《叢書集成初編》本,中華書局,1985年,3—4頁。

[8] 盧向前《牒式及其處理程式的探討——唐公式文研究》,335—393頁。

[9] 中村裕一《唐代公文書研究》,186—190頁。

的牒式(盧文稱“開元牒式”)爲例,盧向前認爲是牒下型,故舉大谷2840《長安二年(702)十二月豆盧軍牒燉煌縣爲徵死官馬肉錢事》作爲實例,因爲該牒文末亦稱“故牒”[10]。然而從形態上看,此牒反倒更符合《書儀》中的牒式(盧文稱“元豐牒式”),我們録此牒如下:

1　豆盧軍　　牒燉煌縣
2　　軍司死官馬肉錢叁仟柒佰捌拾文。
3　　壹仟陸佰伍拾文索禮　壹佰陸拾文郭仁福
4　　叁佰文劉懷委　叁佰文氾索廣
5　　壹佰玖拾文馬楚　叁佰叁拾文唐大濃
6　　壹佰伍拾文陰琛出索禮　叁佰文王會
7　　肆佰文張亮
8　牒被檢校兵馬使牒稱,件狀如前者。
9　欠者,牒燉煌縣請徵,便付玉門軍。仍
10　牒玉門軍,便請受領者。此已牒玉門
11　訖。今以狀牒,牒至准狀。故牒。
12　　　　　　　　長安二年十二月十一日典畫(?)懷牒
13　　　　　　　　　　　　　判官　郭意(?)[11]
(後略)

如果不考慮此牒末尾稱“故牒”不稱“謹牒”,可以説格式上幾乎與元豐牒式完全一致。第1行“豆盧軍　牒燉煌縣”即元豐牒式的“某司　牒某司”,包括發文機關和收文機關,頂格書寫,“牒”字前空格;第2—7行是事條,即“某事云云”,退一格書寫;第8—11行是牒的正文,以“牒”起頭,即“牒云云”,頂格書寫。而與之相對,開元牒式的發文官府和事條在首行,收文官府在第二行,正文也不以“牒”字起首,格式明顯與此牒有差。盧向前也承認此豆盧軍牒與開元牒式“大同小異”,但没有注意到它和元豐牒式的貼合,更難以解釋其背後的原因,所以這一解釋體系似乎尚未觸及牒文分類的本質。

〔10〕 盧向前《牒式及其處理程式的探討——唐公式文研究》,339—341頁。
〔11〕《大谷文書集成》壹,法藏館,1984年,110頁,圖版一三〇。

另一種分類依據由赤木崇敏近年研究提出,他放棄了上行—下行—平行這個綫索,衹考慮牒文的形態,將牒分爲以《開元公式令》爲代表的牒式 A 和以《書儀》爲代表的牒式 B,且認爲所有出土文書中地方官府使用的牒都可以被分成這兩類。

赤木崇敏認爲二者的主要區别有兩點:一是格式上的差異。如收文官府,牒式 A 在正文起始之前,牒式 B 在首行發文官府之下;事條,牒式 A 在首行發文官府下方,牒式 B 則另起一行書寫;正文,牒式 A 在收文官府後直接書寫,牒式 B 另起一行並以"牒"開頭。二是落款簽署上的區别,牒式 A 需有判官和主典共同簽署,簽署位置與符、關等《公式令》規定的官文書一致,而牒式 B 發件者的官職姓名全部寫在日期之後,且姓名後通常有"牒"字。而牒式本身不再與牒文運行方向直接相關,凡是末尾稱"故牒"的是下行文書,凡稱"謹牒"的則爲上行或平行文書〔12〕。赤木還進一步指出,牒式 A 主要行用於律令體制下設有四等官的機構内部或之間,牒式 B 的使用者則是官員個人、處於軍政機構末端不具備四等官的機構,以及使職差遣等無法與令内官相容的官府〔13〕。這種分類方式更加直觀明晰,而且已經觸及官文書與官僚體制如何匹配適應的本質問題。不過赤木崇敏歸爲牒式 B 的牒文,很多衹是形態近似,而在行用場合、鈐印與否、收件官府處理常式等方面各有不同,因此這一分類體系仍有進一步細化並加以完善的必要。

筆者將在前人研究基礎上,利用日唐律令格式以及出土文書,梳理"牒"這種文書在唐代律令制框架之下的真實形態。根據前述文書形態、行用場合、鈐印與否、收件官府處理常式等幾個要素,我們可以將唐代前期出現的牒文分爲 I、II、III、IV 四種類型,其中兩種由《公式令》所規定,另外兩種不見於唐《公式令》,

〔12〕 赤木崇敏《唐代前半期の地方文書行政:トゥルファン文書の檢討を通じて》,《史學雜誌》第 117 編第 11 號,2008 年,75—102 頁,中譯文《唐代前半期的地方公文體制》,載鄧小南、曹家齊、平田茂樹主編《文書・政令・信息溝通——以唐宋時期爲主》上,北京大學出版社,2012 年,130—134 頁。

〔13〕 赤木崇敏《唐代官文書體系とその變遷——牒・帖・状を中心に》,平田茂樹、遠藤隆俊編《外交史料から十——十四世紀を探る》,汲古書院,2013 年,31—75 頁;中譯文《唐代官文書體系及其變遷——以牒・帖・状爲中心》,周東平譯,載《法律史譯評》(2014 年卷),中國政法大學出版社,2015 年,176—206 頁。

但或許在唐式中有所規定,衹是式文已佚,以下分别述之。

二、唐《公式令》規定的兩種牒式

(一)牒Ⅰ型:官府間行用的牒式

唐令規定的牒式,以敦煌《開元公式令》殘卷所載最爲明確,這一牒式的形態已甚明晰,我們引之並説明如下:

1　牒式
2　尚書都省　爲某事。
3　某司云云。案主姓名,故牒。
4　　　　　　　　年月日
5　　　　　　　　主事姓名
6　左右司郎中一人具官封名。令史姓名
7　　　　　　　　　　　　　書令史姓名

首行"尚書都省"是發件機構,其下是事條,收件機構"某司"另起一行頂格書寫,緊接着寫牒文正文。落款處有判官和主典簽名,判官官封姓名頂格書寫,主典姓名後不書"牒"字。

關於此類牒文的行用場合,《開元公式令》云:"尚書都省牒省内諸司式,其應受刺之司,於管内行牒皆准此。"[14] 又日本《令集解》引《令釋》云:"檢《唐令》,尚書省内諸司上都省者爲刺也……尚書省下省内諸司爲故牒也。"[15] 據此可知,牒Ⅰ型與"刺"的關係類似"解"與"符",分别構成一組運行方向上下對應的官文書。因此我們有兩條探究牒Ⅰ型行用場合的途徑,其一是基於典章制度直接記録和出土文書的例證,赤木崇敏已經舉出地方官府使用《開元公式令》牒式的幾個場合,如縣牒縣、州縣牒折衝府、折衝府牒縣等[16];其二是通過"刺"的行用場合反推之,可惜唐代文獻中關於"刺"的記載很少,《開元公式令》殘卷中

[14]　《法國國家圖書館藏敦煌西域文獻》第18册,364頁。
[15]　黑板勝美主編《令集解》(新訂增補國史大系)卷三二,吉川弘文館,1974年,809頁。
[16]　赤木崇敏《唐代前半期的地方公文體制》,135—152頁。

“刺式”也未得保留,因此難以知其行用場合的具體制度規定,衹能通過零星材料窺得一二。基於上述兩種思路,並在前人研究基礎上,筆者列舉目前明確可考的八種行用此類牒式的場合,説明如下。

1.尚書都省牒省内諸司

目前尚未發現尚書都省牒二十四司的文書實例,但既然有《公式令》明確規定,我們也無須質疑。唐代尚書都省向省内二十四司發文使用牒式,而二十四司之間發送官文書使用的是平行文書“關”,從這一點看,作爲勾司的尚書都省的確具有較爲超然的地位。

此外須説明的是,按照唐代前期制度,在州府一級的官府中,録事司作爲勾檢部門,地位與職掌類似於尚書都省。以理推之,州或都督府録事司給其餘六曹發文似乎也應使用牒式。但是出土文書顯示,實際情况並非如此。雷聞在分析了永徽年間安西都護府户曹安門文書案卷之後,指出西州都督府内録事司給其他各曹發送的正式官文書是關而非牒,可見州一級官府録事司與其他六曹關係並不完全等同於尚書都省與二十四司之關係〔17〕。

2.太子詹事府牒家令寺

《唐六典》卷二七“太子家令寺”條:“凡寺、署之出入財物,役使工徒,則刺詹事。”〔18〕是以太子家令寺對詹事府發文用刺,按照“其應受刺之司,於管内行牒皆准此”的原則,則詹事府對家令寺使用Ⅰ型牒文。

唐代東宫官制设置比照國家中央官制,郭鋒認爲太子左、右春坊和詹事府的職能比照中書、門下、尚書三省設置〔19〕。不過詹事府下没有與尚書二十四司對應的職能機構,而是在太子詹事、少詹事以下,設詹事丞二人以及主簿、録事、令史、書令史若干,從這個意義上看,詹事府職能更接近於統領全局並負責文書中轉的尚書都省。這或許是詹事府對家令寺使用Ⅰ型牒文的原因。進一步推論,與家令寺地位類似的東宫諸司,譬如太子率更寺、太子僕寺等,同樣接收來自詹事府的Ⅰ型牒文。

---

〔17〕 雷聞《關文與唐代地方政府内部的行政運作——以新獲吐魯番文書爲中心》,《中華文史論叢》2007年第4期,149—150頁。

〔18〕 《唐六典》卷二七《家令寺》,697頁。

〔19〕 郭鋒《試論唐代的太子監國制度》,《文史》第40輯,1994年,108頁。

3.都護府牒都督府

新獲吐魯番文書《唐龍朔二、三年(662—663)西州都督府案卷爲安稽哥邏禄部落事》中,有一件燕然都護府發給西州都督府的牒文,内容是通報哥邏禄破散部落一千帳現居金滿州境内,希望西州協助他們返回漠北。牒文殘損比較嚴重,開頭幾行經整理拼合復原如下:

(前略)

14　燕然都護府[　　　　哥邏禄步失達]官部落壹阡帳

15　[西州]都督[府:得□□月□日牒]稱:今年三月[20]

(後略)

文書鈐有"燕然都護府之印",説明第14行"燕然都護府"是發件官府,"哥邏禄步失達官部落壹阡帳"是事條,第15行西州都督府是收件官府,其後是正文,與《開元公式令》之牒式相符,這是一件I型牒文。

4.都督府牒都督府

上述西州都督府處理哥邏禄破散部落的案卷中,還有另一道牒文,起首數行如下:

(前缺)

1　[　　　　　　　　]哥邏禄步失達官[部落壹阡帳]

2　[　　　　]府得□[□月□日牒稱:今年三月]

3　[□日□府得東]都尚書省[□□月十八日牒稱:]

牒文尾部官吏署名如下:

(前缺)

39　　　　　　　　　　　　　　[府□□]

40　[□□]判户曹珎

41　　　　　　　　　　　　　　史□慈達[21]

---

[20] 榮新江、李肖、孟憲實主編《新獲吐魯番出土文獻》,中華書局,2008年,308—325頁;榮新江《新出吐魯番文書所見唐龍朔年間哥邏禄部落破散問題》,載沈衛榮主編《西域歷史語言研究集刊》第1輯,科學出版社,2007年,13—44頁。

[21] 榮新江、李肖、孟憲實主編《新獲吐魯番出土文獻》,308—325頁。録文及復原參榮新江《新出吐魯番文書所見唐龍朔年間哥邏禄部落破散問題》,16—17頁。

文書殘損較嚴重,其中第 1 行發件官府缺失,衹剩下事條"哥邏禄步失達官[部落壹阡帳]",第二行"[　　]府"應是收件官府,但具體名稱也缺失了,"得"字以下是正文。牒末署名,某曹判户曹"珎"是判官,頂格書寫,上下行"府□□"和"史□慈達"都是主典署名,以上種種格式與《開元公式令》之牒式相符,可判定爲 I 型牒文。

對於缺損的收件單位名稱,筆者再略作説明,本件正面鈐"西州都督府之印",第 14、15 和 29、30 兩個紙縫背面皆有殘字押署及騎縫印"西州都督府之印",是由西州都督府發出的文書原件,本應在收件機構保存,但因故粘入了西州存檔的案卷中,筆者根據案卷上下文,推測此牒的收件單位應是龍朔三年初剛從"金滿州"改名的金滿州都督府,但發往金滿州後,因故未被領受,因此退回了西州都督府,被收在案卷中存檔[22]。這是都督府之間使用牒 I 型之一例。

5.縣牒縣

按唐《公式令》規定,諸縣之間應使用官文書"移",但吐魯番出土有《唐西州高昌縣牒爲鹽州和信鎮副孫承思人馬到此給草踖事》(72TAM230:95[a]):

(前缺)

1　　　]右 軍 子 將瀘(鹽)州和信鎮副上柱國賞緋魚袋孫承思

2　柳中縣:被州牒:得交河縣牒稱:得司兵關:得天山已西牒,遞

3　□□件使人馬者,依檢到此,已准狀,牒至,給草踖者。依檢到此

4　□准式訖牒上者,牒縣准式者,縣已准式訖,牒至准式,謹牒。[23]

(後缺)

根據整理者解題,此牒年代在開元九年前後。牒文首尾均殘,但尚能大致判斷其格式,首行發件單位已經殘損,但鈐有三方"高昌縣之印",可知是高昌縣發出的牒,第 1 行是事項,第 2 行開頭列收件單位柳中縣,再往下是牒文正文,牒尾落款及簽署部分已脱落。赤木崇敏認爲它符合《開元公式令》牒式,當無疑義。此牒環環嵌套,王永興先生以"者"字爲綫索,詳細分析了這件牒文内容

〔22〕 包曉悦《文書形態與制度運作——唐代官文書研究》,北京大學博士論文,2020 年,203—205 頁。

〔23〕 唐長孺主編《吐魯番出土文書》肆,文物出版社,1996 年,82 頁。

的層次〔24〕,最外層即高昌縣發給柳中縣牒。比縣之間使用牒 I 型的例證僅此一例。

6.都督府牒管内折衝府

赤木崇敏從日本寧樂美術館以及京都橋本關雪紀念館所藏開元二年蒲昌府文書中檢出了 9 件西州都督府發給蒲昌府的牒文,它們均鈐有“西州都督府之印”,且形態符合《開元公式令》牒式〔25〕。除此之外,筆者還可補充日比野丈夫新獲吐魯番文書中的第 1、2、4、5、6 號文書,也是西州都督府發給蒲昌府的牒文〔26〕,此外遼寧省檔案館收藏的 6 件蒲昌府文書中,至少有 2 件也是西州都督府發往蒲昌府的牒〔27〕,這些牒文也全部鈐有“西州都督府之印”。

值得注意的是,出土文書有《唐開元二十一年某折衝府申西州都督府解》,是折衝府向都督府發文用解文〔28〕,按照《開元公式令》“凡應爲解向上者,上官向下皆爲符”的規定,都督府對折衝府似乎應當使用符,而蒲昌府文書中卻有大量開元二年前後西州都督府發往蒲昌府的牒,這是否反映了開元時代的制度變化,仍有待進一步研究。

7.縣牒折衝府

蒲昌府文書中也有蒲昌縣發往蒲昌府的 I 型牒文,除赤木崇敏文檢出的兩件以外〔29〕,還有遼寧檔案館藏第 4 號《唐開元二年三月六日蒲昌縣牒蒲昌府爲府兵梁成德身死事》〔30〕,也是縣與折衝府之間的 I 型牒文。

---

〔24〕 王永興《論敦煌吐魯番出土唐代官府文書中“者”字的性質和作用》,載《唐代前期西北軍事研究》,中國社會科學出版社,1994 年,429 頁。

〔25〕 赤木崇敏《唐代前半期的地方公文體制》,148—150 頁。

〔26〕 日比野丈夫《新獲の唐代蒲昌府文書について》,《東方學報》第 45 號,1973 年,363—376 頁。

〔27〕 榮新江《遼寧省檔案館所藏唐蒲昌府文書》,《中國敦煌吐魯番學會研究通訊》1985 年第 4 期,29—35 頁;陳國燦《遼寧省檔案館藏吐魯番文書考釋》,《魏晋南北朝隋唐史資料》第 18 輯,2001 年,87—99 頁。

〔28〕 榮新江等編《吐魯番出土文獻散録》,中華書局,2021 年,485 頁;另參包曉悦《文書形態與制度運作——唐代官文書研究》,16—17 頁。

〔29〕 赤木崇敏《唐代前半期的地方公文體制》,148—150 頁。

〔30〕 陳國燦《遼寧省檔案館藏吐魯番文書考釋》,94 頁。

8.折衝府牒縣

法藏敦煌文書 P.3899v 是一組近 200 行的開元十四年敦煌縣徵馬社錢案卷,其中有一道懸泉府發給敦煌縣的牒,因其格式完整,移録如下:

(前略)

177 懸泉府

178 前府史翟崇明欠馬社錢捌仟陸佰文、前校尉判兵曹張袁成欠馬社錢叁仟肆佰伍拾文

179 燉煌縣:得折衝都尉藥思莊等牒稱,檢案内前件人等[

180 □上件社錢,頻徵不納,先已録狀申州。州司判下縣徵[

181 □月廿日内納了。依檢,其錢至今不納,事須處分,[

182]者。翟崇明負府司社錢,違限不納,准狀牒燉[

183 □請垂處分者。今以狀牒,牒至准狀。謹牒。

184 開元十四月四月廿三日。

185 府

186 折衝都尉莊

187 史李崇英[31]

(後略)

牒文鈐朱印四處,印文模糊,不易辨識,但隱約可見九字印文,疑即“左/右某某衛懸泉府之印”,牒後敦煌縣勾檢官的受付記録處鈐有“燉煌縣之印”(圖 1)。日比野新獲文書中,也有兩件蒲昌府牒某縣的牒文,鈐有“右玉鈐衛蒲昌府之印”[32],當爲發件官府之印,文書首尾均殘。

以上筆者歸納了典籍及出土文書所見,牒 I 型 8 類行用場合。實際應用中這類牒文的使用場景似乎要比《公式令》規定的更加豐富,有些甚至與已知唐令有所抵牾,例如唐令規定一方對另一方用牒,反之則使用刺,但折衝府與縣之間文書往來都使用牒。又如唐令規定比縣之間使用移,但高昌縣牒柳中却使用牒。

[31] 圖版見《法國國家圖書館藏西域敦煌文書》第 29 册,131 頁;録文及案卷分析參盧向前《馬社研究——伯三八九九號背面馬社文書介紹》,北京大學中國古代史研究中心編《敦煌吐魯番文獻研究論集》第 2 輯,中華書局,1983 年,361—424 頁。

[32] 日比野丈夫《新獲の唐代蒲昌府文書について》,《東方學報》第 45 號,1973 年,368 頁。

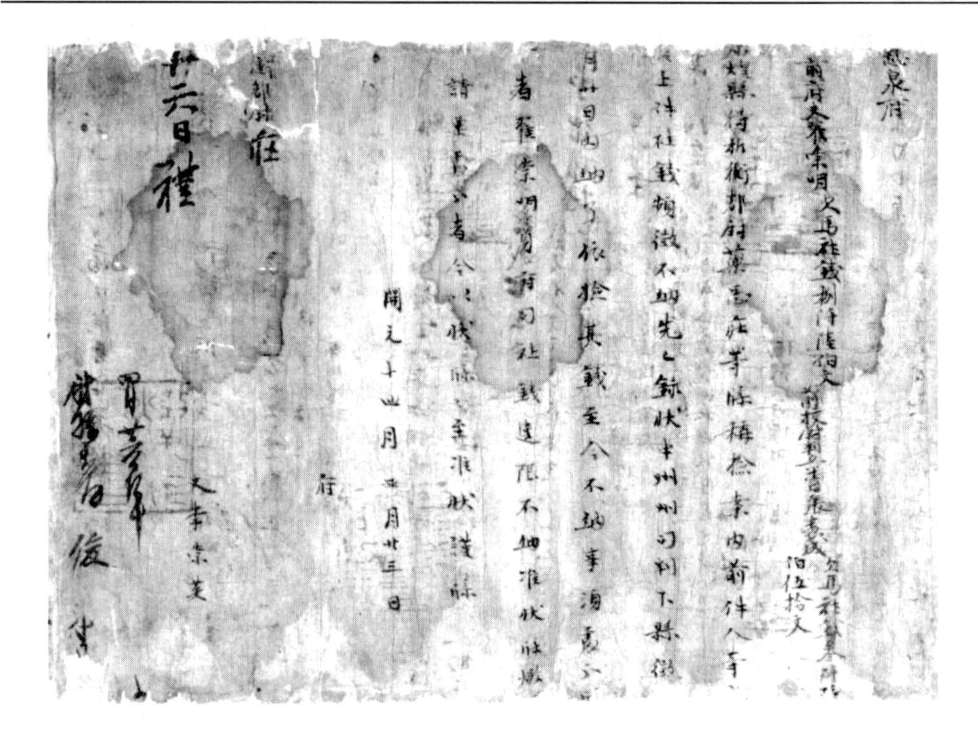

圖1　P.3899v 懸泉府牒

個中原因仍有待進一步研究。

(二)牒Ⅱ型:官員個人牒官府

除了上述行用於各級官府之間的牒式外,唐《公式令》應當還規定了另一種牒式,即官員個人對官府使用的牒式。大量文書實物證明,這種牒式在唐代存在是毋庸置疑的,此處主要論證它也由《公式令》所規定。

前文提到《唐六典》與《開元公式令》對牒式的記載存在明顯差異,這裏還要强調,這個差異是較爲本質的,主要體現在兩方面:一是文書運行方向不同,《唐六典》所載的牒是"下達於上"的上行文書,《開元公式令》記載的是下行文書;二是使用者不同,《唐六典》稱"九品已上公文皆曰牒"〔33〕,此處的九品,指的是發牒人的官品,所以這種牒文的使用者應當是個人,而《開元公式令》記録的牒式,無論是尚書都省還是"應受刺之司",發牒者都是官府。

那麽,這種差異是否有可能是不同時期、不同制度規定的反映呢?《唐六

〔33〕《舊唐書》卷四三《職官志二》作"有品已上公文皆曰牒",中華書局,1975年,1817頁。

典》“以令式入六司”〔34〕,其中涉及官文書格式的内容當源出開元七年《公式令》〔35〕,《開元公式令》殘卷應當是開元七年令或者二十五年令之一,但迄今没有明確證據能够確認到底是哪一部〔36〕,雖然不能論證這兩條材料來自同一部唐令,但至少二者都反映了開元年間的制度。此外我們還注意到,P.2819 是《開元公式令》的一段殘卷,衹保留了移、關、牒、符、制授告身、敕授告身六種官文書格式,其他諸如解、辭、刺等我們確知在開元年間尚存的官文書格式都没有保留下來;而《唐六典》這一段也衹取令文概要,並没有截取原文。因此我們不得不考慮另一種可能性,即唐前期《公式令》中規定了兩種牒式,被分别保留在了《唐六典》和《公式令》殘卷中。

鑒於這兩條材料都不能完整反映唐《公式令》的原貌,而日本《養老令》又多仿照唐令而修〔37〕,我們有必要關注日令中的相關規定,今檢出日本《養老令·公式令》中規定的牒式:

牒云云。謹牒。

年月日　其官位姓名牒

右内外官人主典以上,緣事申牒諸司式。三位以上。去名。若有人物名數者,件人物於前〔38〕。

這種牒式是主典以上官員個人有事向官府申告時使用的文書體例。而緊隨其後的辭式云:

年月日位姓名辭。此謂雜任初位以上。若庶人稱本屬其事云云。謹辭。

右内外雜任以下,申牒諸司式。若有人物名數者,件人物於云云前〔39〕。

---

〔34〕 陳振孫撰,徐小蠻、顧美華點校《直齋書録解題》卷六引韋述《集賢記》,上海古籍出版社,1987 年,172 頁。

〔35〕 開元二十五年唐朝頒行了新修的令、式,次年《唐六典》修成,但是《唐六典》所據基本還是唐開元七年令。參仁井田陞撰,栗勁等譯《唐令拾遺》,長春出版社,1989 年,853 頁。

〔36〕 内藤乾吉《唐の三省》,《史林》第 15 卷第 4 號,1930 年;後收入同作者《中国法制史考證》,有斐閣,1963 年,14、55 頁;仁井田陞《唐令拾遺》,83 頁。

〔37〕《養老令》繼承《大寶令》而來,《大寶令》的編纂起於 681 年,701 年頒佈,主要參考唐朝的《永徽令》,參曾我部静雄《日中律令論》,吉川弘文館,1963 年,1—2 頁。

〔38〕《令集解》卷三二,816—817 頁。

〔39〕 同上書,817—818 頁。

是以牒與辭是性質類似的文書,都用於個人向官府報告事務,區别衹在於使用者的身份不同,主典以上用牒,雜任以下用辭。日本律令體制下的四等官制是模仿唐代四等官制度建立起來的,但是就“主典”和“雜任”兩個具體概念而言,日唐制度有一定區别。唐代主典是四等官中最低一級,但因爲南北朝隋唐出現的官吏身份分化的傾向,作爲“文書胥吏”,除了級别較高的中央官府的主典是低品級的流内官以外,大部分官府主典都衹有流外官品甚至不入流〔40〕。而“雜任”這一概念在唐初指的是在官供事、無流内外官品、非由尚書省補授的諸色執掌,至開元年間從中分化出“雜職”“庶士”等諸色人群體〔41〕,據《天聖令》復原的唐開元二十五年《雜令》稱:

> 州縣録事、市令、倉督、市丞、府、史、佐、計史、倉史、里正、市史,折衝府録事、府、史,兩京坊正等,非省補者,總名“雜任”。其稱“典吏”者,“雜任”亦是。〔42〕

其中州縣的府、史、佐以及折衝府的府、史,以其在行政文書運行中的分工而言,都是各自官府的主典,然而因爲不具備官品,按照唐令即爲雜任。是以唐代“主典”與“雜任”兩個概念内涵有交叉,級别較低的地方官府中的府/佐、史就是二者之交集。

日本制度則與此不同。日本官員叙階以官位制,皇族稱“品”,大臣稱“位”,自正一位至少初位共三十等,不分流内流外。主典作爲四等官中最低的一級,其官位雖然也隨所在官府級别下降而降低,但是始終具有官位,以地方上的國司爲例,主典稱“目”,大國設大目、少目,大目從八位上,少目從八位下,上國目從八位下,中國目大初位下,下國目少初位下〔43〕。而雜任是諸官府主典之下承擔各類事務的下級職員,没有對應的官位,主典和雜任之間,存在一條明確的身份分界綫。因此,《養老令》規定主典以上報告官府使用牒,雜任以下使用辭,劃分標

---

〔40〕 葉煒《南北朝隋唐官吏分途研究》,北京大學出版社,2009年,173—198頁。

〔41〕 沈琛《令典與文書所見的唐代“散官充雜任”》,榮新江主編《唐研究》第23卷,北京大學出版社,2017年,291—306頁。有關雜任在唐代地方行政體制中的作用,參趙璐璐《唐代縣級政務運行機制研究》,社會科學文獻出版社,2017年,31—40頁。

〔42〕 天一閣博物館、中國社會科學院歷史研究所天聖令整理課題組校證《天一閣藏明抄本天聖令校證(附唐令復原研究)》下册卷三〇《雜令》唐15條(清本42條),中華書局,2006年,752頁。

〔43〕 《令集解》卷六,164—166頁。

準的實質其實是有官位與否。從這一點上,就能看出日令中的牒式和辭式與《唐六典》記載的“九品以上公文皆曰牒,庶人言曰辭”有莫大關聯。

《唐六典》没有完整記載這種個人申告官司所用牒文的格式,須從出土文獻中尋找實例,吐魯番文書中就存在這種以個人名義發出的牒,目前所見年代最早的是吐魯番阿斯塔那42號墓所出《唐永徽元年(650)嚴慈仁牒爲轉租田畝請給公文事》(65TAM42:10,73),先迻録全文如下:

1　　常田四畝　東渠

2　牒　慈仁家貧,先來乏短,一身獨立,

3　更無弟兄,唯租上件田,得子已供喉命。

4　今春三月,糧食交無,逐(遂)將此田租與安横

5　延。立卷(券)六年,作練八疋。田既出賃,前人從

6　索公文,既無力自耕,不可停[田]受餓。謹以

7　牒陳,請裁。[謹]□

8　　　　　　　永徽元年九月廿　日雲騎尉嚴慈仁[44]

根據牒文内容可知,嚴慈仁因家貧且少勞力,無力耕種名下的四畝常田,故而以八匹帛練的價格將其轉租給安横延,租期六年。進而安横延索要憑證,於是嚴慈仁申牒給官府,請求給予公驗[45]。這件牒文格式與《養老令》牒式可謂嚴絲合縫。嚴慈仁牒第1行記“常田四畝　東渠”,即《養老令》所謂“若有人物名數者,件人物於前”,這是與牒文關涉的核心信息,寫在第一行可作提綱挈領之用。第2—7行是正文部分,以“牒”字開頭,即日令牒式所謂“牒云云”,“云云”乃正文内容之省稱,以“謹牒”結尾。第8行是牒文落款,包括年月日以及申牒人的官位姓名。此處嚴慈仁爲雲騎尉,按唐制,勳官二轉授雲騎尉,相當於正七品[46],嚴慈仁既然有資格使用牒,説明《六典》所云“九品以上”不止包括職散官品,至少勳官也計算在内。

與《養老令》牒式相契合的唐牒還有多件,再舉《武周久視二年(701)沙州敦

[44] 唐長孺主編《吐魯番出土文書》叁,117頁。

[45] 程喜霖《唐代過所研究》,中華書局,2000年,135頁。

[46] 《唐六典》卷二《尚書吏部》司勳郎中條載“二轉爲雲騎尉,比正七品”,41頁。

煌縣懸泉鄉上柱國康萬善牒爲以男代赴役事》(72TAM225:22[a])〔47〕:

……………………………………………………………………

1　牒萬善今簡充馬軍,擬迎送使。萬

2　善爲先帶患,瘦弱不勝驅使,又復

同

3　年老,今有男處琮,少年壯仕,又便弓

4　馬,望將替。處今隨牒過,請裁。謹牒。

5　　　　久視二年二月　日懸泉鄉上柱國康萬善牒

6　　　　付 司

(後缺)

此牒第1行前爲紙縫,説明首部保存完整,第1—4行就是牒文正文,以"牒"開頭,以"謹牒"結尾。因爲牒文内容是康萬善因年老體弱,請求以兒子處琮代替自己服役,不涉及人員財物,所以不像上件嚴慈仁牒那樣,將諸如"常田四畝"這樣的人物名數列在牒文前方。第5行是落款,康萬善是上柱國正二品勳官,故而用牒。

類似的牒文還有多件,僅就筆者管見,首尾格式保存完好者有《唐開耀二年(682)寧戎驛長康才藝牒爲請追勘違番不到驛丁事》(67TAM376:02[a])〔48〕、《武周如意元年(692)堰頭令狐定忠牒爲申報青苗畝數及佃人姓名事》(73TAM501:109/2)〔49〕、《景龍三年(709)十二月廿五日寧昌鄉品子張大敏牒》(75TAM239:9/9[a])〔50〕、《唐開元二十二年(734)楊爲父職田出租請給公驗事》(73TAM509:23/3-1)〔51〕、《開元二十九年十一月十五日武城鄉勳官王感洛牒爲給田事》(大谷3149)〔52〕等等,保存不甚完整者數量更夥。出土文獻中的唐代牒文與《養老令》中的"牒式"如此吻合,又有《唐六典》"九品已上公文皆曰

〔47〕　唐長孺主編《吐魯番出土文書》叁,410頁。原文中武周新字,俱改爲正體。

〔48〕　唐長孺主編《吐魯番出土文書》叁,289頁。

〔49〕　同上書,391頁。

〔50〕　同上書,560頁。

〔51〕　唐長孺主編《吐魯番出土文書》肆,313頁。

〔52〕　小田義久編《大谷文書集成》貳,法藏館,1990年,33頁,圖版四三。

牒"之旁證,我們可以推斷,唐前期《公式令》中的確存在一種官吏個人報告官府使用的牒式。敦煌所出《開元公式令》本就是一段殘卷,並未包括當時所有的官文書式,例如《唐六典》所載的刺、辭等就不見於其中[53],不能以此否認它們在《公式令》中存在。根據出土文書實例以及日令,我們可以復原這種個人申報官府的牒式爲:

某事

牒,云云。謹牒。

年月日具官姓名牒

第1行即"人物名數"的事條,退格1—2字書寫,有時省略;正文以"牒"起始,頂格書寫。

出土文書顯示,凡是官吏有事需向官府報告,無論公私,均可使用這種牒式,按照涉及事務的性質大致可分爲三類:

1.訴訟文書

唐代律令在論及"告人罪"時多見"辭牒"並稱的情形,如唐《鬥訟律》云:

諸告人罪,皆須明注年月,指陳實事,不得稱疑。違者笞五十。官司受而爲理者,減所告罪一等。即被殺、被盜及水火損敗者,亦不得稱疑,雖虛,皆不反坐。其軍府之官不得輒受告事辭牒。[54]

同卷又云:"諸爲人作辭牒,加增其狀,不如所告者,笞五十,若加增罪重,減誣告一等。"[55]此外,依據《天聖令》復原的唐《獄官令》35條亦云:"諸告言人罪,非謀叛以上者,皆令三審。應受辭牒官司並具曉示虛得反坐之狀。"[56]這裏所謂

[53] 仁井田陞認爲《開元公式令》中可能不包括"辭式",理由是《養老令・公式令》中辭式在牒式之前,而《開元公式令》中牒式前爲關式,參仁井田陞《ペリオ敦煌发見唐令の再吟味——特に公式令斷簡》,《東洋文化研究所紀要》第35號,1965年,1—15頁;中譯文《對伯希和發現的敦煌〈唐令〉的再思考——特别針對〈公式令〉斷簡》,鄭奉日譯,載霍存福主編《法律文化論叢》第4輯,2015年,201—209頁。仁井田陞未注意到《養老令・公式令》與《開元公式令》殘卷中的"牒式"的區别,况且據《唐六典》,開元年間仍然有對辭的規定。中村裕一則認爲唐《公式令》應該有辭式,參中村裕一《唐代公文書研究》,191—192頁。

[54] 劉俊文《唐律疏議箋解》卷二四,1658頁。

[55] 同上書,1663頁。

[56] 天一閣博物館、中國社會科學院歷史研究所天聖令整理課題組校證《天一閣藏明鈔本天聖令校證(附唐令復原研究)》,624頁。

的“辭牒”或“告事辭牒”，就其性質而言，均指個人向官府告發他人或提出訴訟時使用的文書，相當於後世的訴狀；就文書體式而言，則正是《公式令》所規定的辭式和 II 型牒文。提告者若是白身庶人，使用辭式，若身有官品，則使用 II 型牒文。陳璽在討論唐代訴訟制度時指出：“刑事、民事案件訴事者在向官府告訴前，均需製作訴牒，作爲推動訴訟程序的基本法律文書。法律對於訴牒的格式與內容均有較爲嚴格的要求。”〔57〕黄正建則利用出土文書進一步分析了作爲訴訟文書的牒文形態及其涉及的訴訟事務〔58〕。吐魯番文書中不乏實例，譬如《唐某年伏威牒爲請勘問前送帛練使男事》，是“伏威”狀告前送帛練使之子王伯歲偷看他們全家“就涼”〔59〕；另外《唐寶應元年（762）康失芬行車傷人案卷》中，史拂郍在兒子金兒被行客靳嗔奴家人以車撞傷之後，也是以牒文訴至官府〔60〕。

2.個人向官府的申請

除了刑事或民事訴訟之外，牒 II 型還用於個人向官府申請各項事務，包括請給公驗、過所、市券，患病請求歸還本貫，請求代役等。黄正建在討論訴牒時也兼及這一類文書，二者的文書形態基本一致，衹是涉及的事務有所不同。吐魯番出土的一件辭牒判文集中，有“□□兩竟，不解爲辭，擁氣須伸，未聞作牒”〔61〕的説法，從其中《請乞從兄男紹繼辭》《判聽紹繼事》等篇題看，涉及繼承過繼等事務。

3.官員或胥吏報告公事

除了爲個人事務以外，官吏申牒官府也有爲公事者。例如吐魯番出《唐開耀二年（682）寧戎驛長康才藝牒爲請處分欠番驛丁事》（67TAM376：01［a］）：

（前缺）

大　　　　昌

1　　　］禿雙　龍定□　趙願洛　宋弘義

昌　　昌　　昌　　昌　　昌

2　　丁願德　左辰歡　翟安住　令狐呼末　泛朱渠

〔57〕 陳璽《唐代訴訟制度研究》，商務印書館，2012 年，18—20 頁。

〔58〕 黄正建《唐代訴訟文書格式初探》，《敦煌吐魯番研究》第 14 卷，2014 年，299—306 頁。

〔59〕 唐長孺主編《吐魯番出土文書》叁，356 頁。

〔60〕 唐長孺主編《吐魯番出土文書》肆，329—333 頁。

〔61〕 唐長孺主編《吐魯番出土文書》叁，106 頁。

昌　　　昌

3　　龍安師　竹士隆

4　牒,才藝從去年正月一日,至其年七月以前,每番

5　各欠五人,於州陳訴。爲上件人等並是闕官白

6　直,符下配充驛丁填數,准計人别三番合上。其

7　人等准兩番上訖,欠一番未上,請追處分。謹牒。

8　　　　　開耀二年二月　日寧戎驛長康才藝牒[62]

李方指出,寧戎驛與高昌縣下屬的寧戎鄉同名,當是因鄉得名,亦屬於高昌縣,故此牒是寧戎驛驛長康才藝上高昌縣的牒文[63]。牒文内容是報告這些人本應服役充當驛丁,但是欠番不到,請求縣司追究[64]。康才藝身爲驛長,報告驛丁不按規定上番服役是其職責所在,此牒是爲公事而作毫無疑問。

又如大谷文書2835v《長安三年三月括逃使牒並燉煌縣牒》[65]:

1　　甘、凉、瓜、肅所居停沙州逃户

2　牒,奉處分:上件等州,以田水稍寬,百姓多

5　悉居城,莊野少人執作。沙州力田爲務,

4　小大咸解農功,逃迸投諸他州,例被招

5　携安置,常遣守莊農作,撫恤類若家

6　僮。好即薄酬其傭,惡乃横生構架。爲

7　客脚危,豈能論當。荏苒季序,逡巡不

8　歸。承前逃户業田,差户出子營種。所收苗

9　子,將充租賦,假有餘剩,便入助人。今奉

10　明敕,逃人括還,無問户等高下,給

11　復二年。又今年逃户所有田業,官貸

〔62〕唐長孺主編《吐魯番出土文書》叁,290頁。

〔63〕李方《唐西州行政體制考論》,黑龍江教育出版社,2002年,321頁。

〔64〕魯才全《唐代前期西州寧戎驛及其有關問題——吐魯番所出館驛文書研究之一》,武漢大學歷史系魏晋南北朝隋唐史研究室編《敦煌吐魯番文書初探》,武漢大學出版社,1983年,364—380頁。

〔65〕《大谷文書集成》壹,105頁;録文參池田温著,龔澤銑譯《中國古代籍帳研究》,中華書局,2007年,198—199頁。牒文有武周新字,今統一録作正字。

12　種子,付户助營。逃人若歸,苗稼見在,課
13　役俱免,復得田苗。或恐已東逃人,還被主人
14　詃誘,虚招在此有苗,即稱本鄉無業,
15　漫作由緒,方便覓住。此並甘、涼、瓜、肅百姓
16　共逃人相知,詐稱有苗,還作住計。若不牒
17　上括户採訪使知,即慮逃人訴端不息。
18　謹以牒舉。謹牒。
19　　　　　　長安三年三月 日典陰永牒
　　　　(後略)

此牒發牒人陰永是括逃使屬下的典,收牒官府則是敦煌縣[66],牒文主要内容是要求敦煌縣將當縣逃人及其田地情況告知括逃使,以便其展開工作,避免逃至甘、涼、瓜、肅的沙州逃人詐稱本貫已無田地,以此爲由逗留不歸[67],從開頭"牒,奉處分"來看,牒文基本是轉述括逃使的判文意見。此外,里正向縣裏報告事務,各級官府判案期間主典檢請文案等場合,使用的都是這種牒式,出土文書中可以見到大量實例。

以上分析了唐《公式令》規定的兩種牒式的文書形態以及行用場合,它們在這兩方面都差異明顯。除此以外,還有兩個區别要素值得注意,其一是鈐印與否。目前所見文書實例,牒Ⅰ型全部鈐有發件官府的官印,而牒Ⅱ型無論爲公爲私,均不鈐印,無一例外。其二,兩種牒文到達收文官府後,處理常式上有差異。盧向前將牒文處理程式分爲署名、受付、判案、執行、勾稽和抄目六個環節,其中第一環節"署名",指的是首先由長官在文書上簽署"付司"或直接給出判案意

〔66〕 内藤乾吉《西域发見唐代官文書の研究》,載同作者《中國法制史考證》,228頁。唐長孺、劉後濱等學者認爲陰永是敦煌縣典,然唐代縣司並不設典,而衹有佐、史,使職手下則設典,内藤乾吉的看法更合理。

〔67〕 牒文背景是武周年間檢括浮逃户,相關研究參唐長孺《關於武則天統治末年的浮逃户》,《歷史研究》1961年第6期,90—95頁,唐先生將"陰永"視爲敦煌縣典,認爲牒文反映了敦煌縣司的態度,似有不妥;另參陳國燦《武周時期的勘田檢籍活動——對吐魯番所出兩組經濟文書的探討》,《敦煌吐魯番文書初探二編》,武漢大學出版社,1990年,370—418頁。改訂分爲《武周聖曆年間的勘檢田畝運動》《武周長安年間的括户運動》二章,再録同作者《唐代的經濟社會》,文津出版社,1999年,1—72頁;又録同作者《敦煌學史事新證》,甘肅教育出版社,2002年,98—166頁。

見,然後簽名[68]。之後學者在討論官文書處理常式時也基本接受了這一觀點,李錦繡指出地方上"百姓牒、辭,最先送於長官判,長官判'付司','付判'後,纔有録事受付等手續"[69]。趙璐璐則認爲這個流程不限於百姓所上的牒、辭,也包括其他類型的文書,縣令對文書的先判,體現出縣令在縣級政務處理中的主導地位[70]。

但事實上,並非所有牒文在受付之前,都有長官判"付司"或更具體的處理意見。盧向前就注意到,一些牒文"没有長官簽署程式",不過他將其視作特殊情況,不具有普遍性。劉安志在最近的研究中指出,唐代的符與解在受付程式之前,長官並不先判"付司",而往往祇在文書尾部的頂端簽名並注明日期,極少數情況下連長官簽名日期也無[71],這個觀察十分敏鋭,但這種情況並不限於符和解,某些牒也是如此。就我們分析的兩種《公式令》規定的牒式而言,牒 I 型收件官府長官祇書日期和署名;而牒 II 型,長官除日期和簽名之外,要先判"付司"或更具體的意見,以下各舉一例説明。

牒 I 型以 P.3899v《馬社文書》之《懸泉府牒燉煌縣》爲例[72]:

（前略）

183　□請垂處分者。今以狀牒,牒至准狀。謹牒。

184　　開元十四月四月廿三日。

185　　　府

186　折衝都尉莊

187　　　史李崇英

188　　廿六日,禮。

189　　　四月廿六日録事

190　　　尉攝主簿俊付司□

[68] 盧向前《牒式及其處理程式的探討——唐公式文研究》,362—364 頁。

[69] 李錦繡《唐代財政史稿》上卷,347 頁。

[70] 趙璐璐《唐代縣級政務運行機制研究》,83 頁。

[71] 劉安志《吐魯番出土唐代解文についての雜攷》,收入荒川正晴、柴田幹夫編《シルクロードと近代日本の邂逅:西域古代資料と日本近代佛教》,勉誠出版社,2016 年;此據中文修訂本《吐魯番出土文書所見唐代解文雜考》,《吐魯番學研究》2018 年第 1 期,3—9 頁。

[72] 《法國國家圖書館藏西域敦煌文書》第 29 册,131 頁。

第183—187行是懸泉府牒尾,188行起是收件機構敦煌縣處理牒文的記録,第189、190行是勾檢官受付的記録,值得注意的是第188行,"廿六日,禮"是長官敦煌縣令所記,但衹寫日期和姓名,没有"付司"或更爲具體的意見,其書寫位置靠近紙的上端(横向排版則靠近左側)。牒II型則仍以保存較完整的大谷2835v《長安三年三月典陰永牒》爲例,對應内容如下[73]:

(前略)

18　謹以牒舉。謹牒。

19　　　　長安三年三月　日典陰永牒

20　　　付司。辯示。

21　　　　十六日

22　　　三月十六日録事受

23　　　尉攝主簿付司户

第18—19行是典陰永牒尾,20、21行是收件的敦煌縣長官批示"付司"和署名、日期,緊接在來文之後書寫,位置在紙張下半部分,與第23、24行勾檢官受事發辰的記録基本平齊。對比可知兩種牒式在這一處理環節的區别。

這兩種在文書形態、行用場合、處理常式等諸多方面存在差異的、由唐《公式令》規定的牒式,仍不能涵蓋出土文書所見的所有牒文,在唐代還有一些《公式令》以外的牒文在官文書體系中發揮着重要作用。

三、《公式令》以外的牒式

(一)牒III型:可能由唐式規定之牒式

前文已論及,西域出土文書中,有許多唐代牒文形態並不符合唐《公式令》規定的牒式,反倒更接近司馬光《書儀》中的牒式,中村裕一推測它們"出現於《公式令》規定的文書形式無法處理的場合"[74]。赤木崇敏結合出土文書與《書儀》復原牒式B格式如下:

[73] 小田義久編《大谷文書集成》壹,105頁;録文參池田温《中國古代籍帳研究》,198—199頁。

[74] 中村裕一《唐代官文書研究》,中文出版社,1991年,400頁。

發件單位　牒收件單位

　件名

牒……(正文)……謹牒(或故牒)。

　　　　年月日發件者牒。[75]

並進一步論述這種牒式"主要在律令體制的不存在四等官制的官府以及軍事組織、官員之中被廣泛使用"[76]。赤木崇敏實際是將前述牒 II 型與牒 III 型視爲一類,對此筆者不敢苟同,二者在行用場合、鈐印與否、處理流程方面多有差異,即使形態有相似之處,也不完全相同。II 型牒文没有"發件單位　牒收件單位"一行,落款也衹有發牒人一人署名;而 III 型牒文落款在發牒的主典之外,還會有負責的官員署名。例如大谷 2840《長安二年(702)十二月豆盧軍牒燉煌縣爲徵死官馬肉錢事》:

1　豆盧軍　牒燉煌縣

2　　軍司死官馬肉錢叁仟柒佰捌拾文。

3　　壹仟陸佰伍拾文索禮　壹佰陸拾文郭仁福

4　　叁佰文劉懷委　叁佰文氾索廣

5　　壹佰玖拾文馬楚　叁佰叁拾文唐大濃

6　　壹佰伍拾文陰琛出索禮　叁佰文王會

7　　肆佰文張亮

8　牒,被檢校兵馬使牒稱,件狀如前者。

9　欠者牒燉煌縣請徵,便付玉門軍。仍

10　牒玉門軍,便請受領者。此已牒玉門

11　訖。今以狀牒,牒至准狀。故牒。

12　　　　　長安二年十二月十一日典畫(?)懷牒

13　　　　　　　　　　判官郭意(?)

　　(後略)[77]

---

〔75〕 赤木崇敏《唐代官文書體系とその變遷——牒・帖・状を中心に》,36 頁。

〔76〕 同上書,38—41 頁。

〔77〕 小田義久編《大谷文書集成》壹,110 頁,圖版一三〇。

此牒第1行,"豆盧軍"是此牒發件官司,"燉煌縣"則是收件官司,第2—7行是事項,第8行起爲正文,以"牒"開頭,以"故牒"結尾。值得注意的是,牒文末尾在"年月日典畫懷牒"之後,尚有判官郭意的署名。按唐制"凡鎮皆有使一人、副使一人"〔78〕,豆盧軍使早期稱"經略使"〔79〕,此牒鈐有"豆盧軍兵馬使之印",可知此時已改稱"兵馬使",郭意應當就是豆盧軍使屬下的判官。

類似格式的下行牒文還有美國普林斯頓大學所藏原屬羅寄梅的吐魯番文書第9號,陳國燦先生定名《唐西州高昌縣下武城城牒爲賊至泥嶺事》,今録文如下〔80〕:

1　高昌縣　　牒武城城
2　牒,今日夜三更得天山縣五日午時狀稱:得曷畔戍主張長年
3　等狀稱:今月四日夜黄昏,得探人張父師、簿君洛等二人口云:
4　被差往鷹娑已來探賊,三日辰時行至泥嶺谷口,遥見山頭
5　兩處有望子,父師等即入柳林裹藏身,更近看,始知是人,見兩
6　處山頭上下,始知是賊。至夜黄昏,君洛等即上山頭望火,不見
7　火,不知賊多少。即得此委,不敢不報者。張父師等現是探子。
　(後缺)

陳國燦據張父師等人名,並結合7世紀西域相關史實推斷,此牒年代在顯慶元年(656)十二月前不久〔81〕。本件文書前部保存完整,第2—3行鈐有"高昌縣之印",可知是高昌縣發往武城城的牒文無疑,但由於後部殘損,不知牒尾格式,高昌縣下轄有武城鄉,此處的武城城當是其鄉城,所以此牒是一件下行文書,當以

〔78〕《唐六典》卷五《尚書兵部》,158頁。

〔79〕參陳國燦《武周瓜、沙地區的吐谷渾歸朝事迹——對吐魯番墓葬新出敦煌軍事文書的探討》,敦煌文物研究所編《1983年全國敦煌學術討論會文集·文史遺書編》上,甘肅人民出版社,1987年,第1—26頁;王團戰《大周沙州刺史李無虧墓及徵集到的三方唐代墓誌》,《考古與文物》2004年第1期,22—25頁。

〔80〕Judith Ogden Bullitt, Princeton's Manuscript Fragments from Tun-Huang, *The Gest Library Journal*. Vol. III, No. 1-2, 1989, 圖版9;Chen Huaiyu, Chinese-Language Texts from Dunhuang and Turfan in the Princeton University East Asian Library, *The East Asian Library Journal* 14/2, 2010, pp. 108-110;録文參陳國燦《美國普林斯頓所藏幾件吐魯番出土文書跋》,《魏晋南北朝隋唐史資料》第15輯,武漢大學出版社,1997年,109頁。

〔81〕陳國燦《美國普林斯頓所藏幾件吐魯番出土文書跋》,112頁。

“故牒”結尾。遺憾的是牒文尾部殘缺,我們見不到落款署名的情形。

除了下行牒文以外,上行牒文也有格式近似者。儀鳳二年(677)北館文書中有一件西州市司上都督府倉曹的牒,原本斷裂成三片,分藏於日本龍谷大學與書道博物館,編號分别爲大谷 1032[82]、SH.124-3[83]、SH.177 上-10[84],經大津透綴合後可基本復原牒文格式[85],其中第5行仍然有缺損,文字不能完全復原,第6行應當是牒尾落款的年月日和倉史姓名,參考同卷文案前後信息,可大致推補如下[86]:

1　市司　　牒上倉曹爲報醬估事

2　　　　醬叁碩陸㪷貳勝准次估貳勝直銀錢壹文

3　　　　　右被倉曹牒稱,得北館厨典周建智等牒□(稱)上件醬

4　　　　　[料供客訖,請處分者,依]檢,未有市估,牒至[准狀,故牒者。]

5　[牒,件檢如前,謹牒。]

6　　　　　　　　　　[儀鳳二年十二月　日史　　牒]

7　　　　　　　　　　　　　　　　　丞䇺　□

8　　　　　　　　　　　　　　　　　令史　建濟

9　　　　　　　　　　　十二月十四日録事氾文才受

---

[82] 小田義久編《大谷文書集成》壹,6頁,圖版一〇。

[83] 即大津透編號之中村文書F,新編號參包曉悦《日本書道博物館藏吐魯番文獻目録》上,《吐魯番學研究》2015年第2期,96—146頁;圖版見磯部彰編集《臺東區立書道博物館中村不折舊藏禹域墨書集成》中册,東京:文部科學省科學研究費特定領域研究“東亞出版文化研究”總括班,2005年,273頁。

[84] 即大津透編號之中村文書G,新編號參包曉悦《日本書道博物館藏吐魯番文獻目録》下,《吐魯番學研究》2017年第1期,125—153頁;圖版見磯部彰編集《臺東區立書道博物館中村不折舊藏禹域墨書集成》下册,135頁。

[85] 大津透《大谷、吐魯番文書復原二題》,《東アジア古文書の史的研究》,刀水書房,1990年,90—104頁;大津透《唐日律令地方財政管見——館駅・駅伝制を手がかりに》,笹山晴生先生還暦記念會編《日本律令制論集》上,吉川弘文館,1993年,389—440頁。增訂本收入同作者《日唐律令制の財政構造》,岩波書店,2006年,243—296頁。

[86] 榮新江主編《吐魯番出土文獻散録》,中華書局,2021年,397—398頁。另參郭敏《吐魯番出土唐儀鳳年間北館文書研究》,中國人民大學國學院碩士論文,2015年,23—24頁。

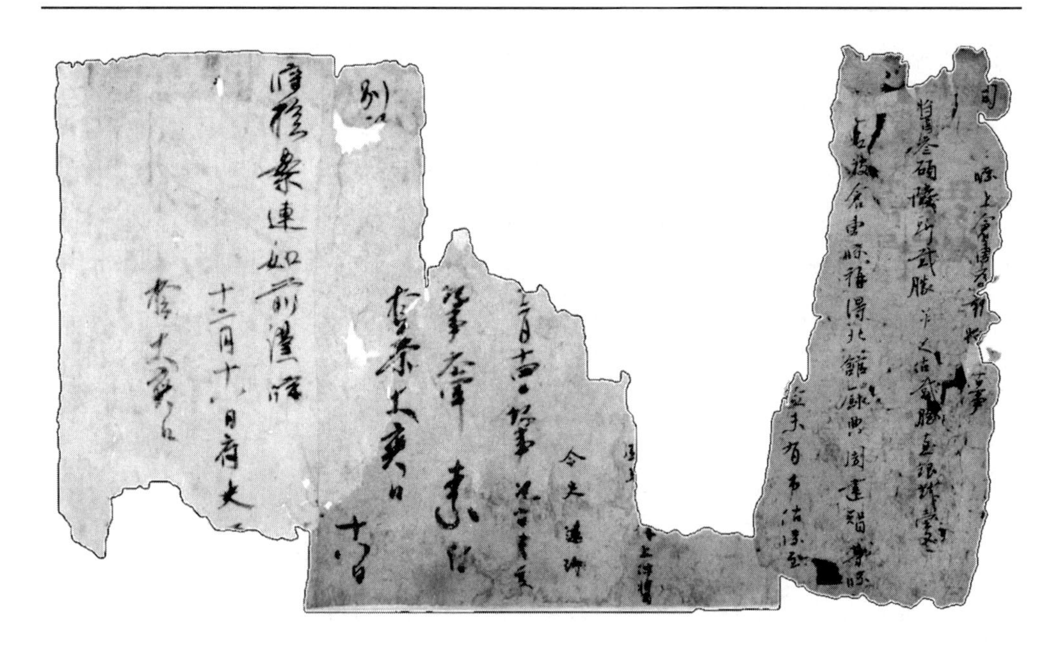

圖2　大谷1032、SH.124-3、SH.177上-10綴合示意圖

10　　　　　　　　　　　録事參軍　　　素　　付

11　　　　　　　　　　　檢 案 大爽白。

12　　　　　　　　　　　　　　　　　　十八日

---(紙縫)

13　牒,檢案連如前,謹牒。

14　　　　　　　　　　　十二月十八日府 史 藏□

15　　　　　　　　　　　檢。大爽白

　　　　(後略)

這是西州市司向都督府報告醬估的牒文,第1行仍然是發件機構和收件機構具名,但二者中間稱“牒上”而不稱“牒”,因爲西州市司是都督府下轄機構,這是一份明確的上行文書。牒尾除了市史以外,還有市丞、市令的連署。

又新獲吐魯番出土文獻《神龍元年(705)六月後西州前庭府牒上州勾所爲當府官馬破除見在事》(2006TAM607:2-4,2-5)前兩行爲:

1　前庭府　　牒上州勾所

2　　合當府元置官馬總捌拾疋[87]

此牒第 14—15 行紙縫背面鈐朱印一方，印文爲“左玉鈐衛前庭府之印”並押“遠”字，顯然是前庭府向州勾所發送的正式文書，牒文後部殘缺，署名情况不明。

又如新獲吐魯番出土文獻《唐天寶某載三月二十一日交河郡長行坊牒兵曹司爲濟弱館䜃料事》：

1　長行坊　　　　　牒兵曹司

2　　濟弱館

3　□□羅護長行坊狀[

4　□□一人在館，䜃料□[　　　]來往

5　□□停歇，皆被在[　　　　　　]無可秣飼，便

6　即乘過。因兹□[　　　　　　]，先頻申狀，未蒙

7　處分，虚破䜃料，馬到曾不得食，每月配番兵□

8　元亦不見[　　　　]困乏，交見艱辛，伏望切垂處

9　□，狀上，[　　　　　　]□事由兵曹司者。各牒

10　　　　　　　　　　]

11　　　　　　　　　　]三月廿一日典張温璟牒

12　　　　　　　　　　　判官高昌縣主簿劉懷琇

13　　　　　　　　　　]日録事　受

14　　　　　　　　録事參軍　　旺　　付

15　　　　　　　　　　舉。□白

16　　　　　　　　　　　　　　　　廿八日[88]

此件鈐朱印四處，文曰“交河郡都督府之印”，牒尾署名有典張温璟和判官劉懷琇。

《天寶十四載柳中縣爲達匪館私供帖馬料上郡長行坊牒》（73TAM506：4/32-3）則是目前所見保存最完整的第 III 型牒文，我們節録如下：

---

[87]　榮新江、李肖、孟憲實主編《新獲吐魯番出土文獻》，33 頁；另參丁俊《從新出吐魯番文書看唐前期的勾徵》，《西域歷史語言研究集刊》第 2 輯，2008 年，125—158 頁。

[88]　榮新江、李肖、孟憲實主編《新獲吐魯番出土文獻》，第 349 頁。

1　柳中縣　　　　牒上長行坊

2　合達匪館從天十三載十一月郡支帖馬貯料外，私供床麥總叁拾伍碩伍斗。

內一十七石伍斗伍升床。

3　閏十一月十七日帖馬貳拾匹，匹料壹㪷，食床壹碩、麥壹碩。踖子張延壽付健兒范婆奴。

（中略）

29　十四日帖□□貳匹，匹料壹㪷，食床麥准前。踖子准前付健兒准前。

30　牒得捉館官[　　　　　　]各使繁鬧，准牒每季支帖馬料叁拾碩，並已食盡，季終未

31　　　　　　　　]館貸便私供，具通斛㪷如前。請牒上長行坊，聽裁處分，狀上者。達匪

32　館狀稱：長行坊帖馬侵食當館斛㪷　麥等叁佰叁拾伍碩。具狀牒上長行坊聽裁者。謹

33　録牒上。謹牒。

34　　　　　　　　　　天寶十四載正月九日史焦如瓚　牒

35　　　　　　　　　　　　　　　　宣義郎行尉尹使

36　　　　　　　　　　朝議郎行丞員外置同正員上柱國何在郡

37　　　　　　　　　　　　　　　　朝散郎行丞業庭玉

35　十四日□（押）

39　　　　　　　　　　　　　　　　承奉郎守令劉懷琛

40　　　　　　　　　　　　　正月十四日攝録事嚴仙泰受

41　　　　　　　　　　　　　功曹攝録事參軍 旺　　付

42　　　　　　　　　　　　　　　　連 彥 庄 白[89]

此牒正面鈐有"柳中縣之印"數方，背面紙縫處押"庭"並鈐印，從格式來看是一件相當正規的文書。尤其值得注意的是，牒尾落款處有史、縣尉、縣丞、員外置同

〔89〕 唐長孺主編《吐魯番出土文書》肆，444—446頁。

正員縣丞以及縣令共五人署名。第35行是收件單位長官書寫的日期和署名,與牒I型相同,位於案卷上部,不寫"付司"或其他判詞,在這一點上牒III型與牒II型完全不同。

總括上述,筆者以爲牒III型具備如下特徵:

首先,牒III型是在官府之間行用的官文書,個人不得使用,而與牒I型不同的是,牒III型的發件官司和收件官司中,有一方不是令式規定的設有四等官的機構[90]。如上述柳中縣牒,即使發件單位柳中縣是設有四等官的官府,但收件方西州長行坊却是以專知官負責的機構,在這樣的情形下,同樣不適用I型牒文,而採用III型牒文,高昌縣發給武城鄉的牒文也是如此。

其次,牒III型可以上行、下行、平行等多方向使用,我們將其上行、平行和下行牒文格式分別復原如下:

上行:

發件單位 牒上收件單位

事條

牒,云云。謹牒。

年月日典姓名牒

官姓名

平行:

發件單位 牒收件單位

事條

牒,云云。謹牒。

年月日典姓名牒

官姓名

---

〔90〕 目前出土文書可見一例疑似在兩個四等官機構間使用的III型牒文,即《開元十三年西州都督府牒秦州殘牒》,此牒是西州都督府發給秦州的牒文,都督府和州都設有四等官,而此牒從殘存部分看,形態與牒III型一致。但此牒不鈐印,是留存在西州案卷中的抄件,不是發往秦州的正本,因此正本用印情況以及收件官司對此牒的處理流程仍未可知,它的分類歸屬仍有待進一步討論。參池田温《開元十三年西州都督府牒秦州殘牒簡介》,《敦煌吐魯番研究》第3卷,105—107頁;附陳國燦《讀後記》,《敦煌吐魯番研究》第3卷,126—128頁。

下行：

發件單位 牒收件單位

事條

牒，云云。故牒。

年月日典姓名牒

官姓名

上行與平行的區别在於，上行牒文第一行發件單位與收件單位之間稱“牒上”，平行牒文稱“牒”；平行與下行的區别在於，平行牒文末尾稱“謹牒”，下行牒文稱“故牒”。落款往往有多人署名，基本格式是第一行“年月日+典史姓名+牒”，之後機構負責官員依照職位由低到高，依次署官職姓名，每人佔據一行。如柳中縣上郡長行坊牒，則有史、縣尉、縣丞、縣令依次署名，是當縣完整的四等官序列。

再次，收文機構收到 III 型牒文後，長官衹署日期、姓名，不書“付司”或者具體判詞。

最後，因爲是在官府之間往還的正式文書，因此牒 III 型通常都嚴格遵循鈐印制度，在數字、人名、落款時間乃至紙縫粘連處，都鈐有發件機構的官印。

目前尚未發現任何證據，能够説明牒 III 型亦由《公式令》規定，但這樣一種格式體例固定，簽發需鈐官印的正式文書必定有其制度來源，並不能隨意爲之。前面列舉的牒文年代多在唐高宗至玄宗朝之間，説明唐代前期應當就存在這樣的規定，而非直到宋代纔被整合納入制度，牒 III 型究竟由何種制度來規範，是一個值得思考的問題。筆者檢日本《延喜式》卷五〇《雜式》載有“國司上下相牒式”兩道：

國司上下相牒式

某事。

牒云云。今以狀牒，牒至准狀，故牒。

年 月 日　　　主典位姓名牒

守姓名

右，守在治郡牒入部内介以下式。若守入部内牒在治郡介以下云：“檢調物所牒國衙頭。”介以下報云：“國衙頭牒上檢調物所案典等。”若長官不在者，以介准守。餘官不在，節級相准亦同。（年月日下典者，史生通之。）

檢調物使　牒上國衙頭。

某事。

牒云云。具録事狀,謹請進止,謹牒。

年 月 日　　　　主典位姓名牒

介姓名

右介入部内牒在治郡守式,掾以下署如令。[91]

這兩道牒式與牒 III 型在形態上十分接近,它們規定的是國司内部官員(守、介、掾)分别處於派出的管内下級機構(如檢調物所)時,與國司間相互使用的文書,日本律令時代的國司相當於唐代的州郡,守爲國司長官,介爲通判官,掾爲判官,是仿照唐代四等官制設置的官府機構,而檢調物所等下屬機構則未必存在四等官制。由於《養老公式令》中並不存在與《開元公式令》"尚書都省牒諸司式"格式相似的牒式,日本學者將這種用於官司内部,上行下達皆可使用的牒式視作受到唐《公式令》影響,並對《公式令》規定的文書體系的一個補充[92]。另一方面也有學者指出,早在 8 世紀前期,日本出土木簡中就有符合《延喜式》牒式的牒,所以,在較早階段,作爲官司内行用文書的牒就受到了唐《公式令》的影響[93]。但他們似乎没有注意到,《延喜式》中的牒式與吐魯番文書中部分牒文形態上的近似之處,這些出土牒文具有基本固定的格式,較爲嚴格的用印規則,都指向自唐代前期開始,在《公式令》體系以外,還存在其他層次有關官文書格式的規定,而《延喜式》的材料啓發我們,唐式中很可能就有這樣的規定。筆者推測,與其説《延喜式》中牒式受到唐《公式令》影響,不如説是唐式的影響。

(二)牒 IV 型:"隨事諮謀"的短牒

出土文書中還可見一類牒文,其格式與牒 III 型十分近似,然而不鈐印,並且

〔91〕 黑板勝美主編《延喜式》(新訂增補國史大系)卷五〇,吉川弘文館,1981 年,997—998 頁。

〔92〕 川端新《莊园制的文書體系の成立まで——牒・告書・下文》,《莊园制成立史の研究》,思文閣,2000 年,轉引自三上喜孝《文書様式'牒'の受容をめぐる一考察》,《山形大學歷史・地理・人類學論集》第 7 號,2006 年,103 頁。

〔93〕 三上喜孝《文書様式'牒'の受容をめぐる一考察》,101—109 頁;同作者《唐令から延喜式へ——唐令繼受の諸相》,載大津透編《日唐律令比較研究の新階段》,山川出版社,2008 年,269—273 頁。

使用場合十分靈活。如巴達木 207 號墓出《唐上元三年(676)西州法曹牒功曹爲倉曹參軍張元利去年負犯事》(圖 3):

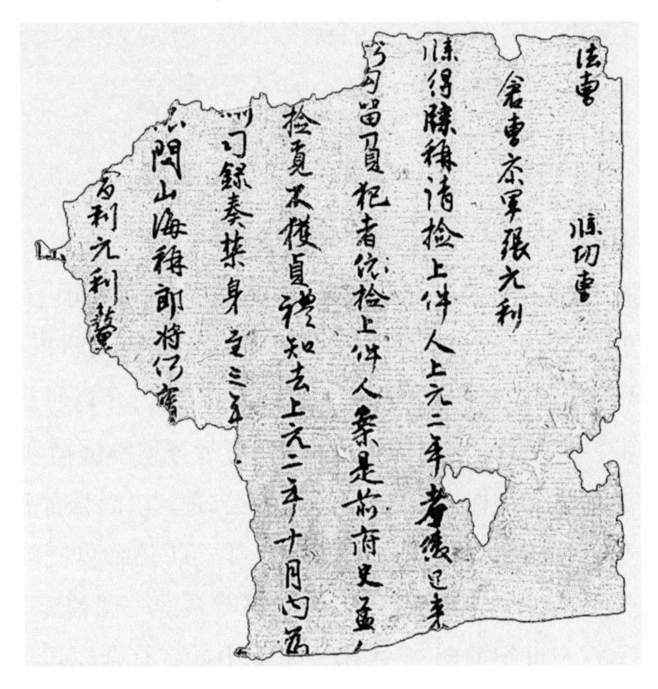

圖 3:2004TBM207:1-12a

1　法曹　　　牒功曹
2　　倉曹參軍張元利
3　牒,得牒稱,請檢上件人上元二年考後已來,□
4　何勾留負犯者。依檢上件人案,是前府史孟□
5　□□檢覓不獲,貞禮知去上元二年十月内,爲[
6　□□州司奏禁身,至三年□[
7　□□依問,山海稱郎將何寶[
8　　　　　]當判元利? [
9　　　　　　　]牒[[94]

〔94〕 榮新江、李肖、孟憲實主編《新獲吐魯番出土文獻》,72—73 頁。

據牒文内容,此前西州都督府功曹曾經發牒給法曹,請法曹勘檢倉曹參軍張元利在上元二年考後是否有違法亂紀之事,法曹查閱案卷後即發此牒給功曹告知結果。我們知道,按制度規定,都督府諸曹之間正式的文書是關文,出土文書中也有爲數不少的實例〔95〕,此處法曹與功曹之間却使用牒,其根源在於這衹是功曹判案過程中檢覆前案的流程,如果以關文往來,則又需經勾司鈐印、發送、受付、勾檢,十分影響行政效率,相比之下這種不須鈐印的牒文要靈活便捷許多。我們雖不能找到能與牒 IV 型直接對應的唐代制度,却能在更早的文獻中找到淵源。《文心雕龍》卷五《書記》云:"百官詢事,則有關、刺、解、牒,萬民達志,則有狀、列、辭、諺。"其中對牒的具體解釋爲:"牒者,葉也,短簡編牒,如葉在枝,温舒截蒲,即其事也。議政未定,故短牒諮謀。"〔96〕這種在判案未完結之前用來商議謀劃的短牒,可能就是唐代牒 IV 型之濫觴。

與上述牒文性質類似的還有吐魯番阿斯塔那 20 號墓出土《唐西州都督府下高昌縣牒》(64TAM20:39,40):

1　都督府　　　　牒高昌縣

2　　　□史左慈隆——————

3　　　　右勒案内得縣申前件人[

(中缺)

4　　　　永徽三年[　　　　　]既有不同□

5　　　　審[　　　　　]狀主勘狀上三千九〔97〕

(後缺)

解題稱本件無紀年,牒文判辭中有"永徽三年"紀年,當爲永徽三年(652)以後牒文。西州都督府向高昌縣正式發文用符,此處使用的却是牒,也是因爲這是在判案期間用以"諮謀"及回復的短牒。

---

〔95〕雷聞《關文與唐代地方政府内部的行政運作——以新獲吐魯番文書爲中心》,123—154 頁。

〔96〕劉勰著,詹鍈義證《文心雕龍義證》卷五,上海古籍出版社,1989 年,942、959 頁。

〔97〕唐長孺《吐魯番出土文書》叁,474 頁。

結　語

面對唐代紛繁複雜的牒,突破原有上行、下行、平行的分類,而從文書形態的角度來觀察或許是一種更好的方式。這裏的文書形態,所指不單是牒文本身的格式,更包括文書的鈐印狀況,以及後續處理流程反映在文書上的差異等等。除了文書形態不同以外,四種牒式還可能有不同的制度來源,其中牒 I 型和牒 II 型出自《公式令》,而牒 III 型則可能由唐式所規定。由此歸納出唐代的四種牒式,其要素差別可以列作表 1:

表 1　唐代四種牒式要素對比

類型	使用場合	是否鈐印	收牒官府長官是否判"付司"	制度出處
I 型	官府之間,收發文雙方都是律令體制下設四等官的機構	是	否	唐《公式令》
II 型	官員個人申上官府	否	是	唐《公式令》
III 型	官府之間,收發文雙方至少有一方是律令體制下未設四等官的機構(包括使職機構)	基本是	否	可能是唐式
IV 型	任何部門和官府之間都可以	否	不明	不明

官文書是官僚體系得以有效運轉的一個重要載體,所以秦以來的歷代王朝無不有一套制度來規範它,唐代亦是如此。作爲中古時期制度整合與建設的一個高峰,唐代的律令格式規定了國家政治生活的各個方面。此時的官文書體系自然也不限於《公式令》,而是由律、令、格、式共同構築起來的一個複雜的多層次系統,它與同時期的職官體制配套運轉,二者相互配合、相互適應,而行用於不同場合、不同形態的牒式,正是觀察其複雜多面性的一個窗口。

A Restudy on the Type of *die* 牒 as Official Document in Tang Dynasty

Bao Xiaoyue

Die 牒 was the most abundant, varied and widely used official document in the Tang Dynasty. This article argues that there were four types of *die* in Tang Dynasty. It can be determined by the occasion when they were used, whether they are sealed, written and received by whom, and the origin of regulations. Type I was written and received by government departments with four-classes officials and needed to be sealed. Type II was written by individual officials to report different kinds of affairs to the government. Type III, which also needed to be sealed, was used for official communication when one side did not set up four-classes officials. Type IV was a short letter used by government officials for consultation or negotiation during judicial process. Type I and II were regulated by Statutes (*ling* 令), while Type III might be regulated by Ordinances (*shi* 式).

《唐研究》第二十七卷
2022 年,335—358 頁

唐代山南東、河南交界的山棚身份考論*

靳亞娟

關於唐代山棚的史料,最早的是顔真卿《唐故容州都督兼御史中丞本管經略使元君表墓碑銘》,寥寥數語對瞭解山棚分佈地、規模十分重要。所記爲前進士元結(719—772)在乾元二年(761)募兵抗擊史思明叛軍:

> 充山南東道節度參謀,仍於唐、鄧、汝、蔡等州招緝義軍。山棚高晃等率五千餘人一時歸附。大壓賊境,於是思明挫鋭,不敢南侵……仍授部將張遠帆、田瀛等十數人將軍。[1]

節度參謀元結在支郡唐州領兵,兵源即"山棚"是一個特殊存在。他們雖然住地臨近所謂中原乃至東都,大致屬於唐後期山南東、河南道交界地,但由於活動在長江、淮河分水處的秦嶺餘脈、伏牛山脈的山地(南陽盆地北部、西部),與一般平原民户的農耕生産生活不同。

前人對唐代山棚的族群、生存方式已有研究[2]。陳寅恪、日野開三郎等認爲山棚與唐代的少數族群有關,也有學者認定山棚成爲唐後期的"江賊"來源。筆者感到這些問題可作爲探究唐代山南東、河南交界地的政治社會變化切入點,有進一步討論的必要。本文總體認爲,游獵爲主的生産方式、當地曾有外來移

* 本文是"中山大學中央高校基本科研業務費專項資金資助"(項目批准號:2021qntd60)階段性研究成果。

〔1〕 黄本驥編訂,凌家民點校、簡注、重訂《顔真卿集》,黑龍江人民出版社,1993 年,191 頁。參見《新唐書》卷一四三《元結傳》,中華書局,1975 年,4684—4685 頁。

〔2〕 如陳寅恪《讀書札記一集》,生活・讀書・新知三聯書店,2001 年,133、177 頁;日野開三郎《唐代の戰乱と山棚》,首刊於《軍事史学》第 2 號,1966 年 8 月,本文據氏著《東洋史学論集》第 1 卷《唐代藩镇の支配体制》,三一書房,1980 年,494—516 頁;李德輝、袁書會《唐代"劫江賊"考略》,《古籍研究》2000 年 4 期,54—56 頁。另參見王紅星《唐代山棚與明清山棚的比較研究》,《平頂山學院學報》2016 年 1 期,51 頁。

民,不能説明山棚來自外族,活動範圍距離江幹較遠的山棚缺乏成爲“江賊”的條件;另外,唐後期附近的藩鎮逃兵可能成爲山棚來源之一。

一、對所謂外族説法的反思

(一)移民和生産方式

前引元結墓表提到,唐肅宗時曾在唐、鄧、汝、蔡募兵抵抗史思明叛軍,山棚來投,至少説明他們與有胡族背景的河北安史叛軍的政治取向不同。首先把山棚和胡族移民聯繫起來的是陳寅恪的讀書札記,主要依據移民和生産方式兩個要素。《舊唐書·張説傳》記載開元十年(722),朔方節度使張説平定反叛,“於是移河曲六州殘胡五萬餘口配許、汝、唐、鄧、仙、豫等州”〔3〕。陳寅恪旁批道:“《新書》一百六十二《吕元膺傳》,《通鑑》二百三十九元和十年‘山棚’。”〔4〕這和元和十年(815)的洛陽變亂相關。當年六月,淄青節度使李師道爲支持叛亂的淮西,派刺客入京殺死宰相武元衡;八月,淄青留後院計劃在洛陽燒殺,被告發後逃入山區,但被山棚配合東都留守吕元膺手下官軍捕獲。《通鑑》曰:“東都西南接鄧、虢……專以射獵爲生,人皆趫勇,謂之山棚。”〔5〕《舊唐書·李師道傳》記載此事最爲詳細:

> 初,師道置留邸於河南府……賊出長夏門,轉掠郊墅,東濟伊水,入嵩山。元膺誡境上兵重購以捕之。數月,有山棚鬻鹿於市,賊遇而奪之,山棚走而徵其黨,或引官軍共圍之谷中,盡獲之。窮理得其魁首,乃中岳寺僧圓静,年八十餘,嘗爲史思明將……
>
> 初,師道多買田於伊闕、陸渾之間,凡十所處,欲以舍山棚而衣食之。有訾嘉珍、門察者,潛部分之,以屬圓静,以師道錢千萬僞理嵩山之佛光寺,期以嘉珍竊發時舉火於山中,集二縣山棚人作亂。及窮按之,嘉珍、門察,乃賊

〔3〕《舊唐書》卷九七《張説傳》,中華書局,1975年,3053頁。

〔4〕陳寅恪《讀書札記一集》,133頁。對兩《唐書·吕元膺傳》相關内容未見批注。

〔5〕《資治通鑑》卷二三九《唐紀五十五》憲宗元和十年八月,7716頁。參見《新唐書》卷一六二《吕元膺傳》,4999頁。

武元衡者……[6]

陳寅恪對此批注:"伊闕、陸渾二縣山棚乃游獵爲生,蓋胡人部落生活。訾嘉珍、門察之姓名亦不類漢人。"[7]"游獵"是否代表"胡人","訾嘉珍、門察"是不是山棚,我們認爲有争議。

這次變亂平定之後,曾招募配合官軍的山棚爲東都宫城守衛。《舊紀》元和十年,十二月"壬子,東都留守吕元膺請募置三河子弟以衛宫城"[8]。前人指出"三河",當作"山河"[9]。東都的"山河子弟"就來自"山棚",見於《册府元龜·將帥部》:

> 吕元膺,元和中爲東都防禦使。請募置山河子弟,以衛宫城。東畿西南瀕鄧、虢,山谷曠而多麋及猛獸,人人習射獵,而不利耕蠶。春夏以其族黨遷徙無常處,俗呼爲"山棚"。前留守權德輿知其可縻而用,將請之,會詔徵還,故元膺繼請焉。[10]

這也是對山棚生活最詳細的描述。雖然元和時代李師道(出身河北軍將家族)曾經試圖收買山棚,但山棚終究協助唐廷反擊了叛逆力量,可能因此被吸納進衛兵。

日野開三郎《唐代的戰亂和山棚》一文也認爲山棚是異族,但不同於陳寅恪

---

[6] 《舊唐書》卷一二四《李師道傳》,3538—3539頁。

[7] 陳寅恪《讀書札記一集》,177頁。

[8] 《舊唐書》卷一五《憲宗紀下》,455頁。點校本473頁校勘記曰:據《唐會要》卷六七、《通鑑》卷二三九,"三河"疑當作"山棚"。

[9] 方積六《〈舊唐書〉點校本校補零拾》,《中國歷史文獻研究集刊》第5集,岳麓書社,1984年,112頁。

[10] 王欽若等編纂,周勛初等校訂《册府元龜》卷四一三《將帥部·召募》,鳳凰出版社,2006年,4684頁。同書卷六九六《牧守部·修武備》:"吕元膺爲東都留守,請募置山河子弟以衛宫城。"8035頁。8042頁校勘記:"山河,原作'山棚'。"據宋本及兩《唐書·吕元膺傳》改。"王溥《唐會要》卷六七《留守》作"十年十二月,東都防禦使吕元膺請募置山棚子弟……故元膺繼請焉",上海古籍出版社,2006年新1版,1402頁。《册府元龜》卷四一三和《唐會要》相關文字類似,可能出於《憲宗實録》。《唐會要》作"山棚子弟",《册府元龜》作"山河子弟"。《舊唐書》卷一五四《吕元膺傳》,"元膺因請募山河子弟以衛宫城,從之",4105頁。雖未明確"山河子弟"的來源,但在山棚協助平定叛亂後。

《新唐書》卷一六二《吕元膺傳》似據《唐會要》《册府元龜》相似引文縮略,在"山棚"後言:"權德輿居守,將羈縻之,未克。至是,元膺募爲山河子弟,使衛宫城,詔可。"4999頁。《資治通鑑》卷二三九《唐紀五十五》憲宗元和十一年十二月,作"東都防禦使吕元膺請募山棚以衛宫城,從之",7720頁。

的胡族説。日野認爲他們是和南方莫傜類似的少數族群,與晚唐江淮水賊和唐末王仙芝、黄巢部隊早年活動地域類似。但他錯誤地把元結避難的鄂州猗玗洞和山棚分佈地視爲一處〔11〕,認爲"洞"暗示山棚是異民族的看法自然不能成立;日野從李師道招納山棚而推斷山棚憎惡漢族,未免求之過深。大澤正昭把元結在鄂州所作《喻舊部曲》詩和他曾在唐、鄧、汝、蔡招募山棚聯繫起來,也認爲山棚是少數民族,生活正在由獵轉向農耕〔12〕。

王紅星同意山棚來自少數族群,衹是陳寅恪注意到的那批開元胡人已經還回故地〔13〕,不大可能是山棚先祖。他引用《舊唐書·高宗紀》説明總章二年(669)有高麗移民遷到"山棚"分佈地:

> 五月庚子,移高麗户二萬八千二百……將入内地,萊、營二州般次發遣,量配於江、淮以南及山南、并、凉以西諸州空閑處安置。〔14〕

山棚和高麗的聯繫,談不上確證。《舊唐書》記載高麗習俗,"其所居必依山谷,皆以茅草葺舍",子弟"習射",看似與山棚相關,但因爲高麗多山,也不足爲奇;另外高麗"種田養蠶,略同中國","俗愛書籍"就與山棚很不一樣了〔15〕。

判斷"山棚"的族裔,因地理分佈有外族移民、生産方式以遊獵爲主,不無可疑。關於當地族群,有一個關鍵的問題:即使外族遷移到唐代山棚分佈的州郡"空閑處",他們是山居遊獵,還是平原定居?似無確證。從唐後期的事例看來,内遷地對異族戰俘管控有力〔16〕,不大可能放任遊獵。筆者尚未發現史料中描

---

〔11〕 日野開三郎《東洋史學論集》第一卷《唐代藩鎮支配體制的研究》,494—516頁。猗玗洞見501—504頁,李師道招納見505—506頁。至德元載(756)、二載,元結在江夏郡武昌縣南的猗玗洞隱居。孫望《元次山年譜》考證在湖北大冶縣,中華書局,1962年新1版,31—32頁。另,《永樂大典》引《興國州志·山川》:"猗玗洞,在湖廣武昌府興國州大冶縣東五十里……唐元次山結屋讀書處。"馬蓉等點校《永樂大典方志輯佚》,中華書局,2004年,2150頁。樂史撰,王文楚等點校《太平寰宇記》卷一一三《江南西道一一》,興國軍"大冶縣,本鄂州武昌縣地",中華書局,2007年,2309頁。

〔12〕 大澤正昭著,億里譯《論唐宋時代的燒田(畬田)農業》,《中國歷史地理論叢》2000年2期,229、238、240、248頁。

〔13〕 王紅星《唐代山棚與明清山棚的比較研究》,52頁。

〔14〕 《舊唐書》卷五《高宗紀下》,92頁。

〔15〕 《舊唐書》卷一九九上《東夷·高麗傳》,5320頁。

〔16〕 《資治通鑑》卷二五〇《唐紀六十六》懿宗咸通元年(860)四月,浙東觀察使王式在越州討伐裘甫,召集"吐蕃、迴鶻比配江、淮者"爲騎兵,"舉籍府中,得驍健者百餘人","凡在管内者,皆視此籍之",8084頁。

述唐代山棚外貌、語言、名字等特徵有異於漢族的描寫，也没有唐代人用“蠻”“獠”“胡”“夷”等異族名詞指代他們。如果衹因爲當地歷史上有異族移民，就把一個生産方式不同、來源不明的群體歸爲異族，似乎是不妥當的。杜佑《通典·邊防序》曰：“緬惟古之中華，多類今之夷狄。有居處巢穴焉……有葬無封樹焉。”[17]打獵相對農耕是一種更原始的生活方式，但這不能作爲異族標準。比如侯旭東的研究指出了戰國以降政府將農民束縛在土地上的努力與成效。他認爲漢代栖身山澤的民衆除了作爲“盗賊”，“漁采狩獵也應是重要的維生方式”；他比較了《史記》《漢書》《隋書》中的各地風俗，指出“到了唐初，一個重要的變化是北方很多地區都形成‘重農桑’‘務稼穡’一類的風氣，明確記載有漁獵習俗的僅剩漢中一地”[18]。打獵與其説是異族化，不如説是“退化”或者當地農耕文化尚未超過漁獵。

唐代“山棚”問題，可與漢唐間越地山民的研究做比較。吕思勉指出孫吴山越“其所居地雖越地，其人固多華夏也”，在當時被稱爲“逋亡”“宿惡”[19]。唐長孺《孫吴建國及漢末江南的宗部與山越》基本認同吕思勉的看法，提出三國時期“山越”即山居的南方土著中有古代越人後裔，“更多的則是逃避賦役與避罪入山的人民”；他們受大族控制，“宗部與山越完全成爲一體”[20]。這不由使我們聯想到唐憲宗時收買東都山棚未果的淄青軍將。雖然“山越”是唐代以前的族群，但相關研究對判斷“山棚”的族群構成不無借鑒之處。如果再擴展至不同時間、空間下的同類問題研究，美國人類學家、政治學家詹姆士·斯科特(James C. Scott)的《逃避統治的藝術：東南亞高地的無政府主義歷史》也有啓發。他强調了國家作用下的山地居民來自主動逃亡或“社會選擇”[21]。作爲注重年代、

[17] 杜佑撰，王文錦等點校《通典》卷一八五《邊防典一·邊防序》，中華書局，1988年，4979頁。

[18] 侯旭東《漁采狩獵與秦漢北方民衆生計——兼論以農立國傳統的形成與農民的普遍化》，《歷史研究》2010年第5期，12、13、24、25頁。

[19] 吕思勉《吕思勉全集》9《讀史札記》(上)“山越”條，上海古籍出版社，2016年，514頁；首刊於《光華大學半月刊》二卷九期，1934年。

[20] 唐長孺《魏晋南北朝史論叢》，中華書局，2011年，12頁；首版於生活·讀書·新知三聯書店，1955年。

[21] *The Art of Not Being Governed: An Anarchist History of Upland Southeast Asia*, Yale University, 2009. 本文據王曉毅譯，生活·讀書·新知三聯書店，2019年第2版，11、26、165頁。

地理的歷史學研究,本文衹能以“國家”角度的外部史料考察唐代山棚這一歷史人群,并不認爲缺乏内部史料的情況下,能够完全明晰來源,但現有史料下將其定爲異族是不妥的。

爲了探討唐代山棚這一特殊群體,我們有必要進一步瞭解當地更長時段的歷史背景。

(二)分佈地長時段風俗、族群變化

唐代山棚活動於“唐、鄧、汝、蔡等州”及其附近的山南、河南各州,可稱爲楚地北部,歷史、風俗與所謂中原不同。唐憲宗時《元和郡縣圖志》中山南道襄陽節度使領8州:襄、鄧、復、郢、唐、隨、均、房[22]。雖然前後有領州調整,大致可以視爲山南東道的範圍。房州西鄰金州,均州西北鄰金州、商州;鄧州北部自西向東鄰商州,以及河南的虢州、東都、汝州;東邊的唐州北鄰汝州、許州,東鄰蔡州。戰國時楚稱“蠻夷”,直到唐前期“荆楚”仍被視爲風俗剽悍之地。中宗復辟的功臣張柬之是襄陽人,“其子漪恃以立功,每見諸少長,不以禮接,時議以爲不能易荆楚之剽性焉”[23]。中唐人獨孤及曰:“荆吴之人悍。”[24]

唐代山棚所在州郡有打獵風氣。汝、唐、許、蔡幾州交界處在玄宗時曾設仙州,治所葉縣(後改屬汝州)。仙州的遊獵見於盛唐詩人王翰事迹。開元十四年,“〔張〕説罷宰相,翰出爲汝州長史,徙仙州别駕。日與才士豪俠飲樂遊畋,伐鼓窮歡”[25]。山南東北部接壤的河南汝州,唐後期還上供鹿肉、獵鷹[26],可見打獵風氣經久不衰。

---

〔22〕 李吉甫撰,賀次君點校《元和郡縣圖志》卷二一,中華書局,1983年,527—547頁。

〔23〕《舊唐書》卷九一《張柬之傳》,2942頁。

〔24〕 獨孤及撰,劉鵬、李桃校注,蔣寅審定《毗陵集校注》卷一四《送廣陵許户曹充召募判官赴淮南序》,遼海出版社,2007年,316頁。

〔25〕《新唐書》卷二〇二《文藝中·王翰傳》,5759頁。“王翰”,舊傳誤作“王澣”,參見周祖譔主編《舊唐書文苑傳箋證》,鳳凰出版社,2012年,423頁。《舊唐書》卷一九〇中《文苑中·王澣傳》,“出澣爲汝州長史,改仙州别駕。至郡,日聚英豪,從禽擊鼓,恣爲歡賞”,5039頁。

〔26〕 李翱《故東川節度使盧公傳》記載元和六年(811),户部侍郎盧坦判度支:“舊賦於州郡者,或非土地所有,則厚價以市之他境……免江南鹿臘,配之鄜、汝州。”郝潤華、杜學林校注《李翱文集校注》,中華書局,2021年,194頁。由此可見“汝州”保有野生鹿群。大和九年(835),劉禹錫《汝州進鷹狀》:“汝州防禦使,當使進奉籠母鷹六聯。”見陶敏、陶紅雨校注《劉禹錫全集編年校注》卷一八,中華書局,2019年,2038頁。

北宋《太平寰宇記》較早歸納州府風俗，唐代山南東各州依山接水，保留較多山澤漁獵風氣。其中襄州風俗引《襄陽風俗記》中屈原故事，"遂有競渡之戲，人多偷墮。信鬼神，崇釋教"〔27〕。言鄧州風俗引《史記》云："故其俗誇奢，尚氣力，好商賈漁獵，藏匿難制。"〔28〕言均州風俗引《漢書·地理志》：

> 漢中風俗與汝南郡同，有漢江川澤山林，少原隰，多以刀耕火種。人性剛烈躁急，信巫鬼，重淫祀，尤好楚歌。〔29〕

房州風俗同金州〔30〕。金州風俗被評價爲楚風：

> 漢高祖發巴、蜀伐三秦，遷巴中渠帥七姓居商、洛。其俗至今猶多獵山伐木，深有楚風。〔31〕

隨州風俗"同唐州，尤多獵山伐木"〔32〕。唐州風俗同蔡州，蔡州風俗據記載：

> 《漢書》："角、亢、氐之分，東接汝南，皆韓地。其俗誇奢，尚氣力，好商賈漁獵，難制御。"今其俗人性清和，鄉閭孝友，男務墾闢，女修織紝。〔33〕

郢州風俗"同荆州，然清明節鄉落唱《水調歌》"；復州風俗"同荆襄"〔34〕。《寰宇記》引書上至漢代，我們不能認爲唐朝的山南東、河南交界處幾百年風俗不變，但確實保留了較多漁獵成分。

那麽山棚是不是受唐前當地族群狀況影響呢？可能很小。《舊唐書·李師道傳》提到"伊闕、陸渾之間"的山棚，胡三省注《通鑑》也認可山棚在這兩縣。這裏自古就有不同文化群體如春秋時的陸渾戎〔35〕。但《通典》回憶漢唐之間的長江中游少數族群，提到東晉沔中蠻徙於"陸渾以南"山谷，自後周起與華人相同：

> 東晉時沔中蠻因劉、石亂後，漸徙於陸渾以南，遍滿山谷……及後周平

〔27〕《太平寰宇記》卷一四五《山南東道四》，2813頁。

〔28〕《太平寰宇記》卷一四二《山南東道一》，2750頁。

〔29〕《太平寰宇記》卷一四三《山南東道二》，2779頁。

〔30〕同上書，2784頁。

〔31〕《太平寰宇記》卷一四一《山南西道九》，2729頁。

〔32〕《太平寰宇記》卷一四四《山南東道三》，2796頁。

〔33〕《太平寰宇記》卷一四二《山南東道一》，2760頁；卷一一《河南道一一》，199頁。

〔34〕《太平寰宇記》卷一四四《山南東道三》，2800、2803頁。

〔35〕杜預注《左傳》僖公二十二年曰："允姓之戎，居陸渾，在秦、晉西北，二國誘而徙之伊川，遂從戎號，至今爲陸渾縣也。"杜預注，孔穎達疏《春秋左傳正義》卷一五，阮元校刻《十三經注疏》，清嘉慶刊本之七，中華書局，2009年，3936頁。

梁、益,(梁,漢川;益,蜀川。)自爾遂同華人矣。[36]

長江中游族群經歷南北朝多次衝突後,到唐代相對同質。

除了南方來的不同族群,山棚分佈地在南北朝時期也有北方異族移民。襄陽從東晋開始,作爲商貿中心,前人已有研究[37]。許多胡人在此寓居。《宋書·州郡志》言:"雍州刺史,晋江左立。胡亡氐亂,雍、秦流民多南出樊、沔",晋宋爲之立僑郡縣,宋孝武帝"又分實土郡縣以爲僑郡縣境"[38]。比如康居後裔康絢家族,漢居河西,晋遷藍田,前後秦皆入仕,劉宋時康絢的祖父康穆率衆遷往襄陽,三代爲地方官。《梁書·康絢傳》曰:

宋永初(420—422)中,穆舉鄉族三千餘家,入襄陽之峴南,宋爲置華山郡藍田縣,寄居於襄陽,以穆爲秦、梁二州刺史,未拜,卒。絢世父元隆,父元撫,并爲流人所推,相繼爲華山太守。[39]

直至蕭梁初期,康絢又爲華山太守,三代居住近百年。但"雍、秦流民"不可能全是"胡人流寓"者。甚至在此居住了一百多年的康絢一家是否能保持民族特徵,尤其族群是否山地遊獵不無可疑。

唐玄宗時仙州(許州與有山棚分佈的唐、蔡、汝州交界處)有九姓胡人居住,見於《通幽記》的一個故事:男主人對婢女亡魂説"我開元八年,典汝與仙州康家"[40],但傳説畢竟不够確切。另外《舊唐書》記載開元三年王晙上疏將河曲之内突厥降酋遷到淮南、河南:

---

[36] 《通典》卷一八五《邊防典三·南蠻上·序略》,5041頁。另外魏徵等《隋書》卷三一《地理志下》提到唐鄧以南的襄州(襄陽)、隨州(漢東)、東南的申州(義陽)等地族群:"多雜蠻左,其與夏人雜居者,則與諸華不别。其僻處山谷者,則言語不通,嗜好居處全異,頗與巴、渝同俗。"中華書局,1973年,897頁。牟發松《唐代長江中游的經濟與社會》,總結江漢一帶,"唐代該地區已鮮見蠻人活動的記載",武漢大學出版社,1989年,60頁。

[37] 參見朱雷《東晋十六國時期姑臧、長安、襄陽的"互市"——讀〈漸備經十住胡名並書序〉札記》,中國唐史學會等編《古代長江中游的經濟開發》,武漢出版社,1988年,197—208頁。

[38] 《宋書》卷三七《州郡志三》,中華書局,1974年,1135頁。唐代襄州宜城縣,位於漢水谷地。《舊唐書》卷三九《地理志二》,"宋立華山郡於大堤村,即今縣",1551頁。《宋書》卷三七《州郡志》1143頁、《元和郡縣圖志》卷二一《山南道二》531頁略同。

[39] 《梁書》卷一八《康絢傳》,中華書局,1973年,290頁。另見《南史》卷五五《康絢傳》,中華書局,1975年,1372—1373頁。

[40] 李昉等編《太平廣記》卷三三二《鬼一七·唐晅》,中華書局,1961年,2636頁。男主人籍貫瓜州晋昌縣,寓居洛陽以東的"衛南"。

望至秋冬之際,令朔方軍盛陳兵馬,告其禍福……並分配淮南、河南寬鄉安置……二十年外,漸染淳風,持以充兵,皆爲勁卒。若以北狄降者不可南中安置,則高麗俘虜置之沙漠之曲,西域編甿散在青、徐之右……[41]

陳寅恪也認爲内地因此有胡人士兵:“徙降胡夷於内地以充兵,此後唐代勁兵中所以多爲胡族,如陳許及黄頭軍之類是也。”[42]至少從唐末變亂南下的許州、蔡州軍將中,我們還看不出胡姓。開元十年,朔方節度使張説平定反叛:“於是移河曲六州殘胡五萬餘口配許、汝、唐、鄧、仙、豫等州,始空河南朔方千里之地。”[43]開元“二十六年,自江淮放回胡户,於此置宥州及延恩、懷德、歸仁三縣”[44]。所以王紅星認爲胡人已被放回,不是山棚來源。

可能基於曾經的移民史實,晚唐《雲溪友議·南陽録》竟然記載,鄧州刺史李筌(《集仙傳》言其曾爲仙州刺史)占卜出治下“牧羊胡婦”孕育了“假天子”安禄山(703—757)[45]。余嘉錫《四庫提要辨證》已經指出齟齬之處[46]。如果進一步思考,在傳説中安禄山爲什麽要生在南陽?這固然有開元六胡州移民(在安禄山出生後)史實鋪墊。然而故事的起源地南陽,與安禄山也有特殊聯繫。這是安禄山叛軍南下中西綫最重要的阻擊地,戰鬥之激烈堪與東綫睢陽并稱;但因襄陽而來的援助和最終南撤襄陽,没有睢陽那樣極端慘烈[47]。如果傳説安禄山誕生於南陽,那似乎多了宿命的感慨。

以上史料,并不能證明山棚與異族的往來。我們衹能看出唐代山棚分佈州郡打獵風氣較濃,漢唐間遷來的南方異族在記載中已與漢人差别不大,北方異族職業可能有官員、商人、士兵、牧羊人。

---

〔41〕《舊唐書》卷九三《王晙傳》,2986—2987頁。

〔42〕陳寅恪《讀書札記一集》,132頁。

〔43〕《舊唐書》卷九七《張説傳》,3053頁。

〔44〕《舊唐書》卷三八《地理志一》,1418頁。

〔45〕范攄撰,唐雯校箋《雲溪友議校箋》卷上,中華書局,2017年,2頁。

〔46〕余嘉錫《四庫提要辨證》卷一一《子部二·兵家類·太白陰經八卷》,“《雲溪友議》叙事固多里巷傳聞,即此所載安禄山事亦涉荒誕。且筌天寶初尚是布衣,安得當禄山生時已官刺史。然范攄究爲唐時人,其叙李筌官爵,應不至大誤”,中華書局,2007年,603頁。《太平廣記》卷六三《女仙八·驪山姥》引《集仙傳》記載李筌“仕爲荆南節度副使、仙州刺史”,396頁。

〔47〕參見《舊唐書》卷一一四《魯炅傳》,3362頁。

(三)唐五代山南東、河南之間的曠土與人口

筆者不贊成唐代山棚來自外族移民或本地生存空間被壓縮的異民族説,更傾向魯西奇所用“内地的邊緣”這一概括。他認爲這些地域特徵如下:社會秩序多有賴於土豪等地方勢力,經濟形態因可耕地較少而多樣,人口來源複雜多樣,文化上多元性强烈;“内地的邊緣”在古代中國的地位,分别是諸種社會動亂的策源地,新生力量、因素(經濟、社會、思想)的可能發源地,促使學者對傳統中國體系的空間結構及其形成過程産生新的認識〔48〕。唐玄宗時把異族移民到山南東、河南交界等地,很大程度因爲這裏屬於内地“寬鄉”。然而,“寬鄉”前提是此處多山地、丘陵、濕地,不適宜耕種,所以有“内地的邊緣”特徵。

因地多户少,多逃亡者、盜賊,唐玄宗時曾在唐、蔡、許、汝四州(山棚分佈地附近)交界處設仙州鎮壓,代宗時短暫恢復後又廢。這些山棚分佈州郡到宋初依然地廣户少。《舊紀》開元三年(715)二月“析許州、唐州置仙州”;開元二十六年二月“辛酉,廢仙州,分其屬縣隸許、汝等州”;大曆四年(769)三月“丙申,復置仙州”;大曆五年二月“己亥,廢仙州,以襄城、葉縣隸汝州”〔49〕。仙州還曾領豫州(後避代宗諱改蔡州)的西平縣。《新唐書》言“玄宗以仙州數喪刺史,欲廢之,〔崔〕沔請治舞陽……帝不納,州卒廢”〔50〕。《太平寰宇記》詳細記載了這件事:

> 按《唐國史》云:“開元四年析唐、許二州之屬邑,又置仙州;至(二)十一年十二月,敕以仙州頻喪長吏,欲廢之,令公卿議其可否。中書侍郎崔沔議曰:‘仙州四面去餘州界雖近,若據州城而言則亦懸遠。土地饒沃,户口稀

〔48〕 魯西奇《内地的邊緣:傳統中國内部的“化外之區”》,《學術月刊》2010年5期,123—128頁。他主要以明清的鄂西漢江上游山地等爲例,在許倬雲論述中華帝國成長之“向内充實”的基礎上,提出對中華帝國内部未真正納入王朝控制或控制較弱區域的再認識。魯西奇《西魏北周時代“山南”的方隅豪族》,《中國史研究》2009年1期,67頁,已經提到許倬雲“内在的邊陲”概念及將化外“邊緣”區納入統治問題。葛兆光《歷史中國的内與外》評價魯西奇根據現代中國預設了先有一個大中國(香港中文大學出版社,31頁注6)。筆者認爲唐代的“山棚”已然分佈在當時的“中國”内部,并非預設。

〔49〕 《舊唐書》卷八《玄宗紀上》,175頁;卷九《玄宗紀下》,209頁;卷一一《代宗紀》,292、295頁。設置、廢棄時間各種記載不盡一致,《舊紀》時間(《元和郡縣圖志》卷六《河南道二》167頁、《新唐書》卷三八《地理志二·河南道》984頁同)比《舊唐書》卷三八《地理志一·河南道》(1431頁)、《唐會要》卷七〇《州縣改置上》(1482頁)、《太平寰宇記》卷八(見下引文)、《新唐書》卷六五《方鎮表二》(1806頁)時間排列詳密,故從之。

〔50〕 《新唐書》卷一二九《崔沔傳》,4476頁。

疏,逃亡所歸,頗成泉藪,舊多劫盜,兼有宿宵,所以往年患之,置州鎮壓……若以州管新户,驛長難得合宜,况唐、許州界,路僻户少,均出傍州,非無成例……州東新置舞陽縣……又南接白羊川口,村聚幽僻,妖訛宿宵,此爲根柢……'至二十六年十月廢。大曆三年三月又敕置……至五年二月竟廢,縣亦仍舊各歸所屬。"〔51〕

唐前期唐、蔡、許、汝四州交界處已然面臨地多户少的問題,唐後期有山棚活動的鄧州是傳統的地區中心,而統計内的户口較前期遽降。據《元和郡縣圖志》,鄧州在憲宗初期衹有 14104 户,遠少於元和唐州的四萬多户,以及開元時期鄧州的近四萬户〔52〕。魯西奇比較了山南東道(唐前期概念,包括後期襄陽、江陵節度屬下)各州户口,指出元和時唐州户數僅次於襄州的經濟背景,促使元和十年以其爲中心另建唐隨鄧節鎮〔53〕。但這是臨時現象,治所第二年就挪動到隨州。元和十年十月"始析山南東道爲兩節度……以右羽林將軍高霞寓爲唐州刺史,充唐、隨、鄧節度使"〔54〕。不到一年後的元和十一年七月,新節度使袁滋不再兼任唐州刺史,"以荆南節度使袁滋爲彰義節度、申・光・蔡・唐・隨・鄧觀察使,以唐州爲理所"〔55〕,"戊寅,以隨州刺史楊旻爲唐州刺史,充行營都知兵馬使。以滋儒者,故復以旻將其兵"〔56〕。袁滋節度的"彰義"是淮西軍號,治所在蔡州。十二月,袁滋在唐州無功,以李愬代之。據《新唐書・方鎮表》,元和十一年治所又變動至隨州(隋州),"廢置唐隋鄧節度使,是年復置,徙治隋州"〔57〕。然而李愬"兼鄧州刺史,充唐隨鄧等州節度使"〔58〕。元和十二年三月,李愬招撫文城栅時,有"唐州刺史李進誠",十月,攻蔡州時"命馬步都虞候、隨州刺史史旻

〔51〕《太平寰宇記》卷八《河南道八》,146—147 頁;異文見 155—156 頁校勘記一八至二五。參見《唐會要》卷七〇《州縣改置上》,1482—1483 頁。

〔52〕《元和郡縣圖志》卷二一,532、538 頁。

〔53〕魯西奇《唐代長江中游地區政治經濟地域結構的演變——以襄陽爲中心的討論》,原載李孝聰主編《唐代地域結構與運作空間》,上海辭書出版社,2003 年;本文據氏著《人群・聚落・地域社會:中古南方史地初探》,厦門大學出版社,2012 年,194 頁注 1,參見 174—175 頁。

〔54〕《舊唐書》卷一五《憲宗紀下》,454 頁。

〔55〕《資治通鑑》卷二三九《唐紀五十五》憲宗元和十一年七月,7724 頁。

〔56〕《舊唐書》卷一五《憲宗紀下》,456 頁。

〔57〕《新唐書》卷六七《方鎮表四》,1880 頁。

〔58〕《舊唐書》卷一五《憲宗紀下》,458 頁。

等留鎮文城”[59]。唐州、隨州雖曾作爲戰時前綫的唐隨鄧節度使治所,但刺史另有其人,而最成功的節度使李愬兼鄧州刺史;那麼元和鄧州的户口應當多於(起碼不過分少於)唐州。

唐前期鄧州户口多於唐州,後期減少如此嚴重,引人注意。安史之亂使鄧州户數大爲下降,之後略有恢復。德宗貞元“五年八月十五日”,符載《鄧州刺史廳壁記》言德宗初王刺史招撫後,鄧州“自四千户至於萬三千户”[60]。《元和志》中鄧州户數和貞元五年“萬三千”接近[61]。但是鄧州仍爲上州,領7縣,分别是1望縣、1緊縣、1中縣、4上縣[62]。開元十八年規定,中縣三千户以上,上縣六千户以上,上州四萬户以上[63]。鄧州作爲上州,又不屬例外可降低標準的邊州或離京五百里内州;除非縣等自玄宗後衹升不降,結合每縣户數,鄧州當有四萬多户。如果换一種角度考慮,山南東的軍民人口比可能發生了變化。德宗初割據山南東的梁崇義“有衆二萬”[64],爲了對付淮西到元和時襄州兵額已增至“戎士十萬”[65]。《元和志》中鄧州一萬多户的人口統計,在山南東大規模增兵前提下,可能因大量男丁入伍而民户減少? 除了軍隊等蔭蔽外,也不能排除軍費暴增、財政緊張狀態下户口逃向山林野澤。

經過唐末動亂,五代鄧州發展受限。後唐節度使梁漢顒(870—942)曾在山林荒蕪的鄧州招附流亡,促進生産。長興元年(930),七月“甲戌,以左威衛上將

[59]　《資治通鑑》卷二四〇《唐紀五十六》憲宗元和十二年三月、十月,7732、7740—7741頁。參見郁賢皓《唐刺史考全編》卷一九二“隋州”,2635頁。

[60]　《文苑英華》卷八〇一,4237頁。

[61]　嚴耕望《〈元和志〉户籍與實際户之比勘》,《歷史語言研究所集刊》第67本第1分,1996年,19頁。

[62]　《元和郡縣圖志》卷二一,532—535頁。

[63]　《唐會要》卷七〇《量户口定州縣等第例》,1457頁。

[64]　《資治通鑑》卷二二五《唐紀四十一》代宗大曆十二年十二月,7250頁。另《舊唐書》卷一四四《陽惠元傳》記大曆中梁崇義“其衆二萬”,3914頁。參閲張國剛《唐代藩鎮研究》,中國人民大學出版社,2010年增訂版,156頁;首版於湖南教育出版社,1987年。建中德宗西奔時“襄、宣、壽、鎮海各二萬人”,見《宋史》卷九三《河渠志三·汴河上》,中華書局,1985年,2320頁。參見曾鞏撰,陳杏珍、晁繼周點校《曾鞏集》卷四九《本朝政要策·添兵》,中華書局,1984年,654頁。

[65]　元和四年韓愈《河南府同官記》,劉真倫、岳珍校注《韓愈文集彙校箋注》卷三四,中華書局,2012年,3166頁。嚴耕望《〈元和志〉户籍與實際户之比勘》較早運用了《資治通鑑》《宋史·河渠志》《河南府同官記》論證兵額。

軍梁漢顒爲鄧州節度使","在鎮二年"〔66〕。劉皞曾在其幕府,所撰梁漢顒墓誌曰:

> 長興元年七月,改賜耀忠匡定保節功臣、威勝軍節度·鄧唐隨郢等州觀察·處置等使……穰侯舊地,杜母故墟,道路榛蕪,山林幽暗。公親行勸諭,遍加招安,流亡者襁負而來,遊墮者勠力而作,以至餘糧棲畝,行旅讓衢。秩滿歸京……〔67〕

後唐的鄧州"道路榛蕪,山林幽暗"可能改善有限。後晉天福七年(942)二月丙午敕:"鄧、唐、隨、郢諸州管界,多有曠土,宜令逐處曉諭人户,一任開墾佃蒔……"〔68〕後周時省併轄縣,撤銷鄧州北部菊潭、向城,唐州東北慈丘縣,襄州南部樂鄉縣〔69〕。劉闖總結了豫西山地在五代時轄縣(菊潭、向城、慈丘)的省併,認爲與山區開發難度較大有關,指出這條敕書緣於"偏離王朝的中心加上與鄰國常態性的對峙,地區發展相對滯後"〔70〕。這一地區從唐代與五代對比看來,主要是襄州通往長安路綫的衰落,當與北方政治中心轉移到洛陽、開封,且與南方常規往來減少更有關係。

唐代山棚分佈地到宋初依然多有閑田,朝廷仍致力於在此移民補充户口。開寶二年(977)閏五月,宋太祖攻北漢太原不克還師,"己未,徙太原民萬餘家於山東、河南,給粟"。據説移民是採用了絳州人薛化光之策,以削弱北漢,奏言:"起其部内人户於西京、襄鄧唐汝州,給閑田使自耕種,絶其供饋。如此,不數年間,自可平定。"〔71〕"山東"或許是"山南東"的不恰當縮略。"襄鄧唐"在當時可

〔66〕《舊五代史》卷四一《唐書·明宗紀七》,中華書局,2015年2版,648頁;卷八八《晋書·梁漢顒傳》,1339頁。

〔67〕劉皞《晋故左威衛上將軍贈太子太師安定郡梁公墓銘并序》,吴鋼主編《全唐文補遺》第5輯,三秦出版社,1998年,79頁。拓片見《隋唐五代墓誌彙編》(洛陽卷)第15册,156頁。另參考録文,章紅梅《五代石刻校注》一三六,鳳凰出版社,2017年,434頁。

〔68〕《册府元龜》卷七〇《帝王部·務農》,750頁。參見《舊五代史》卷八〇《晋書·高祖紀六》,1230頁。

〔69〕《舊五代史》卷一五〇《郡縣志》,2349—2350頁。王溥《五代會要》卷二〇《州縣分道改置·山南道》,上海古籍出版社,2006年,332頁。

〔70〕劉闖《唐末五代增廢州縣與修築城池之地理分佈研究》,陝西師範大學博士學位論文,2018年,22頁。

〔71〕李燾撰《續資治通鑑長編》卷一〇,太祖開寶二年閏五月,中華書局,1995年,225頁。自注:"《本紀》止稱山東,今從《十國紀年》,並書河南。"

以説屬於山南東。《宋史》記載京西南路風俗，推測唐末動亂使山南東、河南交界民衆流亡而多有閑田，宋太宗把北漢降民遷至河南大有裨益：

唐、鄧、汝、蔡率多曠田，蓋自唐季之亂，土著者寡。太宗遷晋、雲、朔之民於京、洛、鄭、汝之地，墾田頗廣，民多致富，亦由儉嗇而然乎！[72]

山棚分佈州郡"蓋自唐季之亂，土著者寡"之外，地形崎嶇也限制了當地發展。爲灌溉利用唐、鄧、襄三州土地，和現在南水北調中綫相反，宋太宗時打算把黄河水南調，但没有實現。至道元年(995)，宋太宗派人勘查黄河流域的三白渠，大理寺丞皇甫選等出使後上言，提到鄧、許諸渠下多有閑田：

鄧、許、陳、潁、蔡、宿、亳七州之地，有公私閑田，凡三百五十一處，合二十二萬餘頃，民力不能盡耕……内南陽界鑿山開道，疏通河水，散入唐、鄧、襄三州以溉田……欲隄防未壞可興水利者，先耕二萬餘頃，他處漸圖建置。

奏章得到准許後，"其七州之田，令選於鄧州募民耕墾，皆免賦入。復令選等舉一人，與鄧州通判同掌其事。選與亮分路按察，未幾而罷"[73]。我們可以看到，唐代山棚分佈地到北宋立國三十餘年後，仍有較大開發餘地。

考察了分佈地的族群(外族融入當地或住地不明)、風俗(打獵盛行)、人口(軍隊暴增、地曠人少)背景，使我們更够進一步探討山棚在唐後期的政治身份。

二、兵匪之間的山棚

(一)招募、逃亡與安撫、打擊

山棚在唐前期可以説缺乏記載，安史之亂中纔見於史料。肅宗時元結能够招納山棚，除了他的山南東道節度參謀官方身份，個人背景也有一定助力。元結是山棚分佈地汝州籍貫的進士，妻子袁氏籍貫在蔡州朗山[74]，還可能受到從兄

[72] 《宋史》卷八五《地理志一》，2117—2118 頁。

[73] 《宋史》卷九四《河渠志四》，2347 頁。

[74] 《舊唐書》卷一八五下《袁滋傳》，"以外兄道州刺史元結有重名，往來依焉"，4830 頁。《册府元龜》卷四四七《將帥部・徇私》，"滋本蔡州郎山人，祖父墳墓在焉"，5038 頁。參見《新唐書》卷一五一《袁滋傳》，4824、4825 頁。《資治通鑑》卷二三九《唐紀五十五》憲宗元和十一年二月條記"袁滋父祖墓在朗山"，7722 頁。

兼師友元德秀(696—754)聲望的餘蔭。元德秀是開元二十一年進士,二十三至二十五年曾爲汝州魯山縣令,元結隨他學習當在魯山〔75〕。元德秀"誠信化人",晚年隱居河南陸渾縣,"士大夫高其行,不名,謂之元魯山"〔76〕。據説他作爲魯山縣令所上慶賀大酺歌舞樸素,被玄宗稱讚爲"賢人之言也"〔77〕。親友影響下的元結可能在汝州、蔡州等地山棚中有一定人望。叛軍南下會影響到山棚和城鄉的經濟交换,加之山棚在遊獵中具備部分軍事技能,正值兵員短缺,種種因素促成他們被招入亟須補充的山南東軍隊之中。唐後期山棚除了在憲宗時協助捕盜外,還可能參與了平定淮西的軍隊,却在三四十年後宣宗時成爲對附近威脅較大的盜賊團夥。這可能和藩鎮軍隊任務變化、財政緊張有關。

元結招募的山棚在戰争結束後何去何從,我們不大瞭解,他在鄂州所作《喻舊部曲》詩顯示有人離開軍隊而流落到鄂州〔78〕。同時期唐肅宗至代宗的山南東領州不定,與河南、山南西交界處的金、商、鄧州出現大量逃兵,或因賞罰不明、供給不足聚衆爲盜,可能是之後山棚來源之一。《唐大詔令集》有《招諭金商鄧州界逃亡官健制》。制書開始有言"軍興十年,征戍未息",當在安史之亂起兵後的十年即代宗永泰元年(765)前後〔79〕。文曰:

> 或統隸之處,失於撫循,致令離邊軍麾,播遷山谷。言念於此,憮然傷懷。金商及鄧州界逃亡官健等,往以數州之間,道路氛梗。哀我將校,屬當寇虞;戰守之功,始終可録。誠宜自愛,共保令名。豈賞罰所加,或非適中,而資糧不給,由此無聊,遂至流亡。因相結聚,竄身重險。求活草中,迫以困

〔75〕 孫望《元次山年譜》,古典文學出版社,1957 年,10—13 頁。

〔76〕 《舊唐書》卷一九〇下《文苑下·元德秀傳》,5051 頁。參見《新唐書》卷一九四《卓行·元德秀傳》,5564 頁。李華《元魯山墓碣銘並序》,姚鉉編《唐文粹》卷六九,《四部叢刊》景元翻宋本,11b—13a 頁。佚名《唐故魯山縣令河南元府君墓誌銘並序》,陳長安主編《隋唐五代墓誌彙編》(洛陽卷)11 册,天津古籍出版社,1991 年,214 頁。元結《元魯縣墓表》,孫望校《元次山集》卷六,中華書局,1960 年,82—83 頁。

〔77〕 鄭處誨撰,田廷柱點校《明皇雜録》卷下,中華書局,1994 年,26 頁。

〔78〕 詩曰:"漫遊樊水陰,忽見舊部曲。尚言軍中好,猶望有所屬……勸汝學全生,隨我畬退谷。"《元次山集》卷二,32—33 頁。

〔79〕 制書在《唐大詔令集》未標時間的《招諭僕固懷恩詔》後,建中元年(780)《諭涇州將士詔》前。《招諭僕固懷恩詔》,時間參見《資治通鑑》卷二二三《唐紀三十九》代宗廣德二年(764)六月,7165 頁。

窮,焉能自固……仍委刺史縣令,自賫詔書,親至山谷,分明諭旨,一一招攜……若願歸田農,當恤生業;如請入軍伍,亦聽食糧。務令悦從,以洽朝化。〔80〕

制書所承認的"失於撫循",令我們想到士兵逃亡山谷,可能是安史之亂擴軍加上山南東道多次兵變的後遺症。而且元結招募的山棚原來就生活在"山谷"之間。

一直到德宗時期,士兵逃亡而活動於山谷并未停止。《續定命録》記載德宗時淮西節度使吴少誠曾自"官健"逃亡到蔡州(有山棚分佈),甚至求乞,作爲"脚力"在山中遇到獵人贈食。據《舊唐書·吴少誠傳》,他出身幽州,父親曾爲魏博都虞候,父蔭釋褐,後來德宗初自荆南入朝途中,因有討伐襄州之策被淮西節度使李希烈留任爲前鋒〔81〕。吴少誠怎樣由河北到達荆南未知。《續定命録》曰:

吴少誠,貧賤時爲官健,逃去。至上蔡,凍餒,求丐於儕輩。上蔡縣獵師數人,於中山得鹿……忽聞空中有言曰:"待吴尚書。"……又一人是脚力,攜小襆過。見獵者,揖而坐。問之,姓吴,衆皆驚……少誠曰:"某輩軍健兒,苟免擒獲,效一卒之用則足矣,安有富貴之事?"大笑執别而去。後數年爲節度使,兼工部尚書。使人求獵者,皆厚以錢帛賫之。〔82〕

我們不必認爲這個故事一定爲真,也許就是根據吴少誠在蔡州發迹所編。但可見當時人心目中,代宗、德宗之際蔡州存在獵人群體,有士兵逃亡山中。

唐代招募山棚從軍,或可見於元和討伐淮西時。元和九年(814)十月,朝廷命諸道兵招討淮西吴元濟。韓愈作《再答柳中丞書》言淮西爲害,"環其地數千里,莫不被其毒。洛汝襄荆許潁淮江爲之騷然",將士畏懼,建議鄂州觀察使柳公綽招募當地士兵作戰:

夫遠征軍士,行者有羈旅别離之思,居者有怨曠騷動之憂,本軍有饋餉煩費之難,地主多姑息形迹之患……若召募土人,必得豪勇。與賊相熟,知

---

〔80〕 宋敏求編《唐大詔令集》卷一一八,中華書局,2008年,618頁。

〔81〕 《舊唐書》卷一四五《吴少誠傳》,3945頁。吴少誠自荆南入淮西,參見《册府元龜》卷四二二《將帥部·任能》,4791頁。

〔82〕 温畬撰,陶敏整理《續定命録》,陶敏主編《全唐五代筆記》,三秦出版社,2012年,1120頁。

其氣力所極，無望風之驚；愛護鄉里，勇於自戰。徵兵滿萬，不如召募數千。[83]

但憲宗、裴度君臣對鄂岳觀察使柳公綽、安州刺史李聽配合的鄂岳軍戰績不滿，罷職改任。韓愈所言招募土兵、解散客兵的構想，還可見於《論淮西事宜狀》：

今聞陳、許、安、唐、汝、壽等州與賊界連接處，村落百姓悉有兵器。小小俘劫，皆能自防。習於戰鬥，識賊深淺。既是土人，護惜鄉里。比來未有處分，猶願自備衣糧，共相保聚，以備寇賊。若令召募，立可成軍。若要添兵，自可取足。賊平之後，易使歸農。伏請諸道先所追到行營者，悉令却歸本道。據牒所追人額，器械弓矢，一物已上，悉送行營充給。所召募人兵數既足，加之教練，三數月後，諸道客軍一切可罷。[84]

韓愈曾作爲行軍司馬隨宰相裴度討伐淮西，唐隨鄧節度使李愬招募土著爲兵，或許和韓愈招募土兵的設想有關。

元和十二年三月至五月，李愬遣"山河十將"攻擊淮西據點：

〔三月〕己丑，李愬遣山河十將董少玢等分兵攻諸柵……夏，四月，辛卯，山河十將馬少良下嵖岈山，擒淮西將柳子野……李愬山河十將嬀雅、田智榮下冶爐城。丙申，十將閻士榮下白狗、汶港二柵。癸卯，嬀雅、田智榮破西平。[85]

胡三省注"山河十將"："時都畿及唐、鄧皆募土人之材勇者爲兵以討蔡，號爲山河子弟，置十將以領之。"[86]胡注所據不得而知，相關内容有在此兩年前東都招募山棚作爲"山河子弟"守衛宫城。元和十二年的"山河十將"，使我們意識到除元和十年東都外，還有"山河子弟"[87]，而且與山棚的分佈範圍重合，"土人之材勇者"有很大可能來自游獵爲生的山棚。從李愬手下"山河十將"的姓名董少

---

〔83〕《韓愈文集彙校箋注》卷九，944、945頁。

〔84〕《韓愈文集彙校箋注》卷三〇，3012頁。

〔85〕《資治通鑑》卷二四〇《唐紀五十六》，7733、7734頁，或來自《平蔡録》等。《新唐書》卷一五四《李愬傳》，4875頁，内容比較簡略。

〔86〕《資治通鑑》卷二四〇《唐紀五十六》憲宗元和十二年三月，7733頁。

〔87〕王應麟《玉海》卷一三八《兵制》"唐山河子弟"條：除吕元膺所置外，無"山河"之名，合璧本影印京都藏至正十二年重刊本略配静嘉堂文庫藏本（參考臺灣"中央圖書館"五種善本），中文出版社，1977年，2671頁。

玢、馬少良、嬀雅、田智榮、閻士榮,以及元結招募的"山棚高晃""部將張遠帆、田瀛等",看不出明顯的異族色彩[88]。

憲宗平定淮西後,山南東、河南局勢相對穩定,所需兵員減少。文宗時山南東削兵後,唐州被裁官軍藏匿山林,劫掠地方。《舊唐書》含糊記載山南東道節度使殷侑在開成"二年(837)三月,以病求代,以太子賓客分司東都"[89]。《册府元龜》記載殷侑離職當月山南東的唐州發生了打劫事件:

> 開成二年三月壬申,詔:"唐州劫縣官健桂管,聚集妖人,或始於討窮,或迷於誘導,嘯集未散、伏藏山林者。委本處長吏遣人宣諭恩旨,并放令歸鄉貫田里,俾安家業,勿更根尋。"[90]

之後兩天,"甲戌,以左僕射李程爲山南東道節度使……甲申,以山南東道節度使殷侑爲太子賓客分司"[91]。《册府元龜·將帥部》明確指出:

> 殷侑爲山南東道節度使。文宗太和中,侑準詔,停減軍卒千餘人,遂敗,爲群盜劫隨州之屬縣。時議責侑不先陳論,以致寇盜。左授太子賓客。[92]

這裏提到"隨州",我們認爲并非指代山南東的支郡隨州,而是官健原來駐扎地。上文提到的山南東唐州劫掠,看起來與被削減的官健有關。唐宣宗時山南東道駐軍陷入嚴重負債,大中早期的節度使高元裕神道碑提到他"在漢南奏免管内積年逋租七千八百餘萬貫"[93],大中晚期節度使徐商的政績直言減免包括軍人在内的公私負債。

文宗時山南東削兵導致據嘯山林,與之可以類比的是宣宗末山棚劫掠襄州。

---

〔88〕 其中少見的嬀姓,"《世本》,帝舜之後……後改爲姚氏"。林寶撰,岑仲勉校記《元和姓纂》卷二,中華書局,1994年,83頁。

〔89〕《舊唐書》卷一六五《殷侑傳》,4322頁。

〔90〕《册府元龜》卷一六五《帝王部·招懷三》,1841頁。標點有改,並據1843頁校勘記74,據宋本删去"劫掠"的"掠"字。

〔91〕《舊唐書》卷一七下《文宗紀下》,569頁。

〔92〕《册府元龜》卷四五〇《將帥部·譴讓》,5071頁。《新唐書》卷一六四《殷侑傳》與《册府》類似,"坐減兵不先論啓,左遷太子賓客分司東都"。

〔93〕 陳尚君輯校《全唐文補編》卷八一,中華書局,2005年,997頁,録文全面,但誤以"山南東"爲"山南西"。拓片見北京圖書館金石組編《北京圖書館藏中國歷代石刻拓本彙編》第32册,中州古籍出版社,1989年,92頁。

徐商節度襄州,特設捕盜將三五百人打擊山棚,還奉命派捕盜將平定江西叛亂。李騭《徐襄州碑》,記載徐商八大功績:

其三曰:軍人百姓窮困者,多投狀陳論,苦於從前債利。蓋以數十邑公私債負不許停,至於補累攤徵,有加無減。遂使家傳積欠,户率催足,延及子孫,例無放免。飛走無路,怨憤難伸。官中曾無所收,私室常被攪擾。公乃縷悉上奏,放免獲依。債户既除,冤聲永息……

其五曰:襄土疆闊遠,連接江山。每至秋時,常多寇盜,張旗結黨,夜出晝藏,謂之山栅,擾害頗甚。燒劫閭井,驅率平人,至於道塗,皆須警備。公乃選擇少壯官健三百人,别造營,各爲捕盜將。常令教習,不雜抽差。訓練無時,以爲備禦。每聞屬縣寇劫,當時據數抽行,晨往夕歸,夜發晨至,皆是并贓捉獲,更無孑遺。頓挫賊心,鄉閭遂泰。因創造捕盜將營屋四百間,分爲左右,中間開報點集。列垛置標,别創一亭,以爲教試之所。奏立將額,門當通衢。過客行旅,莫不興嘆。

大中十一年,諸郡構亂,起於湖南。準詔徵兵,同力剪滅。漢南軍徵五百人,剋日成功,實自捕盜威强之力。又江西叛將毛鶴構亂……所差五百人,於數内全取捕盜將……[94]

其中"山栅"就是《新唐書》中"山棚"[95]。唐代穆宗、文宗時期,因德宗、憲宗時爲防禦淮西導致的軍隊擴張、財政緊張,山南東削兵成爲一個問題。直到宣宗末的山南東節度使徐商時期,已經不再需要像肅宗時山南東參謀元結、憲宗時東都留守吕元膺、憲宗時唐隨鄧節度使李愬那樣募"山棚"補充兵力。

除懿宗時所作《徐襄州碑》直呼"寇盜"爲山棚外,和韓愈、李愬同時代的張籍《猛虎行》一詩可能顯示了山棚劫掠聚落。詩曰:

南山北山樹冥冥,猛虎白日繞林行。

向晚一身當道食,山中麋鹿盡無聲。

年年養子在空谷,雌雄上下不相逐。

[94] 《文苑英華》卷八七〇,4592 頁。

[95] 《新唐書》卷一一三《徐商傳》,"襄多山棚",4192 頁。情節比《舊唐書》卷一七九《徐商傳》詳細,可能源自李騭《徐襄州碑》。

谷中近窟有山村，長向村家取黄犢。

五陵年少不敢射，空來林下看行迹。

明清的評注者，認爲此詩暗喻權奸陷害朝士[96]。今人或以此諷喻統治集團或藩鎮割據對民衆的危害[97]。如果結合詩中"猛虎"全家山居、危害山村居民的特點，那比喻山中遷徙無常、或爲强盗的"山棚"將十分貼切；至於"不敢射"的"五陵年少"，又使我們聯想到與張籍有交往且利用"山河十將"平亂的李愬[98]。

綜上，山棚雖然在唐肅宗、憲宗時被召入伍補充軍隊，但代宗制書、文宗詔書表明山棚分佈地有逃亡士兵嘯聚山林、打劫當地；宣宗時期山南東軍民嚴重貧困，山棚劫掠横行而被打擊。加之山棚"射獵"生存方式與軍事技能的相通，使我們考慮到山棚、盗賊、藩鎮軍隊可能的互相轉化。

（二）山棚與江賊

唐代山棚因遷徙無常，或者還有收入不穩定因素，成爲分佈地的寇盗來源。但這並不意味着山棚一定與江賊有關。唐代山棚的活動地見於記載的有東都、虢、汝、唐、鄧、蔡、襄，擄掠聚落的衹見於宣宗末襄州記載。其中虢州、河南府南部、鄧州、襄州，與唐州的一部分屬於長江支流範圍[99]；其他多屬淮水流域。日野開三郎認爲與山棚類似的山民分佈到達陳許，并將其與杜牧提到的來自許州、蔡州等地騷擾江淮的水賊聯繫起來[100]。例證是《册府元龜》記載："王彦威爲陳

[96] 張籍撰，徐禮節、余恕誠校注《張籍集繫年校注》卷一，中華書局，2011年，34頁引文，36頁集評之周珽、賀裳、黄白山。據説韓愈諷喻權相李宗閔而作《猛虎行》（韓愈著，方世舉編年箋注，郝潤華、丁俊麗整理《韓昌黎詩集編年箋注》卷一一，中華書局，2012年，638頁），這或許啓發了後人對張籍《猛虎行》的解説；然而韓愈詩中衹有猛虎與群獸往來，和張籍詩中猛虎危害人間的手法不盡相同。

[97] 劉逸生《唐詩小札（重訂本）》，廣東人民出版社，1978年第3版（首版於1961年），286—289頁。蕭滌非等著《唐詩鑒賞辭典》，上海辭書出版社，2004年2版（首版於1983年），760—761頁傅經順賞析。王建撰，尹占華校注《王建詩集校注》卷二《射虎行》，巴蜀書社，2006年，79頁箋注："如李賀、張籍等作，皆以寓托藩鎮割據之現實。"

[98] 張籍《送李僕射赴鎮鳳翔》贊頌李愬平蔡功績："先入賊城擒首惡，盡封官庫讓元公。"《張籍集繫年校注》卷四，607頁。

[99] 虢州盧氏縣與河南府伊陽縣、陸渾縣，現對應河南三門峽市盧氏縣，洛陽市欒川縣、嵩縣靠南部分，見長江水利委員會水文局編《長江志》卷一《流域綜述》，第三篇《社會經濟》，第一章《流域行政區劃》，中國大百科全書出版社，2003年，231頁。

[100] 日野開三郎《唐代的戰亂和山棚》，氏著《東洋史學論集》第一卷，510頁。

許節度,奏毀除管内山房三千八百餘所。"[101]《新唐書》更明確指出文宗時王彦威"爲忠武節度使,毀山房三千餘所,盗無所容"[102]。《舊唐書》也記載穆宗年間浙西觀察使李德裕"又罷私邑山房一千四百六十,以清寇盗"[103]。然而唐後期陳許、浙西山民是否與河南、山南東交界的山棚有直接聯繫,一起打劫江淮水路,令人存疑。

有的學者和日野開三郎論文後半部分思路類似,但受到陳寅恪思路影響,將胡人移民、山棚、江賊結合起來,認爲唐代"劫江賊"和山棚分佈地域重合、"具有胡性"、活動方式類似[104]。但所舉元和時襲擊東都例子不當,此事主謀是淄青軍將而非山棚。其重要論據包括武宗時杜牧《上李太尉論江賊書》:"濠、亳、徐、泗、汴、宋州賊,多劫江西、淮南、宣、潤等道,許、蔡、申、光州賊,多劫荆襄、鄂岳等道。"[105]上文已經討論了胡人、山棚之間没有必然聯繫。况且江賊來源明確與山棚分佈地重合的衹有蔡州。山棚打劫水路活動的確切史料,衹見於宣宗末的襄州。它臨近長江支流漢水,距江幹遥遠。宣宗末山棚打劫過襄州,并不意味着一定參與了之前的"荆襄、鄂岳等道"水路搶劫。史料中江賊主要劫掠長江沿岸,在城鄉體系中有商人、農民等正當職業作爲掩護,而非山棚這樣居無定所的山民。

晚唐水賊出自淮南、江南居民已有前人研究[106]。江幹居民作爲水盗的故事更常見。唐傳奇名篇李公佐《謝小娥傳》,其中水賊就住在江邊。憲宗元和初,豫章大商人謝小娥父"常與段婿同舟貨往來江湖",被水盗殺害,托夢給女兒;李公佐罷江西從事,與謝小娥相遇在潤州江寧,破解夢中之謎;謝氏仇家申蘭在"潯陽郡"即江州,他的族弟申春"住大江北獨樹浦";元和十二年謝小娥手刃仇人[107]。"太和庚戌(830)歲",李復言記尼妙寂(江州潯陽女葉氏)的故事,改

---

〔101〕《册府元龜》卷六八九《牧守部·革弊》,7940 頁。

〔102〕《新唐書》卷一六四《王彦威傳》,5058 頁。

〔103〕《舊唐書》卷一七四《李德裕傳》,4511 頁。參見《册府元龜》卷六八九《牧守部·革弊》,7940 頁。

〔104〕李德輝、袁書會《唐代"劫江賊"考略》,54—56 頁。

〔105〕杜牧撰,吴在慶校注《杜牧集繫年校注》卷一一,中華書局,2008 年,828 頁。

〔106〕寧欣《唐朝的"江賊"與"江路"》,《中國史研究》1996 年第 3 期,110—115 頁。

〔107〕《太平廣記》卷四九一《雜傳記八·謝小娥傳》,4030、4031 頁。

寫自《謝小娥傳》,發生地仍然在江幹中下游,仇人住地雖有改動,但也是在臨近江州的"蘄黄之間":

> 父昇與華往復長沙、廣陵間。貞元十一年春,之潭州,不復。過期數月,妙寂忽夢父披髮裸形,流血滿身,泣曰……數年,聞蘄黄之間有申村……乃聞其村西北隅有申蘭者……蘭或農或商,或畜貨於武昌……[108]

殺害葉氏翁婿的水盗申蘭"或農或商,或畜貨於武昌",可能是唐後期强盗營生的真實寫照。隱身於良民之中難以查訪,當是水盗屢禁不止的重要原因。據《酉陽雜俎》,敬宗時江北復州(山南東襄州治下,西鄰荆州)有江賊出没:

> 寶曆中,荆州有盧山人……盧生到復州,又常與數人閑行,途遇六七人,盛服俱帶,酒氣逆鼻……盧曰:"此輩盡劫江賊也。"[109]

武宗時杜牧《上李太尉論江賊書》分析了盗賊源於河南、淮南後,指出他們回歸本州銷贓和勾結江南土著:

> 劫得財物,皆是博茶,北歸本州貨賣,循環往來,終而復始。更有江南土人,相爲表裏,校其多少,十居其半……[110]

關於江賊銷贓,有正經職業掩護的城鄉居民比山居遊獵爲生的山棚更有渠道。

把"山棚"活動擴展到大江之上尚無確證。即使山棚能駕船,他們對航運的瞭解顯然也不可能超過江淮土著强盗,更不用談前期準備。懿宗時,龐勛等自桂州北還徐州反叛,曾考慮做水盗。《資治通鑑》咸通九年(868)十月,龐勛等在奪取徐州前陷宿州,據説"掠城中大船三百艘,備載資糧,順流而下,欲入江湖爲盗"。胡三省注:"宿州,古汴河之會,漕運及商旅所經,故城中有大船沿汴而下,入淮,則可以入江湖矣。"[111]可見水盗也需要儲備船隻等物資。

綜上,山棚活動範圍與江賊並不一致,而且距離遥遠,缺乏江賊必備的技能和船隻,以及銷贓渠道,不大可能成爲江賊來源。

---

〔108〕 相較李公佐筆下,李復言所描繪的復仇女子、翁婿姓名、籍貫不同,而且把手刃仇人改爲告官伏法。牛僧孺撰,程毅中點校《玄怪録》卷三《尼妙寂》,中華書局,2008年,22—24頁。

〔109〕 段成式撰,許逸民、許桁點校《酉陽雜俎》前集卷二《壺史》,中華書局,2018年,54—55頁。

〔110〕 《杜牧集繫年校注》卷一一,828頁。

〔111〕 《資治通鑑》卷二五一《唐紀六十七》懿宗咸通九年十月,8126頁。

三、結論

唐代河南、山南東交界的長江中游唐州、鄧州、襄州,以及附近的東都洛陽西南部山地、虢州、汝州、蔡州,地廣户少,有山林中遊獵爲生的"山棚"群體。唐前期和北宋初,這裏都因户少地多,成爲建議移民補充的内地邊緣地帶。有限的材料中,山棚除了生産方式,未表現出異族特徵,也看不出曾作爲江淮水賊的迹象。安史之亂中,汝州人、後任山南東道參謀的元結招募山棚守衛唐州;在憲宗平淮西吴元濟的戰鬥中,由山南東道東部節度使李愬帶領,建有軍功;而到了宣宗末又成爲侵擾襄州的盜賊來源,受到嚴厲打擊。唐後期藩鎮軍隊膨脹,鄧州、蔡州、唐州都有士兵逃亡山林,乃至打劫地方;他們有可能補充乃至混淆入山棚。

前文基於本地區的長時段風俗和唐宋間的社會變化,反駁了山棚來自外族的説法。從某種程度上,"山棚"隨着安史之亂顯現,成爲唐後期本地藩鎮的募兵來源或打擊對象,又隨着唐王朝的覆滅、統治中心東移而隱没。在傳統國家統治中,如何有效地控制或動員民衆始終是重要議題。在當時的生産力下,除了將民衆與土地制度聯繫,統治者也試圖將土地産出不足以供養的男丁納入維護統治的軍隊秩序中,比如宋太祖所言"唯養兵可爲百代之利,蓋凶年飢歲,有叛民而無叛兵,不幸樂歲變生,有叛兵而無叛民"[112]。然而冗兵又衍生出財政供給不足問題,可以説唐後期山棚身份的嬗變就是這一系列問題的縮影。

---

〔112〕 邵博撰,李劍雄、劉德權點校《邵氏聞見後録》卷一,中華書局,1983年,1頁。

The Shanpeng People Who Inhabited nearby the Boundary between Shannandong Circuit and Henan Circuit during Tang Dynasty

Jin Yajuan

The Shanpeng 山棚 people refer to a group of people who lived on hunting in the hills and forests nearby the boundary between Shannandong circuit 山南東道 and Henan circuit 河南道 during the Tang Dynasty. Though other ethnic groups besides Han immigrated to the region where Shanpeng inhabited, there was no evidence indicating Shanpeng people as non-Han ethnics. When the Tang Empire underwent shortage of soldiers, Shanpeng people were recruited to resist the nearby rebel forces during the reigns of Suzong 肅宗 and Xianzong 憲宗. However, in the peacetime of later Xuanzong 宣宗's reign, they acted as robbers and were cracked down by government forces. Shanpeng people in the late Tang Dynasty might partially include some deserters from the neighbourhood.

《唐研究》第二十七卷
2022年,359—378頁

唐代宗、德宗兩朝“恢復舊制”的改革與尚書省轉型*

王孫盈政

唐代官制變革最關鍵的一環,即行政運行體制由三省制轉型爲中書門下體制。在這一過程中,律令制國家的框架被進一步破壞,中央諸機構、職掌之間的界限趨於模糊,使職差遣(含内諸司使)進一步介入國家事務處理,職事官機構内部更多地呈現使職化傾向。伴隨着這些改變,尚書省在國家政務運行流程中的地位、職能也發生了重大轉變。迄今,關於唐代中書門下體制的研究成果日益豐碩〔1〕,衹是針對這一體制下的尚書省的專門考察非常薄弱,以至於無法全面展現唐宋變革之際中央官制的演進進程。本文旨在探討安史亂後代宗和德宗兩朝朝廷在重建國家政務運作機制之時,對尚書省採取的方針政策,尚書省因此受到的影響和發生的改變,以此爲切入點揭示這一時期行政運行體制演進過程中的某些特色。

三省制下,三省長官共同行使議政權,監督百官執行權中最爲重要的施政

* 本文係國家社科基金項目“唐、五代時期的尚書省研究”(17XZS019)的階段性成果。

〔1〕 中書門下體制的概念由劉後濱先生在20世紀末提出,對這一概念的全面論述見氏著《唐代中書門下體制研究——公文形態·政務運行與制度變遷》,齊魯書社,2004年。此後,中國唐宋史學界對於唐宋之際官制的研究多在此框架下進行,進一步揭示了這一時期體制的變遷。例如羅禕楠《劉後濱〈唐代中書門下體制研究——公文形態·政務運行與制度變遷〉》(書評),《中國學術》2005年第2輯,商務印書館,2006年,279—297頁;吴麗娱《試論“狀”在唐朝中央行政體系中的應用與傳遞》,《文史》2008年第1輯,119—148頁;雷聞《唐代帖文的形態與運作》,《中國史研究》2010年第3期,89—115頁;李全德《從堂帖到省劄——略論唐宋時期宰相處理政務的文書之演變》,《北京大學學報》(哲學社會科學版)2012年第2期,106—116頁。

權[2],則掌握在尚書省手中。尚書省統領百官,且擁有最高行政權,是聯繫君主與寺監機構、地方州府的橋梁。都省下轄二十四曹作爲政令機構,在國家常務方面可以直接指揮寺監機構和地方州府;寺監和地方需要中央裁决的常務,亦經都省交由對應曹司以奏抄形式進行處理後上呈君主。高宗、武后之際,隨着制度的發展和政局的變遷,尚書省的權力受到來自門下、中書兩省和使職的衝擊。玄宗一朝,政事堂被中書門下取代,中書門下體制初步確立。衆多使職,特别是財政使職,則以更爲積極的姿態活躍在政治舞臺上。中書門下試圖進一步將監督百官執行權收歸己有,其中重中之重即全面接管尚書省的最高行政權;使職的發展導致尚書省諸多曹司(和與之對應的寺監)的權力逐漸旁落。但隨着安史之亂的爆發,國家政務運作陷入混亂,職事官機構和使職體系的日常運行軌迹被打破,行政運行體制的正常發展近乎中斷,中書門下體制完全確立衹能静待戰後。

一、廣德二年(764)至貞元三年(787)間恢復舊制的改革

代宗廣德元年正月,史朝義自殺,安史之亂宣告結束。十月,吐蕃陷長安,旋退。在經歷了長期戰亂之後,唐王朝的政治局面暫時穩定,戰後重建工作迫在眉睫。君主和臣僚集團面對殘破的家國,回想王朝早年的繁盛,很自然地把重建昇平景象的希望寄托在施行原有政治制度上。自廣德二年至貞元三年,朝廷進行了一系列恢復舊制的改革。其重點從表面上看,即重現三省制下以尚書省作爲國家最高行政機構的行政運行體制。

廣德二年二月,舉行南郊大典,發佈大赦文,戰後首次明確尚書省的地位,"尚書省政理所繫,左右丞綱轄攸歸,比來百司,職事皆廢,宜令明徵式令,各舉所職",同時强調慎選都省和六部官員的原則[3]。可見重啓國家常務正常運作

[2] 中國封建王朝的宰相必須同時具有議政權和監督百官執行權。參見祝總斌《兩漢魏晋南北朝宰相制度研究》,北京大學出版社,2017年,4頁。從權力行使方式看,唐代宰相具有朝議權、被諮詢權、奏請權、諫諍權與封駁權、出令權與施政權等。參見周道濟《漢唐宰相制度》第四章《唐代宰相的權力(從權力行使的方式看)》,臺北大化書局,1978年,373—404頁。其中前四種爲議政權的表現形式,最後一種爲監督百官執行權的表現形式。

[3] 《唐大詔令集》卷六九《廣德二年南郊赦》,中華書局,2008年,386頁。

的責任,被賦予了尚書省。次月,又規定:"文武百官及諸色人等,有論時政得失上封事者,狀出後,宜令左右僕射、尚書,及左右丞、諸司侍郎、御史大夫、中丞等於尚書省詳議可否,具狀聞奏。"〔4〕封事内容並不屬於國家常務,本不在尚書省裁决範圍内。這一規定不僅表明尚書省在重建工作中地位不可忽視,且使得尚書省介入國家變革的討論當中。需要注意的是,左右僕射被列入議政行列,進一步顯示出朝廷恢復尚書省,特别是都省職能的意圖。

廣德二年底至永泰元年(765)八月,爆發僕固懷恩叛亂。平叛後,唐王朝繼續復興國運的計劃。永泰二年(是年十一月改元大曆,766)四月十五日,下制曰:

> 周有六卿,分掌國柄,各率其屬,以宣王化。今之尚書省,即六官之位也。古稱會府,實曰政源,庶務所歸,比於喉舌,猶天之有北斗也。朕纂承丕緒,遭遇多難,典章故事,久未克舉。其尚書宜申明令式,一依故事。諸司諸使及天下州府,有事准令式各申省者,先申省司取裁,並所奏請。敕到省,有不便於事者,省司詳定聞奏,然後施行。自今以後,其郎官有闕,選擇多識前言、備諳故事、志業正直、文史兼優者,勿收虚名,務取實用。六行之内,衆務畢舉,事無巨細,皆中職司。酌於故實,遵我時憲,凡百在位,悉朕意焉。〔5〕

此制開篇即强調尚書省下合周禮,上應天象,作爲國家最高行政機構("庶務所歸"之"政源"),乃理所當然。故恢復舊制的核心,即"其尚書宜申明令式,一依故事"。三省制下受尚書省領導的寺監、地方州府和不受尚書省領導的使職,准令式申省之事均由省司裁决,再通過都省上達君主,掌庶務之諸機構均在其政令指揮之下。這也表明三省制下尚書省裁處常務的主要文書形式奏抄恢復行用。同時該制加强了尚書省在制敕下行過程中的封駁權和奏議權。由於國家正式王言基本都需經過尚書省行下,這一規定其實還賦予了省司對除常務外的軍國大政的討論權力。雖然尚書省長官並没有重回宰相行列,但其議政權却以另一種形式在一定程度上得以體現。此外,對郎官人選的重視和還權六部(諸曹)的政

---

〔4〕《册府元龜》卷一〇二《帝王部·招諫一》"廣德二年三月詔",中華書局,1960年影印本,1225頁。《唐大詔令集》卷一〇五《令臺省詳議封事詔》略同,536頁。

〔5〕《唐會要》卷五七《尚書省諸司上·尚書省》,上海古籍出版社,2006年,1155—1156頁。

策也是確保尚書省正常運作的有效手段。衹是世易時移,隨着律令制的破壞,諸機構上奏的事務不申省者更多,故此制書對於尚書省的積極意義大爲減弱。

專典禁兵的内侍監魚朝恩權傾朝野,與代宗及宰相元載矛盾日深,大曆五年三月,魚朝恩被秘密縊殺。此後,開始清理魚氏餘黨的工作。相關制書内容與尚書省息息相關:

> 唐虞之際,内有百揆,庶政惟和;至於宗周,六卿分職,以倡九牧。《書》曰:龍作納言,帝命惟允;《詩》云:仲山甫王之喉舌,皆尚書之任也。雖西漢以二府分理,東京以三公總務,至於領録天下之綱,綜核萬事之要,邦國善否,出納之由,莫不處正於會府也。令、僕以綜詳朝政,丞、郎以彌綸國典,法天地而分四序,配星辰而統五行,元元本本,於是乎在。九卿之職,亦中臺之輔助,小大之政,多所關决。
>
> 自王室多難,一紀於兹,東征西伐,略無寧歲。内外薦費,徵求調發,皆迫於國計,切於軍期,率以權便裁之,新書從事,且救當時之急,殊非致理之道。今外虞既平,罔不率俾,天時人事,表裏相符。宜昭畫一之法,未布惟新之令,甄陶化源,去末歸本。
>
> 魏晋有度支尚書,校計軍國之用,國朝但以郎官署領,辦集有餘。時艱之後,方立使額,參佐既衆,簿書轉煩,終無弘益,又失事體。其度支使及關内、河東、山南西道、劍南東川西川轉運常平鹽鐵等使宜停。儀禮之本,職在奉常,往年置使,因循未改,有乖舊制,實曠司存。委太常卿自舉本職,其使宜停。
>
> 漢朝丞相與公卿已下,五日一决事,帝親斷可否。且國之安危,不獨注於將相;政之理亂,固亦在於庶官。尚書、侍郎、左右丞及九卿,參領要重,朕所親倚,固當朝夕進見,以之匡益也。頃以邊陲未寧,日不暇給。又省〔寺〕之事務,多有所分,簡而無事,曠而不接。今大舉綱目,重頒憲章,並宜詳校所掌,明徵典故。一一條具,面陳損益。如非其時,須有奏議,亦聽詣閤請對,當覽其意,擇善而從。〔6〕

此制不但强調了尚書省—寺監體系在國家常務中的作用,承認了尚書省長官擁

〔6〕《唐大詔令集》卷九九《復尚書省故事制》,502—503頁。

有議政權,甚至還暗示了僕射的宰相身份[7]。按照常理,在描述戰亂之際不得以用權宜之法處理政務的背景後,理應直接提出如何調整三省,特别是尚書省與中書門下之間的關係,以恢復尚書省的最高行政權。但此制却話鋒一轉,具體的改革措施衹有兩點:一是停廢由魚朝恩親信第五琦所掌的西部財政使職和裴士淹擔任的禮儀使[8](其他使職,包括劉晏所領的東部鹽鐵轉運使皆保留)[9];二是給予尚書、丞郎和九卿面見君主,陳明對於如何恢復舊制的觀點的機會。由此可見,永泰二年制並未得以有效、全面貫徹。此時,尚書省的最高行政權非常有限,省内曹司仍然相對閑簡;且使職並未處於省司領導之下。而大曆五年制書最終亦是一紙空文。西部財政使職並未廢止,而是轉由元載親自掌判[10];禮儀使則在兩年之後再度設立[11]。所謂“朝廷誅内臣,修百度,彌綸經費,委重有司”[12],衹是空話而已。裴倩在第五琦罷任之後,被任命爲度支郎中,敕書稱:“底慎財賦之殷,校計軍國之用,得專其任,爰舉舊章,佇爾發揮,以之贍濟。”[13]看似財權重歸尚書省,但裴倩在任無任何實際事務,直至離世[14]。最終,從大曆五年制書受益的衹有元載集團。

代宗朝所謂恢復尚書省職權的改革至此結束。再度改革的詔令,由德宗皇帝發出。德宗於大曆十四年五月即位,六月御丹鳳樓,其大赦敕文與尚書省相關者僅一句:“天下諸使及州府,有須改革處置事,一切先申尚書省,委僕射已下衆

[7] 此制開篇確認僕射爲尚書省長官。“且國之安危,不獨注於將相;政之理亂,固亦在於庶官”中的庶官包括尚書、丞郎和九卿,而無僕射。故僕射當屬於“將相”。

[8] 《舊唐書》卷一一《代宗紀》:“〔大曆五年五月〕庚辰,貶禮儀使、禮部尚書裴士淹爲虔州刺史,户部侍郎、判度支第五琦爲饒州刺史,皆魚朝恩黨也。元載既誅朝恩,下制罷使,仍放黜之。”中華書局,1976年,296—297頁。

[9] 由判度支和鹽鐵轉運使分掌國家西部和東部財政體系的相關論證,參見李錦繡《唐代財政史稿(下卷)》,北京大學出版社,2001年,72—81頁。

[10] 《舊唐書》卷一一《代宗紀》,296頁;《資治通鑑》卷二二四《唐紀四十》代宗大曆五年三月乙丑條,中華書局,1956年,7213頁。

[11] 《唐會要》卷三七《禮儀使》,785頁。

[12] 權德輿《唐尚書度支郎中贈尚書左僕射正平節公裴公(倩)神道碑銘並序》,《權德輿詩文集》卷一七,上海古籍出版社,2008年,262頁。

[13] 常衮《授裴倩度支郎中制》,《文苑英華》卷三八九,中華書局,1966年影印本,1983頁。

[14] 參見權德輿《唐尚書度支郎中贈尚書左僕射正平節公裴公(倩)神道碑銘並序》,《權德輿詩文集》卷一七,262頁。

官商量聞奏,外使及州府不得輒自奏請。"[15]此敕文雖然簡單,却是重建尚書省權位最有成效的一次。這一次特别指出"改革處置事"必須申省,即律令範圍外的事務亦要通過尚書省上達君主,作爲地方和使職與君主之間的樞紐,國家常務的各個方面(准令式者和改革處置事),都交回到尚書省手中。意味着在戰後重新確立行政運行體制的過程中,進一步明確了尚書省全國最高行政機構的地位。爲了確保這一命令被確實執行,同月規定郎官充使絶本司務者改爲檢校官[16],不可佔用省内名額。這樣,尚書省最基本的判案官員就不至延誤工作。同年八月,力主重建舊制的楊炎入相,對改革措施進一步施行自有積極作用。這次改革促進了尚書省諸曹再度行使政令權。即使在唐代前期就屬於冷衙門的都官、虞部和屯田三曹,政令權都有所恢復[17]。甚至因爲財政使職的設置而喪失職掌的金部、倉部二曹也邁出了收回權力的步伐[18]。不過,此時諸曹裁決常務,多是以奏狀,而非奏抄的形式進行,需要君主可否。尚書省的政令權與三省制下相比不可同日而語。

建中元年(780),楊炎開始大刀闊斧地改革税制,其中伴隨着奪取劉晏所掌利權的鬥爭。正月辛未南郊大赦文稱:"自艱難已來,徵賦名目繁雜,委黜陟使與諸道觀察使、刺史作年支兩税徵納。比來新舊徵科色目一切停罷,兩税外輒别率一錢,四等官准擅興賦,以枉法論。"[19]雖然此條詔令與尚書省没有直接關係,却重新明確了四等官制的運行[20]。四等官制是《唐律》規定的官府機構的

---

〔15〕《册府元龜》卷八九《帝王部·赦宥八》,1057頁。《册府元龜》卷六四《帝部·發號令三》,718頁;《唐會要》卷五七《尚書省諸司上·尚書省》,1156—1157頁略同。

〔16〕《唐會要》卷六二《御史臺下·出使》,1277頁;《唐會要》卷七八《諸使中·諸使雜録上》,1702頁。

〔17〕《唐會要》卷五九《尚書省諸司下·虞部員外郎》,1222頁;《唐會要》卷八六《奴婢》,1860—1861頁;《唐會要》卷九二《内外官職田》,1981頁。

〔18〕大曆十四年八月,都官奏請加强對官奴婢的管理時,提出要按照舊制,由金、倉部給衣糧。即二部必須恢復舊有管理國家財富的權力。見《唐會要》卷八六《奴婢》,1860—1861頁。

〔19〕《册府元龜》卷四八八《邦計部·賦税二》,5833頁。大赦全文見《册府元龜》卷八九《帝王部·赦宥八》,1058頁。

〔20〕此後又有措施規定州府通判官的任期,並令其入考。參見《唐會要》卷六九《别駕》"建中元年正月十九日"條,第1438頁;同卷《都督刺史已下雜録》"乾元元年六月六日敕",第1436頁。

行政運行模式〔21〕。重申這一規定,是唐王朝力圖進一步恢復舊制的表現,有利於尚書省的正常運轉和對寺監、地方州府的領導。隨後,楊炎藉還權尚書省之機,停廢了劉晏擔任的財政使職。甲午詔曰:"東都河南江淮山南東道等轉運租庸青苗鹽鐵等使、尚書左僕射劉晏,頃以兵車未息,權立使名,久勤元老,集我庶務,悉心瘁力,垂二十年。朕以徵税多門,鄉邑凋耗,聽於群議,思有變更,將置時和之理,宜復有司之制。晏所領使宜停,天下錢穀委金部、倉部,中書門下揀兩司郎官,准格式調掌。"〔22〕衹是唐王朝的財政體系早已不在職事官機構的掌控中,將財權完全還於金、倉部的舉措很難真正實現,所謂"本司職事久廢,無復綱紀,徒收其名,而莫總其任"〔23〕。時任倉部郎中的孫成,其墓誌記載:"屬權臣計賦,主餫得罪,悉罷使務,歸於有司,遂命爲倉部郎中。雖投艱有餘,圖難每易,深自引退,湔灑前政。無何,命爲澤潞太原盧龍等道宣慰使,與王定、裴冀分道同出。"〔24〕孫成乃楊炎心腹〔25〕,都未真正從事倉部本職工作,而是被派出使。隨後,衹能"復以諫議大夫韓洄爲户部侍郎、判度支,以金部郎中萬年杜佑權江、淮水陸轉運使"〔26〕。

建中改革不失爲一次力圖多角度恢復舊制的變革。唐人記述此次改革,"建中初,朝廷釐飭百度,高選尚書諸曹郎"〔27〕;"我后統天,式張百揆。公(右丞孟皞)居右轄,實總聯事"〔28〕。可見建中改革是以重新確立尚書省職權爲核心,以税制改革爲主要内容,恢復舊制的舉措。這次改革,就廢黜財政使職,還權户部而言,其成果衹是曇花一現;但就地方州府正常運作,以配合尚書省工作來看,

〔21〕 長孫無忌等撰,劉俊文點校《唐律疏議》卷五《名例律》"同職犯公坐"條,中華書局,1983年,110—111頁。

〔22〕《舊唐書》卷一二《德宗上》,324—325頁。

〔23〕《册府元龜》卷四八三《邦計部·總序》,5770頁。

〔24〕 孫絳《唐故中大夫守桂州刺史兼御史中丞充桂州本管都防禦經略招討觀察處置等使上柱國樂安縣開國男賜紫金魚袋孫府君(成)墓誌銘並序》,周紹良主編《唐代墓誌彙編》貞元〇二六,上海古籍出版社,1992年,1856頁。

〔25〕 參見《舊唐書》卷一一八《楊炎傳》,3423頁。

〔26〕《資治通鑑》卷二二六《唐紀四十二》建中元年三月癸巳條,7279頁。參見《舊唐書》卷一二《德宗上》,325頁。

〔27〕 梁肅《處州刺史李公(端)墓誌銘》,《文苑英華》卷九五一,5003頁。

〔28〕 梁肅《爲雷使君祭孟尚書(皞)文》,《文苑英華》卷九八二,5168—5169頁。

則在更長時間内發揮了成效。

自建中二年起，唐王朝逐漸陷入藩鎮之亂。戰争平息之後，再次出現因爲宰相與財政使職衝突，以還權六部爲名的改革。

> 貞元二年，〔崔造〕以給事中同中書門下平章事。……造久在江左，疾錢穀諸使罔上，或干没自私，乃建言："天下兩税，請委本道觀察使、刺史選官部送京師。諸道水陸轉運使、度支巡院、江淮轉運使，請悉停，以度支鹽鐵務還尚書省，六曹皆宰相分領。"於是齊映判兵部，李勉刑部，劉滋吏、禮二部，造户、工二部；又以户部侍郎元琇判諸道鹽鐵、榷酒事，吉中孚度支諸道兩税事。〔29〕

崔造改革實際與尚書省(户部)權力恢復並無關聯，衹不過"其度支、鹽鐵，委尚書省本司判；其尚書省六職，令宰臣分判"〔30〕。依然是由户部官員以使職身份判案，負責財政事務，同時宰相親身掌控名義上歸還户部的權限。即使職統領財政體系，宰相統領財政使職。不僅如此，尚書省其他五部亦改由宰臣分判。這一時期，吏部、户部和禮部皆無尚書在任，工部尚書先是分司東都，後離任〔31〕。諸部曹司直接被置於中書門下的領導下，變爲宰相機構下的庶務執行機構，都省對諸曹的統轄關係被進一步削弱。衹是崔造財政改革的措施並未能有效實施，宰相判六部的情況亦隨之告終。崔造改革的失敗，對於企圖重建自身地位的都省，乃至諸部曹司而言，可謂是一件幸事。

貞元三年三月，根據宰相張延賞的奏請，下敕尚書省郎官，除休假外，每日視事〔32〕。但這一措施僅實施了幾個月。七月，張延賞死後，即告停止。由於尚書省内諸曹職掌或多或少皆有喪失，而且部分曹司在唐代前期已經是"入省不

〔29〕《新唐書》卷一五〇《崔造傳》，中華書局，1975，年，4813頁。參見《舊唐書》卷一二《德宗上》，352頁；《舊唐書》卷一三〇《崔造傳》，3626頁；《唐會要》卷五七《尚書省諸司上・尚書省》，1157頁。

〔30〕《舊唐書》卷一三〇《崔造傳》，3626頁。

〔31〕參見嚴耕望《唐僕尚丞郎表》卷三《通表中・吏户禮尚侍》，上海古籍出版社，2007年，148—149頁；卷四《通表下・兵刑工尚侍》，272頁。

〔32〕《唐會要》卷五七《尚書省諸司上・尚書省》"貞元二年正月"條，1157頁。貞元三年正月，張延賞入相，七月薨。故此事發生在三年三月。《唐會要》錯將此事繫於貞元二年。

數”[33],在職掌削弱、餐錢不充的情況下,實無每日入省的必要。至此,代、德之際,所謂“恢復舊制”的大規模改革告一段落。

以上簡單分析了廣德二年至貞元三年,唐王朝名義上以恢復尚書省權限爲目的的諸次改革。改革分爲兩種形式:一是力圖恢復三省制下尚書省的地位、職權和行政運行模式,將寺監、州府乃至諸使皆置於尚書省政令之下。其中以廣德二年制、永泰二年制和大曆十四年制爲代表。永泰詔書,是恢復奏抄的使用,其中藴含着重建律令制國家的意圖;大曆赦書則將非律令事務亦交由尚書省裁處。如果這兩封詔書的内容全部得以施行,將與中書門下體制在戰後的進一步確立産生矛盾。在三省制瓦解的背景下,二制得以全面執行的可能性並不存在。第二種形式是罷黜重要使職,還權六部(亦屬恢復尚書省職權的内容)。以大曆五年、建中元年和貞元二年改革爲代表。這三次改革,都伴隨着錯綜複雜的政治鬥争(主要的是宰相對財權的争奪)。“還權尚書省”成爲當權者打擊政敵,奪取其手中權力的藉口。每一次被罷黜的使職職掌,都仍以使職機制運作,並被控制於權相之手。改革最終衹能是“終亦不行”[34],“今更從舊”[35]。使職體系對於職事官機構,特别是尚書省、寺監的影響從未消除。而崔造改革,又赤裸裸地將六部置於宰相機構的掌控之下,以權判形式將省内部曹變爲中書門下指揮下的庶務執行機構。一面聲稱廢除使職,一面又以使職機制運作國家政務,亦是官制建設中的一種矛盾表現。

不過,短短二十餘年間,針對尚書省進行了六次改革,應該並非“僅署人事之調處,本無規復舊章之誠意”[36]。衹是唐代君臣對世事變遷没有充分的認識,中書門下體制與以三省機制運行國家政務的模式不能並存。且使職體系日趨龐大,介入國家政務諸多方面和層面,亦不能在短時間内重新被納入尚書省—寺監體系。職事官機構與使職協同運作,纔符合當時的官制現狀。因此,恢復舊制的改革不可能獲得成功。

---

[33] 錢易撰,黄壽成點校《南部新書》丁,中華書局,2002年,45頁。
[34] 《唐會要》卷五九《尚書省諸司下·别官判度支》,1196頁。
[35] 《資治通鑑》卷二三二《唐紀四十八》貞元二年十二月丁巳條胡注,7475頁。
[36] 嚴耕望《論唐代尚書省之職權與地位》,《唐史研究叢稿》,香港新亞研究所,1969年,77頁。

二、恢復舊制的改革對尚書省的影響

一系列改革後,代宗朝奏抄的使用應該有所增加。常衮於廣德年間以考功郎官知制誥,充翰林學士,永泰元年至大曆九年任中書舍人〔37〕。其在此期間所草詔書,突出强調了郎官草奏和給事中對尚書省奏議的封駁。如《授邵説兵部郎中制》云:"藹然盛名,光我華省,長於奏議,多所損益。"〔38〕《授崔夷甫金部員外郎等制》提到駕部、祠部郎官"參訂奏議,頗練朝章"〔39〕。對將改任主客員外郎的陸海,令其"俾參奏議,期有損益"〔40〕。可見尚書省奏議在這一時期政務裁處中的重要地位。而對給事中職掌的描述則爲"文昌奏議,多所論駁"〔41〕;"分曹殿中,職在論駁,尚書奏議,俾爾平之"〔42〕;"評南宫之上書"〔43〕,這些都是指對諸曹上奏的審核。在上行文書中,門下省的審讀對象衹有奏抄和露布。因此,所謂的"尚書奏議"當爲奏抄(尚書省呈遞的非奏抄類文書不經過門下省)。可見,這一時期奏抄的應用絶非個例。隨着大曆十四年敕的下達,尚書省獲得了裁可奏狀的權力,在接下來的一段時間内,奏抄依然行用。建中四年六月,中書、門下兩省奏狀:"應送諸司文狀,檢勘節限中考文狀等,並是每年長行之事,尚書省各依限録奏。舊例經一宿即出,如經三日不出,請本司更修單狀重奏。又三日不出,即請本司長官面奏,取進止。其内狀到,各令本司兩日内具省案及宣黄,送到中書,依前件所定限勘會宣下,即事免稽滯。"〔44〕諸司"每年長行之事"的文狀經尚書省上奏,按常理應該使用奏抄。君主衹在奏抄上畫"聞",並不行使否决權。但是此狀表明部分長行之事的文狀可能留中不出。如此,則需重奏或由長官面

〔37〕 參見《舊唐書》卷一一九《常衮傳》,3445 頁;嚴耕望《唐僕尚丞郎表》卷三《通表中·吏户禮尚侍》大曆九年條,141 頁。

〔38〕 常衮《授邵説兵部郎中制》,《文苑英華》卷三九〇,1985 頁。

〔39〕 常衮《授崔夷甫金部員外郎等制》,《文苑英華》卷三九一,1990 頁。

〔40〕 常衮《授陸海主客員外郎制》,《文苑英華》卷三九一,1992 頁。

〔41〕 常衮《授崔佖蕭直給事中制》,《文苑英華》卷三八一,1943 頁。

〔42〕 常衮《授賀若察給事中制》,《文苑英華》卷三八一,1943 頁。

〔43〕 常衮《授趙涓給事中制》,《文苑英華》卷三八一,1943 頁。

〔44〕 《唐會要》卷五四《省號上·中書省》,1089 頁。標點據文意,徑自改之。

見君主請旨。這部分文狀,實際是以奏狀形式進行處理的。對於這一類文書,中書門下又可對其進行勘定,更顯明其奏狀性質。故奏抄的應用雖然有所恢復,但在國家政務裁決中所起到的作用十分有限。

在整體性恢復舊制的過程中,尚書省衹有少量曹司憑藉諸次改革的某些具體條款,重掌部分喪失的權力。如前所論,由於大曆十四年改革在諸次改革中,對於尚書省地位的重建最具現實意義,故尚書省曹司以此爲契機,收回的政令權相對較多。此外,當年十二月,還取消了御史監臨南選的規定,令所差郎官“專達”〔45〕。建中初,德宗別置三司以決庶獄,右司郎中裴諝隨即上疏規諫,最後權力“悉歸有司”〔46〕。甚至在建中改革的領袖宰相楊炎被罷免之時,刑部還收歸了本由宰相兼掌的删定格式的權力〔47〕。貞元二年三月,吏部奉敕選授,“除臺省常參官,餘六品已下,並准舊例,都付本司處分”〔48〕。但這一階段,始終没有出現尚書省諸部曹大規模普遍收回權力的局面。這些零散被收回的權力,對於尚書省整體地位和職能的恢復並無實質意義。但是,正是由於尚書省收回和保有一定的政令權,指揮寺監機構和地方州府的權力没有完全喪失,故仍有“國政之本”之名〔49〕。

尚書省地位的重建,首先應該是都省的復興,而都省的復興又與作爲長官的左右僕射的權力恢復有一定關係。但即使大曆五年詔令含蓄地表明了僕射的宰相身份和議政權力,兩僕射在這一時期從未重獲宰相地位,更遑論在裁決政務的過程中取得實質權力。大曆十三年,宰相常衮爲了削弱“久掌銓衡,兼司儲蓄”的劉晏的權力,以其爲左僕射,“外示崇重,内實去其權”〔50〕。可見僕射之職不能對宰臣産生任何威脅。這一時期,左右僕射履行的多是事務性權力。永泰元年,“太常博士程皓議〔韋陟〕謚‘忠孝’,顔真卿以爲許國養親不兩立,不當合二

〔45〕《唐會要》卷七五《選部下・南選》,1622 頁。

〔46〕參見《舊唐書》卷一二六《裴諝傳》,3568 頁;《新唐書》卷一三〇《裴諝傳》,4491 頁。

〔47〕《唐會要》卷七八《諸使中・諸使雜録上》“建中元年四月一日”條,1703 頁;《册府元龜》卷六一二《刑法部・定律令四》“德宗大曆十四年六月詔”注,7349 頁。可知楊炎罷使,也是有針對性的,絶非罷黜所有使職,還權省寺。

〔48〕《唐會要》卷七四《選部上・吏曹條例》,1598 頁。

〔49〕參見《資治通鑑》卷二二六《唐紀四十二》建中元年正月條,7276 頁。

〔50〕《舊唐書》卷一二三《劉晏傳》,3514 頁。參見《新唐書》卷一四九《劉晏傳》,4795 頁。

行爲謚,主客員外郎歸崇敬亦駁正之。右僕射郭英乂無學術,卒用太常議云"[51],右僕射以尚書省長官身份決定官員謚號。建中年間,右僕射崔寧定兵部侍郎劉迺考上下[52],亦是以長官身份定屬官的考績。雖然僕射行使某些事務性權力,但這種權力也是有限的。代宗朝以後的告身,甚至不再保留僕射的署位[53]。

真正管轄省事的是左右丞。雖然如此,左右丞從未獲得尚書省法定長官的身份。由於實際長官地位較低,品階衹有四品,尚未進入高官行列,尚書省要想與中書門下抗衡,幾乎是不可能的。不僅如此,由於都省地位没有實質性恢復,諸曹與都省的關係逐漸出現錯位。建中三年正月,左丞庾准上奏:"省内諸司文案,準式,並合都省發付諸司判訖,都省句檢稽失。近日以來,舊章多廢,若不由此發句,無以總其條流。其有引敕及例不由都省發句者,伏望自今以後,不在行用之限。"[54]省内諸司文案在建中時出現了不由都省發付、勾檢的現象。雖然庾准此奏得到批准,敕旨再次强調了二丞的職能,肯定了其對省内工作的領導,使得都省與諸曹的關係暫時得以疏理,但省内曹司、職掌日趨獨立於都省的趨勢並没有真正逆轉。

此外,雖然這一時期所謂的"罷黜使職"並无實質意義,不過物議竟以崔造改革爲"舉舊典"之舉[55],認爲改革確實爲還權省司的行動。表明户部官員掌判財政事務,即使以使職形式進行,仍被理解爲從事本職工作。這是因爲財政使職往往被看作是屬於户部的機構。"〔大曆十二年〕十月,京畿水旱,京兆尹黎幹奏損田。户部侍郎、判度支韓滉執奏幹不實,乃命巡覆。時渭南縣令劉澡曲附度支,且善干名,以縣界田並無損白於府。及户部分巡御史趙計不欲忤度支,奏報

[51]《新唐書》卷一二二《韋陟傳》,4353頁。

[52]《舊唐書》卷一二三《班宏傳》,3518—3519頁;《新唐書》卷一四九《班宏傳》,4802頁。崔寧於建中二年七月任右僕射,至建中四年十月被殺。見嚴耕望《唐僕尚丞郎表》卷二《通表上·僕丞》,53—54頁。

[53]參見《代宗朝贈司空大弁正廣智和上表制集》所收制敕,《大正新修大藏經》第52册,臺北新文豐出版公司,1983年,826—860頁。

[54]《唐會要》卷五七《尚書省諸司上·尚書省》,1157頁。

[55]《舊唐書》卷一三〇《崔造傳》,3627頁;《新唐書》卷一五〇《崔造傳》,4814頁。

協澡。”[56]御史臺六巡御史負責监察尚書省六部。判度支工作屬於户部分巡御史所領範疇,表明判度支名義上屬於户部。户部官員充任財政使職從事相關工作時,强調的是其本職身份,而非使職職掌。包佶在建中年間以户部郎中權鹽鉄使,權德輿在祭祀包佶之文中記述其工作:“俄復郎署,俾均繇賦。經費委輸,待公而具。”[57]正是因爲如此,財政使職獲得了中央機構中衹有尚書省纔擁有的以符式公文指揮政務的權力[58]。恢復舊制的改革實際導致使職與尚書相關機構的關係更加密不可分,這一點並不利於尚書省收歸被使職侵奪的權力。

由於使職與職事官體系,特别是尚書省—寺監體系存在錯綜複雜的關係,故這一時期的官制呈現出比較混亂的局面。建中初年,杜佑所上奏議略云:

> 昔咎繇作士,今刑部尚書、大理卿,則二咎繇也。垂作共工,今工部尚書、將作監,則二垂也。契作司徒,今司徒、户部尚書,則二契也。伯夷爲秩宗,今禮部尚書、禮儀使,則二伯夷也。伯益爲虞,今虞部郎中、都水使者,則二伯益也。伯冏爲太僕,今太僕卿、駕部郎中、尚輦奉御、閑廄使,則四伯冏也。[59]

使職和尚書省—寺監體系都在國家政務處理中起到作用。衹是有些使職取代了尚書省、寺監的某些職掌,有些使職分擔了尚書省、寺監的某些職掌,還有使職和尚書省、寺監相關機構之間的職掌劃分尚處於調整中。親身以户部官員充任財政使職的杜佑在恢復舊制的過程中,都無法確定省司與財政使職以及司農、太府兩寺的關係,衹能以虚職司徒替代。

除了使職體系從外部對於尚書省的影響外,尚書省内部的某些職掌也以使職機制運作。此時,郎官互判現象已經出現。令狐峘在大曆中以刑部員外郎判南曹[60];貞元二年,司門員外郎王休判刑部[61]。由於衹有本曹郎官不在任時,

---

〔56〕《册府元龜》卷一五二《帝王部·明罰一》,1848頁。

〔57〕權德輿《祭故秘書包監(佶)文》,《權德輿詩文集》卷四八,757頁。

〔58〕參見拙文《官文書與唐代中書門下體制下的尚書省》第三部分《財政三司的下“符”權與尚書省之間的關係》,《魏晋南北朝隋唐史資料》第39輯,上海古籍出版社,2019年,142—145頁。

〔59〕《新唐書》卷一六六《杜佑傳》,5086頁。

〔60〕《舊唐書》卷一四九《令狐峘傳》,4013頁。

〔61〕《册府元龜》卷五一六《憲官部·振舉一》“德宗貞元二年七月”條,6167頁。

纔會派遣他曹郎權判[62],所以互判現象表明郎官在任人數有限,尚書省曹司較爲空閑。

改革過程中,並没有大幅度提高尚書省官員的經濟待遇。省官俸禄寡少,是在京百司中較爲突出的[63]。這種情況導致了貞元三年三月前,省内曹司衹能間日視事的不利於尚書省正常運作的局面。

三、改革後初期(貞元三年—二十一年)的尚書省

在二十餘年恢復舊制的過程中,每一次嘗試或悄然停止,或以失敗告終。隨着宰相張延賞離世,尚書省諸曹每日視事的措施宣告結束,德宗一朝再無大規模恢復尚書省地位或職權的制度出臺。尚書省最高行政機構的地位最終一去不返。貞元三年以後,中書門下依然凌駕於尚書省之上,並且力圖進一步取代尚書省的權位,二者的關係處於重新協調的狀態。

"貞元四年二月,太僕寺郊牛生犢,六足,太僕卿周皓白宰相李泌,請上聞……又京師人家豕生子,兩首四足,有司以白御史中丞〔兼户部侍郎〕竇參,請上聞……"[64]太僕寺事宜,應該經尚書省與君主取得聯繫,但此時太僕卿却直接要求宰相上達君主,顯示出恢復舊制的改革過後,尚書省作爲聯繫寺監和君主紐帶的地位再度呈現弱化趨勢。同時,京師類似事件還可通過御史臺兼任尚書省官職者上聞,不僅是御史臺從行政運行體制方面影響尚書省的開始,也反映出中書門下和尚書省的地位尚未完全固定。在遇到重大問題,需要百官共同商討時,同樣出現了中書門下和尚書省分别負責的情況。貞元十四年下詔討論昭陵

---

〔62〕 參見拙文《再論唐代的使職、差遣》,《歷史教學(下半月刊)》2016年第10期,15—21頁。

〔63〕 《新唐書》卷一三九《李泌傳》:"薛邕由左丞貶歙州刺史,家人恨降之晚。崔祐甫任吏部員外,求爲洪州别駕。使府賓佐有所忤者,薦爲郎官。"4635—4636頁。據郁賢皓《唐刺史考全編》考,薛邕任歙州刺史在大曆八年至十年,由吏部侍郎貶。安徽大學出版社,2000年,2113頁。崔祐甫任吏部員外郎,亦在大曆年間。據勞格、趙鉞撰,徐敏霞、王桂珍點校《唐尚書省郎官石柱題名考·吏部員外郎》,崔祐甫列於元挹和令狐峘之間,此二人皆在大曆中任職,故崔佑甫亦應在此時任職。中華書局,1992年,223頁。

〔64〕 《舊唐書》卷三七《五行一》,1370頁。參見《舊唐書》卷一三六《竇參傳》,3746頁;《新唐書》卷一四五《竇參傳》,4730頁。

修復事宜,"宜令中書門下百官,同商量可否聞奏"[65],這是中書門下率領百官上疏。而貞元十一年,就禘祫之儀下敕:"于頎等議狀,所請各殊,理在討論,用求精當。宜令尚書省會百寮,與國子監儒官,切磋舊狀,定其可否,仍委所司具事件奏聞。"[66]尚書省領導衆官對禮儀事宜展開商議[67]。以上事件表明中書門下和尚書省都擁有對百寮的領導地位。衹不過尚書省的領導地位是名義上的,主要是憑藉傳統,而非實際權力獲得。

而且中書門下對尚書省保持着絶對威勢,在一些情況下,依然將尚書省諸機構置於其直接領導下。貞元十一年,出臺了對冬薦官下等人的處理辦法:"其下等人,有司便以時罷退,任待他年重薦。如情願同吏部六品以下選不合得留人例,請授遠慢官者,任經都省陳狀,吏部勘責限等第,敕出後一月内,送中書門下商量進擬。"[68]冬薦官下等人的注擬掌握在中書門下手中,都省收狀、吏部勘檢,都是爲中書門下注擬服務,都省和吏部成爲中書門下裁處常務過程中的具體辦事機構。大曆以後,諸道多自寫官告,貞元十一年,宰相請罷吏部、司封和司勳急書告身官九十一人[69]。本屬吏部諸曹的事宜却由宰相做主上奏。貞元八年,宰相還"建議郎官不宜專於左右丞,宜令尚書及左右丞、侍郎各舉本司"[70],企圖削弱都省對諸曹郎官的領導。如果這一措施得以施行,將有利於中書門下進一步越過都省,對諸曹事務進行指揮。

衹是中書門下和尚書省關係的調整,由於德宗任用官員的特殊政策而延緩。自恢復舊制的改革結束,德宗皇帝表現出極度不信任臣下的態度,採用了唐代後期罕見的用人政策,致使政務裁處無法正常進行。當時中央各機構"頗多闕

[65] 《唐會要》卷二〇《陵議》,461頁。

[66] 《唐會要》卷一三《禘祫上》"貞元八年正月二十三日"條,362頁。

[67] 關於唐後期中書門下和尚書省在諸次集議中所起到的作用,參見葉煒《唐代集議述論》,王佳晴、李隆國主編《斷裂與轉型:帝國之後的歐亞歷史與史學》,上海古籍出版社,2017年,166—190頁。

[68] 《唐會要》卷八二《冬薦》,1791頁。

[69] 《唐會要》卷五七《尚書省諸司上·尚書省》,1157頁。

[70] 《唐會要》卷五七《尚書省諸司上·尚書省》,1157頁。《舊唐書》卷一三《德宗下》"貞元八年五月戊辰"條略同,374頁。

員”,“常不充備”[71];“自御史臺、尚書省以至於中書門下省咸不足其官”[72];甚至出現了“東省閉闥累月,南臺惟一御史”的境况[73]。這種情况也令“賈耽、陸贄、趙憬、盧邁爲相,百官白事,更讓不言”,最終不得不恢復宰相秉筆處事的制度[74]。貞元十年底,一度備受德宗寵信的宰臣陸贄,在反復遭受讒言攻擊後,終於被貶收場。德宗開始“躬親庶政,不復委成宰相,廟堂備員,行文書而已”[75]。貞元十二年八月,甚至出現了宰相絶班的局面[76]。

恰恰是因爲德宗親身處理庶務,這一期間,尚書省曹司在君主的直接指揮下,官員選任情况是諸臺省中最好的,作爲具體執行機構,運作相對正常,正所謂“德宗躬决庶政,本於尚書,責成曹郎……”[77]顧少連曾在貞元八年以後擔任户部、禮部、吏部三侍郎和左丞等職。其神道碑記載:“帝深嘉之,方將大任,以文昌理本,歷試其能。凡三踐列曹……一爲左丞,雖分職各殊,領者數矣。公之在地官也,辨土地之名物,稽夫家之衆寡,四人不瀆,五教允敷,斂施以時,貴賤有節,所以法通制而濟經費也。公在秩宗,明典禮以正威儀,變樂府而和上下,錯綜經術,辨論俊造,黜浮僞而尚敦素,所以觀人文而化天下也。公在天官,綜六典以佐邦理,糾八柄以馭群司,登降庸勳,權衡流品,抑貪冒而進賢能,所以代天工而立人極也。……旋持左轄,旁總機曹之事。凡三典賓貢,三掌銓衡,藻鑒表於知人,情通播於令問。”[78]顧少連在尚書省各部司通判官的位置上,可謂兢兢業業,取得了良好的業績。尚書省由於執行皇命,承擔了諸多常務,因此在德宗親裁庶政的情况下,被君主認可爲“文昌理本”。都省對省内的管轄也因此加强。

---

〔71〕　陸贄《再奏量移官狀》,王素點校《陸贄集》卷二〇,中華書局,2006年,660頁。

〔72〕　韓愈《進士策問》其七,閻琦校注《韓昌黎文集注釋》卷二,三秦出版社,2004年,160頁。注釋稱此文作於貞元十四年或元和五年前後。但是這種情况,與憲宗朝的情况明顯不符,故應爲貞元十四年所作。

〔73〕　《新唐書》卷一三一《李石傳》,4515頁。

〔74〕　《資治通鑑》卷二三四《唐紀五十》貞元九年七月條,7547—7548頁。

〔75〕　《舊唐書》卷一三五《韋渠牟傳》,3729頁。參見《新唐書》卷一六七《韋渠牟傳》,5110頁。

〔76〕　《唐會要》卷五三《雜録》,1082頁。

〔77〕　吕温《故太子少保贈尚書左僕射京兆韋府君(夏卿)神道碑》,《文苑英華》卷九〇一,4745頁。

〔78〕　杜黄裳《東都留守顧公(少連)神道碑》,《文苑英華》卷九一八,4832頁。

趙憬擔任左丞,“整南宫之紀律,稽郎吏之功緒,風望素重,法制尤精”[79],甚至因爲“清勤奉職”,爲宰相所惡[80]。

貞元、元和時期(785—820),是唐代後期使職體系最終固定的時期。尚書省和寺監機構在自身任官形勢較好的情況下,爲了適應新的政治環境,也開始積極轉型。尚書省主要是吏部結構變化較大,新興機構到貞元時已經全部出現,經過調整後基本定型。流外銓在貞元三年七月已經復置[81]。急書告身官在十一年人員大量精簡後,被保留下來[82]。功狀院、白院等機構亦已設立[83]。這是重要職掌開始逐漸以使職機制運作的表現。

與之相對應的是省寺諸職掌相對於上級直屬機構呈現出明顯的獨立化傾向。貞元十二年,御史臺奏諸司公廨本錢,包括尚書都省一萬二百一十五貫二百三十八文、吏部尚書銓三千一百八十二貫二十文、東銓二千四百四十五貫三百一十文、西銓二千四百三十三貫六百六十一文、南曹五百八十貫文、甲庫二百八十四貫六十五文、功狀院二千五百貫文、流外銓三百貫文、急畫(書)五百貫文、主事五百貫文、白院五千六百二十三貫文、考功一千五百二十六貫一百九十五文、司勳二百二十八貫文、兵部六千五百二十貫五百五十二文、户部六千貫五百五十六文、工(金)倉部四百二十七貫三百三十文、刑部六十貫文、禮部三千五百二十八貫五百三十七文、工部四千三百二十貫九百五十九文、太常寺一萬四千二百五十四貫八百文、太常禮院一千七百貫文、光禄寺一百五十六貫文、衛尉寺一千二百四貫八百七文、宗正寺一千八百八十四貫文、大理寺五千九十二貫八百文、太僕寺三千貫文、鴻臚寺六千六百五貫一百二十九文、司農寺五千六百五貫二百八十二文、太倉諸色供七百八十七貫四百二十四文、太府寺二千二百八十一貫六百三文、左藏庫、將作監七百貫文、少府監六百七十八貫七百文、中尚七百七十貫

[79] 權德輿《唐故正議大夫守門下侍郎同中書門下平章事成紀縣開國男賜紫金魚袋贈太子太傅貞憲趙公(憬)神道碑銘並序》,《權德輿詩文集》卷一三,213 頁。

[80] 《舊唐書》卷一三八《趙憬傳》,3776 頁。

[81] 《唐會要》卷七五《選部下·雜處置》,1614 頁。

[82] 貞元十二年,急書告身官尚置有獨立的本錢。見《唐會要》卷九三《諸司諸色本錢上》,1988 頁。

[83] 《唐會要》卷九三《諸司諸色本錢上》“貞元十二年”條,1988 頁。

文、國子監三千三百八十二貫三百六十文、總監三千貫文〔84〕。首先吏部曹司是單獨設置公廨本錢,但吏部本身並没有置本,而是由所屬各重要職務、機構分別置本,包括三銓、流外銓,以及與銓選相關的南曹、功狀院、白院和甲庫等,表明吏部組織結構相對諸曹最爲鬆散。吏部銓選自前期已經分爲三銓,各銓分別單獨注官。南曹勘檢在選官之前已經完成。功狀院和急書都是因爲戰時需要而出現的,與原來的工作本來就没有太多聯繫。甲庫則主要負責檔案保存,不直接參與銓選。所以即使分開辦公,也不會造成太大困難。寺監機構中,太常禮院以及和國家財政、公産公業息息相關的司農寺太倉及總監、太府寺左藏庫和少府監中尚(中尚多以少府監爲使職領導)等重要署級機構也都單獨置本。這些都是由專人專掌的機構和職掌,建制上相對獨立,以便於它們與相應使職和中書門下聯繫。反之,這些機構和職掌更少受到寺監機構本身的領導,導致與這些寺監對應的尚書省曹司的政令權無法有效行使。

此外,自貞元四年起,内諸司開始直接收奪寺監下署級機構的權力。三月,衛尉寺武庫首先轉歸宦官擔任的軍器使管轄〔85〕。這一時期,内司分割寺監權力的情況更是比比皆是。内諸司的侵權,導致寺監職掌的失喪,進而剥奪了尚書省相應曹司的政令權。

安史之亂爆發後,肅宗於靈武匆忙繼位。國家政務運作因爲戰亂和權宦非法介入,處於混亂狀態。經過宰相的全力争取,中書門下獲得了參與裁決大部分日常政務的可能。同時,戰亂使得國家事務更多地以使職機制進行處理。衹是戰亂之後的新政局更加複雜,促使唐代君臣進行全面反思,在没有更好的對策的情況下,唐王朝開始了以恢復尚書省地位、職權爲目的或名義的戰後重建工作。經過一系列改革,以左右丞爲實際長官的尚書省權力比起戰争期間有所加强。但中書門下作爲宰相機構,衹有由其進一步掌控國家最高行政權,纔與當時行政運行體制的發展趨勢相符合,唐代國家機器纔能更好地運轉。使職體系已經深入國家政務處理的諸多方面和層面,衹能與尚書省—寺監體系協同運作,而不可

〔84〕《唐會要》卷九三《諸司諸色本錢上》,1988—1989頁。

〔85〕《唐會要》卷七二軍《雜録》,1540頁;《册府元龜》卷一四《帝王部・都邑二》,159頁。

能全面罷黜。故在改革過程中,朝廷一方面試圖恢復尚書省最高行政機構的地位,還權六部曹司,一方面仍以中書門下爲主導裁處常務,使職和以使職機制運作的職事官機構和職掌依然活躍。致使尚書省衹能在夾縫中喘息、生存,而没有真正重獲生機的可能。所謂“恢復舊制”的改革衹是唐王朝在不確定如何把控政局,遏制藩鎮之時的諸多嘗試之一,或多或少有明知不可爲而爲之的無奈。經過藩鎮反叛,德宗朝君臣關係日趨反常,這種情況到貞元十年以後,達到高潮。由於宰臣等要職、機構均受到君主猜疑,尚書省在君主的直接統領下,與使職協同運作,重要機構和職權的使職化傾向進一步發展。寺監的情况亦同。代宗、德宗兩朝,中書門下體制並没有穩步向前發展,行政運行體制甚至有向三省制回流的某些迹象,使職體系的壯大也一波三折。憲宗繼位後,君相關係空前契合,中書門下體制完全確立指日可待,使職體系開始出現職事官化的趨勢,與尚書省—寺監的關係亦需要進一步調整。面對這種光景,尚書省能做的衹有適應新的行政運行體制,調整好自身在新體制下應扮演的角色。

On the Reformation to Restore the Old System in the Period of Emperor Daizong and Emperor Dezong of Tang Dynasty and the Transformation of the Department of State Affairs

Wangsun Yingzheng

After the An-shi Rebellion, Emperor Daizong 代宗 and Dezong 德宗 attempted to restore the old system. On one hand, the government tried to restore the status of the Department of State Affairs (*shangshusheng* 尚書省) as the supreme administrative institution under the Three Departments' system by placing courts, directorates, and even commissional posts under the leadership of this department together with eliminating several important commissional posts and return their power to the Six Ministries (*liubu* 六部). On the other hand, the Secretariat-Chancellery (*zhongshumenxia* 中書門下) as being the Grand Councillor (*zaixiang* 宰相) attempted to take back power from the Department of State Affairs and the development of commissional posts did not halt. The two contradictory development led to the superficial restoration of the old system. Even though the Department of State Affairs enjoyed the rise of power, it did not restore its status as the supreme administrative institution. After the fourth year of Zhenyuan 貞元四年 (788) of Emperor Dezong, when the young monarch could fully exercise his power, he not only saw the Grand Councillors as his opponents but also turned the Department of State Affairs closer to a commissional body. During the reign of Dezong, the Department of State Affairs handled common government affairs under the Emperor' s direct command.

《唐研究》第二十七卷
2022 年,379—392 頁

顔真卿《論百官論事疏》與代宗朝奏事制度調整

王景創

永泰二年(766)初,經宰相元載提議,代宗下詔限制百官論事權,顔真卿撰《論百官論事疏》(以下簡稱《論疏》)辯其不可。這一事件産生的影響,以往有不同的看法。中村裕一認爲,通過這場"元載改制",唐代後半期形成了由宰相審閲百官奏書的制度[1]。松本保宣指出,没有史料證明元載改制得到施行,顔真卿能够自由上疏本身也説明元載並未完全控制百官奏事渠道[2]。二人的争議在於元載改制是否實際威脅到原本由代宗支配的信息渠道,但二人均忽視了元載改制對改善時局的積極意義。元載是在何種背景下提議限制百官奏事權,代宗起到了什麽作用,顔真卿《論疏》又在維護哪部分官僚群體的奏事權,這些都是以往未曾仔細分析的。

代宗朝對奏事制度的調整過程曲折反復,時而加强皇帝對信息的支配,時而注意皇帝、宰相與官僚機構之間的信息分工,一度出現回歸唐前期三省制的動向。近年來學者指出唐後期存在皇帝加强信息支配的趨勢[3],代宗朝奏事制度的調整對這一趨勢起到什麽作用,也是本文最後希望回答的問題。

---

〔1〕 中村裕一《唐代制勅研究》,汲古書院,1991 年,416 頁。劉後濱也推測元載改制在相當長的時期得到了實行,見《唐代中書門下體制研究——公文形態・政務運行與制度變遷》,齊魯書社,2004 年,274 頁。

〔2〕 松本保宣《唐の代宗朝における臣僚の上奏過程と枢密使の登場》,《立命館東洋史學》第 29 號,2006 年,11—12 頁。

〔3〕 劉後濱《唐代中書門下體制研究》,281 頁;吴麗娱《試論"狀"在唐朝中央行政體系中的應用與傳遞》,收入鄧小南、曹家齊編《文書・政令・信息溝通:以唐宋時期爲主》上册,北京大學出版,2012 年,45—46 頁;葉煒《信息與權力:從〈陸宣公奏議〉看唐後期皇帝、宰相與翰林學士的政治角色》,《中國史研究》2014 年第 1 期,49 頁。

一、"元載改制"的制度背景

元載在肅宗去世後不久出任宰相,進入權力中樞,在輔助代宗處理政務信息上扮演重要角色。《舊唐書·顏真卿傳》如此描述永泰二年初[4]元載改制的背景:

時元載引用私黨,懼朝臣論奏其短,乃請:百官凡欲論事,皆先白長官,長官白宰相,然後上聞。[5]

《舊唐書》將事件緣由歸結爲元載實現專權的個人需求[6]。元載提議百官奏事通過長官和宰相兩層審核過濾,不能直接上奏皇帝,目的是消除百官論事對自己的政治威脅。《舊唐書》的記述給人一種印象:代宗對元載限制百司奏事的提議僅是被動接受。《新唐書》對《舊唐書》的記述做了一番改動,加深了這樣的印象:

時載多引私黨,畏群臣論奏,乃紿帝曰:"群臣奏事,多挾讒毁。請每論事,皆先白長官,長官以白宰相,宰相詳可否以聞。"[7]

在《新唐書》的描述中,"群臣奏事,多挾讒毁"源自元載的觀察,這顯然不符合當時的奏事制度。當時皇帝對大臣直接奏狀具有優先處置權[8],若無代宗允許,宰相元載無法看到群臣的直接奏狀。

實際上,代宗認可了元載的提議。在正式下詔之前,代宗委托元載向御史臺傳達旨意,讓御史臺設計實施細則。顏真卿《論疏》曰:

御史中丞李進等傳宰相語,稱奉進止:"緣諸司官奏事頗多,朕不憚省覽,但所奏多挾讒毁;自今論事者,諸司官皆須先白長官,長官白宰相,宰相

[4] 《資治通鑑》將元載改制繫於永泰二年二月"辛卯,命有司修國子監"條下,《册府元龜》繫於"永泰中",見《資治通鑑》卷二二四《唐紀四十》代宗永泰元年二月辛卯條,中華書局,1956年,7189頁;《册府元龜》卷五四六《諫諍部·直諫第十三》,鳳凰出版社,2006年,6246頁。根據下文可知,顏真卿貶官離京在永泰二年二月乙亥,元載改制必在此之前。

[5] 《舊唐書》卷一二八《顏真卿傳》,中華書局,1975年,3592頁。

[6] 參劉後濱《唐代中書門下體制研究》,273頁。

[7] 《新唐書》卷一五三《顏真卿傳》,中華書局,1975年,4857頁。

[8] 參葉煒《信息與權力:從〈陸宣公奏議〉看唐後期皇帝、宰相與翰林學士的政治角色》,49頁。

定可否,然後奏聞者。"……令宰相宣進止,使御史臺作條目,不令直進。[9]由御史臺設計百官上奏條例,限制百官直接奏事權,按慣例很可能會讓御史行使監督權[10]。"群臣所奏,多挾讒毁"其實是詔書的原話。從詔書内容來看,限制百官奏事權,主要是因爲諸司官員奏書過多,而且頻繁出現官員相互詆毁攻擊的情況,皇帝難以應付;最終目標是建立"諸司官員—諸司長官—宰相—皇帝"的奏事程序。

元載改制的目標是限制諸司官員的直接奏事權("不令直進"),由此調整代宗即位以來的政務溝通方式。不過,顔真卿《論疏》中對於擁有直奏權的群體存在相當不同的界定:

> 諸司長官皆達官也,言皆專達於天子也。郎官、御史者,陛下腹心耳目之臣也。故其出使天下,事無巨細得失,皆令訪察,迴日奏聞。[11]

由此可見,顔真卿主要維護的是諸司長官的直奏權,在長官之下,有機會"專達於天子"的官僚衹提到了出使的郎官、御史。代宗詔書與顔真卿《論疏》關注群體的差異,需要結合代宗即位以來奏事制度的調整進行解釋。

在唐代,一般情況下,並非所有官員都可以直接上書皇帝。玄宗開元十八年(730)四月二十一日敕:"五品以上要官,若緣兵馬要事,須面陳奏聽。其餘常務,並令進狀。"[12]"五品以上要官"可就常務向皇帝進狀,在京官員中,理論上諸司長官有此權力[13]。此外,敦煌 P.3900 書儀在《慶正冬表》的"題函面語"下

---

[9] 《舊唐書》卷一二八《顔真卿傳》,3592—3593、3594 頁。

[10] 《通典》卷二四《職官六》"中丞"條,中宗"景龍二年十二月,御史中丞姚庭筠奏稱:'……自今以後,若緣軍國大事及牒式無文者,任奏取進止。自餘據章程合行者,各令准法處分。其有故生疑滯,致有稽失者,請令御史隨事糾彈。'上從之",中華書局,1988 年,667—668 頁;《唐會要》卷二五《百官奏事》,穆宗"長慶二年七月,御史臺奏:'文武常參官閤内奏事,近年無例……起今以後,其文武常參官應有諫論,合守進狀常例。有違,即請奏彈。'從之",上海古籍出版社,2006 年,557—558 頁。另外,御史中丞、侍御史經常擔任理匭使,負責匭函的"申奏"與監督工作,參松本保宣《從朝堂至宫門——唐代直訴方式之變遷》,收入鄧小南、曹家齊編《文書·政令·信息溝通:以唐宋時期爲主》上册,246—247 頁。

[11] 《舊唐書》卷一二八《顔真卿傳》,3593 頁。

[12] 《唐會要》卷二五《百官奏事》,557 頁。

[13] 葉煒《信息與權力:從〈陸宣公奏議〉看唐後期皇帝、宰相與翰林學士的政治角色》,62 頁。

注明:“其□(外?)官及使人在外(?)應奏事者,但修狀進其狀如前。”〔14〕出使的郎官、御史也有權向皇帝進狀。五品以下的諸司官員可通過間接的方式上書皇帝,玄宗開元二年閏三月敕:“諸司進狀奏事,並長官封題進。仍令本司牒所進門,並差一官送進,諸奏事亦准此……其有告謀大逆者,任自封進。除此之外,不得爲進。”〔15〕諸司百官與長官上奏渠道的差異,如表 1 所示:

表 1　諸司長官、官員上奏渠道差異

上奏主體	兵馬要事	其餘常務
諸司長官	面奏	疏奏
上奏主體	**告謀大逆**	**特殊事務**
諸司官員	任自封進	長官封題、本司牒所進門

諸司官員就某些特殊事務〔16〕上奏,必須先由長官在文書上注明所送宫門〔17〕,這一規定要求長官對本司事務負責,減少官員隨意上奏行爲。奏狀雖然也有“封”的程式,但由本司派遣官員轉呈,畢竟不能保證私密性。衹有在遇到“告大逆”的要事時,諸司官員纔能向皇帝直接進奏,否則衹能等待皇帝特别允可。“任自封進”的秘密章奏被稱爲“封事”,是官員在特殊情況下行使直奏權的重要途徑。

代宗即位初期,“上封事”出現常規化的趨勢,上奏官員的品位限制也被取消。廣德元年(763)七月、二年九月,代宗要求諫官每月一上封事〔18〕;二年十二月,又“令諫官每日奏事”〔19〕;永泰元年(765)正月,敕:“諫官奏事,不須限官品

〔14〕 録文見趙和平《敦煌寫本書儀研究》,並參 P.3900 題解部分,新文豐出版公司,1993 年,153—166 頁。

〔15〕《唐會要》卷二六《箋表例》,588 頁。

〔16〕 諸司需要奏聞皇帝的事務應該不是一般事務,除了軍國大事外,還包括所謂“牒式無文”者,即現行法令規章没有明文規定、難以處理的事務,前者應是“任自封進”,後者很可能需要通過長官封題等程序纔能奏聞。參葉煒《論唐代皇帝與高級官員政務溝通方式的制度性調整》,《唐宋歷史評論》第 3 輯,社會科學文獻出版社,2017 年,54 頁。

〔17〕 葉煒《論唐代皇帝與高級官員政務溝通方式的制度性調整》,56 頁。

〔18〕《册府元龜》卷一〇二《帝王部・招諫一》,1122 頁;《唐會要》卷五六《省號下・左右補闕拾遺》,1139 頁。

〔19〕《册府元龜》卷一〇二《帝王部・招諫一》,1122 頁。

次第,於每月奏事官數内聽一人奏對。"[20]諫官奏事按照大致每月一次的頻率,並且不限品位。

代宗也給予諸司百官直奏權。顏真卿《論疏》中提到"陛下在陝州時,奏事者不限貴賤,務廣聞見"[21],時在廣德元年十月,吐蕃攻佔長安,代宗出逃陝州。在巨大的政治危機下,代宗及時開放直奏渠道,爲戰略決策收集更多參考意見。廣德二年二月制:"百官有論時政得失,並任指陳事實,具狀進封,必宜切直,無諱有司。白身人亦宜准此,任詣匭使進表,朕將親覽,必加擇用。"諸司百官提交封事,平民則投匭進表。同年三月再次下詔:"文武百官及諸色人等,有論時政得失上封事者,狀出後,宜令左右僕射尚書及左右丞、諸司侍郎、御史大夫、中丞等,於尚書省詳議可否,具狀聞奏。其所上封事,除常參官外,有時辭理可觀,或幹能堪用者,亦宜具言,詳議官中,或見不同者,即任别狀奏聞。"[22]封事直接提交代宗後,由代宗轉發至尚書省,要求尚書省長官、諸司長官、御史臺長官共同討論處理方案,同時强調重視常參官之外官僚的奏狀[23]。代宗對百官封事的重視程度可見一斑。

在當時的戰亂局勢下,代宗與臣民直接溝通,可以獲取更多有益的政務信息。但這種擴展衹是臨時的、非制度的[24],隨時有收回的可能。皇帝對百官"封事"有擱置權,同時也存在信息過量無法及時處理的情況。到了永泰元年三月,左拾遺獨孤及《諫表》稱:"進匭、上封者,大抵皆事寢不報,書留不下。但有容諫之名,竟無聽諫之實。"[25]代宗没有給予直接的答復[26],但也不便下旨收

〔20〕《唐會要》卷五六《省號下·左右補闕拾遺》,1139頁。

〔21〕《舊唐書》卷一二八《顏真卿傳》,3594頁。

〔22〕《册府元龜》卷一〇二《帝王部·招諫一》,1122頁。

〔23〕常參官包括"五品以上職事官、八品已上供奉官、員外郎、監察御史、太常博士",其中八品以上供奉官有"謂侍中,中書令,左、右散騎常侍,黄門、中書侍郎,諫議大夫,給事中,中書舍人,起居郎,起居舍人,通事舍人,左、右補闕、拾遺,御史大夫,御史中丞,侍御史,殿中侍御史",文武百官的範圍顯然比常參官更大,參《唐六典》卷二《尚書吏部》吏部郎中員外郎條,中華書局,1992年,33頁。

〔24〕葉煒《論唐代皇帝與高級官員政務溝通方式的制度性調整》,61頁。

〔25〕獨孤及撰,劉鵬、李桃校注《毘陵集校注》卷四《表上》,遼海出版社,2006年,84頁;《資治通鑑》卷二二三《唐紀三十九》代宗永泰元年三月壬辰條,7172—7173頁。

〔26〕梁肅《獨孤公行狀》,周紹良主編《全唐文新編》第3部第1册,吉林文史出版社,2000年,6090頁。

回這項德政。元載以“上有所屬，載必先知之，承意探微”著稱〔27〕，他窺伺上意，爲解決封事留中不報的問題積極出謀劃策。然而他提供的方案有點過頭，不僅收回諸司百官的直奏權，甚至要廢除諸司長官固有的直奏權。反過來也可以説明，元載敢於實現連李林甫都未能實現的對政務信息的全面掌控〔28〕，正是得到代宗的默許。顔真卿正是因爲意識到代宗解决信息過量的需求，所以退而求其次，維護諸司長官、出使郎官、御史的固有權力。

正史並未明言顔真卿上疏的結果。松本保宣認爲元載改制被成功阻止，並舉出《太平廣記・神仙》“顔真卿”條爲證〔29〕：

> 宰相元載，私樹朋黨，懼朝臣言其長短，奏令百官凡欲論事，皆先白長官，長官白宰相，然後上聞。真卿奏疏極言之乃止。（自注：出《仙傳拾遺》及《戎幕閑譚》《玉堂閑話》。）〔30〕

“乃止”説明元載提議最終未能落實，御史臺設計上奏條例也就不了了之。元載改制的方案威脅到宦官控制的閤門上書渠道，因此纔會出現《論疏》被“中人争寫内本佈於外”的局面〔31〕。永泰二年元載並未完全掌握專權地位，他仍在與内廷魚朝恩相抗衡〔32〕。

顔真卿暫時阻止了元載（代宗）收回百官直奏權，但元載很快找到借口將顔真卿驅逐出權力中樞。永泰二年二月乙亥，顔真卿“攝祭太廟，以祭器不修言於朝，載坐以誹謗，貶硤州别駕”〔33〕。代宗一改以往對雙方争鬥的包

---

〔27〕《舊唐書》卷一一八《元載傳》，“輔國死，載復結内侍董秀，多與之金帛，委主書卓英倩潛通密旨。以是上有所屬，載必先知之，承意探微，言必玄合，上益信任之”，3410頁。

〔28〕《論疏》曰：“天寶已後，李林甫威權日盛，群臣不先諮宰相輒奏事者，仍托以他故中傷，猶不敢明約百司，令先白宰相。”《舊唐書》卷一二八《顔真卿傳》，3593頁。

〔29〕松本保宣《唐の代宗朝における臣僚の上奏過程と枢密使の登場》，23頁小注28。

〔30〕《太平廣記》卷三二，中華書局，1961年，207、208頁。

〔31〕《舊唐書》卷一二八《顔真卿傳》，3594頁。

〔32〕胡平《未完成的中興：中唐前期的長安政局》，商務印書館，2018年，75—76頁。松本保宣認爲，代宗通過宦官董秀、主書卓英倩與宰相元載共建起一條情報傳達渠道，與掌握軍權的魚朝恩相抗衡，參《唐の代宗朝における臣僚の上奏過程と枢密使の登場》，17頁。這一説法也揭示了早期深得代宗信任的元載嘗試掌控政務信息渠道的積極意義。

〔33〕《舊唐書》卷一二八《顔真卿傳》，3595頁。

容態度〔34〕,默許了元載對顔真卿的打壓。顔真卿貶官,《舊唐書·代宗紀》解釋爲"以不附元載,載陷之於罪也"〔35〕,刻意突出"權臣"與"忠臣"的矛盾,掩蓋了代宗在其中扮演的作用。顔真卿被貶離京之後,元載很快從尚書省奏事和御史臺彈劾兩方面入手,實現對百官直奏權的限制。

二、回歸"先申省司取裁"的舊制

永泰元年初改制的時機也很值得注意,元載執政正值唐朝從平叛轉向重建的階段,穩定政治局勢,是代宗君臣的重要政治任務。廣德元年正月,史朝義戰敗自殺〔36〕,宣告安史之亂結束;十月吐蕃攻佔長安,代宗逃至陝州,十二月還京;同月僕固懷恩叛入吐蕃,次年十月引吐蕃來攻,直至永泰元年八月病死,十月郭子儀大敗吐蕃,唐朝與吐蕃的戰事暫告結束。隨着戰亂結束,開放直奏、收集信息已經失去充分的必要性;朝廷着手恢復重建,需要穩定各方政治利益,大臣借助封事互相詆毀就成了必須消除的政治隱患。

元載改制的目標是由諸司長官、宰相過濾政務信息,解決信息冗雜的問題。代宗接下來發起恢復三省制的改革,正是延續了元載改制的思路。永泰二年四月制:

> 周有六卿,分掌國柄,各率其屬,以宣王化,今之尚書省,即六官之位也。古稱會府,實曰政源,庶務所歸。……朕纂承丕緒,遭遇多難,典章故事,久未克舉。其尚書宜申明令式,一依故事,諸司、諸使及天下州府,有事准令式各申省者,先申省司取裁,並所奏請。〔37〕

劉後濱指出,永泰二年四月詔書的目的是將奏狀的申奏程序納入唐前期的奏抄

〔34〕 殷亮《顔魯公行狀》:"載自與公有隙,常俟公闕,公亦獻直奏其奸狀,代宗俱容,不罪之也……載譖公以爲訕謗時政,貶峽州别駕。代宗爲罰過其罪,尋换吉州别駕。"見顔真卿撰,黄本驥編訂,凌家民點校重訂《顔真卿集》,黑龍江人民出版社,1993年,243頁。代宗雖然減輕了對顔真卿的懲罰,但確實經手了顔真卿的貶官流程。

〔35〕 《舊唐書》卷一一《代宗紀》,282頁。

〔36〕 《資治通鑑》卷二二二《唐紀三十八》代宗廣德元年正月條,7139頁。

〔37〕 《唐會要》卷五七《尚書省諸司上·尚書省》,1155—1156頁。

申奏機制之中,“先申省司取裁”要求一切政務文書都要經過尚書省長官左右僕射及相關的部司審查商量,再行奏聞〔38〕。與元載改制不同,這一次將改革的對象從中央諸司擴大到地方諸使、州府。所謂的“一依故事”,中村裕一認爲是恢復開元令式〔39〕,並不準確;應是恢復唐前期三省制下的奏事程序。代宗恢復尚書省的“會府”地位〔40〕,一方面回應了當時“規復舊章”的訴求〔41〕;另一方面則嘗試將諸史、地方州府納入尚書省諸司的監管,加强中央對地方的控制〔42〕。

永泰二年戰事基本平息,代宗急切地展開分理財賦、國學釋奠、諸祠復舊、歌頌祥瑞、郊祀天地等一系列的恢復建設,向臣民傳達“今宇縣乂寧”的信號〔43〕。同年十一月甲子冬至日,下詔改元大曆:

> 朕嗣守鴻業,恭臨寶位,頃以時當寇難,運屬干戈,誓衆興師,爲人除害。實賴宗社降福,寰宇小康,用興淳樸之風,庶洽雍熙之化。乾坤敷祐,大庇生靈,文武協心,同力王室,豈朕薄德,而臻於此……月纏星昴,律中黄鍾,合天正之符,承日至之永……建元發號,革故惟新。〔44〕

代宗首先標榜“寰宇小康”的功績,其次强調本次改元正值一個重要的曆法週期節點。十一月甲子冬至朔日是四分曆術一紀(1520年)之首日,永泰二年十一甲子冬至雖非朔日,算不上完美的曆法週期起點,但改元詔書仍宣傳這一日期“合天正之符”〔45〕,具有特定的祥瑞意義。古人相信人事興衰終始會順應曆法週期的循環,在進入新的曆法週期時改元,可以起到“革故惟新”的效果。由於維新的目標是回歸最初的原型(“故事”),因此與當時“規復舊章”的舉措並不矛

〔38〕 劉後濱《唐代中書門下體制研究》,274頁。

〔39〕 中村裕一《唐代制勅研究》,417頁。

〔40〕 嚴耕望《論唐代尚書省之職權與地位》,《嚴耕望史學論文選集》下册,中華書局,2006年,404頁。

〔41〕 嚴耕望《論唐代尚書省之職權與地位》,428頁。

〔42〕 吴麗娱《試論“狀”在唐朝中央行政體系中的應用與傳遞》,14頁。

〔43〕 《舊唐書》卷一一《代宗紀》,281頁。

〔44〕 《册府元龜》卷八八《帝王部·赦宥第七》,975頁。

〔45〕 天正即十一月,地正即十二月,人正即正月,參《漢書》卷二一上《律曆志上》,中華書局,1962年,962頁。

盾[46]。以“故事”爲名,使得元載改制的施行獲得充足的合法性。“先申省司取裁”的舊制在京師諸司或許得到一定程度的執行,但諸使與地方州府越過尚書省、直奏皇帝的情況仍無力改變,所以代宗與德宗屢次下詔要求諸使與地方州府“一切先申尚書省,委僕射以下商量聞奏,不得輒自奏請”[47],却始終收效甚微[48]。

永泰二年初元載改制要求百官奏事由宰相轉奏,四月恢復三省制,進一步要求諸使州郡向中央省司申奏,元載改制可視爲恢復三省制的前奏。元載改制相當於一場演習,目的是過濾過量的政務信息,並爲接下來“規復舊章”的各項政治改革提供穩定的輿論環境。元載替代宗發佈政策,扮演了皇帝代言人的角色。代宗評價元載:“載雖非重慎,然協和中外無間然,能臣也。”[49]可見代宗對元載執政能力的肯定。顏真卿雖然也思復舊章[50],但多從禮典出發,所議非時局所急,因此不獲重視。

三、御史彈奏形式的調整

元載改制收回諸司官員直奏權,御史自然也包括在内,先前論事“多挾讒毁”的百官也很可能以專司彈奏的御史爲主體。唐代御史是否擁有直奏權的制度性規定不斷調整,並非顏真卿《論疏》中提到的出使御史纔具有直奏權,大致可以安史之亂爲界,分出前後兩個階段:前期逐漸設置限制,後期逐漸解除限制。

唐初御史享有較大的彈劾權,“御史彈奏,上坐日,曰‘仗彈’”[51],即可在朝會上公開對大臣進行彈劾;在彈劾之前也無須徵求御史臺長官的同意,“御

[46] 參郭津嵩《公孫卿述黄帝故事與漢武帝封禪改制》,《歷史研究》2021年第2期,100—101頁。

[47] 嚴耕望《論唐代尚書省之職權與地位》收集了相關史料,見《嚴耕望史學論文選集》下册,428—430頁。

[48] 參嚴耕望《論唐代尚書省之職權與地位》,430頁;吴麗娱《試論“狀”在唐朝中央行政體系中的應用與傳遞》,15頁。

[49] 《新唐書》卷一二〇《崔涣傳》,4318—4319頁。

[50] 令狐峘《顏真卿神道碑》,《顏真卿集》,232頁。

[51] 《唐會要》卷六一《御史臺中·彈劾》,1256頁。

史,人君耳目,比肩事主,得各自彈事,不相關白"〔52〕,御史直接對皇帝負責。中宗朝首次對御史彈劾權作出了限制,出臺"先進狀"的規定,景龍三年(709)要求御史彈奏"皆先進狀,聽進止。許則奏之,不許則止"〔53〕。八重津洋平解釋爲彈劾前先將彈劾狀呈送皇帝及中書、門下兩省長官〔54〕。這一理解有失準確,御史彈劾關白宰相的規定要到玄宗朝纔出現。《隋唐嘉話》卷下載中宗詔:"每彈人必先進内狀,許乃可。自後以爲故事。"〔55〕可見御史進狀直接呈送宫内,報請皇帝批准,由皇帝親自決定御史彈奏與否,仍然體現了唐初以來御史直接對皇帝負責的原則。

玄宗朝再度加强對御史彈奏權的限制,由御史臺長官與宰相充當彈劾狀的審核中介。開元十四年(726)崔隱甫任御史大夫,調整御史臺的層級關係,改變"大夫已下至監察御史,競爲官政,略無承稟"的"憲司故事","一切督責,事無大小,悉令諮決"〔56〕,爲之後李林甫推動的御史"關白"制度作了鋪墊。開元末李林甫爲相,"御史言事須大夫同署"〔57〕,要求御史彈奏狀須經御史大夫署名纔能上奏。李林甫進一步規定,"彈奏者先諮中丞、大夫,皆通許;又於中書門下通狀先白,然後得奏",御史彈奏前不僅要經過御史臺長官同意,還需提前向中書門下通狀知會。御史彈劾狀經過層層批准後纔能上奏皇帝,"自是御史不得特奏,威權大減"〔58〕。這些制度限制不僅意味着御史彈劾的威懾力一落千丈,更意味着御史直接對皇帝負責的原則遭到嚴重破壞。

安史之亂發生後,肅宗逐步取消御史上奏的中間環節。至德元年(756)九月詔:"御史彈事,自今以後,不須取大夫同署。"〔59〕肅宗取消了玄宗朝要求御史

---

〔52〕《通典》卷二四《職官六》,675頁。

〔53〕《唐六典》卷一三《御史臺》,379頁。

〔54〕參八重津洋平《唐代御史制度について(1)》,《法と政治》第21卷第3期,1970年,186頁。胡寳華誤解八重津先生的意思,把"聽進止"理解爲把彈劾狀呈送中書門下審查,等待許可,參胡寳華《唐代"進狀""關白"考》,《中國史研究》2003年第1期,70頁。

〔55〕劉餗《隋唐嘉話》卷下,中華書局,1979年,44頁。

〔56〕《舊唐書》卷一八五下《崔隱甫傳》,4821頁。

〔57〕《資治通鑑》卷二一九《唐紀三十五》肅宗至德元載十月條,7001頁。

〔58〕王讜撰,周勳初校證《唐語林校證》卷八,中華書局,1987年,693頁。

〔59〕《唐會要》卷六一《御史臺中·彈劾》,1256頁。肅宗至德元年即位赦文提到"所有彈奏,一依貞觀故事",實際上御史彈奏僅僅恢復到中宗朝的狀態。見《册府元龜》卷八七《赦宥六》,959頁。

彈劾狀須長官署名的規定。同年十月詔:"御史、諫官論事勿先白大夫及宰相。"〔60〕肅宗廢止了玄宗朝御史"關白"制度。乾元二年(759)敕:"御史臺所欲彈事,不須先進狀,仍服豸冠。"〔61〕此舉直接解除了景龍三年以來御史彈劾"先進内狀"的限制,真正恢復了"貞觀故事"。代宗朝元載改制,要求"御史臺作條目,不令直進"。這對御史彈奏的具體影響已不可確知,但德宗即位以後,再度出現恢復"貞觀舊制"的要求,"侍御史朱敖請復制朱衣豸冠於内廊,有犯者,御史服以彈。帝許之,又令御史得專彈舉,不復關白於中丞、大夫"〔62〕,德宗基本是將肅宗所做的事情再做了一遍。

從唐初到德宗朝,御史彈奏形式反復調整:御史最初擁有與五品以上要官相同的面奏權;中宗設置"進内狀"的第一道限制;玄宗設置"大夫同署"和"通狀關白"的第二、三道限制;肅宗則依次取消上述三道限制。代宗即位初繼承肅宗朝恢復的"貞觀故事",御史重獲仗彈權。雖然代宗朝御史彈劾具體情況并未留下明確的記録,但從德宗即位時需要重申"貞觀舊制",可以反推代宗朝的御史彈奏形式已經倒退到玄宗朝的狀態。永泰二年以後在任的幾位御史大夫(王翊、敬括、張延賞),被後人評爲"不稱"〔63〕,應與彈奏受限的情況有關。這種情況在大曆六年八月代宗啟用李栖筠擔任御史大夫,制衡元載之後,可能略有改善〔64〕。不過御史直接對皇帝負責的"貞觀故事"要到德宗朝纔得以重現。

四、結論與餘論

永泰二年改制是皇帝與宰相協同意志的産物。本文分析了改制的制度背景與政治背景:一是代宗即位初期百廢待興,需要徵求更多建設性意見,因此向百

〔60〕《新唐書》卷六《肅宗紀》,157 頁。

〔61〕《唐會要》卷六一《御史臺中・彈劾》,1256 頁。

〔62〕《册府元龜》卷五二二《憲官部・私曲》,5926 頁。

〔63〕《册府元龜》卷五二一《憲官部・不稱》,5916—5917 頁。大曆三年左右升任御史大夫的崔渙"性尚簡澹,不交世務,頗爲時望所歸";崔渙又任税地青苗錢使,由於"給百官俸錢不平",不久就坐貶道州刺史。參《舊唐書》卷一一《代宗紀》,290 頁;《舊唐書》卷一〇八《崔渙傳》,3280 頁;胡滄澤《唐代御史制度研究》,福建教育出版社,2000 年,21 頁。

〔64〕胡平《未完成的中興:中唐前期的長安政局》,115—118 頁。

官開放直奏渠道(上封事),但到了永泰二年已經出現信息過量、皇帝無法應付的情况;二是永泰二年戰事基本平息,唐廷爲穩定人心,採取寬容政策,須收縮言路,着力恢復建設。最終在四月份以恢復"先申省司取裁"的舊制的形式落實了元載最初的設想。元載改制的目的是信息分流,實現皇帝與宰相及官僚機構之間的分工,而非如正史所言的宰相專權。

元載改制的成果包括兩方面,一是取消諸司百官直奏權,要求政務文書通過尚書省長官轉奏;二是御史彈奏形式由面奏改爲進狀。有趣的是,前者是以恢復唐前期故事爲名義,後者則是對所謂"貞觀舊制"的破壞。二者表面上都有利於宰相掌控更多的信息渠道,實際上是皇權主動讓步的結果。代宗爲避免百官直奏可能帶來的不穩定因素,暫時將部分信息渠道讓渡給宰相元載。元載以故事爲名,强調尚書省審核、過濾政務信息的功能。諸司長官以及御史臺也受到波及,理應保留給諸司長官與御史臺的直奏權也被一並取締。因此,皇帝適當與宰相分享信息資源是必要的犧牲,皇帝與宰相信息不對稱的地位也得到相應的調整。顔真卿並非站在宰相的對立面〔65〕,他的真正目標是抵制代宗的政治計劃。爲避免將矛頭指向代宗,《論疏》一方面將焦點放在宰相專權上,另一方面不打算全面維護百官的直奏權,主動降低要求,維護諸司長官等少數官僚的直奏權,希望維持玄宗以來中書門下體制的奏事程序。從這個角度而言,顔真卿反而是保守者。

代宗朝奏事制度可以歸納爲三個階段:初期(廣德元年至永泰元年)百官上封事出現常規化的趨勢,强調皇帝與臣民的直接溝通;中期(大曆年間)恢復分層次的奏事程序,注重信息分流;後期(大曆末年)元載被誅後,重新開通君臣直

---

〔65〕 正史將顔真卿貶官解釋爲"不附宰相",以往學者多接受這一説法,參外山軍治《顔真卿:剛直の生涯》,創文社,1964年;閔宜《顔真卿四次由中樞外任地方官的辨識與思考》,收入《翰墨忠烈顔真卿——首届全國顔真卿學術研討會論文集》,中華書局,1998年,143—148頁;嚴傑《顔真卿評傳》,南京大學出版社,2005年,166頁;倪雅梅《中正之筆:顔真卿書法與宋代文人政治》,江蘇人民出版社,2018年,89—127頁。除了永泰二年這次貶官,顔真卿在肅宗至德二載(757)年底被貶馮翊太守,《舊唐書》本傳記爲"爲宰相所忌",但殷亮《顔魯公行狀》記作"因忤聖旨",令狐峘《顔真卿神道碑》記作"觸鱗忤旨,竟不久留",都將原因指向顔真卿違背肅宗旨意,這可以從顔真卿《馮翊太守謝上表》文末所附肅宗的批答("乃事乖執法,情未滅私")得到佐證,當時肅宗下旨嚴懲降僞臣,當中就有顔真卿的摯友柳芳,顔真卿兼任憲部與御史臺長官,判罰很可能有失寬鬆,因此得罪肅宗。參《舊唐書》卷一二八,3592頁;《顔真卿集》,242、232、7頁。

接溝通的渠道。代宗明面上没有放棄"先申省司取裁"的原則,實際上嘗試建立多元的信息渠道,彌補信息擁蔽的問題:大曆十二年四月下詔開放擊登聞鼓進狀、匭函投表、諫官上封事、側門論事、隨狀面奏[66]。德宗延續了代宗朝末期以來的奏事調整方向:一方面堅持强調尚書省的會府地位;另一方面又致力於發展私密性更强、範圍更小的延英召對、巡對,追求更爲主動、靈活的溝通形式。面奏比進狀減少了轉呈的環節,是君臣溝通最直接有效的渠道[67]。唐代奏事制度大體可以分爲承平時期强調分流,動亂時期要求集權兩種情況[68],代宗朝就是一個有趣的縮影。

On Yan Zhenqing's "Memorial on the Practice of Discussion of Officials" and the Adjustment of Procedure of Memorial Submission in the Era of Emperor Daizong of Tang Dynasty

Wang Jingchuang

In the second year of Yongtai 永泰二年(766), Yuan Zai 元載 proposed to set up a procedure of submitting memorials of "officials of various departments-directors of various departments-Grand Councillor-emperor". This reform seemed to be conducive to the centralizing of power of Grand Councillor, but in fact, it was authorized by Emperor Daizong 代宗. Yan Zhenqing 顔真卿 submitted the "Memorial on the Practice of Discussion of Officials" to express his disagreement on this reform. On one hand, he focused on the centralized power of the Grand Councillor, and on the other hand, he did not intend to fully safeguard officials' right to address memorials directly to the throne. Instead, Yan Zhenqing suggested reserving this right only to a few bureaucrats such as the directors of various departments, hoping to maintain the procedure of memorial submission under Secretariat-Chancellery since Xuanzong 玄宗.

[66] 《册府元龜》卷一〇二《帝王部·招諫一》,1122頁。

[67] 即便是上封事,也很可能需要到本司請印,參《唐會要》卷五五《省號下·諫議大夫》,"奏諫官所上封章,事皆機密,每進一封,須門下中書兩省印署文牒,每有封奏,人且先知",1117頁。

[68] 吴麗娱《下情上達:兩種"狀"的應用與唐朝的信息傳遞》,《唐史論叢》,2009年,68頁。

Soon after the submission of this memorial, Daizong and Yuan Zai persisted in their version of reform in name of "full restoration of traditional practice" of the early Tang dynasty, suppressed the opinions of the faction of Yan Zhenqing, and restricted censors' right of impeachment. Yuan Zai not only solved the problem of excessive information caused by the opening of the channel of sealed matters (*fengshi* 封事) but also provided a stable public opinion circumstance for the restoration and construction in the second year of Yongtai. It was not until the twelfth year of Dali 大曆十二年(777) when Yuan Zai was executed, Daizong reopened channels of direct communication with his subjects. After that, Emperor Dezong 德宗 emphasized the Department of State Affairs as the status of the centre of information and devoted to developing the more private and less extensive face-to-face discussion. By establishing the double-line channel, communication between the monarch and his subject was kept unimpeded.

《唐研究》第二十七卷
2022年,393—425頁

劉闢事件與元和前後西川軍政結構的變遷

路錦昱

在中晚唐的藩鎮研究中,相較於帝國的東北,西南稍顯冷清。以往對劍南西川的研究多集中在兩個方面。一是以當地爲樣本,探求律令制崩潰與"土豪層"興起的演進模式,在軍事上多關注崔寧前後的幾次動亂,或文宗以降的南詔入侵。貞元、元和夾處其間,却未受重視[1]。二是在唐與吐蕃、南詔關係史中討論西川的作用,礙於材料和視角,對其内部結構的討論並不充分[2]。同時,作爲唐廷對藩政策的轉折點,劉闢事件的政治文化意義已爲學者所發[3],而它如何影響了藩鎮内部的權力結構,尚待思索。

崔寧、韋臯治下的西川服南詔、摧吐蕃,以至被時人推爲"地險兵强"的悍藩[4]。劉闢承此構亂,却數月而亡。這固然與憲宗的個人意志有關,但西川防禦空間的變化、劉闢阻兵的力量構成也猶待清理。史言憲宗平叛後小心安撫,高

〔1〕在唐宋變革説的統攝下,此類研究重視階層意識與地域自立性的衍生。如松井秀一《唐代前半期の四川——律令制支配と豪族層との関係を中心として》,《史學雜誌》第71編第9號,1962年,1—37頁;《唐代後半期の四川——官僚支配と土豪層の出現を中心として》,《史學雜誌》第73編第10號,1964年,46—88頁。佐竹靖彦《唐代四川地域社會の變貌とその特質》《唐宋變革期における四川成都府路地域社会の變貌》,《唐宋變革の地域的研究》,同朋舍,1990年,391—439、550—598頁。

〔2〕如王永興《論韋臯在唐和吐蕃、南詔關係中的作用》,《北京大學學報》1988年第2期,39—47、78頁;查爾斯·巴克斯著,林超民譯《南詔國與唐代的西南邊疆》,雲南人民出版社,1988年。

〔3〕陸揚通過對時間綫索的細緻梳理,啓發性地揭示了新的政治規範如何在朝藩雙方的誤解與試探中確立。見氏作《西川和浙西事件與元和政治格局的形成》《從新出墓誌再論9世紀初劍南西川劉闢事件》,《清流文化與唐帝國》,北京大學出版社,2016年,19—86頁。

〔4〕《舊唐書》卷一一七《崔寧傳》,中華書局,1975年,3400頁。

崇文在蜀時“軍府事無巨細,命一遵韋南康故事”[5]。爾後武元衡出鎮,西川竟一變而爲“宰相迴翔地”[6]。唐廷削弱西川的軍力,推行文官政治,在長期攘除内憂的同時,也埋下屢遭外患的禍根——這幾乎成爲理解元和以後西川地域的常識。但這種籠統的認識是否可靠,亂後的西川有哪些變化,背後的動力是什麽,却鮮有人繼續考察。本文便由此切入,試圖重新檢視元和前後劍南西川軍政結構的變遷。

一、代、德兩朝西川防禦空間的演變

安史亂後的代、德兩朝,是唐帝國政治版圖和防禦體系劇烈震蕩並艱難重塑的年代。這種重塑,不僅表現在與兩河的曠日拉鋸,或是京西北諸軍鎮的生成上[7],也表現在地接吐蕃、南詔而又羌蠻錯居的劍南西川。學界自來並不缺少對劍南地理的細緻考證[8],也不缺乏對其軍事構造的詳密比勘[9],不過研究者常以静止的時間斷面覆蓋動態的演變歷程,或是用非同時的記載拼合結構化的圖景。結果是雖然得到了一個井然的體系,却難以適用於任何具體時期。幸運的是,貞元十七年(801)西川與吐蕃的一次關鍵戰役,恰好提供了觀察 9 世紀伊始當地戍防空間及其生成過程的切口。

---

[5] 《資治通鑑》卷二三七《唐紀五十三》,中華書局,1956 年,7636 頁。

[6] 王讜撰,周勛初校證《唐語林校證》卷一《政事上》引林恩《補國史》,中華書局,2008 年,65 頁。

[7] 參黄樓《神策軍與中晚唐宦官政治》,中華書局,2019 年,71—112 頁;李碧妍《危機與重構:唐帝國及其地方諸侯》,北京師範大學出版社,2015 年,111—244 頁。

[8] 如嚴耕望《唐代交通圖考》第四卷《山劍滇黔區》,歷史語言研究所,1986 年;方國瑜《中國西南歷史地理考釋》,中華書局,1987 年。

[9] 如唐長孺對天寶劍南道統軍記載的疏證,參氏著《唐書兵志箋正》,中華書局,2011 年,75—80 頁。佐竹靖彦在唐氏基礎上進一步校訂兵額,將劍南兵力分爲成都團結營(14000 人)、西山地帶(7500 人)、黎雅二州(1400 人)和嶲戎姚三州(8000 人)四部分,見氏著《唐宋變革の地域的研究》,407—409 頁。不過稍可修訂者有二。一是誤將“團結營”等同於團結兵,方積六已指出其當爲軍鎮名稱,管下爲健兒,參氏作《關於唐代團結兵的探討》,《文史》1985 年第 25 輯,98—99 頁;二是未採納唐長孺對“南溪郡”與“南江軍”異文的辨析,因此遺漏了南溪郡(戎州)的軍額,嶲、戎、姚管下當爲一萬人,參唐長孺《唐書兵志箋正》,78—79 頁。

此役西川八月出兵,九月大破吐蕃於雅州,十月再勝,封韋臯南康郡王,進圍維州、昆明不克,十二月生擒大將論莽熱,次年正月獻俘於朝[10]。對兵力佈置的記載,散落於兩唐書《韋臯傳》、《舊唐書·吐蕃傳》及《册府元龜》中。勘驗文字,《册府元龜》與《舊唐書》兩傳當本自共同的史源,而前者在字句上更爲原始。《新唐書》雖將結銜、兵額悉數删削,却增補了溢出他書的地理信息。西川所出十道兵,可分爲中部彭州、北部茂州與南部邛、雅、黎、嶲四州。彭州爲鎮静軍駐地,情况比較簡單[11],下文主要討論南、北兩部分。

(一)北部:茂州的權力分化

《册府元龜》載:

> 威戎軍兵馬使崔堯臣率兵一千出龍谿、石門路南;維州、保州兵馬使仇冕,並保、霸兩州刺史董振等率兵二千進逼吐蕃維州城;中北路兵馬使邢玼並諸州刺史董懷愕等率兵四千進攻吐蕃棲鷄老翁等城;都將高倜、王天俊等率兵二千進逼故松州;隴東路兵馬使元膺並諸州郝宗等復分兵八千出南道雅、邛、黎、嶲路。[12]

唐有三威戎軍,嚴耕望已據宋代地志推斷此處所指在茂州汶川縣[13]。稍可補充的是,唐人元友諒《汶川縣唐威戎軍製造天王殿記》一文,不僅直接證明

〔10〕《資治通鑑》卷二三六《唐紀五十二》,7598—7599頁。《考異》曰"舊《韋臯傳》云:'十月遣使獻論莽熱',今從《實録》",知《舊唐書》卷一四〇《韋臯傳》誤將獻俘與賜爵日期混同,3824頁。雅州,《舊唐書》卷一九六下《吐蕃傳下》作"維州",5259頁;《宋本册府元龜》卷九八七《外臣部·征討六》亦同,中華書局,1989年,3962頁。史念海從"維州",參氏作《説唐與吐蕃相争已久的維州城》,《河山集》七集,陝西師範大學出版社,1999年,499—501頁。考權德輿貞元十七年九月十二日作《中書門下賀劍南西川節度使去八月十八日於雅州靈關路大破蕃寇拔木破城並破通鶴軍天寶城應擒生斬級焚燒倉庫樓閣收獲羊馬器械等狀》,可知八月破雅州,九月奏到,"維州"當訛。見權德輿撰,郭廣偉校點《權德輿詩文集》卷四五,上海古籍出版社,2008年,700頁。

〔11〕《舊唐書》卷一九六下《吐蕃傳下》載韋臯"命鎮静軍兵馬使陳洎等統兵萬人出三奇路",5260頁。鎮静軍居成都門户,一軍即可出兵萬人,足見其地位重要。

〔12〕《宋本册府元龜》卷九八七《外臣部·征討六》,3962頁。"邢玼"原作"邢玭",據《舊唐書》卷一四〇《韋臯傳》及同書卷一四六下《吐蕃傳下》改,分見3824、5260頁。又"邢玼"後原衍一"州"字,今删。

〔13〕嚴耕望《唐代交通圖考》,984—985頁。

該軍置在汶川,而且提示出時人眼中當地對西山防禦的重要意義〔14〕。汶川扼沱水入岷江之口,經龍谿、石門路與維、保二州相通,沿岷江北上可達汶山及真、悉、静、柘、恭等州〔15〕。其地北有繩橋,南有故桃關,"公私經過,唯此一路"〔16〕,實爲西山進入成都平原的咽喉。然而相比於州治汶山,汶川戰略意義的凸顯,實際上是代、德以來西山防禦體系重構的結果。

要探究這一過程,前引"維州、保州兵馬使仇冕,並保、霸兩州刺史董振等"便頗有意味。廣德元年(763),松、維、保三州盡没吐蕃〔17〕,霸州本析自維州,亦當同没。换言之,此處維、保、霸三州其實均爲行州。三州兵馬與威戎軍雖出兩道,却同赴維州,以上述地理條件推之,它們最可能置在汶川縣附近〔18〕。仇冕作爲兵馬使,所管應是外鎮藩軍。而董振是以部落首領充任的世襲刺史〔19〕,麾下當爲以内附羌人爲主體的支郡兵或土團子弟。這種互不統屬的設計看似疊床架屋,却其來有自。維州開元十五年(727)摩崖載:

> 朝散大夫、檢校維州刺史、上柱國焦淑,爲吐蕃賊[侵境],並董敦義投蕃,聚結逆徒數千騎。淑領羌、漢兵及健兒等三千餘人,討除其賊,應時敗散。〔20〕

---

〔14〕 楊慎《全蜀藝文志》卷三八,綫裝書局,2003年,1136頁。記文中提及"兵馬使賀若崟",長慶元年(821)白居易有《西川大將賀若岑等一十二人授御史中丞殿中監察及諸州司馬同制》,"賀若岑"當即"賀若崟"之訛,則此碑作於元和、長慶間當無大謬。見白居易著,謝思煒校注《白居易文集校注》卷一四,中華書局,2011年,718頁。

〔15〕 嚴耕望《唐代交通圖考》,984頁。

〔16〕《元和郡縣圖志》卷三二《劍南道中·茂州汶川縣》,中華書局,1983年,812頁。

〔17〕《舊唐書》卷一一《代宗紀》,274頁。

〔18〕 郭聲波認爲行維州在茂州汶川縣,行霸州在茂州通化縣,行保州在故維州薛城縣,未詳所據。見郭聲波《"岷江西山九州"考——唐貞觀十三年政區考辨(五)》,《中國歷史地理論叢》1998年第2期,54—55頁;《中國行政區劃通史(唐代卷)》,復旦大學出版社,2017年,980、986—987頁。

〔19〕 關於羌酋與董氏的關係,參石泰安著,耿昇譯《漢藏走廊古部族》,中國藏學出版社,2013年,67—68頁;周鼎《羌酋董氏與唐代劍南道西山地域:以新出〈董嘉猷妻郭氏墓誌〉爲綫索》,《九州大学東洋史論集》第44號,2016年,1—25頁。

〔20〕 此摩崖在今四川理縣雜谷腦鎮西撲頭梁子山,地約唐維州城西南行四十里處。"爲吐蕃賊"後二字稍泐,岑仲勉引李方桂録文作"侵境",見氏作《理蕃新發見隋會州通道記跋》,《金石論叢》,上海古籍出版社,1981年,276頁;饒宗頤録作"候援",見氏作《維州在唐代蕃漢交涉史上之地位》,《選堂集林》,中華書局,1982年,656—671頁。覆驗拓本,似以前者爲是。

董敦義應是世襲維州刺史的羌酋[21],而焦淑銜前的"檢校"二字,在開元時尚掌有實務,正透露出唐廷倉促間未及實授新刺史、祇能從權討叛的尷尬境地。此類隱於史傳的事例,在唐蕃邊界恐怕並不鮮見[22]。因此,分割刺史兵權,以漢人任兵馬使,就顯得順理成章了。廣德二年,杜甫上《東西兩川説》:

> 仍使兵羌各繫其部落,刺史得自教閲,都受統於兵馬使,更不得使八州都管,或在一羌王,或都關一世襲刺史。[23]

三州内徙後,原先分散的軍民遷入茂州,羌漢之間和羌落内部的矛盾日益凸顯。爲此,杜甫建議創置西山都知兵馬使,由漢人都管八州,遂有崔旰之任[24]。而這一背景,很可能也是維、保等州兵馬使設立的契機。

同樣,前引"諸州刺史董懷愕""諸州郝宗等"亦值得留意[25]。大曆五年(770),唐廷"徙置當、悉、柘、静、恭五州於山險要害地,備吐蕃也"[26],敦煌殘卷亦載"當、恙(悉)、拓(柘)、静、直(真)、恭、翼、保、霸、維等十州並廢"[27]。可見儘管崔旰曾一度擊退吐蕃對柘、静等州的侵襲[28],唐廷在西山的勢力並未維持太久,而失去屏障的茂州由此直接暴露在吐蕃面前。董懷愕、郝宗所領,正是這些内徙的部落子弟。所謂"山險要害",大概就在一同出兵的"中北路兵馬使""隴東路兵馬使"駐地附近。

---

〔21〕《舊唐書》卷四一《地理志四》維州條載"〔貞觀〕二年,生羌首領董屈占者,請吏復立維州",1690頁。董敦義與董屈占應有聯繫。就姓名而言,"敦義"不似新附生羌,又或爲唐廷賜名。

〔22〕《舊唐書》卷四一《地理志四》有貞觀元年(627)、麟德二年(665)兩次因羌叛而廢州的記載,1690頁。其餘小規模衝突或許更多。

〔23〕杜甫著,仇兆鰲注《杜詩詳注》卷二五,中華書局,1979年,2211頁。

〔24〕參周鼎《羌酋董氏與唐代劍南道西山地域:以新出〈董嘉猷妻郭氏墓誌〉爲綫索》,《九州大学東洋史論集》第44號,2016年,18—19頁;秦伊《安史亂後的劍南政局研究》,復旦大學歷史學系2019年碩士學位論文,39—43頁。

〔25〕《舊唐書》卷一九六下《吐蕃傳下》作"諸將郝宗等",5260頁。按本條紀事凡稱"並""及"者,後均接"州"或"部落",似以"諸州"爲是。

〔26〕《舊唐書》卷一一《代宗紀》,297頁。

〔27〕《法國國家圖書館藏敦煌西域文獻》第15册,上海古籍出版社,2001年,106頁。此寫本研究情况,參榮新江《敦煌本〈貞元十道録〉及其價值》,《中華文史論叢》2000年總第63輯,92—99頁。

〔28〕《舊唐書》卷一一七《崔寧傳》,3398頁。

首先來分析前者。邢玭是現存史料中首位中北路兵馬使[29]，而此前廣爲人知的則是西山都知兵馬使。永泰元年(765)崔旰拒郭英乂、建中四年(783)張朏逐張延賞，皆率西山兵馬起事[30]。儘管建中以後，諸書再無西山兵馬使之名，但出於軍事統轄的客觀需要，這一職位很難被抹除[31]。元和四年(809)成都《蜀丞相諸葛武侯祠堂碑》(下簡稱《武侯碑》)碑陰題名有"西山中北路兵馬使、特進、使持節都督茂州諸軍事、行刺史"李廣誠[32]，大中四年(850)《何溢墓誌》結銜有"使持節都督茂州諸軍事、行茂州刺史、充劍南西川西山中北路兵馬使"[33]。可見"西山中北路兵馬使"在中晚唐例由刺史充任，總領茂州軍事。這難免引人思考其與原先西山兵馬使的關聯。《武侯碑》題名暗示了進一步的綫索：

> 西山南路招討兵馬使、銀青光禄大夫、試殿中監、歸化州刺史、兼女國王、薊縣開國男湯立志[34]

貞元九年七月，東女國國王湯立志率哥隣等八國内附，受封銀青光禄大夫、歸化州刺史，與碑相合[35]。關於西山南路，僅《新唐書・地理志》維州條下載"西山南路有通耳、瓜平、乾溪、侏儒、箭上、谷口六守捉城"[36]，却不明所指。遍檢史

---

[29] 點校本《舊唐書》將"中"字屬上，以邢玭爲"北路兵馬使"，不確。見《舊唐書》卷一四〇《韋皋傳》，3824頁；同書卷一四六下《吐蕃傳下》，5260頁。

[30] 《舊唐書》卷一一七《崔寧傳》，3398—3399頁；《舊唐書》卷一二九《張延賞傳》，3607—3608頁。

[31] 秦伊認爲張延賞斬張朏後取消了西山兵馬使一職，見氏作《安史亂後的劍南政局研究》，50頁。

[32] 陸增祥《八瓊室金石補正》卷六八，《石刻史料新編》第一輯第七册，新文豐出版公司，1982年，5092—5093頁。

[33] 《隋唐五代墓誌彙編・陝西卷》第四册，天津古籍出版社，1991年，134頁。

[34] 陸增祥《八瓊室金石補正》卷六八，《石刻史料新編》第一輯第七册，5093頁。湯立志，諸書或作"湯立悉"，或作"湯立憲"，當以石刻爲正。

[35] 《舊唐書》卷一九七《南蠻傳》，5278—5279頁。同書卷一四〇《韋皋傳》言"皋又招撫西山羌女、訶陵、白狗、逋租、弱水、南王等八國酋長，入貢闕廷"(點校本改"南王"爲"南水"，隱没了判斷此條史源的綫索，此處引用回改爲原貌)，實則僅列六國，3823頁。《宋本册府元龜》卷九七七《外臣部・降附》記"劍南西山羌女、哥隣、白狗、逋租、弱水、南王六國君長率種落款附。悉董國及清遠王、咄霸王皆歸化"，似有六國内附、三國歸化之别，3895頁。此蒙吴玉貴先生提示。

[36] 《新唐書》卷四二《地理志六》，中華書局，1975年，1085頁。維州條本已列有九守捉城，此後又列西山南路六守捉城，且乾溪兩見，均可怪。疑此條拼合了前、後不同時期的文本。

料,王褘《大事記續編》的一段按語頗費思量:

又按:唐茂州號西山中北路。(原注:山自劍門分東西。其西行者,按文、龍之岡,直南至黎、雅,謂之西山。)管内有松、翼、静、宕、悉、當、維、保、霸、恭十州,威戎、通化兩軍,後分維、保、霸、通化爲南路。〔37〕

考《輿地紀勝》引大中十三年《迴車院記》稱茂州"唐號西山中北路"〔38〕,與王褘所言正相吻合,二者當有共同的知識來源〔39〕。建中四年張朏尚任西山兵馬使,"西山中北路"的出現當在此後。易言之,《大事記續編》所載茂州管内十州,實爲徙置後的行州。"後分維、保、霸、通化爲南路"一句,使人聯想到韋皋對内附西山諸國的處置:"西川節度使韋皋處其衆於維、霸、保等州,給以種糧耕牛,咸樂生業。"〔40〕據此,似乎内附種落已遷至三行州,其生計亦由放牧轉爲農耕。考慮到韋皋同年八月便加統押近界羌蠻及西山八國使〔41〕,西山南路招討兵馬使一職,很可能也是因此從西山兵馬使中析置。這不僅是"分維、保、霸、通化爲南路"所隱含的歷史背景,也是西山中北路兵馬使開始活躍的現實原因〔42〕。

不過,唐廷權授湯立志以"招討"銜,並未真正控制西山八國。李德裕曾論大和五年(831)維州歸降一事:

况西山八國,隔在此州,比帶使名,都成虚語。諸羌久苦蕃中征役,願作大國王人。自維州降後,皆云但得臣信牒帽子,便相率内屬。其蕃界合水、棲雞等城,既失險阨,自須抽歸,可減八處鎮兵,坐收千里舊地。〔43〕

吐蕃對岷江西山的控制,是以維州、合水、棲雞等數城爲據點,呈觸角狀展開的。

---

〔37〕 王褘《大事記續編》卷六〇,《四庫提要著録叢書》(史部 6),北京出版社,2010 年,460 頁。疑"宕"爲"柘"之訛。

〔38〕 《輿地紀勝》卷一四九《成都府路・茂州》"風俗形勝",中華書局,1992 年,4011—4012 頁。

〔39〕 二者或均襲自某部唐宋地志,惜未能詳考。苗潤博已注意到《大事記續編》存有相當數量的唐宋佚籍,見氏著《遼史探源》,中華書局,2020 年,130—131 頁。

〔40〕 《舊唐書》卷一九七《南蠻傳》,5279 頁。

〔41〕 《唐會要》卷九九《東女國》,上海古籍出版社,2006 年,2098 頁。《太平寰宇記》卷一七九《四夷八・南蠻四》亦同,中華書局,2007 年,3427 頁。《資治通鑑》卷二三四《唐紀五十》則繫於貞元十年正月,7551 頁。

〔42〕 朱悦梅認爲西山南路爲吐蕃自徼外入唐境之一路,見氏著《吐蕃王朝歷史軍事地理研究》,中國社會科學出版社,2017 年,267 頁。

〔43〕 《舊唐書》卷一七四《李德裕傳》,4524 頁。

一旦維州歸降,觸角便不得不大幅内縮。而在原先西山各州及八國故地,仍活躍着諸多羌部,真正内附務農的不會太多。從逋租、南水等國僅派弟、侄入朝一事,也可見各國王受封後留居舊地纔是實情,這也是其潛通吐蕃、被稱爲"兩面羌"的前提[44]。更重要的是,維州失守導致的地理阻隔,令節度使例兼的"統押近界羌蠻及西山八國使"衹能淪爲虚銜,唐廷與湯立志之間仍屬羈縻關係,"招討兵馬使"則顯得名過於實。

其次是"隴東路兵馬使"。嚴耕望已考隴東在今茂州東北行十八里,爲入石泉之首途[45]。八國歸附後,"西山松州生羌等二萬餘户,相繼内附。其黏信部落主董夢葱,龍諾部落主董辟忽,皆授試衛尉卿"[46],茂州北部已成羌、漢混雜之區。如此看來,隴東所出八千人中,亦當有大量羌兵。元膺等人的出兵路綫頗難索解。《新唐書·韋皋傳》作"元膺出濕山、成溪,臧守至道黎、巂"[47],意即元膺、臧守至分出南北兩道,與諸書迥異。惟成溪、臧守至均無考,權且存疑。

上文考察了貞元末年西山的軍事構造,若上溯至天寶末年,其間變化則更形明顯。天寶十二載(753)吐蕃分六道攻圍保寧都護府五城。彼時西山外側弱水一帶,以保寧都護府轄下萬安等五城爲前哨,以八國招討副使董當等所統"八國子弟""都護武士府健兒"爲藩屏。而内側岷江一帶,又以臨翼郡(翼州)、通化郡(茂州)分統南、北兩路,北路由都知西山子弟兵馬副使、攝臨翼郡太守董郤麴總領静川(静)[48]、蓬山(柘)、歸誠(悉)、江源(當)等"八郡驍勇並蕃漢武士"越蓬婆嶺;南路以同節度副使、都知兵馬使兼通化郡太守譚元受率維川(維)、天保

〔44〕《舊唐書》卷一九七《南蠻傳》,5279頁。

〔45〕嚴耕望《唐代交通圖考》,966—967頁。

〔46〕《舊唐書》卷一九七《南蠻傳》,5279頁。"二萬餘户",《唐會要》卷九九《東女國》及《資治通鑑》卷二三四《唐紀五十》同,分見2098、7551頁。《新唐書》卷二二一上《西域傳上》作"二萬口",6220頁;《太平寰宇記》卷一七九《四夷八·南蠻四》作"二萬餘口",3427頁。標點本《資治通鑑》卷二三四《唐紀五十》言"劍南、西山羌、蠻二萬餘户來降",7551頁。似以爲劍南之蠻、西山之羌分别來降,實際上來降者僅爲西山生羌。

〔47〕《新唐書》卷一五八《韋皋傳》,4935—4936頁。

〔48〕原文"静"字下有一墨釘,可能爲静川郡(静州)或静戎郡(霸州)。霸州由維州析置,與北路其餘各州地理不通,似作静州更妥。

(保)二郡及雲山守捉"健殰三千人"越滴博領〔49〕。不難看出,西山戍防呈現出以保寧都護府爲核心,内外相援、南北掎角的空間結構。

然而肅、代以降,西川相繼喪失對弱水八國、保寧都護府和岷江各州的掌控,邊郡被迫内徙。在崔寧、韋皋的經營下,内附羌落前後相踵,却始終若即若離。綿延數百里間的重層戍衛逐步壓縮,至貞元年間終於集中在茂州一隅。代宗時新置的西山兵馬使曾都統羌、漢,却因權力過於集中而變爲成都的巨大威脅。隨着西山八國的内附,茂州内部逐漸形成了權力分化的新格局:西山兵馬使一職由中北路兵馬使及其南、北軍鎮所取代,汶川的地位上升。儘管中北路兵馬使似乎仍可兼統南、北〔50〕,但此間力量消長,畢竟不可同日而語了。

(二)南部:疆域擴張的虚與實

相比於北境的收縮,南境則在貞元間顯著擴張。如果説彭州鎮静軍是西山的最後一道要塞,邛州鎮南軍則是藩府的南大門。鎮南軍寶應元年(762)始置〔51〕。永泰二年杜鴻漸爲平蜀亂,奏授牙將柏茂林爲刺史,加邛南防禦使,又升節度使〔52〕。儘管此節度區尋廢,但可見當時西川南部駐防的重心所在。此軍的内部結構,在貞元十一年邛崍燈臺題名中仍依稀可見。除兵馬使鄧英俊外,題名中尚有將一人,判官二人,散將一人,總管一人,虞候一人,子將二人,先鋒押官十人,先鋒突將二百二十餘人〔53〕。鎮南軍的戍防壓力,隨着韋皋對巂州的收復當有所減輕,而經略清溪關正是其中鎖鑰。清溪關約在大渡河南八十五里處,屬黎州〔54〕。此關《元和郡縣圖志》《太平寰宇記》均失載,《新唐書·地理志》却

〔49〕《文苑英華》卷六四八,楊譚《劍南節度破西山賊露布》,中華書局,1966年,3334—3335頁。《露布》稱"吐蕃率故洪臘城裹囊功三節度兵馬","囊功"當即"曩貢"或"曩恭","裹"字疑衍。郭聲波已考露布的寫作時間和保寧都護府的置廢,見《唐弱水西山羈縻州及保寧都護府考》,《中國史研究》1999年第4期,88—90頁。

〔50〕《新唐書》卷二二二上《南蠻傳上》記貞元十七年"皋遣將邢毗以兵萬人屯南、北路,趙昱萬人戍黎、雅州",6278頁。"邢毗"當爲"邢玭"之訛。

〔51〕《舊唐書》卷一一《代宗紀》,271頁。

〔52〕同上書,282—283頁。

〔53〕陳尚君輯校《全唐文補編》卷五五,羅佳胤《□□□燈臺贊》,中華書局,2005年,662頁。

〔54〕嚴耕望與方國瑜幾乎同時考察了清溪關地望。嚴氏認爲清溪關貞元時在大渡河南不遠,咸通時已徙至河南二百里處。惜其誤將《新唐書》永安至臺登"二百二十里"看作"一百二十里",又將黎州起點誤定於潘倉驛、黎武城,導致結論稍失,見氏著《唐代交通圖考》,1191—1197頁。此從方國瑜説,見氏著《中國西南歷史地理考釋》,531—538頁。

將其置在巂州下,令人費解[55]。清溪之戰凡兩見史載,其一爲貞元四年十月:

然吐蕃業已入寇,遂分兵四萬攻兩林、驃旁,三萬攻東蠻,七千寇清溪關,五千寇銅山。皋遣黎州刺史韋晋等與東蠻連兵禦之,破吐蕃於清溪關外。……吐蕃恥前日之敗,復以衆二萬寇清溪關,一萬攻東蠻;韋皋命韋晋鎮要衝城,督諸軍以禦之。嶲州經略使劉朝彩出關連戰,自乙卯至癸亥,大破之。[56]

唐於貞元五年收復臺登[57],十三年方復巂州[58],交戰時清溪關尚爲南疆所在。所謂"巂州"當是寄治行州,因此巂州經略使劉朝彩纔會受黎州刺史韋晋的都統。咸通十年(869):

十一月,南詔蠻驃信坦綽酋龍率衆二萬寇嶲州。定邊軍節度都頭安再榮守清溪關,爲賊所攻,再榮退保大渡河,北去清溪關二百里,隔水相射,凡九日八夜。[59]

大和六年嶲州徙治臺登[60],咸通六年復没南詔[61],故此處"寇嶲州"亦非巂州故地。《新唐書》在補寫時,很可能誤解了上述史事中清溪關與巂州的關係,致使記載疏失。

西川在邛南對吐蕃的優勢,是韋皋長期綏服諸蠻、争取南詔所致[62]。而邛南地闊千里,深險連綿,非漢族群層次不一,在防禦體系中的作用也高下各異,西川如何控御這些蕃部呢?《册府元龜》載:

又令邛州鎮南軍使、御史大夫韋良金發鎮兵一千三百進軍;雅州經略使路惟明與三部落主趙日進等率兵三千進攻吐蕃逋租、偏松等城;黎州經略使

[55]《新唐書》卷四二《地理志六》,1083頁。

[56]《資治通鑑》卷二三三《唐紀四十九》,7516頁。

[57]《舊唐書》卷一九六下《吐蕃傳下》,5256—5257頁。

[58]《舊唐書》卷一三《德宗紀下》,385頁。

[59]《舊唐書》卷一九上《懿宗紀》,672—673頁。方國瑜已考"北去清溪關二百里"里程有誤,見氏著《中國西南歷史地理考釋》,531—538頁。

[60]《舊唐書》卷一七下《文宗紀下》,545頁。

[61]《資治通鑑》卷二五〇《唐紀六十六》,8111頁。

[62] 王忠《新唐書吐蕃傳箋證》,科學出版社,1958年,120—122頁;王永興《論韋皋在唐和吐蕃、南詔關係中的作用》,《北京大學學報》1988年第2期,39—47、78頁;查爾斯·巴克斯著,林超民譯《南詔國與唐代的西南邊疆》,105—110頁。

王有道率三部落主郝全信等兵二千過大渡河,深入吐蕃界;巂州經略使陳孝陽與行營兵馬使何大海、韋義等,及磨些、□蠻三部落主苴那時等,率兵四千進攻昆明、諸濟城。[63]

四州當中,雅州諸蠻錯居的情況最爲複雜。"三部落主趙日進"今已無迹可尋,不過依當地部族分佈仍可推知大概。《太平寰宇記》録有雅州四十六吐蕃羈縻州及貞元間投降的七個吐蕃部落[64],後者除貞元十六年來降的吐蕃國師馬定德外[65],可考者尚有高萬唐。《太平寰宇記》述其爲"吐蕃會野首領、籠官",《舊唐書》則載:

(貞元)十二年,韋皋於雅州會野路招收得投降蠻首領高萬唐等六十九人,户約七千,兼萬唐等先受吐蕃金字告身五十片。[66]

原來,高萬唐實爲依附吐蕃的蠻酋。所謂"吐蕃部落",乃是經吐蕃告身命官的蠻落。據姓名推測,其餘六部除嵬龍城首領鑠羅莽酒以外,大概都是與高萬唐相似的蠻酋。他們被安置於雅州西面的和川、夏陽兩路,以首領襲刺史[67],充當了防備吐蕃的藩屏。

此外,邛、雅、黎之間還活躍着一群被稱作"三王蠻"的部落。《新唐書·南蠻傳》稱"西有三王蠻,蓋莋都夷白馬氏之遺種。楊、劉、郝三姓世爲長,襲封王,謂之'三王'部落"[68],前引"三部落主郝全信"當即郝姓蠻王。貞元十九年德宗曾"授黎州廓清道蠻首領、襲恭化郡王劉志寧試太常卿"[69],劉志寧大概也是

〔63〕《宋本册府元龜》卷九八七《外臣部·征討六》,3962頁。

〔64〕樂史《太平寰宇記》卷七七《劍南西道六·雅州》,1554—1558頁。《新唐書》卷二二二下《南蠻傳下》言雅州西"凡部落四十六",然僅列四十二州,較《太平寰宇記》少斜恭、百頗、會野、當仁,又"昌磊"作"昌逼","鉗并"作"鉗井","名配"作"名耶","木燭"作"不燭",6323頁。

〔65〕馬定德的身份,諸書或作"籠官",或作"國師"。《太平寰宇記》卷七七《劍南西道六·雅州》載"吐蕃國師馬定德並籠官馬德唐等部落,在欠馬州安置",1555頁。可知馬定德當爲國師。

〔66〕《舊唐書》卷一九七《南蠻傳》,5284頁。

〔67〕《新唐書》卷二二二下《南蠻傳下》,6323頁。

〔68〕同上。

〔69〕《舊唐書》卷一九七《南蠻傳》,5284頁。"劉志寧",《册府元龜》卷九七六《外臣部·褒異三》作"劉志遼",中華書局,1960年,11463頁。《大明一統志》卷七三《黎州安撫司》載"三王墓,在故漢源縣東五里。唐史載,邛黎之間有三蠻王,使伺南詔。其初,劉志遼爲恭化郡王,郝全信爲和義郡王,楊清遠爲遂寧郡王。然莫知所封始,卒葬於此",然未知何據,三秦出版社,1990年,1136頁。《輿地紀勝》卷一四七《成都府路·雅州》"古迹"亦有三王冢,3986頁。

三王之一[70]。有趣的是,三王部落頗善利用地理優勢依違謀利:

邛黎之間有淺蠻焉,世襲王號曰劉王、楊王、郝王。歲支西川衣賜三千分,俾其偵雲南動静,雲南亦資其覘成都盈虚,持兩端而求利也。每元戎下車,即率界上酋長詣府庭,號曰參元戎,上聞自謂威惠所致。其未參間,潛稟於都押衙,且俟可否。或元戎慰撫大將間,稍至乖方,即教其紛紜。時帥臣多是文儒,不欲生事,以是都押賴之,亦要姑息,蠻蜑憑陵,若無亭障,抑此之由也。[71]

西川與南詔均重賜三王求取情報,足見其與漢地關係之密切。三王"率界上酋長詣府庭",表明其下轄有許多分支部落。他們與都押衙私相授受、要挾節帥,不當早於唐與南詔交惡的大和年間。不過唐廷封王給官、重賜厚賞的策略成效幾何,很值得懷疑。

嶲州"磨些、□蠻三部落主苴那時",《舊唐書·吐蕃傳》作"磨些蠻三部落主苴那時",同書《韋皋傳》作"磨些蠻、東蠻二部落主苴那時",各有參差[72]。東蠻爲邛南勿鄧、豐琶、兩林三部落的統稱,每部各有大鬼主,共推兩林爲長,號都大鬼主。苴那時爲兩林蠻酋,自然成爲東蠻的都大鬼主[73]。因此《册府元龜》所泐當爲"東"字,此字亦爲《舊唐書·吐蕃傳》所脱。《舊唐書·韋皋傳》"二"當爲"三"之訛,抑或其抄綴舊史時將東蠻視作一部,故改"三"爲"二"。在衆多非漢族群中,東蠻的政治發育最爲成熟,其向背常常關乎西川經略吐蕃、南詔的成敗。故而韋皋在其都大鬼主之上,又設三部落總管一職,以嶲州刺史兼領[74]。

一個不易察覺的現象是,韋皋時代南部數州的外鎮軍使、經略使未必由刺史充任。貞元十七年的鎮南軍使韋良金,元和四年時已兼任邛州刺史,然而貞元末

[70] 《新唐書》卷二二二下《南蠻傳下》於三王部落前,又記"南路有廓清道部落主三人",恐爲一事重出,6323頁。

[71] 孫光憲撰,賈二强校點《北夢瑣言》逸文卷二,中華書局,2002年,395頁。本條下文稱王建末年斬三王,與《資治通鑑》卷二六九《後梁紀四》所載前蜀永平五年(915)斬"黎、雅蠻酋劉昌嗣、郝玄鑒、楊師泰"相合,此舉反收"南詔不復犯邊"之效,8786頁。

[72] 分見《舊唐書》卷一九六下《吐蕃傳下》,5260頁;《舊唐書》卷一四〇《韋皋傳》,3824頁。

[73] 《新唐書》卷二二二下《南蠻傳下》,6317—6318頁。

[74] 王永興《論韋皋在唐和吐蕃、南詔關係中的作用》,42頁。

年的刺史却是崔從[75]。同樣,嶲州經略使陳孝陽,元和四年時已兼任本州刺史[76]。《册府元龜》稱"〔元和〕七年十二月,贈故嶲州刺史陳孝陽洪州大都督,旌善狀也"[77],又有"陳孝陽爲嶲州刺史,領二十餘年,蠻夷愛之"[78]。若以陳孝陽卒於元和七年推算,他最晚貞元八年已爲嶲州刺史。然而貞元七至八年嶲州刺史爲蘇峞[79],十二年或十三年爲曹高任[80],皆可證前引之訛。又如蘇峞,諸史各稱其爲嶲州刺史、嶲州總管、三部落總管、别將,獨無經略使[81]。如果考慮到貞元四年至五年嶲州經略使劉朝彩曾兩次擊退吐蕃的事實[82],不難看出本州的刺史與經略使很可能是分别任命的。

總而言之,邛南千里之間雖然錯落着大量統屬不一的非漢族群,西川可以直接控制的,衹是其中政治發育較爲成熟的少數。唐廷以世襲刺史的蠻酋管理雅州的吐蕃羈縻州;採取策嗣蠻王和重賞厚賜的方式求取於黎州的三王蠻;對東蠻三部則封王賜印,藉以應對南詔和吐蕃,態度最爲謹慎。越往南,蠻落的戰略意義就越顯重要,而唐廷對其的控制力也越弱。因此,儘管韋皋極大拓展了南方的疆域,但這種疏密不一、以異族向背爲基礎的擴張,却頗顯豐墻峭址。四年以後,治蜀二十一年的韋皋繼德宗而歿,彼時的支度副使劉闢就是繼承着這樣一份遺産,登上了歷史的舞台。

---

〔75〕《舊唐書》卷一七七《崔從傳》載"西川節度使韋皋開西南夷,置兩路運糧使,奏從掌西山運務,後權知邛州事。及皋薨,副使劉闢阻命,欲併東川,以謀告從",4578 頁。參郁賢皓《唐刺史考全編》,安徽大學出版社,2000 年,3089 頁。

〔76〕 韋良金、陳孝陽任刺史並見陸增祥《八瓊室金石補正》卷六八《蜀丞相諸葛武侯祠堂碑》,《石刻史料新編》第一輯第七册,5092 頁。

〔77〕《宋本册府元龜》卷一四〇《帝王部·旌表四》,188 頁。

〔78〕《宋本册府元龜》卷六七八《牧守部·興利》,2318 頁。

〔79〕 樊綽撰,向達校注《蠻書校注》卷一《雲南界内途程第一》,中華書局,2018 年,35 頁。《資治通鑑》卷二三三《唐紀四十九》繫蘇峞將兵至琵琶川在七年末,7525 頁;同書卷二三四《唐紀五十》繫斬夢衝在八年二月,7526 頁。

〔80〕 郁賢皓《唐刺史考全編》,3127 頁。

〔81〕 分見《蠻書校注》卷一《雲南界内途程第一》,35、105 頁;《新唐書》卷二二二下《南蠻傳下》,6318 頁;《資治通鑑》卷二三三《唐紀四十九》,7525 頁;《新唐書》卷一五八《韋皋傳》,4935 頁。

〔82〕 四年事見《資治通鑑》卷二三三《唐紀四十九》,7516 頁;五年事見《新唐書》卷二二二下《南蠻傳下》,6317 頁。

二、劉闢叛亂的軍事力量

劉闢阻兵的經過，史料記載得相當凌亂。陸揚特别以克復梓州爲憲宗態度的轉折點，細緻梳理了平叛的前後兩個階段[83]。這一識斷，對於理解事件的性質和雙方的行爲邏輯，無疑十分關鍵。不過，學界以往認爲西川出兵劍州與攻圍梓州均在劉闢獲得旌節之後，却是不準確的。這一細節關涉兩川軍事衝突的誘因和叛軍力量的構成，有必要稍作説明。

唐廷降節鉞在永貞元年（805）十二月十四日[84]，消息到達西川已是月末。而次月二十二日，山南西道都將嚴秦便已收復劍門，斬僞授刺史文德昭[85]。若出兵晚在獲取旌節之後，意味着數日之内劍州便得而復失，有悖常理。考柳宗元《劍門銘》：

> 〔山南西道節度使嚴礪〕乃遣前軍嚴秦，奉揚王誅，誕告南土。十一月，右師逾利州，蹈寇地，乘山斬虜，以遏奔衝。左師出於劍門，大攘頑嚚，諭引劫脅，蟻潰鼠駭，險無以固，收奪利地，以須王師。[86]

柳文所述出師時間，歷來注家或改作二月，或改爲十二月[87]。然而元和元年正月《招諭討劉闢詔》稱，劉闢在得旌節之前已"因虚搆隟，以忿報讎，遂勞三軍，兼害百姓"[88]。韋乾度亦稱"詔命初下，東川之圍未解"[89]。這些都説明侵擾劍州在詔命之前，柳文的記述是符合事實的。嚴礪神道碑稱碑主"毅然飛章，條上方略，請以漢中之師，率先進取"[90]，也與柳文相合。實際上，兩川的軍事衝突

---

〔83〕 陸揚《清流文化與唐帝國》，35—36頁。

〔84〕 《舊唐書》卷一四《憲宗紀上》，413頁。

〔85〕 《文苑英華》卷五六八，楊於陵《賀收劍門表》，2914頁。"文德昭"，原作"武德昭"，此從《權德輿詩文集》卷一五《嚴礪神道碑》，244頁；《資治通鑑》卷二三七《唐紀五十三》，7627頁。陸揚考訂了收復劍州時間的不同記載，見《清流文化與唐帝國》，37頁。

〔86〕 柳宗元撰，尹占華、韓文奇校注《柳宗元集校注》卷二〇，中華書局，2013年，1366頁。

〔87〕 同上書，1367—1368頁。

〔88〕 《唐大詔令集》卷一一八，中華書局，2008年，622頁。

〔89〕 《唐會要》卷八〇《謚法下》，1744頁。

〔90〕 《權德輿詩文集》卷一五《嚴礪神道碑》，244頁。

可能開始得更早。正如學者所言,東川在韋皋死後的行爲相當挑釁〔91〕,即所謂"東川無狀,横相猜忌,破表焚牋,封山掠騎"〔92〕。而幕僚符載"屢犯鋒鋩,幾經憂畏"的感嘆,似乎暗示着西川並無優勢〔93〕。總之,侵擾劍州與攻圍梓州的性質並不相同。嚴秦收復劍門時"破賊五千",應該不是西川的精鋭力量。

阻兵伊始,劉闢還曾主動遣軍從瀘州順江而下,"騷黔、巫,脅荆、楚",被荆南節度使裴均發三千精甲擊潰〔94〕。據説憲宗猶疑未定時,李吉甫曾密諫廣徵江淮之師,路由三峽,以分蜀寇之力〔95〕,這或許是劉闢想要搶先控制沿江局勢、不惜腹背受敵的現實原因。這次衝突應早於北方的對峙,東下黔、巫的部隊大概衹是試探性的力量。

令人意外的是,對東川的大舉用兵剛開始就遭到了來自内部的重挫:

> 副使劉闢阻命,欲併東川,以謀告從。從以書諭闢,闢怒,出兵攻之,從嬰城拒守,卒不從之。〔96〕

崔從自西山運糧使改攝邛州刺史,未及正授便值此變故〔97〕。他的反對立刻解除了劉闢對鎮南軍的控制。更嚴重的是,邛州嬰城拒守不僅迫使成都分兵與之拉鋸,而且阻斷了雅、黎、巂等州北援的路綫。早在天寶年間,劍南西重東輕的駐防特點就十分明顯,其管内東側數州雖然面積遼闊,軍事意義却並不顯著〔98〕。

---

〔91〕 陸揚《清流文化與唐帝國》,30頁。

〔92〕 《文苑英華》卷九八六,符載《爲劉尚書祭王員外文》,5186頁。

〔93〕 同上。

〔94〕 《新唐書》卷一〇八《裴均傳》,4091頁。

〔95〕 《舊唐書》卷一四八《李吉甫傳》,3993頁。

〔96〕 《舊唐書》卷一七七《崔從傳》,4578頁。

〔97〕 同上。陸揚曾辨析西川文僚許季同、段文昌等人對劉闢的反對,見氏著《清流文化與唐帝國》,26頁。此外,華陽縣主簿充節度推官相里弘"危言抗憤,勸令歸朝,忿不顧身,觸死非一",後詔授醴泉縣尉,見《西安碑林博物館新藏墓誌續編》,陝西師範大學出版總社,2014年,484頁。類似的是推官林蘊面斥劉闢,出爲唐昌縣尉,名重京師,見《新唐書》卷二〇〇《林蘊傳》,5719—5720頁。支度判官韋乾度亦自稱抗命被逐,見《唐會要》卷八〇《謚法下》,1744頁。

〔98〕 在有關天寶緣邊十節度統兵的記載中,劍南軍鎮全部分處西部各州。《新唐書》卷四二《地理志六》於東部大多數州下亦無軍鎮可補,僅嘉州有二十二鎮兵、戎州有十一鎮兵,然大多無迹可考,少數爲乾符時方置,1080—1092頁。崔寧鎮蜀時,瀘州楊子琳曾兩次舉兵,但其本爲歸降的瀘南賊帥,麾下多爲新募山洞群盗,並非常設正規軍。即便這一力量在元和時仍存,也應守備江淮之師,難以北上赴援。見《宋本册府元龜》卷一七六《帝王部·姑息》,420頁。

如此一來,成都有效掌控的戰略要地僅剩茂州與彭州,這爲進一步理清叛亂所依靠的軍事力量創造了可能。

在西蜀鎮將中,邢泚非常值得留意。他在王師自閬州西進的途中"遁歸",使高崇文得以順利屯駐梓州〔99〕,應是攻陷東川的主要將領。韋乾度曾道及這批軍隊的由來:"乃召募亡命,兼收管内鎮兵,張皇虚聲,熒惑郡縣,發兵七千,馬畜三萬,號爲十五萬人。"〔100〕可知邢泚所統除新募外,主要是支郡兵和"管内鎮兵"。他第二次出現,已是被高崇文斬殺時:"先是,賊將邢泚以兵二萬爲鹿頭之援,既降又貳,斬之以徇。"〔101〕朝叛雙方在鹿頭的交鋒始於六月〔102〕,距高崇文入屯梓州已近百日,而邢泚的部隊竟增至二萬人。這不僅説明鹿頭之戰是劉闢真正對抗朝廷的開始,也顯示出邢泚在汲取兵源上非同一般的能力。

如果稍加回顧,就會發現邢泚與前述西山中北路兵馬使"邢玼"很可能是同一人。這一猜想可以被鹿頭之戰中士兵的身份所證實。張仲素《賀破賊表》言"又西川賊於鹿頭城投降都虞候郝同美説,賊城精兵不下數百人,其餘一二千悉是子弟"〔103〕,"子弟"顯係西山羌兵。張仲素上表約在八月六日後〔104〕,雙方於鹿頭僵持已久。表稱"前後殺獲已僅三萬餘人",可見參戰子弟不在少數。不僅如此,史料中還有羌人將領的痕迹:"嚴秦爲山南西道節度使。元和元年,破劉闢賊二千於神泉縣,生擒遊奕將牛文悦。"〔105〕遊奕將牛文悦,《册府元龜》卷四三四又記其身份爲"蠻將"〔106〕,透露出神泉的防守正由羌族將領負責〔107〕。在劉闢求

〔99〕《舊唐書》卷一〇一《高崇文傳》,4052頁。《新唐書》卷一七〇《高崇文傳》則説"賊將邢泚退守梓州",應是對舊史的誤讀,5162頁。

〔100〕《唐會要》卷八〇《謚法下》,1744頁。

〔101〕《舊唐書》卷一〇一《高崇文傳》,4053頁。對"既降又貳"的發微,參陸揚《清流文化與唐帝國》,32頁。

〔102〕《舊唐書》卷一四《憲宗紀上》,417頁。

〔103〕《文苑英華》卷五六八,張仲素《賀破賊表》,2915頁。

〔104〕文稱"自六月十日後,鹿頭城下、石碑谷口前後殺獲已僅三萬餘人。今月六日又於鹿頭城下殺賊二百餘人,兼奪得一柵",則應作於七月後、八月阿跌光顔切斷糧道前。從殺獲人數來看,似作八月更妥。

〔105〕《册府元龜》卷三五九《將帥部・立功十二》,4262頁。嚴秦爲嚴礪部將,不當記作節度使。

〔106〕《册府元龜》卷四三四《將帥部・獻捷》,5161頁。

〔107〕稱羌爲蠻,參周鼎《羌酋董氏與唐代劍南道西山地域:以新出〈董嘉猷妻郭氏墓誌〉爲綫索》,《九州大学東洋史論集》第44號,2016年,3—10頁。

雪不果後,包含大量羌人的西山兵被進一步調動,由邢泚率領陸續抵達鹿頭一綫,成爲抵抗王師的關鍵力量。高崇文克復成都後立刻斬殺邢泚,固然與後者的反覆有關,然而作爲鎮内最具威脅的悍將,中北路兵馬使的身份恐怕纔是邢泚不被赦免的真正原因[108]。

在西山援軍趕赴前,都統鹿頭軍隊的是守將仇良輔。其統兵數量,諸書頗有參差。《舊唐書·高崇文傳》説"舉城降者衆二萬",《資治通鑑》言"降者萬計",高崇文神道碑則稱"率四萬餘人"[109]。神道碑的數字大概是邢泚援軍以及前後在神泉、玄武一帶受降人數的總和。鹿頭關在平日雖有一定的戍防力量[110],但不當有數萬之多,仇良輔恐怕還統有不少增援部隊。直接證明其來源十分困難,以下僅做一推測。經過上文的層層剥除,能迅速徵集大量兵力的地區,僅剩彭州鎮静軍一處。劉闢循彭州西奔吐蕃,行至羊灌田投江不死,被俘時僅數十騎隨身[111]。羊灌田所在的灌口正是鎮静軍駐地,此時却無一兵一卒可擋,其軍力可能早已被抽調鹿頭。克平鹿頭的首將高霞寓以功拜彭州刺史,似乎也隱約透露出所收降部與彭州的聯繫[112]。

鹿頭八栅中,綿江栅西扼河口,是饋運糧草的樞紐。因此一旦阿趺光顔深入江邊,此栅便迅速破潰[113]。綿江栅將李文悦帶有"奉天定難功臣"之號,建中時當爲禁軍或朔方軍將士[114]。而奉天亂離時孤守隴州的韋皋,在德宗還京後以功徵拜左金吾衛將軍,尋遷大將軍,亦由鳳翔轉入了禁軍[115]。李文悦自關中入蜀,或許便以貞元元年韋皋出鎮爲契機。綿江栅將顯非無名之輩堪任,李文悦在

[108] 赦免叛將,見《唐大詔令集》卷一二四《平劉闢詔》,665頁。

[109] 《舊唐書》卷一五一《高崇文傳》,4052頁;《資治通鑑》卷二三七《唐紀五十三》,7636頁;《文苑英華》卷八九二,韋貫之《南平郡王高崇文神道碑》,4697頁。

[110] 《舊唐書》卷一二九《張延賞傳》載建中四年,張延賞曾以鹿頭戍將叱干遂所部,逐殺叛將張朏,3607—3608頁。

[111] 劉闢敗走路綫的考訂,參嚴耕望《唐代交通圖考》,996—997頁。

[112] 《舊唐書》卷一六二《高霞寓傳》,4249頁。此外,鹿頭還出現了韋皋舊署討擊使杜思温,似當來自衙軍,見《太平廣記》卷一四九《杜思温》,中華書局,1961年,1074頁。

[113] 《舊唐書》卷一五一《高崇文傳》,4052頁。

[114] 陸增祥《八瓊室金石補正》卷六八《蜀丞相諸葛武侯祠堂碑》,《石刻史料新編》第一輯第七册,5092頁。關於"奉天定難功臣"的賜予對象,參黄樓《唐德宗"奉天定難功臣""元從奉天定難功臣"雜考》,《碑誌與唐代政治史論稿》,科學出版社,2017年,152—154頁。

[115] 《舊唐書》卷一四〇《韋皋傳》,3821—3822頁。

貞元年間的歷次戰役中均未出現,很可能曾任衙内軍將等職。事實上元和四年時,他也確實以左厢都押衙的身份位居幕府武職之首〔116〕。

關於韋皋晚年西川衙軍的面貌,及其在藩府局勢變動中的作用,僅據現有材料尚不足以做出明確判斷。不過劉闢與鎮内軍將的關係頗耐人尋味。據説韋皋死後,西川"門庭倉促,軍旅沸渭""師漏於涓滴,釁成於波瀾",寫下"顧此孱虚,實憂隕墜"的符載也表現得相當憂慮〔117〕。另一方面,仇良輔似乎並没有得到足够的信任,這從劉闢特意委派自己的兒子劉方叔和子婿蘇强充當監軍便可見一斑〔118〕。同樣,郝同美投降後,全家亦慘遭屠戮〔119〕。雖説此時劉闢佐幕西蜀已達二十年之久〔120〕,但他與軍將的關係遠不及韋皋密切。貞元時代的西川,向來被今人視作内部結構相當穩定的奥區,不過唐人對此却有另外一種認識:

> 韋太尉在西川,凡事設教。軍士將吏婚嫁,則以熟彩衣給其夫氏,以銀泥衣給其女氏,又各給錢一萬;死葬稱是,訓練稱是。内附者富贍之,遠來者將迎之。極其聚斂,坐有餘力,以故軍府浸盛,而黎甿重困。及晚年爲月進,終致劉闢之亂,天下譏之。〔121〕

李肇這段描述意涵頗豐,司馬光即據此認爲韋皋"以是得久安其位而士卒樂爲之用"〔122〕。西蜀的聚斂想必給人留下了相當深刻的印象,以至於時人普遍相信劉闢之所以作亂,就在於對財貨的倚仗〔123〕。這裏要先對西川的財税情况稍加説明。唐前期劍南道的貢賦與玄宗以後乘輿幸蜀的現實,常常令人誤以爲西川

〔116〕 陸增祥《八瓊室金石補正》卷六八《蜀丞相諸葛武侯祠堂碑》,《石刻史料新編》第一輯第七册,5092 頁。

〔117〕《文苑英華》卷九八六,符載《爲劉尚書祭王員外文》,5186 頁;《文苑英華》卷七一一,符載《九日陪劉中丞賈常侍宴合江亭序》,3671 頁。

〔118〕《舊唐書》卷一五一《高崇文傳》,4052 頁。

〔119〕《册府元龜》卷一四〇《帝王部・旌表四》,1691 頁。

〔120〕《文苑英華》卷八一〇,符載《五福樓記》,4280 頁。

〔121〕 李肇撰,聶清風校注《唐國史補校注》卷中,中華書局,2021 年,122 頁。

〔122〕《資治通鑑》卷二三六《唐紀五十二》,7620 頁。

〔123〕 參陸揚《清流文化與唐帝國》,23 頁。《新唐書》卷一四六《李吉甫傳》亦稱"昔韋皋蓄財多,故劉闢因以構亂",4738 頁。本於實録的《舊唐書》卷一四〇《韋皋傳》則評價更低,稱"故劉闢因皋故態,圖不軌以求三川,厲階之作,蓋有由然",3826 頁。

是中晚唐中央重要的賦税來源甚或經濟命脈〔124〕。這種認識忽略了税收、上供和進奉的區别。齊勇鋒曾考察劍南道兩税上供情況,認爲文德元年(888)陳敬瑄與王建相攻前,劍南一直是唐廷的財賦來源〔125〕。檢核其論,奉天之難時西川所輸爲"貢奉",而非上供〔126〕。元和二年確有蠲放上供一事,但恰恰反映的是憲宗平叛後對西川財權的重新控制〔127〕。平叛後,中央分别規定了三川兩税的蠲免方式,其中東川"元和二年上供錢物並放,留州、留使錢委觀察使量事矜減",山南"元和二年上供錢量放一半",均有上供定額。而西川則但稱"其兩税錢等,委本道觀察使量與矜減",當道兩税錢全委觀察使自行處置,表明此前似乎並無確定的上供額〔128〕。崔寧在蜀十四年間"貢賦所入,與無地同"〔129〕,這一慣例在韋皋時代恐怕仍被因襲。興元以來,地方節度競爲進奉,聚斂之財"十獻其二三耳,其餘没入,不可勝紀"〔130〕,對租税的控制外加較高的税額〔131〕,正是韋皋得以厚撫屬下的前提。

乍一看,這似乎衹是中晚唐藩鎮"驕兵化"進程中一個不起眼的例子〔132〕。但若仔細分析,西川又與兩河、江淮等典型藩鎮頗爲不同。首先,魏博、武寧等軍的"豐給厚賜",起初是爲了對抗中央,士卒的壯大却引發了與節度使的對立〔133〕。而韋皋則"凡事設教",通過婚嫁、死喪、訓練等特定場合下豐厚却有條

---

〔124〕 如岑仲勉《隋唐史》,中華書局,1982 年,378 頁;馮漢鏞《唐代劍南道的經濟狀況與李唐的興亡關係》,《中國史研究》1982 年第 1 期,79—92 頁。

〔125〕 齊勇鋒《中晚唐賦入"止於江南八道"説辨疑》,《唐史論叢》第 2 輯,陝西人民出版社,1987 年,86—88 頁。

〔126〕 《舊唐書》卷一二九《張延賞傳》,3608 頁。

〔127〕 《宋本册府元龜》卷四九一《邦計部・蠲復三》,1218 頁。

〔128〕 同上。

〔129〕 《舊唐書》卷一一七《崔寧傳》,3401 頁。

〔130〕 《舊唐書》卷四八《食貨志上》,2088 頁。

〔131〕 《册府元龜》卷四八八《邦计部・赋税二》載,"〔貞元〕八年四月,劍南西川節度使韋皋請加税十二以增給官吏,從之",5833—5834 頁。

〔132〕 參王賽時《唐代中後期的軍亂》,《中國史研究》1989 年第 3 期,92—101 頁;仇鹿鳴《劉廣之亂與晚唐昭義軍》,《長安與河北之間:中晚唐的政治與文化》,北京師範大學出版社,2018 年,253—260 頁。

〔133〕 堀敏一《唐代藩鎮親衛軍的權力結構》,劉俊文主編《日本學者研究中國史論著選譯》第四卷,中華書局,1992 年,597 頁。

件的賞賜,與下屬建立起私人紐帶。其次值得注意的是賞賜對象。在魏博、武寧等地,牙軍是藩鎮兵力的核心,隨着他們漸趨跋扈,節帥不得不培植更加精悍的親兵充當侍衛〔134〕。然而,由於前述西川地緣格局和防禦體系的複雜性,此時的牙軍不易發育爲一支地位特殊的軍事力量,史料中也未見類似"牙軍—隨身親兵"重層結構的痕迹。韋臯優賞的"軍士、將吏"未必有明顯的分化,節帥與將、兵之間更多是一種直接而普遍的聯繫。

那么,劉闢就戮前聲稱"臣不敢反,五院子弟爲惡,臣不能制"〔135〕,又該如何解釋呢?陸揚已經揭示出,此語是借貞元以來藩鎮擅權的慣有模式爲自己開脱的遁辭,劉闢權力的真正基礎源自監軍與韋臯的默契〔136〕。韓愈用一段充滿諷刺的刻畫,揭破了"五院子弟爲惡"的真正含義:

> 開庫啗士,曰隨所取,汝張汝弓,汝鼓汝鼓,汝爲表書,求我帥汝。〔137〕

劉闢重金收買軍將,使其爲己邀求旄鉞,體現出的是藩帥的主導,而非衙軍的威脅。該策略頗收成效,不但穩定了内部局勢,也迫使唐廷做出了妥協。從外部來看,這當然是德宗曾默許的政治慣例的重演。但在西川節帥更替的内在脈絡中,它又相當特殊。經過韋臯二十餘年的經營,軍將與節帥的經濟關繫逐漸强化了。當韋臯無可動摇的個人權威隨着他的去世而突然崩解,繼任者要想穩定軍情,不僅要取得合法性,也必須遵守"推大誠,布大賞"的規則〔138〕。

最後,不妨稍稍偏離事件本身,對衙兵問題再做一些推考。松井秀一發現,在高駢入蜀前,西川長期不見上替下陵的叛亂,與江淮判然兩别。松井將其歸因於將卒實力的寡弱、地域主義和武人層自覺意識的缺乏。爲了應對南詔頻繁的侵襲,西川採取多種方式强化了軍事力量。這導致民衆供軍負擔增大,階層分化加劇。同時,武人勢力上升並與土豪結合,促進了地域和階層意

〔134〕 堀敏一《唐代藩鎮親衛軍的權力結構》,劉俊文主編《日本學者研究中國史論著選譯》第四卷,中華書局,1992年,604頁。

〔135〕《舊唐書》卷一四〇《劉闢傳》,3828頁。

〔136〕 陸揚《清流文化與唐帝國》,24—26、54頁。

〔137〕 韓愈著,錢仲聯集釋《韓昌黎詩繫年集釋》卷六《元和聖德詩》,上海古籍出版社,1984年,627—628頁。

〔138〕《文苑英華》卷七一一,符載《九日陪劉中丞賈常侍宴合江亭序》,3671頁。

識的萌生[139]。松井所勾連的綫索暫且不論,在此僅就軍亂的表現形式略做補充。大和三年南詔入寇向來被視作一次性質單純的外族入侵,然而其間緣由却並不尋常:

> 杜元穎出相爲西川節度使,減削軍食,以務畜取,人頗苦之。於西、南兩路防守戍卒,悉大爲減省衣糧給與,又不以時代。其戍卒饑寒者,反取給於蠻戎。成都府動静好惡,蜀人反爲蠻之鄉導。以是寇及子城,元穎方覺知。[140]

韋皋優撫士卒的做法曾被他的後繼者所沿襲[141],而杜元穎却與這一傳統扞格不入。節帥刻剥軍食遭將士逐殺的事例,在中晚唐屢見不鮮,而將士引南詔入侵,實質上是藩鎮"經濟性騷亂"在特殊環境下的變體。向前追溯,早在劉闢叛亂的時代,西川上替下陵的威脅就已經發萌了。

三、元和時代西川軍政結構的變遷

同樣阻命鹿頭的大將李文悦、仇良輔,命運却與邢泚判若霄壤。學者注意到二人此後均預平淮西[142],而其在平叛後的沉浮仍待考索。其實,李、仇二人的命途遵循了憲宗處置投誠將領的一種模式,而這又與西川軍事結構的變遷密切相關。

一個常被忽視的細節是,李文悦與仇良輔歸款後立刻被高崇文授予兵權,變爲平叛的前驅[143]。成都甫一底定,二人又立刻受任戎州、簡州刺史[144]。雖説兩州在西川並非軍事要地,但以降將之身出典大郡也頗可矚目。這樣的任命大

[139] 參松井秀一《唐代後半期の四川——官僚支配と土豪層の出現を中心として》,54—64頁。

[140] 《册府元龜》卷四三七《將帥部·失士心》,5193頁。

[141] 如元和十年李夷簡在任時,王懷珍墓誌有"嘆不候得元戎醫術",節帥對有疾軍將當有所照顧。長慶二年段文昌在任時,姚偁墓誌稱"自寢疾至於奄坎,皆元戎給賵,族以爲榮",則與韋皋"死葬稱是"類同。見《成都出土歷代墓銘券文圖録綜釋》,文物出版社,2012年,22—25頁。

[142] 陸揚《清流文化與唐帝國》,42頁。

[143] 《文苑英華》卷八九二,韋貫之《南平郡王高崇文神道碑》,4697頁。

[144] 《宋本册府元龜》卷一六五《帝王部·招懷三》,373頁。

概衹是唐廷的權宜處置，因爲二人很快便轉任他職。最晚在元和四年，李文悦已經以左厢都押衙兼右隨身兵馬使的身份，回到了武將幕職的頂端[145]。與其相埒，此時的右厢都押衙兼左隨身兵馬使，則由名將渾瑊的第三子渾鉅擔任[146]。興元以後，李晟、渾瑊等定難元勳的子弟多以蔭入朝[147]，渾鉅也不例外。他貞元十六年時任太子司議郎[148]，後轉太子中允[149]，此時以東宫官出爲西川武幕，借重了將家子弟的威名。據説渾鉅還曾任雅州刺史[150]，看來他在西川宦遊不淺，此後是否歸朝則不得而知。唐廷派遣中央官僚和地方宿將共掌衙軍與隨身親軍，而左、右厢與右、左隨身的犬牙交錯，使其意圖表現得更加明顯。另一邊，仇良輔出刺簡州最多不過數月。元和二年四月二十五日勒石於簡州的韋皋紀功碑，碑陰末題"前刺史丁公俛起屋立石，小勒碑文。惟和至(下缺)周飾，罔不補於所無也。朝議郎、使持節簡州諸軍事守簡州刺史(下缺)"[151]。又據《蜀中廣記》，知此處所泐簡州刺史名李維[152]。從元和元年九月至二年四月，簡州至少有仇良輔、丁俛和李維三位刺史[153]，前者的任期無疑是相當短暫的。

李文悦何時離開西川無法確知。元和十二年八月，裴度親領行營督戰淮西，表李文悦爲都知兵馬使，居行營武職之冠。此時他的身份已是左驍衛將軍、威遠

---

[145] 陸增祥《八瓊室金石補正》卷六八《蜀丞相諸葛武侯祠堂碑》，《石刻史料新編》第一輯第七册，5092頁。

[146] 同上。

[147] 盧綸在河中渾瑊幕時，有《送渾鍊歸覲却赴闕庭》《秋晚河西縣樓送渾中允赴朝闕》二詩。劉初棠已考兩詩所贈分别爲渾瑊的伯、仲子鍊、鎬，見盧綸著，劉初棠校注《盧綸詩集校注》，上海古籍出版社，1989年，68—71、89—91頁。渾鎬入朝爲正五品上太子中允，渾鍊不詳何官。《舊唐書》卷一三四《渾瑊傳》記貞元元年八月"與一子五品正員官"，應即渾鍊；渾瑊第五子鐬"以父蔭起家爲諸衛參軍，歷諸衛將軍"，亦得入朝，3710—3711頁。

[148] 《權德輿詩文集》卷一三《渾瑊神道碑》，209頁。

[149] 《文苑英華》卷二五七，楊巨源《贈渾鉅中允》，1292頁。

[150] 《新唐書》卷七五下《宰相世系表五下》，3382頁。

[151] 劉喜海《金石苑》，《石刻史料新編》第一輯第九册，6321頁。

[152] 曹學佺《蜀中廣記》卷八《名勝記八》，上海古籍出版社，2020年，88—89頁。曹氏所引未詳何志，或已佚。

[153] 王昶因未見原石，將資州與簡州兩韋皋紀功碑混同，錯置了丁俛題名的時間，見氏著《金石萃編》卷一〇五《韋皋紀功碑》，《石刻史料新編》第一輯第三册，1769頁。

軍使兼御史大夫[154]。十三年其以右龍武大將軍轉爲右武衛大將軍,充威遠營使[155]。十四年出爲鹽州刺史[156]。寶曆元年(825),又從左金吾將軍出爲豐州刺史、天德軍防禦使,後歷靈武、兗海節度使,大和八年卒任[157]。李文悦反復改轉於南衙諸衛和北衙禁軍,又屢次出入於禁軍與京西北諸城鎮。此時的禁軍將領早成供養勳臣的遷轉之階,其實際作用或是備選出征,或是屏護京畿[158]。同樣,史雖失載仇良輔隨李愬征淮蔡前的職位,他很可能也曾在禁軍中多次遷轉。元稹《代諭淮西書》稱仇良輔爲仇大夫,而御史大夫是禁軍高級將領常帶的憲銜,亦見於李文悦華岳題名。元稹又將張子良倒戈與仇良輔並舉[159],浙西平定後,張子良、田少卿、李奉仙皆入爲禁軍將軍,也是一個旁證[160]。

不僅如此,平蜀的主要將領也多被納入禁軍系統。元和四年元稹以監察御史奉使東川,途中有詩《題褒城驛》,自注"軍大夫嚴秦修"[161],可知嚴秦亦帶御史大夫銜。《册府元龜》載"〔元和〕八年四月,贈故左神策軍兵馬使嚴奉刑部尚書,追平蜀之功也"[162],"嚴奉"顯係"嚴秦"之訛,可知其元和八年前已進入神策軍。至於高霞寓、酈定進等人,本爲高崇文長武城部將,平叛後回到神策軍鎮或中央禁軍也就不足爲奇了[163]。

---

〔154〕 韓愈著,劉真倫、岳珍校注《韓愈文集彙校箋注》卷三六《華嶽題名》,中華書局,2010年,3259頁。《舊唐書》卷一五《憲宗紀》繫裴度奉詔在元和十二年七月丙辰(二九日),460頁。《華岳題名》作"元和十一年八月丞相奉詔平淮右",似有誤記。

〔155〕 《資治通鑑》卷二四〇《唐紀五十六》,7748頁。《唐會要》卷七二《京城諸軍》記李文悦所遷爲"左威衛大將軍",1535頁。

〔156〕 《舊唐書》卷一九六下《吐蕃傳下》,5262—5263頁。

〔157〕 見《舊唐書》卷一七上《敬宗紀》,515頁;同書卷一七上《文宗紀上》,529、546頁。

〔158〕 張熊認爲李文悦入朝乃因武元衡的舉薦和功臣號的特權,任威遠軍使是仕途順暢的表現,似有未諦。見張熊《〈太原郡故王懷珍墓誌〉考釋——以劉闢事件後的劍南西川形勢爲重點》,《中華文史論叢》2014年第4期,177—179頁。

〔159〕 元稹著,周相録校注《元稹集校注》卷三一《代諭淮西書》,上海古籍出版社,2011年,866—867頁。

〔160〕 《册府元龜》卷一二八《帝王部·明賞二》,1539頁。

〔161〕 《元稹集校注》卷一四《題褒城驛》,459頁。

〔162〕 《宋本册府元龜》卷一四〇《帝王部·旌表四》,188頁。

〔163〕 高霞寓先任彭州刺史,旋改長武城使,後以左威衛將軍討王承宗,轉豐州刺史,討吴元濟後亦在南衙諸衛與振武、邠寧間遷轉,見《舊唐書》卷一一二《高霞寓傳》,4249—4250頁。酈定進元和五年以左神策大將軍死於王承宗之役,見《册府元龜》卷一四〇《帝王部·旌表四》,1690頁。

如果説軍將層面反映出的是地方向中央的流動，那麽對於一般士卒而言，這種趨勢則恰恰相反。以往學界對翦除劉闢後西蜀軍隊構成的變化不甚了了，通常將大和五年李德裕募北兵入蜀視作土客相參的開端[164]。這讓探究元和年間討叛士卒的去向成爲一個饒有興味的問題，出土墓誌正提供了他們隨時代沉浮的吉光片羽。

首先來看王武用和夫人顔氏的兩方墓誌[165]。這兩篇誌文相當簡略，追溯先世皆僅至父、祖，記叙仕宦也含糊其辭。王武用元和九年卒於成都，得年六十九，知其生當在天寶五載。墓誌稱其爲秦州人，祖王弼曾任"□州刺史"，父王文獎官至秦州刺史，封宣化郡王。顔氏墓誌對王文獎的經歷頗費筆墨，稱其"以藝能進身，以□□□□。昔居隴右，擁貔武之衆，立捍禦之功。别敕□□□□都知兵馬使、兼御史中丞、秦州刺史、上柱國、食□□□□"。藝能進身，説明王文獎應該是以勇力見用的武人。所謂捍禦之功，大抵指備禦肅、代之際党項、吐蕃對隴右道的侵襲。從至德元載(756)到上元元年(760)，秦州刺史均切實可考，其中並無王文獎[166]。廣德元年七月吐蕃入大震關，盡取河西、隴右之地，秦州最晚此時業已陷蕃[167]。故王文獎任刺史，衹能在上元元年到廣德元年之間[168]。

於是，一個被墓誌隱藏的細節得以展露。王文獎一家在廣德元年後已從秦州轉徙至岐、隴、涇州一帶，王武用與"涇州保定縣□"顔審的女兒成婚，也在徙居之後。誌云"公少習武經，弱冠□□□□屬天步艱難，犲狼背德，入我京邑，擾我河隍。公□□□英姿，調命彀騎，擒凶馘虜，致於清寧"。誌主弱冠在永泰元年，恰逢僕固懷恩引吐蕃等部大掠京畿[169]，王武用參與保衛戰，與他父親幾年前的經歷很相似。奇怪的是，兩方墓誌對王武用此後近四十年的經歷或者一字

[164] 松井秀一《唐代後半期の四川——官僚支配と土豪層の出現を中心として》，60—61頁。松井誤將李德裕從當地抽簡的團結兵"雄邊子弟"與北來募兵混同，已爲佐竹靖彦糾正，不過佐竹仍將李德裕出鎮視作西川軍事結構變化的起點，見氏著《唐宋變革の地域的研究》，413—417頁。

[165] 《成都出土歷代墓銘券文圖録綜釋》，18—20頁。本文據拓片對録文有修訂。

[166] 參郁賢皓《唐刺史考全編》，415頁。

[167] 《舊唐書》卷一一《代宗紀》，273頁。同卷寶應元年又載"吐蕃陷我臨、洮、秦、成、渭等州"，271頁。蓋其時僅爲攻陷，尚未佔領。

[168] 抑或王文獎永泰後被授爲行秦州刺史，不過行秦州置年尚存争議，參李碧妍《危機與重構：唐帝國及其地方諸侯》，165頁。

[169] 《舊唐書》卷一二一《僕固懷恩傳》，3488頁。

不書,或者以"公受先父之命,懷報國之志,轅門歷事四主,□□□□赴知"這樣含混不清的言辭一筆帶過。這不僅表明墓誌對王武用的身份和作用有所誇大,還暗示出其家族背後的難言之隱:

> 賊泚初至奉天,鳳翔節度判官、殿中侍御史韋皋領隴州留後,時所在阻絶,未知適從。皋密謀將帥,勵以忠誠。覽其雄心,皆願效死。賊將王文獎齎僞牒誘皋,皋欲斬之,慮其速禍,乃禮而遣之,因令其將高光儀往觀形勢。既還,具揚姦計。[170]

建中四年十月六日,鳳翔將李楚琳殺節度使投叛[171],加之朱泚叛前本爲鳳翔節度,奉天陷圍時,岐、隴已是逆黨膠固之區。王文獎以賊將身份牒誘韋皋,知其大曆間大抵活動於鳳翔一帶。政治上的污點,恐怕是他數十年間沉淪無聞的一大原因。然而,劉闢叛亂却成爲了千里之外一名普通士卒命運的轉折點。王武用墓誌稱:

> 故司徒□□□受鉞北庭,分閫西蜀,激勸忠義,招集英雄,委公□□□職於戎右。每領重務,動歷星霜,性行淑均,曉暢□□。

高崇文元和四年卒贈司徒[172],"北庭"當然不是遠在瀚海的都護府,而是代指京北軍鎮,即高崇文所領長武城。討劉闢時,高崇文"充左神策行營節度使,兼統左右神策奉天、麟游諸鎮兵"[173],王武用應當就厠身其中。墓誌對他入蜀後的宦履一無所及,顏氏墓誌也僅稱"從職劍外,進階上柱國,累遷左厢兵馬使",衹有兩篇誌題保留了他的終官。王武用墓誌題爲"唐故劍南西川節度馬步左厢使、特進、試殿中監、上柱國王公",開成元年(836)顏氏墓誌則題爲"唐故試左金吾衛大將軍、上柱國、賜紫金魚袋、劍南西川左厢兵馬使王公",散、試、章服均不相同。試官由從三品殿中監升爲正三品左金吾衛大將軍,並賜紫金魚袋,可能是生前奏請,卒後授到所致。平叛後,王武用没能回到關内,而是與妻、子定居西

---

[170] 趙元一撰,夏婧點校《奉天録》卷二,中華書局,2014年,43頁。

[171] 同上書,24頁。《舊唐書》卷一一《代宗紀》繫在十月壬子(八日),或爲唐廷得知消息的時間,337頁。

[172] 《舊唐書》卷一五一《高崇文傳》,4053頁。

[173] 同上書,4051頁。點校本原作"左右神策、奉天麟游諸鎮兵",不確。參方積六《〈舊唐書〉點校補正零拾》,《中國歷史文獻研究集刊》第5集,岳麓書社,1985年,118頁。

川。其子王英翰,開成間任威戎軍兵馬都虞候。這樣的家庭,是神策將士因戰徙居、世代從軍的一個縮影。

更底層的例子,還可以舉出姚偁[174]。姚偁生於大曆十一年,長慶二年卒於成都,時年四十七歲。其祖姚奉虔爲處士,父姚天寶"建牙專征,無往不尅",累官至試太常卿、河東郡王、食邑三千户,然不詳本官。姚偁應該成長在一個新興的武人家庭。墓誌云:

> 永貞中,凶闢阻兵於益,詔司空高公崇文總戎討拔。君以勳業子弟,憂國侚(殉)身。驅馳三軍,更事五相。勤王孜孜,言不及私,棲遲下位,隱居求志。人有不堪其屈者,君曰:"余生近知命之年,口習至聖之書。借如宣尼,尚不得見聖人而已矣。"天何忽也,於是發潰而卒。

相比於年逾六十的王武用,姚偁入蜀時要年輕得多。他三十歲即以所謂"勳業子弟"從戎討伐,此後同樣舉家遷入成都。墓誌强烈表達了對誌主積年沉淪下僚的慨嘆。姚偁在蜀十七年,先後從事高崇文、武元衡、李夷簡、王播及段文昌五位節帥,終官却僅至節度右隨身將、檢校太子賓客,確實是很低的武職。以勳業子弟之身立功平蜀,却仍"棲遲下位",固然可以視作北來低階武人在西川的一種歸宿。但是從誌文中不難感受到,即使在這種時代大勢下,姚偁也算得上是特别不得志的一員。

另一個細節是,姚偁所任"隨身將",正是前述李文悦、渾鉅所領的藩鎮侍衛親軍。對韋皋時代的衙軍,世人衹能做出推測,但元和四年的衙軍結構,則清楚地保存在《武侯碑》題名當中。在李文悦、渾鉅之下,還有五位押衙,其中羅士明兼左衙營兵馬使,王顒知右衙營事[175]。在更靠後的位置,還可以找到左、右廂

---

〔174〕《成都出土歷代墓銘券文圖録綜釋》,24—25頁。本文據拓片對録文有修訂。

〔175〕衙營之謂十分罕見,在此碑和後述王懷珍墓誌外,僅檢得一例。元和八年,福州刺史裴次元作《毬場記》言"報政之暇,燕游城之東偏,曰左衙營"。見《福建金石志》卷三,《石刻史料新編》第二輯第十五册,11080頁。石刻中偶有右衙都知兵馬使、右衙馬軍使一類稱謂,頗疑與衙營有關。嚴耕望認爲右衙即右廂,參氏作《唐代方鎮使府僚佐考》,《嚴耕望史學論文集》,上海古籍出版社,2009年,438—439頁。

馬步都虞候韋端和李鍠[176]。此時的衙軍明顯分爲了左右隨身、左右衙營和左右廂三個層次。題名中雖有"左廂兵馬使"韋良金,但他同時任邛州刺史、鎮南軍使,左廂之名蓋示寵寄,實不理事[177]。元和以後,西川節帥以宰相出任,侍衛親軍自然更受重視。姚偁的例子説明,即使左、右隨身兵並非全由北來士卒充任,後者也應該佔據了相當的比例。

以上分析並不意味着南下的神策軍悉數留駐,事實上高霞寓轉任長武城使時,就很可能帶回了一批士卒。關於其他軍隊的去向,元和十四年沈亞之所撰柳晟行狀提供了一些細節:

> 元和初,西蜀叛。發岐、隴、邠、涇、朔方、太原及山東六郡之卒,皆屬長武軍,詔以高崇文討之。既誅,三蜀大困,而漢中最險狹,益不能賑輸所奉。……始,詔諸征蜀卒各還故部,而獨以漢中卒三千人移戍梓州。其卒以爲始去父母鄉里,既勞而歸,及境乃不得見其閭。亦以功自賴,今則徙之,謂若謫耳。皆鋒奮食所,引刃援弓,迫中貴人。[178]

首先,狀稱"發岐、隴、邠、涇、朔方、太原及山東六郡之卒",需要辨析。史料中明確可考的討叛力量,有高崇文所領神策長武城兵五千,爲前軍;神策京西行營兵馬使李元奕所領步騎二千,爲次軍;山南西道嚴礪所遣鎮兵[179];荆南節度使裴均所發精甲三千[180]。後繼援軍,有神策奉天、麟游諸鎮兵[181];河東阿跌光顏所將精騎兵五千[182]。難以確考者,有李吉甫所言江淮之師[183]。行狀稱"岐、隴、

[176] 以上幾人僅王顒可考。《宋本册府元龜》卷三九七《將帥部·懷撫》載"李夷簡爲西川節度使,時有嶲州刺史王顒,以貪虐爲蠻戎所怒,相率攻之,嶲州遂亂。夷簡發使曉喻,戎人畏伏",4724頁。嶲州刺史陳孝陽卒於元和七年前,李夷簡元和十三年去任西川節度,王顒出刺嶲州當在此間。

[177] 題名中未見右廂兵馬使,也可説明左、右廂實由都押衙統領。

[178] 沈亞之撰,肖占鵬、李勃洋校注《沈下賢集校注》卷一二《爲漢中宿賓撰其故府君行狀》,南開大學出版社,2003年,256—257頁。

[179] 以上見《資治通鑑》卷二三七《唐紀五十三》,7626頁。由《考異》可知此條紀事本自《憲宗實録》。

[180] 《新唐書》卷一〇八《裴均傳》,4091頁。

[181] 《舊唐書》卷一五一《高崇文傳》,4051頁。

[182] 《元稹集校注》卷五五《嚴綬行狀》,1346頁。

[183] 《舊唐書》卷一四八《李吉甫傳》,3993頁。宣歙池觀察使路應曾行軍千五百人於蜀,見《韓愈文集彙校箋注》卷一六《路公神道碑》,1763頁。

邠、涇、朔方”,蓋即擬派的鳳翔等鎮兵,因李绛等朝臣的反對可能最終作罷[184]。至於唐廷是否有能力調發“山東六郡之卒”,值得懷疑。其次,“詔諸征蜀卒各還故部”也不是實情,抑或執行時並未嚴格遵守詔令。行狀記載山南西道將士歸鎮後,旋即移戍梓州,因生變亂。一般而言,東川鮮有邊防之虞,加以大亂新定,其孱弱可想而知。漢中兵移戍梓州,是嚴礪轉鎮東川的軍事保障。

至此,西川軍隊構成的變化已經比較清晰了。作爲討叛的主力,部分神策將士留戍,成爲藩鎮衙軍中的外來者,逐漸與舊居脱離了聯繫。對許多低階武人而言,平蜀之功並不伴隨地位的躍升,他們反而成爲中晚唐以來地方武人世代供職藩府的案例。李绛諫言“北人南役,誰不憚行,去土離家,動生愁怨”[185],北來將卒在他鄉悲歡浮沉的世相,今人已經無從捕捉了。土、客相參應該是唐廷有意打破韋皋以來的閉鎖、以利控御的措置,這不能不讓人對“平叛後西川防禦被削弱”的認識做出反思。

這一成説大致建立在兩個推論之上。其一,咸通之前,文獻中再無令人印象深刻的動亂,西川文治的結構完全確立;其二,大和三年南詔入寇成都,是西川防禦退化的惡果。檢核此説,不妨從考實元和時西川的軍事結構入手。《武侯碑》題名押衙之下有:

> 左厢兵馬使、開府儀同三司、使持節邛州諸軍事、行刺史、兼御史大夫、充鎮南軍使、郇國公韋良金
>
> 蕃落營兵馬使、朝請大夫、使持節都督嶲州諸軍事、守刺史、兼御史大夫、充本州經略使、清溪關南都知兵馬使、臨淮郡王陳孝陽
>
> 中軍兵馬使、兼西山中北路兵馬使、特進、使持節都督茂州諸軍事、行刺史、兼侍御史、上柱國、隴西郡開國公李廣誠[186]

邛、嶲、茂三州,正是西蜀最重要的外鎮。邛州的孤守使南境免於叛亂,韋良金、陳孝陽留居舊職,表明兩州軍政没有大的震蕩。有趣的是,原先兩州外鎮軍使、經略使不帶刺史的現象,已悄然改變。先看邛州,元和二年十一月五日,劍州刺

---

[184] 參陸揚《清流文化與唐帝國》,39—40 頁。

[185] 吕温《吕和叔文集》卷四《代論伐劍南更發兵表》,《四部叢刊》本,葉二正。

[186] 陸增祥《八瓊室金石補正》卷六八,《石刻史料新編》第一輯第七册,5092—5093 頁。

史崔實誠改授邛州[187]。然而僅過一年有餘,刺史已由鎮南軍使韋良金兼任。再看嶲州,貞元十七年尚僅帶經略使的陳孝陽,此時也已兼任刺史。經此調整,兩位宿將的權力不是減弱,而是增强了。如果説唐廷要防範地方作亂,又何必打破刺史、軍使相維的慣例呢?

茂州則更爲複雜。高崇文斬邢泚後,李廣誠繼任中北路兵馬使,兼茂州刺史[188]。他"中軍兵馬使"的職銜,應該與韋良金掛左厢兵馬使類似,並無實任。李廣誠於此僅見,他是被拔自本土還是移自外鎮、任期及前後歷官如何,都無從得知。就在元和四年立碑後不久,西山警情再起。王懷珍墓誌描述了誌主在動亂中頗不尋常的經歷[189]:

> 元和初,姦雄亂蜀,華陽再清。西塞軍情,猶懷反側,進退未決,狀持兩端。故相公廟籌,惡聞心異。乃選公於文武之中,遂差責罪懷疑。魁帥權兵塞上,通耗西戎,夷夏一心,實難控馭。公心藏江海,孰測淺深,設計偕擒,制其死命。奇哉異哉!摸馬齊驅,摇鞭按劍,星馳電睒,遂達汶川。部落懵然莫知,骨肉無由叙别。悲哉!昔日荆軻,徒諠前史。遷公右衙營兵馬使,數有政能,略而不叙。蜀之西鄙,元戎切憂,藉其腹心,託以邊候。屈以大賢,撫斯塞口,下車三載,遐邇懷安。

王懷珍元和十年卒葬成都,享年五十二歲,當生於廣德二年。他家世不顯,憑武藝進身,貞元十年曾作爲隨行護衛隨袁滋出使南詔[190],此後長期供職西川,憲宗平蜀時已經四十三歲。結合誌題可知,王懷珍卒任於鎮静軍兵馬使,在任三年。則其始任在元和八年,"元戎"即當年出鎮的李夷簡。此前,他因平定西山之功遷右衙營兵馬使。此職元和四年尚由王顒擔任,王懷珍受命衹能在元和四年以後、八年以前——這便是誌文所述西山反側的時間範圍,而"故相公"自然

[187] 郁賢皓《唐刺史考全編》,3089—3090頁。

[188] 永泰元年崔旰攻郭英乂時爲"檢校西山兵馬使",二年方由杜鴻漸奏爲茂州刺史。可知茂州刺史、軍使合一的時間很早。不過彼時蜀中局勢動蕩,邛州、瀘州、劍州牙將柏茂林(或作柏茂琳、柏貞節)、楊子琳、李昌巙也都被奏爲本州刺史,並不能完全與韋皋時的邛、嶲等州比附。見《舊唐書》卷一一《代宗紀》,281—282頁;《資治通鑑》卷二二四《唐紀四十》,7192頁。

[189] 《成都出土歷代墓銘券文圖録綜釋》,22—23頁。本文據拓片對録文有修訂。

[190] 張熊《〈太原郡故王懷珍墓誌〉考釋——以劉闢事件後的劍南西川形勢爲重點》,《中華文史論叢》2014年第4期,174—175頁。

指武元衡[191]。

之所以稱“反側”而非“叛亂”，乃因這實爲一場未遂的叛變。誌文中的“魁帥”掌有西山兵權，潛連羌、漢通款吐蕃。不料成都察覺動向，立即派王懷珍“責罪懷疑”，以扼叛亂於未萌。這一過程十分耐人尋味，誌文大費筆墨地誇讚王懷珍神機莫測，以至於荆軻和他相比都衹是有名無實。所謂“設計偕擒，制其死命”，並非在軍事衝突中憑藉暴力、戮死叛帥，而是以智生擒，交由節帥裁其死罪。不同的是，荆軻未如誌主一般遂願，無怪作者要大發“奇哉異哉”之嘆了。

魁帥所處“塞上”，或指茂州某羈縻地區。“偕擒”與“夷夏”相對，指同時擒拿了羌、漢雙方的叛帥。誌文稱王懷珍此後急趨汶川，甚至連羌、漢兩位首領的部落、骨肉都“懵然莫知”“無由叙別”。“汶川”無疑是非常敏感的字眼。從誌文來看，王懷珍此行人馬並不多。他雖能以計輕取一二賊帥，却恐無與敵軍正面對抗的能力。這次計劃的成功，當有汶川的密切配合，而這正反映出當地戰略地位的變化。

在傳世文獻無法觸及的暗面，成都與西山的離合仍在上演。王懷珍的成功或許有偶然因素，但若類似事件一再重現，衹能説反映了結構性的變化。下面這位人物的登場，就提供了另一個側面。作爲宰相竇易直的從父弟，竇季餘的宦途要黯淡得多。大和七年，他以四十九歲之齡卒於茂州刺史任上。墓誌説他年垂四十纔釋褐雅州名山縣令，不數年驟换七邑，終於做到成都雙流縣令[192]。就在這時，西山再次爲一位中下層官員創造了升遷的機遇。墓誌言：

> 長慶之末年，廉使杜公以其績登聞，方授眉州録事參軍事。……未幾而西邊有事，尤難綏輯，遂假君茂州刺史。實任寄委，尋正其秩。

長慶四年，竇季餘被杜元穎奏授爲眉州録事參軍，次年即已在茂州刺史任上[193]。誌文所述騷動，衹能發生在長慶四年到寶曆元年間。從竇季餘攝授茂

[191] 張熊以唐人習稱宰相爲“相公”推測其爲武元衡，未考察墓誌紀事的時間。同上文，180頁。

[192] 《北京圖書館藏中國歷代石刻拓本彙編》第30册，中州古籍出版社，1989年，150頁。竇季餘長慶四年任眉州録事參軍時，正是四十歲。墓誌所言“七領劇邑”最多衹在三五年間，當屬使府自辟州縣官。

[193] 郁賢皓《唐刺史考全編》，3111頁。

州刺史以事綏輯來看,此事應與時任刺史難脱干係[194]。墓誌對竇季餘如何"實任寄委"毫無着墨,徑稱其以功進爲正授刺史,恰恰説明此次動亂也被迅速敉平。可堪玩味的是,王懷珍、竇季餘被委任時都素非大將,兩次危機的解決對地方的擾動也很小,它們不僅在傳世文獻中絶無蹤迹,即便在私人性更强的墓誌中也不那麽重要了。這些鮮爲人知的案例,在史料的片鱗半爪之外衹會更多。在持續存在却易於平定的騷亂背後,並非兵力的削減,而是權力的分化和防禦空間的變遷。

四、結語

元和一代,憲宗對藩鎮的經營有三種不同的面貌。除兩次興兵成德不克以外,起初討平夏綏、西川、浙西,後期肢解淮西、淄青,雖並獲成功,却夷險有别。時人常將易主之初的三次征討並舉,然而無論軍事實力或歷史傳統,西川都非夏綏、浙西可比。劉闢在數月内敗亡,帶有一定的偶然性,他不僅是新的政治規範的祭品,也是舊有戍防結構的困獸。代、德兩朝,西川的防禦空間呈現出北向的收縮與南向的擴展。在北面,原先廣佈西山的軍力被迫壓縮到茂州一隅,西山兵馬使的權力爲中北路兵馬使及其南、北軍鎮所取代,汶川的軍事地位上升。在南面,邛、嶲等州軍使、經略使並非以刺史兼任,而疆土的盈縮以個别非漢族群的向背爲基礎,實際的控制力北强南弱,並不穩固。劉闢阻兵伊始就失去了對邛州的控制,加之駐防格局西重東輕,他所能依憑的力量僅剩茂、彭兩州鎮兵。而在邢泚的西山兵中,羌人又是主力。劉闢帶有誤解地退出東川,使佈防壓力集矢於成都的門户漢州,又因阿跌光顔意外阻絶糧道,看似强大的叛軍終於一朝破潰。

如果説本文前半部分意在透過結構演繹事件,那麽後半部分則試圖藉助事件反觀結構。早在大曆末,唐廷改造西川的嘗試就已露端倪[195],可惜旋即因建中亂離而失敗。直至劉闢起事,西川的權力結構纔迎來真正的斷裂。平叛後,當

---

〔194〕 陳瑋進一步認爲此指茂州附近的羌部生事,可備一説。參陳瑋《〈唐竇季餘墓誌〉所見晚唐蜀中史事研究》,《唐史論叢》第 24 輯,三秦出版社,272—273 頁。

〔195〕《舊唐書》卷一一七《崔寧傳》記楊炎諫德宗勿令崔寧歸鎮,置親兵於西蜀腹中,因勢换授他帥,3401 頁。

地軍事力量並未削弱。相反,邛、嶲等州宿將得以兼任刺史,權力不降反升。西山的騷亂雖持續存在,但也更易於平定。朝叛雙方將領大多流入禁軍,而部分神策及外鎮士卒則就地留戍,土、客相參的格局逐漸形成。西川的衙軍組織發育相對緩慢,在叛亂中的面貌比較模糊。但隨着客軍進入、宰相出鎮,隨身、左右衙營、左右厢的層次最晚在元和初年已清晰可辨。拓寬視野,德、憲之際的西川並非特例。韋臯本爲文儒,因奉天之難而立功隴州、出典西蜀,爾後擁軍一方,厚自奉養。在出身和經歷上,他與浙西韓滉、山南東道于頔等人都不無相似之處。本文無意對此做綜合考察,但這些異於兩河的藩鎮發育史,無疑有助於世人聽辨一個轉型時代的交響和餘音。

附記:本文蒙仇鹿鳴老師悉心指導,並承匿名評審專家惠示詳盡意見,謹謝。

The Incident of Liu Pi and the Changes in the Military and Political Structure of Xichuan

Lu Jinyu

In the second half of the eighth century, the defensive space of the Xichuan 西川 witnessed a contraction in the north and an expansion in the south. In the north, the armies that had been spread throughout the Xishan 西山 were compressed into Maozhou 茂州, and the authority of the Commander of Xishan (*Xishan bingmashi* 西山兵馬使) was replaced by Commander of Xishan Central and North circuit (*Zhongbeilu bingmashi* 中北路兵馬使), Commander of Longdong circuit (*Longdonglu bingmashi* 隴東路兵馬使), and Commander of Weirong army (*Weirongjun bingmashi* 威戎軍兵馬使). In the south, Tang extended its frontier by restoring the control of Xizhou 嶲州. But the Commander of Zhennan army (*Zhennanjun bingmashi* 鎮南軍兵馬使) stationed in Qiongzhou 邛州 and the Military Commissioner of Xizhou (*Xizhou jinglueshi* 嶲州經略使) did not take the position of local prefects (*cishi* 刺史). The expansion and contraction of the territory were based on the support or opposition of local tribes. When Liu Pi 劉闢, a Tang general, launched his rebellion, he immediately lost control of Qiongzhou. Moreover, the military structure, which was powerful in the west and weak in the east, forced him to manipulate only armies stationed in Maozhou 茂州 and Pengzhou 彭州. His rebellion was soon put down, but the military strength of Xichuan did not diminish. Generals of Qiongzhou and Xizhou were even permitted to serve as concurrent prefects. Although rebellions continued to occur in Xishan, they were easier to quell. As most rebellious generals were appeased and absorbed into the Imperial Armies (*jinjun* 禁軍), together with some of the Army of Inspired Strategy (*shencejun* 神策軍) and other troops stationed in the local area, a mixed structure of local and extraneous troops was gradually formed. The entry of extraneous troops and the practice of appointing Grand Councilors (*zaixiang* 宰相) as Military Commissioners (*jiedushi* 節度使) led to the formation of the three-degree structure of Headquarters Troops (*yabing* 衙兵) by the early Yuanhe 元和 era.

《唐研究》第二十七卷
2022年,427—442頁

魚海、合河的位置與交通路綫考*

王　蕾

青海與甘肅兩省交匯處的祁連山脈,雪水匯集的河流不僅孕育了河西走廊的緑洲生命,還溝通了南北方向的交通,形成了諸多的交通孔道與山間要隘。安史之亂之前,吐蕃屢次利用這些孔道侵犯河西地區。開元天寶之際,唐軍大規模的向南翻越祁連山主動進軍,將石堡城[1]納入唐朝版圖之内,使得"河、隴諸軍遊弈拓地千餘里"[2],故祁連山脈在南北方面的溝通作用是不容忽視的。其中天寶元年(742),河西節度使王倕南越祁連山大戰吐蕃就是這一時期重要的一次戰役。因吐蕃"反伐勃律之屬國,匿我四亂之亡人,誘我石堡之城,踐我蕃禾之麥,多行背德,是惡貫矣。我皇帝怒之,密發中詔,使乘不虞以襲之",於是王倕率中軍之師,制定了"爾須自大斗南山來入,取建康西路而歸"的戰略部署,而且還親自率軍"於大斗、建康、三水、張掖等五大賊路爲應接"[3]。決定這次出征勝負的兩個重要的戰役,分别發生在魚海和合河兩地。魚海與合河,均位於祁連山脈南側,兩地不僅是唐朝與吐蕃之間的軍事重地,同時也是溝通隴右與河西

---

* 本文係國家社會科學基金西部項目"中古絲綢之路西北關津研究"(19XZS031)的階段性研究成果。

[1] 開元十七年(729),朔方大總管信安王禕率兵赴隴右,拔其石堡城。開元二十九年六月,吐蕃四十萬"攻承風堡,至河源軍,西入長寧橋,至安仁軍……十二月,吐蕃又襲石堡城,節度使蓋嘉運不能守,玄宗憤之"。天寶初,令皇甫惟明、王忠嗣爲隴右節度,皆不能克。直至天寶七載(748)以哥舒翰爲隴右節度使,再次出兵石堡城,攻而拔之。劉昫等撰《舊唐書》卷一九六《吐蕃傳上》,中華書局,1975年,5230、5245頁。其石堡城位於西寧西南八十公里哈啦庫圖城附近之石城山。關於考訂石堡城地理位置的論述,詳參王蕾、劉滿《劉元鼎入蕃路綫河隴段考》,《敦煌學輯刊》2017年第2期,43—54頁。

[2] 《舊唐書》卷七六《信安王禕傳》,2652頁。

[3] 李昉等編《文苑英華》卷六四八《河西破蕃賊露布》,中華書局,1966年,3333頁。

地區的交通要隘。但無論是關於兩地的地理位置與交通路綫，還是溝通祁連山南北“五大賊路”的軍事路綫，均鮮有專文論述〔4〕，因此筆者不揣淺陋，試做分析與探討，望各位方家指正。

一、魚海軍、魚海城與唐軍的進軍路綫

唐開元天寶之際，唐蕃雙方在祁連山南北互有争戰，各有勝負。唐天寶元年（742），爲了鞏固邊陲，設置十節度使、經略使以備邊〔5〕。同年十二月：“河西節度使王倕克吐蕃漁海、遊弈軍。”〔6〕《册府元龜》卷三七《帝王部·頌德》之“西河大破吐蕃賀表”中亦載“今日王倕果奏，大破吐蕃魚海及遊奕等軍”〔7〕。《青海省志·軍事志》第四篇“駐軍”將海晏縣甘子河鄉尕海村的尕海古城定爲遊弈軍城址〔8〕。魚海軍的駐地情況，《新唐書》卷一三六《李國臣傳》載：“李國臣，河西人，本姓安。力能抉關，以折衝從收魚海五城，遷中郎將。”〔9〕上引文中“漁海”與“魚海”爲同一地名〔10〕，本文統一作“魚海”。魚海軍駐於魚海城，且設有五城。關於這次攻克魚海軍與遊弈軍的戰役，樊衡所撰《河西破蕃賊露布》中對其過程與進攻路綫有詳載：

朝議大夫守左散騎侍郎河西節度經略使營田九姓長行轉運等副使判武

〔4〕 李宗俊考證了其中的大斗拔谷道、建康軍道、三水鎮道、張掖守捉道。見李宗俊《唐代河西走廊南通吐蕃道考》，《敦煌研究》2007年第3期，44—49頁。

〔5〕 杜佑撰，王文錦等點校《通典》卷一七二《州郡二》，中華書局，1988年，4479頁。《舊唐書》卷三八《地理一》，1385頁。司馬光撰《資治通鑑》卷二一五《唐紀三十一》玄宗天寶元年（742）正月條，中華書局，1956年，6847頁。

〔6〕 歐陽修、宋祁撰《新唐書》卷五《玄宗紀》，中華書局，1975年，143頁。

〔7〕 王欽若等編《册府元龜》卷三七《帝王部》，中華書局，1960年，415頁。《資治通鑑》卷二一五《唐紀三十一》唐玄宗天寶元年（742）十二月條亦有記載“十二月……庚子，河西節度使王倕奏破吐蕃漁海及遊弈等軍”，6856頁。關於上引“遊弈軍”與“遊奕軍”，《新唐書》與《資治通鑑》作“遊弈軍”，而《文苑英華》《册府元龜》皆爲“遊奕軍”，除引文遵照原文，本文均統一爲“遊弈軍”。

〔8〕 青海省地方志編纂委員會編《青海省志·軍事志》，青海人民出版社，2001年，336頁。

〔9〕 《新唐書》卷一三六《李國臣列傳》，4592頁。

〔10〕 趙心愚在《唐樊衡露布所記吐蕃告身有關問題的探討》一文通過《秦州雜使二十首》與《全唐文》中記載的“魚海”，認爲“魚海”的記載是正確的，楊嶺多吉主編《四川藏學研究》第9輯，四川民族出版社，2007年，176—183頁。

威郡事赤水軍使攝御史中丞,賜紫金魚袋上柱國臣某破蕃賊露布事。……十二月會於大斗之南……十二日至新城南,吐蕃已燒盡野草,列火如晝。諸將曰:"賊果知備矣。"……十五日至青海北界,遇吐蕃兩軍遊奕二千餘騎。……自朝至於日中,凡斬二千餘級。十六日進至魚海軍。……因得戮巨鯨於魚海,墜封豕於鹿泉。平積骸成京觀,斬魚海軍大使劍具一人,生擒魚海軍副使金字告身論悉諾匝,生擒棄軍大使節度悉諾穀,生擒遊奕副使諾匝,生擒遊奕副使金字告身拱齎,生擒魚海軍副使銀字告身統牙胡。[11]

通過前文《新唐書》所引"河西節度使王倕克吐蕃漁海、遊弈軍"的記載可知,此處的"河西節度經略使營田九姓長行轉運等事使判武威郡事赤水軍使攝御史中丞賜紫金魚袋上柱國臣"當爲王倕[12]。天寶元年(742)十二月王倕指揮大軍從大斗之南→新城南(十二日)→青海北界(十五日)→魚海軍(十六日)的路綫南討吐蕃。

大斗拔谷路向南進攻的第一站即吐蕃的新城。關於新城的地理位置,如諸家所述,主要有兩類主張,一是門源説[13],一是海晏説[14]。崔永紅通過吐蕃早做準備,把新城南面的野草燒盡這一點,指出"十二日從新城南急行軍追趕已後

---

〔11〕《文苑英華》卷六四八《河西破蕃賊露布》,3333—3334頁。董誥等編《全唐文》卷三五二《河西破蕃賊露布》的記載與之大致相同,中華書局,1983年,3571—3572頁。

〔12〕戴偉華《〈使至塞上〉與崔希逸破吐蕃事無關》認爲《河西破蕃賊露布》中的河西節度經略使爲崔希逸,《歷史研究》2014年第2期,162—167頁。楊松冀、陳鐵民、李學東則論證了《河西破蕃賊露布》中的河西節度經略使實爲王倕。楊松冀《〈河西破蕃賊露布〉與崔希逸無關——與戴偉華先生商榷》,《蘭臺世界》2015年第11期,155—157頁;陳鐵民《〈〈使至塞上〉與崔希逸破吐蕃事無關〉求疵》,《歷史研究》2017年第2期,168—172頁;李學東《〈河西破蕃賊露布〉所見史事探微》,《唐都學刊》2020年第3期,11—17頁。

〔13〕譚其驤主編《中國歷史地圖集》第5册,中國地圖出版社,1982年,61—62頁;復旦大學歷史地理研究所《中國歷史地名辭典》,江西教育出版社,1986年,616頁;史爲樂主編《中國歷史地名大詞典》,中國社會科學出版社,2017年,1844頁等,皆認爲威戎軍治所即吐蕃新城位於今青海門源回族自治縣。另外,李智信《青海古城考辨》,西北大學出版社,1995年,199—200頁;國家文物局主編《中國文物地圖集·青海》,中國地圖出版社,1996年,128頁等,進一步將威戎軍治所即吐蕃新城判斷爲今門源縣北的金巴臺古城。

〔14〕嚴耕望將新城比定爲今海晏或稍東至湟源間,嚴耕望《唐代交通圖考》第二卷《河隴磧西區》,歷史語言研究所專刊之八十三,1985年,522頁。趙青山、劉滿通過里程論證又進一步將威戎軍判定爲今海晏三角城遺址。趙青山、劉滿《唐威戎軍位置考》,《中國邊疆史地研究》2018年第4期,39—49頁。

撤的吐蕃軍,十五日方到青海北界,看來,威戎軍距青海湖北界起碼在 300 里以外。海晏縣城位於青海湖東北界,走大半天就能到青海湖北的漢代尕海古城(吐蕃利用此城置遊奕軍),顯然不是威戎軍所在地,而門源縣至尕海一帶約有 400 里左右,正好是行軍三天的路程”〔15〕。筆者贊同此觀點。另外,我們還需要注意此時吐蕃勢力的分佈範圍。開元二十九年(741)六月,吐蕃四十萬“攻承風堡,至河源軍,西入長寧橋,至安仁軍”〔16〕,這説明王倕出兵前,新城南面與青海湖的西面很可能仍分佈有大量的吐蕃軍隊。所以安波主接下來的路綫是從新城向西再向南至青海北界,這樣可以避免深入敵軍的腹地,又可以完成後文所述“取建康西路而歸”的戰略計劃。其所行路綫應是從新城向西經今永安城,沿着大通河向西,再沿今茶默公路南行至青海湖之北的尕海古城一帶〔17〕。門源縣位於大通河流經山間的谷地之中,其中金巴臺古城的南面符合吐蕃軍的撤退路綫,把野草燒盡主要是爲了阻止唐軍進一步追擊與進攻。而海晏縣位於青海湖東北方向,西南面是青海湖,没有必要在這裏放火將野草燒盡。並且,海晏已處於青海湖東北部,繼續向西半日則到青海北部的魚海軍。如崔永紅所述,從新城南即金巴臺古城至青海湖北界剛好需要三天的路程,而海晏縣至魚海衹需要半天的路程,不需要三日的行程。所以無論是從安波主的進軍方向還是進軍日程來看,吐蕃新城的位置應在今門源縣金巴臺古城〔18〕。

從新城西南至青海湖北界後,唐軍大敗吐蕃遊弈軍和魚海軍,從最後斬獲或

〔15〕 崔永紅《唐代青海若干疑難歷史地理問題考證》,《青海民族大學學報》2017 年第 3 期,34—40 頁。

〔16〕 《舊唐書》卷三八《地理志一》記載,“河源軍,在鄯州西百二十里,管兵四千人,馬六百五十疋。白水軍,在鄯州西北二百三十里,管兵四千人,馬五百疋。安人軍,在鄯州界星宿川西,兵萬人,馬三百五十疋”,1388 頁。崔永紅在《唐代青海若干疑難歷史地理問題考證》考證安人軍位於青海湖西面的海晏三角城,《青海民族大學學報》2017 年第 3 期,34—40 頁。

〔17〕 國家文物局主編《中國文物地圖集・青海》中《文物單位簡介》“海北藏族自治州海晏縣”條下“尕海古城”載“1981 年環湖調查發現,爲王莽所置西海郡環湖五縣城之一”,中國地圖出版社,1996 年,125 頁。

〔18〕 門源回族自治縣志編纂委員會《門源縣志》“古迹・金巴臺古城(威戎軍城)”條對其方位與形制描述爲:“位於北山鄉大泉村西北,距老虎溝口 5000 米,西爲高 36 米斷崖,崖下有老虎溝水,南爲下金巴臺,東爲白塔山。城牆殘高 1.52 米,底寬 8 米,衹有東門,門寬 10 米,城南北 250 米,東西 200 米,城内西側有房屋建築遺址,呈長方形,東西 30 米,南北 40 米。由於城牆毁壞嚴重,馬面不清,該城唐代所建即‘吐蕃新城’。”甘肅人民出版社,1993 年,514—515 頁。

俘獲的官員稱號可知,魚海軍設有魚海軍大使劍具、魚海軍副使金字告身、魚海軍副使銀字告身,此三位大將很明顯是隸屬於吐蕃魚海軍。另外還有棄軍大使節度、遊副使、副使金字告身,其中的遊副使可能隸屬於遊弈軍〔19〕。趙心愚認爲"樊衡露布所記吐蕃將領排位,其依據明顯不是告身,應是其實際職務"〔20〕。若如此,魚海軍大使劍具應爲魚海城的最高將領。

依上所述,"魚海"置有"五城",城内設有魚海軍。從王倕攻克吐蕃的戰役路綫即大斗之南→新城南→青海湖北界→魚海城,以及行軍日程的記載可知,此時青海湖北常駐有吐蕃的遊弈和魚海兩軍。唐軍與青海湖北的遊弈軍經過半日的争戰進至魚海城,可見魚海城的位置距離青海湖北尕海古城的遊弈軍不遠,亦在青海湖之北。而欲考明魚海與合河的具體地理位置,必須要清楚王倕部署的戰略路綫及其範圍,這樣結合唐軍具體的作戰日期與過程,加之對祁連山脈與河流的考察,纔有可能更真實地還原魚海與合河的地理位置。

二、"自大斗南山來入,取建康西路而歸"的戰略部署及其範圍

天寶元年(742)十二月唐朝軍隊"會於大斗之南"〔21〕後,王倕任用都知兵馬使左羽林軍大將軍安波主爲先鋒主將,又遣先鋒使右羽林大將軍李守義、十將中馬軍副使折衝李廣琛輔佐。王倕則"以馬步三千,於大斗、建康、三水、張掖等五大賊路爲應接",派行軍司馬大理司直攝殿中侍御史盧幼臨領步兵五百過合黎川爲聲援;大將軍渾大寧將軍契苾嘉賓各領步兵於三水賊境爲掎角。面對白雪皚皚的祁連山脈,當安波主等將領表現出退縮之意時,王倕則曰:

> 爾豈不聞乎,天子之怒,伏屍者百萬。將軍之權,得專誅戮。爾須自大

〔19〕 米蘭遺址出土的古藏文文書中存有 Spyan 巡察使一詞,不知與遊弈使是否有關聯。F. W.托馬斯編著,劉忠、楊銘譯注《敦煌西域古藏文社會歷史文獻》,商務印書館,2020 年,118 頁。

〔20〕 趙心愚《唐樊衡露布所記吐蕃告身有關問題的探討》,楊嶺多吉主編《四川藏學研究》第 9 輯,176—183 頁。

〔21〕 李吉甫撰,賀次君點校《元和郡縣圖志》卷四〇《隴右道下》"大斗軍"條下注:"凉州西二百里。本是赤水軍守捉,開元十六年改爲大斗軍,因大斗拔谷爲名也。"中華書局,1983 年,1018 頁。王倕身爲"判武威郡事赤水軍使攝御史中丞",應是指從大斗拔谷遷移至凉州境内的赤水軍。

斗南山來入,取建康西路而歸。當吾所戰鋒可斷飛鳥,若不剋於敵,逗留却行,汝則有大刑。雖剋於敵,故道而還,汝亦有大刑。[22]

依上可見,這次作戰必須嚴格執行規劃好的戰略路綫,"爾須自大斗南山來入,取建康西路而歸",也就是必須取大斗拔谷路進攻,從建康西路返回,不然即使攻剋了敵軍仍要受刑。我們把西平(今西寧)經大斗拔谷(今扁都口)翻越祁連山脈至張掖的路綫稱爲大斗拔谷路[23],至今仍是溝通祁連山南北的主要交通路綫。安波主從大斗拔谷路進攻,有利於大規模軍隊與後備資源的運輸。而返回的建康西路,即從建康軍向南與吐蕃相連接的道路。嚴耕望論述"甘州西行一百九十里至建康軍(今高臺西南四十里),管兵五千二百人,或以甘州刺史兼充使職[24]。李並成考證唐代建康軍爲高臺縣駱駝城遺址[25]。那麼建康西路即是駱駝城的建康軍向南連接吐蕃的路綫。具體分爲兩條路綫,一條沿着馬營河向南,與托來山北面的張掖河相匯合;一條沿着擺浪河向東南方向,與梨園河匯合後經肅南,繼續向南在野牛溝鄉西側與張掖河相匯。

爲了配合安波主的進攻,王倕需要扼守"大斗、建康、三水、張掖等五大賊路",顧名思義,這五大賊路應是指大斗軍、建康軍,三水鎮以及張掖守捉等要隘通往吐蕃的路綫。除了上文所述大斗拔谷路和建康西路,關於"三水",李宗俊通過 P.2625《敦煌名族志》中敦煌大姓陰氏陰仁果的次子元祥所任職"昭武校尉,甘州三水鎮將,上柱國"的稱號,認爲"三水"應爲甘州的"三水鎮",並進一步將"三水"的路綫推測爲自今青海祁連縣邊麻河,經肅南裕固族自治縣治通張掖市的公路,大致沿梨園河谷而行,位居大斗拔谷與建康軍道之間[26],筆者贊同。除了 P.2625 敦煌文書"昭武校尉,甘州三水鎮將"彌補了傳統史籍對"三水"記

---

〔22〕《文苑英華》卷六四八《河西破蕃賊露布》,3333 頁。

〔23〕劉滿在《隋煬帝西巡有關地名路綫考》論述隋煬帝翻越大斗拔谷的路綫爲:由臨津關即今積石關渡過黄河,經由今官亭鎮、甘溝鄉、滿坪鄉和古鄯鎮,到民和縣駐地川口鎮;並由此過湟水,再溯湟水河谷西行,就到了西平郡治湟水縣,即今青海樂都縣駐地碾伯鎮。從湟水河谷繼續西行,"大獵拔延山"(即今平安縣南和化隆縣之間的青沙山),而後繼續在湟水河谷西進,在今西寧市城關"入長寧谷"(今青海湟水支流北川河),再經大斗拔谷至甘州張掖,《敦煌學輯刊》2010 年第 4 期,16—47 頁。

〔24〕嚴耕望《唐代交通圖考》第二卷《河隴磧西區》,432 頁。

〔25〕李並成《唐代河西戍所城址考》,《敦煌學輯刊》1992 年第 1、2 期,6—11 頁。

〔26〕李宗俊《唐代河西走廊南通吐蕃道考》,《敦煌研究》2007 年第 3 期,44—49 頁。

載的缺失,另外還有 P.2005《沙州都督府圖經卷第三》所載"文舉人、昭武校尉、甘州三水鎮將、上柱國張大爽"[27],這兩件敦煌文書均將三水鎮將與昭武校尉共同記載,所以三水鎮很有可能位於原昭武縣,今臨澤縣以北一帶[28]。爲了輔佐安波主的進軍路綫,王倕另一面命盧幼臨領步兵五百過合黎川聲援安波主,也就是東過張掖河前往大斗拔谷作後續支援部隊。又派大將軍渾大寧、將軍契苾嘉賓各領步兵於"三水賊境爲犄角",通過"賊境"二字可見"三水"接近蕃境,而"三水賊路"即沿着梨園河經肅南,翻越祁連山至張掖河上游的交通路綫。

最後關於"張掖賊路"的交通路綫,首先需要釐清張掖守捉的方位。《舊唐書》卷一八《地理志》"河西節度使·八軍三守捉"條下注曰:"張掖守捉,在涼州南二里,管兵五百人。"[29]《舊唐書》所載張掖守捉的方位與《通典》《元和郡縣圖志》《資治通鑑》所載皆不同,《通典》《元和郡縣圖志》載張掖郡守捉"東去理所五百里",管兵均爲六千餘人,馬千匹;而《資治通鑑》胡三省注"張掖守捉在涼州南二百里",管兵人數則與《舊唐書》相同[30]。嚴耕望認爲"張掖爲甘州治所,正在涼州西五百里,則此軍即在甘州城也"[31]。李文才則認爲《舊志》所云"涼州"爲"甘州"之誤,這樣張掖守捉之得名,合乎情理;其次作爲甘州治所,周圍也不再是無兵屯守[32]。李宗俊通過張掖守捉人數的不同,認爲有兩處"張掖守捉",一在張掖城,一在涼州南二百里,後者即王倕所扼守的張掖賊路[33]。雖然不能確定是否存在兩個張掖守捉,但若在"爾須自大斗南山來入,取建康西路而歸"的範圍來考慮這次作戰部署,很難想象在涼州以南二里或二百里之地的接應軍隊可以有效地支援安波主的出征。《資治通鑑》雖然將"二里"改爲"二百

---

〔27〕 李正宇《古本敦煌鄉土志八種箋證》,甘肅人民出版社,2008 年,33 頁。

〔28〕 房玄齡等撰《晋書》卷一四《地理志上》"臨澤縣"下注曰:"漢昭武縣,避文帝諱改也。"中華書局,1974 年,433 頁。史爲樂主編《中國歷史地名大詞典(增訂本)》認爲昭武縣治今臨澤縣東北昭武村,中國社會科學出版社,2017 年,1989 頁。周偉洲、王欣《絲綢之路辭典》認爲昭武縣治今甘肅臨澤西北舊臨澤東,陝西人民出版社,2018 年,80 頁。

〔29〕《舊唐書》卷三八《地理志一》,1386 頁。

〔30〕《通典》卷一七二《州郡二》,4480 頁。《元和郡縣圖志》卷四〇《隴右道下》,1018 頁。《資治通鑑》卷二一五,唐玄宗天寶元年(742)正月條,6848 頁。

〔31〕 嚴耕望《唐代交通圖考》第二卷《河隴磧西區》,431 頁。

〔32〕 李文才《唐代河西節度使所轄軍鎮考論》,《唐史論叢》2014 年第 1 期,19—46 頁

〔33〕 李宗俊《唐代河西走廊南通吐蕃道考》,《敦煌研究》2007 年第 3 期,44—49 頁。

里",達到扼守祁連山口的目的,但没有考慮到王倕這次出兵的路綫範圍。張掖賊路,當從甘州向南沿着張掖河出發最爲合理,既可以支援東面出征的大斗拔谷道,又可西控張掖河道即"三水"通道。

經過以上論述,可以發現因爲祁連山山勢險峻,這幾大賊路必須沿着山間河道纔能完成南北溝通,其中最主要的河道就是張掖河。《史記》卷二《夏本紀第二》"弱水至於合黎,餘波入於流沙"下注文中唐張守節《史記正義》引《淮南子》:

> 又云:"合黎,一名羌谷水,一名鮮水,一名覆表水,今名副投河,亦名張掖河,南自吐谷渾界流入甘州張掖縣。"今按:合黎水出臨松縣臨松山東,而北流歷張掖故城下,又北流經張掖縣二十三里,又北流經合黎山,折而北流,經流沙磧之西入居延海,行千五百里。〔34〕

因張掖河上游支流繁多,流域面積大,下游向北經合黎山直至居延海,故不同河段之命名各有不同,今天統稱爲黑河。張掖河發源於祁連山,既稱爲合黎水,又名羌谷水、鮮水、覆表水,大概這是"三水"及"三水鎮"的得名原因。通過衛星地圖與《祁連縣志》中的河道繪圖,〔35〕沿着張掖河有三條連接祁連山南北交通的路綫:第一條是張掖守捉通道,即從甘州出發,沿着張掖河向南翻越祁連山,至今祁連縣的交通路綫。第二條是三水鎮通道,即從臨澤縣向南,沿着梨園河經肅南翻越祁連山至張掖河的通道。至張掖河後繼續東行可至祁連縣,與張掖守捉通道匯合。第三條是建康西路,即從建康軍(今高臺駱駝城)出發,或沿着馬營河向南翻越祁連山至張掖河,或沿着擺浪河東南行,與梨園河即三水鎮通道匯合,經肅南翻越祁連山至張掖河的通道。綜上所述,我們發現建康軍、三水鎮、張掖守捉向南翻越祁連山後,沿着張掖河可東西溝通,互相接應。這三條通道在祁連山南的張掖河上游匯合,向東沿着張掖河經祁連縣可連通大斗拔谷通道;向南可直至青海湖北岸;若沿着托來河或疏勒河向西可連通瓜州、敦煌及西域地區。《舊唐書》卷五七《公孫武達傳》載:

> 突厥數千騎、輜重萬餘入侵肅州,欲南入吐谷渾。武達領二千人與其精鋭相遇,力戰,虜稍却,急攻之,遂大潰,擠之於張掖河。又命軍士於上流以

---

〔34〕 司馬遷撰《史記》卷二《夏本紀第二》,中華書局,1963年,69—70頁。

〔35〕 祁連縣志編纂委員會《祁連縣志》,甘肅人民出版社,1993年,祁連縣政區圖。

栰渡兵,擊其餘衆,賊半濟,兩岸夾攻之,斬溺略盡。[36]

貞觀三年(629),突厥在肅州受到公孫武達的阻截,便"擠(濟)之於張掖河",應是從甘州張掖河南下,公孫武達又命人在上流埋伏,將其殲滅。其中突厥南下之路即從張掖沿着張掖河入祁連山,而公孫武達命士兵前往上流埋伏的路綫或是從三水鎮沿着梨園河向南,或是從建康軍沿着馬營河、擺浪河向南翻越祁連山至張掖河上流一帶進行伏擊,大獲全勝。

明清時期,這五大賊路之處仍設有堡壘加以鎮守,《秦邊紀略》卷三《甘州衛》下載甘州南邊的堡壘有大阿博、大馬營、黑城堡、馬營墩、永固城、洪水堡、南古城、花寨堡、龍首堡、甘峻堡、梨園堡、高臺所榆木山口、暖泉堡、紅崖堡。其中,馬營墩扼守的大斗拔谷即扁都口,"扁都口在南,昔之夷王,欲假途而北甘、肅,出師青海,率由於此,其爲要道由來舊矣";甘峻堡扼守張掖河即黑河通道,注文中"山口即甘峻山口,在南二十里,從此而往來於祁連也";梨園堡扼守梨園河通道,"其哱囉口黑河之所來,番夷之所由也";暖泉堡扼守擺浪河通道,"然今番夷交通,各隘紛如,則置戍以衛民,扼要途而通呼吸",《肅鎮華夷志》"暖泉"條載有"大湖一圍,中有湧泉,冬夏不涸不凍,時人謂之暖泉湖。有一堡,此水澆灌其地"[37]。另外扼守馬營河的城堡爲肅州南面的清水堡,注文記載"其山口可通西寧,然狹隘難行,多重崗複嶺焉"[38]。從上可知,王倕所扼守"大斗、建康、三水、張掖等五大賊路",從今天的山勢與河流來看,即大斗拔谷路、張掖河路、梨園河路、擺浪河路、馬營河路。五條通道互有連通,相互照應,自古至今,一直都是溝通張掖地區祁連山南北的重要交通路綫。

明確了"五大賊路"即大斗拔谷路、張掖河路、梨園河路、擺浪河路、馬營河路的南北路綫及其範圍,我們需要結合唐軍與吐蕃作戰的具體情形,來判斷魚海、合河的具體位置與交通路綫。

---

[36] 《舊唐書》卷五七《公孫武達傳》,2300—2301頁。

[37] 梁份著,趙盛世、王子貞、陳希夷、姚繼榮校注《秦邊紀略》卷三《甘州衛》,青海人民出版社,2016年,224、229、238、239、243頁。李應魁撰,高啟安、邰惠莉點校《肅鎮華夷志》,甘肅人民出版社,2006年,88頁。

[38] 《秦邊紀略》卷四《肅州衛》,298頁。

三、魚海、合河之戰與唐軍的撤退路綫

唐乾元二年(759),詩人杜甫避亂至秦州,“在西言西,反復於吐蕃之驕横,使節之絡繹,無能爲朝廷效一籌者”之時[39],感嘆“鳳林戈未息,魚海路常難”[40]。《補注杜詩》載“鳳林、魚海皆地名”,黄鶴指出“鳳林”當爲河州的鳳林關,却未提及魚海的地理位置[41]。《杜詩鏡銓》卷六《秦州雜詩二十首》雖注有“魚海在河州之西,屬吐蕃境”[42],但範圍過於籠統。將“魚海”與交通要隘“鳳林”並列記載,魚海也當位於交通要塞。那麼,“魚海”具體位置在哪?由它所溝通的交通路綫是怎樣的呢?

除了杜甫將魚海與鳳林關並列爲交通要塞,唐代重要兵書《太白陰經》的“關塞四夷篇”有載:

> 北去鳳林關,渡黄河。西南入鬱標、柳谷、彰豪、清海、大非海、烏海、小非海、星海、泊悦海、萬海、白海、魚海,入吐蕃。[43]

雖然湯開建指出這條入蕃路綫的前後順序有誤,但由其可知,鳳林關與魚海同樣都是河州前往鄯州以及通往吐蕃路綫上的要隘。湯開建認爲魚海即《新唐書》卷四〇《地理四》記載鄯州通往吐蕃路綫中的魚池[44]。把魚海安置於經青海省

---

[39] 杜甫著,楊倫箋注《杜詩鏡銓》卷六《秦州雜詩二十首》注文,上海古籍出版社,1980年,247頁。

[40] 《全唐詩》卷二二五《秦州雜詩二十首》,中華書局,1979年,2417頁。

[41] 杜甫著,黄希、黄鶴補注《補注杜詩》卷二〇《秦州雜詩二十首》,收於永瑢、紀昀等編《文淵閣四庫全書》集部,第1069册,上海古籍出版社,2003年,391頁。蘇北海曾考證岑參《獻封大夫破播仙凱歌六首》中“洗兵魚海雲迎陣,秣馬龍堆月照營”中“魚海”的位置爲焉耆盆地的博斯騰湖,與本文的魚海同名,但位置與含義不同,蘇北海《西域歷史地理》,新疆大學出版社,1988年,178—184頁。

[42] 《杜詩鏡銓》卷六《秦州雜詩二十首》,246頁。

[43] 湯開建《〈太白陰經·關塞四夷篇〉隴右、河西、北庭、安西、范陽五道部族、地理考證》,《青海社會科學》1986年第3期,50—63頁。原文魚海後爲頓號,今根據文意改爲逗號。

[44] 《新唐書》卷四〇《地理四》,1041—1042頁。湯開建《〈太白陰經·關塞四夷篇〉隴右、河西、北庭、安西、范陽五道部族、地理考證》,《青海社會科學》1986年第3期,50—63頁。

玉樹藏族自治州内[45],顯然是有誤的。嚴耕望將朶旦寺(E100°30′・N37°20′)地區或其東霍碩特剛察寺(E100°40′・N37°30′)地區比定爲魚海軍所在地,沿着剛察縣沙流河向西北越過雪山可前往河西[46]。朶旦寺(尕旦寺)位於剛察縣城西南46公里,海西山南麓,布哈河北岸[47],並不在主要交通幹綫上。而剛察寺位於剛察縣城北23公里,沙柳河和恩乃曲交匯處[48],該地處於南北流向的河谷中,兩側均是山地與丘陵,亦不在交通主幹道上。《青海省志:軍事志》第四篇"駐軍"中將魚海軍定爲剛察縣吉爾孟鄉北向陽古城[49]。雖然位於青海湖北的東西交通綫上,但其交通地位不足與鳳林關相匹配。鳳林關是唐代二十六關的下關之一,作爲河州通往鄯州、凉州、臨州、洮州的要道,處於一個交通十字的中心地位。魚海與鳳林關相對應,説明其交通或戰略地位是非常重要的。而根據對青海湖北古城址的考察,僅有剛察縣具有這樣的交通地位。《剛察縣志》第六章"交通"第一節"古道"論述:"剛察自古爲交通要隘,因地處青海湖濱,是東西南北通行的要口,爲西寧、湟源西行之湖北要道。"[50]今青海湖北的剛察縣既可溝通青海湖北的東西交通,又可扼制青海湖向北前往祁連山的路綫。如前文嚴耕望所論述,沿着剛察縣沙流河向西北越過雪山可前往河西。證聖元年(695),唐蕃雙方談判時,欽陵曰:"甘、凉距積石道二千里,其廣不數百,狹纔百里,我若出張掖、玉門,使大國春不耕,秋不獲,不五六年,可斷其右。"[51]而從剛察縣向北翻越祁連山後,則直通河西張掖、玉門一帶,因此剛察縣是吐蕃進攻唐朝河西地區的軍事據點。安波主從吐蕃新城至青海北的尕海古城,在這裏遇到吐蕃游弈軍後"自朝至於日中,斬二千餘級",進至魚海軍,"因得戮巨鯨於魚海,墜封豕于鹿泉"。無論從"自朝至於日中"半日的日程上,還是"戮巨鯨於魚海"這種對青海湖沿邊的環境描述上來看,魚海城都應當位於今青海湖北岸的剛察縣一帶。

[45] 佐藤長判斷魚池是扎曲北側的小湖扎生吉爾湖,佐藤長《チベット歴史地理研究》,岩波書店,1978年,152頁;楊銘《唐蕃古道地名考略》,楊嶺多吉主編《四川藏學研究》第9輯,165—175頁。

[46] 嚴耕望《唐代交通圖考》第二卷《河隴磧西區》,522頁。

[47] 剛察縣地名委員會辦公室《青海省剛察縣地名志》(内部資料),43頁。

[48] 同上。

[49] 青海省地方志編纂委員會編《青海省志・軍事志》,336頁。

[50] 青海省剛察縣志編纂委員會編《剛察縣志》,陝西人民出版社,1997年,297—298頁。

[51] 《新唐書》卷二一六上《吐蕃傳上》,6080頁。

安波主從大斗拔谷南下先後征伐遊弈軍、魚海軍，雖然取得了勝利，但之後的戰況更加艱難：

> 數獲未畢，虜救潛來，在山滿山，在谷滿谷，顧盼之際，合圍數重……候暮夜之時，望歸路而突……凡七八日間，約三百餘陣。至合河之北，斬得二丈之綏。而莽布支更益其鋭兵，追截我歸路。[52]

唐軍佔據魚海城後，立刻受到吐蕃主力軍隊的反攻，奮戰七八日，歷經三百餘戰，纔返回合河之北。之後又遭受莽布支所率重兵的追截，最後在援軍的配合下，大敗莽布支，纔得以返回唐境。那麼安波主是如何從魚海城返回建康軍的呢？

從“候暮夜之時，望歸路而突”，可知安波主嚴格按照王倕佈置的歸路“建康西路”進行突圍，即經魚海軍→合河之北→建康軍的路綫撤回。在魚海城的唐軍突破吐蕃的包圍圈，返回合河之北時，又受到莽布支所率重兵的追截，無奈衹能請求援軍：

> 安波主懼其危迫，請救其後軍。臣遂遣副使劉之儒等領後軍二千騎迎之，會中使駱玄表至。臣行軍使善子雄監之同往。救兵既至，旌旗相望，其氣益振，又戰數合，虜既不利，夜遂遁逃。[53]

在援軍到達後，雙方又戰數合，唐軍方纔得以返回唐境。可見合河既是唐軍返回建康西路的必經之地，又是吐蕃可以匯聚的後續力量展開圍追堵截的戰場。那麼合河究竟位於哪裏呢？嚴耕望認爲：

> 蓋河西軍自大斗南至新城，折西至青海北，破其魚海軍城，然後折西北取建康道而歸也。而所謂“至合河之北”者，合河蓋今布哈河歟？然則魚海在新城之西更無疑矣。地在海北，則新城威戎軍西通魚海軍一道正當即隋以前西平郡通青海北龍夷城之故道也。[54]

嚴耕望將“合河”推測爲青海西面的“布哈河”。李宗俊也注意到這一通道，提出“此次行軍路綫明確表明，當時除大斗拔谷外，從青海湖北岸的吐蕃魚海軍有直

---

〔52〕《文苑英華》卷六四八《河西破蕃賊露布》，3334頁。

〔53〕同上。

〔54〕嚴耕望《唐代交通圖考》第二卷《河隴磧西區》，526—527頁。

通河西唐建康軍的道路",但却把"合河"判斷爲瓜州的"合河鎮"[55]。二者皆忽略了王倕規劃的戰略路綫。《河西破蕃賊露布》是取得大捷後的上書報告,故王倕佈置的"爾須自大斗南山來入,取建康西路而歸"是已成功的戰略路綫。唐軍一路在围追堵截中撤退,没理由再深入敵軍腹地(向西面的疏勒河撤退),而是按照佈置好的撤退路綫,經張掖河從建康西路返回河西,這樣纔能儘快與援軍接應,保證安全。

合河實指合河道,即沿着疏勒河溝通青海與河西的道路。《隋書》卷六五《趙才傳》記載:"〔趙才〕從征吐谷渾,以爲行軍總管,率衛尉卿劉權、兵部侍郎明雅等出合河道,與賊相遇,擊破之。"[56]《隋書》卷六三《劉權傳》載劉權率衆"出伊吾道,與賊相遇,擊走之"[57],從伊吾道南下征討吐谷渾的路綫即沿着疏勒河溝通河西與青海的路綫[58],《趙才傳》中劉權所出的合河道亦應如此。《元和郡縣圖志》卷四〇《隴右道下》記載:"合河戍在〔晋昌〕縣東北八十里,在州西二百步,蓋神龍元年(705)置也。"[59]《新唐書》卷四〇《地理四》"瓜州晋昌郡"條下記載"東北有合河鎮"[60],可見唐朝先設置合河戍,後設置合河鎮。疏勒河發源於祁連山中、西段,由疏勒南山、托來南山和大雪山等冰川融水匯流而成,幹流自東向西至甘肅北,稱之爲昌馬河,出昌馬峽至走廊平地爲中游,向北有10道較大溝河分流於大壩冲積扇面之上,瓜州即位於冲積扇的左端,而疏勒河與東面的石油河、白楊河再次匯流後,經昌馬、玉門鎮、飲馬場,折向西流,經雙塔水庫,進入安西—敦煌盆地,北面是北截山,將玉門—踏實盆地與安西—敦煌盆地分開,衹在北端的雙塔北有一缺口,疏勒河流經此處,形成的河谷使兩個盆地相連[61]。此地距離晋昌縣剛好80里,很有可能就是合河戍、合河鎮所在之地,合河的命名當與疏勒河相關。王倕撤退所經的"合河之北"指的就是疏勒河上游與張掖河上游一帶。而疏勒河源頭向東可連通張掖河的支流峽拉河,經峽拉河向北則是

〔55〕 李宗俊《唐代河西走廊南通吐蕃道考》,《敦煌研究》2007年第3期,44—49頁。
〔56〕 魏徵等《隋書》卷六五《趙才傳》,中華書局,1973年,1541頁。
〔57〕 《隋書》卷六三《劉權傳》,1405頁。
〔58〕 王蕾《漢唐時期陽關的盛衰與絲路交通》,《西北大學學報》2020年第6期,95—104頁。
〔59〕 《元和郡縣圖志》卷四〇《隴右道下》,1028頁。
〔60〕 《新唐書》卷四〇《地理志四》,1045頁。
〔61〕 曹文炳、萬力、胡伏生編著《中國區域水文地質》,地質出版社,2011年,214頁。

張掖河段的野牛溝鄉,附近的葫蘆溝谷有油葫蘆寺遺址〔62〕。故唐軍佔領魚海城後,没理由再深入敵軍腹地至青海湖西岸的布哈河撤退,也不會繼續向西沿着疏勒河前往瓜州的合河鎮〔63〕,而是“望歸路而突”,走事先規劃好的“建康西路”,即魚海→合河之北→建康軍。這條路綫具體走向如下:從剛察縣(魚海城)沿着沙流河西北至大通河,前往疏勒河以北的張掖河支流峽拉河(合河之北),沿着峽拉河至張掖河,西行後再向北通過梨園河與擺浪河或馬營河,穿越祁連山,就可前返回高臺駱駝城(建康軍)。

王倕聽聞安波主成功返回,並没有結束這次進攻,而是又佈置了新的進攻戰略:

> 臣聞軍得歸,便牒安波主:“虜之去也,必謂我不能復,追之必出其不意。可使安思順反戈却入,必盡擒之。”……又使副使娑羅度抱一二丈城副使李可朱副之。臣别差大斗軍副使烏懷願、討擊副使哥舒翰等領精騎一千應之。分前麾,隨間道,蔽山乘夜,晨壓賊營。……所以擒金銀告身副使三人,斬首千餘,俘囚二百餘人,獲牛馬羊駝共三千餘頭匹、器械新物一萬餘事,謂我再克而虜再敗矣。〔64〕

結合上節“五大贼路”的行軍路綫及其范围,如果唐軍所撤退的“合河”爲瓜州“合河鎮”,則無法與接應的軍隊迅速地展開反攻,且與接應軍隊如“大斗軍副使烏懷願”等軍也無法互相配合。另外,在收到安波主請求後,王倕命令“安思順反戈却入”,從《宗羲仲神道碑》可知安思順還參與了最爲激烈的魚海城戰役〔65〕,可知他是安波主的前鋒將領。另外,王倕所派遣接應安波主的軍隊,即“副使劉之儒等領後軍二千騎迎之,會中使駱玄表至。臣行軍使善子雄監之同

---

〔62〕 國家文物局主編《中國文物地圖集 · 青海》“祁連縣”條,中國地圖出版社,1996 年,127 頁;祁連縣志編纂委員會《祁連縣志》,甘肅人民出版社,1993 年,467 頁。

〔63〕 王倕從新城進軍至青海湖附近的魚海軍需四日,而從魚海軍至合河之北雖花費了七天時間,但需要注意的是,在這七天的時間中唐軍突破敵軍的重重包圍圈,奮戰了三百餘陣。從路程上看此合河不可能指的是瓜州的合河鎮。唐軍在“合河之北”這個地方,受到莽布支所率重兵的追截,最後得到援軍的相助纔返回唐境。無法想象唐軍已經撤回祁連山以北的瓜州東北處,居然還會遇到吐蕃重兵的追截,且其地與王倕所在接應之地的“大斗、建康、三水、張掖”相去甚遠。

〔64〕 《文苑英華》卷六四八《河西破蕃賊露布》,3334 頁。

〔65〕 《文苑英華》卷九二七《嶺南節度判官宗公神道碑》記載宗羲仲曾“遂從安思順破魚海,敗五城,授上柱國。又從哥舒翰破吐蕃,收九曲”,4882—4883 頁。

往”,應爲原來佈置在“大斗、三水、張掖”的幾路軍力,再加上剛從建康路返回的安波主,最後完成“我再克而虜再敗”的戰績。其中前鋒部隊劉之儒所出兵的路綫,很可能就是安波主返回建康軍時最便捷的路綫,即五大賊路中的擺浪河路、馬營河路及梨園河路。(參圖 1)

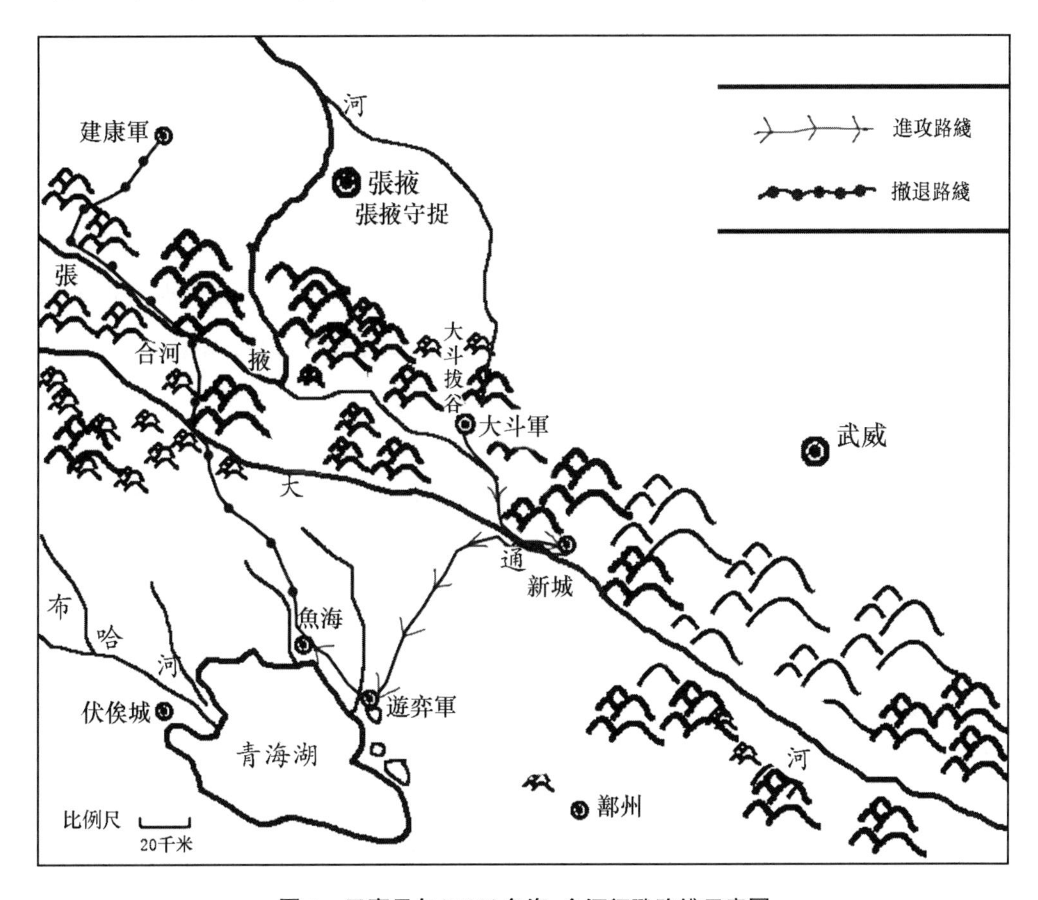

圖 1　天寶元年(742)魚海、合河征戰路綫示意圖

結　語

唐天寶元年(742)河西節度使王倕“自大斗南山來入,取建康西路而歸”即“大斗→新城→青海湖北界→魚海軍→合河→建康”的路綫,不僅是唐玄宗經營河西隴右策略中一次勝利的軍事行動,而且也是溝通祁連山南北交通路綫的珍

貴史料。從行軍日程與行軍方向可以判斷吐蕃新城當位於門源縣北的金巴臺古城;在青海湖北界所遇之遊弈軍當位於尕海古城(遊弈軍城)。與鳳林關同爲溝通鄯州與吐蕃之間交通要隘的魚海城,應位於今青海湖北的剛察縣,方能起到扼守東西與南北通道的作用。合河的具體位置,要按照"建康西路"即魚海城向北通往建康軍的撤退路綫中尋找,即從魚海軍(剛察縣)沿着沙流河向北,越過大通山至大通河,西北經峽拉河至張掖河,順着山谷返回建康。那麽"合河之北"就很可能指的是溝通疏勒河與張掖河之間的支流峽拉河。安波主所接應的"大斗、建康、三水、張掖"等五大賊路,實際上就是大斗拔谷道與張掖河谷道、梨園河谷道、擺浪河谷道、馬營河谷道等溝通祁連山南北的山間河谷道,這五條路綫互有連通,相互照應。本文通過對魚海、合河之戰的分析,明確魚海與合河的戰略位置與交通路綫,希冀對河西走廊和青藏高原之間張掖段祁連山脈的古今南北交通研究具有些許啓示作用。

A Study on the Location and Traffic Route of Yuhai and Hehe

Wang Lei

In the first year of Tianbao 天寶元年(742) of the Tang Dynasty, Military Commissioner of Hexi (Hexi jiedushi 河西節度使) Wang Chui 王倕 commanded An Bozhu 安波主 to attack Tibetan forces and formulated a strategic march that started from the southern mountains of Dadou 大斗南山 and returned by taking the western road of Jiankang 建康西路. Wang Chui commanded three thousand infantries and calvaries personally to station at the five roads that Tibetan forces might take to reinforce the marched army. The strategy proved its effectiveness by defeating the Tibetan forces at Yuhai 魚海. Yuhai and Hehe 合河 were important military strongholds on the Western road of Jiankang. Yuhai is located in Gangcha county 剛察縣 that lies to the north of Qinghai Lake 青海湖. Hehe refers to upstream river of Shule River 疏勒河 along the Qilian Mountains 祁連山. The traffic routes of Yuhai and Hehe still serve as important channels that connect Qinghai and Gansu 甘肅, and they provide important clues to the study of the traffic passes that connect the northern and southern areas of Qilian Mountains.

《唐研究》第二十七卷
2022年,443—463頁

“迴紇可汗銘石立國門”

——塞福列碑的年代

于子軒

1948年,蘇聯科學院的一支古生物學考察隊在蒙古國南部塞福列(Sevrey)蘇木東南6公里處發現了兩塊殘碑。1969年蘇聯突厥學家克里亞施托爾内(C. Г.Кляшторный)實地考察時發現僅存一塊殘碑,是爲塞福列碑(Sevrey Inscription)〔1〕。該殘碑高80釐米,寬52釐米,厚69釐米,一面刻有縱書的古突厥文(魯尼文)和粟特文各7行;據森安孝夫的觀察,另一面刻有疑似漢字的文字〔2〕。根據殘碑的厚度和粟特文部分開頭的文本推斷,完整的塞福列碑應是高達3米以上的、與九姓迴鶻可汗碑規模相仿的大碑〔3〕。碑文使用的幾種語言以及粟特文部分可對音於迴鶻王族藥羅葛(Yaγlaqar)的yγ(l)[’]x[r?]〔4〕,

〔1〕 参見 C. Г. Кляшторный & B. A. Лившиц, “Сэврэйский Камень”, *Советская Тюркология*, No.3 (1971), pp.106-112, here p.106;S.G.Kljaštornyj & V.A.Livšic, “Une inscription inédite turque et sogdienne: La stèle de Sevrey (Gobi méridional),” *Journal Asiatique*, Vol.259 (1971), pp.11-20, here p.12。本文粟特文换寫參照國際學界通用方案;古突厥文换寫和轉寫參照森安方案,參見《ルーン文字碑文凡例》,森安孝夫、オチル(A.Ochir)編《モンゴル国現存遺蹟・碑文調查研究報告》,中央ユーラシア学研究会,1999年,119—120頁;波斯文轉寫參照美國國會圖書館方案;蒙古國地名,除非另有説明,參照 B.Oyunkhand ed., *Mongolia*, Ulaanbaatar: Cartographic Enterprise of the State Administration of Geodesy and Cartography, 2001。

〔2〕 森安孝夫、吉田豊《モンゴル国内突厥ウイグル時代遺蹟・碑文調查簡報》,《内陸アジア言語の研究》13,1998年,129—170頁,此處162頁。

〔3〕 森安孝夫、吉田豊《モンゴル国内突厥ウイグル時代遺蹟・碑文調查簡報》,163頁;吉田豊、森安孝夫、片山章雄《セブレイ碑文》,森安孝夫、オチル(A.Ochir)編《モンゴル国現存遺蹟・碑文調查研究報告》,225—227頁,此處225頁。

〔4〕 Yoshida Yutaka, “Historical Background of the Sevrey Inscription in Mongolia”, in Huaiyu Chen & Xinjiang Rong eds., *Great Journeys across the Pamir Mountains: A Festschrift in Honor of Zhang Guangda on his Eighty-Fifth Birthday*, Leiden & Boston: Brill, 2018, pp.140-145, here p.141.相較日文版,吉田豐在此改進了對該詞的釋讀。

都表明該碑建於迴鶻汗國時代。儘管中國學界對塞福列碑瞭解有限〔5〕,但在突厥—迴鶻時代的蒙古高原碑銘中間,該碑是唯一一塊在蒙古國南部發現的〔6〕,又是僅存的五塊多語碑之一〔7〕,因而無論是對於古突厥文和粟特文的語文學研究還是對於迴鶻汗國史和唐—迴鶻關係史研究而言,塞福列碑都具有重要的意義。

遺憾的是,殘碑的保存狀況很差。古突厥文和粟特文碑文都衹能讀出隻言片語,難以成句;另一面的文字是否是漢字甚至都不能確定〔8〕。該碑粟特文部分有李夫西茨(B.A.Лившиц)和吉田豐提供的兩種釋讀方案,古突厥文部分則有克里亞施托爾内和片山章雄提供的兩種釋讀方案〔9〕。仔細比照,兩部分的四種釋讀方案幾乎没有能相互印證的内容。四位學者都堪稱各自領域内的權威,衹能説,由於保存狀況實在太糟糕,在引入 3D 攝影等技術手段之前,很難期待文本内容爲我們提供多少信息。正因如此,學界對該碑的年代尚無一致的意見。本文首先介紹前輩學者的幾種觀點,然後根據該碑在唐—迴鶻道上的地理位置討論立碑的歷史背景及年代,最後提供一些古文字學(palaeography)方面的依據。

〔5〕 耿世民簡單介紹過此碑,參見氏著《塞福列碑》,收於林幹、高自厚《迴紇史》,内蒙古人民出版社,1994 年,406—407 頁;亦參見氏著《古代突厥文碑銘研究》,中央民族大學出版社,2005 年,53—54 頁。洪勇明討論過此碑,參見氏著《〈塞福列碑〉語史置疑》,《伊犁師範學院學報》2010 年第 3 期,43—49 頁。但他的分析都難以成立,詳見本文第一部分。

〔6〕 突厥—迴鶻時代蒙古高原碑銘的分佈,參見 Louis Bazin, "Les premières inscriptions turques (VIe-Xe siècles) en Mongolie et en Sibérie méridionale", *Arts Asiatiques*, Vol.45 (1990), pp.48-60, here p.49, fig.1。

〔7〕 其他四塊包括粟特語—柔然語雙語的布古特碑(關於柔然文,參見拙文《柔然文小考》,《中華文史論叢》2021 年第 2 期,95—121 頁)、漢語—古突厥語雙語的闕特勤碑和毗伽可汗碑、漢語—古突厥語—粟特語三語的九姓迴鶻可汗碑。

〔8〕 吉田豊、森安孝夫、片山章雄《セブレイ碑文》,225 頁。

〔9〕 參見 C.Г.Кляшторный & B.A.Лившиц, "Сэврэйский Камень", p.107;S.G.Kljaštornyj & V.A.Livšic, "Une inscription inédite turque et sogdienne: La stèle de Sevrey (Gobi méridional)", pp.12-13;吉田豊、森安孝夫、片山章雄《セブレイ碑文》,225—227 頁;Yoshida Yutaka, "Historical Background of the Sevrey Inscription in Mongolia", pp.141-142。

一、塞福列碑年代諸説

克里亞施托爾内和李夫西茨、護雅夫、森安孝夫、吉田豊、洪勇明都曾對塞福列碑的年代提出過假説,他們都同意該碑屬於迴鶻時代。兩位蘇聯學者認爲該碑是763年牟羽可汗(Bögü Qaγan)幫助唐朝平定安史之亂後返回迴鶻牙帳城的路上建立的,依據是:該碑位於迴鶻與唐之間的交通要道上;粟特文與突厥文的並立表明該碑建於迴鶻汗國接納粟特人的摩尼教(762)之後;古突厥文部分的iŋi可與牟羽可汗(759—779)的可汗號“英義”勘同[10]。護雅夫在評議文章中逐條批評了他們的論證。儘管對第一和第二條依據的批評理據尚顯不足(詳見本文第三部分),但護雅夫根據古突厥語名號排列順序的一般規律對該碑古突厥文部分的iŋi : YGLaG(R)的釋讀提出疑義,從根本上挑戰了兩位蘇聯學者的觀點[11],片山章雄的最新釋讀支持護氏的批評[12]。護雅夫則提出該碑可能屬於甘州迴鶻時代,但並未詳細論證。吉田豊已經指出,小的緑洲國家的可汗不大可能建立與九姓迴鶻可汗碑規模相似的巨碑,因而護氏的假説也不能成立[13]。森安孝夫認爲該碑是821—823年唐、吐蕃、迴鶻三國會盟的産物,與拉薩的《唐蕃會盟碑》具有同等意義[14]。這個説法將塞福列碑與東亞歷史上最重要的時刻之一聯繫起來,頗有吸引力,但有諸多難解之處。如吉田豊所言,《唐蕃會盟碑》建於吐蕃都城,則迴鶻方面相應的碑銘應位於迴鶻牙帳城(Ordu-balïq,

---

〔10〕 С.Г.Кляшторный & В.А.Лившиц, “Сэврэйский Камень”, pp.108-112.S.G.Kljaštornyj & V.A.Livšic, “Une inscription inédite turque et sogdienne: La stèle de Sevrey (Gobi méridional)”, pp.14-20.

〔11〕 護雅夫《クリャシュトルヌィ、リフシッ共著〈セブレイ石碑〉》,《東洋学報》55,1973年,515—526頁。

〔12〕 吉田豊、森安孝夫、片山章雄《セブレイ碑文》,226—227頁。

〔13〕 吉田豊《ソグド人とトルコ人の関係についてのソグド語資料2件》,《西南アジア研究》67,2007年,48—56頁,此處54頁,注23;Yoshida Yutaka, “Historical Background of the Sevrey Inscription in Mongolia”, p.145, n.11。

〔14〕 森安孝夫、吉田豊《モンゴル国内突厥ウイグル時代遺蹟・碑文調査簡報》,165頁。森安孝夫《シルクロードと唐帝国》,講談社,2007年,351—354頁;該書有中譯本,森安孝夫著,石曉軍譯《絲綢之路與唐帝國》,北京日報出版社,2020年,349—352頁。

Qarabalgasun)而非邊境綫上[15]。更重要的是,塞福列碑古突厥文部分的古文字學特徵表明它的立碑年代不可能與建於保義可汗(808—821)末年的九姓迴鶻可汗碑同時(詳見本文第四部分)[16]。洪勇明將古突厥文部分的 iŋi 與吐魯番出土中古波斯語《摩尼教贊美詩集》(*Mahrnāmag*)尾跋中的'yngyy 比定爲同一人,僅憑一個常見名號的對應勘同人物,這當然是靠不住的,何况片山章雄已經否定了 iŋi 的讀法[17]。

吉田豐認爲塞福列碑爲牟羽可汗所建,但思路與兩位蘇聯學者不同。他注意到漢文史料記唐德宗朝宰相李泌説"迴紇可汗銘石立國門",猜測塞福列碑即此迴鶻"國門"碑。他又根據牟羽可汗介入安史之亂以及此後對唐的積極政策,推斷此"迴紇可汗"是牟羽可汗而非頓莫賀(779—789)[18]。吉田豐的後一個判斷在文本上難以成立(詳見本文第二部分),也不符合唐—迴鶻關係發展的基本脈絡——正如吴玉貴指出的那樣,牟羽可汗時代唐—迴鶻關係不斷惡化,而頓莫賀即位後則改善了雙邊關係[19]。但他的前一個比定則是非常敏鋭的,我們就從這個比定使用的史料開始。

二、"迴紇可汗銘石立國門"

貞元三年(787),李泌勸説唐德宗答應迴鶻使團和親的要求時説:

> ……假令牟羽爲有罪,則今可汗已殺之,立者乃牟羽從父兄,是爲有功,渠可忘之邪? 且迴紇可汗銘石立國門曰:"唐使來,當使知我前後功"云。

---

[15] 吉田豐《ソグド人とトルコ人の関係についてのソグド語資料 2 件》,52 頁,注 17;Yoshida Yutaka, "Historical Background of the Sevrey Inscription in Mongolia", p.144。

[16] 關於九姓迴鶻可汗碑的年代的學術史及最新研究,參見森安孝夫、吉田豐《カラバルガスン碑文漢文版の新校訂と訳註》,《内陸アジア言語の研究》34,2019 年,1—60 頁,此處 15—16 頁。

[17] 洪勇明《〈塞福列碑〉語史置疑》,45 頁。

[18] 吉田豐《ソグド人とトルコ人の関係についてのソグド語資料 2 件》,53—54 頁;Yoshida Yutaka, "Historical Background of the Sevrey Inscription in Mongolia", pp.144-145。

[19] 參見吴玉貴《迴鶻"天親可汗以上子孫"入唐考》,《唐研究》第 19 卷,北京大學出版社,2013 年,461—476 頁,此處 470—474 頁;收於氏著《西暨流沙:隋唐突厥西域歷史研究》,上海古籍出版社,2020 年,103—122 頁,此處 114—120 頁。

今請和,必舉部南望,陛下不之答,其怨必深……〔20〕

要想將這條史料中的"石"與塞福列碑聯繫起來,必須首先解決兩個語文學問題:一、此處"迴紇可汗"指誰;二、"國門"的含義是什麽。

如果考慮到上下文的語境,此處"迴紇可汗"無疑是指當時在位的"今可汗"頓莫賀。前一句中"有功"的主語是"今可汗",後一句中"請和""舉部南望"的主語也是派遣使團請和親的"今可汗",則"銘石立國門"、稱自己有"前後功"的主語當然也衹能是頓莫賀。這位頓莫賀自詡的"前後功"是什麽呢? 對此,王小甫有精彩的詮釋。頓莫賀之"前功",是於至德二載(757)作爲胡禄都督從迴鶻葉護太子入唐協助平定安史之亂;頓莫賀之"後功",即此處所説的在政變中殺掉牟羽可汗,而牟羽可汗曾於寶應元年(762)輕慢時爲雍王的唐德宗,後者對此事一直懷恨在心〔21〕。因此,迴鶻"國門"碑的建立者,無疑是頓莫賀。

那麽,"國門"是哪裹呢? "國門"在古漢語中最常見的意思是國都的城門,不過佐口透和馬克拉斯(Colin Mackerras)都將此處的"國門"翻譯成"國家的大門"(国の門,the gate of his state)〔22〕。事實上在《新唐書》的四裔傳裹,這兩種用法就都存在。《新唐書・南詔傳》記閣羅鳳"揭碑國門",該碑即《雲南志》(《蠻書》)所謂"大和城碑",亦即位於南詔當時的都城太和城的《南詔德化碑》,則此處"國門"指國都的城門〔23〕。《新唐書・天竺傳》稱"北天竺距雪山,圜抱如壁,南有谷,通爲國門"〔24〕,此處作爲山谷的"國門"當然是指國家的大門。

---

〔20〕《新唐書》卷二一七上《迴鶻傳上》,中華書局,1975年,6123頁。《新唐書・迴鶻傳》此處繫年不清,似指建中五年(784),但《舊唐書・德宗本紀》《資治通鑑》等其他史料提供了準確的繫年,參見《舊唐書》卷一二《德宗紀上》,中華書局,1975年,358頁;《資治通鑑》卷二三三《唐紀四十九》貞元三年九月,中華書局,2012年,7623—7627頁。

〔21〕參見王小甫《則可汗與車毗尸特勤》,《唐研究》第19卷,2013年,455—460頁,此處458—459頁。

〔22〕佐口透、山田信夫、護雅夫訳注《騎馬民族史 正史北狄伝》2,平凡社,1972年,400頁;Colin Mackerras, *The Uighur Empire According to the Tang Dynastic Histories*, Canberra: Australian National University Press, 1972, p.95。

〔23〕《新唐書》卷二二二上《南詔傳上》,6271頁;樊綽撰,向達校注《蠻書校注》卷三《六詔》,中華書局,2018年,73頁。與該碑相關的史料,參見趙心愚《〈南詔德化碑〉立碑目的試探》,《貴州民族大學學報》2014年第1期,99—104頁,此處99—100頁;碑文文本的校訂,參見樊綽撰,向達校注《蠻書校注》附録,319—329頁。

〔24〕《新唐書》卷二二一《西域傳上・天竺》,6236頁。

《新唐書》中還有以朔方爲“國北門”、以岐或鳳翔爲“國西門”的用例〔25〕,其中“國”亦指國家而非國都。因而僅從漢文文本的角度説,迴鶻“國門”碑既可能位於唐—迴鶻間交通要道上的迴鶻邊關,也可能位於迴鶻牙帳城門口。可是,迴鶻牙帳城宫城南牆外不遠處散落着的,却是九姓迴鶻可汗碑的多塊斷片〔26〕。一百多年來,許多學者詳細考察過迴鶻牙帳城,却未曾發現城内或周圍有任何其他碑銘的遺迹〔27〕。13世紀中葉到訪哈拉和林的波斯史家志費尼(‘Alā’ al-Dīn ‘Aṭā-Malik Juwaynī)描述説:

〔斡耳朵八里,即迴鶻牙帳城〕宫殿廢墟外,對着大門,散落着(andākhtah ast)寫有銘文的石頭(複數),我們親眼得見,在合罕(指窩闊臺)在位期間挪開了這些石頭,下面發現了一口井,井中有一塊帶銘文的大石板(takhtah-i sangī-i buzurg-i manqūr),有詔令所有人破譯銘文。但無人能理解它。從乞臺(khatā,指中國北方)帶來叫作……的人,那上面刻的是他們的文字。〔28〕

井中的石板和散落的石頭,應該就是九姓迴鶻可汗碑的大小殘石〔29〕。波伊勒(J. A. Boyle)的英譯文和何高濟轉譯的漢譯文讀來容易給人一種印象,即宫門

〔25〕《新唐書》卷一三七《郭子儀傳》,4607頁;《新唐書》卷一七四《牛徽傳》,5233頁;《新唐書》卷九六《杜讓能傳》,3865頁。

〔26〕準確位置爲迴鶻牙帳城東南角向西南偏南方向約500米處,參見吉田豊、森安孝夫、片山章雄《カラ=バルガスン碑文》,森安孝夫、オチル(A.Ochir)編《モンゴル国現存遺蹟・碑文調査研究報告》,209—224頁,此處209頁。亦可參看羅新《迴鶻牙帳城掠影》,《文史知識》2005年第5期,48—54頁。

〔27〕一個多世紀以來有關迴鶻牙帳城的多篇考察報告,已由林俊雄整理並譯成日文,參見林俊雄、森安孝夫《カラ=バルガスン宫城と都市遺址》,森安孝夫、オチル(A.Ochir)編《モンゴル国現存遺蹟・碑文調査研究報告》,199—208頁。

〔28〕‘Alā’ al-Dīn ‘Aṭā-Malik Juwaynī, *Ta'rīkh-i Jahān-Gushā*, edited by Muḥammad Qazwīnī, Tehran: Mu'assasah-'i Intishārāt-i Nigāh, 1391/2012-2013, pp.146-147.

〔29〕參見‘Ala-ad-Din ‘Ata-Malik Juvaini, *The History of the World Conqueror*, translated by J.A. Boyle, Manchester: Manchester University Press, 1997, pp.54-55, n.9。波伊勒對這個比定不置可否,他懷疑的理由是志費尼對畏兀兒早期歷史的敍述與九姓迴鶻可汗碑的内容並不吻合。但波斯文原文中並未説明這些敍述與這裏提到的碑有關,將二者聯繫起來是譯者的誤解,譯文中“這就是上面所寫的”(and this is what was written)一句不見於波斯文原文。

前有若干塊石碑[30]。事實上,"散落"和將"石頭"加複數的描述方式與19世紀末到訪的拉德洛夫(В. В. Радлов)、克列門茨(Д.А.Клеменц)對九姓迴鶻可汗碑的描述一模一樣[31]。没有任何證據表明九姓迴鶻可汗碑附近還有其他相似規模的巨碑,而能够展示給唐朝使者的碑銘代表迴鶻的國家形象,一定足够高大,被整體移動或徹底銷毁的可能性微乎其微。因此,"銘石立國門"當指"國家的大門",蒙古國南部發現的唯一一塊迴鶻碑塞福列碑的位置如果確實是唐—迴鶻間交通要道上的迴鶻邊關,則它就很可能是漢文史料中的迴鶻"國門"碑。

此前的幾位學者當然都同意塞福列碑位於唐—迴鶻間的交通綫上,但是他們無一例外地認爲這個交通綫是從杭愛山出發,經過居延海、額濟納河、河西到長安[32]。可是,自安史之亂開始吐蕃即頻繁侵入唐的隴右地區,這條交通綫必然面臨極大的威脅。至遲到廣德二年(764)凉州落入吐蕃控制後[33],唐朝使者再也不可能走這條交通綫去迴鶻了,頓莫賀的時代也不例外。河西陷蕃後,唐—迴鶻間的交通綫還經過塞福列碑嗎? 要解决這個問題,有必要廓清唐—迴鶻諸道的具體路綫。

---

〔30〕 英譯本見'Ala-ad-Din 'Ata-Malik Juvaini, *The History of the World Conqueror*, pp.54-55;中譯本見志費尼著,何高濟譯,翁獨健校《世界征服者史》上册,内蒙古人民出版社,1980年,62—63頁。另有兩種節譯,參見多桑著,馮承鈞譯《多桑蒙古史》上册,中華書局,1962年,163頁;張星烺《中西交通史料彙編》第三册,中華書局,1978年,225—226頁。但這兩種譯本都用文言意譯,不够忠實於原文。

〔31〕 В. В. Радлов, "Предварительный отчет о результатах экспедиции для археологического исследования бассейна р. Орхона", in: *Сборник трудов Орхонской экспедиции*, I, Санкт-Петербург, 1892, pp. 4-6;Д.А.Клеменц, "Археологический дневник поездки в Среднюю монголию в 1891 г", in: *Сборник трудов Орхонской экспедиции*, II, Санкт-Петербург, 1895, pp.48-59;兹據日文譯本,林俊雄譯《ラドロフの報告》《クレメンツの報告》,森安孝夫、オチル(A. Ochir)編《モンゴル国現存遺蹟・碑文調査研究報告》,200、204頁。

〔32〕 С.Г.Кляшторный & В.А.Лившиц, "Сэврэйский Камень", p.110;S.G.Kljaštornyj & V.A. Livšic, "Une inscription inédite turque et sogdienne: La stèle de Sevrey (Gobi méridional)", p.15;森安孝夫、吉田豊《モンゴル国内突厥ウイグル時代遺蹟・碑文調査簡報》,164頁;吉田豊《ソグド人とトルコ人の関係についてのソグド語資料2件》,53—54頁;Yoshida Yutaka, "Historical Background of the Sevrey Inscription in Mongolia," p.144。

〔33〕 李吉甫撰,賀次君點校《元和郡縣圖志》卷四〇《隴右道下・凉州》,中華書局,1983年,1018頁。《舊唐書》卷一九六上《吐蕃傳上》,5239頁。

三、塞福列碑在唐—迴鶻諸道中的位置

關於唐—迴鶻間交通綫,海爾曼(A.Herrmann)認爲衹有經過居延海和河西的一條值得注意,兩位蘇聯學者還補充了約當今張家口—烏蘭巴托公路的路綫[34]。這些説法都是理論上的推想,没有任何唐代史料的支撐。嚴耕望對唐—迴鶻諸道有具體的研究,概而言之,"唐境通迴紇主要道路有三:其一,河上軍城西北取高闕鸊鵜泉道。其二,弱水居延海北出花門堡道。其三,北庭東北取特羅堡子道。鸊鵜泉道即參天可汗道,使車往還例所取途,故最爲主道"[35]。其説甚是。第三條路是漠北與西域之間的道路,與本文主旨無關,暫不討論。如前所述,河西陷蕃後,第二條路(下稱河西道)也斷絶,則由長安向正北到河套地區然後由鸊鵜泉穿過戈壁前往迴鶻牙帳的第一條路(下稱鸊鵜泉道),幾乎是長安與漠北間唯一可用的道路。鸊鵜泉是這條道路上的關鍵節點,嚴耕望認爲該地約當今貢噶泉(106°10′E・41°30′-40′N),譚著《中國歷史地圖集》的畫法與此基本一致[36]。鸊鵜泉以南道路,嚴耕望有旁徵博引的考述,兹不贅引;不過,鸊鵜泉以北道路,由於史料有限,嚴耕望衹以三言兩語做了猜測:

> 據賈記,鸊鵜泉通迴紇衙帳有北及西北兩道,亦謂東西二道。檢視今圖,西道最可能之取綫,必當經今烏蘭泊(Ulan Nuur,103°30′E・44°30′N)循翁金河(Ongin)地帶上行;所謂達旦泊、野馬泊之一殆即今烏蘭泊。道中有花門(山)地名,蓋指今烏蘭泊南、自西徂東之古爾班察汗山(當作古爾班賽汗山,Gurvan Sayhany Nuruu)等山脈而言歟?東道所經之怛羅斯山,殆即渾瑊傳之特羅斯山、王忠嗣傳之多羅斯城處,其路綫殆經今賽爾烏蘇(Sair

[34] A.Herrmann, *An Historical Atlas of China*, New Edition, Amsterdam, 1966, pl. 29. С. Г. Кляшторный & В. А. Лившиц, "Сэврэйский Камень", p. 110, n. 8. S. G. Kljaštornyj & V. A. Livšic, "Une inscription inédite turque et sogdienne: La stèle de Sevrey (Gobi méridional)", p.15, n.8.

[35] 嚴耕望《唐代交通圖考》第二卷《河隴磧西區》,北京聯合出版公司,2021年,607—636頁,此處608頁。

[36] 譚其驤主編《中國歷史地圖集》第五册《隋・唐・五代十國時期》,中國地圖出版社,1982年,42—43、74頁。

Usu,107°E・44°35′N)地區歟?[37]

嚴耕望所謂“賈記”,即《新唐書・地理志》所收賈耽之《皇華四達記》(節録),記中受降城入迴鶻道如次:

> 中受降城正北如東八十里,有呼延谷,谷南口有呼延柵,谷北口有歸唐柵,車道也,入迴鶻使所經。又五百里至鸊鵜泉,又十里入磧,經麚鹿山、鹿耳山、錯甲山,八百里至山燕子井。又西北經密粟山、達旦泊、野馬泊、可汗泉、横嶺、綿泉、鏡泊,七百里至迴鶻衙帳。又别道自鸊鵜泉北經公主城、眉間城、怛羅思山、赤崖、鹽泊、渾義河、爐門山、木燭嶺,千五百里亦至迴鶻衙帳。[38]

另有史料明確將鸊鵜泉以北兩道分别稱爲“東、西二道”:

> 使者道出天德右二百里許抵西受降城,北三百里許至鸊鵜泉,泉西北至迴鶻牙千五百里許,而有東、西二道,泉之北,東道也。[39]

儘管賈記中的地名多爲孤證,而現代蒙古國地名大多又無法追溯到蒙元以前,但賈記中的地名仍有幾個經過一些音變流傳至今,東西兩道具體路綫不必全賴猜測。嚴耕望猜測西道經過烏蘭泊、翁金河,東道則在更東面,全誤。經過烏蘭泊、翁金河的衹能是東道,因爲賈記中東道的渾義河可與今翁金河勘同,已有學者從歷史比較語言學的角度進行了詳細的討論,譚著《中國歷史地圖集》也認可這個比定[40]。翁金河注入烏蘭泊,則賈記中的鹽泊必爲烏蘭泊。據森安孝夫的實地考察,古爾班賽汗山一帶有紅色岩土露出[41],其東側陡坡想必是賈記所謂赤崖。確定了這些地點後,東道的具體路綫便迎刃而解。怛羅思山即古爾班察汗山東南的大諾貢山(Ih Nomgon Uul)或霍爾山(Horh Uul),公主城、眉間城位於今國境附近,爐門山、木燭嶺殆指翁金河與鄂爾渾河上游的分水嶺。這條道路與

---

[37] 嚴耕望《唐代交通圖考》第二卷《河隴磧西區》,616頁。

[38] 《新唐書》卷四三下《地理志七下》,1148頁。

[39] 《新唐書》卷二一七《黠戛斯傳》,6148頁。

[40] 岩佐精一郎《突厥の復興に就いて》,收於氏著,和田清編《岩佐精一郎遺稿》,岩佐傳一,1936年,77—168頁,此處128—130頁,特别是注92、93;Christopher P. Atwood, “The Qai, the Khongai, and the Names of the Xiōngnú”, *International Journal of Eurasian Studies* (《歐亞學刊》), Vol.2 (2015), pp.35-63, here pp.45-46;譚其驤主編《中國歷史地圖集》第五册《隋・唐・五代十國時期》,75頁。

[41] 森安孝夫、吉田豊《モンゴル国内突厥ウイグル時代遺蹟・碑文調査簡報》,166頁。

蒙元時代的木鄰道大致重合〔42〕。

既然嚴耕望所謂西道實爲東道,那麼真正的西道一定在更西面。從地形推斷,該道應該經過古爾班察汗山和小博格達山(Baga Bogd Uul)西側。在鸊鵜泉和迴鶻牙帳之間,除東道所經的烏蘭泊以外衹有兩個大湖,都在小博格達山下數十公里之内,一名塔岑鹽湖(Taatsiin Tsagaan Nuur),一名斡羅湖(Orog Nuur)。Taats 在蒙古語中找不到詞源〔43〕,説明這個地名可以追溯到蒙元以前的時代。它與"達旦泊"中的"達旦(LMC. tɦat-tanˋ)"〔44〕之間也許存在某種聯繫,後者的原語應是突厥、迴鶻碑銘記録的九姓或三十姓"TTR(tatar,韃靼)"〔45〕。《元朝秘史》中有"斡羅黑"一詞,學者構擬作 oroγ 或 oroq,意爲黑脊(馬)〔46〕;現代蒙古語 oroγ-a/oroo 意爲桀驁不馴、難以駕馭的,修飾"馬"(morin)時即指野馬〔47〕,因此斡羅湖很可能就是唐代的野馬泉。從地理位置和地名的角度説,西道上的達旦泊和野馬泊,應該就是今天的塔岑鹽湖和斡羅湖。

西道所經之錯甲山,胡三省、顧祖禹都懷疑是迴鶻敗於黠戛斯後烏介可汗(841—846 年在位)所在的錯子山〔48〕。按"甲(LMC.kjaːp)""子(LMC.tsẓˋ)"雖古音相去甚遠,但同義,兩地地理位置上又大體相似,或可勘同。如果這個比定

〔42〕 參見陳得芝《元嶺北行省諸驛道考》,《元史及北方民族史研究集刊》第 1 期,1977 年,15—24 頁,此處 19—22 頁。

〔43〕 Christopher P. Atwood, "The Qai, the Khongai, and the Names of the Xiōngnú", p. 45. Taatsiin 是 Taats 的屬格。

〔44〕 本文所引晚期中古音(LMC),皆據 E.G.Pulleyblank, *Lexicon of Reconstructed Pronunciation in Early Middle Chinese, Late Middle Chinese, and Early Mandarin*, Vancouver: UBC Press, 1991。

〔45〕 參見白玉冬《九姓達靼遊牧王國史研究(8—11 世紀)》,中國社會科學出版社,2017 年,13—55 頁。達旦泊與韃靼之間的關係,參見王國維《韃靼考(附韃靼年表)》,收於氏著《觀堂集林》,中華書局,1959 年,634—688 頁,此處 639 頁。對王國維的批評,參見小野川秀美《汪古部の一解釋》,《東洋史研究》第 2 卷第 4 号,1937 年,303—331 頁,此處 328—329 頁,注 20。

〔46〕 參見 Louis Ligeti, *Histoire secrète des Mongols*, Budapest: Akadémiai Kiadó, p.27, 53, 66 & 175;小澤重男:《元朝秘史全釈》(上),風間書房,1984 年,140—141 頁。

〔47〕 内蒙古大學蒙古學研究院蒙古語文研究所編《蒙漢詞典(增訂本)》,内蒙古大學出版社,1999 年,215 頁;孫竹主編,照那斯圖等編著《蒙古語族語言詞典》,青海人民出版社,1990 年,530 頁;Ferdinand D.Lessing ed., *Mongolian-English Dictionary*, Berkeley & Los Angeles: University of California Press, 1960, p.621。

〔48〕 《資治通鑑》卷二四六《唐紀六十二》會昌元年二月,8070 頁;顧祖禹撰,賀次君、施和金點校《讀史方輿紀要》卷六一《陝西十・榆林鎮》,中華書局,2005 年,2926 頁。

能够成立的話,李德裕説侵擾河東的迴鶻軍隊退屯之處釋迦泊“西距〔烏介〕可汗帳三百里”〔49〕,則釋迦泊很可能就是鹽泊(烏蘭泊)的别稱,而錯甲(子)山則是塞福列山北側沙漠對面的塞爾文山(Serven Uul)。此山去迴鶻牙帳、居延海、鸊鵜泉、釋迦泊都很方便,且山脚下就是廣闊的草場,是烏介可汗扎營的合適地點。當然,這個比定推測的成分較大,可備一説。

西道的具體路綫實際上已經可以確定了。麖鹿山、鹿耳山應該是塞福列山(Sevrey Uul)、祖侖山(Zoolon Uul)及其東南諸山中的兩座;密粟山即兩泊之南的小博格達山;横嶺即杭愛山。山燕子井位於錯甲山與密粟山之間,或是今戛則來烏蘇(Gadzere Usu)所在〔50〕;其餘可汗泉、綿泉、鏡泊,則分佈在杭愛山兩側山間。

不過,西道上可考的地名,還包括賈記中未記之“花門”:

長慶二年(822)閏十月,金吾大將軍胡證、副使光禄卿李憲、婚禮使衛尉卿李鋭、副使宗正少卿李子鴻、判官虞部郎中張敏、太常博士殷侑送太和公主至自迴紇,皆云:初,公主去迴紇牙帳尚可信宿,可汗遣數百騎來請與公主先從他道去。胡證曰:“不可。”虜使曰:“前咸安公主來時(788),去花門數百里即先去,今何獨拒我?”〔51〕

788年河西道已斷絶,花門又不在鸊鵜泉東道上(花門的位置見下文),從而鸊鵜泉西道一定路過花門。楊巨源《送太和公主和蕃》詩云:

北路古來難,年光獨認寒。朔雲侵鬢起,邊月向眉殘。蘆井尋沙到,花門度磧看。薰風一萬里,來處是長安。〔52〕

則太和公主很可能也是經花門前往迴鶻牙帳的。退而言之,即使將“花門度磧看”視爲藝術加工,也至少反映出在唐朝文人的印象裏,花門是前往迴鶻的必經之路。那麽,花門在哪裏呢?《新唐書·地理志》甘州張掖郡删丹條下:

北渡張掖河,西北行出合黎山峽口,傍河東壖屈曲東北行千里,有寧寇軍,故同城守捉也,天寶二載爲軍。軍東北有居延海,又北三百里有花門山

---

〔49〕《資治通鑑》卷二四六《唐紀六十二》會昌二年三月,8081頁。

〔50〕此據1942年美國軍用地圖(蒙古及周邊地區)。網址:http://legacy.lib.utexas.edu/maps/ams/mongolia/,訪問時間:2021年10月16日。

〔51〕《舊唐書》卷一九五下《迴紇傳下》,5212頁。

〔52〕彭定求等編《全唐詩》卷三三三《楊巨源·送太和公主和蕃》,中華書局,1960年,3740頁。

堡,又東北千里至迴鶻衙帳。[53]

花門山堡是花門山上的軍事要塞,即唐的邊關[54]。花門山位於居延海北三百里,又同時在河西道和鸊鵜泉道西道上,衹能在今塞福列山附近。無論在古漢語還是古突厥語中,都有稱狹窄的山谷爲"門(qapïγ)"的用法,例如"鐵門(tämir qapïγ)"[55]。鸊鵜泉道西道上的花門應該就是塞福列山兩側的山谷,花門山蓋由此得名。嚴耕望以整條戈壁阿爾泰山脈(Govi Altayn Nuruu)爲花門山,是因爲他將鸊鵜泉道的東道誤作西道,衹好附會以自圓其説,難以成立。

花門雖一度是唐的邊關,但有學者考證,天寶八載(749)花門已爲迴鶻所佔。儘管具體年代還可以商榷,但至遲到河西陷蕃後,居延海附近地區唐朝守軍孤立無援,必然難以久持。天寶以降,以岑參、杜甫爲代表的唐朝詩人開始以"花門"代稱迴鶻,很可能是因爲花門已成爲迴鶻的邊關[56]。從花門向東南直至鸊鵜泉都是條件惡劣的茫茫戈壁,應該就成了迴鶻與唐之間的"甌脱外棄地"[57]。由咸安公主、太和公主和親所走的路綫可知,花門所在的西道是唐—迴鶻間官方交往的幹道,《皇華四達記》前引文先述西道,又稱東道爲"别道",也證實了這一點。如森安孝夫所提示的,塞福列碑恰恰就位於花門[58],該地確實是唐—迴鶻間交通要道上的迴鶻邊關,是名副其實的迴鶻"國門",儘管這條道路並非前輩學者所説的河西道,而是鸊鵜泉道西道。

當然,賈耽《皇華四達記》所記唐—迴鶻間道路未必全面。蒙付馬老師教示,河西道斷絶之後,從靈州或天德軍出發跨過阿拉善沙漠經居延北上,也是一條可

---

[53]《新唐書》卷四〇《地理志》四,1045頁。

[54] 甘州"東北至花門山一千四百五十里",可見花門山與花門山堡位置相近,參見李吉甫撰,賀次君點校《元和郡縣圖志》卷四〇《隴右道下·甘州》,1020頁。

[55] 古漢語此用法頗多,兹不贅引;古突厥語此用法例如 Talât Tekin, *A Grammar of Orkhon Turkic*, Bloomington: Indiana University Publications, 1968, p.232。

[56] 參見孟楠《迴紇别稱"花門"考》,《西北史地》1993年第4期,39—43頁。

[57]《史記》卷一一〇《匈奴列傳》,中華書局,2014年,3494頁。關於甌脱,參見逯耀東《試釋論漢匈間之甌脱》,收於氏著《從平城到洛陽:拓跋魏文化轉變的歷程》,中華書局,2006年,290—302頁。

[58] 參見 Yoshida Yutaka, "Historical Background of the Sevrey Inscription in Mongolia", p.144。關於塞福列碑的具體位置及周圍景觀,參見森安孝夫、吉田豊《モンゴル国内突厥ウイグル時代遺蹟·碑文調查簡報》,163—164頁。

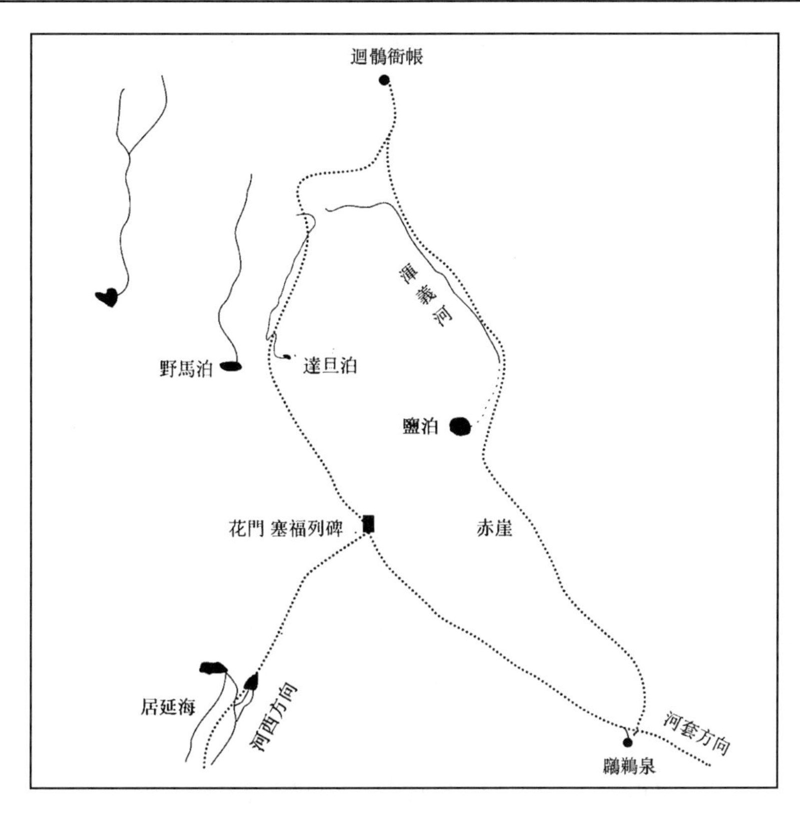

圖 1　塞福列碑在唐—迴鶻諸道中的位置示意圖

能的道路。儘管没有史料直接證明有人利用這條道路往來於唐與迴鶻之間,但横跨阿拉善沙漠的"居延道路"是存在的,如歸義軍最早與唐廷取得聯繫、王延德出使高昌都走了這條道路〔59〕。唐朝退出河西後,這條道路經過的地區被迴鶻和吐蕃反復争奪〔60〕。從元和四年(809)"振武奏吐蕃五萬餘騎至拂梯泉(即鸊鵜

〔59〕 参見松田壽男《東西交通史に於ける居延についての考》,《東方学論集》1,1954 年,收於氏著《松田壽男著作集》第四卷《東西文化の交流》II,六興出版,1987 年,37—67 頁;王北辰《古代居延道路》,《歷史研究》1980 年第 3 期,107—122 頁。

〔60〕 参見 Tsuguhito Takeuchi, "The Tibetans and Uighurs in Pei-t'ing, An-hsi (Kucha), and Hsi-chou (790-860 A.D.), *Kinki Daigaku Kyōyōbu Kenkyū Kiyō*, Vol.17, No.3 (1986), pp.62-64; Christopher I.Beckwith, *The Tibetan Empire in Central Asia: A History of the Struggle for Great Power among Tibetans, Turks, Arabs, and Chinese during the Early Middle Ages*, Princeton: Princeton University Press, 1987, pp.163-165,該書有中譯本:白桂思著,付建河譯《吐蕃在中亞:中古早期吐蕃、突厥、大食、唐朝争奪史》,新疆人民出版社,2012 年,117—119 頁。

泉）……豐州奏吐蕃萬餘騎至大石谷，掠迴鶻入貢還國者”〔61〕，“丙申年（816）逾磧討逐，去其城郭（指迴鶻牙帳城）二日程計，至即破滅矣”〔62〕等材料來看，吐蕃在一定時期内佔據優勢，這條道路並不穩定；但迴鶻也有耀武揚威的時刻，例如“貞元十三年（797），迴紇奉誠可汗收復凉州，大敗吐蕃之衆”〔63〕；“元和八年冬十月，迴鶻發兵度磧南，自柳谷西擊吐蕃”〔64〕，則這條道路在某些時刻也可用於唐—迴鶻間交通。由於史料的限制，居延究竟何時屬於迴鶻、何時屬於吐蕃暫不可考，但不論如何，這條道路在居延以北依然必經塞福列碑所在的花門〔65〕。（參圖1）

四、塞福列碑古突厥文部分的書寫方向與書體

儘管塞福列碑可解讀的文本無法爲準確的繫年提供幫助，但在文本之外，從碑文的古文字學特徵也能推知該碑的大致年代。粟特文有接近一千年的書寫歷史〔66〕，迴鶻時代的粟特文作爲一種書寫語言已經高度成熟，書寫方向和書體都相當穩定，因而粟特文的古文字學特徵難以爲判斷該碑的年代提供幫助〔67〕；但古突厥文的書寫方向和書體都處於變動期，可以成爲判斷該碑年代的突破口。

學界對古突厥文的書寫方向尚無專文討論，衹有一些通論性著作有所提及。葛瑪麗（Annemarie von Gabain）概括説“碑銘字行多爲從上到下，從右開始（像漢文一樣）；此外尚有刻寫在邊上的符號。也常有這一規則的例外現象；有時像寫本中的寫法一樣，字行爲横寫。另一種爲從左到右；塔拉斯及葉尼塞河的草體書

〔61〕《資治通鑑》卷二三八《唐紀五十四》元和四年，7788頁；亦見《新唐書》卷二一六下《吐蕃傳下》，6100頁。

〔62〕《舊唐書》卷一九六下《吐蕃傳下》，5265頁。

〔63〕《資治通鑑考異》卷二三七元和三年引趙鳳《後唐懿祖紀年録》，7774頁。白桂思誤將這條材料的年代定爲808年，參見Christopher I.Beckwith, *The Tibetan Empire in Central Asia: A History of the Struggle for Great Power among Tibetans, Turks, Arabs, and Chinese during the Early Middle Ages*, p.163，中譯本，117頁。

〔64〕《資治通鑑》卷二三九《唐紀五十五》元和八年十月，7824頁。

〔65〕讀者可比較嚴耕望《唐代交通圖考》圖十《唐代通迴紇三道圖》。

〔66〕最早的粟特文可追溯至公元3世紀初甚至更早，參見Nicolas Sims-Williams & Frantz Grenet, “The Sogdian Inscriptions from Kultobe”, *Shygys*, No.1 (2006), pp.95-111。

〔67〕Yoshida Yutaka, “Historical Background of the Sevrey Inscription in Mongolia”, p.142.

寫的碑銘並不寫在一條綫上,而是一行朝向這一方向,一行朝另一方向"[68]。特金(Talât Tekin)、耿世民都説古突厥文多從右向左横寫,葉尼塞碑銘例外[69]。二者並不矛盾,古突厥文出現得很早,[70]8世紀開始刻寫在碑銘上時,爲適應已有的漢文、粟特文、柔然文碑銘刻寫方向的傳統,不得不由横書變爲縱書,但也有例外[71]。本文關心的問題是:在葛瑪麗描述的古突厥文碑銘書寫方向錯綜複雜的現象背後,是否可以梳理出其歷時性(diachronic)變化的軌迹?

首先應當説明,我們衹討論第二突厥汗國、迴鶻汗國及其後裔在蒙古高原和今天中國境内其他地區留下的古突厥文碑銘和寫本,而不涉及葉尼塞和塔拉斯碑銘,後兩者被認爲是黠戛斯及其他人群拙劣地模仿第二突厥汗國高度發達的古突厥文碑銘的産物,因而很多都難以卒讀,書寫方向也雜亂無章[72]。已有學者指出,新疆的古突厥文題刻更接近葉尼塞碑銘而非蒙古高原的鄂爾渾碑銘,也完全不同於古突厥文寫本[73]。蘇吉碑(Suji Inscription)儘管位於蒙古高原,却

---

〔68〕 A.von Gabain, *Alttürkische Grammatik* (3.Auflage), Wiesbaden: Otto Harrassowitz Verlag, 1974, p.10;該書有中譯本,馮·加班著,耿世民譯《古代突厥語語法》,内蒙古教育出版社,2004年,7—8頁。

〔69〕 Talât Tekin, *A Grammar of Orkhon Turkic*, p.21;耿世民《古代突厥文碑銘研究》,61頁。

〔70〕 8世紀初第二突厥汗國的鄂爾渾古突厥文碑銘是目前發現最早的古突厥文材料,而吐魯番、敦煌、米蘭等地發現的古突厥文寫本年代至少要晚半個世紀。不過,根據對古突厥文字母表以及整個歐亞草原的多種古突厥文字母變體的研究,古突厥文的某種原始形式很可能早已發明,有學者甚至將這個時間定在5世紀。參見 Osman Fikri Sertkaya, "Kağıda yazılı Göktürk metinleri ve kağıda yazılı Göktürk alfabeleri", *Türk Dili Araştırmaları Yıllığı Belleten 1990* (1994), pp.167-181; И.Л. Кызласов, *Рунические Письменности Евразийских Степей*, Москва: Издательская фирма "Восточная литература" РАН, 1994, pp.105-142; Dmitrij D.Vasil'ev, "The Eurasian Areal Aspect of Old Turkic Written Culture", *Acta Orientalia Academiae Scientiarum Hungaricae*, Vol.58, No.4 (2005), pp.323-330。

〔71〕 參見胡鴻《鄂爾渾古突厥碑銘的形制分析》,《中國學術》第39輯,2018年,254—255頁。應當説明的是,碑文不是直接從上向下刻的,而應該是先從右向左正常刻完,再旋轉90°豎立起來,呈現出縱書的形態。

〔72〕 Sir Gerard Clauson, *Turkish and Mongolian Studies*, London: Luzac And Company Limited, 1962, pp.69-72.

〔73〕 С.Г. Кляшторный & Е.И. Лубо-Лесниченко, "Бронзовое зеркало из Восточного Туркестана с рунической надписью", *Сообщения Государственного Эрмитажа*, Vol.39 (1974), p.47. 網址:http://kronk.spb.ru/library/klashtorny-lubo-lesnichenko-1974.htm,訪問時間:2021年10月16日。

是滅亡迴鶻汗國的黠戛斯人在迴鶻故地留下的碑銘,該碑前9行從下向上書寫、從右向左换行,後2行在下方横書,書寫方向混亂,與葉尼塞碑銘相似,故也不在本文討論之列[74]。而在"經典的"古突厥文碑銘當中,8世紀上半葉包括闕特勤碑(Kül Tegin Inscription)、毗伽可汗碑(Bilgä Qaghan Inscription)、暾欲谷碑(Tunyuquq Inscription)、闕利啜碑(Küli Čor Inscription)、翁金碑(Ongi Inscription)在内的第二突厥汗國的所有碑銘以及8世紀50年代包括鐵兹碑(Tes Inscription)、鐵爾痕碑(又稱塔里亞特碑,Terkhin/Tariat Inscription)、希内烏蘇碑(又稱磨延啜碑,Šine Usu Inscription)在内的迴鶻汗國早期碑銘都是從上向下縱書的[75],儘管其中也有一兩行横書的個案[76],但應該衹是縱書後仍未刻完,衹好利用邊緣的空間繼續,這與粟特文古信札紙邊緣的縱書性質相似[77]。近年來新發現的被認爲可能屬於第二突厥汗國時代的古突厥文查干敖包銘文(内蒙古)和東格音習熱碑(Dongoin Shiree Inscriptions,蒙古國東部)也都是縱書的[78]。

---

〔74〕 Louis Bazin, "L'inscription kirghize de Sūji", in A.Haneda ed., *Documents et archives provenant de l'Asie centrale. Actes du Colloque Franco-Japonais organisé par l'Association Franco-Japonaise des Études Orientales*, Kyoto: Association Franco-Japonaise des Étude Orientale, 1990, p. 136. Mehmet Ölmez, *Orhun-Uygur Hanlığı Dönemi Moğo-listan'daki Eski Türk Yazıtları* (*Metin-Çeviri-Sözlük*), Ankara: BilgeSu, 2012, p.293.

〔75〕 對這些碑銘的介紹,參見耿世民《古代突厥文碑銘研究》。圖版參見 Mehmet Ölmez, *Orhun-Uygur Hanlığı Dönemi Moğolistan'daki Eski Türk Yazıtları* (*Metin-Çeviri-Sözlük*)所附彩圖。翁金碑、希内烏蘇碑、鐵兹碑的書寫方向示意圖,參見森安孝夫、オチル(A.Ochir)編《モンゴル國現存遺蹟・碑文調查研究報告》,図版3a、10b、11e。

〔76〕 例如闕利啜碑西面下方,參見胡鴻《鄂爾渾古突厥碑銘的形制分析》,254頁。

〔77〕 Yutaka Yoshida, "When Did Sogdians Begin to Write Vertically?" *Tokyo University Linguistic Papers*, Vol.33 (2013) p.378;吉田豊《ソグド文字の縦書きは何時始まったか》,森部豊編《ソグド人と東ユーラシアの文化交渉》,勉誠出版,2014年,18—21頁。

〔78〕 關於查干敖包銘文,參見白玉冬、包文勝《内蒙古包頭市突厥魯尼文查干敖包銘文考釋——兼論後突厥汗國"黑沙南庭"之所在》,《西北民族研究》2012年第1期,78—86頁。銘文是從下向上書寫的。關於東格音習熱碑,參見 Ts. Bolorbat, "Delgerhaan'da Bulunan Yeni Yazıtlarla ilgili, Moğolistan Bilim Araştırma Akademisi Arkeoloji Bölümü Araştırmacısı Dr. Ts. Bolorbaatar ile Söyleşi", trans. Hayat Aras Toktaş & P.Sanbuyan, *Türk Dili*, No.742 (2013), pp.87-90;最新研究參見 Mehmet Ölmez, "Moğolistan'da Yeni Bulunan Eski Türkçe 'Dongoyn Şiree' Yazıtları üzerine Notlar." *Türk Dili ve Edebiyatı Dergisi*, Vol.57 (2017), pp.161-178。

最早可以追溯到8世紀末的古突厥文寫本則是從右向左橫書的[79],敦煌册子本古突厥文《占卜書(*Ïrq Bitig*)》的裝訂方向清楚地證實了這一點[80]。古突厥文的書寫方向,是否由書寫材料(石還是紙)決定呢?答案是否定的。迴鶻汗國後期的唯一一塊碑銘九姓迴鶻可汗碑的古突厥文部分就是橫書的,與寫本的書寫方向完全一致[81]。新發現於西安的葛啜墓誌(Qarï Čor Tegin's Epitaph)的古突厥文部分也是橫書的,該墓誌漢文部分提供了準確的年代即貞元十一年(795),這是最早有明確紀年的橫書古突厥文材料[82]。這個年代與此前學者判斷的最早的古突厥文寫本的年代一致,絶不是偶然的。古突厥文由縱書向橫書的轉變,應該就發生在已知最晚的縱書迴鶻碑銘希内烏蘇碑的年代(759或稍後)與795年之間[83]。

---

[79] 關於古突厥文寫本的年代上限,參見 Louis Bazin, *Les systèmes chronologiques dans le monde turc ancien*, Budapest: Akadémiai Kiadó és Nyomda Vállalat, 1991, pp.248-249,該書有中譯本,路易·巴贊著,耿昇譯《古突厥社會的歷史紀年》,中國藏學出版社,2014年,297頁。然而,中譯本將原文的8世紀末譯成了10世紀末,這是一個嚴重的誤譯。亦參見森安孝夫《大英図書館所蔵ルーン文字マニ教文書 Kao.0107の新研究》,《内陸アジア言語の研究》12,1997年,41—71頁,此處58—62頁。

[80] 對《占卜書》的最新研究,特别是對其裝訂方式的研究,參見芮跋辭(Volker Rybatzki)、胡鴻《古突厥文寫本〈占卜書〉新探——以寫本形態與文本關係爲中心》,《唐研究》第16卷,2010年,359—386頁,特别是359—365頁。圖版及最新的文本校訂,參見 Talât Tekin, *Irk Bitig: The Book of Omens*, Wiesbaden: Otto Harrassowitz Verlag, 1993。

[81] 森安孝夫、吉田豊《モンゴル國内突厥ウイグル時代遺蹟·碑文調查簡報》,156頁。吉田豊、森安孝夫、片山章雄《カラ=バルガスン碑文》,211頁。

[82] 遺憾的是,該墓誌的諸多研究者都未注意到這一意義。對該墓誌的最新研究,參見森安孝夫《東ウイグル帝国カリチョル王子墓誌の新研究》,《史艸》56,2015年,1—39頁;該文有中譯本,森安孝夫撰,白玉冬譯《漠北迴鶻汗國葛啜王子墓誌新研究》,《唐研究》第21卷,2015年,499—526頁。該碑古突厥文部分的學術史參見該文511頁注37,高清圖版參見 Cengiz Alyılmaz, "Karı Çor Tigin Yazıtı", *Uluslararası Türkçe Edebiyat Kültür Eğitim Dergisi*, No.2 (2013), p.19。對該碑的歷史學研究集中發表於《唐研究》第19卷,447—498頁。

[83] 過去認爲迴鶻早期三碑中鐵茲碑最晚,約在762年,參見 S.G.Klyashtorny, "The Tes Inscription of the Uighur Bögü Qaghan", *Acta Orientalia Academiae Scientiarum Hungaricae*, Vol.39, No.1 (1985), pp.137-156;最新研究認爲鐵茲碑建於750年,參見大澤孝《北モングリア·テス碑文の諸問題》(第38回野尻湖クリルタイ口頭發表要旨,1995年7月17日),《東洋学報》第77卷第3—4号,1996年,99—100頁。因此三碑中最晚的是希内烏蘇碑,年代爲759年或稍晚,參見森安孝夫等:《シネウス碑文訳註》,《内陸アジア言語の研究》24,2009年,1—92頁,此處6頁;白玉冬《〈希内烏蘇碑〉譯注》,《西域文史》第7輯,2013年,77—122頁,此處81頁。

與這個轉變同時發生的是古突厥文書體的變化。湯姆森(V.Thomsen)早已指出,九姓迴鶻可汗碑的古突厥文書體圓潤優美,與吐魯番出土的古突厥文文書的書體特徵相似〔84〕。克里亞施托爾内專門比較了迴鶻汗國諸碑銘的書體,他概括説:

> 可以注意到,鐵兹碑和鐵爾痕碑的書體是極爲相似的。它們與希内烏蘇碑書體間的區别是無足輕重的。九姓迴鶻可汗碑的顯著特徵是書體優雅,朝這個方向的過渡形式僅部分地出現在塞福列碑中。〔85〕

葛啜墓誌的古突厥文書體也有點圓潤,相較於第二突厥汗國和迴鶻汗國早期碑銘,它與九姓迴鶻可汗碑的書體更接近〔86〕。因此,古突厥文書體的變化也發生在759年至795年間。湯姆森猜想,這個變化可能是將刻在石頭上的古突厥文寫在紙上的結果。森安孝夫進一步指出,其中原因在於從迴鶻汗國早期到九姓迴鶻可汗碑建立的半個世紀中間,摩尼教的引入導致古突厥文摩尼教寫經大量傳抄〔87〕。這個假説,對於解釋古突厥文書寫方向的轉變也有啓發。摩尼教是由粟特人傳入迴鶻的,他們所攜帶的宗教經典可能使用母語粟特語或中古波斯語、帕提亞語,但無論使用哪種語言,大部分應該都是用從右向左横書的摩尼字母拼寫的,敦煌、吐魯番出土的大量摩尼字母拼寫的中古伊朗語經典可以在相當程度上證明這一點〔88〕。摩尼教在迴鶻汗國傳播,意味着過去使用摩尼字母横書的粟特人學習古突厥文字母——德藏T II T 20/MIK III 34b吐魯番出土的摩尼字母標音古突厥文字母表展現了這個過程;也意味着大量迴鶻人傳抄摩尼字

---

〔84〕 V.Thomsen, "Ein Blatt in türkischer 'Runen' schrift aus Turfan", *Sitzungsberichte der Preussischen Akademie der Wissenschaften*, Vol.15 (1910), pp.296-306, here p.300.

〔85〕 S.G.Klyashtorny, "The Tes Inscription of the Uighur Bögü Qaghan", p.156.

〔86〕 此蒙森安先生教示(2020年7月24日),謹致謝忱。

〔87〕 V.Thomsen, "Ein Blatt in türkischer 'Runen' schrift aus Turfan", p.301;森安孝夫《大英図書館所蔵ルーン文字マニ教文書Kao.0107の新研究》,65頁。

〔88〕 關於迴鶻汗國摩尼教的學術史,參見森安孝夫《東ウイグル=マニ教史の新展開》,《東方学》126,2013年,124—142頁,修訂版收於氏著《東西ウイグルと中央ユーラシア》,名古屋大学出版会,2015年,536—557頁;該文英文版參見Takao Moriyasu, "New Developments in the History of East Uighur Manichaeism", *Open Theology*, Vol.1, 2015, pp.316-333。關於摩尼教文書的語言文字,參見林悟殊《本世紀來摩尼教資料的新發現及其研究狀況》,收於氏著《摩尼教及其東漸》,中華書局,1987年,1—11頁。

母拼寫的經典,並使用古突厥文字母轉寫或以古突厥文翻譯這些經典——例如德藏 TM 327/MIK III 35 古突厥文字母拼寫的中古波斯語和古突厥語雙語摩尼教文書〔89〕。當少有寫本傳統的古突厥文字母與擁有數百年書寫傳統的摩尼字母直接競争時,前者在書寫方向上的妥協是順理成章的事情。粟特文受漢文影響由横書變爲縱書、柔然文受漢文影響選擇縱書、近代漢文和日文受西文影響由縱書逐漸過渡到以横書爲主,都是相似的歷史現象〔90〕。而且古突厥文本來就是横書的,碑銘書寫方向由縱書變爲横書,既是西域傳統直接影響的結果,也是告别以漢文碑銘爲代表的舊有傳統,向自身傳統的回歸。

塞福列碑古突厥文部分在書寫方向上反映了早期碑銘的特徵即縱書,這説明它應該不會晚於 795 年,至少不會與古突厥文部分横書的九姓迴鶻可汗碑同時(820 年前後)。横書和縱書同時存在固然是可能的,但這兩塊碑都代表迴鶻的國家意志,同一個政權不大可能在很短的時間内採用完全不同的書寫方向立起兩塊大碑。塞福列碑古突厥文部分在書體上呈現出過渡形態,這説明它不會早於 759 年,而且很可能與迴鶻汗國早期碑銘之間有一定時間上的間隔,晚於牟羽可汗的時代。綜合兩方面來看,迴鶻“國門”碑即塞福列碑建立於頓莫賀統治期間,這不僅爲漢文史料所證實,也得到了該碑古突厥文部分古文字學特徵的支持。

779 年,頓莫賀殺牟羽可汗自立,迫害迴鶻汗國内的粟特人和摩尼教,對此田阪興道已有深入的論説〔91〕。儘管有學者認爲這次迫害運動持續到懷信可汗即位(795),但王小甫已經論證到頓莫賀末年,至遲到忠貞可汗(789—790)繼

〔89〕 Albert August von Le Coq, “Köktürkisches aus Turfan (Manuskriptfragmente in köktürkischen ‘Runen’ aus Toyoq und Idiqut-Schähri [Oase von Turfan])”, *Sitzungsberichte der Preussischen Akademie der Wissenschaften*, *Phil.-hist.Klasse*, Vol.41 (1909), pp.1047-1061, here pp.1050-1052 & 1052-1054.

〔90〕 粟特文書寫方向的轉變參見 Yutaka Yoshida, “When Did Sogdians Begin to Write Vertically?”, pp.375-394;吉田豊《ソグド文字の縦書きは何時始まったか》,15—29 頁。柔然文書寫方向的選擇參見 Dieter Maue, “Signs and Sounds”, *Journal Asiatique*, Vol.306, No.2 (2018), pp.291-301, here p.291。

〔91〕 田阪興道《迴紇に於ける摩尼教迫害運動》,《東方學報》11,1940 年,223—232 頁。

位,粟特人及其代表的摩尼教勢力在迴鶻汗國已東山再起〔92〕。正是在頓莫賀統治期間,一方面,舊有的書寫方向還未改變;另一方面,書體上的新因素已有所體現。塞福列碑應該就是在這一時期建立的。

五、結論

根據本文對唐—迴鶻間道路的討論,塞福列碑很可能是漢文史料中記録的迴鶻"國門"碑,建於8世紀80年代頓莫賀統治期間。該碑古突厥文部分的古文字學特徵也支持這一判斷。作爲一種政治話語,塞福列碑很可能用很大篇幅回顧頓莫賀對唐事功,旨在改善雙邊關係,贏得唐的支持。塞福列碑是唐—迴鶻關係轉暖的見證,該碑的建立預示着唐與迴鶻爲"父子之國"的新時代的到來〔93〕。

附記:本文寫作過程中,曾就相關問題向森安孝夫先生請教,並蒙吉田豊先生、榮新江老師、胡鴻老師惠賜相關論著。本文主要内容曾在付馬老師主持的突厥迴鶻歷史文獻研讀課上報告,得到付馬老師指正,王長命老師幫忙繪製了地圖,匿名審稿人也提供了許多寶貴意見,在此一併致謝!

〔92〕 森安孝夫《ウイグルから見た安史の乱》,《内陸アジア言語の研究》17,2002年,117—170頁,此處152—153頁;收於氏著《東西ウイグルと中央ユーラシア》,2—48頁,此處31頁。王小甫《迴鶻改宗摩尼教新探》,《北京大學學報》2010年第4期,88—106頁,此處99—100頁。

〔93〕 788年,天親可汗致書德宗:"昔爲兄弟,今即子婿,子婿,半子也,彼猶父,此猶子,父若患於西戎,子當遣兵除之。"參見王溥《唐會要》卷六《公主雜録》,中華書局,1960年,88頁。關於頓莫賀在位期間的唐—迴鶻關係,參見吴玉貴《迴鶻"天親可汗以上子孫"入唐考》,472—474頁;收於氏著《西暨流沙:隋唐突厥西域歷史研究》,117—120頁。

On the Date of the Sevrey Inscription

Yu Zixuan

It is generally accepted that the Sevrey Inscription discovered in southern Mongolia, on one face of which Sogdian and Old Turkic texts were engraved vertically, was established during the Uyghur Qaghanate period. Nevertheless, scholars hold different opinions on its date due to the lack of interpretable content. Based on previous studies, this paper relates it to the "Uyghur Qaghan established stone inscription at the gate of the state" 迴紇可汗銘石立國門 recorded in Chinese sources. The Sevrey Inscription was likely to be established in the border area on the main route that connected Tang and the Uyghur Qaghanate in the 780s by Dunmohe 頓莫賀, the fourth Uyghur Qaghan. As a kind of political discourse, the inscription may have emphasized the contributions that Dunmohe had made to Tang Dynasty to improve bilateral relations and to win the support of Tang. This article discusses in detail the available traffic routes between Tang and the Uyghur Qaghanate after the Tibetan occupation of the Hexi Corridor 河西走廊, mainly the east and the west Pitiquan 鸊鵜泉 routes. The location of the Sevrey Inscription, corresponding to the Huamen 花門 in Chinese sources, lies exactly on the west Pitiquan route which is the main route and fits perfectly with the description "the gate of the state". Both the writing orientation and the ductus of the Old Turkic scripts witnessed sharp changes between the Šine Usu Inscription (759) and the Qarï Čor Tegin's Epitaph (795) due to the Uyghur Qaghanate's adoption of Manichaeism. The writing orientation of the Old Turkic part of the Sevrey inscription follows the early inscriptions of the Uyghur Qaghanate, while its ductus shows that it is later than those. These palaeographical features support the date proposed in this article.

《唐研究》第二十七卷
2022年,465—478頁

後周、北宋平邊事發微
——兼論“先北後南”與“先南後北”

劉　喆

五代寰宇分裂,諸國並存,征戰不休。周世宗即位後,一改晋、漢衰微之勢,西克秦鳳,東取淮南,北收燕南二州三關,中原之威復振。北宋承周餘烈,南征北討,剪滅諸國,結束了五代亂局。此段史事衆所周知,周、宋統一方略亦爲學者津津樂道,研究成果頗多[1]。這些研究大多認爲世宗、太祖之統一方略與王朴《平邊策》聯繫密切,其關注的焦點問題在於“先北後南”與“先南後北”孰者更優。此種研究思路不僅模糊了《平邊策》與平邊事之間的界限,而且遮蔽了周宋之際統一戰爭的複雜性,尚有繼續探討之空間。

一、《平邊策》文本分析

顯德元年(954),北漢趁後周國喪來犯,世宗親敗之於高平,“歸而益治兵,

---

〔1〕 如徐規、方如金《評宋太祖“先南後北”的統一戰略》,原載《宋史研究論文集・一九八二年年會編刊》,河南人民出版社,1984年;後收入氏著《仰素集》,杭州大學出版社,1999年,568—583頁。李曉《王朴、周世宗、宋太祖統一戰略比較》,《煙臺大學學報》1992年第1期,85—91頁。王育濟《宋初“先南後北”統一策略的再探討》,《東岳論叢》1996年第1期,82—89頁。李華瑞《關於宋初先南後北統一方針討論中的幾個問題》,《河北大學學報》1997年第4期,49—55+88頁。毛雨辰《北宋先南後北戰略探析》,《河西學院學報》2015年第4期,102—106頁。林鵠《遼穆宗草原本位政策辨——兼評宋太祖“先南後北”戰略》,《中國史研究》2016年第1期,117—134頁。孫朋朋《試論宋太祖“先南後北”統一策略制定之始末》,《綏化學院學報》2016年第9期,97—100頁。安北江《宋初戰略地緣政治研究——以平定荆湖爲中心》,《理論月刊》2018年第11期,75—81頁。曾瑞龍曾對“先南後北”戰略的相關研究進行過一些總結,詳見氏著《經略幽燕:宋遼戰爭軍事災難的戰略分析》,香港中文大學出版社,2003年,10—13頁。

慨然有平一天下之志"〔2〕。二年四月,世宗謂宰相曰:"朕觀歷代君臣治平之道,誠爲不易。又念唐、晋失德之後,亂臣黠將,僭竊者多。今中原甫定,吴、蜀、幽、并尚未平附,聲教未能遠被,宜令近臣各爲論策,宣導經濟之略。"〔3〕乃命翰林學士承旨徐臺符等二十餘人各撰《爲君難爲臣不易論》《平邊策》以進。王朴之《平邊策》便是於此時呈送給世宗的。這篇策文在兩《五代史》及《資治通鑑》中均有收録,但内容頗有不同之處。

北宋建隆二年(961),《周世宗實録》成。此後不久,范質將《五代實録》總爲一部,成《五代通録》一書。開寶七年(974),薛居正等撰成《舊五代史》。從諸書形成時間來看,《舊五代史》所收《平邊策》文很有可能直接參考了《實録》中的原文。《新五代史》大概成書於皇祐五年(1053),此時雖已距北宋開國將近百年,但若言歐陽文忠公無緣得見《實録》等資料,恐怕不能令人信服。同理,司馬温公編撰《資治通鑑》時亦應有條件接觸原始文獻。故諸書記載之别不能簡單理解爲所本有異。

兩《五代史》所收《平邊策》文字略同,《舊五代史》文曰:

唐失道而失吴、蜀,晋失道而失幽、并。觀所以失之由,知所以平之術。當失之時,莫不君暗政亂,兵驕民困。近者姦於内,遠者叛於外,小不制而至於大,大不制而至於僭。天下離心,人不用命。吴、蜀乘其亂而竊其號,幽、并乘其間而據其地。平之之術,在乎反唐、晋之失而已。必先進賢退不肖以清其時,用能去不能以審其材;恩信號令以結其心,賞功罰罪以盡其力,恭儉節用以豐其財,徭役以時以阜其民。俟其倉廩實、器用備,人可用而舉之。彼方之民,知我政化大行,上下同心,力强財足,人和將和,有必取之勢,則知彼情狀者願爲之間諜,知彼山川者願爲之先導。彼民與此民之心同,是與天意同,與天意同,則無不成之功。

攻取之道,從易者始。當今吴國,東至海,南至江,可撓之地二千里。從少備處先撓之,備東則撓西,備西則撓東,必奔走以救其弊。奔走之間,可以知彼之虚實、衆之强弱,攻虚擊弱,則所向無前矣。勿大舉,但以輕兵撓之。

〔2〕歐陽修《新五代史》卷三一《王朴傳》,中華書局,1974年,343頁。

〔3〕脱脱等《宋史》卷二六九《陶穀傳》,中華書局,1977年,9237頁。

彼人怯,知我師入其地,必大發以來應,數大發則必民困而國竭,一不大發則我獲其利,彼竭我利,則江北諸州,乃國家之所有也。既得江北,則用彼之民,揚我之兵,江之南亦不難而平之也。如此,則用力少而收功多。得吴,則桂、廣皆爲内臣,岷、蜀可飛書而召之,如不至,則四面並進,席捲而蜀平矣。吴、蜀平,幽可望風而至,唯并必死之寇,不可以恩信誘,必須以强兵攻之,但亦不足以爲邊患,可爲後圖,候其便則一削以平之。

方今兵力精練,器用具備,群下知法,諸將用命,一稔之後,可以平邊,此歲夏秋,便可於沿邊貯納。臣書生也,不足以講大事,至於不達大體,不合機變,望陛下寬之。〔4〕

《資治通鑑》載《平邊策》文〔5〕與《舊五代史》主要差異如下:

(1)"唐失道而失吴、蜀,晋失道而失幽、并",《通鑑》作"中國之失吴、蜀、幽、并,皆由失道"。

(2)"當今吴國,東至海,南至江,可撓之地二千里",《通鑑》作"唐與吾接境幾二千里,其勢易擾也"。

(3)"彼人怯",《通鑑》作"南人懦怯"。

(4)"得吴,則桂、廣皆爲内臣,岷、蜀可飛書而召之,如不至,則四面並進,席捲而蜀平矣",《通鑑》作"得江南則嶺南、巴蜀可傳檄而定"。

(5)"吴、蜀平",《通鑑》作"南方既定"。

前文已言,世宗命人進《平邊策》的起因是唐、晋失德之後僭竊者多,吴、蜀、幽、并尚未平附,天下未能混一。换言之,《平邊策》實際上衹是世宗爲一統吴、蜀、幽、并而設置的一篇命題作文,其内容應在世宗設定的主題範圍之内。對比《五代史》與《資治通鑑》的兩個文本,《五代史》開篇即言唐、晋失道,可謂點題,《資治通鑑》言"中國之失吴、蜀、幽、并",指向曖昧不清。又胡三省注曰:"梁失吴;後唐得蜀而復失之;晋失幽;周失并。"〔6〕此言以五代解"中國",已偏離世宗本意。《五代史》稱南唐爲"吴""吴國""彼人";《資治通鑑》稱其爲"唐""南

〔4〕 薛居正《舊五代史》卷一二八《王朴傳》,中華書局,1976年,1679—1681頁。

〔5〕 司馬光《資治通鑑》卷二九二《後周紀三》世宗顯德二年四月,中華書局,1956年,9525—9526頁。

〔6〕《資治通鑑》卷二九二《後周紀三》世宗顯德二年四月,9525頁。

人”。按,後周時南唐、後蜀、遼、北漢並存,世宗所稱之吴、蜀、幽、并顯非國號,而指地域。又,《五代史》稱“得吴,則桂、廣皆爲内臣,岷、蜀可飛書而召之”;《資治通鑑》載“得江南則嶺南、巴蜀可傳檄而定”。《通鑑》的這一改動令《平邊策》原意發生了較大變化。王朴本意先取南唐江北諸州,次及江南,佔領整個吴地。得吴之後,纔能令桂、廣爲内臣,飛書而召岷、蜀。《通鑑》不僅强調南唐江南之地的重要性〔7〕,而且更改了桂廣(嶺南)之地的性質。按,嶺南原爲馬楚、南漢分據,周廣順元年(951),南唐伐楚,南漢趁機出兵攻佔蒙、桂、柳、象等十州,盡有嶺南,並逾嶺佔據了郴州。故《平邊策》所言桂廣之地,實指南漢。世宗言“吴、蜀、幽、并”而不及嶺南,王朴稱得吴則桂廣爲内臣,可見世宗君臣視南漢爲臣屬,這種態度與顯德時的周漢關係是相吻合的〔8〕。《資治通鑑》將嶺南(南漢)與巴蜀(後蜀)並列,則是暗指南漢與後蜀同爲不臣之地。除此之外,《五代史》僅言“彼(吴)人怯”“吴、蜀平”,《資治通鑑》則稱“南人懦怯”“南方既定”,這表明兩個文本中的征伐對象並不一致。從《五代史》來看,亟須討伐者僅吴、蜀、幽、并而已,但在《資治通鑑》的語境中,似乎幽、并及整個南方都是中原平定的對象。

《平邊策》的兩個文本都是在一定的歷史環境中形成的。《五代史》收録的文本更接近《平邊策》原文,《資治通鑑》收録的文本改動較大。在《五代史》收録的《平邊策》中,王朴謀劃的重點在於正君臣大義,令吴、蜀、幽、并等不臣之地稱臣歸附,這與世宗的構想是相吻合的。《五代史補》載:後周征淮南,唐主上表服罪,請修職貢,世宗曰:“叛則征,服則懷,寡人之心也。”〔9〕另據《資治通鑑》,南唐稱臣後遣使入貢,世宗曰:“曏時則爲仇敵,今日則爲一家,吾與汝國大義已定,保無他虞。”〔10〕可見世宗之混一天下旨在令不臣之地臣服,完成形式上的

〔7〕 根據上下文理解,此處的“江南”確指江南之地,而非南唐去唐國號後所用之“江南”國號。

〔8〕 南漢於後梁貞明三年(917)稱帝,後唐滅梁後,南漢遣使修貢,國書自稱“大漢國王”而非皇帝,可知其實行“内帝外臣”的政策,對内稱帝,對外則向中原王朝稱臣。後周世宗時擊敗南唐,迫使其稱臣,消息傳到嶺南,南漢中宗劉晟慌忙遣使至後周朝貢,可見該時期南漢仍以中原王朝爲尊。

〔9〕 陶岳撰《五代史補》卷五《世宗面諭江南使》,傅璇琮、徐海榮、徐吉軍主編《五代史書彙編》第5册,杭州出版社,2004年,2527頁。

〔10〕《資治通鑑》卷二九四《後周紀五》世宗顯德六年六月,9599頁。

"一統",不在滅國併土,故世宗在南方僅視吴、蜀爲敵國,得江北後不下江南而還。宋太祖開國後,不滿足於"一榻之外,皆他人家"的現狀,開始兼併諸國土地。南唐事宋勤謹,甚至主動去唐國號,改稱江南國主,但仍遭宋軍討伐。太祖對江南使者徐鉉直言道:"江南亦有何罪,但天下一家,卧榻之側,豈容他人鼾睡乎!"〔11〕可見太祖之志在於破滅諸國,兼併其地,完成實質上的"一統"。故南方諸國均爲北宋征討之對象,其中又以仍在稱帝的後蜀、南漢爲首。以後北宋確實按此順序發動了統一戰争,故《通鑑》版《平邊策》對原文本作出了以上改寫。質言之,《五代史》版《平邊策》基本上是一種客觀描述,《通鑑》版《平邊策》則由於受到後世既成事實的影響,一定程度上陷入了"歷史輝格主義",對《平邊策》原文進行了"輝格式"的改寫。論者從《資治通鑑》的《平邊策》文本出發談及"先北後南"或"先南後北",實際上是不准確的。

二、後周、北宋的平邊方略與平邊實踐

古今學者多認爲《平邊策》與周、宋平邊方略關係密切。經過數百年的討論,學界大概形成了如下認識:(1)王朴首獻先南後北、先易後難之策,主張先伐吴,次及蜀,再圖幽、并;(2)世宗並未完全按照王朴之方略用兵,而是"先北後南",在攻取淮南後轉而北上攻打契丹;(3)太祖南攻北守,但更改了王朴提議之用兵次序,先伐蜀。數百年來,論者或揚周抑宋,以"先北後南"爲是;或抑周揚宋,以"先南後北"爲優,雙方你來我往,高論迭出。其間有些學者認識到周、宋之平邊實踐與平邊方略並不一致,但由於受到"先北後南"或"先南後北"等思維定式的限制,並未對這種現象進行深入分析。正如曾瑞龍所指出的那樣:"目前對〔先南後北〕戰略制訂過程的討論没有將思維、决策與執行之間的層次釐清。"〔12〕故該問題尚有繼續研究之必要。

顯德元年,後周太祖郭威死,北漢趁國喪伐周,世宗力排衆議,御駕親征,於高平大破北漢。二年四月,王朴等上《平邊策》,世宗覽後,"愈重其器識",遷爲

〔11〕 李燾撰《續資治通鑑長編》卷一六《太祖》開寶八年十一月辛未,中華書局,1979年,350頁。
〔12〕 曾瑞龍:《經略幽燕:宋遼戰争軍事災難的戰略分析》,13頁。

左諫議大夫,令知開封府事。前文已言,《平邊策》本是世宗設置的一篇命題作文,一同撰寫者有二十餘人,王朴能得世宗青睞,必有其過人之處。史載:"世宗以英武自任,喜言天下事,常憤廣明之後,中土日蹙,值累朝多事,尚未克復,慨然有包舉天下之志。而居常計事者,多不諭其旨,唯朴神氣勁峻,性剛决有斷,凡所謀畫,動愜世宗之意,繇是急於登用。"〔13〕可知王朴被賞識主要是因爲其最能理解世宗心意。世宗繇鎮澶州時,樸爲其節度掌書記,後世宗爲開封尹,樸又爲其推官,足見王樸在世宗即位前即已爲其心腹。

高平戰後,世宗"常訓兵講武,思混一天下"〔14〕,而"當時文士皆不欲上急於用武"〔15〕,以徐臺符爲首的二十餘名近臣所作之策論多以修文德、懷遠人爲意,惟王朴等言用兵之策。樸謂江淮可先取,世宗"引與計議天下事,無不合。遂决意用之"〔16〕。以上材料至少能説明兩個問題:一是世宗希望用武力平定天下,然而在當時並未得到多數朝臣的認可;二是王朴久爲世宗下屬,熟知世宗心意,其在《平邊策》中主張用兵,此舉深得世宗歡心。换言之,王朴《平邊策》之所以得世宗激賞首先是因爲其倡武不倡文的態度,其次纔可能是其平邊方略。翻檢史籍,瞭解《平邊策》成文前的顯德時局,我們就能對此有更爲深刻的認識。

顯德元年三月,世宗下令斬殺在高平臨陣脱逃的樊愛能、何徽等七十餘名將校,"驕將墮兵,無不知懼"〔17〕。十月,世宗令對士兵"一一點選,精鋭者升在上軍,怯懦者任從安便"〔18〕,"由是兵甲之盛,近代無比"。顯德二年春正月,世宗連下《命在朝文官再舉幕職詔》《逃户莊田各市地人請射敕》,選賢任能,發展生産。三月,因科舉濫進,世宗命將當年及第者十二人勾落,禮部侍郎劉温叟亦因"失於選士"而被問罪。故《平邊策》所言"進賢退不肖""用能去不能""恩信號令""賞功罰罪""恭儉節用""徭役以時"等語,基本上衹是對世宗已行之政之總結。又顯德二年三月,"秦州民夷有詣大梁獻策請恢復舊疆者,帝納其言"〔19〕。

〔13〕《舊五代史》卷一二八《王朴傳》,1681 頁。

〔14〕《宋史》卷二六九《陶穀傳》,9237 頁。

〔15〕《新五代史》卷三一《王朴傳》,343 頁。

〔16〕同上。

〔17〕《舊五代史》卷一一四《世宗紀》,1514 頁。

〔18〕王溥撰《五代會要》卷一二《京城諸軍》,上海古籍出版社,2006 年,206 頁。

〔19〕《資治通鑑》卷二九二《後周紀三》,世宗顯德二年三月,9656 頁。

可知至少從此時起，世宗已萌生了對外用兵之心。由此觀之，《平邊策》可能是王朴結合時政揣度上意而作。世宗心悦《平邊策》，這一點是没有疑問的。然而需要注意的是，作爲卓越的政治家、軍事家，世宗自有其平邊構想，王朴的《平邊策》或許對世宗有一定的參考價值，但未必能够成爲後周平邊的總方針。换言之，《平邊策》提供的平邊方案與世宗的平邊構想及平邊活動，本身就是兩個不同層面的問題。

王朴上《平邊策》不久，世宗即命鳳翔節度使王景等率兵攻打秦、鳳。按，王朴主張先伐吴，而世宗先攻蜀，可見世宗並未按照《平邊策》的思路展開軍事行動。周軍很快攻佔秦、成、階三州，蜀人震恐。“蜀主致書於帝請和，自稱大蜀皇帝”，世宗以其抗禮，不答。後蜀遂“聚兵糧於劍門、白帝，爲守禦之備”〔20〕。此二地分據天險，爲隴、鄂入川之咽喉。蜀軍駐守於此，破敵不足，自保有餘。周軍短時間内很難攻入蜀地，是以世宗於此月始議南征。十一月，王景克鳳州，西綫戰事暫告結束，後周開始集中精力攻打南唐。

顯德二年(955)至五年，世宗三征南唐，取其江北十四州。顯德五年五月，“唐主避周諱，更名景。下令去帝號，稱國主，凡天子儀制皆有降損，去年號，用周正朔”〔21〕，南唐正式成爲後周的藩國。世宗遂罷兵北返。六月，荆南高保融遣使勸孟昶稱藩於周，遭到拒絶。十月，“帝謀伐蜀”，命高防爲西南面水陸制置使，李玉爲判官。高保融再勸孟昶稱臣於周，昶命李昊草書，“極言拒絶之”。高氏勸降不成，遂上奏朝廷請以水軍趣三峽助伐蜀，詔褒之〔22〕。十一月，李玉至長安，輕率出兵擊蜀歸安鎮。十二月，李玉兵敗身死，孟昶分遣大將“將兵六萬，分屯要害以備周”〔23〕。世宗見無隙可乘，遂中止伐蜀，於顯德六年親率諸軍北征契丹，取二州三關而返。不久，世宗病逝於開封。

北宋建立後，承周餘烈，繼續推進平邊大業。《東軒筆録》載太祖曾語其弟太宗曰：“中國自五代以來，兵連禍結，帑廪虚竭，必先取西川，次及荆、廣、江南，則國用富饒矣。今之勁敵，止在契丹，自開運以後，益輕中國。河東正扼兩蕃，若

〔20〕《資治通鑑》卷二九二《後周紀三》世宗顯德二年春正月，9663頁。
〔21〕《資治通鑑》卷二九四《後周紀五》世宗顯德五年五月，9583頁。
〔22〕《資治通鑑》卷二九四《後周紀五》世宗顯德五年十月，9587—9588頁。
〔23〕《資治通鑑》卷二九四《後周紀五》世宗顯德五年十二月，9588頁。

遽取河東,便與兩蕃接境,莫若且存繼元,爲我屏翰,俟我完實,取之未晚。"〔24〕論者據此言認爲太祖"先南後北",然翻檢史籍,可知太祖用兵之次序與此言抵牾頗多。

建隆三年,湖南周行逢死,子保權立。大將張文表叛,襲據潭州,周保權向宋乞師。乾德元年(963),太祖派慕容延釗領兵南下,一舉平定荆、湖。二年,宋軍伐蜀。三年,蜀平。開寶元年,宋軍伐北漢,無功而返。二年,太祖親征北漢,仍不克而還。三年,太祖令潘美伐南漢。四年,廣南平。唐主李煜表請去國號,稱"江南國主"。七年,宋軍伐江南。八年,平之。九年,復出師伐北漢。同年,太祖死。

縱觀世宗平邊之用兵次序,可知其於高平之戰後先攻後蜀,再征南唐。南唐内附後,世宗先欲伐蜀,因蜀軍有備,遂北上攻打契丹。這些舉措不僅與《平邊策》有所出入,亦與"先北後南"大相徑庭。太祖平邊,先用兵於荆、湖、西川,次及北漢、南漢、南唐,又及北漢。此序不僅與《東軒筆録》記載的方略次序相左,亦與"先南後北"不相契合。這表明"先北後南"或"先南後北"並不能够準確反映世宗、太祖的平邊舉措。

三、後周、北宋平邊事再認識

世宗繼位時,吴、蜀、幽、并皆阻聲教,不奉中原正朔,天下尚未"一統"。顯德二年至五年,世宗三征南唐。唐主遣使求和,稱"唐皇帝奉書於大周皇帝",願與後周結爲兄弟之國,世宗以其抗禮,不答。後周令南唐"削去尊稱,願輸臣禮","堅事大之心"。南唐屢戰不勝,被迫降號稱藩,用周正朔。世宗在《賜李璟將佐書》中稱:"所云願爲外臣,乞比湖、浙,彼既服義,朕豈忍人,必當别議封崇,待以殊禮。"〔25〕後世宗賜李璟書,"如唐與迴鶻可汗之式,但呼國主而已"〔26〕。李璟上章自稱唐國主,在京置進奏院,"累遣使修貢,亦不失外臣之禮焉"〔27〕。

〔24〕 魏泰撰《東軒筆録》卷一,中華書局,1983年,1頁。

〔25〕 《舊五代史》卷一一六《世宗紀》,1546頁。

〔26〕 《續資治通鑑長編》卷二《太祖》建隆二年九月壬戌,53頁。

〔27〕 《舊五代史》卷一三四《僭僞列傳》,1788頁。

南唐稱臣後,世宗隨即率軍北返,不再攻打江南之地。

顯德二年,周軍伐蜀,取秦、鳳、階、成四州。蜀主孟昶致書請和,自稱大蜀皇帝,世宗以其抗禮,不答,蜀軍遂於險要處屯兵備禦。四年,"世宗以所得蜀俘歸之,昶亦歸所獲周將胡立於京師"〔28〕。昶致書世宗,稱"大蜀皇帝謹致書於大周皇帝"〔29〕,世宗以蜀講鈞禮,不答。孟昶因而怒曰:"朕郊祀天地,稱天子時,爾方鼠竊作賊,何得相薄耶!"〔30〕周、蜀雙方不歡而散。顯德五年,荆南屢勸後蜀稱藩於周,遭孟昶拒絶,世宗因欲伐之。可見世宗的目的是欲令後蜀稱藩稱臣。

顯德六年,世宗詔以北境未復,親率大軍攻打契丹,取二州三關。然而這場兵不血刃的勝利却被後周史官稱爲"輕社稷之重,而僥倖一勝於倉卒"〔31〕。據學者研究,遼穆宗並未推行草原本位政策,其統治時期契丹整體實力尚在,並非不堪一擊,後周伐遼,勝負難料〔32〕。故後周史官所言並非無的放矢。按,顯德元年世宗大破北漢於高平,並乘勝進攻太原。此役之後,北漢實力大損,再不能大舉南下。因此對顯德六年的後周而言,伐并是比伐幽更爲合適的軍事選擇。然而世宗没有對北漢用兵,而是以萬乘之尊奔襲千里攻打遼朝。其中的原因,單從軍事角度恐怕不好解釋。據學者研究,後周建立初期曾欲與契丹建立平等友好關係,但因遼漢同盟的形成,遼周和談以失敗告終〔33〕。廣順元年,後周遣姚漢英、華昭胤使契丹,用敵國禮,契丹"以書辭抗禮,留漢英等"。〔34〕這説明契丹並不承認後周是與自己平等的國家,南、北由是失歡。顯德元年,世宗下《親征劉崇御劄》,文曰"乘我大喪,犯予邊境,勾引蕃寇"〔35〕,又下《平劉崇赦文》,文曰"勾引蕃戎,困我生民"〔36〕。後周稱契丹爲"蕃寇""蕃戎",可見其亦不認可契丹政權。筆者認爲世宗之所以捨并而伐幽,根本原因便在於世宗希望通過戰

〔28〕《新五代史》卷六四《後蜀世家》,805頁。

〔29〕王明清《揮麈後録》卷五,上海古籍出版社編《宋元筆記小説大觀》第4册,上海古籍出版社,2001年,3686頁。

〔30〕張唐英撰《蜀檮杌》卷下,傅璇琮、徐海榮、徐吉軍主編《五代史書彙編》第10册,6096頁。

〔31〕《新五代史》卷一二《周本紀》,126頁。

〔32〕林鵠《南望:遼前期政治史》,生活·讀書·新知三聯書店,2018年。

〔33〕曹流《契丹與五代十國政治關係諸問題》,北京大學博士學位論文,2010年6月。

〔34〕脱脱等《遼史》卷五《世宗紀》,中華書局,1974年,66頁。

〔35〕王欽若等編《册府元龜》卷一一八《帝王部·親征》,中華書局,1960年,1413頁。

〔36〕《册府元龜》卷九六《帝王部·赦宥》,1147頁。

爭擊敗契丹，恢復"守在四夷"的統治秩序。

綜上所論，世宗平邊的原因在於吴、蜀、幽、并皆阻聲教，天下尚未混一，其全部的平邊舉措都是圍繞着這個主題進行的。本着"叛則征、服則懷"的原則，世宗接連對後蜀、南唐、契丹用兵，其意旨在令聲教訖於四方，完成形式上的"一統"，故南唐降號稱藩以後，世宗即不加兵江南。王夫之言"周主之志，不在江南而在契丹"〔37〕，料世宗有"先北後南"之謀，庶幾失之矣。

建隆元年，趙匡胤黄袍加身，建立北宋。三年，湖南周行逢病篤，囑其子保權曰："吾死，〔張〕文表必叛，當以楊師璠討之。如不能，則嬰城勿戰，自歸朝廷可也。"〔38〕乾德元年，宋軍應湖南之請出兵討張文表，假道荆南。荆南兵馬副使李景威主張伏兵備禦，時任節度使高繼冲以其家"累歲奉朝廷"，故不爲備。孫光憲勸繼冲"早以疆土歸朝廷"，"荆楚可免禍，而公亦不失富貴"，繼冲然之〔39〕。不久，宋軍至江陵，高繼冲奉表獻地，太祖仍以其爲節度使。宋軍至湖南時，張文表已死，周保權欲拒守，爲慕容延釗擊敗，湖南平。是年，周保權詣闕待罪，高繼冲舉族歸朝。從荆、湖二地的自我認識和太祖用兵的過程來看，平定荆、湖之戰屬於中央削平地方藩鎮勢力的戰爭，不應被納入統一戰爭之列。

太祖雪夜訪趙普事常被論者視爲"先南後北"之依據。按雪夜訪普首見於宋人邵伯温所作《邵氏聞見録》，其文曰：

> 太祖即位之初，數出微行，以偵伺人情，或過功臣之家，不可測。趙普每退朝，不敢脱衣冠。一日大雪，向夜，普謂帝不復出矣。久之，聞叩門聲，普出，帝立風雪中。普惶懼迎拜，帝曰："已約晋王矣。"已而太宗至，共於普堂中設重裀地坐，熾炭燒肉。普妻行酒，帝以嫂呼之。普從容問曰："夜久寒甚，陛下何以出？"帝曰："吾睡不能著，一榻之外皆他人家也，故來見卿。"普曰："陛下小天下耶？南征北伐，今其時也。願聞成算所向。"帝曰："吾欲下太原。"普嘿然久之，曰："非臣所知也。"帝問其故，普曰："太原當西北二邊，使一舉而下，則二邊之患我獨當之。何不姑留以俟削平諸國，則彈丸黑誌之

〔37〕 王夫之《讀通鑑論》卷三〇《五代下》，中華書局，1975年，1102頁。

〔38〕 《續資治通鑑長編》卷三《太祖》建隆三年九月，72頁。

〔39〕 《續資治通鑑長編》卷四《太祖》乾德元年二月，84—85頁。

地，將無所逃。”帝笑曰：“吾意正如此，特試卿耳。”遂定下江南之議。帝曰：“王全斌平蜀多殺人，吾今思之猶耿耿，不可用也。”普於是薦曹彬爲將，以潘美副之。〔40〕

太祖提及“王全斌平蜀多殺人”，可知雪夜訪普事應在滅蜀之後。《宋史·趙普傳》則將此事繫於乾德二年至五年之間。然邵氏書中稱太宗爲晋王，故此語不可能早於開寶六年。開寶七年，宋出兵攻打江南，故邵氏記載的雪夜訪普事應在開寶六年至七年之間。《長編》以太祖“一榻之外，皆他人家”語，斷定邵氏之書記載有誤，認爲訪普應在平定荆、湖之前。故改“晋王”爲“吾弟”，改“下江南”爲“用師荆、湖，繼取西川”。雪夜訪普主要涉及宋朝對北漢的態度。按太祖曾謂北漢主劉鈞曰：君家與周氏世仇而與我無間，“若有志中國，宜下太行以决勝負”。劉鈞稱河東土地兵甲不足中原十一，“區區守此，蓋懼漢氏之不血食也”。太祖哀其言，“故終孝和之世，不以大軍北伐”〔41〕。開寶元年，劉鈞死，劉繼恩繼位。不久，繼恩亦死，繼元嗣位。是年，宋軍伐北漢，北漢引遼兵爲援，趁勢掠宋晋、絳二州。開寶二年，太祖親征北漢，圍太原，決汾河水灌城，仍無功而返。論者據《長編》認爲太祖於宋初便制定了先南後北的統一方略，伐北漢之舉是“輕率改變南攻北守的既定方針”，但觀宋軍準備之充分，太祖之志在必得，此種解釋實難令人信服。實際上，開寶六年至七年間北宋周邊仍存江南、吴越、北漢等國，《邵氏聞見録》所載太祖君臣之對話於理並無不合之處。反倒是《長編》所載前後抵牾，多有扞格。太祖於開寶元年、二年連續出兵北漢，甚至不惜御駕親征，這表明伐北漢並非臨時起意，而是早有規劃。若太祖於建國之初便確定“先南後北”，則此次伐北漢之舉實難令人理解。也就是説，雪夜訪普時君臣二人以“先南後北”爲核心的對話，更有可能發生在《邵氏聞見録》所記載的開寶六、七年之間。又，前引《東軒筆録》中有“遽取河東”“且存繼元”等語。按劉繼元於開寶元年始即北漢帝位，故此語大致應發表於開寶二年宋軍從北漢退兵前後。《邵氏聞見記》中太祖“吾意正如此”之言恰與《東軒筆録》的記載相契。這些材料表明太祖即位之初並没有明確的“先南後北”的規劃，“南攻北守”戰略的確定

〔40〕 邵伯温《邵氏聞見録》卷一，《宋元筆記小説大觀》第 2 册，1700—1701 頁。

〔41〕 《續資治通鑑長編》卷九《太祖》開寶元年七月，205 頁。

大致應在開寶二年伐北漢之後。

開寶二年,太祖自北漢收兵,將統一視綫轉向南方諸國。諸國中南唐、吴越均向北宋稱臣,惟南漢仍稱皇帝,故首當其衝遭到了宋軍的討伐。開寶四年,宋滅南漢,至此南方再無不臣之地,北宋不得不改變了統一手段。五年,太祖謂吴越使者曰:"朕數年前令學士承旨陶穀草詔,比來城南建離宫,令賜名'禮賢宅',以待李煜及汝主,先來朝者以賜之。"[42]太祖之言顯然另有玄機,若同意入朝,則將陷入任人魚肉的境地,若拒絶入朝,則北宋就有了興兵討伐二國的理由。李煜拒絶入朝,不久即被滅國;錢俶堅持"事大",於開寶九年二月率妻兒入朝,獲太祖厚待,暫時躲過劫難。然而在北宋"控御與柔服"的兼併方式下,吴越最終未能獨善其身,於太宗太平興國三年併入北宋版圖[43]。扼要言之,至太祖開寶九年,南漢、江南滅國,吴越雖仍殘存,但已成爲北宋囊中之物,南方基本平定。是年二月,群臣請加尊號"一統太平",太祖因燕、晋未復而不許,群臣又改"一統太平"爲"立極居尊",太祖許之[44]。此二尊號之改易反映了太祖意欲重致"一統"之雄心。八月,太祖重燃北疆戰火,出兵攻打北漢。可惜天不假年,是年十月,太祖於斧聲燭影中猝然長逝。

綜上所論,太祖平定荆、湖,屬中央削平藩鎮之舉,不預統一戰争之列。其後滅後蜀、伐北漢,屬於爲討伐不臣之地而進行的統一戰争,這是對世宗意志的延續與繼承。開寶初年親征北漢不利後,太祖認識到北漢及其背後的契丹實力强大,故暫緩攻勢,南下削平諸國。南漢乖以小事大之禮,首遭討伐。李煜事宋勤謹,貶損制度,但仍因不入朝而被宋軍征討。吴越堅持"事大",對北宋言聽計從,故得以苟延殘喘。南方三國基本平定後,太祖重燃戰火,再次發動了旨在收復燕、晋的統一戰争。太祖去世後,太宗秉其遺志,成功滅亡北漢,收復晋土,然高梁河一戰宋軍大敗於遼朝,未能如願奪回幽雲。此後數年,北宋頻繁聯絡東北亞諸國,試圖剪滅契丹,恢復"守在四夷""天無二日"的統治秩序,但雍熙北伐的失敗令北宋的這些努力全部化爲泡影。澶淵之盟後,宋、遼以白溝河爲界,約爲

---

〔42〕《宋史》卷四八〇《錢俶傳》,13899頁。

〔43〕詳參何燦浩《控御與柔服:趙宋兼併吴越國的特殊方式》,《史學月刊》2008年第9期,18—28頁。

〔44〕《續資治通鑑長編》卷一七《太祖》開寶九年二月己亥,364頁。

兄弟之國,互稱南、北朝,承認了彼此統治的合法性,五代以來的統一戰争終於落下帷幕。

四、結論

承前所言,唐朝滅亡以後,寰宇分裂,統一的天下秩序分崩離析。周、宋之平邊,均是在討伐不臣、實現一統的政治環境和政治思維下進行的。周太祖廣順以來,南唐、後蜀、契丹、北漢皆不奉中原正朔,這種政治生態在後周君臣看來便是"吴、蜀、幽、并皆阻聲教"。世宗平邊期間先後對蜀、吴、契丹用兵,其用心便是以武力打擊使其臣服,完成形式上的"一統"。故所謂"先北後南"之説,既無充分的理論依據,又無嚴格的現實參照,當屬清人王夫之等的議論,並不符合歷史事實。宋太祖即位後,起初繼承了世宗之政,率先攻打猶阻中原聲教的後蜀、北漢等國,並成功滅亡了後蜀。然開寶二年親征北漢無功使太祖認識到北境之敵實力强大,不易輕下。故太祖改弦更張,南攻北守,開始大肆兼併諸國,以達"俟我完實"之目的。論者據《長編》認爲太祖君臣在宋初即已確定"先南後北"之方略,以取荆、湖,定西川俱屬"先南後北",蓋不辨李燾之誤也。實際上"先南後北"方略遲至開寶二年方被提出,該政策的核心思想便是暫緩對北境之敵的攻勢,兼併南方殘餘諸國,壯大自身力量,爲一舉收復燕、晋做準備。在執行"先南後北"政策時,北宋率先攻打仍在稱帝的南漢,次及稱臣但拒絶入朝之南唐,留存稱臣且入朝之吴越。可見太祖之志在於兼併諸國土地,完成實質上的"一統"。

一言以蔽之,周、宋之際的平邊活動都是在"完成一統"的指導思想下進行的,這場延續了幾十年的中原王朝的統一戰争大致可以分爲三個階段。第一階段爲世宗顯德二年(955)至太祖開寶二年(969),該階段周、宋發動的戰争均以廣聲教、討不臣爲主要目的,這些戰争具有很强的靈活性和偶然性,並不具備"先北後南"或"先南後北"的典型特徵。第二階段爲太祖開寶二年(969)至九年(976),該階段北宋執行了"先南後北"政策,南攻北守,基本削平了南方諸國,達到了"完實"的戰略目標,爲北上進軍做好了準備。第三階段爲太祖開寶九年(976)至澶淵之盟簽訂前,該階段宋、遼之間多次爆發戰争,但基本維持了均勢,雙方最終約爲兄弟之國,成爲南、北朝,形成了"天有二日"的局面。

Concerning the Details on the Border Wars Launched by the Later Zhou and the Northern Song Dynasty: the Strategies of "First North, then South" and "First South, then North"

Liu Zhe

Jiuwudaishi 舊五代史, *Xinwudaishi* 新五代史, and *Zizhitongjian* 資治通鑑 all recorded the text of *Treatise Concerning Stabilization of the Border* (*Pingbian Ce* 平邊策), but the content is not consistent. The text recorded in *Jiuwudaishi* and *Xinwudaishi* is closer to its origin, while the text recorded in *Zizhi tongjian* is influenced by the fait accompli of later times. In both the Later Zhou and the early Northern Song Dynasty, there were significant differences in contriving and implementing the strategy of unification of China. Emperor Shizong of Later Zhou Dynasty 後周世宗 at subjugating the disobedient regimes and completing superficial unification. Therefore, although the treatise suggested the strategy of "First North, the South", Emperor Shizong of the Later Zhou Dynasty did not implement this strategy and the border wars in his era show no obvious characteristics of giving priority to either the south or the north. Emperor Taizu of Song Dynasty 宋太祖 aimed to annex these regimes and achieve substantive unification. But in the first few years after he usurped the throne, the border wars also show no obvious direction to either the south or the north. He did not adopt the "First South, then North" strategy until the military failure against Northern Han 北漢 regime in the second year of Kaibo 開寶二年(969).

《唐研究》第二十七卷
2022年,479—515頁

日本古代七夕節與相撲節的變遷
——東亞禮令實施異同的一個側面

嚴茹蕙

一、前言:日本令中的節日、軍禮淵源

8世紀中期,日本頒行《養老律令》,條文多爲仿唐律令制定,雖然頒行前即已考量風土民情差異,加以增删修改,以求適合日本使用,但實際施行上仍有落差,逐漸呈現橘越淮爲枳的現象。不僅是典章制度,包括文化層面上,官方模仿中國習俗慶祝節日時亦然。本稿所謂節日,意爲與日常時段進行區分的特定日期,此指定日期需與特定活動或生活情境相配合,爲一地區人群反復施行,方可稱之爲節日。無論是從自然環境、民俗、宗教神話、社會生活中產生的歲時體系,或是國家立制、法律指定、吸收異民族文化等外在因素,都可能是節日形成的理由。

日本從6世紀開始,透過吸收來自亞洲大陸的中國曆書及禮俗知識,逐步發展出年中行事意識。在日本奈良時代(710—794),見於令文中的節日共有七個:正月一日、七日、十六日、三月三日、五月五日、七月七日、十一月大嘗日。這些日子,最初多未有節名,亦非假日,搭配以節會(爲節日舉行的宮廷宴會)、宴饗、普賜等活動,而成爲所謂"年中行事"。未開列於令中,但有中國民俗淵源的特定日子如冬至,亦可能舉行節會。年中行事意識成熟的象徵,當推於日本光孝天皇仁和元年(885)由太政大臣藤原基經獻上的"年中行事障子"[1],其內容彙

[1] 事見永祐《帝王編年記》卷一四光孝天皇仁和元年(885)條:"五月廿五日,太政大臣(注:昭宣公)被進年中行事障子。(注:立殿上,書一年中公事,奥書服假并穢等。絹突立障子也。)"收入黑板勝美、國史大系編修會編《新訂增補國史大系》第12册,吉川弘文館,2003年,217頁。《師遠年中行事》《年中行事秘抄》等書所載記事略同,唯後者記述日期爲三月廿五日。

集法制上的固定行事，以及人臣事君應注意事項，做成屏風置於宫中，現存記事近290項，可謂當時皇宫中的行事曆。

從禮法角度言，日本令中所制定七個節日，雖然均取自中國，活動性質却多與唐朝節俗無涉，而是仿唐前的禮法制度設計節會活動〔2〕，特别是正月十七日，以及《養老・雜令》"節日"條中開列的五月五日、七月七日節，在日本奈良時代與平安時代(794—1192)前半，三節行事分别爲射禮、騎射、相撲，均和軍事活動有關〔3〕，亦即性質和軍禮相關，在10世紀後半頒行的《延喜式》中，合稱"三度節"。

對照近年重見天日的《天聖令》，可知節日的日期規範於唐宋《假寧令》，《雜令》中並未明定節日相關行事及規範。日本令在《雜令》"諸節日"條〔4〕中未特别分項説明諸節的行事及用途，此點與唐一致，除模仿唐令外，或爲有心留下空白，以備人君運用節日，舉行各種活動。

然而日本令在《雜令》編排中出現了特例，值得注意。舉例而言，置於全篇倒數第二條的"諸節日"條，其中規範的正月十六日，在7世紀末期即已作爲舉行踏歌節會之用，另在最末條"大射者"條中，對"大射"的活動及人員做出明確規定："凡大射者，正月中旬，親王以下，初位以上，皆射之。其儀式及禄，從别式。"〔5〕一般以爲這是進行射禮。根據歷史記録，除最初的一次在清寧天皇四年(483)九月一日舉行外，從7世紀中期以降至9世紀末，亦即日本的律令制施行時期，射禮偶而會因天皇、高官喪事，而有停辦、日期前後移動，或遠離原本節

〔2〕 並可參見拙作《唐日令中所見節假生活初探》説明，尤其"古代日本的'年中行事'"小節，稻鄉出版社，2017年，112—121頁。又，以下若未特别做説明，提及日本令時，皆指758年所頒行的《養老令》。

〔3〕 其詳細源流、施行上與軍事的關係，可參見大日方克己《古代国家と年中行事》，講談社學術文庫，2008年。

〔4〕《養老・雜令》"諸節日"條，條文爲："凡正月一日、七日、十六日、三月三日、五月五日、七月七日、十一月大嘗日，皆爲節日。其普賜，臨時聽敕。"清原夏野等撰《令義解》卷一〇，收入黑板勝美、國史大系編修會編《新訂增補國史大系》第22册，吉川弘文館，1974年，341頁。

〔5〕《養老・雜令》"諸節日"條、"大射者"條，均見清原夏野等撰《令義解》卷一〇，收入黑板勝美、國史大系編修會編《新訂增補國史大系》第22册，吉川弘文館，1974年，341頁。

期的情況[6],但祇要實施,絶大多數在正月十七日舉行,可見日本政府落實令制執行[7]。故"大射者"條雖然没有在條文中指定明確的日期,實質却可視爲有節日活動,也有節期,但没有被列入節日條的節日。此"大射者"條的性質,當屬於軍禮的法律表現,且持續實行到13世紀初期。仁井田陞編《唐令拾遺》時,依據日本令,以爲唐令當有節日條與射禮條,但對照《天聖令》,發現並無此等條文。日本令中的"諸節日"條,確如池田温所言,"對照唐日兩令,一見可窺知歷歷襲用之迹,亦日本立法者部分省約或改訂之情況"[8]。但日本令中的"諸節日"條却非現存唐令條文。

再者,節會活動僅針對大射禮做規範,從正面看是展現對此禮的重視,故比照諸節日條列於令中,以法律保障其禮能够實施,顯得是特例,其母法來源爲何,令人心生好奇。檢杜佑《通典》卷七七《禮典·沿革·軍禮》載"大唐之制……三月三日,九月九日,賜百僚射"[9]。開元以前廢置不一,開元年間,祇見開元四年(716)三月三日、二十一年九月九日實施射禮,此後射禮遂廢。惟開元八年九月七日,曾制賜百官於九日舉行射禮,給事中許景先駁奏曰:"近以三九之辰,頻賜宴射,已著格令,猶降綸言。但古制雖存,禮章多缺……耗國損人,且爲不急。"遂罷之[10]。許景先所謂射禮規定"已著格令",今日未見於《天聖令·雜

[6] 例如菅野真道等奉敕撰,青木和夫等校注《續日本紀》第1册,卷二記載,大寶元年(701)正月十五日"大納言正廣參大伴宿禰御行薨",十六日(律令規定節日)仍舉行宴會及賞賜,"正月壬辰(十八日)"條載:"廢大射,以贈右大臣(大伴宿禰御行)喪故也。"可見十六日活動爲依令制規劃舉行,由於十五日記事尚載"帝甚悼惜之",推測是爲此將原本要在十七日舉行的大射臨時停止以致哀,否則仍會依令制舉行活動。至十八日,做追加記述。岩波書店,1989年,32頁。

[7] 參見大浦一晃《日本古代における"射"の変遷とその意義》對《六國史》中所載射禮舉行日期之整理。又及,前述大寶元年大射舉行日期,文中繫於正月十七日。收入《歷史研究》第58期,2012年,27—58頁。

[8] 池田温《東亞假寧制小考》,收入 *Proceedings of the Conference on Sino-Korean-Japanese Cultural Relations*,*Pacific Cultural Foundation*, Taipei, 1983, p.474。

[9] 杜佑撰,王文錦等點校,《通典》卷七七,中華書局,1988年,2106—2107頁。

[10] 引文據王溥《唐會要》卷二六《大射》,上海古籍出版社,2006年,583—584頁。劉昫等撰《舊唐書》卷一九〇中《許景先傳》無繫年月,中華書局,1975年,5032頁。同書卷八《玄宗紀》,開元九年秋七月辛酉(十六日)條記載:"先天中,重修三九射禮,至是,給事中許景先抗疏罷之。"所繫年月恐誤。182頁。

令》,但如《唐會要》卷三九《定格令》[11]一節内容所示,所謂"格令",廣義包含律、令、格、式,狹義或爲格,或爲令,或爲制敕,或爲法[12]。如後述所示,頗疑《養老令・雜令》此條係源自唐《開元七年令》(或曰《開元前令》)[13]。

"諸節日"條若爲日本令拆解唐《假寧令》後獨自創出[14],依法典編排邏輯言,是將日本新創者,置於有所本的法律之後,而不改動原法條順序,此點在《天聖・假寧宋令》中也可看見相似的立法邏輯[15]。"大射者"條爲現存全本《養老令》之壓軸末條,後面是否還有逸文,目前尚屬未知。如前輩學者所指出,《養老令》大致繼承《大寶令》内容,《大寶令》的編纂範本,除承襲當時既有的《近江令》《净御原令》外,中國方面的範本,主要爲《永徽令》[16]。由於今日已不見以上

〔11〕 前引王溥《唐會要》卷二六《大射》記載九條從武德年間至麟德年間行大射禮的記録,開元四年三月三日曾舉行過一次,八年九月七日許景先以經濟理由提出駁奏,當年停止施行。開元二十一年九月九日雖有施行,但"自此以後,射禮遂廢",側面説明射禮從北魏以來,至唐已形式化,雖有軍事意義,却因財政問題而廢,583—584頁。並參見楊永良《射禮について》對《唐會要・大射》記載之整理及説明。見《法律論考》第67卷第2.3合併號,1995年,545—546頁。

〔12〕 趙晶指出唐代令、式亦有多義,其中包括"依法",亦與"格令"有相近之義。參看趙晶《唐令復原所據史料檢證——以令式分辨爲綫索》之"結論",《歷史語言研究所集刊》第86本第2分,2015年,352—354頁。

〔13〕 按,日本令的"大射者"條,以往已有學者討論是否根據唐令而來,如丸山裕美子《唐と日本の年中行事》持肯定説,收入氏著《日本古代の醫療制度》,名著刊行會,1998年,227—252頁。前引楊永良《射禮について》持否定説。由於日後發現《天聖令》,而能依據法條重新審視此歷史問題,日本令設置"射禮"條當有所本。

〔14〕 參見大津透《"日本"の成立と天皇の役割》,收入大津透等著《古代天皇制を考える》,講談社學術文庫,2009年,28頁。另大隅清陽指出日本令條文獨自置於末尾者尚有若干條,可能出現於《净御原令》,至《大寶令》乃置於末尾,此説值得注目。參看大隅清陽《大寶律令の歷史的位相》,收入大津透編《日唐律令比較研究の新段階》,山川出版社,2008年,238頁注41。

〔15〕 例如在《天聖・假寧令》宋2、3條中,即可發現宋人新增的節日放在唐人所創節日之前,如另有説明,則置於法條之後,而非按時間順序重組排序。

〔16〕 《永徽令》説,參見井上光貞《日本律令の成立とその注釋書》,收入井上光貞等校注《律令》"解説",岩波書店,1976年,764—766頁;古瀬奈津子《遣唐使の見た中国》,吉川弘文館,2003年,201頁。從服部一隆《天聖令》編輯條目的檢討,可知與日本《養老令》極爲相近,而《養老令》與其前之《大寶令》,主要繼受自《永徽令》,所以唐令條文也有可能見於《大寶令》,此説亦值得注目。參看服部一隆《養老令と天聖令の概要比較》,《古代學研究所紀要》第15號,33—46頁,尤其第38頁。另如高明士於《日本古代學制與唐制的比較研究》(學海出版社,1977年初版,1986年增訂二刷)60—61頁論證,《養老令》雖以《大寶令》爲藍本,亦即以唐《永徽令》爲根據,但《學令》《考課令》《選叙令》已含有濃厚開元前期因素,即《開元七年令》。亦可參見高明士於《天聖令譯注》(元照出版社,2017年)815頁對《開元七年令》之説明。關於日本令所模效的源頭,目前學界(轉下頁)

所提及的唐日禮令典籍,《近江令》源頭若來自唐朝以前的禮法規範,諸如透過隋代編成的《江都集禮》,吸取中國南北朝時期禮制,上至漢魏之舊〔17〕,亦有可能。愚意嘗試推測其他可能性,"大射者"條的存在,尚可能是基於國家政策重視軍事〔18〕,或當時已受重視的宫廷節日活動做法源補充,或增補先前立法之不足〔19〕。律令制裏的其他節日,則未於目前留存的《養老·雜律》中見到相關規定。

筆者除好奇射禮在唐日令典中的規定外,還透過"三度節"一詞,注意到另一個特殊的節日——相撲節。在日本的9世紀後半,七月七日曾確立節名爲"相撲節",從字面即可明瞭,其性質與中國的七夕傳説相去甚遠,日本的七夕節在10世紀以前,亦與唐朝節俗關連性甚低。衆所周知,日本自7世紀中期實行大化革新以來,即全力模效中國典章制度,禮法大備。8世紀末,日本遷都平安京(794),開啓所謂"平安時代",日本的唐風文化逐步走向最高峰。至平安時代中期,即10世紀中期之後,隨着日本對唐文化的瞭解日益深入,法規中七月七日的行事性質開始變化,直至12世紀時,相撲節從日本的官方禮儀中消失〔20〕。拙稿擬從禮法層面,耙梳歷史事例,探討日本七夕節的中日起源、相撲節的日期、變遷與特色,以及該節日的相關活動——角抵、相撲,在後世的宋與平安時代日本的

(接上頁)溯源考證的結果,大致認同以《開元二十五年令》(所謂《開元後令》)爲下限。另如坂上康俊《日本に舶載された唐令の年次比定について》(《法史學研究會會報》第13號,2008年,1—16頁)、服部一隆《養老令と天聖令の概要比較》(《古代學研究所紀要》第15號,2011年,33—46頁)意見,皆認爲有參考《開元令》的痕迹。

〔17〕參見高明士《中國中古禮律綜論》第8章《隋煬帝時代的制禮作樂》218—220頁對《江都集禮》藍本及注文中對日本推古、天武天皇時期制定禮法影響的説明。元照出版社,2014年。又如前引高明士《日本古代學制與唐制的比較研究》第2章第2節,經其論證,認爲日本古代太學制除模效唐制,尚取法漢制,43、44頁。

〔18〕天武天皇在天武十三年(684)閏四月詔:"凡政要者軍事也",蓋此時日本與唐尚未恢復外交關係,故仍處於備戰狀態。參見舍人親王等奉敕撰,坂本太郎、井上光貞、家永三郎、大野晋校注《日本書紀》第5册,卷二九,岩波文庫,1995年,428頁。

〔19〕立法上的可能疏失,如《養老·學令》與《養老·假寧令》之間,對國子學生的給假細則有出入,蓋編法過程曾中斷四十年,如立法者再三易手,難免有令文内部細節未能統一的瑕疵。詳見前引拙作《唐日令中所見節假生活初探》166頁説明。

〔20〕相撲節作爲古代日本的國家禮儀,最後一次是在高倉天皇承安四年(1174)舉行。並參見前引大日方克己《古代国家と年中行事》169頁説明。

變化,並論同時期中國禮令對日本的影響,尤其是唐制。

二、日本七夕節的源流

討論日本律令中所列節日之前,當先釐清其中國母法的節日淵源,以及進入法律的過程。觀諸史籍,東漢末曹魏之際,日本與中國始有明確可信的接觸記録[21],至唐末宋初,逐漸不再與中國有官方往來,故本小節概略介紹中國東漢時期後至兩宋時期的七夕記事與節俗。

(一)中國七夕起源

七月七日,季節入初秋,一般通稱"七夕"。無論將七夕視爲歲時體系一環,或針對單一節日進行討論,學界研究浩繁,蔚爲大觀[22],此暫不一一列舉。傳統上,(正月)七日爲人日[23],《易經》中,七屬少陽數,對七日的重視,可能是上古創世神話的遺存[24]。重複兩個七的七月七日,連帶也受重視。七夕被視爲是個陰柔、與女性相關的節日[25],亦與農桑、男耕女織的民間生活形態有關。在中國,七月七日很早即成爲節日,由於可考資料有限,大約在戰國以前,七夕即

---

〔21〕 參見陳壽撰,裴松之注《三國志》卷三〇《魏書・東夷・倭人傳》,中華書局,1959年,854—858頁。

〔22〕 具代表性者,可舉池田温《中国古代における重数節日の成立》(收入中國古代史研究會編《中国古代史研究》第6册,研文出版,1989年,21—41頁)、劉曉峰《東亞的時間——歲時文化的比較研究》(中華書局,2007年)等專論專著爲例。針對牛女傳説神話演進發展的專論,有洪淑苓《牛郎織女研究》,臺灣學生書局,1988年。近年學者對七夕單一節日的研究成果,諸如林素英《七夕節俗論略》(《臺北大學歷史學報》2009年第7期,1—28頁)、陳連山《論七夕節的源流》(《天中學刊》第28期第1卷,2013年,124—128頁),研究回顧述評可參考施愛東,《牛郎織女研究批評》(《文史哲》2008年第4期,77—86頁)等。對平安時代採納中國"七夕"及"乞巧奠"儀式之過程及變遷,有李守愛《日本平安時代"七夕""乞巧奠"之受容過程》,成功大學《宗教與文化學報》2006年第7期,71—90頁。大範圍的節日節俗起源,與法制相關時間生活問題,以及節日文化比較研究等,亦可參見中村裕一《中國古代年中行事》第3册《秋》"七夕"對先秦至唐宋之際中國七夕源流的介紹(汲古書院,2010年),或前引拙作《唐日令中所見節假生活初探・緒言》介紹,因篇幅所囿,容不再逐項開列。

〔23〕 董勛《問禮俗》所載,見於宗懔《荆楚歲時記》"正月七日"條杜公瞻注文所引,收入《荆楚歲時記(及其他七種)》,《叢書集成初編》本,中華書局,1991年,4頁。

〔24〕 參見葉舒憲《人日之謎:中國上古創世神話發掘》,《中國文化》創刊號,1989年,84—92頁。

〔25〕 參見趙東玉《中華傳統節慶文化研究》,人民出版社,2002年,35頁。

已成爲節期[26]。其節日傳説,搭配天文知識與禮俗,隨着時間演進而豐富。確實的七月七日活動記事,可見於東漢崔寔著《四民月令》中,言此日宜"作麴。及磨。是日也,可合藥丸及蜀漆丸;曝經書及衣裳,作乾糗;采葸耳"[27]。令人想象先民耕讀生活風情。

至三國時期,從當時人記載,可知七夕之節期、傳説、節俗已相互結合。《藝文類聚》引晋朝周處《風土記》記載,"俗重是日。其夜,洒掃;於庭露施机筵,設酒、脯、時果,散香粉於筵上,祈請於河鼓、織女(注:言此二星神當會。守夜者,咸懷私願)"[28],已見兩星相會傳説雛形,以及乞巧、祈願等節俗。南朝梁宗懍著《荆楚歲時記》"七月七日"條,論及此日是"牽牛織女聚會之夜",説明夜間婦女有穿七孔針和祭拜瓜果、以蜘蛛於瓜上結網爲符應的乞巧活動。另從隋代杜公瞻注文中,已明確見到兩漢至西晋間的牛郎織女傳説[29]。敦煌文書中,P.2721、P.3633《珠玉抄》記載:"七月七日何謂? 看牽牛織女,女人穿針乞巧。又説高辛小子其日死,後人於日受吊。"另 P.3671 内容略同,但誤作"織女穿針,女人乞巧",當以前者爲是。此三文書提供七月七日成爲節日的另一説法:起因是爲了憑吊"高辛氏小子",也就是帝堯。然而此説隨歷史推演而湮没,僅存牛郎織女故事[30]。敦煌地區,尚將牛郎織女故事與張騫尋河故事交織,可見於 P.3901《聽唱張騫一西(新)歌》,反映出六日相見,七日分離,與一般傳説稍異,今人學者以爲恐是爲避帝堯忌辰,故以六日乞巧[31]。綜合以上,牛郎織女傳説的基本架構在魏晋時期當已確立,主要節日活動包括穿針乞巧、貢拜瓜果,祈願。

中國歷史上,尚有在七月七日進行軍事活動的記録,例如北魏時期,爲調和胡漢傳統,故在七月七日舉行講武禮,即軍事訓練,並舉行祭祀。此行事的核心

[26] 明人羅頎《物原·天原》第一提到:"楚懷王初置七夕。"《叢書集成初編》本,中華書局,1985 年,2 頁。宋人高承《事物紀原》卷八《乞巧》引南朝梁吴均《續齊諧記》言:"桂陽成武丁有仙道,忽謂其弟曰:'七月七日織女當渡河,暫詣牽牛'……七夕之乞巧,自成武丁始也。"《叢書集成初編》本,中華書局,1985 年,308 頁。由於此二者均是後人的記載,尤其羅頎所輯,"茫乎不知本事",備作參考。

[27] 崔寔撰,石聲漢校注《四民月令校注》,中華書局,2013 年第 2 版,1965 年第 1 版,55 頁。並參見林素英《七夕節俗論略》(5 頁)、前引陳連山《論七夕節的源流》(127 頁)等文,均持相同看法。

[28] 參見前引崔寔撰,石聲漢校注《四民月令校注》58—59 頁"附案"説明。

[29] 譚麟《荆楚歲時記譯注》,人民出版社,1985 年,106—108 頁。

[30] 譚蟬雪《敦煌歲時文化導論》,新文豐出版公司,1998 年,237—238 頁。

[31] 同上書,244—248 頁説明。

當爲拓拔鮮卑的胡族傳統,屬於國家經常性舉行的禮儀之一,並可能是唐朝公衆性儀式文化形成的遠因〔32〕。雖説"國之大事,在祀與戎",重數節日深受中國人重視〔33〕,但七月七日的節俗,自始即與政治軍事無關,當隋唐時期,中國政權回到華夏民族手中,便回歸民俗傳統,與軍禮脱離關係。

唐玄宗開元年間撰成的《唐六典》中,將七月七日列爲節日,給一日假〔34〕,親王以下官員並可在當日加食料"斫餅"〔35〕。另同書卷二二記載,少府軍器監中尚署令掌"歲時乘輿器玩……(注:七月七日進七孔金細針)"〔36〕。仁井田陞根據《唐六典》等資料,在《唐令拾遺・假寧令》一甲[開七]、[開二五]中復原令文,給假日含"七月七日……休假一日",現亦可見於《天聖令》的"復原〔唐令〕3"條。據此可知,將七月七日定爲官方節日,在法制上至遲在《開元七年令》,能否追溯至唐朝初期,可再探討。至宋代,《天聖・假寧令》宋3條,所載略同,曰:"七夕……並給休假一日。"《天聖・假寧宋令》將唐人未明寫的節名置於法律中,取代以日期指涉節日的做法。此舉除顯示宋人承襲唐令制定民俗節假日,亦反映七夕之名在現實中已約定成俗,故能在法律文字上另出新猷。若再延伸,對讀北宋《天聖・假寧令》與南宋《慶元・假寧格》的文字,可知傳世民俗節日名稱的記載,從明寫日期的做法演變爲記載節日名,記載方式的發展仍在進行中。

唐人對牛女故事的認知與節俗與唐前大致相似,民間除繼承傳統的乞巧、祈願習俗,並增加了遊宴、賞"化生"等活動。兩宋時期,七夕乞巧風氣仍盛行,南宋孟元老撰《東京夢華録》卷八"七夕"條〔37〕,介紹七月七日汴京節俗時,引用

〔32〕參見劉瑩《北魏講武考——草原傳統與華夏禮儀之間》,《魏晋南北朝隋唐史資料》第35輯,上海古籍出版社,2017年,70—96頁。

〔33〕池田温《中国古代における重数節日の成立》,收入中国古代史研究会編《中国古代史研究》第6册,研文出版,1989年,頁21—41。另有意見以爲,主要節期確定在一、三、五、七、九等奇數月日上,與道教的避忌觀念、祭祀活動、驅邪及服食養生有明顯配合關係。參見蕭放《〈荆楚歲時記〉研究——兼論傳統中國民衆生活中的時間觀念》,北京師範大學出版社,2000年,97頁。

〔34〕李林甫等撰,陳仲夫點校《唐六典》卷二《尚書吏部》"内外官吏則有假寧之節"條,中華書局,1992年,35頁。

〔35〕《唐六典》卷四《尚書禮部》"尚部郎中員外郎"條,"凡親王已下常食料各有差……又有節日食料"之注文内容,139頁。另據趙和平意見,所賜"斫餅",或是"爐餅"異稱。文見氏著《趙和平敦煌書儀研究》,上海古籍出版社,2011年,180頁。

〔36〕《唐六典》卷二二《少府監》,573頁。

〔37〕孟元老撰,鄧之誠注《東京夢華録注》,中華書局,1982年,208—211頁。

《荆楚歲時記》所載牛女故事,所記民間主要活動仍是乞巧及玩賞花果、“磨喝樂”等,宫中賜節料錢[38]。

在節日日期方面,五代宋初之際,北方的七夕節期曾因重道教,每月逢三七日不食酒肉,七月七日須持齋,如此不便舉行節日活動,故將七日略向前移動爲六日,但至宋初太平興國三年(978)又以詔敕復用七日,以釐正此俗[39]。11世紀末的王讜所著《唐語林》補遺,對七夕説明引用《荆楚歲時記》牛女故事,但提及“今人乃以七月六日夜爲之,至明曉望于彩縷,以冀織女遺絲,乃是七‘曉’,非‘夕’也。又取六夜穿七竅針,益謬。今貴家或連二宵陳乞巧之具,不過苟悦童稚而已”。[40] 可見對民間節期移動之事甚爲不滿。

節日日期在唐宋之際出現變化的事例,除前段所述唐宋間七夕變“七曉”故事外,又例如唐初列於法典中的正月晦日節,至唐德宗時命名爲“中和節”,將節期移動至二月初一,甚至在宋世號稱“三令節”[41],但與七夕一樣,休假日期變得隱而不彰,僅留下了節名來記述其性質,對於當時人而言,節日日期不必明寫而人盡皆知;就法律文字而言,或許是朝精簡方向前進,但是對後世讀史者而言,未明文規定放假日期,則後人恐不易察覺在習俗及社會文化上曾經發生過何等變化,稍感美中不足。

綜合以上所述,可知自東漢《四民月令》記載七月七日活動以來,七夕作爲節日雖然源遠流長,歷史悠久,但和其他較次要的節氣、國家慶典及民俗節日並列,給假祇有一日。從法律對此節僅給一日假的角度思考,七夕雖然也受立法者重視,但未能成爲節假體系中最重要的節日。再對比唐日宋關於七夕的令典文

---

[38] 蔡絛撰,馮惠民、沈錫麟點校《鐵圍山叢談》卷一,提及宋太祖於七夕將近時,給予母親昭憲杜太后、孝明王皇后等家人的節料錢及金額:“今七夕節在近,錢三貫與娘娘充作劇錢,千五與皇后、七百與妗子充節料。”中華書局,1983年,3頁。岳珂説明,以錢分遺家人輩,亦成爲宋人士庶家的歲時習俗。並見於岳珂《愧郯録》卷一五所引。

[39] 見於王林《燕翼詒謀録》卷三及洪邁《容齋三筆》卷一,均引宋太宗太平興國三年(976)七月詔,喻令七夕節日,應從七月六日改回原本的七日,“著於甲令”。值得注意的是,“七夕”在此詔中是以節名述及,而不再如以往僅稱爲“七月七日”。

[40] 王讜撰,周勛初校證《唐語林校證》卷八,中華書局,1987年,736—737頁。

[41] “三令節”一詞,見司馬光編著,胡三省音注《資治通鑑》卷二四一《唐紀五十七》元和十五年(820)九月條,胡三省注曰:“貞元五年(789),詔以二月一日、三月三日、九月九日爲三令節,任文武百僚選勝地追賞爲樂。”中華書局,1956年,7781頁。

字,在法律規範上乍看似乎大同小異,其間最大不同,在於《開元令》制定時,法令中尚無節名,故日本令模仿時也從之,但却將唐《假寧令》所規範的節日移至《雜令》。而宋令則將令文中所載節期改爲節名。

漢至南宋之間,七月七日作爲節日,日期與東傳至日本與朝鮮的主要節俗——乞巧、祈願,並未有重大改變,牛女傳説主要内容至唐也大致固定下來,至今略同,唐宋間以七夕、乞巧爲主題的詩文作品,不勝枚舉,白居易"七月七日長生殿"、杜牧"卧看牛郎織女星"之句,均廣爲人知。唐人七夕文學及乞巧祈願以外的新節俗〔42〕,因非拙稿本次主旨,請容討論從略。

(二)日本攝取中國七夕節俗歷程

3世紀至5世紀間,日本開始出現在中國文獻中,當時名爲倭國。其吸收大陸文化的過程,如衆所知,初時並非直接承襲自中國,而是透過朝鮮半島吸收,特以《日本書紀》卷一九欽明天皇十四年(553)六月條,述及百濟"曆博士""曆本"相關内容〔43〕,當是曆法進入日本之始。據此,日本可能透過朝鮮半島,以及同時期與中國南朝接觸的過程中,知悉中國節俗,亦即6世紀時期的日本如果習得中國過節的方式並模仿之,其中可能混入朝鮮半島風俗。至於要能够運用曆法,進而發展出仿中國歲時生活的文化,更須長時間消化吸收。7世紀初,"百濟僧觀勒來之,仍貢曆本及天文地理書"〔44〕,在此前五十餘年間,曆法及中國式的節日生活對於當時的日本而言,恐尚難施行。

日本仿中國的節日活動,首見於《日本書紀》記録者,爲推古天皇十九年(611)夏五月五日進行藥獵(採鹿茸及藥草)〔45〕。藥獵之事,中國典故可明見於《荆楚歲時記》五月五日"是日競採雜藥"條〔46〕。然而此等模仿外國風俗的文化活動,恐僅屬中央皇室、權臣貴族之間的活動,而非一般人所習於行之。引進中

〔42〕 唐宋間七夕,婦女尚有玩賞"化生""摩喝樂"等新俗,爲前代所無。爲免芟蕪,逸失題旨,本文從略。

〔43〕 舍人親王等奉敕撰,坂本太郎、井上光貞、家永三郎、大野晋校注《日本書紀》第3册,岩波文庫,1994年,494頁。

〔44〕 參見舍人親王等奉敕撰,坂本太郎等校注《日本書紀》第4册,卷二二,推古天皇十年(602)冬十月條,岩波文庫,1995年,457頁。

〔45〕 《日本書紀》第4册,卷二二,465頁。

〔46〕 參見宗懍《荆楚歲時記》,11頁。

國暦書後,正式由政府廣佈至地方官衙,事見於持統四年(690)十一月敕:"甲申(11日),奉敕始行元嘉暦與儀鳳暦。"[47]經此,暦書中的節日及相關行事纔有機會從中央宫廷正式遍及地方,廣受遵行,此當與令制規定亦有關係[48]。

七月七日節在《日本書紀》中的正式活動記録,要更遲至7世紀末,持統天皇五年(691)七月丙子(7日)條,天皇行幸吉野時:"宴公卿,仍賜朝服。"[49]在此時期的正史《日本書紀》中雖未見與中國七夕相關的活動,但在文學作品中則頗有痕迹。此時期編成的《懷風藻》及《萬葉集》,均收有以"七夕"爲題的漢詩與和歌。日本最古的和歌集《萬葉集》中,以七夕爲題的和歌高達132首(參見附表1統計),從作者創作内容及時間可推知,至早在飛鳥時代(592—710)後期,至遲在奈良時代(710—794)中期,中國式的七夕傳説應已自宫廷向貴族文人間廣爲傳佈[50]。另外,記有牛女傳説的《荆楚歲時記》亦已在天平勝寶五年

---

〔47〕《日本書紀》第5册,卷三〇,449頁。元嘉暦爲南朝宋元嘉二十年(443)由何承天撰成之暦書。另據前引《日本書紀》第5册269頁井上光貞等校注意見,《日本國見在書目録》中,雖有"麟德暦八,儀鳳暦三"(麟德、儀鳳均爲唐高宗年號,高宗於麟德二年[665]制定麟德暦,676年改元儀鳳)之文字,但《舊唐書·經籍志》《新唐書·藝文志》中僅提及"麟德暦一卷",儀鳳暦是否等同於麟德暦,校注者等存疑。亦有説認爲儀鳳暦之名乃是指在高宗儀鳳年間透過新羅傳入日本的暦書,説見前引劉曉峰《東亞的時間》,323頁。另在日本史籍《三代實録》及《三正綜覽》中,對儀鳳暦的始用時間記載與《日本書紀》有所出入,但基本上都是發生於持統天皇在世期間。

〔48〕持統三年(689)"六月庚戌(29日)"條:"班賜諸司《令》一部廿二卷。"參見《日本書紀》第5册,卷三〇,445頁。此令當爲《净御原令》,但亦有説爲《近江令》者,校注意見及整理見同書328—329頁。又從《天聖·雜令》宋9條規定給暦本單位,"並令年前至所在"、《養老·雜令》"造暦"條對暦本規定"内外諸司,各給一本,並令年前至所在",可據以推測《净御原令》中當有類似甚或相同規定。再透過現存的正倉院文書、近年出土的日本木簡及漆紙文書上的具注暦比對,可知在奈良時代,地方官衙也確實如令制規定,擁有暦書。

〔49〕《日本書紀》第5册,卷三〇,451頁。

〔50〕在諸多詠七夕和歌之中,可判别創作時間爲飛鳥時代或奈良時代者,最早可能出自宫廷歌人柿本人麻吕(約660—724?)之手,見《萬葉集》卷一〇《秋雜歌·七夕》,2033號"天漢安川原定而神競者磨待無(天の川安の川原に定まりて神競者磨待無,歌意述及銀河與等待)",佐佐木信綱編《萬葉集》上册,岩波文庫,1996年,1927年初版,421頁。其後注文云:"此歌一首庚辰年作之,右柿本朝臣人麿歌集出。"由於提及庚辰年,論者有兩種意見,一是680年天武天皇時期,二是740年聖武天皇時期。(參見中西進編《萬葉集事典·年表》附注,講談社文庫,1985年,345頁。)再配合卷八《秋雜歌》中,山上憶良(約660—733?)數首七夕作品後所附創作時間:元正天皇養老八年(724)1518號、聖武天皇神龜元年(724)1519號、聖武天皇天平元年(729)1522號、天平二年(730)1526號,從年代可知已至奈良時代中期。

(755)之前傳入日本[51],從9世紀到15世紀之間,其内容深受日本知識分子的重視,並加以奉行[52]。

再者,如爲漢詩集《懷風藻》117首詩題分類,絶大多數是侍宴、從駕、讌集、遊覽、七夕内容[53],《懷風藻》七夕詩共六首,從而可推知是模仿中國文化習慣,參與詩宴,以彰顯"郁郁乎文哉"的作品。舉例而言,天武、持統朝時期的大臣藤原史(即日後的藤原不比等),曾以七夕爲題,作漢詩如下:

> 雲衣兩觀夕,月鏡一逢秋。機下非曾故,援息是威猷。
>
> 鳳蓋隨風轉,鵲影逐波浮。面前開短樂,别後悲長愁。[54]

由於仍屬模仿魏晋六朝詩文風格的作品,文學水準或許不是特别出色,但從文面可知是在説中國的織女傳説,詩中點出時間、季節及傳説主軸,特以言及短暫相會後即需面對離愁,可能是在宴會將結束時所寫詩句。就《懷風藻》中同時期數名作者所作七夕詩文推測,此詩作成場合當有幾種可能,一是作成於前述持統天皇五年(695)、六年、十一年七夕[55]的宴會。但因爲詩中不見贊美天皇的詩句,表示天皇未到場,故更有可能是於藤原史的私人宴會中相互唱和,作爲未來在宫中實際進行詩宴的練習[56]。無論實情如何,可以知道中國的七夕傳説在《大寶令》施行前後即已傳入日本,殆無疑問。

《日本書紀》記載了推古天皇時期五月五日的行事,屬宫中對年中行事意識的受容,但開始加入干支、朔日,則需要有中國古代典籍和曆日的知識,故全書中的年中行事多見於天武、持統天皇時期[57]。考量此時當已施行《净御原令》,可

[51] 參考《本朝月令》《年中行事秘抄》引丸連張弓等於天平勝寶五年(755)正月四日堪奏(按,即"調查報告"),所記五月五日年中行事由來,明顯襲用《荆楚歲時記》中所載屈原投水傳説。

[52] 參見坂本太郎《荆楚歲時紀と日本》,收入《坂本太郎著作集4・風土紀と万葉集》,吉川弘文館,1989年,354—355頁。

[53] 參見鄭清茂《中國文人與日本文人》,收入氏著《中國文學在日本》,純文學出版社,1974年二版,1968年初版,142頁。

[54] 編纂者不明,小島憲之校注《懷風藻》,岩波書店,1964年,99頁。

[55] 分見前引《日本書紀》第5册,卷三〇,454、462頁,三條記事均爲七夕日,並有進行賞賜記録。

[56] 參見井實充史《〈懷風藻〉七夕詩について》,《福島大学教育学部論集》第64期(1998年第6期),42—32頁。

[57] 説見丸山裕美子《唐と日本の年中行事》,收入氏著《日本古代の醫療制度》,名著刊行會,1998年,240—241頁。

合理推論是因施行了中國式的曆書與令制,故依《令》之規定,進行節日活動。觀諸史籍記載,從大寶元年(701)(即《大寶令》施行同年)以後,至進入奈良時代,《養老・雜令》中規範的諸節日多有舉行節會的記事,證明節日規範得到落實。《養老・雜令》"節日條"可謂當時日本政府年中行事之大綱〔58〕。

三、日本相撲節與七夕節的結合

(一)日本早期的相撲

《日本書紀》中最初出現與相撲相關的内容,是神話時代的情節,謂垂仁天皇七年(23B.C.),秋七月乙亥(7日)"當麻蹶速與野見宿禰令捔力"。其故事略曰:當麻邑有勇悍士,曰當麻蹶速,因爲是大力士,四處尋找對手,一心求勝。天皇聽説此事,就向臣子們徵詢,是否有可作爲當麻蹶速對手的人物。一名臣子進言:"出雲國有勇士,曰野見宿禰。"建議找他來與蹶速對戰。於是天皇即日召唤兩人至宫中進行比試,"二人相對立,各舉足相蹶。則蹶折當麻蹶速之脇骨,亦蹈折其腰而殺之。故奪當麻蹶速之地,悉賜野見宿禰"。據成書於養老四年(720)的《日本書紀》所載,垂仁天皇95歲生子,在位長達99年,壽命106歲,因不合常情,此時期内容實較難採信,但這個故事很生動地描寫了日本相撲時的動作,故加以介紹,供作參考。後世可能假托此事,將七月七日與相撲連結,但實際上此故事相當暴力血腥,和中日七夕的凄美傳説全不相稱。

扣除神話時代的情節,日本相撲最早的記事見於《日本書紀》卷一四,雄略天皇十三年(475)秋九月條:"〔天皇〕乃唤集采女,使脱衣裙而著犢鼻,露所相撲。"〔59〕據此,日本正史中最初可信的日本相撲記事,不僅與七夕無關,甚至也不專屬於男性,而是由宫中女性進行。考慮雄略天皇可能是《宋書・倭國傳》中的倭王武,雄略天皇十四年(476)年春正月記事提及與吴國使、吴客接觸,對照前述記

〔58〕 參見古瀨奈津子《遣唐使の見た中国》201頁之整理與説明,並認爲如條文承襲自《大寶令》,其行事當是仿唐《貞觀禮》及《永徽律令》中的《雜令》。因初唐禮令典籍今日已亡佚,比對《天聖令・雜令》中無此等條文,期待日後能出現更多證據支持其説。

〔59〕 舍人親王等奉敕撰,坂本太郎、井上光貞、家永三郎、大野晋校注《日本書紀》第2册,岩波文庫,1994年,428頁。

載,相撲可能是自日本本土産生的活動,也可能從中國南方或朝鮮半島傳入。

7世紀前半的日本,在舒明天皇二年(630),派出了第一次遣唐使,於舒明四年(632)返國。如前所述,中國從漢武帝時,已有將角抵用作歡迎外賓、誇耀國威的表演,日本當因透過學習大陸文化,而得知此種應用,進而能與東亞周邊國家運用五禮互動〔60〕。在皇極天皇元年(642)秋七月乙亥(22日)記事中記載:

> 饗百濟使人大佐平智積等於朝。乃命健兒,相撲於翹岐前。智積等宴畢而退,拜翹岐門。〔61〕

此事發生於7世紀,是《日本書紀》在7世紀第一條與相撲相關記事,皇極天皇在宴饗百濟使的同時,命令健兒(士兵)表演相撲。活動當爲賓禮的應用,從前一年至此條記事之叙述中可知,百濟吊使是爲前天皇舒明大喪而來,同樣的,新羅也派遣賀騰極使與吊喪使來到日本。雖然事在七月,但與七夕活動明顯無涉。

次條涉及相撲記事,出現於天武天皇十一年(681),"〔秋七月〕甲午(3日),隼人多來貢方物。是日,大隅隼人與阿多隼人相撲於朝庭,大隅隼人勝之"。諸隼人部族,分别位在今日日本南方的鹿兒島縣東西部,對於當時位在今日奈良縣的飛鳥朝廷而言,屬化外之民,首長須定期朝貢〔62〕,雖然時間上接近七日,但不必然與七夕有關。配合同月丙辰(25日)條"多禰人、掖玖人、阿麻彌人賜禄,各有差"、戊午(27日)條"饗隼人等於明日寺西,發種々樂。仍賜禄各有差。道俗悉見之"〔63〕,可以再次確認是依禮款待隼人部族。另外,因爲對古日本而言,相撲具有服屬禮儀、攘災、占卜等要素,可用作祈願國家安泰,既可進行武術鍛煉,也可供作娱樂,所以會是供天皇"天覽"的活動,搭配宴會、賞賜進行〔64〕。

再次者爲持統天皇九年(695)五月"己未(13日),饗隼人大隅","丁卯(21日),觀隼人相撲於西槻下"〔65〕,同樣與七月七日無涉。同卷中所載,令制中規定的節日都能找到相應的活動記事,可見禮令確實有所施行。整合以上諸段相

---

〔60〕關於日本在7世紀初期與中國互動以及學習中國式禮制的歷程,可參見高明士《天下秩序與文化圈的探索》中篇第五章《倭給隋的"無禮"國書事件》,上海古籍出版社,2008年,160—223頁。

〔61〕《日本書紀》第4册,卷二四,皇極天皇元年(642)秋七月乙亥條,487頁。

〔62〕《日本書紀》第5册,卷二九,文字見423頁,説明見181頁。

〔63〕《日本書紀》第5册,卷二九,423頁。據183頁説明,這些人爲隨大隅、阿多等族隼人入京。

〔64〕參見青木和夫等《續日本紀》第2册《補注》説明,岩波書店,1990年,頁476。

〔65〕《日本書紀》第5册,卷三〇,459頁。

撲活動與隼人相關記事後,發現此時的相撲性質與節日活動或講武之禮恐無關係,毋寧説是運用相撲作爲娱樂與誇耀,反映出了日本朝廷自詡爲小中華之心態,粉飾美化視隼人部族爲四夷君長的事實[66]。

從《日本書紀》5世紀後較可靠的四條記事來看,相撲與七月七日並無直接關聯,若再對照8、9世紀的史籍記事,甚至會得到相撲比七夕更重要的印象。另一旁證,是《懷風藻》《萬葉集》中的七夕歌,内容與相撲全無關係。相撲與七夕節日的連結,或許是奈良時代的人對前述當麻蹶速與野見宿禰角力古事的聯想或附會,而延用到平安時代[67]。考慮相撲的勝負可用作占卜,七夕傳説又和水有關,或許與農業社會需要占卜是否豐收有關,故選擇初秋時期進行相撲,並與七夕之期結合[68]。

(二)七夕詩宴與相撲節的出現

進入8世紀後,最早出現七夕活動的歷史文獻是聖武天皇天平六年(734)"秋七月丙寅(七日)"條的記事:

> 秋七月丙寅,天皇觀相撲戲。是夕,徙御南苑,命文人賦七夕之詩。[69]

從中可見,這日的宫廷活動,是白天進行相撲,傍晚舉行七夕詩宴。此處,撰史者明確地使用了"七夕"二字,可知中國傳來的牛郎織女傳説,包括張騫與織女的傳説,亦已在日本的天平勝寶五年(753)以前傳入日本[70]。中國傳説,結合日

---

[66] 類似意見,可另參見伊藤循《延喜式における隼人の天皇守護と"隼人=夷狄論"批判》,《首都大学人文学報·歷史学編》第40期,2012年,1—32頁。

[67] 參見山中裕《平安朝の年中行事》,塙書房,1972年,221頁。

[68] 參見和歌森太郎《七夕習俗の展開》,收入氏著《日本民族論》,千代田書房,1945年,123頁。

[69] 菅野真道等奉敕撰,青木和夫、稻岡耕二、笹山晴生、白藤禮幸校注《續日本紀》第2册,卷一一,岩波書店,1990年,280頁。

[70] 事見佚名編《年中行事秘抄·七月》所引:"七月七日,天平勝寶七年堪文云云,張騫事見焉",https://dl.ndl.go.jp/info:ndljp/pid/2532970(国立国会図書館デジタルコレクション,日本國會圖書館數碼影像,訪問時間:2021年11月17日),葉66正。另如"七日御節供事《内膳司》"引《十節記》云:"七月七日索餅何?昔高辛氏小子以七月七日死,其靈爲無足鬼神,致瘧病,其存日常喰麥餅,故當死日以麥餅祭靈,後人此日食麥餌,年中除瘧病之惱,後世流其矣。"葉65反。故七月七日尚有食麥餅之俗,在日本變形爲食"索麵",其説較前引敦煌文書P.2721等《珠玉抄》内容爲詳。目前《十節記》已散逸,究竟爲中國典籍或日本作品,頗難確定,故日本與中國研究年中行事的學者各有不同看法,但從輯文中,可推論該書若爲中國作品,當成於漢魏之間。

本自身的棚機津女神話傳説[71],引發文人無限想象。聖武天皇本人雅好藝文,故較愛好詩宴[72],但是論其實質,此時期所進行的節會,均與唐朝的七夕節俗無甚關涉。在正式歷史記録中,奈良時代到平安時代初期,七夕的活動都是白天相撲,夜間詩宴。直到嵯峨天皇弘仁四年(813)爲止,日本七夕的活動一直是以相撲爲主,但也可看到史籍中記載七月七日一天中既進行軍禮性質的活動,亦有文學性質的活動。相似於天平六年七夕記事的内容,尚見於平城天皇大同二年(807)、三年,嵯峨天皇弘仁三年(812)、四年、六年[73]。

如果日本朝廷在七月七日節召開詩宴是模仿中國或其他亞洲大陸先進國家文化,更具日本自身特色者則是相撲活動。相撲在今日號稱日本國技,其起源實不可考,凡有人類之處,都有進行角力格鬥競賽的活動記載,從古希臘、中亞、蒙古、印度、中國北方、長江流域一帶、東南亞,再至朝鮮半島,均有相似活動,日本自己的歷史典籍中也記載了相撲起源。與其説相撲是模仿外族習慣進行的武打較量,毋寧言戰鬥是遠古人類不分種族的生存必備技能,亦屬人類天性之一,衹是從草昧進入文明後,將肉搏規制化,用文明方式一較高下,實難言孰爲日本相撲的起源[74]。本稿題旨雖非針對日本相撲之起源,唯溯源在歷史研究上有其意義,以下先討論其可能源自東亞的綫索。

〔71〕 棚機津女(たなばたつめ)的神話傳説,其原型人物可見於《日本書紀》。簡言之,無穢的神聖少女"棚機津女"爲了解除村莊災厄,七月六日在水邊織着奉獻給神作衣裳的神聖布匹,等待水神來訪,至七月七日傍晚,神進行過清净儀式("禊")後,賜與村莊豐收,帶着災厄離去,而後棚機津女懷孕。因爲懷了神的孩子,故棚機津女亦成爲神。在《延喜式》中記有數個"機物神社",所祭主神即爲天棚機比売(棚機津女)。由於與中國的七夕牛郎織女傳説有相似之處,兩者在後世逐漸融合變形,今日日文七夕發音爲"たなばた",原因在此。

〔72〕 可見於《續日本紀》第2册,卷一三,聖武天皇天平十年(738)秋七月癸酉(7日)記事:"天皇御大藏省覧相撲,晚頭轉御西池宫。因指殿前梅樹,敕右衛士督下道朝臣真備及諸才子曰:'人皆有志,所好不同。朕去春欲玩此樹,而未及賞玩,花葉遽落,意甚惜焉。宜各賦春意詠此梅樹。'文人卅人奉詔賦之。因賜五位已上絁廿匹,六位以下各六匹。"340、341頁。此當是仿梁簡文帝寒中詠梅,可見出聖武具備文學愛好與情懷,但是施行季節不符。從此段記事中,可看到留唐返日甫經三年的吉備真備參與其中,推測其人當以留唐經驗,向宫中傳達漢文學知識及唐土七夕風俗。所詠者爲漢詩或和歌,暫不可考。

〔73〕 參照《日本後紀》所載内容。

〔74〕 土屋喜敬《相撲》,法政大學出版局,2017年,1—2頁。

(三)中國與朝鮮的相撲

相撲,在中國歷史上有角力、相搏、手搏、角抵[75]、蚩尤戲、争交、布庫、撩脚、撩跤、攢跤等諸多稱謂[76]。就中國典籍言,據説在上古時期,蚩尤"頭有角,與軒轅鬭以角牴"[77]。正常人頭無角,當是戴上面具格鬥。角抵是有誇示作用的遊藝活動,意味着兩兩相當,故名角抵。《禮記·月令》中已有"〔孟冬〕天子乃命將帥講武,習射御、角力"的記載,《周禮》中有講武禮,角力作爲徒手施展的武術,禮制化後可以循規則進行,可練習攻守,並且强身健體,發展武術精神,成爲講武禮之一,也可作娱樂性的表演[78],甚至作爲日用品裝飾紋樣[79]。《史記·李斯列傳》提及"是時二世在甘泉,方作觳抵優俳之觀"[80],又《漢書·刑法志》載:"春秋之後,滅弱吞小,並爲戰國,稍增講武之禮,以爲戲樂,用相誇視(示),而秦更名角抵。"[81]"武帝……歲時講肆,修武備云。至元帝時……始罷角牴,而未正治兵振旅之事也"[82],角抵在漢武帝時大加推廣,至元帝時纔不再舉行。結合這幾段記載,可概略得知從先秦至西漢後期,講武禮演變爲角抵的過程。可見秦末至漢代,角抵已被視爲百戲之一[83]。從應劭解《史記》的文字尚可知,角

---

〔75〕 按,史籍中"角抵"二字寫法甚多,"角"通"觳","抵"亦有"觝""牴"等寫法,唐人多採"角抵"。

〔76〕 參見童麗平《歷代角力名稱變遷的文化學思考》一文所整理,《體育文化導刊》2006年第8期,89—92頁。另可參見李蘭瑛碩士論文《唐代徒手肉搏的角抵研究》對諸名稱説明及典故整理。臺灣師範大學歷史學研究所,2006年,1頁。

〔77〕 任昉《述異記》,《叢書集成初編》本,中華書局,1985年,1頁。

〔78〕 參見王明蓀《宋代的角觝術——兼論古代的角觝戲》對宋前角抵歷史之詳盡整理,收入氏著《宋史論文稿》,花木蘭出版社,2008年,193—216頁。

〔79〕 在考古遺物中,1975年湖北江陵鳳凰山出土秦漆繪木篦,即以角抵爲紋樣。感謝杜文玉教授賜知此信息。

〔80〕 司馬遷《史記》卷八七《李斯列傳》,中華書局,1959年,2559頁。同頁《集解》引裴駰説明,謂"觳抵即角抵也"。另馬端臨《文獻通考》卷一四九《兵考》謂秦統一天下後銷兵器,"聚天下兵器於咸陽,鑄爲鐘鐻,講武之禮,罷爲角觝",恐過度簡化講武禮的實質。浙江古籍出版社,1988年,1307頁。

〔81〕 班固著,顔師古注《漢書》卷二三《刑法志》,中華書局,1962年,1085頁。

〔82〕 《漢書》卷二三《刑法志》,1090頁。

〔83〕 參見《漢書》卷六《武帝紀》:"〔元封〕三年(108)春,作角抵戲,三百里内皆〔來〕觀。"注文引應劭曰:"角者,角技也。抵者,相抵觸也。"文穎曰:"名此樂爲角抵者,兩兩相當角力,角技藝射御,故名角抵,蓋雜技樂也。巴俞戲、魚龍蔓延之屬也。漢後更名平樂觀。"師古曰:"抵者,當也。非謂抵觸。文説是也。"194頁。

抵有"用相誇示"作用,在接待四夷之客時,透過活動誇示自己國家的富强,體現富厚廣大之貌,文武官員亦可在此場合一同觀賞,甚至如漢武帝般,開放三百里内或京師民衆觀看〔84〕,故亦受朝野歡迎〔85〕。衹是"角力""角觝"等名詞是否可以直接等於後出的"相撲",學界衆説紛紜,甚至中日文獻中所言及的"相撲",其性質及進行方式等細節,是否可直接畫上等號? 以下取先唐至唐宋之際接近歷史事例稍做説明。

角抵在漢唐之際,既是民間遊藝,也屬於軍禮的軍事訓練之一。在民間遊藝方面,有以《荆楚歲時記》中五月五日相鬥記事爲據,視爲日本相撲起源者〔86〕。近世日本學者認爲"角觝蓋今相撲之類"〔87〕,反之,亦有今人學者考證,指出王隱《晉書》、《北齊書》創出"相撲"一詞,而認爲相撲與"角攢"等名稱爲不同活動〔88〕。

《隋書·地理志》記載揚州一帶"俗以五月五日爲鬥力之戲,各料强弱相敵,事類講武。宣城、毗陵、吴郡、會稽、餘杭、東陽,其俗亦同"〔89〕。但若相攢性質可等同於角抵、相撲,則此活動不必然限定五月,也不一定在固定場所舉行。如《隋書·柳彧傳》記載"彧見近代以來,都邑百姓每至正月十五日,作角抵之戲,遞相誇競,至於糜費財力,上奏請禁絶之"〔90〕,即是一例。

另從南北朝以來,敦煌地區已流行相撲,以四月進行相撲活動,如 S.1366 記有"準舊相撲漢兒麵五斗",意謂提供五斗麵給優勝者。P.2002 繪白描相撲圖,

---

〔84〕《漢書》卷六《武帝紀》元封三年、六年夏紀事,198 頁。

〔85〕王明蓀《宋代的角觝術——兼論古代的角觝戲》,203 頁。

〔86〕據日本學者守屋美都雄日文譯注《荆楚歲時記》所補,五月五日,長江上、中游一帶有"相攢"活動,認爲即是奈良時代末期日本的相撲。補文及校注意見,參見宗懍著,守屋美都雄譯注《荆楚歲時記》,平凡社,1978 年,168—169 頁。另可見劉曉峰《歲時文化的綜合研究》意見,收入氏著《東亞的時間》,中華書局,2007 年,156—157 頁。

〔87〕瀧川龜太郎《史記會注考證》卷八七《李斯列傳》引中井積德曰:"角觝,蓋今相撲之類,非通他技藝射御。"文史哲出版社,1993 年,1016 頁。

〔88〕王隱《晉書》卷一一《補遺·劉子篤》記載:"潁川、襄城、二郡班宣相會。累欲作樂。(注:謂角抵戲。)襄城太守責功曹劉子篤曰:'卿郡人不如潁川人相撲。'篤曰:'相撲下技,不足以别兩國優劣,請使二郡更論經國大理,人物得失。'"收入湯球輯《九家舊晉書輯本》,中華書局,1985 年,359—360 頁。説見羅時銘《中日相撲傳承關係探析》,《體育文史》1997 年第 1 期,28—34 頁。

〔89〕魏徵等撰《隋書》卷三一《地理志下》"揚州"條,中華書局,1973 年,887 頁。

〔90〕《隋書》卷六二《柳彧傳》,1483 頁。

裸體,束髮高髻,但肘膝着護衣,體格圓壯。題記曰"辛巳年五月",其他人物所戴襆頭爲軟脚,當爲唐朝作品。[91] 莫高窟290窟所繪佛教故事中的相撲場面,亦類於今日日本相撲形態。據圖1、圖2[92],唐日文字中的"相撲",愚意以爲當是指涉相似活動(比賽規則等細節,容有不同地區及時空之差異),歷來通説以爲角抵即相撲,本文後續關於日本相撲的討論,將在此認識上進行。

圖1　P.2002相撲圖(部分)

對軍隊配屬而言,在南朝梁、陳的禮制中,角抵人員屬於軍隊,正殿侍衛配置中,包含角抵人員共276人,分直諸門[93]。至於北齊則配入鹵簿,設有角抵隊[94]。

〔91〕 譚蟬雪《敦煌歲時文化導論》,172—173頁。

〔92〕 P.2002圖片取自http://idp.afc.ryukoku.ac.jp/database/oo_scroll_h.a4d?uid=8451475629;recnum=59043;index=7,原圖見La Bibliothèque nationale de France: Pelliot chinois 2002;"悉達太子相撲壁畫"取自https://ss2.baidu.com/6ONYsjip0QIZ8tyhnq/it/u=3185764712,3347218178&fm=173&s=82A3D503825021D81A8518320300D062&w=640&h=314&img.JPEG,查閲日期:2018.03.22。

〔93〕 《隋書》卷一二《禮儀志七》,279、280頁。

〔94〕 同上書,280頁。

圖2　莫高窟290窟悉達太子相撲壁畫

前述蚩尤傳説進入民間習俗時，曾出現“蚩尤戲”。成書於六朝時期的《述異記》卷上云：“今冀州有樂，名蚩尤戲，其民兩兩三三，頭載牛角而相觝。漢造角觝戲，蓋其遺制也。”〔95〕可知蚩尤、角抵與戲之間産生了内在的關聯〔96〕。

綜上，從秦漢至隋，角抵既與軍隊、軍禮相關，又具百戲的性質〔97〕，隋煬帝大業二年(606)欲向來朝的突厥染干誇耀，集四方散樂於東都，其中當亦有角抵，皆於太常教習〔98〕。即使五禮中的賓禮已包含典禮之制、雅正之樂，但在政府主辦的活動中，仍可加入角抵，用以接待外賓。

唐人對角抵活動亦熱衷，唐人的詩文、筆記及史籍都有記載角抵活動的内

〔95〕任昉《述異記》，1—2頁。

〔96〕另蚩尤、角抵與戲又與歲末儺禮有關，此事筆者於另文《唐日儺禮活動比較——以“方相氏”角色爲主》(2020年宣讀於第14屆“唐代文化學術研討會”，於臺北舉行，未刊稿)探討，此處不贅。

〔97〕《隋書·音樂志》中以長篇幅描寫百戲情景，爲説明角抵源流，提及北周宣帝時，鄭譯“奏徵齊散樂人并會京師爲之，蓋秦角抵之流者也”，説明角抵在隋仍屬雜戲。見《隋書》卷一五《音樂志》，380—381頁。

〔98〕《隋書》卷一五《音樂志》，380—381頁。另王欽若等編《册府元龜》卷五六九《掌禮部·作樂五》改變記載順序，内容略同。中華書局，1960年，6832頁。

容,例如《宋史・藝文志》載有調露子撰《角力記》一書,此書成書於9世紀,記載了從春秋戰國到五代期間的角力歷史及實況,考述角力、相撲的典故及各種别名名目等[99],是中國最早的體育專著。

就唐的宫廷而言,角抵作爲百戲的一種,主要是在皇帝賜宴群臣大酺、迎賓及表演等場合之後進行較量,以及在軍隊中盛行。例如初唐時期詩人韋元旦《奉和人日宴大明宫恩賜彩縷人勝應制》一詩云:"鸞鳳旌旗拂曉陳,魚龍角觝大明辰。青韶既肇人爲日,綺勝初成日作人……"可知於人日(1/7)在大明宫有角抵表演。

又如《明皇雜録》:

> 唐玄宗在東洛,大酺於五鳳樓下,命三百里縣令、刺史率其聲樂來赴闕者,或謂令較其勝負而賞罰焉。……每賜宴設酺會,則上御勤政樓。金吾及四軍兵士未明陳仗,盛列旗幟,皆帔黄金甲,衣短後繡袍。太常陳樂,衛尉張幕後,諸蕃酋長就食。府縣教坊,大陳山車旱船,尋撞走索,丸劍角抵,戲馬鬥雞。[100]

從中可見唐代角抵介於軍隊活動與雜戲之間,既非單純訓練軍隊,也非純供娱樂君臣用,尚具用於接待外賓的性質,與西漢有相同處。

至中唐時期,《舊唐書・穆宗紀》記載:"(元和十五年,820)二月……丁丑,御丹鳳樓,大赦天下。宣制畢,陳俳優百戲於丹鳳門内,上縱觀之。丁亥,幸左神策軍觀角抵及雜戲,日昃而罷。"[101]相似記載,尚見於同年"六月癸巳"條:"自是凡三日一幸左右軍及御宸暉、九仙等門,觀角抵、雜戲。"可見穆宗甚爲喜愛觀看角抵。角抵格鬥者,時稱"力人"[102]。後繼的敬宗、文宗也有觀角抵記事。由於角抵成了雜戲類,故帝王不一定衹在節日時觀賞,也不必然衹屬於軍隊中的訓練活動[103]。這些活動與帝王喜好,當爲9世紀初期赴日的遣唐使所探知,成爲傳

[99] 參見翁士勛校注《角力記・前言》,人民體育出版社,1990年,1頁。

[100] 鄭處誨撰,田廷柱點校《明皇雜録》卷下《唐玄宗大酺》,中華書局,1994年,26頁。

[101] 《舊唐書》卷一六《穆宗紀》,476頁。

[102] 同上書,497頁。

[103] 《舊唐書》卷一七上《敬宗紀》,520頁;同書卷一七下《文宗紀》,577頁。

回日本的情報〔104〕。

晚唐作品《義山雜纂》“不相稱”條下，列入“瘦人相撲”，另在“羞不出”下列入“相撲人面腫”〔105〕。由此兩段文字推測，晚唐“角抵”名稱慢慢轉變爲“相撲”〔106〕。角抵性質最初雖爲軍禮，但既是武術，自然也可用於徒手殺人，而不易防範。例如《新五代史》卷六五中記載，年輕的南漢國主劉玢，即是在宫廷宴會中觀賞角抵，醉後遭政變，爲角抵力人所殺〔107〕。

角抵自唐至宋代在民間普及，是漢唐社會以來的發展，不再是官方獨佔的活動，而發展成民俗節慶、生活休閑時的表演項目。不僅雅俗共賞，且因軍人武士具備特殊技能，發展成職業性競賽或表演，成爲大衆社會的娱樂。以角抵爲生者也漸增，包含婦女兒童在内〔108〕。北宋民間喜愛相撲表演，可見於《東京夢華録》諸條記事〔109〕。

從禮制角度論，唐宋之際，角抵以其雜戲性質，從軍禮逐漸變爲朝堂嘉禮配置人員的一部分，例如宋代的“册命親王大臣儀”，《宋史》記載引導人員編制“馬技騎士五十人，槍牌步兵六十人，教坊樂工六十五人，及百戲、蹴鞠、鬥雞、角觝次第迎引，左右軍巡使具軍容前導至本宫”〔110〕，相較《大唐開元禮》卷一〇八《嘉禮・臨軒册命諸王大臣》所載内容並未提及角抵人員〔111〕，在禮制上可謂新變化。這樣

〔104〕 9世紀前半，日本遣唐使團成功抵唐凡兩次，一是804年出發，次年返日，另一是實際成行的最後一次，838年出發，839年返回。此後日本官方雖不再派出遣唐使，留學生/僧仍肩負收集唐乃至東亞大陸情報，傳回日本的任務。説見河内春人《東アジア交流史のなかの遣唐使》，汲古書院，2013年，137頁。發生於9世紀前半之實際事例，尚可參見拙作《唐日文化交流探索——人物、禮俗、法制作爲視角》，元華出版社，2019年，86—90頁説明。

〔105〕 李義山撰《義山雜纂》，收入李義山等撰，曲彦斌校注《雜纂七種》，上海古籍出版社，1988年，6、7頁。按，作者雖曰李商隱，實爲僞托。

〔106〕 按，宋人高承《事物紀原》卷九《角觝》言：“角觝，今相撲也。”南宋吴自牧《夢粱録》卷二〇提及“角觝者，相撲之異名也，又謂之争交”，可見唐宋之間，兩者名稱上有所變動，實應同指一事，即形容進行時扭動交抱。

〔107〕 歐陽修撰，徐無黨注《新五代史》卷六五《南漢世家・劉隱》，中華書局，1974年，814頁。

〔108〕 王明蓀《宋代的角觝術——兼論古代的角觝戲》，214頁。

〔109〕 孟元老撰，鄧之誠注《東京夢華録注》，124、138、201、213、229頁。

〔110〕 參脱脱等撰《宋史》卷一一一《禮志十四・嘉禮》，中華書局，1977年，2669頁。雖然結果“未嘗行”，“迄不果行”，仍表示有此禮制的存在，可惜備而未用。

〔111〕 蕭嵩等撰，池田温解題《大唐開元禮附大唐郊祀録》，古典研究會，1972年，507—508頁。

的變化,當是根源於前述大衆社會益發重視娛樂,爲傳統活動增加了新的應用場景,使得角抵不再如唐朝前期,僅被視爲軍禮之一環。宋人應用角抵作爲禮制,亦有所新增,如《宋史》卷一一九載南宋《賓禮・金國聘使見辭儀》,編制爲"相撲一十五人,於御前等子内差,並前期教習之"[112]。角抵在南宋軍禮中仍有留存,如宋高宗紹興五年(1135)三月,皇帝"御射殿,閲等子趙青等五十人角力"[113]。由此條記事尚可知,射箭與角力場地可合爲一,爲戰守陣仗,在軍中應有特别講究。以上討論先秦至南宋初,中國於不同日期進行的角抵事例與知名典故,整理爲附表2。據此表可知,傳統中國的角抵與七夕節俗或傳説,並無絶對關聯性。

另外中國東北和朝鮮半島自古即有相撲活動,位於今日吉林集安洞溝舞踊塚的高句麗角抵塚壁畫可爲明證[114]。近世《東國歲時記》亦載有以五月五日進行角力之俗[115]。再從同書"中元"條可知,當日也舉行角力競賽[116]。亦即,當地人雖有角力活動,但與七夕傳説,甚至傳統中國節俗未必有直接關連,而可能是隨當地民衆自身的喜好,自然發展成當地節俗。

綜合以上,角抵本屬於軍禮,也是受到歷代歡迎的活動,因爲發展出雜戲和娛樂的性質,故並不必如傳統般以冬季講武,局限於特定季節纔進行,一年四季均可舉行。如一定要於特定節日進行活動,南朝至五代間,包括朝鮮,較常於寒食或五月五日等暮春盛夏時節進行,與七夕節俗或牛女傳説無涉。漢唐之間,角抵作爲禮制一環時,也非僅限於軍禮,而是隨着歷史演進,隨需求加以應用,至宋代,因爲官民對娛樂的需求更加提高,應用上進而出現横跨於嘉禮與賓禮之間的情形。

---

[112] 《宋史》卷一一九《禮志二十二・賓禮》,2812頁。

[113] 《宋史》卷一二四《禮志二十八・軍禮・閲武》,2832頁。

[114] 感謝韓國金相範教授賜知此資料。

[115] 洪錫謨《東國歲時記》之《五月五・角力》條:"丁壯年少者,會於南山之倭場,北山之神武門後,爲角力之戲,以賭勝負。其法,兩人對跪各用右手拏對者之腰,又各用左手拏對者之右股,一時起立,互擧而抨之,倒卧者爲負。有内局外局輪起,諸勢就中力大手快屢賭屢捷者,謂之都結局。中國人效之,號爲高麗技,又曰撩跤,端午日此戲甚盛,京外多爲之。按《禮記・月令》'孟冬之月,乃命將帥講武習射御角力',今之角戲即此,而乃兵勢也。又按張平子《西京賦》'呈角觝之妙戲'在漢時亦有之,與此相類。"收入《韓國漢籍民俗叢書》第一册,東方文化,1971年,32—33頁。從"中國人效之,號爲高麗技",可見雙方當有角力技巧的交流。

[116] 洪錫謨《東國歲時記》之《七月・中元》:"湖西俗以十五日,老少出市飲食爲樂,又爲角力之戲。"38頁。

四、日本相撲節的變遷

日本的七月七日節與相撲活動結合後,在進入 8 世紀後逐漸發展〔117〕。首先是開始以國家力量進行常規化。《續日本紀》元正天皇養老三年(719)"七月辛卯(4 日)"條載"初置拔出司",所謂"拔出",意指選拔,是專用以選拔各地相撲人員的臨時機構,可能相當於日後平安時代的"相撲司"〔118〕,設有相撲使擔當其事。唯此官制並未見於現今留存的《養老令》中,當見於"格",所謂"格則量時立制……格式乃爲守職之要"〔119〕,官員依此履行職務。從此時起,七月七日的節日活動與相關的官署體制,開始與唐制有所不同。其次是聖武天皇神龜五年(728)四月辛卯(25 日)敕:

> 如聞:諸國郡司等,部下有騎射、相撲及膂力者,輒給王公卿相之宅。有詔搜索,無人可進。自今以後,不得更然。若有違者,國司追奪位記,仍解見任。郡司先加決罰,准敕解却。其誂求者,以違敕罪罪之。但先充帳内、資人者,不在此限。凡如此色人等,國郡預知,存意簡點,臨敕至日,即時貢進。宜告内外咸使知聞。〔120〕

從引文中可窺見,爲進貢供射騎、相撲節會所需的勇壯人員,國司平時私下以重利培養,但却養大此等人員胃口,反使官方真的下詔尋求時,無法找到適當人員,故下敕禁止,規定罰則。此詔亦説明日後鎌倉時期作品《師光年中行事》提及"神龜三年(726)令諸國始進相撲人"〔121〕内容大致可信。因記録有限,就 9 世紀的情形言,通常是在二、三月間,派出數名相撲使,分赴畿内七道諸國,召相撲人

〔117〕 日本古代相撲節的源流、宫中活動發展及考述,並可參見山田知子《節會相撲考》。大谷學會編《大谷學報》第 64 卷第 2 號,1984 年,26—39 頁。

〔118〕 《續日本紀》第 2 册,卷八,54 頁。校注意見,參見 56 頁。

〔119〕 藤原冬嗣《弘仁格序》,時爲大納言正三位兼行左近衛大將陸奥出羽按察使。見於佚名編《類聚三代格》卷一《序事》,收入黑板勝美編《新訂增補國史大系》第 25 册,吉川弘文館,2004 年,1、2 頁。

〔120〕 《續日本紀》第 2 册,卷一〇,194 頁。

〔121〕 中原師光《師光年中行事》,收入塙保己一編《續群書類從》第 10 輯上"公事部",卷二五四,八木書店,2012 年,359 頁。

進京,並於七月前與相撲人一起抵達[122]。

自聖武天皇天平六年(734)七月七日出現白天相撲,晚上詩宴的節會活動後,七月七日節的固定活動持續施行,已如前述。《續日本後紀》卷一記載,在仁明天皇天長十年(823)五月丁酉(11日)的詔書中謂:

相撲之節,非啻娱遊。簡練武力,最在此中。宜令越前、加賀、能登、佐渡、上野、下野、甲斐、相摸、武藏、上總、下總、安房等國,搜求膂力人貢進。

從詔書中可見對於相撲活動的肯定,强調相撲節並非衹用於娱樂遊戲,和射禮、五月節一樣,是以尚武爲目的的節會[123]。同時期的中國視相撲爲雜戲,日人則是將相撲從雜戲中獨立出來,成爲七月七日的節會活動,在平安前期編成的日本禮典《(貞觀)儀式》中已稱之爲"相撲節"。諸衛府士兵的雜藝表演("諸衛雜戲",含馬術、打毬)則置於五月五日節活動的第二天,即五月六日進行[124]。

至於七月七日在法律中明確成爲"相撲節",並有配置細節,出現在9世紀後期的詔敕。《類聚三代格》卷一八《相撲事》(日本清和天皇)貞觀十六年(874)太政官符曰:

應隸相撲節事

右撰《格》所起請稱:"相撲之節,諸衛供事,進退之儀,須隸兵部,而承前之例,式部兼攝,稽之恒典,可謂乖違。伏望,准據正月十七日、五月五日兩度節會,令兵部省執當者。中納言兼左近衛大將從三位藤原朝臣基經。"宣:"奉《敕》,依請。"

貞觀十六年六月廿八日[125]

此符説明,此前由式部兼管相撲節會的活動,但是與相撲的軍事性質不符,所以藤原基經請求比照射禮、五月五日節會,由兵部負責此事,而獲得天皇同意,並經此符而正式有了"相撲節"的名稱。

---

[122] 參見前引大日方克己《古代国家と年中行事》,147—149頁。

[123] 參見甲田利雄《年中行事御障子文注解》,八木書店,1976年,256頁。

[124] 事見佚名編《儀式》(約編成於872—876年間,神道大系編纂會編《神道大系》朝儀祭祀編一,神道大系編纂會,1980年)。卷八《五月五日節儀》《同六日儀》,225頁;《相撲節儀》,225—229頁。另約於969年成書的源高明著《西宫記》卷四亦載相撲節相關禮儀,從中可見後述相撲節日期的變動。

[125] 同前引佚名編《類聚三代格》卷一八,574頁。

相撲既屬於軍禮,可知此節與中國的七夕陰柔性質完全相反。同時因爲七月七日節對當時的日本人而言,或許是值得模仿的先進國文化,却不是有深刻民俗淵源基礎的節日,相較於中國的七夕就算節期有變動也僅提早一天,改爲六日,甚至衹是"七曉",尚且引起王讜的批評(見前揭内容),日本由政府詔令改變節期至七月中旬乃至月底,日人似不覺有異。相撲節期在淳和天皇天長三年(826)六月己亥(3日)出現第一次變動:"改七月七日相撲,定十六日,避國忌也"[126],這是因爲前天皇平城天皇於天長元年(824)七夕駕崩,因而廢七夕活動,此後相撲節會便未再回到原本的七月七日。從聖武天皇天平六年(734)至淳和天皇天長二年(825),相撲節會在七月七日施行了九十餘年。

記載中所見第二次節期更動,同樣見於《類聚三代格》卷一八《相撲事》:

改定相撲節日并相撲人入京期事

> 右右大臣宣:"奉《敕》:'件節,弘仁(810—823年間)以降改定數度,自今而後,宜七月廿五日定爲節日,又相撲人入京之期,改五月下旬,以六月廿五日必令到京,若有闕怠者,便奪國司公廨,一如天長八年(831)七月廿七日格,立爲恒例。'"
>
> (陽成天皇)元慶八年(884)八月五日

透過此符可知,相撲節的日期在六十幾年中曾有幾次改動(節日活動因天災、疫病等原因而停止)。從史籍得知,在清和天皇貞觀十二年(870)、十三年、十六年用28日,元慶元年(877)、三年用27日,元慶四年、六年、七年復採28日,陽成天皇最後决定將日期定於七月廿五日。元慶九年(885),陽成天皇讓位予光孝天皇後,光孝否定兄長陽成去年發布的敕書,改採用29日。至《延喜式》中,再次以法律明定相撲節的日期是七月廿五日。由於天皇會駕臨觀看相撲節會(所謂"天覽"),相撲是兩方對決,有占卜的性質,對於國家與神事而言都有重要意義[127],要召集各地勇壯力士,動用大量人力,在兩三天中進行許多回合[128],相

---

[126] 藤原冬嗣等著《日本後紀》卷三四逸文,引《類聚國史》卷七三《歲時》所補,收入佐伯有義編《增補六國史》第六册,朝日新聞社,1940年,205頁。

[127] 參見前引山田知子《節會相撲考》,26—27頁。

[128] 平安時代相撲節的詳盡流程,事可見於《内裏式》《儀式》,原文甚長,篇幅所限,此僅取其概要説明。

撲人及兵部轄下各單位，特别是相撲司諸官員，不能不提早準備，故敕文中明寫到京期限，作爲國家重要軍事活動，必須嚴守時限，如有疏失則加以嚴懲。

（一）相撲節與七月七日的分離——《延喜式》的意義

7 世紀後期，天武天皇制定重視軍事的國策，8 世紀，日本朝廷在令文明定的諸節日舉行與軍事相關的節會活動，使天武的政策得到遵行。日本重軍事的國策延用至 10 世紀，節日體系與活動相伴發展。檢閲 927 年編成，967 年頒行的《延喜式》，其中關於相撲節乃至於各種軍事行動的規範甚多〔129〕，特别在卷二八《兵部省》的規範中，不僅重要節日都有任務，其中包含元日、七日（1/7）、御薪（1/15）、大射（1/17）、每月十八日睹（賭）射、五月五日（騎射），從文字述叙中可知實際節日已較律令規範者增加，相撲節並正式與正月十七（大射）、五月五日（騎射）合稱"三度節"，其條文爲：

> 凡正月十七日、五月五日、七月廿五日，三度節不参名簿，移送式部。五位已上莫預新嘗會節，六位已下奪季禄。（注：但兵庫全守本庫，不在責限。）〔130〕

從此相撲節在法令中正式與七月七日脱離，節期明定爲七月二十五日。至鳥羽天皇保安年間（1120—1124）中斷，高倉天皇承安四年（1174）進行最後一次相撲儀式，從此不再有此節日的活動。

相撲人受到國家重視和優遇，反出現脱序行徑，如任意去來、結伙求糧、"奪乘驛馬、捕縛驛子、越度不返"和不繳貢〔131〕，此非律令國家可以容忍之事。平安時代中後期起，文人貴族益發重視風雅而蔑視武力，相撲雖是本土文化，在以唐爲貴，以風雅爲尚的情懷下，三度節的軍事性質活動，以動員軍士人數最多的五月五日節最早被停止，於 10 世紀後半即不再進行射騎演習，故《延喜式》中殘存其名，而未載演習細節。相撲節脱離七月七日後，在平安末期消失，射禮雖有持

---

〔129〕 例如藤原忠平等奉敕撰《延喜式》卷二八《兵部省》"點檢"條："凡正月十七日、五月五日、七月廿五日，並點檢五位已上。（注：事見《儀式》。）其遥點並申陪陣由等之事，一同式部。"收入黑板勝美編《新訂增補國史大系》，吉川弘文館，1937 年初版，1972 年普及版，700 頁。

〔130〕 《延喜式》卷二八《兵部省》"三節不参"條，700 頁。

〔131〕 見於《類聚三代格》卷一八《相撲事》"應諸國供奉相撲左右近衛左右兵衛無本府驗還鄉差""應特加禁止相撲人等濫惡事""應奪不貢相撲人國司公廨并言上不貢上怠由事"等條，574—575 頁。

續,但早在9世紀後半即開始出現性質上的變動[132],從講武禮的角度觀之,三度節至10世紀後,均進入了另一個不同階段。就法典《延喜式》記載此時朝中節日規範的意義而言,雖然日本人自傲於其完備[133],但反而説明日本令中的諸節日,部分在10世紀後半已開始出現名存實亡的狀況。

(二)乞巧奠出現

另一方面,《荆楚歲時記》在8世紀傳入日本後,當地知識分子透過此書,開始理解並仿效中國式的七夕乞巧節俗,例如正倉院寶物中有銀、銅、鐵材質的七孔針共七支[134]。這些七孔針共有兩批,長度達19釐米及35釐米,自非用於尋常縫紉,而是節日時供宫中婦女乞巧,特以當時皇嗣,日後的孝謙(稱德)天皇爲女性,宫内有此物品,當不意外。唯在8、9世紀間,七夕宴會性質與乞巧奠並無關係,已如前述[135]。在法制文獻上,乞巧活動出現於《延喜式》中,卷三〇《織部司》記有標題"七月七日織女祭",内容爲"五色薄絁各一尺。木綿八兩。紙廿張。米。酒。小麦各一斗。鹽一升。鰒。堅魚。脯各一斤。海藻二斤。土椀十六口。(加盤。)坏十口。席二枚。食薦二枚。錢卅文"。並設有棚三座,所祭對象不明,當是祭祀棚機津女。從絁、脯列爲供品,可以隱約看出與中國漢唐間習俗的關係[136]。再如卷一二《中務省》記有如下配置:"七月節女樂五十人裝束

---

[132] 同前引大日方克己《古代国家と年中行事》,38、55頁。簡言之是天皇不再參與射禮,與《大唐開元禮》卷八六《軍禮》中"皇帝射於射宫""皇帝觀射於射宫",皇帝作爲主角,親自參與射禮的性質有别。

[133] 林道春《書新雕〈延喜式〉後》,其中謂:"上之用焉,則朝廷之法率於舊章。下之由焉,則百官之職存於有司。矧又令臨時處事者,可以識物名乎,不亦偉乎!何愧唐禮哉?庶乎使自中華至者見之,知本朝有所矜式于有道也。"可見其自傲之情。收入《延喜式·後篇》,1006頁。

[134] 聖武天皇死後,光明皇后將天皇遺物及文書等布施給正倉院,合稱爲"正倉院寶物",多能存藏至今。圖暨相關資訊,如銀針第1號見於 http://shosoin.kunaicho.go.jp/ja-JP/Treasure? id=0000014734,銅針第2號見於 http://shosoin.kunaicho.go.jp/ja-JP/Treasure? id=0000014735,鐵針第3號見於 http://shosoin.kunaicho.go.jp/ja-JP/Treasure? id=0000014736,以上均爲35釐米左右,其餘4支爲19釐米。訪問時間:2018.03.28。

[135] 據15世紀公卿一條兼良撰成的《公事根源》謂,最初的乞巧奠是在孝謙天皇天平勝寶七年(755)舉行,《大日本史》作者德川光圀不以爲然,認爲:"七夕宴,至此(聖武天皇天平六年,734)始見,後世乞巧奠即是也,故此後不書。《公事根源》以爲天平勝寶七年始修乞巧奠,然本書所不載,故不取。"見於德川光圀《大日本史》卷十六。

[136] 參見前引崔寔撰,石聲漢校注《四民月令校注》"附案"説明,58—59頁。

料。絹一百卌四疋三丈。綿一百九十屯。"[137]

由以上兩條規定可進一步推知,在此時的日本宫廷中,七月七日(七月節)有至少兩種活動,一是織女祭,一是女樂,並有"餅、甜物、菓子、柳筥各二合"等供應[138]。菓子是否爲節日食物(索麵),女樂用於何種場合,一時不明,故暫不斷言。由於日本令明定七月七日爲節日,故相撲節雖然脱離此日,七月七日仍被視爲一個特定日子。在平安時代中後期,七夕的主要行事轉變成乞巧奠[139],著於日本平安時代中期的"有職故實書"[140]《西宫記》《江家次第》等作品中,詳載有關平安朝廷舉行"乞巧奠"之過程,其中源高明(914—983)著《西宫記》時期較早,所載乞巧奠内容尚屬簡略,但可知流風所及,甚至連臣下家中也舉行七夕宴[141]。至大江匡房(1041—1111)著《江家次第》中所載"七月七日乞巧奠事",方能從熟瓜、金銀七孔針、五色絲及香粉等應節物品中明確看出和漢唐習俗的關聯。在祈願方面,平安時代的日人同樣觀星,《江家次第》中載明"置楸葉一枚",至《平家物語》,已演變成梶葉,用途是將心願書於其上,和中國風俗做法不同,當爲日人的創新發想。七夕節和相撲節分離後,出現此等轉變,當是透過各種媒介,包括以往的遣唐使及往來中日之間的人物,彼此進行直接交流,傳遞有形的書籍文物及無形的文化,讓日本社會理解了中國的歲時習俗,並且透過大量唐土詩文熏陶,諸如白居易"七月七日長生殿""憶得少年長乞巧,竹竿頭上願絲多"之句,纔能够仿照中國民俗,進行節日活動,進而衍生自己的節俗。

綜合本小節所述,可知七月七月作爲節日,在8世紀至10世紀的日本,性質

[137] 《延喜式》,361頁。蓋中務省、大藏省供給宫中宫外所需各種年節應景物品及用度,故可從中窺知日本於10世紀整體歲時節俗變化。另在《延喜式》中,也有不稱"七月節"爲"節"的文字,亦能説明當時對七夕作爲節的意識已然淡化。

[138] 同前引《延喜式》卷三九《内膳司》所述及兩條七月七日食料,869、870頁。

[139] 參見前引山中裕《平安朝の年中行事》對七月行事的介紹與論述,但作者認爲此儀式過於注重形式、美感與遊戲,已失去祭神的本來意義,213—220頁,尤其217頁。簡言之,平安時代中後期,乞巧奠即等同七夕祭。

[140] 按,"有職故實書"是根據日本自古以來的先例,彙集日本朝廷及公家、武家的行事及法令、制度、風俗、習慣、官職、儀式、服裝等事例的書籍。最具代表性的三部公家故實爲9世紀末源高明撰《西宫記》(記載古禮)、平安時代中期藤原公任《北山抄》(記載一條天皇以後的儀式)、大江匡房撰《江家次第》(記載後三條天皇以後的儀式)。

[141] 如佚名編《日本紀略》後篇五《冷泉天皇》載:"安和二年(969)七月七日壬子,左大臣(藤原師尹)於白川家有七夕宴。"《國史大系》第5卷,經濟雜誌社,1897年,927頁。

凡數變:首先僅是宫廷賜宴,隨時間推演,宫廷歡度節日的方式逐漸發展成白天相撲,夜間詩宴的活動形態,最後以太政官符明確載明"相撲節"之名,脱離七月七日。10世紀後半編成的法典《延喜式》尚明文規範相撲節活動,以及兵部等官署在當日所須從事活動及所備物品,但已與七月七日本身無涉,七夕當天的活動,此後逐漸轉變成習自唐土的風俗"乞巧奠"。此行事自8世紀中葉開始發展,在仁和元年(885)撰成的《年中行事御障子文》中尚未見列於七夕節的行事,至10世紀後半,乞巧奠的重要性逐漸超越已實行九十幾年的相撲節。

再者,此時期相撲已具備官方正禮的性質。前已述及,漢唐時期,角抵(相撲)尚有軍禮性質,但是因爲也具備雜戲的性質,可作爲娱樂之用,故也用於接待外賓,到宋代成了嘉禮和賓禮人員配置的一部分,在禮制上發生變動。日本的相撲,最初有服屬禮儀和宗教行事(占卜)的性質,亦可應用於接待四方君長的場合。日本施行律令之後,因爲令中對相撲節會細節未有規定,故在8世紀成立專責官署拔出司(相撲司)、設相撲使,選出相撲人入京,參與節日活動,出現與唐完全不同的官制配置,並一直保持其軍禮的特性,直到12世紀,隨律令制崩潰,相撲不再以國家禮儀的形式於宫廷中施行。

魏晉時期至8、9世紀之間,東亞的相撲如作爲節日活動,多於五月五日進行,相撲並具雜戲性質。日本將相撲從諸雜戲中獨立出來,單獨置於七月七日,諸雜戲置於五月五日節的活動中進行,此點亦與中國相異。特别值得注意的是相撲節日期的移動。最初因國忌,造成相撲節偏離原本日期,在日期變化上也顯著有别,和中國唐宋時期頂多向前或向後移動一天不同,而是延後十至二十餘天。此當因相撲節並非有日本民俗基礎的本土節日,而是因應禮令制度的附加活動。旁證是8、9世紀間的日本五月五日"射的之節",活動性質也與唐土迥異。[142] 筆者推論是因爲當時的日本人對此種節日的外國文化没有深刻的歸屬感,無法如中國人一般,具備民俗、信仰、文化上的淵源,僅是依循國家法律、舊慣前例而持續照表操課,使得8、9世紀之間,三度節的主要活動,甚至日期,均與唐

[142] 例如日僧圓仁於唐文宗開成三年(838)九月廿三日條記事:"揚府大節,騎馬軍二百來,步軍六百來,惣計騎步合千人。事當本國五月五日'射的之節'。"可説明此事。見圓仁撰,顧承甫、何泉達點校《入唐求法巡禮行記》,上海古籍出版社,1986年,14頁。

土原本的節俗無關。亦説明日本在仿照中國設立制度時,其模仿的未必是唐朝最新的一切,有時選擇的是漢魏之舊[143],透過法律詔敕等方式,加以保存實行。比對同一時期的東亞禮俗文化,日本令人有古色蒼茫之感。這可能涉及知識轉移時間差,也可能是因爲習得新文化後需要一兩百年的時間消化吸收,使之成爲日本文化的一部分。甚或是爲了發揮日本主體性,應自己的需求,在文化輸入時事先加以揀選。

歷經奈良時代諸多政治紛争,8 世紀末,日本遷都平安京(794),開啓所謂"平安時代",次年的正月十六日踏歌節會上,群臣歌舞"新京樂,平安樂土萬年春"[144],從此盛況後,日本的唐風文化逐步迎向最高峰。然而 8、9 世紀時的日本,看似全力唐化,實際却是逐漸與現實中的唐朝脱鈎[145]。由此時期的詔敕、太政官符等傳世史料觀之,法制在施行層面上,因施行細則與現實抵觸,或者有不足之處,無法作爲規範,必須因應現實修正或補充,可説明在 8 世紀前期撰成,8 世紀中葉所頒行的《養老令》,僅經過數十年,即已不符當時日本社會現況,不得不予以修正。從歷史記録中得知,8、9 世紀,日本政府當考量如何將法條套用於現實,進而用格、敕等方式解決出現的衝突。至 10 世紀初期,出現《延喜式》此等與唐式性質迥異的法典。觀傳世文獻可知,若唐式是施行細則,則《延喜式》更傾向於規範集成,而類似於令。《延喜式》出現後,日本律令制實際進入了名存實亡的時期。從相撲節的變遷,乃至三度節整體的變動消亡,也可反映出這個側面。

五、小結

8、9 世紀的日本在實施律令制的過程中,由於法令不適用於當時日本社會,

---

〔143〕 類似看法,尚可參見前引高明士於《日本古代學制與唐制的比較研究》的論證。

〔144〕 《日本後紀》卷三逸文,桓武天皇延曆十四年正月乙酉(16 日)條:"宴侍臣,奏踏歌。"20頁。踏歌歌辭全文可見於菅原道真編《類聚國史》卷七二《歲時部・踏歌》及《日本紀略》等文獻。

〔145〕 日本學者古瀨奈津子對日本在 8、9 世紀之間唐風化的情形已有深入探究,而側重於儀式、天皇王權變化的討論。可參見古瀨奈津子《日本古代王権と儀式》第一部分《唐制継受と儀式・三儀式における唐礼の継受》,吉川弘文館,1998 年,58—90 頁;以及同氏作品《關於日本官職稱用唐代官名的考察》,中文版見《中日文化交流史大系・法制卷》,浙江人民出版社,1996 年,98—99 頁。

或是與當時日本政府所重視者有衝突等因素,乃逐步以詔敕、太政官符等方式對唐制加以修正,如《弘仁格式序》中,藤原冬嗣(755—826)說:“格則量時立制,式則補闕拾遺。”〔146〕此即以格、式變通運用,而逐漸與唐制脱鈎。雖有意追求全面唐化,但法令與日本社會的現實、民俗文化背景相去太遠,律令制不免淪於形式化而落空〔147〕。中國的七夕與相撲從漢至宋,歷經變化,七月七日作爲令制節日之一傳至日本,在 8 世紀中出現節名“相撲節”,成爲與中國七夕性質有别的節日,最終於 1174 年從國家禮儀及官方活動中消失,即是反映此一趨勢的佳例。然而文化有軟性和具有包容力的層面,回顧日本令中的節日體系,本是外來之物,硬添加本國發源的活動,造成節日性質與起源地迥異,出現易橘爲枳的模仿窘態。但在消化吸收唐制後,七夕也成爲了日本文化的一部分,迄至今日,日本式的七夕習俗仍然包含祈願,在日本人的歲時生活中傳承,每年七月仍見舉行。相撲脱離了特定節日,最後也從官方活動中消失,但競技活動並未就此停擺。進入鎌倉時代(1185—1333)以後,仍持續受日人喜愛,於今甚至成爲日本國技。另外,從比較檢討中得知,日本在模仿唐代中國設計典章制度時,所仿者未必是唐朝的一切,而可能是更早期的漢魏之舊,就節日訂定的演變而言,亦值得注意。

文末附帶一提朝鮮半島的七夕。七月七日的傳説與節俗,亦隨中國文化流傳至朝鮮半島。因爲地域環境與民族國體的關係,中國的上古節俗在朝鮮半島節俗中得到較多保存,相對於中國中古形成的節日民俗,保持較古樸的狀態〔148〕,雖然以漢文寫成的朝鮮史籍中,民俗資料有限,仍附此作爲參考。在高麗時期(918—1392),俗節中雖未見七月七日〔149〕,但“官員給暇(假)”條却列入了“七夕(注:一日)”,可知是援引中國假寧制的結果。又例如在 18 世紀成書的《東國歲時記》中,“七夕”條記録了“人家曬衣裳,蓋古俗也”〔150〕,從中可窺知朝

〔146〕 見於前引佚名編《類聚三代格》卷一《序事》,1 頁。

〔147〕 相似看法,可見於張中秋《中日法律文化交流比較研究:以唐與清末中日文化的輸出與輸入爲觀點》,法律出版社,2009 年,26—34 頁。

〔148〕 蕭放《18～19 世紀中韓“歲時記”及歲時民俗比較》,《亞細亞民俗研究》第 7 期,學苑出版社,2009 年,204 頁。

〔149〕 鄭麟趾《高麗史》卷八四“禁刑”條,所開列“俗節”爲:元正、上元、寒食、上巳、端午、重九、冬至、八關、十一月十五日、秋夕、中秋。後二者爲其自行制定的節日,非唐朝節日。

〔150〕 洪錫謨《東國歲時記》之《七月・七夕》,38 頁。

鮮人採用七夕之節名。另如前文所揭,中國東漢時期已有曬衣習俗,因此可能在高麗時期,甚至更早前,七夕節日行事即隨中國文化流傳至朝鮮,牛郎織女傳説亦廣爲人知〔151〕。

附記:本文曾於2018.05.05在臺北舉行的第13届“唐代文化學術研討會”宣讀,原題《日本古代七月七日節和相撲節的變遷——東亞禮令實施異同的一個側面》,師長、評論人提供寶貴意見,以及刊登前匿名審查人惠賜高見,使本文更加厚實,特申謝忱。

表1 《萬葉集》七夕和歌群編號列表〔152〕

卷次	七夕和歌編號	作　者	所作數量	當卷歌數小計
八	1518—1529	山上憶良	12	15
	1544—1545	湯原王	2	
	1546	市原王	1	
九	1764—1765	藤原房前?	2	2
十	1996—2033	柿本人麿	38	98
	2034—2093	佚名	60	
十五	3611	柿本人麿	1	4
	3656—3658	遣新羅大使阿倍繼麿	3	
十七	3900	大伴家持	1	1
十八	4125—4127	大伴家持	3	3
十九	4163	大伴家持	1	1
二十	4306—4313	大伴家持	8	8
			總計	132

(全書共收和歌約4500首)

〔151〕 參見張籌根著,兒玉仁夫日譯《韓国の歳時習俗》,法政大学出版局,2003年,237—238頁。

〔152〕 本表根據宮崎路子《万葉集における七夕伝説の構成—人麻呂歌集七夕歌群から—》,熊本女子大学国文談話会編《国文研究》第40期,1995年03號,124—125頁原表節略整理而成。

表 2　中國宋代以前講武禮、角抵、雜戲、相撲記事略表

時代	主要內容	出　典	時　期	與七夕日期相關	與軍事相關	與牛女婚戀傳説相關	與乞巧、祈願相關
三代	〔孟冬〕天子乃命將帥講武，習射御、角力	《禮記・月令》	冬	X	0	X	X
三代	講武禮	《周禮》		X	0	X	X
秦	是時二世在甘泉，方作觳抵優俳之觀。	《史記・李斯列傳》		X	0	X	X
秦—漢	春秋之後，滅弱吞小，並爲戰國，稍增講武之禮，以爲戲樂，用相誇視（示）。而秦更名曰"角抵"者也，漢武帝復增廣之；元帝時始罷角牴，而未正治兵振旅之事也。	《史記》應劭集解、《漢書・刑法志》		X	0	X	X
晉	襄城太守責功曹劉子篤曰："卿郡人不如潁川人相撲。"	《太平御覽》卷七五五引王隱《晉書》		X	X	X	X
南北朝	準舊相撲漢兒麵五斗	敦煌文書 S.1366	四月	X	X	X	X
南北朝	辛巳年五月（繪畫）	P.2002	五月	X	X	X	X
南北朝	北周講武禮		七月七日	0	0	X	X
南北朝	昭成帝建國五年秋七月七日，諸部畢集，設壇埒講武馳射，因以爲常。	《魏書・序紀》	七月七日	0	0	X	X
南北朝	七月七日講武	《魏書》太祖、太宗紀	七月七日	0	0	X	X
南北朝	世宗轉任城王澄爲雍州刺史，啓普惠爲府録事參軍，澄功衰在身，欲於七月七日集會文武，北園馬射，普惠奏記停之。……〔景明三年奏〕七日之戲，令制無之。	《魏書・張普惠傳》	七月七日	0	0	X	X
南北朝	五月五日鬥百草之戲	《荆楚歲時記》	初夏	X	X	X	X

續 表

時代	主要内容	出　典	時　期	與七夕日期相關	與軍事相關	與牛女婚戀傳説相關	與乞巧、祈願相關
南北朝	禪虚寺,在大夏門御道西。寺前有閲武場,歲終農隙,甲士習戰,千乘萬騎常在於此。有羽林馬僧相善觝角戲,擲戟與百尺樹齊等。虎賁張車渠擲刀出樓一丈。帝亦觀戲在樓,恒令二人對爲角戲。	《洛陽伽藍記》卷五		X	O	X	X
南北朝	(1)南朝梁、陳:角抵人員分直諸門	《隋書·禮儀志》		X	O	X	X
南北朝	(2)北齊:配入鹵簿,設有角抵隊	《隋書·禮儀志》		X	O	X	X
南北朝	北周宣帝,鄭譯曰:奏徵齊散樂人並會京師爲之,蓋秦角抵之流者也。	《隋書·音樂志》		X	X	X	X
隋	俗以五月五日爲鬥力之戲,各料强弱相敵,事類講武。宣城、毗陵、吴郡、會稽、餘杭、東陽,其俗亦同。	《隋書·地理志》	五月五日	X	X	X	X
隋	百戲(含角抵)	《隋書·音樂志》		X	X	X	X
隋	彧見近代以來,都邑百姓每至正月十五日,作角抵之戲,遞相誇競,至於糜費財力,上奏請禁絶之。	《隋書·柳彧傳》	一月十五日	X	X	X	X
唐	鸞鳳旌旗拂曉陳,魚龍角觝大明辰。	韋元旦《奉和人日宴大明宫恩賜彩縷人勝應制》詩[153]	一月七日	X	O	X	X

〔153〕韋元旦《奉和人日宴大明宫恩賜綵縷人勝應制》,收入彭定求等編,中華書局編輯部點校《全唐詩》增訂本卷六九,中華書局,1999年,771頁。

續　表

時代	主要内容	出　典	時　期	與七夕日期相關	與軍事相關	與牛女婚戀傳説相關	與乞巧、祈願相關
唐	唐玄宗在東洛……府縣教坊,大陳山車旱船,尋撞走索,丸劍角抵,戲馬鬥雞。	《明皇雜録》		X	X	X	X
唐	丁亥,幸左神策軍觀角抵及雜戲,日昃而罷。 即位初年,幸神策軍,觀角抵及百戲,日晏方罷。續三日,幸左右軍及御諸門,觀角抵雜戲。	《舊唐書·穆宗紀》《角力記·考古》		X	O	X	X
唐	觀角抵	《舊唐書·敬宗紀》		X	O	X	X
唐	觀角抵:文宗開成中寒食節,御勤政樓,觀角抵。	《舊唐書·文宗本紀》《角力記·考古》	四月五日	X	O	X	X
唐	相撲人面腫	《義山雜纂》		X	X	X	X
唐	唐郝惟諒本江陵人也,聚率男於私家鬥武力。嘗寒食節,與其徒游於郊外,步蹴角力,因醉於野。迨宵分,始悟入塚間,爲人間是葬事也。	《角力記·考古》	四月五日	X	X	X	X
唐?	七月中元節,俗好角力、相撲,云秋瘴氣也。	《角力記》引《吴興雜録》	七月十五日	X	O	X	X
五代	劉玢遭角觝力人所殺	《新五代史》卷六五		X	O	X	X
宋	册命親王大臣儀	《宋史》卷一一一《禮儀志·嘉禮》		X	X	X	X
宋	相撲一十五人,於御前等子内差,並前期教習之。	《宋史》卷一一九《賓禮·金國聘使見辭儀》		X	X	X	X

續 表

時代	主要内容	出 典	時 期	與七夕日期相關	與軍事相關	與牛女婚戀傳説相關	與乞巧、祈願相關
宋	宋高宗紹興五年(1135)三月,皇帝"御射殿,閱等子趙青等五十人角力。"	《宋史》卷一二四《禮儀志·軍禮·閲武》		X	X	X	X
宋	角觝,今相撲也。	《事物紀原》卷九《角觝》		X	X	X	X
宋	都人喜愛相撲	散見《東京夢華録》		X	X	X	X
宋	角觝者,相撲之異名也,又謂之争交	《夢粱録》		X	X	X	X

"Tanabata" and "Sumaino-sechi" in Ancient Japan: A Study on the Similarities and Differences of Implementation of East Asian Rituals and Ordinances

Yan Ruhui

Japan began to absorb Chinese culture intensively in the 6th century. After the Taika Reform in the mid-7th century, many efforts were made to imitate Chinese law and culture. Although modifications were made to accustom Japanese cultures before it was promulgated, there was still a gap in implementation. Japan established the seventh day of the seventh month in the lunar calendar as the Sumaino-sechi 相撲節 in the second half of the 9th century. This festival was related to military ceremonies and had very limited relevance to the Chinese Qixi 七夕 festival that was celebrated on the same day. After the middle of the 10th century, which was in the middle of the Heian period 平安時代, Japanese became more familiar with Chinese culture, the celebration of the festival at this day began to change. In the 12th century, the Japanese government no longer celebrate the Sumaino-sechi as the national ritual and official event.

書　評

《唐代詩人墓誌彙編(出土文獻卷)》(胡可先、楊瓊編著,上海古籍出版社,2021年5月,9+2+575頁,198圓)

唐忠明

近幾十年來,碑誌石刻的不斷出土已成爲促成唐代文學研究繁盛局面的主要助力之一。其中本書編者胡可先教授較早便投身出土文獻與唐代詩學的研究工作,並取得了一系列驕人成績。胡教授多年來在這塊土地上辛勤耕耘,有《出土文獻與唐代詩學研究》《新出石刻與唐代文學家族研究》《考古發現與唐代文學研究》《新出文獻與中古文學研究》等專著出版並發表系列論文,是將出土文獻特别是詩人墓誌應用於唐代文學研究的典範。本書另一編者楊瓊博士也學有專攻,多年跟隨胡教授從事唐代詩人墓誌研究,是本領域優秀的青年學者。在此基礎上,胡可先教授與楊瓊博士合力編著的這部《唐代詩人墓誌彙編》,可謂水到渠成之作。

本書之優點。首先,這是第一部唐代詩人墓誌的彙編著作,也是第一部古代詩人墓誌的彙編著作,更是較少見的針對某一朝代某一特定身份群體墓誌的彙編著作。首創之功可謂大矣。可想而知,本書編纂伊始應考慮和解決的,便是收文標準問題,特别是墓誌文體中墓主身份的界定情況。面對數以萬計的出土唐人墓誌,哪些誌主可算"詩人",應將其誌文收入本書呢?按本書凡例,可知本書判定墓主詩人身份時大致有三個標準,一爲在《全唐詩》與《全唐詩補編》中留有詩作的作者,二爲墓誌中載其能詩者,三爲經過其他文獻證實其能詩者。可以説編者以此對出土唐人墓誌進行了數次工程頗巨的篩選工作。若説從現有出土唐人墓誌中選出《全唐詩》與《全唐詩補編》作者的墓誌,還算目標明確;選出誌文中載其能詩者的墓誌,勉强也算有迹可循;那搜羅輯録那些經過其他文獻證實其能詩者的墓誌,工程之浩大實屬難以估量。所以本書編纂過程中僅收文這第一步而言,其間之艱苦繁難便是常人難以想象的。

正如編者緒論中所言,傳世典籍中唐代詩人的傳記史料主要見於兩《唐書》、元人辛文房《唐才子傳》等。因時間上、空間上與詩人距離較遠,有關詩人事迹的記述,許多方面往往不如當時人撰寫的墓誌可靠。而本書所收出土文獻中唐代詩人墓誌194方,其數量已超過傳世文獻所載詩人墓誌的總和,還有詩人配偶等墓誌65方,總計彙録墓誌259方。這些墓誌是詩人生平資料的淵藪、詩歌佚篇的輯集、傳記文學研究的特殊類型。利用詩人墓誌進行唐詩輯佚,有助於追溯詩歌來源、考察詩歌創作環境、瞭解唐代詩歌創作的思想文化背景、發掘墓誌中的家族文學與文體學屬性等。

其次,本書編者第一次以專著形式對出土唐代詩人墓誌進行彙編並釋文,全書體例也與之前相類之作有别,甚至可以説有所開創,在對墓誌拓本進行標點的基礎上,在每篇墓誌後另加敘録和附録。如編者所言,敘録中墓誌形制、誌主簡况、文獻著録、收藏地點等内容可使讀者瞭解墓誌來龍去脈,而前人與時賢對墓誌的著録、釋録情况,以及相關研究成果,也爲讀者梳理出進一步研究的綫索。粗略統計本書每篇墓誌後的敘録,三百字以上者佔到七成,這主要源自編者對考證誌主生平、説明墓誌拓本和録文情况、介紹相關研究成果三部分内容的重視。

值得一提的是,胡教授多年從事出土文獻與唐代文學研究,較早察覺到墓誌本身的“家族屬性”與唐代家族文學的緊密聯繫,由此深入,别創一功,專著《新出石刻與唐代文學家族研究》便是極佳證明。敘録中不僅多次提及墓誌的家族屬性與相關成果,近三成敘録更另配附録,甄録相關詩人配偶或族人墓誌,便於相互印證。李亶、王之涣、李邕、鄭虔、姚合、孫偓等少數詩人墓誌的附録中還另加“家族墓誌簡况表”,更爲清晰明朗。

之前同類著作對拓本標點後所加簡注、簡跋、考釋、要素提示、校注等常僅限於部分甚至個别誌文,且多寥寥數語,甚乏全面確切精密之考證。但本書編者因多年從事出土文獻與唐代文學研究,唐代詩人墓誌本就是其日日經手過眼的研究材料,所以纔有了此書之創例,即在石刻彙編類著作中通過録文後加敘録和附録、書後添加附録的方式將自身多年的研究理念、視角與方法熔鑄一爐。與多數同類彙編之作僅在書前後附人名、地名、誌題索引、引用書目等不同,全書最後設有《唐代詩人墓誌編年簡表》《出土墓誌所載唐詩考述》兩個附録。與前述每篇墓誌後加敘録和附録相似,在内容和體例上體現出本書資料彙編與專題研究相結合的編纂特點。

再次,本書在輯集過程中面對已有釋文的出土墓誌,即便其釋文早已爲學界廣爲採納使用,如《唐代墓誌彙編》《唐代墓誌彙編續集》《全唐文補遺》《新中國出土墓誌》等書所收墓誌,亦並未簡單地騰挪照搬,而是選擇大費周折地對照原拓本一一重新釋讀。補訂前人缺失,包括重新標點、斷句,特别是考證疑難字等,因此編者亦藉本書爲學界新貢獻出一批更爲嚴謹可靠的唐代詩人墓誌的釋文版本。

最後,本書叙録中對詩人墓誌的考釋並非單純羅列材料,局限於量的增加,而是常暗含編者自身對史料的取捨、理解與判斷。本書非由文獻與史學出發又再歸於文獻和史學研究,縱觀全書可看出編者始終抱定從文獻史料出發而歸宿於古代文學研究的編纂理念。在運用目録學、金石學、歷史學等方法並對相關材料多番引證後,最終也都以誌主在《全唐詩》《全唐詩補編》中的存詩情况或誌文與其他史料中所載其詩歌成就作結。不管誌主生前何種身份,身後何種論定,本書所重始終是其詩人的身份屬性,對其墓誌的多番考釋也始終以服務於古代文學研究爲目的。因此,着眼於古人的某一身份屬性而收集其碑誌並詳加考釋後,以求服務於某一學科研究,在本書編纂來説亦爲一特色。

所以面對這部著作,我們不能僅將之視作一般的石刻材料彙編看待。它的可貴並不單在一手史料的珍稀,或可方便檢索查閲某位詩人墓誌,更暗含編者多年來從事相關研究的理念、視角與方法。本書實則以詩人墓誌爲主,每篇誌後的叙録與附録、全書前後的綜論與兩附録爲輔,已自成一套體系,而作者多年從事相關研究而凝聚的一系列範式意義也藴含其中。

清人朱士瑞《宜禄堂收藏金石記叙》曾稱道“金石之功”:“金石之功大矣哉!可以考經籍史傳,可以溯古籀篆隸,可以徵訓詁聲音,可以通文字假借,可以識冠服器用,可以推年月支干,可以訪山川地輿,可以補官爵姓氏,可以稽禮儀兵制,可以吊忠孝隱逸,可以鑒禍亂權奸,可以存遺編剩稿,可以博佛書釋典。”如前所述,本書的編纂表面看僅是第一次詩人墓誌的彙編工作,但内容上已搜羅較爲全備,體例上又有所開創,自成體系,凝聚編者多年來從事相關研究的理念、視角與方法。所以雖説爲 194 方唐代詩人出土墓誌的彙編,實可謂 194 個以詩人墓誌爲中心、以文學研究爲導向的小型彙編的集合。對碑誌文體本身的研究而言,依托本書,不僅可以觀察碑誌文體發展史上唐代詩人墓誌獨特的義例特點,亦可通過比照研究歷代詩人墓誌的書寫變化,以探求其背後所涉社會變遷、時代心理、禮俗習慣、法律制度、文體演變諸方面的歷史文化意義。

本書除校録精審、考辨詳甚、體例完善外,若作進一步嚴格的要求,猶有兩點值得注意。

一、我們知道，對於文獻搜集整理，首先是“求全責備”，應收盡收，但面對數以萬計的唐人出土墓誌，若試圖從中將出土唐代詩人墓誌搜羅殆盡是不容易的。本書緒論中談到所收墓誌主要來源有彙集著作、釋文著作、拓片兼釋文著作、散見拓片、學刊揭載等。筆者粗略查閱上述來源，也覺察到在此輯録標準下亦不免存在一些漏收情況。如《隋唐五代墓誌彙編》陝西卷第二册中開元十二年(724)的《劉惟正墓誌》、陝西卷第四册中大曆十三年(778)的《薛坦墓誌》、洛陽卷第七册中長安二年(702)的《劉璿墓誌》，《秦晋豫新出墓誌蒐佚》中大中四年(850)的《劉行餘墓誌》，《北京圖書館藏中國歷代石刻拓本彙編》中元和十三年(818)的《楊仲雅墓誌》等皆完全符合本書的輯録標準。其中不乏較具研究價值的誌文，如有的誌文盛贊墓主詩藝高妙，生時文集已行於當代，往往今已不傳。如長安二年(702)的《劉璿墓誌》中言墓主幼時便“才子之名驚於座席，神童之目擅於西南”，並有“彈文詩筆等總卅餘卷，並注金剛般若及老子，並行於代”，可見誌主自幼才氣縱横，成名一方，當時亦有文集行世。開元十二年的《劉惟正墓誌》中言墓主“五言之妙，時無與儔矣。有文集五卷行於代”，看來其五言詩造詣非凡。大曆十三年的《薛坦墓誌》中道：“公交必高人，遊必奇士。舉酒徵會，援琴賦詩。悉是當時髦乂也。門無雜賓，家無餘産。唱和之集，凡成數卷，可傳於世。”可知其交友廣闊，詩多唱和之作。有的墓誌中，撰者正面贊美墓主詩藝之際，還不忘藉時人眼光加以烘托。如元和十三年的《楊仲雅墓誌》中撰者對墓主作詩才華甚爲推重，贊其“工於歌詩，天然自妙，風月滿目，山水在懷，採月中桂，探驪龍珠，變化無方，駭動人鬼”。並言及當時成名詩人劉復、楊巨源也對其拜倒推伏，“故劉水部復，唐之何遜。君之宗人巨源，今之鮑昭。咸所推伏，莫敢敵偶”。雖有誇張成分，但據此看來墓主楊仲雅在當時也是一位頗具影響的詩人。又如大中四年的《劉行餘墓誌》稱墓主“擅屬文，尤工爲今之律詩，綺麗清妍，作者推伏”，可見誌主生前善作律詩，風格綺麗清妍，頗具詩名。

二、我們知道唐人墓誌一般由誌石和蓋於其上的蓋石構成，蓋石上題篆蓋有紋飾，墓誌文則刻誌石之上。墓誌格式常由首題、撰書人(初唐少見，盛唐漸增，後成慣例)、序文、銘文幾部分組成。因墓誌原標題均署朝代、職官等，較長，且衹署姓，不署名，爲便於檢索、識别和引用，本書目録採用“某某墓誌”的簡明形式。録文時在保留墓誌原初形式前提下在原標題上另加此簡明標題,是值得肯定的。墓誌篆蓋因自來不受重視,往往丢失損毁,其上精美的文字與紋飾我們也不得而見,伴隨的是古人墓誌原生態的完整形制一併破損。本書部分篆蓋在誌文後的叙録中還是常有提及的。編者若能在録文時將篆蓋文字加於簡明標題之下,原誌文標題之上,便能更好地還原墓誌拓本的完整形式。

除以上所述,本書的編纂也無形中爲出土文獻整理與文史研究帶來許多新的啓示。

既有唐代"詩人"墓誌彙編,是否便可有唐代文學家、經學家、政治家、宗室、道士等墓誌的分類彙輯? 我國自來便有會通之學的傳統。可否突破某一朝代的局限呢? 歷代特别是唐以後不同身份屬性的群體均有大量墓誌出土,如商人、理學家、處士、妓人、山人、黨人、遺民等等,將此類彙編工作擴及其他朝代或放眼整個古代豈非亦佳? 同時,又可否突破僅收"墓誌"一體的局限呢? 不必説墓碣、墓記、壙誌等本爲墓誌别稱,實則體同;古人墓碑,雖與誌文一在地上,一在地下,却亦文體相類,均隱惡揚善,施之金石,俾兹不朽。清人姚鼐《古文辭類纂》將古之文體分十三類,已同歸"碑誌類",後湘鄉曾國藩《經史百家雜鈔》又認爲碑誌類與家傳、行狀、事略、年譜諸體皆主以記人,又將其附入其所分十一類文體中"傳誌類"之下編。今人曾棗莊編有《宋代傳狀碑誌集成》,便按傳狀碑誌的文體大類收文,但限於傳世文集。

總之,本書作爲第一部唐代詩人墓誌的彙編之作,内容豐厚且體例尤爲出色,可以説是别有開拓,其中輯録和考釋工作,特别是佔全書四分之一的初次釋文,個中甘苦,外人更難道其萬一,其價值意義亦是不言而喻的。相信本書今後定將成爲出土文獻與唐代文學研究相關領域的必備工具書。

《南北朝地論學派思想史》(聖凱著,宗教文化出版社,2021年3月,754頁,248圓)

楊劍霄

一直以來,中國佛教史的研究話語多以隋唐爲中心而展開。在這種話語的牽引力下,隋唐時期成爲叙述整個佛教史的基準點。以此爲界,前代爲積蓄力量的準備期,宋以降則漸爲衰頽。從史料與學術史兩條脈絡觀之,這種認知也成爲整個東亞佛教共通的連接點[1]。相對於此,南北朝佛教的學術坐標則飄移不定。"南北朝佛教"如何在學術史中獲得具備合法性的獨立地位,"學派"又到底如何成爲研究的最基本單元,這些都是亟待解決的問題。2021年,聖凱《南北朝地論學派思想史》出版,爲我們理解佛教學派問題提供了一個契機。本文就以此爲綫索,通過學術史的梳理,探尋佛教學派研究的基本脈絡與發展方向。

一、南北朝佛教學派研究的萌芽:《八宗綱要》的接受與傳播

《南北朝地論學派思想史》中暗含一條理解南北朝佛教與佛教中國化問題

---

[1] 在年代最早的中國佛教史學術作品《"支那"佛教史》中,吉水智海把中國佛教劃分爲五期,即傳譯時代(後漢)、講究時代(東晋至南北朝)、立教時代(隋至五代)、存立時代(宋)、漸衰時代(元至清)。吉水智海《"支那"佛教史》,金尾文淵堂,1906年,4頁。其中以隋唐宗派佛教爲中心的劃分立場明顯。此後日本學界如伊藤義賢、橘惠勝等均延續此立場。有關内容詳見藍日昌《互爲他者的中國佛教史論述——八宗綱要對近代宗派佛教詮釋的影響》,《新世紀宗教研究》2018年第2期,157—158頁。民國以降的中國學界亦是如此。梁啓超在《中國佛法興衰沿革説略》中就分佛學爲兩期:"一曰輸入期,兩晋南北朝是也;二曰建設期,隋唐是也。"並明確指出"唐以後殆無佛學"。梁啓超《中國佛法興衰沿革説略》,《佛學研究十八篇》,天津古籍出版社,2005年,9、13頁。此後整個中國學界的佛教史叙述也主要圍繞"佛教中國化"與"宗門譜系"兩大主題展開,隋唐時期始終是衡量和表述其他時期的基準,這點與日本學界保持着一致。具體情况可參看龔雋《民國時期佛學通史的書寫》,《世界宗教研究》2013年第6期;易中亞《民國時期"中國佛教史"書寫研究》,《寧夏社會科學》2017年第6期。如周叔迦在《中國佛學史》中直接將南北朝以來的佛教分爲華化時期醖釀季、華化時期燦爛季、華化時期凋零季;其《中國佛教史》也保持了相同的論調,分爲衆師異説時期(南北朝至隋)、八宗鼎盛時期(唐至五代)、流派蔓衍時期(宋)、零落衰微時期(元至清)。《周叔迦佛學論著全集》第一册,中華書局,2006年,140—252、294—336頁。

的主綫。這條主綫的癥結在於"學派"研究何以成立。回歸學術史的思考,脈絡的起點是《八宗綱要》在晚清民國學術界的接受問題。日本文永五年(1268),凝然(1240—1321)完成了《八宗綱要》的寫作〔2〕。按序章所言,全書是對"日域所傳佛法"的説明〔3〕,與此相對,凝然本人作於日本應長元年(1311)的另一部作品《三國佛法傳通緣起》三卷則是依"興起弘傳講敷次第"對"震旦佛法傳通"〔4〕十三宗的説明。由此看來,若尋找某一藍本描繪中國佛教史,《八宗綱要》並不是較爲合適的選擇。再進一步説,從文本覆蓋範圍與準確度而言,《八宗綱要》都很難爲晚清民國以來的學人建構中國佛教史話語體系提供"知識"上的有效幫助。但事實却出乎意料。

光緒十七年(1891),楊文會在與南條文雄的交往中不斷獲得日本方面的佛教文獻,其中即包括了法藏館版《八宗綱要》〔5〕。楊文會顯然對此書産生了濃厚的興趣,故此後又表達出尋購福田義導《八宗綱要講解》六卷〔6〕與《八宗綱要考證》二卷〔7〕的願望。遺憾的是,南條文雄並未購得此二書〔8〕。但這並未阻礙楊文會對《八宗綱要》的持續重視與研習,如其在《與陳棲蓮汝湜書二通》中稱:"願君超脱俗情,勿以凡夫自居,則迴翔自在,何礙之有? 日本有冠注《八宗綱要》,頗詳,可以購閲。"〔9〕楊文會對《八宗綱要》的推崇可見一斑。而正式將《八宗綱要》轉化爲中國佛教史研究學術資源的則是《十宗略説》的撰寫。

近代佛教研究使用"宗派"觀念爲綫索始於楊文會,其作《十宗略説》,從而

〔2〕 有關凝然生平和作品寫作時間,參考大屋德城《凝然國師年譜》,東大寺勸學院,1921年;新藤晋海《凝然大德事迹梗概》,東大寺教學部,1971年;《八宗綱要》鐮田茂雄導讀部分。

〔3〕 凝然《八宗綱要》,鐮田茂雄注釋,講談社,2013年,67頁。

〔4〕 凝然《三國佛法傳通緣起》卷上,《大藏經補編》第32册,645頁上。

〔5〕 楊文會《與日本南條文雄書五通》,《楊仁山文集》,商務印書館,2018年,526頁。

〔6〕 《清國楊文會請求南條文雄氏送致書目》,陳繼東《清末仏教の研究——楊文會を中心として》,山喜房佛書林,2003年,556頁。

〔7〕 楊文會《等不等觀雜録》卷七,《楊仁山文集》,商務印書館,2018年,351頁。

〔8〕 《南條文雄等已寄贈清國書籍目録》,陳繼東《清末仏教の研究——楊文會を中心として》,山喜房佛書林,2003年,569—583頁。

〔9〕 楊文會《等不等觀雜録》卷六,《楊仁山文集》,商務印書館,2018年,335頁。

把“宗派”觀念正式納入近代佛教論述的話語之中[10]。這裹有兩個問題需要解決：一是《十宗略説》選擇《八宗綱要》爲基礎的原因爲何；二是《十宗略説》到底産生了何種影響。有關第一個問題，楊文會在《十宗略説》開篇云：

頃見日本凝然上人所著《八宗綱要》，引證詳明，而非初學所能領會。因不揣固陋，重作《十宗略説》，求其簡而易曉也。[11]

這裹楊文會依然表達出了對《八宗綱要》的推崇，並希望通過《十宗略説》將《八宗綱要》簡化爲易於通曉的形式以供初學。然而如前所論，楊文會可選擇的創作素材並不限於《八宗綱要》。《八宗綱要》的競争性文本主要來自兩方面：一是以《佛祖統紀》爲代表的中國佛教資源[12]；二是以《三國佛法傳通緣起》爲代表的“日本記載”[13]。那楊文會僅僅是因爲未見或忽視了這兩方面材料而選擇《八宗綱要》的嗎？實際情况並非如此。楊文會曾作《評〈佛祖統紀〉》，直言志磐代入了較强的本宗（天台宗）意識，並不是客觀的宗派論述，所謂“尊崇本宗，實有違乎佛祖之本意也”。由此推斷，楊文會在研究中放棄以《佛祖統紀》爲憑據是刻意爲之。而從後世視角判斷更爲適合的《三國佛法傳通緣起》，他爲何也棄之不用呢？楊文會在求助南條文雄代購《八宗綱要講解》的同時，即列出了《三國佛法傳通緣起》[14]。1892 年，楊文會收到此書[15]。所以我們推斷，楊文會至少是在翻閲過兩書後，做出了以《八宗綱要》爲藍本撰寫《十宗略説》的選擇。這些文本對净土宗（教）的論述爲我們提供了解答此問題的綫索（參表 1）：

---

〔10〕 龔雋、陳繼東《作爲“知識”的近代中國佛學史論：在東亞視域内的知識史論述》，商務印書館，2019 年，101 頁。

〔11〕 楊文會《十宗略説》，《楊仁山文集》，商務印書館，2018 年，87 頁。

〔12〕 有關《佛祖統紀》“宗派觀念”的價值與内容，參看藍日昌《互爲他者的中國佛教史論述——八宗綱要對近代宗派佛教詮釋的影響》，《新世紀宗教研究》2018 年第 2 期，151—153 頁。

〔13〕 湯用彤《論中國佛教無“十宗”》，《湯用彤學術論文集》，中華書局，2016 年，364—368 頁。

〔14〕 《清國楊文會請求南條文雄氏送致書目》，陳繼東《清末仏教の研究——楊文會を中心として》，山喜房佛書林，2003 年，556 頁。

〔15〕 《南條文雄等已寄贈清國書籍目録》，陳繼東《清末仏教の研究——楊文會を中心として》，山喜房佛書林，2003 年，577 頁。

表 1　《八宗綱要》《傳通緣起》《十宗略説》所載净土宗(教)内容

文獻	净土宗(教)内容	位置
八宗綱要	又净土宗教,日域廣行。凡此教意,具縛凡夫,欣樂净土,以所修業往生净土。西方净土,緣深於此土。念佛修行,劣機特爲易生净土,後乃至成佛。泛而言之,一切諸行,回向净土,名净土門;修行萬行,期於此成,名聖道門。**諸教諸宗,皆是聖道,欣求往生,是净土門。源出於《起信論》,繼在龍樹論教**,天親菩薩、菩提流支、曇鸞、道綽、善導、懷感等,乃至日域,咸作解釋,競而弘通。日本近代已來,此教特盛。〔16〕	10/10
傳通緣起	【净土三經一論翻譯】→【中土傳承】菩提流支、曇鸞、道綽、善導、懷感、法照、少康、知玄→【**廬山慧遠蓮社**】→【南山律宗習净土】→【日本弘傳】〔17〕	7/13
十宗略説	以果地覺,爲因地心,此念佛往生一門,爲圓頓教中之捷徑也。……《華嚴經》末,普賢以十大願王導歸極樂,故净土宗應以普賢爲初祖也。**厥後馬鳴大士造《起信論》,亦以極樂爲歸。龍樹菩薩作《十住》《智度》等論,指歸净土者,不一而足。**東土則以遠公爲初祖。其曇鸞、道綽、善導三師次第相承。宋之永明,明之蓮池,其尤著者也。以念佛明心地,與他宗無異;以念佛生净土,惟此宗獨别……【思想闡釋】……〔18〕	10/10

衆所周知,楊文會的佛學旨趣爲“教在華嚴,行在彌陀”,在對華嚴心、佛、衆生三無差别思想的理解上,又是以《大乘起信論》加以融貫〔19〕。可以説《起信論》與净土法門是楊文會佛學思想的核心所在。從佛教史角度而言,《起信論》在净土傳承中並没有位置。因此基於客觀教史描述的《三國佛法傳通緣起》對《起信論》也是避而不談。但《八宗綱要》則將《起信論》與净土在教理上的關聯性注入了宗派史的書寫當中,這也正與楊文會的理解相契合。在楊文會的視域中,佛教史的書寫是爲理解教理和修行服務,而《八宗綱要》雖形式上衹是對“十宗”進行平行劃分,却暗含了以“宗派”爲基本單元分判教理的用意。楊文會意識到了其中的價值,於是在此基礎上重新調整,形成了形式上依照以宗派爲中心的佛教史進行書寫,内裏却含有强烈教理與修行指向的《十宗略説》。其也明確表達了這一思考:

以前之九宗分攝群機,以後之一宗普攝群機。隨修何法,皆作净土資糧,則九宗入一宗。生净土後,門門皆得圓證,則一宗入九宗。融通無礙,涉

〔16〕 凝然《八宗綱要》,鐮田茂雄注釋,講談社,2013 年,436—437 頁。

〔17〕 凝然《三國佛法傳通緣起》卷上,《大藏經補編》第 32 册,651 頁上下。

〔18〕 楊文會《十宗略説》,《楊仁山文集》,商務印書館,2018 年,91—92 頁。

〔19〕 有關楊文會的佛學思想,可參看陳繼東《清末仏教の研究——楊文會を中心として》第五章“楊文會の仏教思想の特質”,山喜房佛書林,2003 年,275—408 頁。

入交參。[20]

通過這種曲折式的受容過程,楊文會《十宗略說》全盤接受了《八宗綱要》的"宗派"寫作方式,更完成了教史與教理、修道書寫的融合。這也使得中國佛教史研究,在此後形成"宗派"的寫作模式都主要是基於思想史(而非純粹佛教史)的徑路。

楊文會所建立的這種"宗派"寫作模式似乎爲理解中國佛教找到了尋覓已久的答案,《八宗綱要》以及宗派意識被廣泛接受,以"宗派"爲基本單元的中國佛教史書寫模式也得以確立。根據王頌的總結,出於信仰與詮釋的雙重便利,這種以學說劃定宗派的做法開始大行其道[21]。"民國以來,無論作爲佛學概論或是通史的書寫,都或多或少地在延續楊文會所建立的這一'宗'門譜系。"[22]這種普遍現象有兩點需要注意:一是將《八宗綱要》這一説明日本佛教宗派的十宗置换爲中國佛教宗派[23];二是默認中國佛教的基本形態爲"宗派"。如最早(1916)的佛學概論著作謝無量之《佛學大綱》,在中國佛教史部分就是對《八宗綱要》十宗結構與原文解説的全盤挪用。謝氏指出:

> 然<u>**佛爲本源,後學爲流派**</u>。佛滅度後,印度諸師持論所宗,各有不同,而流於中土,最盛者約有十宗,惟俱舍、成實二宗,久已式微矣。[24]

這種把宗派與中國佛教融合的趨勢基本涵蓋了概論、通史以及專門研究等方方面面[25],這確實反映了宗派觀念已成爲當時默認的社會共識。這種共識也逐步從佛教界擴展至其他研究領域,成爲認識中國佛教的普遍定式。根據湯用彤

[20] 楊文會《十宗略説》,《楊仁山文集》,商務印書館,2018年,87頁。

[21] 王頌《東亞佛教宗派研究的方法論反思》,《宗門教下:東亞佛教宗派研究》,宗教文化出版社,2019年,11頁。

[22] 龔雋、陳繼東《作爲"知識"的近代中國佛學史論:在東亞視域内的知識史論述》,商務印書館,2019年,101頁。

[23] 具體討論可參考王頌《昭如白日的晦蔽者:重議宗派問題》,《佛學研究》2013年總第22期。

[24] 謝無量《佛學大綱》,商務印書館,2018年,117頁。

[25] 有關《十宗略説》的影響情況,可參看龔雋、陳繼東《作爲"知識"的近代中國佛學史論:在東亞視域内的知識史論述》,商務印書館,2019年,101—104頁;張國一《六十年來臺灣佛學概論著作之評估》,《新世紀佛教研究》2008年第3期;藍日昌《互爲他者的中國佛教史論述——八宗綱要對近代宗派佛教詮釋的影響》,《新世紀宗教研究》2018年第2期,158—164頁。此不贅述。

的記述:楊文會"因凝然所著《八宗綱要》重作《十宗略説》,從此凝然所説大爲流行。《辭源》十宗條載有十宗,《辭海》佛教條有十三宗。最近岑仲勉《隋唐史》亦稱有十宗"〔26〕。

二、南北朝佛教學派研究的獨立:"發現"攝論、地論學派

"宗派(學派)"討論的基本出發點是佛教思想史,這也一直延續至今。不過依托《八宗綱要》與《十宗略説》所言之"十宗",雖從教理上得到圓滿解釋,但就根源上説,僅是對日本佛教宗派的劃分,並不能準確涵蓋中國佛教,特别是對南北朝佛教的論述誤差較大。我們先將《八宗綱要》與《三國佛法傳通緣起》宗派情況比對如下(參表2):

表2　《八宗綱要》與《傳通緣起》所列宗派差異

<table>
<tr><td>八宗綱要</td><td>俱舍</td><td>／</td><td rowspan="2">成實</td><td rowspan="2">律</td><td rowspan="2">法相</td><td rowspan="2">三論</td><td>／</td><td>／</td><td>／</td><td rowspan="2">天台</td><td rowspan="2">華嚴</td><td rowspan="2">真言</td><td rowspan="2">禪</td><td rowspan="2">净土</td></tr>
<tr><td>傳通緣起</td><td colspan="2">毗曇</td><td>涅槃</td><td>地論</td><td>攝論</td></tr>
</table>

從表2可知,兩個文本因宗派國别歸屬的差異造成了宗派羅列上的不同,即《三國佛法傳通緣起》較之《八宗綱要》多出了涅槃、地論、攝論三宗。而這三宗恰是主要活躍於南北朝的派别。不難發見,從"宗派"話語確立伊始,中國佛教史就帶有了"隋唐中心"的話語權力結構。以"宗派"概念涵蓋整個中國佛教,其中並未作出時間上南北朝與隋唐,或是性質上"學派"與"宗派"的區分。"宗派"這一含混的概念實則是以隋唐佛教爲中心確立。這樣,南北朝佛教僅爲隋唐宗派標準下的附庸,其衹是隋唐衍生出的階段。南北朝佛教也正是在此尷尬境地中進入了近代學術史。

雖然我們完全可以在僧傳、中土注疏等各類材料中捕捉到南北朝學派的存在與具體内容,但如前所論,中國佛教已經有了以隋唐爲中心的宗派書寫模式這

〔26〕　湯用彤《論中國佛教無"十宗"》,《湯用彤學術論文集》,中華書局,2016年,368頁。

一“前見”[27]。自楊文會起,這種書寫模式就是在宗派敘述的表層下包含圓滿教理的呈現和修道階次的安排。這樣,不管宗派是否符合歷史事實,宗派敘述的話語是閉合的。“發現”的難點正在於如何將這些學派放入已在論述上閉合的體系中。這是學術史發展帶來的“副作用”。當然,學界也不斷嘗試突破,並最終形成了擺脱隋唐佛教話語權力的南北朝佛教學派研究。

我們將這種學術史上的獨立分兩個時期進行討論:一是嫁接期,即將原本平面化的南北朝隋唐宗派理解爲南北朝宗派嫁接入隋唐宗派的動態歷程;二是分離期,即南北朝“學派”與隋唐“宗派”的概念辨析與分離。首先,在地論、攝論學派被“發現”的初期,二者普遍被定位在“唯識前史”的位置。1920年,梁啓超在《中國佛法興衰沿革説略》中就將南北朝諸宗與隋唐宗派進行了一種發展脈絡上的“配對”工作[28]。姑且不論内容的真僞,這種思想史視域下的宗派敘述爲連接南北朝與隋唐帶來了一條適當的路徑。1938年,湯用彤《漢魏兩晋南北朝佛教史》出版[29],其對攝論、地論二宗的理解也延續了這種思想史的歷時性思路:

> 法相宗經典,我國自劉宋初漸多翻譯。……**南北分爲兩宗。在北者爲地論宗,依世親之《十地經論》得名。在南者爲攝論宗,依無著之《攝大乘論》得名**。北方法相宗之譯家爲菩提流支、勒那摩提、佛陀扇多等。其學極盛一時。南方譯家爲真諦,實儘量輸入世親之真傳。惟初則南僧多不信無塵唯識,頗不能廣布。然賴其弟子之努力,及與北方《地論》人之相契合,迨隋世而大盛。至唐玄奘,而此學如日中天矣。[30]

---

[27] 學界亦存在徹底脱離學派的新路綫,如歐美佛教研究因從文獻上主要圍繞《弘明集》與《魏書・釋老志》展開,並未完全接受中日學界宗派意識爲中心的佛教研究模式,因此研究主要側重士大夫與僧人交往、政教關係、三教交流、佛教文化史等層面。具體研究情況可參看李四龍《歐美佛教學術史:西方的佛教形象與學術源流》,北京大學出版社,2009年,231—239頁。

[28] 梁啓超《中國佛法興衰沿革説略》,《佛學研究十八篇》,上海古籍出版社,2011年,11—13頁。

[29] 有關《漢魏兩晋南北朝佛教史》的成書過程,第一稿是湯用彤1926年冬在南開大學完稿的講義《中國佛教史略》的前半部分。現存東南印順公司代印中央大學講義《漢魏六朝佛教史》(1927—1931年間講授)是第二稿。1938年商務印書館出版爲第三稿。見趙建永《湯用彤與現代中國學術》,人民出版社,2015年,158—163頁。

[30] 湯用彤《漢魏兩晋南北朝佛教史》,武漢大學出版社,2008年,584頁。

地論、攝論宗被定位成唐代法相宗的緒端。宗派的人物走向、理論主張均是在整個唯識思想史的前提下進行論述。南北朝佛教宗派(學派)的價值也就在於同隋唐宗派的互動。這也成爲學界的通説〔31〕。可以説,地論、攝論宗的"發現"雖無法在楊文會以來建構的宗派系統中凸顯,但却通過對唯識思想史的鈎沉被學界重視。當然,利用思想史的方式僅僅是一種歷時性的考察,並不能完全將南北朝與隋唐宗派從存在狀態上進行區分。2012 年,金天鶴在《藏外地論宗文獻集成》的序言中就對此有一個概括:

> "地論宗"這一稱呼的由來,可以追溯到日本的凝然(1240—1321)的《三國佛法傳通緣起》。此書在"震旦佛法流傳"中列舉了十三宗,其中第六宗即爲地論宗。此後直至近代,"地論宗"在中國佛教史上一般被定位爲華嚴宗的前身。對於在這一過程中被使用的"地論宗"這一稱呼,我們亦抱有疑義,但是爲了遵從前人的研究,本書仍然採用了這一稱呼。其實,不單單是"地論宗","宗"這一概念在中國佛教史上應如何使用,也是今後需要留意並應加以討論的課題。〔32〕

實際上,南北朝佛教學派要想從存在狀態層面獨立,就必須在思想史基礎上辨析"學派"與"宗派"。1962—1963 年,湯用彤先後發表《論中國佛教無"十宗"》和《中國佛教宗派問題補論》,梳理了"宗"的兩個含義:

> (1)"宗"本謂宗旨、宗義,因此,一人所主張的學説,一部經論的理論系統,均可稱曰"宗"。
>
> (2)"宗"的第二個意義就是教派,它是有創始,有傳授,有信徒,有教義,有教規的一個宗教集團。〔33〕

按照湯用彤自己的説明,二者主要的分別在於學派之"宗"是就義理而言,教派之"宗"是就人衆而言,"前者屬佛學史,後者屬於佛教史"〔34〕。而值得注意的

---

〔31〕 有關此部分研究史參看聖凱《攝論學派研究》,宗教文化出版社,2006 年,5—14 頁。

〔32〕 金天鶴《藏外地論宗文獻集成・序》,도서출판 씨아이알,2012 年,17—18 頁。

〔33〕 湯用彤《論中國佛教無"十宗"》,《湯用彤學術論文集》,360 頁。

〔34〕 湯用彤《論中國佛教無"十宗"》,《湯用彤學術論文集》,361、364 頁。有關湯用彤宗派問題的論述詳見拙作《隋唐宗派佛教從何而來?——以湯用彤佛教史研究爲例》,《寧夏社會科學》2019 年第 1 期。

是,湯氏强調了兩晋以來盛行的是學派的“宗”,到隋唐時産生的是教派之“宗”,“它們是一個歷史的發展”〔35〕。换言之,從學派到教派的發展正好對應從南北朝佛教過渡到隋唐佛教的歷史進程。

至此,“學派”與“宗派”有了明確的界限。而這種區分背後,話語指向仍然是隋唐佛教,即通過學派與宗派的比較探求隋唐佛教宗派如何形成。因此,經過這種概念辨析,隋唐“宗派”的内涵在學術史上被不斷豐富〔36〕。相反,南北朝佛教則通過一種概念“剥離”的否定方式(排除組織制度、寺院空間、社會功能等内容)獲得了獨立性。雖然同是思想史路徑,分離前後却存在研究視角的不同。原本與成實、俱舍等處於平行位置的地論、攝論學派,因爲在佛學史中與隋唐唯識學(或是唯識宗、華嚴宗)具有更强的聯繫性,而被推向了話語的中心。

2006年,聖凱《攝論學派研究》出版,實現了唯識思想史視域内學派研究的集大成。全書主要圍繞唯識古學與今學的比較展開論述,最終將真諦思想定位在“從始入終之密意”,即妄心派向真心派的過渡階段〔37〕。從該書的專家評審意見中,我們更能看到這種路徑潛在的公共性(參表3):〔38〕

〔35〕 湯用彤《論中國佛教無“十宗”》,《湯用彤學術論文集》,第361頁。

〔36〕 隋唐宗派的概念較之南北朝學派有了更多的拓展,代表性的觀點如下表:

藍吉富	第一,須有特屬於該宗的寺院。第二,在教義上,須具有不同於一般佛教徒的獨特體系。第三,該宗徒衆及一般佛徒對該宗持有宗派及宗祖意識。
李四龍	一、獨特而又完整的教理,創始人的思想成爲傳法定祖的依據;二、適應特定時代的組織制度,既適用於政府對於僧團的外在監督,也適用於僧團内部的自我約束;三、符合民衆心理的宗教儀軌,借此發揮佛教導俗化衆的社會功能。
楊維中	第一,形成有一定排他性的始創者、傳授者及其信仰者系統;第二,具有獨特内容的教義體系;第三,具有獨特内涵的修行方法及其儀軌制度。

(藍吉富《信行與三階教》,《大藏經補編》第26册,1986年,205—218頁;李四龍《天台智者研究:兼論宗派佛教的興起》,北京大學出版社,2003年,222頁;楊維中《隋代成立“佛教宗派”新論》,《佛教文化研究》第2輯,2015年,11頁。)

〔37〕 聖凱《攝論學派研究》,宗教文化出版社,2006年,635頁。

〔38〕 同上書,678—680頁。

表 3 《攝論學派研究》專家評審意見

黄心川	在中國佛教史上,唯識古學與今學一直是個争論不休的問題,以真諦爲代表的唯識古學强調"無相唯識",與玄奘等人代表的今學,在很多方面進行了不同的解釋。……〔本文〕對整個唯識學的發展史、中國佛教史的深入瞭解,都有着十分重要意義。
樓宇烈	攝論學派是南北朝時期佛教的一個重要學派,它關於佛性、心識、如來藏等方面的理論闡發,對以後中國佛教各宗派都有重大的影響。特别是唐玄奘傳譯唯識新學後,攝論學派又作爲唯識古學的代表而廣被重視。
方立天	……對唯識古今學、如來藏與唯識等學説的對照研究,推動了佛學研究的深入開展。

綜上所論,南北朝佛教學派研究歷經兩次突破,逐步擺脱了隋唐宗派佛教爲中心的話語權力,以思想史研究的方式實現了自身在學術書寫上的獨立。這種自覺式的獨立也促使南北朝佛教學派的知識結構發生調整,地論與攝論學派在此過程中被"發現"。

三、南北朝佛教學派研究的演進:佛教思想史模式的重構

即便南北朝佛教學派研究完成了獨立,仍有兩個方面的難題需要解决:一是在"佛學史"層面,因材料所限,學派研究很難形成自身獨立的思想體系或者完整的解釋話語。二是佛教史層面的南北朝學派研究並不能始終依附隋唐宗派,又或是簡單地否定"衆團"存在而應付了事。佛學史向佛教史的邁進,需要直面如何在教理叙述之外,融入歷史情境的分析。其中既包括政教關係的討論,又有社會史層面的關照。

正是在這樣的學術史背景下,2021 年,聖凱所著《南北朝地論學派思想史》應運而生。作爲一本定性爲"思想史"的著作,全書面臨的第一個任務就是如何搭建一個系統闡釋地論學派思想的結構。雖然近十年來,在韓國金剛大學的推動下,敦煌地論學派文獻得到了有效開發,諸多思想研究也不斷湧現〔39〕,但思想史層面的系統性論述依然缺失。如 2010 年,石井公成在《地論宗研究の現狀と課題》一文中對地論宗未來可研究課題進行了八點展望:

〔39〕 相關研究參看聖凱《南北朝地論學派思想史》,宗教文化出版社,2021 年,2—14 頁。

1.地論宗文獻的整理、校訂與電子化；

2.注意與中國本土思想的關聯性[40]；

3.注意與印度佛教思想的關聯性；

4.以"七種禮法"爲中心的儀禮研究；

5.其他宗派對於地論宗批判文獻的分析；

6.地論宗與戒律的關係；

7.地論宗與禪宗的關係；

8.運用相關的金石、石窟、佛教美術等材料。[41]

不難看出,除却基礎文獻的梳理工作之外,地論宗研究的主旋律是思想史。這也將學術研究往更爲準確化與精細化的方向推進。但其中仍缺乏有效手段將這些課題聯結爲一個完整的"地論學派"。正基於此,《南北朝地論學派思想史》提出一種"回歸'五門'的地論學派思想史":

> 在地論學派思想研究中,本研究繼承地論學派已有的義學傳統,即"教理行果"和"五門"。根據西魏、北周地論學派"五門"傳統的次第順序,即敦煌本BD05755(奈55)《融即相無相論》所闡述的佛性門、衆生門、修道門、諸諦門、融門,地論師在判教基礎上建立了佛性→心識→修道→緣集→圓融的思想體系。[42]

以"五門"概括地論學派思想,可以説在還原歷史真實的前提下,完成了思想的整體融貫,而其中"核心關切乃是修道論。地論學派對佛性、心識、緣集、圓融等思想的發揮,全都是對主體如何通過修道實現解脱這一中心問題的回應,更不必説戒律與禪觀之類對修道生活的直接規定。在修道論視域下重新審視地論學派的思想觀念體系,方能透視理解它對印度傳統的抉擇與吸收,對時代

[40] 船山徹更將地論學派的理論空間進一步細化,從判教與修行位次兩個方面檢討地論學派在整個南朝佛教教理學中的價值與意義。詳見船山徹《地論宗と南朝教學》,荒牧典俊編《北朝隋唐中國仏教思想史》,法藏館,2000年,123—153頁。

[41] 石井公成《地論宗研究の現狀と課題》,《地論思想の形成と變容》,國書刊行會,2010年,25—41頁。

[42] 聖凱《南北朝地論學派思想史》,19頁。

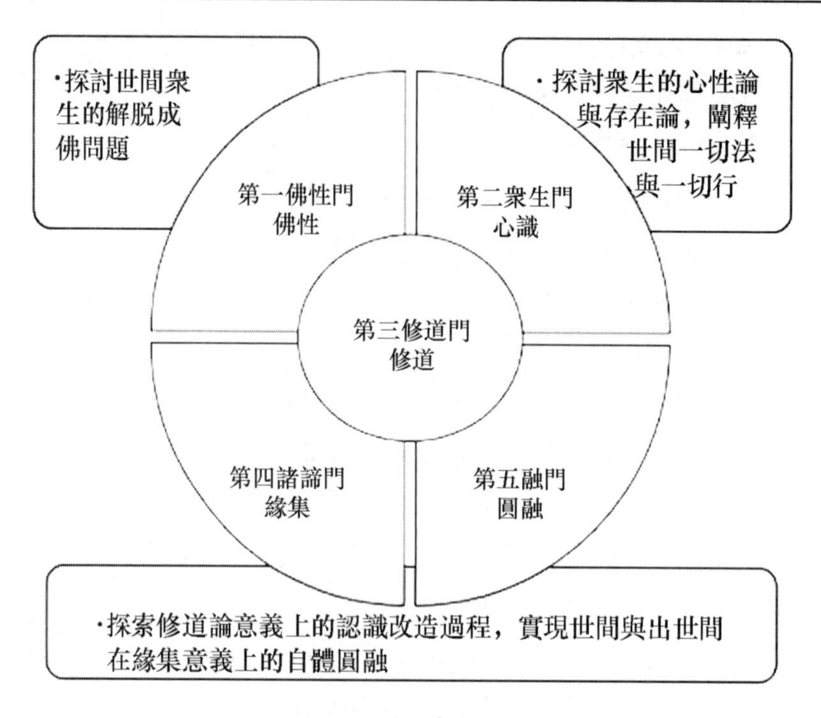

圖1　地論學派"五門"

問題的探索與回應"[43]。由此,以修道論爲中心,"五門"形成了一個完整的結構[44](見圖1):

《南北朝地論學派思想史》面臨的第二個任務是如何將南北朝學派研究從傳統的"佛學史"發展成真正意義上思想與歷史融合的"佛教史"。根據張雪松的總結,1949年以來漢魏兩晋南北朝佛教史的研究範式主要分爲三種:一是"上層建築"範式,將佛教視爲一種上層建築,力圖通過社會經濟基礎加以説明。二是"中國化"範式,討論從印度、中亞傳入的佛教如何一步步融入中國文化之中,佛教在哪些方面發生了變化,而中國人在促使佛教面貌發生重要改變時做出了哪些傑出的貢獻。三是"知識考古"範式,嘗試利用新社會文化史的研究思路和方法,重視以往常被人忽視的材料與問題,清理傳統佛教史中的一些成説[45]。

[43]　聖凱《南北朝地論學派思想史》,2頁。

[44]　有關"五門"結構亦存在質疑,如第四門諸諦門與緣集之間是否爲對應關係等。詳見王帥《"南北道"之外:讀聖凱〈南北朝地論學派思想史〉》,《世界宗教研究》2021年第4期。

[45]　張雪松《唐前中國佛教史論稿》,中國財富出版社,2013年,10—15頁。

不難看出,三種範式都具有義理與歷史融合的能力,“上層建築”範式開啓了學界對寺院經濟問題的關注;“中國化”與“知識考古”範式也開拓了更多文化史與社會史的討論空間。但其中作爲研究基本單元的“學派”並没有太多歷史層面的介入機會。這也是學派研究始終停留在義理而没有實現真正“佛教史”書寫的原因所在。面對這種困境,學界其實早有所反思,方立天曾指出:

> 南北朝時期佛教的學風、方法和思想重心都發生了變化。講經風氣代替了清談。“得意忘形”“徹悟言外”的思維方法,一度又讓位於尋章摘句、注釋解經。**深研經義,自立門户,創建學派,成爲佛教的時尚。**〔46〕

將學派與歷史的連接定位在“講經”是較好的切入點。基於方立天的理解,聖凱更進一步深化:

> 南北朝佛教學派的基本特點,可以歸納如下:(一)學派是講説集團的聯盟,在一個學派内部,往往圍繞多位精通某些經論的義學高僧分别組成不同的講説集團,而且各自具有區域性的影響力;(二)學派内僧人對本派的基本論旨持續關注,但是學派思想整體上外散性大於内斂性;(三)學無常師,非僅宗某一經一論,容易形成交叉與融合的研究、講學狀况;(四)具有一定的批判性與創新性,學派内部往往形成不同的思想集團。〔47〕

如果説《攝論學派研究》的背後主旨還停留在唯識古學與新學的比較這種純粹唯識思想史的問題,《南北朝地論學派思想史》則已有所升華。全書將研究還原到中國佛教發展的歷史情境中,進行了南北朝佛教學派的整體反思。首先,提及講經問題,就必須面對地論師的經典解釋,這就需要“關切思想的綿延性與歷史的斷裂性、文本的共通性與歷史的個體性之間的‘悖論’”〔48〕。傳統學派研究的起點,往往是文獻學的梳理工作和随之而來的依文釋義。本書在第一章“《十地經論》翻譯與北朝經論注疏”中,則有所超越。本章伊始就指出:“成立‘學派佛教’的首要因素是經論的研習、注釋,這不但與經論的重要性有關,更與經論的翻譯與編輯適應中國人閲讀習慣有關,即質、文、雅、俗等問題,這涉及佛

〔46〕 方立天《中國佛教哲學要義》(上),中國人民大學出版社,2002年,45頁。
〔47〕 聖凱《南北朝地論學派思想史》,2頁。
〔48〕 同上書,18頁。

典翻譯與編輯的中國化問題。"[49]换言之,文獻對於處理學派並不僅僅是前期的材料,更是討論的中心。文獻與文獻的生產過程,一方面包含了學派本身的演化歷史,另一方面亦可以牽出佛教中國化問題。依循這一思路,作者捕捉到了地論學派"轉疏爲論"現象的佛教史意義。面對《大乘五門實相論》《大乘五門十地實相論》《仁王般若實相論》等"實相論"類文本作爲"論"的標題與實際文體並不對應的事實,本章研究分爲三步:第一,探尋"轉疏爲論"與印度佛教的關聯性。印度佛教總標别解的優波提舍、五門分别的阿毗達磨形式傳入中國後,對中國佛教的著述具有神聖的典範作用。因此,轉疏爲論現象是印度佛教釋經論傳統影響的結果[50]。第二,在佛教中國化視域下看待此現象的價值。"變疏爲論"繼承了兩晋佛教以來"實相論"的傳統,以"五門十地"的結構對印度佛教經論進行創造性解釋,體現了地論學派的綜合性與創新性。第三,從信仰層面解釋"轉疏爲論"的消亡。受末法與法寶觀念的影響,中國佛教學者逐漸失去了造論的資格,最終在净影慧遠時代,被"義章"所取代。

不難看出,對"轉疏爲論"現象的分析將文獻從傳統定位中解放出來,獲得了學派進行佛教中國化的歷史意義。這就從研究起點上實現了文本、思想與歷史的互動。所以在"五門"框架建立中,書中就提出了一個限定:"'五門'研究既是抽象的思想史,亦必須有具體的歷史視野。"[51]在此前提下,思想與歷史得到了融合。我們也在具體篇章的討論中看到了這種努力。如前所論,一直以來,判教被學界認定爲南北朝學派的典型特徵。但對判教的討論往往局限於思想内部,很難開顯出歷史維度。《南北朝地論學派思想史》在第四章將判教思想與大乘佛教意識的建構放在一個問題域内,並由此連接心態史,生發出判教思想更多的歷史價值:

> 判教是當事人對各派義理作深入的探討,而且依一定的標準爲其定位,於是需要對每一作品或思想進行重新建構。判教是一種創造性的詮釋,並且不可避免涉入當事人的主體性,但又要儘量避免當事人的"前見"或"成

---

〔49〕 聖凱《南北朝地論學派思想史》,23頁。
〔50〕 同上書,92頁。
〔51〕 同上書,19頁。

見”,這樣的判教纔能中肯和具有創造性。[52]

因此,除却對一音半滿、四宗判、五時教判等學界慣常關注的地論學派判教學説進行闡釋外,第四章還着重討論了“南北朝佛學與大乘意識”問題。從源頭上看,大乘起源一直是印度佛教研究中討論較爲集中的問題,平川彰、Gregory Schopen、印順、下田正弘等學者都有過詳細論述[53]。而隨着大小乘自印度共時性地向外傳播,這種漸進發展的歷史階段便被壓縮爲文本的静態結構,並隨之轉化爲“大小乘觀念”。本章即指出經典本身的性質、不同地域的流行狀況和譯者對大小乘的理解,隨着經典的翻譯,影響了中國佛教的大小乘觀念[54]。這就揭示出大小乘觀念在中國佛教中有一個逐步建構的過程。實際上,直到 6 世紀初期,中國佛教的大小乘觀念都尚未形成,更被法經指責爲“小大雷同,三藏雜糅”[55]。當時受玄學影響,中國佛教基於阿毗曇與玄學崇有派、神通與坐忘的相似性,將小乘禪法和阿毗曇理解爲“大乘”,而且將“小乘”的《阿含經》作爲工具書,給予高度重視[56]。按照本章的分析,變化始於鳩摩羅什的譯經事業:

> 傳統的部派佛教先是在《般若經》中受到般若空觀的批判,又在《法華經》中遭到方便思想的統攝,中國佛教徒第一次了解到大乘與小乘的區别,即大乘統攝小乘。這也就對當時中國佛教産生極大的衝擊,奠定了中國佛教大乘意識的基礎。[57]

此後到北魏中後期,通過北方地論學派、南方攝論學派的弘傳,大小乘觀念纔正式得以確立,中國佛教也纔真正樹立了大乘佛教的内在品格。這種觀念不僅滲透入經録的分類法則中,更影響了學派、宗派判教内容的闡釋。由此,研究也就通過“大小乘觀念”與判教學説的連接,獲得了更多的研究意義與價值。這種叙

[52] 聖凱《南北朝地論學派思想史》,291 頁。

[53] 平川彰《初期大乘佛教の研究 Ⅱ》,《平川彰著作集》第 4 卷,春秋社,1997 年;Gregory Schopen, *Bones, Stones, and Buddhist Monks: Collected Papers on the Archaeology, Epigraphy, and Texts of Monastic Buddhism in India*, Honolulu: University of Hawai'i Press, 1997, pp.39-41;印順《初期大乘佛教之起源與開展》,中華書局,2011 年;下田正弘《涅槃經の研究:大乘經典の研究方法試論》,春秋社,1997 年。

[54] 聖凱《南北朝地論學派思想史》,295 頁。

[55] 《衆經目録》卷七,《大正藏》第 55 册,148 頁下。

[56] 聖凱《南北朝地論學派思想史》,300 頁。

[57] 同上。

述中的判教已不僅僅是思想層面對佛教文本與理論的劃分,更多地承擔了觀念演進的綜合功能。

這種佛教中國化視域下文本、思想與歷史融合的叙述模式成爲全書的一條主綫。延續此思路,第七章"法界緣起與圓融量智"中就呈現出了一個立體的"圓融"思想史。按照作者理解,地論學派圓融思想史是依《華嚴經》與《大集經》的闡釋史而展開,這種文本與思想相互的解讀方式無疑重構了佛教思想史的書寫。具體而言,北魏洛陽、北齊鄴城的地論師如慧光、曇衍、曇遵等,以《華嚴經》爲圓教,提倡"法界"爲《華嚴經》宗趣。西魏、北周的地論師則重視《大集經》,將解釋十地修道的"頓""漸""融"觀念與判教相結合,提倡教"圓"、行"融"的圓融思想[58]。

綜上,建立完整的南北朝學派思想史研究話語絶非易事,研究很容易在有限的材料中陷入依文釋義的困境,思想與歷史的結合也就很難得到實現。而本書以佛教中國化作爲基本視域,挖掘文獻問題中的獨立性價值,實現了佛教思想史模式的重構。

四、南北朝佛教學派研究的革新:區域佛教與法統觀念

在思想闡釋與歷史情境發生關聯後,需要進一步檢討學派内部經典解釋的差異性問題。這也是此前學界關注的中心。可以説,近百年的南北朝佛教研究,都是以《續高僧傳·道寵傳》記載的"一説云"爲依據,展開地論學派南、北道的譜系建構[59]。而按照《南北朝地論學派思想史》的理解,這種建構歷經了三次"層疊":第一次層疊,爲《續高僧傳·道寵傳》"一説云"包含的法統性建構;第二次層疊,爲吉藏、智顗的詮釋活動;第三次層疊,爲唐中期湛然等乃至現代學者對地論學派的研究與探討[60]。

通過對這種層疊下南北道譜系的反思,全書搭建了一個全新的地論學派歷

〔58〕 聖凱《南北朝地論學派思想史》,587 頁。

〔59〕 同上書,644 頁。

〔60〕 同上書,21 頁。

史圖景:地論學派歷經北魏、東西魏、北齊、北周、隋等歷史時期,以洛陽、鄴城、長安爲三大中心。這一創見將地論學派的思想分野放置在了空間的差異性中去討論,也引申出佛教地域性分佈與區域佛教發展問題。正是這種多中心的地域分佈造成了思想的差異,以及由此帶來的經典解釋分歧,更上升到對學派進行佛教中國化的解釋。按照書中所言:"地論學派的傳承與發展史應該分爲洛陽、鄴城、長安三大區域進行論述,纔能體現地論學派在北朝佛教的中心地位,彰顯地論學派對佛教中國化的貢獻與努力。"〔61〕本書也在第二、三章對此進行了詳細論述。

首先,我們看到了作者對地論學派傳承複雜性與社會影響力的討論。在北魏時代,勒那摩提、菩提流支、慧光等人在洛陽譯經,肇啓地論學派。永熙三年(534),孝静帝遷都鄴城,慧光轉任沙門統,成爲東魏、北齊初年的佛教領袖人物。慧光門下:法上→慧遠、道憑→靈裕、曇衍→靈幹等都在鄴城活動。鄴城佛教在皇室的支持下,也得到了全面的發展。在鄴城佛教的譜系中,法上、道憑、道寵(道場)是三大中心,這也成爲長安佛教格局的淵源〔62〕。

其次,第三章開始對地論學派的"南北二道"形成過程與北朝隋初長安佛教進行全面檢討。按照此前學界傳統叙述模式,勒那摩提→慧光爲南道系、菩提流支→道寵爲北道系,由此形成地論學派内部南北二道的對立。這也成爲理解地論學派的基準點。所以對此問題的重新梳理無疑具有顛覆性的意義。據本章分析,"地論學派譜系的建構,是由隋唐佛教對南北朝佛教的總結而産生"〔63〕。然而,其中的難點就在於理清隋唐諸家之説的過程性和背後的真實歷史意涵。總結而言,有以下四個方面内容:第一,隋唐諸師對"地論師"的稱呼是從批判意義上所説,並不存在特定人物;第二,需要區别凈影慧遠與"地論師"的稱呼,二者並不存在必然的聯繫;第三,《續高僧傳》中對弘傳《十地經論》高僧情況的記述,以及南北道、敕任十地衆主的記載,都説明了地論學派在隋末唐初非常盛行;第四,結合智顗與道宣的記載,地論學派南北道的分歧出現時間應在北周末年至

〔61〕聖凱《南北朝地論學派思想史》,100頁。
〔62〕同上書,204—205頁。
〔63〕同上書,256頁。

隋[64]。由此,如果我們按照南北道對立來解釋整個地論學派,就會不自覺陷入一種後世視角的建構。作者故而從《續高僧傳》的材料來源入手,指出地論學派的真實已經被雙重"想象"掩蓋。第一重是道宣根據當時的材料與見聞,依靠隋末唐初佛教的觀念、叙述"想象"鄴城佛教;第二重是現代學者對道宣文本的"想象"。顯然,"這種依文獻分析思想同異,然後再建構歷史圖景的做法,忽略了思想的綿延性與歷史的斷裂性、文本的共通性與歷史的個體性之間的'悖論'"[65]。根據本書的定性,"南北二道"是傳法的譜系觀念,而不是學術研究的歷史觀念。這種對立,並不僅僅是思想和觀念的不同,更是一種現實力量的"對峙",或者説是多個集團的"力量均衡"。

有鑒於此,本書依據地論學派發展時代與地域特徵,把地論學派文獻劃分爲四期,這點也是對青木隆僅以思想特徵和經論翻譯爲標準的一次超越[66]。二者的具體差異如表 4:[67]

表 4　地論學派文獻分期表

分　期	青木隆	聖　凱
第一期	515—535,慧光爲代表	北魏洛陽時代,菩提流支、慧光爲代表
第二期	535—560,法上、道憑爲代表	東西魏分裂時代,鄴城法上、長安宇文泰及長安地論師中重視《大集經》一系爲代表
第三期	560—585,慧遠、靈裕爲代表	北周統一北方後的長安時代,以靈裕、慧遠與重視《大集經》一系爲代表
第四期	585—610,最後時期	隋至唐初的長安時代,以靈裕和慧遠的弟子爲代表

此叙述顯然與傳統南北道的話語體系有較大差異,這就將地論學派的分析引向"法統觀念"問題。根據分析可知,這種法統觀念是"一種由現實驅動的歷史建構,即以靈裕爲中心,對鄴城佛教'黄金時代'的'歷史想像'"。靈裕一系通過回顧洛陽、鄴城佛教,建構了法統源流。"'鄴城佛教'的'歷史差異',在現實

〔64〕　聖凱《南北朝地論學派思想史》,263 頁。

〔65〕　同上書,284 頁。

〔66〕　王帥《"南北道"之外:讀聖凱〈南北朝地論學派思想史〉》,《世界宗教研究》2021 年第 4 期。

〔67〕　青木隆《敦煌出土の地論宗文獻解題》,荒牧典俊編《北朝隋唐中國仏教思想史》,法藏館,2000 年,194—201 頁。

利益衝突與矛盾的催化下,在觀念世界中轉化成一種排他性的、‘南北二道’對立的法統觀念”[68]。而我們今天所看到的“相州南道”爲正統的地論學派正是靈裕一系“法統”叙述的結果。在這一過程中,既有地論學派與其他學派的交涉問題,更存在政教關係論述的空間:“地論學派的盛衰與王權更迭有密切的聯繫,呈現出官方宗教的特質。”[69]

回到“法統觀念”本身的討論,“傳法”本質上衹是佛法的傳承,並没有强調“正統性”觀念。而與靈裕相關的文本《十德記》與《大法師行記》彰顯出的不僅僅是一種“傳法”意圖,更是一種排他性,即形成唯一單傳的傳承譜系:勒那摩提→慧光→道憑→靈裕[70]。這無疑是宗派觀念的核心。總之,此觀念具有三大含義:

> 一、這是靈裕一系創造的法統傳承譜系觀念,强調傳承的正統性和單綫性;二、靈裕一系以自身爲南道系,强調勒那摩提→慧光→道憑→靈裕的傳燈觀念和譜系;三、以菩提流支→道寵→志念→慧休一系爲北道系,這一系以《大智度論》《成實論》和《毗曇》爲中心。靈裕一系所創造的地論學派傳承譜系觀念,已經有“創宗立祖”的意味。[71]

這種理解不僅影響到我們對地論學派文本性質、歸屬等的重新審視,以及對地論學派整個歷史場景的勾勒,更重要的是,在整個思想史叙述中都由此形成一種新的邏輯架構。如第五章“真如佛性與本始當現”就再次强調了法統觀念下理解佛性思想的三重觀念建構:第一重是地論師自身的觀念;第二重是隋唐佛教諸師的論述,“一種包含着某種合理性依據並帶有批判意味的記載”;第三重是現代學者依隋唐論述而不自覺放大了“南北二道”佛性思想差異的解讀[72]。這種模式用層疊“考古”的方式逐步還原思想史中的細節,也在探求地論學派思想的過程中表現出其與隋唐佛學的互動。

綜上可知,《南北朝地論學派思想史》通過從經典解釋到法統建構的討論,

---

〔68〕 聖凱《南北朝地論學派思想史》,648 頁。

〔69〕 同上書,640 頁。

〔70〕 同上書,279—281 頁。

〔71〕 同上書,283 頁。

〔72〕 同上書,419 頁。

完成了南北朝學派研究中思想與歷史的融合。從而將研究從傳統的“佛學史”發展到全面的“佛教史”範疇。正如全書最後結語所言：

> 地論學派的發展史深刻體現出中國佛教從“學派佛教”向“宗派佛教”演進的過程，而且對華嚴宗、天台宗、禪宗的興起有直接的影響。地論學派的創立與傳承，是佛教中國化的真正開始。以地論學派爲分水嶺，中國佛教逐漸脱離對印度佛教的單純移植，開始在信仰、思想、制度等層面進行自身的創新與論釋，爲隋唐宗派佛教的興盛奠定了基礎。〔73〕

當然，從整個學術史的梳理中，我們依然可以看到，“學派佛教”研究尚有諸多可以進一步深化之處。宏觀層面，“宗派(學派)”研究範式如何在佛教史書寫中重新建構是當前需要進一步解決的問題。2018年，北京大學佛教研究中心組織了“第二届中國佛教史論壇”，主題爲“宗門教下——東亞佛教宗派史的解析、詮釋與重構”。百餘位學者對宗派研究問題進行了争鳴式的討論。到底宗派(學派)意識與學術建構的關係爲何？作爲方法論的宗派研究範式又何去何從？諸多細節都有待深入研究〔74〕。微觀層面，南北朝學派研究無論文獻梳理抑或具體闡釋，都剛處於起步階段。如何將“宗派(學派)”話語完善；如何把思想與歷史融合的學派研究向社會史與文化史拓展；如何把“學派佛教”研究無縫連接進南北朝佛教研究的整體等等，都有待未來進一步探討與完善。

---

〔73〕 聖凱《南北朝地論學派思想史》，649頁。

〔74〕 會議主要研究成果可參看王頌編《宗門教下：東亞佛教宗派研究》，宗教文化出版社，2019年。

唐代縉紳録訂補與新編的成就及展望——《唐尚書省郎官石柱題名考補考》《唐尚書省右司郎官考》評述(張忱石撰《唐尚書省郎官石柱題名考補考》,中華書局,2018年10月,2+23+308頁,48圓;張忱石撰《唐尚書省右司郎官考》,中華書局,2020年6月,4+49+1252頁,268圓)

夏　婧　仇鹿鳴

一

唐代尚書省郎官石柱原有兩根,分别題刻尚書左、右司及所統各司郎中、員外郎的姓名。其中右柱亡佚已久,宋以後即無可靠著録,僅存的左柱原石現藏西安碑林博物館。

清代以來,學者圍繞題刻尚書省左司及其轄下吏、户、禮三部十二司郎官姓名的左柱作了大量復原、校録、考訂、輯補的工作,主要成績可歸納爲四個方面:一、藉助拓本,辨識文字,移録、校訂左柱題刻的郎官姓名。此項工作大致分爲三個階段,乾嘉時期,趙魏《讀畫齋叢書》已集、王昶《金石萃編》分别據拓本移録了左柱題名。由於兩人未留意左柱上下兩截再接時曾發生錯位,均誤以考功郎中、員外郎蒙上作左司郎中,倉部郎中蒙上作考功郎中,祠部郎中蒙上作度支郎中,主客郎中蒙上作倉部郎中。道咸時學者勞格、趙鉞《唐尚書省郎官石柱題名考》(以下簡稱《郎官考》)基本糾訂了左柱重接時移位造成的郎官任職曹司誤屬,共著録左司所統郎官三千二百餘人次,數量上亦稍多於前。岑仲勉抗戰期間發表《郎官石柱題名新著録》一文,進一步修正了勞格未能辨識的郎官隸屬錯誤,即度支郎中行内仍留有的祠部題名,同時依據拓本著録、考訂郎官3439人次。值得一提的是,岑仲勉將勞格據傳世文獻徑改的郎官姓名嚴格依循石本改回,以空格形式恢復了勞格因姓名漫漶而删削的題名佔位,標記了石柱各行列起止、字數款識,推斷原柱題名總數四千六百餘人次[1]。岑氏在文本整理的同時,注意保

[1] 岑仲勉《郎官石柱題名新著録》,原刊《歷史語言研究所集刊》第8本第1分,1939年,後收入《金石論叢》,上海古籍出版社,1981年,329—393頁。

存石柱本身呈現的物質形態信息,更具現代學術眼光。

二、對左柱形態的復原。由於早期金石學研究的史學取向,較少關注石刻的物質形態,對郎官左柱刻寫狀況的復原,實晚於題名著録。勞格除發現左柱曾因復接出現移位外,還觀察到石柱存在磨滅後重刻、字形不一的痕迹,甚至推斷行文刻寫方向也曾由左旋改爲右旋。勞格還發現石柱第一面上截殘存大中十二年(858)左司郎中唐技題記,由此引申出歷代流傳或著録的陳九言《尚書省郎官石記序》、許孟容《唐尚書省郎官題名石記》等文字别勒於石還是刻於題名之前的争議。岑仲勉認爲勞格誤再刻爲初刻,至大中年間三刻時方改左旋爲右旋,對陳九言序是否刻於左柱亦持保留態度。西安碑林博物館的路遠通過對原石、拓本的觀察,發現金部郎中一欄頂部邊緣存左旋"陸潘崔崔"四字,即元和中户部郎中陸亘、潘孟陽、崔從質、崔傭,結合《金石録》卷九著録元和八年(813)二月胡證撰《唐尚書省石幢記》、元和八年正月許孟容撰《唐尚書省新修記》,否定了傳統的貞元再刻説,認爲至元和八年整修尚書省時,因題名位置不敷用,方纔改刻,文字方向改爲右旋。同時指出郎官石柱原爲上下兩截,以榫卯嵌接,明清以來學者認爲柱身曾經斷裂實屬誤解〔2〕。令人遺憾的是,迄今尚未刊佈過郎官左柱的清晰拓本〔3〕,西安碑林博物館保存的原石殘損情況較清代更甚。無論是對清代以來各家著録題名的覆按,還是進一步觀察左柱磨滅、重刻的狀況,目前皆缺少基本的依據。

三、考訂事迹,勾稽左柱著録郎官的生平履歷。王昶《金石萃編》曾據兩《唐書》列傳、《新唐書・宰相世系表》《全唐詩》小傳考得576人,但徵引範圍局限於常見史料,發明不多。成就最大的當屬《唐尚書省郎官石柱題名考》,勞格、趙鉞窮數十年精力,廣蒐群籍,除史傳外,利用政書、文集、碑傳等材料,對左柱著録的三千二百餘郎官,多數皆考出其事迹。岑仲勉早年曾據《元和姓纂》訂補左司郎官〔4〕,

〔2〕 路遠《〈唐尚書省郎官題名石柱〉之初刻與改刻》,《唐研究》第12卷,北京大學出版社,2006年,397—414頁。

〔3〕 《北京圖書館藏中國歷代石刻拓本彙編》(中州古籍出版社,1989年,第32册,158—159頁)、《西安碑林全集》(廣東經濟出版社、海天出版社,1999年,第23卷,2386—2392頁)公佈過清晰度較低的拓本,幾無法辨識題名。

〔4〕 岑仲勉《元和姓纂所見唐左司郎官及三院御史》,《金石論叢》,394—440頁。按岑氏云"《題名新著録》及此稿,皆修訂諸篇之一也",1947年4月屬稿。

晚年又應中華書局上海編輯所約稿,計劃利用清季以來出土的唐人誌石及其他各種文獻,以"證定原題名之順序""訂正各司名下任官事迹"爲目標,全面復查、勘核、考訂、注補《郎官考》。可惜岑仲勉生前未及定稿,遺稿雖經門人陳達超整理刊行爲《郎官石柱題名新考訂》,尚多遺憾[5]。

四、輯補闕載。由於郎官左柱禮部、膳部二司全泐,其他各司亦有殘損,加之開元二十九年(741)前任官題名追記不全,唐末廣明至天祐間任職者未及刻石,《唐尚書省郎官石柱題名考》除了考訂左柱題刻郎官生平外,亦從群籍輯録出未見於刻石的634名郎官事迹,附存於各司之後,以備查檢。《郎官石柱題名新考訂》對勞氏補遺亦有糾訂。

自乾嘉以來,圍繞郎官左柱題名的著録、考訂、輯補,形成了一個連續而重要的學術傳統。由於多數郎官在兩《唐書》中未有傳記,歷代學者對三千餘郎官生平事迹的考訂與輯補,多從政書、詩文、筆記、碑誌中披沙揀金,其間辨析材料、去僞存真、勾稽考證之辛勞,自不待言。《唐尚書省郎官石柱題名考》及後續相關訂補實際上已超越了傳統金石學的範圍,成爲獨立的史學著作,是研治唐代文史不可或缺的工具書。岑仲勉曾將尚書省郎官石柱、御史臺精舍碑、《元和姓纂》並稱爲唐代留存於世的三大"縉紳録"[6]。筆者以爲恰恰是清代以來幾代學者對郎官石柱、御史臺精舍碑、《元和姓纂》孜孜不倦的考證與訂補,纔使這幾種史料從單純的"題名録"或"世系表",變成内容充實、互相勾連、方便利用、符合現代學術規範的"人物考",兼具史料與史著的特點,具有了不朽的學術價值。

二

20世紀90年代以來,學者陸續發表了多篇訂補郎官左柱的論文[7],一般

[5] 張忱石《唐尚書省右司郎官考》前言,中華書局,2020年,47頁。

[6] 岑仲勉《元和姓纂所見唐左司郎官及三院御史》,《金石論叢》,394頁。

[7] 如胡可先《〈郎官石柱題名考〉補正》系列,左司部分刊《文教資料》1997年第3期,80—100頁;司封部分刊《漳州師院學報》1998年第1期,70—76頁;司勳部分刊《古籍研究》1998年第2期,47—51頁;金部部分刊《淮陰師範學院學報》2000年第1期,52—56、72頁。吴浩《〈唐尚書省郎官石柱題名考〉增補》,《揚州教育學院學報》2003年第4期,39—43頁。王宏生《〈唐尚書省郎官石柱題名考〉續補》,《古典文獻研究》第7輯,鳳凰出版社,2004年,152—159頁。

僅據某部石刻專書輯考,收集材料的範圍與輯補的完備程度仍顯不足。特別是近二十年大量唐代墓誌整理刊佈,數量倍逾於前,尚未有學者系統利用新出資料訂補郎官石柱。

近期出版的張忱石《唐尚書省郎官石柱題名考補考》《唐尚書省右司郎官考》二書,廣徵四部典籍、出土碑誌,不僅在勞格、岑仲勉的基礎上進一步訂補尚書左司郎官事迹,更嘗試復原已完全佚失的右司郎官名簿。該項工作選題之重要,排比人物綫索之繁難,援據材料之豐富,成書之艱辛,在近年文史考據著作中實屬少見,無疑是郎官資料考訂整理的重大成果。

2018 年 10 月由中華書局出版的《唐尚書省郎官石柱題名考補考》(以下簡稱《補考》)基本延續勞格、岑仲勉的工作思路,利用新出碑誌,對尚書左司郎官已著録者輯補事迹,同時增輯未著録者。《補考》以 20 世紀 80 年代以來刊布的《唐代墓誌彙編》《全唐文補遺》《河洛墓刻拾零》《秦晋豫新出墓誌蒐佚》等十九種大型石刻文獻爲主要輯考範圍[8],前言稱共補考郎官 780 人次(實爲 776 人次),其中新補遺 301 人次(據各卷總計,實爲 226 人次)。若將左柱見載題名與勞、張二氏增輯名録相加,目前考知的左司郎官總數已近四千三百人次,復原了約九成。另《補考》書末附録《唐御史臺精舍題名考補考》(原刊《文史》2012 年第 1 輯,收入本書時據新見史料有所增訂),共補考三院御史 99 人事迹。

如果説《唐尚書省郎官石柱題名考補考》仍屬清代以來學術工作的延續,2020 年 6 月由中華書局出版的《唐尚書省右司郎官考》(以下簡稱《右司考》)則具有更强的開拓性。該書廣泛勾稽各類史料,力圖復原已佚郎官石柱所載右司及所統兵、刑、工三部十二司的官員題名,並大致按照各人任職時間的先後排列,考訂生平,存録事迹,進而聚沙成塔,彙爲一編。若借用余嘉錫《四庫提要辯證序》中的譬喻來形容訂補與新編兩項工作的難易,“譬之射然,紀氏控弦引滿,下雲中之飛鳥,余則樹之鵠而後放矢耳”,當非過譽。尤可感佩的是作者自 20 世紀 80 年代立意補撰《右司考》,數十年來孜孜以求,利用工作間隙傾力收集各方資料,唐代基本文獻卷帙繁重,石刻圖録多係拓本,文字釋讀、信息萃取均非容易。

[8] 《補考》2016 年 10 月定稿,但在編校階段利用了 2019 年正式出版的《秦晋豫新出墓誌蒐佚三編》,故引及資料有在《補考》出版之後方正式刊佈者。

作者不諳電腦操作,史料搜檢、文本撰寫皆以人力完成,實屬不易。

據筆者統計,《唐尚書省右司郎官考》共輯考唐代歷任右司郎官 2152 人次,如與岑仲勉推測左柱原題名有四千六百餘人相較,《右司考》在幾無依傍的條件下,以一己之力復原了近半面貌。郎官多轉任各司,左、右柱題名常可互見互證,作者所輯右司郎官中 1187 人次未見於《郎官考》等前人撰述,可視作相關人物行實資料的首次系統爬梳,已見於《郎官考》者,史料也多有不同程度的增益補苴。

作者早年曾參編《唐五代人物傳記資料綜合索引》(1982)、《全唐詩人名索引》、《登科記考》(1984)、《唐兩京城坊考》(1985)、《唐尚書省郎官石柱題名考》(1992)、《元和姓纂》(1994)等文獻索引,熟諳唐代人事典籍綫索,尤擅利用各種工具書排查材料,部分書證的枚舉猶可想見作者以索引指示爲基礎,網羅巨細普查一代文獻的工作方式。20 世紀以來大量發現的石刻,業已成爲唐代文史研究極受關注的史料,對訂補人物生平仕履多具一手價值。作者全面翻查引用的大型碑誌叢刊圖録即達二十三種,從中檢獲了極爲豐富的綫索。而此類資料披檢相當不易,除《唐代墓誌彙編》及續集附有詳細人名索引外,近二十年新出墓誌資料尚缺少通檢人物的有效手段,《唐代墓誌所在總合目録》及各種圖録的書前目録一般僅提示誌主本人姓名,對具體仕宦經歷,乃至撰書刊刻者、誌文旁及的各種人物,均難以直接獲知;涉及同一家族的材料,因刊佈時間先後不一,資料來源散佈多處,也需逐一考索歸併。作者專擅傳統索引編製,以此處理家族世系、婚宦交遊之錯綜,多能取得綱舉目張之效。如《右司考》卷三兵部郎中"楊瀲(楊徽)",即綜合引證《新唐書·宰相世系表》、父楊志誠神道碑(《全唐文》)、子楊點(《隋唐五代墓誌彙編》)、子楊顒(《大唐西市博物館藏墓誌》)、女楊真一(《秦晋豫新出墓誌蒐佚三編》)墓誌(103—104 頁)。對唐代史籍、詩文箋注整理的既有成果,作者也有廣泛吸納。直接援引者如《元和姓纂四校記》《唐才子傳校箋》《唐刺史考全編》《全唐詩人名彙考》《白居易集箋校》《韓昌黎詩繫年集釋》《玉谿生年譜會箋》《唐人行第録》《唐史餘瀋》《補唐代翰林兩記》《唐僕尚丞郎表》等。稽考各人生平事迹時,則靈活處理材料,史傳翔實者,以摘録擔任某司郎官史實爲主;史載付闕者,則備舉人物行迹。引述注重辨析史料源流,避免鋪陳堆砌,可稱採摭豐富、取精用弘。對有分歧、難以案斷之記載,則兩收並存。因"左""右"字形傳寫易訛,對右司郎中、員外郎的擇別相對較寬。如徐有功(10

頁)、趙諠(10頁)、崔鄾(42頁)、姚勗(49頁)、韋孚(64頁)、姚康(71頁)等,均已見於左司題名,因史料仍有作“右司”者,故兩存備考。

《唐尚書省右司郎官考》的編纂作爲“無中生有的事業”,難度可想而知,在方法與體例上如何既接續傳統,又符合現代學術的規範與要求,值得進一步討論。某種意義上而言,其編纂得失也可爲如《元和姓纂》《宰相世系表》《登科記考》等同類古籍的重新整理與訂補提供借鑒。《右司考》全書分前言、例言、正文、後記、人名索引五部分。體例在沿用《郎官考》的基礎上,亦頗見用心。正文按右司及所轄郎中、員外郎分爲二十六卷,各卷首據職官類文獻撮述當司設員、品級、職掌及官名改易沿革。以人名立目,括注姓名傳寫分歧、表字省稱等,如卷四兵部員外郎既據鄧氏墓誌“公諱森,字茂林”以“鄧森”立目,又兼顧《郎官考》“鄧茂林”題名、《大唐新語》疑有奪誤之“鄧茂”,一併作爲括注内容(248頁)。名目下以其他右司郎署、《郎官考》《御史臺題名》爲序,注明同一人任官互見情况,如卷三兵部郎中“徐浩,又刑中、都官。《郎考》:金外。《御考》卷三”(115頁),藉此貫通幾種相關著作的著録,翻檢一書而可知其餘。輯録郎官生平事迹,亦採取“多者從簡,少者求繁”的方針,既存作者搜檢之勞,又注意不闌入常見材料,虚充篇幅。

與郎官左柱訂補的“有的放矢”相較,由於缺少石刻題名的憑依,《右司考》無疑編纂難度更大,最關鍵的部分或在“甄别”與“編次”。中唐之後,藩鎮使府僚佐例帶檢校郎官銜,此類檢校郎官除在本人墓誌中有相對清晰的記載,士人間詩文酬唱或墓誌追述先世歷官時,往往省略“檢校”二字,頗易混淆。作者參據左司題名的前例,指出郎官知制誥、充翰林學士、史館修撰及分司東都,皆屬正授,而數目龐大的檢校郎官及追贈郎官,則需經考辨後剔除。《右司考》在甄别檢校郎官、郎官判知他事等狀況時,充分借鑒唐史研究成果,投入極大精力,審慎辨析取捨,可參前言第四節的相關舉證(22—29頁)。又如李虞仲墓誌云:“奏授監察御史,充潼關防禦判官。尋以府遷,改荆南觀察判官。擢太常博士、祠部員外郎。屬丞相段公出鎮西蜀,重選從事。奏改户部郎中、兼侍御史、充節度判官,仍加章綬。公三歷賓府……入爲兵部員外郎,轉司勳郎中。詔考制策,搜才果精。……遷兵部郎中,尋知制誥。”共提及五處郎官,奏改户部郎中實爲檢校朝銜,故《補考》《右司考》僅取其餘四任,皆可見辨析材料之細膩。

如果説對郎官個人任職與事迹的考索類似傳統意義上的札記,如同一枚枚散錢,如何將各司郎官按任職先後相對準確地予以編次,則是將一衆散錢串起、彙聚成著作的關鍵。資料搜羅固然不易,整比排序則更爲艱巨。與僕尚丞郎等高級官員的除授多在正史本紀中載有具體遷轉年月不同,數量遠爲龐大的郎官群體,任官時間可作精確繫年者並不多。目前所見可供編次的常見書證約有以下幾類:首先,誌文撰書者結銜、行文中旁及他人任郎官信息、遊覽壁記等,一般可據文章撰作時間,比定較爲確鑿的任官時段。如元稹《永福寺石壁法華經記》撰於長慶四年四月,文中言及"宣慰使、庫部郎中、知制誥賈餗"(534 頁),對確定賈氏任職時段即爲有力佐證。其次,史傳、碑誌、授官制誥稱及履歷,可結合人物生平,作相對接近的繫年推考。而子孫墓誌追述先代歷官時提及的任職經歷,尤其世代稍遠者,通常缺乏繫年實據,僅能大致框定範圍。此外,某些行用於特定歷史時期的官稱形式也可輔助考證官員的任職時段(詳下)。總體而言,《右司考》對幾類書證皆有廣泛涉獵,各卷所收人物少者近五十,多者達二百餘,作者逐一分梳條理,最大限度地萃取史料綫索,並取以互證發明,在整體架構編排上付出了極大努力。不過囿於缺乏足够的精確繫年材料,《右司考》的編次多數情況下仍以各人生活時代的先後爲依據。

將《右司考》與《郎官考》相較,儘管左柱題名不乏殘損之處,大致仍保留完整的先後次序,勞格以此爲依傍,工作重心及主要成績在考訂輯録郎官事迹。以當代學術要求而言,由於檢索手段的不斷進步,郎官生平的勾稽已變得相對容易,如何串起散錢、提供相對準確的編次成爲《右司考》難度最大、學術價值最高的部分,這也是兩書編纂基礎不一乃至古今治學條件不同所決定的。除個别有助於精確繫年材料的失檢或編排失誤外(詳下),《右司考》若能在體例上稍加調整,或能更好地凸現其工作意義,也便於其他學者接續作者提供的綫索,進一步覆按補正。首先,由於《右司考》缺少整體性的繫年框架,最好能將可供精確定位編次的材料、相對可靠的考訂與僅能大致推斷先後等幾類不同情况,作更明確的區分,方便學者檢核。郎官右柱的復原本質上是一個大型拼圖遊戲,哪些部分已確定不移,哪些有間接書證,哪些部分僅是暫攝其位、有待新材料或學者進一步的研究,若能在每任郎官前採用不同符號標識,眉目或更清晰。其次,在具體叙述每位郎官事迹時,應將能够判定其人是否任官與任職時間的核心材料置於首位,之後再枚舉生平行實。與左柱題名本身已提供了編次依據不同,《右司考》現有的排列是作者整比考訂的結果,體例上應有所體現。目前引證史料的先後還多拘泥於正史、政書、文集、筆記、碑誌等既定順序。如卷一三都官郎中"李益"(806—808 頁)共引十三則書證,首列《唐書》本傳、《宰相世系表》等並未涉及郎官職任。明確對應史料有四例,最關鍵者爲李益墓誌"章武皇帝嗣統元年,徵拜都官郎中"及《舊唐書・韋貫之傳》"〔元和三年〕都官郎中李益同爲考策官",可證其任職在元和初。似可採取更爲明晰扼要的形式,因人而宜,首舉與任職某郎官對應史實,儘量考訂任職時間,説明編次依據,間接履歷行迹可擇要取用。

若將《右司考》與《唐僕尚丞郎表》《唐刺史考全編》相比,不難發現後兩書都兼具年表功能,對每任官的任職時間及前後任的交替均有明確説明,並加以編年。儘管郎官群體可供繫年的材料不及僕尚丞郎充分,大致仍與刺史之屬相當。《右司考》雖未必要以年表形式呈現,但在保持《郎官考》原有體例的基礎上,更多地包含、凸現編年、繫年性質的考訂,或更符合現代學術的需求。

三

郎官史料整理的學術價值大致可按以下四項標準衡量,即輯録資料是否充分、輯考之郎官人選是否準確(是否出任郎官、是否隸屬某部司)、舉證之人物事迹是否完備、排比之任官先後是否有序。《補考》《右司考》編纂歷時長、牽涉材料數量極爲龐大、人物考訂綫索繁複,數十年來作者付出了極大心力,兩部著作無疑將成爲唐代文史研究必備的工具書。然而百密一疏,在所難免,筆者僅據上述四條標準,稍作補苴〔9〕。

資料收集方面,作者付出的辛勞尤多,特别是逐一通檢各類碑誌圖録、録文集,成爲《補考》《右司考》在資料取用上的重要特點。但受限於工作條件,個别零散發表、未收入集成性圖録或録文集的墓誌偶有失檢,如兵部郎中李爽(拓本

〔9〕 系統訂補兩書者,夏婧另撰有《〈唐尚書省郎官石柱題名考補考〉〈唐尚書省右司郎官考〉拾補》一文,待刊。

刊《西安羊頭鎮李爽墓的發掘》,《文物》1959 年第 3 期),祠部、禮部、吏部員外郎令狐緘(拓片刊《西安市長安區晚唐時期令狐家族墓葬發掘簡報》,《文博》2011 年第 5 期),兵部員外郎、郎中韋瓘(拓片刊劉强《新見唐代狀元韋瓘墓誌考釋》,《書法叢刊》2014 年第 4 期)。其次,作者基本上没有利用敦煌吐魯番文書、法帖、古寫經等材料,稍顯遺憾。榮新江早年曾利用敦煌吐魯番文書,補正《唐刺史考》(《〈唐刺史考〉補遺》,《文獻》1990 年第 2 期)。而運用此類材料系統考補郎官,尚未見有學者措意,事實上文書往往能提供精確的繫年依據,具有重要價值。如 P.3233《洞淵神咒經誓魔品第一》題記署“使人司藩大夫李文暕”〔10〕、P.2444《洞淵神咒經斬鬼第七》署“使司藩大夫李文暕”〔11〕。兩寫卷皆云:“麟德元年(664)七月廿一日奉敕爲皇太子於靈應觀寫。”“司藩大夫”即龍朔二年(662)二月至咸亨元年十二月(671)“主客郎中”改稱,可據以增立名目並確定李氏任郎官時間。又如《題名考》卷一五金部郎中“張統師”(中華書局,1992 年,716 頁),可增補儀鳳三年(678)十月奏抄,署“金部郎中統師”〔12〕。《題名考》卷一左司郎中“姚喬栵”(13 頁)原無任職事迹,寶應元年(762)七月顔惟貞贈秘書少監制授告身,署“左司郎中喬栵”〔13〕,知姚氏時在左司任上。《題名考》卷一三度支郎中“崔元譽”(666 頁),原屬石柱移接時誤入度支的祠部官員,岑仲勉《郎官石柱題名新著録》已據拓本將其人移改入祠部。崔氏原無任職事迹,可增補日藏寫卷《大般若波羅蜜多經》卷二三二、卷三四八題記“檢校寫經使、司禋大夫臣崔元譽”〔14〕。寫經卷二三二作“龍朔元年十月……玄奘奉詔譯”、卷三四八作“龍朔二年……玄奘奉詔譯”,“司禋大夫”爲龍朔二年二月後“祠部郎中”改稱,崔元譽任職約在此際。

判别某人是否出任郎官,主要存在因失考人物關係而重複立目,或因援據版本欠善、誤讀書證而設置不當等瑕疵。如《右司考》卷六職方員外郎“周思忠”

〔10〕 上海古籍出版社、法國國家圖書館《法藏敦煌西域文獻》第 22 册,上海古籍出版社,2002 年,225 頁。

〔11〕《法藏敦煌西域文獻》第 14 册,上海古籍出版社,2001 年,70 頁。

〔12〕 小田義久編《大谷文書集成》壹,法藏館,1983 年,図版二三。

〔13〕《忠義堂帖》,《中國法帖全集》第 9 册,湖北美術出版社,2002 年,229 頁。

〔14〕 東京大蔵会編《本邦古写経》図版八、図版二,丙午出版社,1917 年。

(379頁),所據爲《元和姓纂》卷五"本姬氏,赧王之後。先天中避玄宗嫌名,改姓周氏。……顒弟威生權,權生思忠、思恭。思忠,職方員外郎"。按姬温墓誌云:"公諱温,字思忠……祖威……考權……龍朔三年,遷司域員外郎",其人即《姓纂》所記周思忠。本書同卷已據墓誌以"姬温"立目(368頁),此處應移併。又如卷七駕部郎中"裴嚴"(441頁),所據爲《萬姓統譜》卷一六"裴嚴,壽春人。舉賢良方正策第一,拜拾遺。辭章峭麗,遷駕部郎中、知制誥。大和五年,以太常少卿權京兆尹"。《萬姓統譜》爲明萬曆間凌迪知編,剪裁相關史料,依姓氏重纂歷代人物履貫事迹,所據多爲習見文獻,一般不宜視作一手資料。此處"裴嚴"實係"龐嚴"之訛,所叙事迹均見於《舊唐書·龐嚴傳》。同卷已有"龐嚴"立目(438—439頁),此處應删除。再如卷二二屯田員外郎"王某"(1093頁),引錢起《和王員外雪晴早朝》"題柱盛名兼絶唱,風流誰繼漢田郎",疑王氏爲屯田員外。"漢田郎"實係用典,《三輔决録》注稱漢尚書郎田鳳儀貌端正,靈帝題柱譽稱"堂堂乎張,京兆田郎"。景龍中李乂餞送比部郎中唐貞休赴任洛陽令,亦云"田郎才貌出咸京"。"田郎"實可泛指尚書郎官,錢詩所記王員外任屯田幾率恐甚微。

除了文本釋讀或存在誤解,還可能因唐代除授郎官的幾類特例致誤,即唐開國建元之初所設行臺郎官、中晚唐時期例作加銜的檢校郎官以及作爲身後哀榮的追贈郎官。勞格《題名考》卷首例言以行臺郎官實爲外任,不予列入(4—5頁)。《右司考》例言也强調"檢校郎官、贈官、僞官,皆不收録"(1頁)。但因文獻記述時有含混,上述幾類情形不易徹底辨析。《右司考》對是否收録行臺郎官並未提出明確處理原則,如卷三兵部郎中"盧赤松"(82頁)、"杜如晦"(84頁)、"楊道頠"(87頁),卷七駕部郎中"楊道頠"(406頁),卷九庫部郎中"公孫虞"(501頁),卷一五比部郎中"長孫無忌"(848—849頁),卷二一屯田郎中"房玄齡"(1054頁),均屬行臺郎官。如依《郎官考》體例,可不予採録。

唐中後期部分職事官存在階官化傾向,造成郎官以檢校形式泛加除授。碑誌撰寫多利用家牒行狀,子孫記録先世仕履有時不加區别,也存在將贈官徑作實職現象。《右司考》在甄别檢校郎官、郎官判知他事等狀况時,雖已多加考辨,難免偶見疏失。如卷四兵部員外郎"崔備",所據爲崔備墓誌"門下侍郎同平章事武公出鎮西蜀,盛選賓佐。其所奏請,皆朝之髦彦。故公授檢校禮部員外郎、支度判官,换觀察判官,轉兵部員外郎,改營田副使"(274頁)。按誌文接云:"公勤於政理,知無不爲。武公思展其才,密有論薦,除起居舍人",則崔備所轉兵部員外郎亦爲劍南西川幕府奏授加銜。又如卷一〇庫部員外郎"盧冀",所據爲大和四年(830)盧方葬誌"公之季曰冀,以明識利器爲侍御史、涇原節度判官",大和六年盧宗和墓誌"君叔父冀,今爲庫部員外郎、涇原節度判官"(579—580頁)。大和中盧冀實任涇原判官,"侍御史""庫部員外郎"均爲使府僚佐所帶朝銜。再如卷五職方郎中"韋知人",原舉五則書證以韋氏子孫碑誌爲主(310—311頁)。源出其子韋縝一系史料(韋縝碑、韋羽、韋翻墓誌)均無異辭,惟曾孫韋和上誌稱"曾祖知人,皇朝司庫員外郎,贈職方郎中",似屬孤證。如若擴大韋氏家族資料查考範圍,至少尚有六方碑誌可證職方郎中實係贈官。韋知人孫韋虛心神道碑云"大父曰知人,事高祖,歷司庫員外郎,贈職方郎中"、同人墓誌"祖知人,司庫員外郎,贈職方郎中。先考維"、韋鵬墓誌"祖皇朝司庫員外郎、贈職方郎中知人。父皇朝散大夫、行蜀州晋原縣令縉"、韋通理墓誌"王父知人,司庫員外,贈職方郎中。烈考縱"、韋虛受墓誌"祖知人,皇朝司庫員外、判司戎大夫,贈職方郎中……父縱"、曾孫韋有鄰墓誌"曾祖知人,歷庫部員外郎,贈職方郎中。……祖維"。[15] 且上述材料涉及韋維、韋縉、韋縱不同房支,加上原引韋和上系出韋緄,較之韋縝單一同源史料,論據更爲充分,職方郎中應視作韋知人贈官。據此亦可證《寶刻叢編》卷七引《京兆金石録》"唐職方郎中韋知人碑"應係省稱。此外,詩文篇題稱及郎中、員外者,在唐人普遍重視朝官風氣下,是否均爲實任,也需多加斟酌。如《右司考》卷三兵部郎中"楊某"(134頁),所據爲岑參《上嘉州青衣山中峰題惠淨上人幽居寄兵部楊郎中》詩題。陶敏已據岑參《入劍門作寄杜楊二郎中時二公並爲杜元帥判官》、《舊唐書·杜亞傳》、常衮《授庾準楊炎知制誥制》考訂"楊郎中"爲楊炎,大曆初以檢校兵部郎中出任杜鴻漸山劍副元帥判官,使還後以禮部郎中知制誥[16],則兵部郎中爲楊炎幕府具銜,並非實任朝官。

舉證資料準確完備與否,往往涉及同名人物的事迹分併。如《右司考》卷三

---

〔15〕 韋虛心神道碑見《文苑英華》卷九一八孫逖《東都留守韋虛心神道碑》,中華書局,1966年,4830—4831頁。韋虛心、韋鵬、韋通理、韋虛受、韋有鄰墓誌拓本分别刊《長安高陽原新出土隋唐墓誌》,文物出版社,2016年,177、181、185、213、167頁。

〔16〕 陶敏《全唐詩人名彙考》,遼海出版社,2006年,309—310頁。

兵部郎中"崔璵"(99—100頁),作者考證此係中宗、玄宗時人,《郎官考》所記曾任左司郎中、司勳員外等職者,活躍於穆宗至武宗時,乃另一人。類似如卷三兵部郎中"李懷讓"(107—108頁)、卷八駕部員外郎"李縱"(473—474頁)等,作者均以按語形式補充辨析史料所載多人同名情況。但兩書中亦存在個别因名同而致誤合事迹者,如《右司考》卷八駕部員外郎"崔夷甫"(466—467頁),岑仲勉已考訂崔祐甫從兄崔夷甫卒於天寶十五載(756),仕止魏縣令;任郎官之崔夷甫,由常衮撰寫授官制,大曆間仍在世,曾出使吐蕃(《文苑英華》卷二九七李嘉祐《送崔夷甫員外和蕃》),兩者並非同一人[17]。原引書證中崔夷甫墓誌應删除,可增補李嘉祐詩。又如卷二一屯田郎中"韋山甫"(1054—1055頁),共直接徵引八則書證,較《郎官考》卷一一户部郎中"韋山甫"增出兩《唐書·裴潾傳》、白居易《問韋山人山甫》、《國史補》卷中"韋山甫以石流黄濟人嗜欲"四則,所記實係憲宗時方士韋山甫,與唐初任郎官者絶非一人,四則書證均應删除。

編次方面,《右司考》例言稱"按時代次序排列"(1頁),叙述稍顯簡略,或可參考同類撰述如《唐刺史考全編》,作更詳盡説明。以郎官題名反映官員遷除年月的性質而言,編次應以任某職先後爲首要原則,任職時間難以確考者可再按世次爲序。除結合人物具體生平行迹,以下幾類書證綫索可作爲進一步考索的依據。首先是某些時期行用的特定官名,如前舉李文暕、崔元譽例。在缺乏足够繫年依據的情況下,特定官稱往往有助推考任職時段,具有特殊價值。目前各卷叙述尚書省部司名稱改易,主要以高宗龍朔二年二月至咸亨元年十二月更動爲據。資料應作整體補充者,可續補武后光宅元年(684)九月至中宗神龍元年(705)二月間整體更名情況。玄宗朝則另有一次局部更名,即天寶十一載(752)正月詔改尚書吏部爲文部、兵部爲武部、刑部爲憲部、駕部爲司駕、庫部爲司庫、金部爲司金、倉部爲司儲、比部爲司計、祠部爲司禋、膳部爲司膳、虞部爲司虞、水部爲司水。肅宗至德二載十二月(758)恢復舊名[18]。如《右司考》卷四兵部員外郎"王縉"(258頁),原列於開元間。按《舊唐書·王縉傳》云:"累授侍御史、武部員

〔17〕 岑仲勉《續貞石證史》附記,《金石論叢》, 264頁。

〔18〕《舊唐書》卷四二《職官志一》,中華書局,1975年,1788—1790頁。《舊唐書》卷九《玄宗紀下》繫改官稱事於天寶十一載三月,225頁。

外。禄山之亂,選爲太原少尹。”據《舊唐書・玄宗紀》《舊唐書・職官志》,“武部”係天寶十一載初至肅宗至德二載十二月“兵部”改稱,加之史傳叙述繫於“禄山之亂”前,王縉實際任職約在天寶末,編次應調整移後。

其次,源出史料可判定爲二人接替任職。如卷三兵部郎中“徐綰”(233頁)、“蕭頎(蕭頊)”(234頁),所據爲《舊唐書・昭宗紀》“〔天祐元年七月〕制以兵部郎中蕭頎爲吏部郎中,户部郎中徐綰爲兵部郎中”,則徐綰接替蕭頎兵部郎中一職,二人任職先後應以蕭氏在前。類似同時替任轉官者,如卷四“盧澄”“裴渥”(305頁),《舊唐書・僖宗紀》作“兵部員外郎裴渥爲蘄州刺史,職方員外郎盧澄爲兵部員外郎”;卷一二刑部員外郎“鄭項”“畢紹顔”(776—777頁),《舊唐書・僖宗紀》作“刑部員外郎畢紹顔爲左司員外郎,侍御史鄭項爲刑部員外郎”;卷二六水部員外郎“杜孺休”(1243頁)、“樊充”(1244頁),《舊唐書・僖宗紀》作“水部員外郎樊充爲工部員外郎,汴宋度支使杜孺休爲水部員外郎”,相對編次先後亦應調整。

再次,特定人物關係對世次乃至任職先後有所制約。如卷四兵部員外郎“郭承嘏”(287頁)、“郭鈞”(288頁),據《舊唐書・郭承嘏傳》《新唐書・宰相世系表》,郭承嘏即郭鈞之子。類似者如卷一二刑部員外郎“李全昌”(706頁)、“李志”(708頁),據所引《新唐書・宰相世系表》、李志墓誌“父知隱……嗣子全璧等”,李全昌爲李志之子;卷一六比部員外郎“沈從道”(894頁)、“沈餘慶”(895頁),所引沈從道墓誌言其爲“朝散大夫、比庫二部員外郎餘慶之子。……尋遷比部員外郎、祠部郎中”。依常例,父子即曾同任某官,一般亦有父先子後之别,此類相對序次宜作調整。

附及具體資料引用的處理,《右司考》例言確立墓誌材料以葬期爲據記録,無葬期則注以卒年的原則(2—3頁)。葬期、卒年雖有助於推定誌文撰寫的大致時間,但對推考相關人物的任職經歷未必完全有效,甚至可能與實際情形相去較遠,引起讀者誤解。如卷八駕部員外郎“元贍(元公贍)”(453頁),列於該卷之首,所引元贍墓誌括注爲開元廿七年(739)十月二十六日,似與之後所列唐初任職者稍顯失序。開元實係元氏祔葬時間,元贍卒於永徽四年(655)九月,實際任職約在貞觀末。又如卷一一刑部郎中“高敬言”(590—592頁),共引九則史料,核心材料爲其子高纘墓誌“父敬言,唐刑部員外,轉郎中。……遷給事中。……

除户部侍郎。優遊禮閣。尋轉吏部侍郎。……歷果虢穀許四州刺史”,記作長安三年(703)十月,該年實係高纘夫婦重新合葬時間。高纘誌稱“年廿授右千牛備身。……又轉懷州司士。……俄丁許州禍。去職。常調汾州司功。……袟滿,遷洛州司户”,年卌八,卒於總章二年(669)九月。據以推考,其父高敬言卒於永徽間,任刑部郎官約在貞觀中。凡此均可酌情引證更爲貼切的信息。

此外,《右司考》每卷末對各司任職時代不詳者已作收存。文獻中尚有不少泛稱郎官而隸屬部司不明者,如崔湜《送梁卿王郎中使東蕃弔册》、沈佺期《夏日都門送司馬員外逸客孫員外佺北征》等。如無明確反證,從儲材備檢、提示綫索的立場考慮,似可附存於全書末。

四

尚書省二十六司的郎中、員外郎不僅是唐代官員遷轉的重要一階,亦被目爲“清選”,是唐人理想仕途中的“八俊”之一,無論世族子弟還是新興進士皆樂爲之,援階而上,位至公卿者,不勝枚舉。目前考知的六千餘人次唐代郎官,其意義不僅在勾稽出官僚機構中層文官之重要部分,從社會階層而言,實含括了唐代士大夫社會的主流。若沿用岑仲勉三大“縉紳録”的提法,根據存世史料的多寡,稍作歸併,將《元和姓纂》與《新唐書·宰相世系表》《登科記考》、郎官左右司與御史臺精舍碑稱爲三大“縉紳録”,分别對應唐代士人最看重的門第、登科、清流三種社會身份,或更合理。由於三類“縉紳録”事實上反映的是同一社會階層,各書間有大量互證互見之處,百餘年來,學者廣泛收集各類資料,接力式地作了大量考證與訂補,爲探討唐代士大夫社會的演變奠定了史料基礎。

這一清代以來形成的學術傳統,給我們留下了豐厚的遺産,彙聚成一系列研究唐代文史須臾不可或缺的基本史料與工具書,《唐尚書省郎官石柱題名考補考》《唐尚書省右司郎官考》兩書的價值惟有置於這一學術脈絡中纔能得到更好的理解。尤其是耗費三十餘年之力完成的《右司考》,不僅接續了清人考訂石柱題名的學術傳統,更在全無依傍的條件下,聚沙成塔式地勾勒恢復右司郎署官員名簿,足以與勞格、趙鉞窮數十年精力完成的《唐尚書省郎官題名考》並立於世,加上作者先期完成的左司及所轄諸司題名的補正,可以説距郎官左右柱終成

"完璧"大大邁進了一步。

站在現代學術的立場上,或可藉此機會對清代以來的學術傳統及類似工作稍作反思與展望。若從承續清人工作的本位而言,至少在兩方面仍有欠缺。首先,題名基本沿用清人著録,缺少對石刻或拓本的考察,未曾復核各家移録文本的可靠性,更遑論探討郎官左柱磨滅重刻之類的問題。事實上,郎官左柱與御史臺精舍碑碑陰、碑棱題名皆未刊佈過清晰拓本,已成爲進一步研究的主要障礙。其次,儘管近二十年來唐代墓誌資料大量整理刊佈,數量上已超過之前一千餘年的總和,但目前學者習用的各種集成性訂補著作大多數仍是在20世紀八九十年代完成的。除《補考》《右司考》兩書外,尚未有學者充分利用新出墓誌系統訂補《元和姓纂》《宰相世系表》《登科記考》《唐方鎮年表》《唐折衝府考》《唐刺史考》等基本工具書。散見單篇論文雖然數量不少,資料收集上多屬隨見隨記,考訂範圍局限一隅,不但較爲零散,學者也很難通盤掌握。

若以較乾嘉諸老更上一層爲目標,訂補之餘,嘗試以現代學術的要求調整體例甚至另編新本,《右司考》已作了有益的嘗試。以下兩方面或有進一步推進的餘地:首先,以郎官左柱的考訂爲例,或可嘗試整合現有成果,突破石柱題名與補遺分列的舊例,即不再將新補左司郎官以補遺的形式置於各司之後,而在綜合考慮任職時間與年代先後的基礎上,插入相應的位置,進而打通尚書左右司,輯録整理更爲完備的唐代郎官名録。同時儘可能考訂郎官任職的時間與前後遷轉,提示編年與繫年的綫索,使之與《唐僕尚丞郎表》《唐刺史考全編》等一樣,具備年表的查檢功能。其次,由於《元和姓纂》《宰相世系表》《登科記考》、郎官左右司與御史臺精舍碑等涉及的人物及家族重合度很高,應嘗試將郎官左右司、御史之間的互見體例,擴展到三大"縉紳録",進而整合史傳、筆記、碑誌與文集等材料,利用綜合索引或數據庫等手段,全面勾勒唐代士人的世系婚宦與社會網絡。

2021年唐史研究書目

《10~13世紀古格王國政治史研究》,黄博著,社會科學文獻出版社,2021年3月。

A Concise Commentary on Monographs on the Western Regions in the Official History Books of the Western & Eastern Han, Wei, Jin, Southern & Northern Dynasties, by Yu Taishan, The Commercial Press, 2021.

A Dictionary: Christian Sogdian, Syriac and English, 2nd edition, revised and completed, by Nicholas Sims-Williams, Reichert Verlag Wiesbaden, 2021.

A History of the Second Türk Empire (ca. 682-745 AD), by Chen Hao, Brill, 2021.

A Study of Criminal Proceeding Conventions in Tang Dynasty, by Xi Chen, Springer, 2021.

A Study of the Early Literatures on the Silk Road, by Yu Taishan, The Commercial Press, 2021.

A Study of the Hephthalite History, by Yu Taishan, The Commercial Press, 2021.

A Study of the History of the Relationship between the Western & Eastern Han, Wei, Jin, Southern and Northern Dynasties and the Western Regions, by Yu Taishan, The Commercial Press, 2021.

A Study of Monographs on the Western Regions in the Official History Books of the Western & Eastern Han, Wei, Jin, Southern & Northern Dynasties, by Yu Taishan, The Commercial Press, 2021.

A Study of the Relations between China and the Mediterranean World in Ancient Times, by Yu Taishan, The Commercial Press, 2021.

A Study of the Sakā History, by Yu Taishan, The Commercial Press, 2021.

An Urban History of China, by Toby Lincoln, Cambridge University Press, 2021.

Anecdote, Network, Gossip, Performance: Essays on the Shishuo xinyu, by Jack W. Chen, Harvard University Asia Center, 2021.

Arabic Medicine in China. Tradition, Innovation, and Change, by Paul D. Buell and Eugene N. Anderson, Brill, 2021.

《巴蜀歷史政區地理研究》,胡道修編著,重慶出版社,2021年4月。

《白居易資料新編》,陳才智編,中國社會科學出版社,2021年1月。

《碑林集刊》第25輯,西安碑林博物館編,三秦出版社,2020年12月。

《北朝至隋唐隴右少數民族歷史與文化:碑銘視角下的考察》,李賀文著,中國社會科學出版社,2021年2月。

《濱田德海旧蔵敦煌文書コレクション目録》,氣賀澤保規編,東洋文庫,2020年3月。

《渤海国と東アジア》,古畑徹著,汲古書院,2021年2月。

《渤海の古城と国際交流》,清水信行、鈴木靖民編,勉誠出版,2021年2月。

Bringing Buddhism to Tibet: History and Narrative in the DBA' BZHED Manuscript, edited by Lewis

Doney, De Gruyter, 2021.

Buddhāvataṃsaka literature in Old Uyghur, edited by Abdurishid Yakup, Brepols, 2021.

Buddhism in Central Asia I: Patronage, Legitimation, Sacred Space, and Pilgrimage, edited by Carmen Meinert and Henrik H. Sørensen, Brill, 2020.

《燦爛星河:中國古代星圖》,李亮著,科學出版社,2021 年 2 月。

Catalogue of the Old Uyghur Manuscripts and Blockprints in the Serindia Collection of the Institute of Oriental Manuscripts, RAS. Volume 1, edited by IOM, RAS & The Toyo Bunko, The Toyo Bunko, 2021.

Chán Buddhism in Dūnhuáng and Beyond: a study of manuscripts, texts, and contexts in memory of John R. McRae, edited by Christoph Anderl and Christian Wittern, Brill, 2021.

《禪源諸詮集都序校釋》,宗密撰,閻韜校釋,中華書局,2021 年 6 月。

《長安》,佐藤武敏著,高兵兵譯,三秦出版社,2021 年 7 月。

《長安:絢爛的唐都》,日本京都文化博物館編,徐璐譯,三秦出版社,2021 年 7 月。

《長安的都市規劃》,妹尾達彦著,高兵兵譯,三秦出版社,2021 年 7 月。

《長安鳳栖原韋氏家族墓地墓誌輯考》,戴應新著,三秦出版社,2021 年 3 月。

《長安史迹研究》,足立喜六著,王雙懷、淡懿誠、賈雲譯,三秦出版社,2021 年 7 月。

《長安未遠:唐代京畿的鄉村社會》,徐暢著,生活・讀書・新知三聯書店,2021 年 4 月。

《長安之春》,石田幹之助著,張鵬譯,三秦出版社,2021 年 7 月。

《朝廷、藩鎮、土豪:唐後期江淮地域政治與社會秩序》,蔡帆著,浙江大學出版社,2021 年 4 月。

《承平與世變——初唐及晚唐五代叙事文體中所映現文人對生命之省思》,黄東陽著,臺灣學生書局,2021 年 1 月。

China's Northern Wei Dynasty, 386-535: The Struggle for Legitimacy, by Puning Liu, Routledge, 2021.

Chinese Buddhism: A Thematic History, by Chün-fang Yü, University of Hawai'i Press, 2020.

《重返帕米爾:追尋玄奘與絲綢之路》,侯楊方著,上海譯文出版社,2021 年 6 月。

《從玄武門之變到貞觀之治》,孟憲實著,浙江人民出版社,2021 年 10 月。

Corpus Nestorianum Sinicum: "Thus Have I Heard on the Listening of Mishihe (the Messiah)" 序聽迷詩所經 *and "Discourse on the One-God"* 一神論, *a theological approach with a proposed reading structure and translation*, by Aguilar Sánchez Victor Manuel, Gregorian & Biblical Press, 2021.

Creating Confucian Authority: The Field of Ritual Learning in Early China to 9 CE, by Robert L. Chard, Brill, 2021.

《大唐帝國:中國的中世》,宫崎市定著,廖明飛、胡珍子譯,浙江大學出版社,2021 年 2 月。

《道統與維護:唐代諫官制度的結構與功能研究》,胡寶華著,人民出版社,2021 年 4 月。

《地藏菩薩信仰與法門研究》,李曼瑞著,宗教文化出版社,2021 年 2 月。

Dice and Gods on the Silk Road: Chinese Buddhist Dice Divination in Transcultural Context, by Brandon Dotson, Constance A. Cook, and Zhao Lu, Brill, 2021.

《東亞的誕生:從秦漢到隋唐》,何肯著,魏美强譯,民主與建設出版社,2021 年 4 月。

Du Fu Transforms: Tradition and Ethics amid Societal Collapse, by Lucas Rambo Bender, Harvard University Asia Center, 2021.

《杜甫研究年報》第 4 號,日本杜甫學會編,勉誠出版,2021 年 4 月。

《杜甫遺迹研究》,王超著,中國社會科學出版社,2021 年 8 月。

Dunhuang Manuscripts: An Introduction to Texts from the Silk Road, by Hao Chunwen, translated by Stephen F. Teiser, Portico Publishing Company, 2020.

Dunhuang Manuscript Culture: End of the First Millennium, by Imre Galambos, De Gruyter, 2020.

《敦煌碑銘贊續編》,魏迎春、馬振穎著,甘肅文化出版社,2020 年 12 月。

《敦煌古代法律制度略論》,李功國主編,中國社會科學出版社,2021 年 6 月。

《敦煌契約文書研究》,王斐弘著,商務印書館,2021 年 9 月。

《敦煌石窟中的歸義軍歷史:莫高窟第 156 窟研究》,梁紅、沙武田著,甘肅文化出版社,2021 年 5 月。

《敦煌吐魯番經濟文書和海上絲路研究》,鄭學檬著,浙江大學出版社,2021 年 1 月。

《敦煌吐魯番研究》第 20 卷,郝春文主編,上海古籍出版社,2021 年 8 月。

《敦煌文書與經像傳譯》,尚永琪著,浙江大學出版社,2021 年 10 月。

《敦煌文學寫本研究》,伏俊璉等著,上海古籍出版社,2021 年 5 月。

《敦煌寫本類書〈應機抄〉研究》,耿彬著,中國社會科學出版社,2021 年 3 月。

《敦煌寫本研究年報》第 14 號,高田時雄主編,京都大學人文科學研究所中國中世寫本研究會,2020 年 3 月。

《敦煌寫本研究年報》第 15 號,高田時雄主編,京都大學人文科學研究所中國中世寫本研究會,2021 年 3 月。

《敦煌寫本宅經葬書研究》,金身佳著,甘肅文化出版社,2021 年 4 月。

《敦煌學記》,劉進寶著,浙江古籍出版社,2021 年 7 月。

《敦煌學新論》(增訂本),榮新江著,甘肅教育出版社,2021 年 10 月。

《敦煌遺書與凉州著姓》,陳有順著,團結出版社,2020 年 10 月。

《敦煌藏文文獻研究論文集》,朱麗雙、黄維忠編,中國藏學出版社,2020 年 10 月。

Entangled Itineraries: Materials, Practices, and Knowledges across Eurasia, edited by Pamela H. Smith, University of Pittsburgh Press, 2019.

《二十四節気で読みとく漢詩》,古川末喜著,文學通信,2020 年 10 月。

《法度與人心:帝制時期人與制度的互動》,趙冬梅著,中信出版集團,2021 年 1 月。

《法書要録校理》,張彦遠纂輯,劉石校理,中華書局,2021 年 4 月。

Family Instructions for the Yan Clan and Other Works by Yan Zhitui (531-590s), translated by Xiaofei Tian, De Gruyter Mouton, 2021.

《房山石經題記整理與研究》(題記卷、研究卷、圖録卷),吴夢麟、張永强編著,文物出版社,2021 年 11 月。

《佛教考古:從印度到中國》(修訂本),李崇峰著,上海古籍出版社,2020 年 9 月。

《佛教修行的叙述:漢傳佛典的編輯與翻譯研究(篠原亨一自選集)》,篠原亨一著,李巍、劉學軍、陳志遠等譯,世界學術出版社,2021 年。

《高昌遺珍:古代絲綢之路上的木構建築尋蹤》,畢麗蘭、孔扎克-納格主編;劉韜譯,王倩、方笑天審校,上海古籍出版社,2021 年 8 月。

Global Medieval Contexts 500-1500: Connections and Comparisons, by Kimberly Klimek, Pamela L. Troyer,

Sarah Davis-Secord, and Bryan C Keene, Routledge, 2021.

《古代中朝宗藩關係與中朝疆界歷史研究》,刁書仁、王崇時著,北京大學出版社,2021 年 3 月。

《歸義軍時期吐蕃遺民家窟:敦煌莫高窟第 9 窟研究》,魏健鵬著,甘肅文化出版社,2020 年 6 月。

《國學研究》第 45 卷"中古信息溝通與國家秩序專號",北京大學國學研究院編,中華書局,2021 年 6 月。

《漢傳佛教與亞洲物質文明》,聖凱主編,商務印書館,2021 年 8 月。

《漢唐長安與絲路文明》,楊富學編著,甘肅文化出版社,2021 年 4 月。

《漢唐氣度(典藏本)》,傅樂成著,中華書局,2021 年 4 月。

《漢唐絲綢之路歷史文化論叢》,石雲濤著,人民出版社,2021 年 8 月。

《漢唐注疏寫本研究》,古勝隆一著,社會科學文獻出版社,2021 年 5 月。

《漢文敦煌遺書題名索引》,國家圖書館主編,劉毅超編,學苑出版社,2021 年 1 月。

Handwörterbuch des Altuigurischen: Altuigurisch-Deutsch-Türkisch, by Jens Wilkens, Universitätsverlag Göttingen, 2021.

Healing with Poisons: Potent Medicines in Medieval China, by Yan Liu, University of Washington Press, 2021.

Heavenly Masters. Two Thousand Years of the Daoist State, by Vincent Goossaert, University of Hawai'i Press, 2021.

His Stubbornship: Prime Minister Wang Anshi (1021-1086), Reformer and Poet, by Jonathan O. Pease, Brill, 2021.

《胡風西來:西域史語譯文集》,白玉冬譯,上海古籍出版社,2021 年 5 月。

《胡漢中國與外來文明》(五卷本),葛承雍著,生活・讀書・新知三聯書店,2020 年 6 月。

《華戎交匯在敦煌》,榮新江著,甘肅教育出版社,2021 年 8 月。

《環塔里木漢唐遺址》,張安福、田海峰著,廣東人民出版社,2021 年 1 月。

《宦官:側近政治的構造》,三田村泰助著,吴昊陽譯,江蘇人民出版社,2021 年 8 月。

Iranianate and Syriac Christianity (5th-11th Centuries) in Late Antiquity and the Early Islamic Period (Veröffentlichungen zur Iranistik 87), edited by Chiara Barbati and Vittorio Berti, Vienna: Verlag der Österreichischen Akademie der Wissenschaften, 2021.

Islam in China, by James Frankel, I. B. Tauris, 2021.

《輯補舊五代史》,陳智超撰述,巴蜀書社,2021 年 1 月。

《疾病如何改變我們的歷史》,于賡哲著,中華書局,2021 年 4 月。

《賈島研究》,愛甲弘志、加藤聰編,汲古書院,2021 年 3 月。

《劍橋早期内亞史》,丹尼斯・塞諾主編,藍琪譯,商務印書館,2021 年 4 月。

《鑑真と唐招提寺の研究》,眞田尊光著,吉川弘文館,2021 年 2 月。

《〈金剛經〉鳩摩羅什譯本在唐代的流傳和接受》,張開媛著,中國社會科學出版社,2021 年 1 月。

《金石不朽:書寫、複製與文化衍生》,薛龍春主編,浙江大學出版社,2021 年 5 月。

《晉唐佛教行記考論》,陽清、劉静著,中華書局,2021 年 11 月。

《經國序民:禮學與中國傳統文化國際學術研討會論文集》,楊華、薛夢瀟主編,上海古籍出版社,2021 年 4 月。

《九州四海:文明史研究論集》,王丁、李青果主編,上海古籍出版社,2020 年 5 月。

Le char de nuages: érémitisme et randonnées célestes chez Wu Yun, taoïste du VIIIème siècle, by Olivier Boutonnet, Les Belles Lettres, 2021.

《離形去智 無累乎物:遺言中的隋唐女性世界》,么振華、吕璐瑶著,上海古籍出版社,2021 年 6 月。

Le Char de nuages: Érémitisme et randonnées célestes chez Wu Yun, taoïste du VIIIe siècle, by Olivier Boutonnet, Les Belles Lettres, 2021.

《李翱文集校注》,李翱撰,郝潤華、杜學林校注,中華書局,2021 年 9 月。

《李白遊蹤考察記》,林東海著,人民文學出版社,2021 年 4 月。

Li Bo Unkempt, by Kidder Smith and Maike Zhai, Punctum Books, 2021.

《李賀詩歌箋注》,李賀撰,吴正子箋注,劉辰翁評點,劉朝飛點校,中華書局,2021 年 3 月。

《歷代名畫記注譯與評介》,王菡薇、劉品著,中華書局,2021 年 7 月。

《歷代禳疫禱疾史料輯箋》,王政著,科學出版社,2021 年 8 月。

《"涼州與中國的文化交流與文明嬗變"學術研討會論文集》,中國社會科學院古代史研究所、武威市涼州文化研究院編,中西書局,2021 年 9 月。

《兩晋南北朝隋唐婚姻制度研究》,陳娟著,安徽師範大學出版社,2021 年 5 月。

Literary Information in China: A History, edited by Jack W. Chen, Anatoly Detwyler, Xiao Liu, Christopher M. B. Nugent, and Bruce Rusk, Columbia University Press, 2021.

《流動的金石:多維的蜀道摩崖》,陶喻之著,上海大學出版社,2021 年 10 月。

《柳宗元年譜長編》,翟滿桂著,中國社會科學出版社,2021 年 7 月。

《陸贄傳》,秦勇著,上海三聯書店,2021 年 6 月。

《孟憲實讀史漫記(增订版)》,孟憲實著,凤凰出版社,2021 年 6 月。

Narratives of Buddhist Practice: Studies on Chinese-Language Canonical Compilations and Translations, by Koichi Shinohara, edited by Jinhua Chen, World Scholastic Publishers, 2021.

《内陸アジア言語の研究》XXXVI,中央ユーラシア学研究会,2021 年 10 月。

《牛李黨争與中晚唐文學(修訂版)》,方堅銘著,浙江大學出版社,2019 年 11 月。

Non-Han Literature Along the Silk Road, edited by Xiao Li, SDX Joint Publishing Company & Springer, 2020.

On Feathers and Furs: The Animal Section in Duan Chengshi's 段成式 Youyang zazu 酉陽雜俎 *(ca. 853)*, by Chiara Bocci, Harrassowitz Verlag, 2021.

《泡影集:新見唐代道士碑誌疑義舉例》,白照傑著,上海社會科學院出版社,2021 年 1 月。

《碰撞與交融:考古發現與外來文化》,齊東方著,科學出版社,2021 年 7 月。

Political Communication in Chinese and European History, 800-1600, edited by Hilde De Weerdt and Franz-Julius Morche, Amsterdam University Press, 2021.

Precious Treasures from the Diamond Throne: Finds from the Site of the Buddha's Enlightenment, edited by Sam van Schaik, Daniela de Simone, Gergely Hidas, and Michael Willis, The British Museum Press, 2021.

Protecting the Dharma *Through Calligraphy in Tang China: A Study of the* Ji Wang Shengjiao Xu 集王聖教序 *The Preface to the Buddhist Scriptures Engraved on Stone in Wang Xizhi's Collated Characters*, by Pietro De Laurentis, Routledge, 2021.

《妻と娘の唐宋時代:史料に語らせよう》,大澤正昭著,東方書店,2021年7月。

《乾陵文化研究》第14輯,丁偉主編,三秦出版社,2021年4月。

《秦漢律與唐律殺人罪立法比較研究》,劉曉林著,商務印書館,2021年9月。

《秦隴紀行》,加地哲定著,翁建文譯,加地有定校,三秦出版社,2021年7月。

《青藏高原絲綢之路的考古學研究》(上、下編),仝濤著,文物出版社,2021年4月。

《權力與秩序:帝制中國的社會治理》,耿元驪編,社會科學文獻出版社,2021年4月。

《日本における立法と法解釈の史的研究 別巻 補遺》,小林宏著,汲古書院,2021年10月。

《日本影弘仁本〈文館詞林〉校注》,林家驪、鄧成林著,中國社會科學出版社,2021年9月。

Rome and China: Points of Contact, edited by Hyun Jin Kim, Samuel N.C. Lieu, Raoul McLaughlin, Routledge, 2021.

《戎祀之間:唐代軍禮研究》,陳飛飛著,中國社會科學出版社,2021年7月。

《三教論衡與唐代文學》,劉林魁著,人民出版社,2021年8月。

《三升齋續筆》,榮新江著,浙江古籍出版社,2021年7月。

《三省制略論(增訂本)》,王素著,中西書局,2021年10月。

《三余続録》,吉川忠夫著,法藏館,2021年9月。

《沙漠與餐桌:食物在絲綢之路上的起源》,羅伯特·N.斯賓格勒三世著,陳陽譯,唐莉校,社會科學文獻出版社,2021年8月。

《陝西漢唐石刻博物館》,秦航主編,文物出版社,2021年3月。

《陝西歷史博物館論叢》第27輯,陝西歷史博物館編,三秦出版社,2020年12月。

《身份、記憶、反事實書寫:隋唐時期幽州墓誌研究》,蔣愛花著,中國社會科學出版社,2021年12月。

《神秘體驗與唐代世俗社會:戴孚〈廣異記〉解讀》,杜德橋著,查屏球、楊爲剛譯,江蘇人民出版社,2021年8月。

《詩唱大唐》,陳尚君著,鳳凰出版社,2021年8月。

《師友自相依》,王素著,浙江古籍出版社,2021年8月。

《十件古物中的絲路文明史》,魏泓著,王東譯,民主與建設出版社,2021年3月。

《石臺孝經》,王慶衛著,西安出版社,2020年12月。

《史念海遺稿·論著(影印本)》,史念海著,王雙懷編,陝西師範大學出版總社有限公司,2021年3月。

《世變下的五代女性》,柳立言等編著,廣西師範大學出版社,2021年8月。

《蜀志類纂考釋》,王炎、王文才著,中華書局,2021年7月。

《絲綢之路大歷史:當古代中國遭遇世界》,郭建龍著,天地出版社,2021年9月。

《絲綢之路考古》第5輯,羅丰主編,科學出版社,2021年12月。

《絲綢之路上的帝國:青銅時代至今的中央歐亞史》,白桂思著,付馬譯,中信出版集團,2020年10月。

《絲綢之路上的文化交流:吐蕃時期的藝術珍品》,王旭東、湯姆·普利茲克主編,中國藏學出版社,2020年8月。

《絲綢之路研究》第2輯,中國人民大學國家發展與戰略研究院、中國人民大學國學院編,生活·讀書・新知三聯書店,2021年9月。

《絲綢之路研究集刊》第5輯,陝西師範大學歷史文化學院、陝西歷史博物館、陝西師範大學人文社會科學高等研究院編,商務印書館,2020年11月。

《絲綢之路研究集刊》第6輯,陝西師範大學歷史文化學院、陝西歷史博物館、陝西師範大學人文社會科學高等研究院編,商務印書館,2021年6月。

《絲綢之路沿綫民族人士墓誌輯釋》,史家珍主編,上海交通大學出版社,2021年1月。

《絲綢之路與西域文化藝術》,常任俠著,商務印書館,2021年5月。

《絲路文明》第6輯,劉進寶主編,上海古籍出版社,2021年12月。

《思微室顔真卿研究》,朱關田著,姚建杭編,西泠印社出版社,2021年3月。

Silk Road Linguistics: The birth of Yiddish and the multiethnic Jewish peoples on the Silk Roads, 9-13th centuries, by Paul Wexler, Harrassowitz Verlag, 2021.

《ソグドから中国へ:シルクロード史の研究》,榮新江著,汲古書院,2021年10月。

Sources on the Hephthalite History, by Yu Taishan, The Commercial Press, 2021.

Studies in Asian Historical Linguistics, Philology and Beyond: Festschrift Presented to Alexander V. Vovin in Honor of His 60th Birthday, edited by John Kupchik, José Andrés Alonso de la Fuente, and Marc Hideo Miyake, Brill, 2021.

Studies on the History and Culture Along the Continental Silk Road, edited by Xiao Li, SDX Joint Publishing Company & Springer, 2020.

《隋代三省制及相關問題研究》,劉嘯著,中華書局,2021年9月。

《隋經籍志考證》,章宗源著,王頌蔚批校,黄壽成點校,中華書局,2021年3月。

《隋書經籍志校注》,曾貽芬校注,商務印書館,2021年4月。

《隋唐帝国形成期における軍事と外交》,平田陽一郎著,汲古書院,2021年1月。

《隋唐海上力量與東亞周邊關係》,張曉東著,花木蘭文化事業有限公司,2021年3月。

《隋唐遼宋金元史論叢》第11輯,中國社會科學院古代史研究所隋唐五代十國史研究室、宋遼西夏金史研究室、元史研究室編,上海古籍出版社,2021年7月。

《隋唐洛陽と東アジア》,氣賀澤保規主編,法藏館,2020年12月。

《隋唐社會日常生活》,畢寶魁著,中國工人出版社,2021年10月。

《隋唐五代環境變遷史》,李文濤著,中州古籍出版社,2021年10月。

《隋唐五代墓誌死亡表述語輯彙》,董明著,黄山書社,2021年2月。

《隋唐五代史綱》,韓國磐著,厦門大學出版社,2021年3月。

Tadjikistan: Au pays des fleuves d'Or, Musée Guimet, 2021.

《〈太平廣記〉與漢唐小説研究》,熊明著,中華書局,2021年7月。

《唐:中國歷史的黄金時代》,榮新江、辛德勇、孟憲實等著,生活・讀書・新知三聯書店,2021年3月。

《唐、吐蕃、大食政治關係史》,王小甫著,生活・讀書・新知三聯書店,2021年12月。

《唐朝公主及其婚姻考論》,劉向陽、黨明放著,蘭臺出版社,2021年9月。

《唐朝域外朝貢制度研究》,李葉宏著,中國社會科學出版社,2021年4月。

《唐傳奇新探》,卞孝萱著,商務印書館,2021年4月。

《唐代茶文化》,傅及光著,五南出版,2021 年 9 月。
《唐代長安鎮墓石研究》,加地有定著,翁建文、徐璐譯,三秦出版社,2021 年 7 月。
《唐代伝奇小説の研究》,赤井益久著,研文出版,2021 年 2 月。
《唐代東都職官制度研究》,王苗著,經濟管理出版社,2021 年 4 月。
《唐代宫廷防衛制度研究:附論後宫制度與政治》,羅彤華著,元華文創,2021 年 5 月。
《唐代航海史研究》,周運中著,花木蘭文化事業有限公司,2020 年 3 月。
《唐代交通圖考》,嚴耕望著,北京聯合出版公司,2021 年 7 月。
《唐代景教文獻與碑銘釋義》,徐曉鴻編著,宗教文化出版社,2020 年 4 月。
《唐代景教再研究(增訂本)》,林悟殊著,殷小平整理增訂,商務印書館,2021 年 8 月。
《唐代の皇太子制度》,千田豊著,京都大学学術出版会,2021 年 3 月。
《唐代神策軍與神策中尉研究》,何先成著,中國社會科學出版社,2021 年 7 月。
《唐代詩人墓誌彙編・出土文獻卷》,胡可先、楊瓊編著,上海古籍出版社,2021 年 5 月。
《唐代史研究》第 24 號,日本唐代史研究會編,日本唐代史研究會,2021 年 8 月。
《唐代書籍活動與文學秩序》,吴夏平,上海古籍出版社,2021 年 5 月。
《唐代書手研究》,周侃著,社會科學文獻出版社,2020 年 12 月。
《唐代特權階層仕宦與社會流動研究》,孫俊著,人民出版社,2021 年 6 月。
《唐代吐蕃史與西北民族史研究》,張雲著,江蘇人民出版社,2021 年 6 月。
《唐代文儒與文風研究》,顧建國著,上海三聯書店,2021 年 8 月。
《唐代御史"進狀""關白"制度芻議》,林曉煒著,吉林大學出版社,2021 年 8 月。
《唐高宗的真相》,孟憲實著,浙江人民出版社,2021 年 10 月。
《唐國史補校注》,李肇撰,聶清風校注,中華書局,2021 年 4 月。
《唐陵的佈局:空間與秩序(增訂本)》,沈睿文著,文物出版社,2021 年 3 月。
《唐人佚詩解讀》,陳尚君著,中華書局,2021 年 1 月。
《唐史論叢》第 32 輯,杜文玉主編,三秦出版社,2021 年 3 月。
《唐宋变革研究通訊》第 12 輯,(日本)唐宋变革研究会編,(日本)唐宋变革研究会,2021 年 3 月。
《唐宋金陵考》,鄒勁風著,江蘇人民出版社,2020 年 12 月。
《唐宋歷史評論》第 8 輯,包偉民、劉後濱主編,社會科學文獻出版社,2021 年 8 月。
《唐宋社會秩序危機管理研究》,楊月君著,吉林文史出版社,2020 年 8 月。
《唐宋時期的雕版印刷》,宿白著,生活・讀書・新知三聯書店,2020 年 1 月。
《唐宋時期家學傳承研究》,邢鐵著,人民出版社,2021 年 6 月。
《唐宋鄉村社會與國家經濟關係研究》,耿元驪著,中國社會科學出版社,2021 年 8 月。
《唐宋義興蔣氏家族文化研究》,劉冰莉著,中國社會科學出版社,2020 年 10 月。
《唐研究》第 26 卷,葉煒主編,北京大學出版社,2021 年 3 月。
《唐彦謙詩箋釋》,唐彦謙撰,袁津琥箋釋,巴蜀書社,2021 年 2 月。
《唐長史研究》,汪家華、羅立軍著,廣東高等教育出版社,2020 年 12 月。
《唐摭言校證》,王定保撰,陶紹清校證,中華書局,2021 年 7 月。
Temples in the Cliffside: Buddhist Art in Sichuan, by Sonya S. Lee, University of Washington Press, 2021.
The Assyrian Church of the East: History and Geography, by Christine Chaillot, Peter Lang, 2021.

The Daode Jing *Commentary of Cheng Xuanying: Daoism, Buddhism, and the* Laozi *in the Tang Dynasty*, by Friederike Assandri, Oxford University Press, 2021.

The East Asian World-System: Climate and Dynastic Change, by Eugene N. Anderson, Springer, 2019.

The Empress in the Pepper Chamber: Zhao Feiyan in History and Fiction, by Olivia Milburn, University of Washington Press, 2021.

The Footprints of the Buddha: The Text and the Language, by Alexander Vovin, Brill, 2021.

The Poetry and Prose of Wang Wei, Volume I-II, translated by Paul Rouzer, volume edited by Christopher Nugent, De Gruyter, 2020.

The Poetry Demon: Song-Dynasty Monks on Verse and the Way, by Jason Protass, University of Hawai'i Press, 2021.

The Poetry of Meng Haoran, translated by Paul W. Kroll, De Gruyter, 2021.

The Spirit of Zen, by Sam van Schaik, Yale University Press, 2019.

The Yellow River: A Natural and Unnatural History, by Ruth Mostern, Yale University Press, 2021.

《天山廊道軍鎮遺存與唐代西域邊防》,張安福著,社會科學文獻出版社,2021 年 8 月。

《圖像與樣式:漢唐佛教美術研究》,羅世平著,文物出版社,2021 年 1 月。

《吐魯番出土文獻散録》,榮新江、史睿主編,中華書局,2021 年 4 月。

《吐魯番地區民族交往與語言接觸:以吐魯番出土文書爲中心》,曹利華著,社會科學文獻出版社,2021 年 12 月。

《吐魯番文獻合集·醫藥卷》,王興伊著,巴蜀書社,2021 年 12 月。

《吐谷渾政權交通地理研究》,朱悦梅、康維著,中國社會科學出版社,2021 年 5 月。

《通鑑版本談》,辛德勇著,生活·讀書·新知三聯書店,2021 年 9 月。

《晚唐齊梁詩風研究》,張一南著,北京大學出版社,2021 年 6 月。

《萬里同風:新疆文物精品》,王春法主编,北京時代華文書局,2020 年 1 月。

《王若曰——出土文獻論集》,王連龍著,鳳凰出版社,2021 年 7 月。

《魏晉南北朝隋唐史資料》第 42 輯,武漢大學中國三至九世紀研究所編,上海古籍出版社,2020 年 11 月。

《魏晉南北朝隋唐史資料》第 43 輯,武漢大學中國三至九世紀研究所編,上海古籍出版社,2021 年 5 月。

《温州通史·漢唐五代卷》,吴松弟主編,魯西奇分卷主編,人民出版社,2021 年 1 月。

《我在考古現場:絲綢之路考古十講》,齊東方著,中華書局,2021 年 8 月。

Women, Gender, and Sexuality in China: A Brief History, by Yao Ping, Routledge, 2021.

Worldly Saviors and Imperial Authority in Medieval Chinese Buddhism, by April D. Hughes, University of Hawai'i Press, 2021.

Writing History Across Medieval Eurasia, edited by Walter Pohl and Daniel Mahoney, Brepols, 2021.

《五代武人之文》,柳立言等編著,廣西師範大學出版社,2021 年 8 月。

《舞馬與馴鳶:柯睿自選集》,柯睿著,賈晋華、陳偉强譯,南京大學出版社,2021 年 5 月。

《武則天》,蒙曼著,浙江教育出版社,2021 年 5 月。

《武則天研究》,孟憲實著,四川人民出版社,2021 年 8 月。

《武則天與長安關係新探》,李永著,商務印書館,2021年9月。
《西安碑林藏石中的佛寺文化》,景亞鸝著,陝西人民出版社,2021年5月。
《西方突厥學研究文選》,陳浩主編,商務印書館,2020年10月。
《西域文史》第15輯,朱玉麒主編,科學出版社,2021年6月。
《新中國出土墓誌·陝西(肆)》,故宫博物院、陝西省考古研究院編著,文物出版社,2021年10月。
《續高僧傳校注》,道宣撰,蘇小華校注,上海古籍出版社,2021年5月。
Xuanzang: China's Legendary Pilgrim and Translator, by Benjamin Brose, Shambhala, 2021.
《玄奘與絲綢之路》,前田耕作著,凌文樺譯,北京燕山出版社,2020年12月。
《英藏敦煌社會歷史文獻釋録》第17卷,郝春文等編著,社會科學文獻出版社,2021年7月。
《有詩自唐來:唐代詩歌及其有形世界》,倪健著,馮乃希譯,上海人民出版社,2021年9月。
《〈御史臺記〉輯注》,霍志軍輯校,人民出版社,2021年8月。
《于闐史叢考(增訂新版)》,張廣達、榮新江著,上海書店出版社,2021年9月。
《玉山丹池:中國傳統游記文學》,何瞻著,馮乃希譯,上海人民出版社,2021年3月。
《圓仁〈入唐求法巡禮行記〉研究》,葛繼勇、齊會君、河野保博著,李雪花等譯,浙江人民出版社,2021年11月。
《袁英光史學論集》,鄔國義、李孝遷編,上海古籍出版社,2020年11月。
《雲岡石窟的考古學研究》,岡村秀典著,徐小淑譯,四川人民出版社,2021年9月。
《雲岡石窟山頂佛教寺院遺址發掘報告》(全三册),雲岡研究院、山西省考古研究院、大同市考古研究所編著,文物出版社,2021年12月。
《在唐韓人墓誌銘研究(資料篇)》,權悳永著,韓國學中央研究院出版部,2021年9月。
《在唐韓人墓誌銘研究(譯注篇)》,權悳永著,韓國學中央研究院出版部,2021年9月。
《則天武后》,氣賀澤保規著,王豔譯,山西人民出版社,2021年4月。
《瞻奥集:中古中國共同研究班十週年紀念論叢》,余欣主編,上海古籍出版社,2021年2月。
《張廣達先生九十華誕祝壽論文集》,鄭阿財、汪娟主編,新文豐出版公司,2021年5月。
《趙昌平文存》,趙昌平著,中華書局,2021年5月。
《貞觀政要集校(修訂本)》,吴兢撰,謝保成集校,中華書局,2021年2月。
《秩級與服等》,閻步克著,陝西人民出版社,2021年8月。
《中古樂安孫氏家族研究——以唐代爲中心》,郭學信著,中國社會科學出版社,2020年12月。
《中古王權與佛教》,劉威著,商務印書館,2021年4月。
《中古文學論叢》,林文月著,臺大出版中心,2021年5月。
《中古中國研究》第3卷《絲綢之路:從寫本到田野專號》,余欣主編,中西書局,2020年12月。
《中國初期仏塔の研究》,向井佑介著,臨川書店,2020年3月。
《中國刀劍史》,龔劍著,中華書局,2021年4月。
《中國古代北方民族史》,張久和、劉國祥主編,科學出版社,2021年8月。
《中國古代的理想城市——從古代都城看〈考工記〉營國制度的淵源與實踐》,陳筱著,上海古籍出版社,2021年9月。
《中國古代的王權與天下秩序(增訂本)》,渡辺信一郎著,徐冲譯,上海人民出版社,2021年4月。
《中國古代家庭經濟研究:户等制度·家産繼承》,邢鐵著,中國社會科學出版社,2021年6月。

《中國古代鄉里制度研究》,魯西奇著,北京大學出版社,2021 年 4 月。
《中國古代政治制度與歷史地理:嚴耕望先生百齡紀念論文集》,香港中文大學歷史系中國歷史研究中心、新亞研究所編,齊魯書社,2021 年 3 月。
《中國環境通史》第 2 卷(魏晋—唐),王利華編著,中國環境出版集團,2021 年 2 月。
《中國環境通史》第 3 卷(五代十國—明),侯甬堅、聶傳平、夏宇旭、趙彦風等編著,中國環境出版集團,2021 年 2 月。
《中國歷史上的日常生活與地方社會》,常建華、張傳勇主編,科學出版社,2021 年 3 月。
《中國歷史文摘》2020 年第 1 期,西北大學歷史學院主辦,李軍主編,中國社會科學出版社,2021 年 8 月。
《中國歷史與文化的新探索》,陳弱水著,聯經出版公司,2021 年 8 月。
《中國移民史要》,譚其驤著,復旦大學出版社,2021 年 5 月。
《中國與域外》第 4 輯,馮立君主編,孫昊執行主編,社會科學文獻出版社,2021 年 4 月。
《中國中古的社會與國家:3 至 9 世紀帝京風華、門閥自毁與藩鎮坐大》,盧建榮著,新高地文化,2021 年 4 月。
《中國中古の學術と社會》,古勝隆一著,法藏館,2021 年 12 月。
《中國中古社會經濟史論稿》,李天石著,江蘇人民出版社,2020 年 12 月。
《中國中古史研究》第 8 卷,復旦大學歷史學系、《中國中古史研究》編委會編,中西書局,2020 年 12 月。
《中華古都》,郭湖生著,中國建築工業出版社、中國城市出版社,2021 年 3 月。
《中唐時期的空間想象:地理學、製圖學與文學》,王敖著,王治田譯,長江文藝出版社,2021 年 5 月。
《中晚唐五代的河朔藩鎮與社會流動》,張天虹著,社會科學文獻出版社,2021 年 3 月。
《中亞史》(全六卷),藍琪主編,商務印書館,2020 年 12 月。
《中原東部唐代佛堂形組合式造像塔調查》,朱己祥著,甘肅文化出版社,2021 年 6 月。
《周偉洲藏族史論文集》,周偉洲著,中國藏學出版社,2021 年 1 月。
《咒語、聖像和曼荼羅——密教儀式衍變研究》,篠原亨一著,劉學軍譯,世界學術出版社,2021 年。
《纂異記輯證》,李玫撰,李劍國輯證,中華書局,2021 年 6 月。

(本篇所收書目涵蓋上卷至本卷定稿時的相關出版物,標注時間爲上市時間)

第二十七卷作者研究或學習單位及文章索引

包曉悦　　中國政法大學法律史學研究院　XXⅦ/299
傅及斯　　復旦大學出土文獻與古文字研究中心(博士研究生)　XXⅦ/167
高天霞　　河西學院文學院　XXⅦ/139
郜同麟　　中國社會科學院文學研究所　XXⅦ/71
顧成瑞　　西北大學歷史學院　XXⅦ/245
靳亞娟　　中山大學歷史學系　XXⅦ/335
景盛軒　　浙江師範大學人文學院　XXⅦ/155
劉　喆　　中國人民大學歷史學院(博士後)　XXⅦ/465
路錦昱　　復旦大學歷史學系(碩士研究生)　XXⅦ/393
仇鹿鳴　　復旦大學歷史學系　XXⅦ/545
唐忠明　　華南師範大學文學院(博士研究生)　XXⅦ/519
王景創　　北京大學歷史學系(博士研究生)　XXⅦ/379
王　蕾　　西北大學絲綢之路研究院　XXⅦ/427
王孫盈政　四川師範大學歷史文化與旅游學院　XXⅦ/359
吴明浩　　日本京都大學文學研究科(博士研究生)　XXⅦ/269
吴　楊　　西南交通大學人文學院　XXⅦ/207
夏　婧　　復旦大學中文系　XXⅦ/545
蕭　瑜　　廣西師範大學文學院　XXⅦ/113
嚴茹蕙　　北京理工大學珠海學院　XXⅦ/479
楊劍霄　　南京師範大學社會發展學院　XXⅦ/525
于子軒　　北京大學歷史學系(碩士研究生)　XXⅦ/443
張　磊　　浙江師範大學人文學院　XXⅦ/101
張美僑　　浙江大學歷史學院(博士後)　XXⅦ/185
張文冠　　煙臺大學文學與新聞傳播學院　XXⅦ/27
張小豔　　復旦大學出土文獻與古文字研究中心　XXⅦ/3
趙静蓮　　天津理工大學語言文化學院　XXⅦ/59
趙　庸　　華東師範大學中國語言文學系　XXⅦ/125

《唐研究》簡介及稿約

《唐研究》由美國羅傑偉(Roger E. Covey)先生創辦的唐研究基金會資助,自第16卷開始,與北京大學中國古代史研究中心合辦,每年由北京大學出版社出版一卷,論文和書評以中文爲主,也包括英文論文和書評。

《唐研究》以唐代及相關時代的研究爲主,内容包括歷史、地理、美術、考古、語言、文學、哲學、宗教、政治、法律、經濟、社會等各方面的傳統學術問題。其特色是論文之外,發表新史料、書評和學術信息。

來稿請附作者簡歷。中文論文用繁體字書寫,須附中英文提要;英文稿件須用A4型紙單面隔行打印。注釋放在頁脚。詳細書寫格式附於本書最後。

論文作者可得到論文抽印本二十份及該卷書一册。内地作者,酌付稿酬。

論文、書評以及作者或出版社寄贈本刊之待評圖書均請寄至:

(100871) 北京大學歷史系 葉煒收。

訂閱請與北京大學出版社郵購部聯繫。電話:(010)62752019,電傳:(010)62556201。

Journal of Tang Studies (*JTS*)

The *Journal of Tang Studies* was founded under the auspices of the Tang Research Foundation founded by Mr. Roger E. Covey. From the 16th volume, it is jointly supported by the Foundation and the Center for Studies of Ancient Chinese History of Peking University. It is published annually by the Peking University Press. Most of the articles and reviews are presented in Chinese, with some in English as well.

The subject matter of the papers is the Tang dynasty and related periods, including issues in history, geography, fine arts, archaeology, language, literature, philosophy, religion, political science, law, economics, and sociology, etc. The *JTS* features new sources, book reviews and professional news in addition to research articles.

Prospective authors should send a brief resume. Manuscripts submitted in Chinese must be accompanied by English abstracts, and those in English must be typed double spaced. Footnotes should appear at the bottom of the same page. The style-sheet appears at the end of this issue.

Contributors will receive 20 offprints of their articles, and one copy of the Journal.

Please address all manuscripts of articles, reviews, and book reviews to Professor Rong Xinjiang, Department of History, Peking University, Beijing 100871, China.

Subscription enquiries should be addressed to the Peking University Press (tel. 010-62752019, fax. 010-62556201).

稿件書寫格式

一、手寫稿件,必須用橫格稿紙單面書寫;字體使用規範繁體字,除專論文章外,俗字、異體字改用繁體字;引用西文,則必須打字。歡迎用電腦打字,請用與方正系統兼容的 WPS、Word 等軟件,用 A4 型紙隔行打印。

二、一律使用新式標點符號,除破折號、省略號各佔兩格外,其他標點均佔一格。書刊及論文均用《　》,此點尤請海外撰稿人注意。

三、第一次提及帝王年號,須加公元紀年;第一次提及外國人名,須附原名。中國年號、古籍卷、葉數用中文數字,如貞觀十四年,《新唐書》卷五八,《西域水道記》葉三正。其他公曆、雜誌卷、期、號、頁等均用阿拉伯數字。引用敦煌文書,用 S.、P.、Ф.、Дx.、千字文、大谷等縮略語加阿拉伯數字形式。

四、注釋號碼用阿拉伯數字表示,作〔1〕、〔2〕、〔3〕……其位置放在標點符號前(引號除外)的右上角。再次徵引,用"同上"×頁或"同注〔1〕,×頁"形式,不用合併注號方式。

五、注釋一律寫於頁脚;除常見的《舊唐書》《新唐書》《册府元龜》《資治通鑑》等外,引用古籍,應標明著者、版本、卷數、頁碼;引用專書及新印古籍,應標明著者、章卷數、出版者及出版年代、頁碼;引用期刊論文,應標明期刊名、年代卷次、頁碼;引用西文論著,依西文慣例,如 P. Demiéville, *Le concile de Lhasa*, Paris 1952, pp. 50-100。書刊名用斜體;論文加引號。

六、中文論文必須附五百字的中、英文摘要,同時提供大作的英文名稱。

七、來稿請寫明作者姓名、性別、工作單位和職稱、詳細地址和郵政編碼,以及來稿字數。

投稿須知

爲提高本刊的工作效率,特作如下規定,請各位學者投稿時注意。

1. 從第十卷起,所收到的來稿不論採用與否,一律不退稿,請各位作者自留底稿;如果您希望退還稿件,請來稿時説明。

2. 本刊每年一季度出版,因此投稿件截止日期爲前一年5月底,請務必遵守截稿日期。每年5月31日以後的來稿,視作投給下一卷,敬希留意,以免大作在本刊放置太久。

3. 來稿請務必遵守本刊書寫規範,引文正確,中英文摘要齊備,並用規範繁體字書寫。如不遵守本刊規範,將不予處理。

4. 本刊已許可中國知網及北京大學期刊網以數字化方式複製、彙編、發行、資訊網絡傳播本刊全文。本刊支付的稿酬已包含中國知網及北京大學期刊網著作權使用費,所有署名作者向本刊提交文章發表之行爲視爲同意上述聲明。如有異議,請在投稿時説明,本刊將按作者説明處理。

《唐研究》編委會

2021年2月21日